Entgeltabrechnung

Carola Hausen, Marcus Spahn u.a.

Entgeltabrechnung

Alle wichtigen Fälle für die Praxis

7. Auflage

Haufe Group
Freiburg · München · Stuttgart

Bibliografische Information der Deutschen Nationalbibliothek

Die Deutsche Nationalbibliothek verzeichnet diese Publikation in der Deutschen Nationalbibliografie; detaillierte bibliografische Daten sind im Internet über http://dnb.dnb.de abrufbar.

Print: ISBN 978-3-648-13713-0 Bestell-Nr. 00440-0007
ePub: ISBN 978-3-648-13714-7 Bestell-Nr. 00440-0104
ePDF: ISBN 978-3-648-13715-4 Bestell-Nr. 00440-0155

Carola Hausen, Marcus Spahn u.a.
Entgeltabrechnung
7. Auflage, März 2020

www.haufe.de
info@haufe.de

Bildnachweis (Cover): © HAKKI ARSLAN, shutterstock

Produktmanagement: Dr. Bernhard Landkammer
Lektorat: Ulrich Leinz

Vorwort

Auch in der 7. Auflage der »Entgeltabrechnung« geben Ihnen die Experten des Haufe Verlags konkrete Hilfestellung bei der Lohn- und Gehaltsabrechnung. Alle Beispielberechnungen und Informationen sind auf dem neuesten Stand des Steuer- und Sozialversicherungsrechts und alle rechtlichen Änderungen sind eingearbeitet.

In **Teil 1** zeigen Ihnen die Autoren an über 360 Beispielen ganz konkret, wie Sie mit dem jeweiligen Sachverhalt in der Entgeltberechnung umgehen und in der Abrechnung umsetzen: Sie beschreiben die Situation, erklären die Berechnungsweise und geben zudem weiterführende Hinweise und Tipps.

In **Teil 2** können Sie zu über 500 Entgeltarten nachschlagen, welcher Steuer- und Beitragspflicht die jeweilige Entgeltart unterliegt, ob sie bei der Berechnung des Mindestlohns relevant ist und wie die Entgeltart sozialversicherungsrechtlich zu behandeln ist.

Viel Erfolg wünscht Ihnen Ihr
Haufe Verlag

Inhaltsverzeichnis

Vorwort ... 5

Teil 1: Entgeltabrechnung konkret – Rechenbeispiele und Erläuterungen ... 35

1 **Abfindungen** ... 36
1.1 Fünftelregelung bei Zusammenballung von Einkünften ... 36
1.2 Berechnung mit sonstigem Bezug ... 37
1.3 Zahlung im Folgejahr mit ermäßigter Besteuerung ... 38
1.4 Zahlung im Folgejahr ohne ermäßigte Besteuerung ... 38
1.5 Zahlung nach Ende des Beschäftigungsverhältnisses ... 39

2 **Abwälzung, pauschale Lohnsteuer** ... 41
2.1 Minijob und Hauptbeschäftigung ... 41
2.2 Minijobber mit Steuerklasse V ... 42
2.3 Direktversicherung ... 43
2.4 Kurzfristige Beschäftigung ... 44
2.5 Dienstwagen (Privatnutzung) ... 45

3 **Annehmlichkeiten** ... 47
3.1 Arbeitsessen (außergewöhnlicher Einsatz) ... 47
3.2 Verzehr im Betrieb (Kaffee, Tee, Gebäck) ... 47
3.3 Tankgutschein ... 48
3.4 Warengutschein ... 49
3.5 Sachgeschenk (Wert unter 60 EUR) ... 49
3.6 Sachgeschenk (Wert über 60 EUR) ... 49
3.7 Geld- und Sachgeschenk ... 50
3.8 Geldgeschenk ... 50

4 **Aushilfslöhne** ... 51
4.1 Mehrere Minijobs ... 51
4.2 Ein Minijob, gesetzlich krankenversichert ... 53
4.3 Ein Minijob, privat krankenversichert ... 54
4.4 Abrechnung nach den ELStAM ... 55
4.5 Rentnerbeschäftigung, Minijob ... 56
4.6 Kurzfristige Beschäftigung ... 57
4.7 Kurzfristige Beschäftigung, Arbeitgeber trägt Lohnsteuer ... 59
4.8 Kurzfristige Beschäftigung, Arbeitnehmer trägt Lohnsteuer ... 60

5 Auslagenersatz 62
5.1 Einkäufe durch Mitarbeiter 62
5.2 Garagenmiete 63
5.3 Telefonkosten mit Gesprächsnachweis 64
5.4 Telefonkosten ohne Gesprächsnachweis 65
5.5 Fortbildungskosten (Sprachkurs) 66
5.6 Knöllchenersatz 67
5.7 Arbeitnehmer verauslagt Kosten 68
5.8 Pauschaler Auslagenersatz 68
5.9 Pauschale Stromkostenerstattung für Elektrofahrzeuge 69
5.10 Werbungskostenersatz 70
5.11 Werkzeuggeld 70

6 Betriebliche Altersversorgung 72
6.1 Nebeneinander externer und interner Durchführungswege 72
6.2 Zusammentreffen Steuerbefreiung und Pauschalbesteuerung 73
6.3 Voraussetzungen für Steuerfreiheit 74
6.4 Entgeltumwandlung von Einmalzahlungen (Pensionszusage) 74
6.5 Steuerfreie betriebliche Altersversorgung und Vererblichkeit 75
6.6 Kapitalwahlrecht (kurzfristige Ausübung) 76
6.7 Kapitalwahlrecht (frühzeitige Ausübung) 77
6.8 BAV-Förderbetrag für Geringverdiener 78

7 Betriebsveranstaltung 79
7.1 Betriebsausflug einzelner Abteilungen 79
7.2 Motivationsveranstaltung 80
7.3 Konzertbesuch und Abgrenzung zu einem geselligen Ereignis 81
7.4 Betriebsausflug mit Werksbesichtigung beim Kunden 82
7.5 Mehr als 2 Veranstaltungen im Jahr 84
7.6 Ausflug mit Übernachtung 85
7.7 Angehörige feiern mit 86
7.8 Shuttle-Transfer zur Veranstaltung 87
7.9 Absagen oder Nichterscheinen von Kollegen 87
7.10 Wahlrecht zur Pauschalierung der Betriebsveranstaltung 88
7.11 Umsatzsteuer 89

8 Bewirtungskosten 91
8.1 Arbeitnehmerbewirtung 91
8.2 Geschäftsfreunde 92
8.3 Arbeitsbesprechung (regelmäßige) 93
8.4 Belohnungsessen 94

9 Dienstwagen, 1-%-Regelung ... 96
9.1 Kfz mit Sonderausstattung ... 96
9.2 Kfz mit nachträglich eingebauter Sonderausstattung ... 97
9.3 Pauschalierung (15 Fahrten pro Monat) ... 98
9.4 Pauschalierung (weniger als 180 Fahrten pro Jahr) ... 98
9.5 Arbeitnehmer trägt Benzinkosten, Minderung in Einkommensteuererklärung ... 99
9.6 Arbeitnehmer trägt Benzinkosten, Minderung in monatlicher Lohnabrechnung ... 100

10 Dienstwagen, Fahrtenbuch ... 102
10.1 Außendienstmitarbeiter (keine Fahrten Wohnung – erste Tätigkeitsstätte) ... 102
10.2 Mitarbeiter beantragt Fahrtenbuchregelung bei seiner Einkommensteuererklärung ... 103

11 Doppelte Haushaltsführung ... 105
11.1 Beginn der doppelten Haushaltsführung ... 105
11.2 Versetzung ... 106
11.3 Ledige mit Fahrten am Ort ... 107
11.4 Pauschaler Übernachtungskostenersatz ... 108
11.5 Auswärtstätigkeit ... 109
11.6 Arbeitnehmer ohne eigenen Hausstand ... 110
11.7 Wegzug ... 111
11.8 Umgekehrte Familienheimfahrten ... 112

12 Einmalzahlungen ... 114
12.1 Entgeltarten ... 114
12.2 Zeitliche Zuordnung ... 115
12.3 Zeitliche Zuordnung mit Märzklausel ... 116
12.4 Märzklausel ... 118
12.5 Urlaubsgeld ... 120
12.6 Arbeitgeberwechsel und Krankengeldbezug ... 121
12.7 Unterjähriger Beginn/Wegfall der Versicherungspflicht ... 122
12.8 Unterjährige Beitragsgruppenveränderung (durchgängige Versicherungspflicht in allen SV-Zweigen) ... 123
12.9 Beitragspflichtiger Anteil (Ermittlung) ... 124
12.10 Beitragsberechnung ... 125
12.11 Rückwirkende Korrektur ... 126
12.12 Rückwirkende Korrektur (Behandlung der Nachzahlung als neue Einmalzahlung) ... 128
12.13 Fälligkeit der Beiträge ... 129

12.14 Rückzahlung des Weihnachtsgeldes an Arbeitgeber (auflösende Bedingung) 130
12.15 Verzicht des Arbeitnehmers auf Weihnachtsgeld 131

13 Einsatzwechseltätigkeit 133
13.1 Täglicher Betriebsbesuch 133
13.2 Wöchentlicher Betriebsbesuch 134
13.3 Tägliche Rückkehr zur Wohnung 135
13.4 Unbefristeter Kundeneinsatz 136
13.5 Täglich mehrere Einsatzstellen 137
13.6 Auswärtige Übernachtung unter 3 Monaten 138
13.7 Auswärtige Übernachtung über 3 Monate 140
13.8 Sammelbeförderung 141

14 Essenszuschuss 143
14.1 Kantinenessen (Zuzahlung unter Sachbezugswert) 143
14.2 Kantinenessen (verpachtete Kantine) 144
14.3 Essenszuschuss (digitaler Essensgutschein) 145
14.4 Barlohnumwandlung für Essenszuschüsse 146

15 Fahrten Wohnung – erste Tätigkeitsstätte 148
15.1 Kilometergeld 148
15.2 Pauschaler Fahrtkostenzuschuss 149
15.3 Erstattung der Bahnfahrkarte 150
15.4 Jobticket 150
15.5 BahnCard als Jobticket 151
15.6 Dienstwagen (ohne Pauschalierung) 152
15.7 Dienstwagen (mit Pauschalierung) 153
15.8 Familienheimfahrten 154
15.9 Maßgebliche Straßenverbindung für Entfernungspauschale 155

16 Freibetrag 158
16.1 ELStAM-Datenbank 158
16.2 Fehlender Kinderfreibetrag 159
16.3 Nachträgliche Eintragung 159
16.4 Übungsleiter (neben Hauptbeschäftigung) 159
16.5 Übungsleiterpauschale 160
16.6 Übungsleiter (Minijobber) 160
16.7 Übungsleiter (arbeitsuchend) 161

17 Freiwillige soziale Aufwendungen 162
17.1 Kantinenmahlzeiten (Zuzahlung überschreitet den Sachbezugswert) 162
17.2 Kantinenmahlzeiten (Zuzahlung in Höhe des Sachbezugswerts) 162

17.3 Kantinenmahlzeiten (Zuzahlung unterschreitet den Sachbezugswert) 162
17.4 Kosten für Kindergarten 163
17.5 Kinderbetreuung (Mutter/Haushaltshilfe) 164

18 Geringfügig entlohnte Beschäftigung 165
18.1 Versicherungsrechtliche Beurteilung nach Personengruppen 165
18.1.1 Gesetzlich Krankenversicherte 165
18.1.2 Privat Krankenversicherte 165
18.1.3 Studenten 166
18.1.4 Trainertätigkeit 167
18.1.5 Beamte 168
18.2 Arbeitsentgelt 169
18.2.1 Weihnachtsgeld 169
18.2.2 Schwankendes Arbeitsentgelt – Unvorhersehbarer Einsatz 169
18.2.3 Mindestbeitragsbemessungsgrundlage bei Option zur vollen Rentenversicherungspflicht 171
18.3 Monatliche Arbeitsentgeltgrenze 172
18.4 Mehrere geringfügig entlohnte Beschäftigungen und Berücksichtigung der Arbeitsentgeltgrenze 173
18.5 »Arbeit auf Abruf« und Phantomlohn 173

19 Jahresarbeitsentgelt 176
19.1 Urlaubsgeld 176
19.2 Überstundenvergütung (tatsächliche Überstunden) 176
19.3 Überstundenvergütung (dauernd pauschal) 176
19.4 Jubiläumszuwendung 177
19.5 Geburtsbeihilfe 177
19.6 Bereitschaftsdienstzulage 177
19.7 Werkswohnung 178
19.8 Jahreswagen 178
19.9 Vermögenswirksame Leistungen 178
19.10 Provision 179
19.11 Erfolgsbeteiligung 179

20 Jahresarbeitsentgeltgrenze 180
20.1 Erstmalige Arbeitsaufnahme nach dem 31.12.2002 180
20.2 Erstmalige Arbeitsaufnahme und Übergrenzer vor/am Stichtag 31.12.2002 180
20.3 Erstmalige Arbeitsaufnahme aber kein Übergrenzer vor/am Stichtag 31.12.2002 180
20.4 Feste Bezüge und laufende und einmalige Einnahmen 181
20.5 Feste Bezüge und variable Entgelte 182
20.6 Schwankende Bezüge (Stundenlohn) 183

20.7 Schwankende Bezüge (vorausschauende Betrachtung) ... 184
20.8 Zeitpunkt der Ermittlung ... 185
20.9 Bevorstehende Gehaltserhöhung (Prüfungszeitpunkt) ... 186
20.10 Rückwirkende Gehaltserhöhung ... 186
20.11 Kurzarbeit ... 187
20.12 Elternzeit ... 187
20.13 Arbeitszeitreduzierung (Befreiung von der Krankenversicherungspflicht) ... 188
20.14 Jahresarbeitsentgeltgrenze holt Arbeitsentgelt ein ... 188

21 Krankengeldzuschuss ... 190
21.1 Auswirkungen eines Krankengeldzuschusses ... 190
21.2 Grenze der Beitragsfreiheit ... 191
21.3 Einmalzahlung während Krankengeldbezugs ... 192

22 Kurzfristige Beschäftigung ... 193
22.1 Zeitraum von 3 Monaten oder 70 Arbeitstagen ... 193
22.2 Nachträgliche Verlängerung ... 193
22.3 Zeitgrenze überschritten ... 195
22.4 Kurzfristige Beschäftigungen bei demselben Arbeitgeber vor und nach dem Jahreswechsel ... 196
22.5 Kurzfristige Beschäftigung über den Jahreswechsel ... 197
22.6 Vorbeschäftigungszeiten verschwiegen ... 198
22.7 Arbeitsuchende ... 199
22.8 Pauschalbesteuerung im steuerrechtlichen Sinn ... 200
22.9 Ermittlung des Arbeitsentgelts bei Teilmonaten zur Prüfung der Berufsmäßigkeit ... 200
22.10 Zusammenrechnung mehrerer kurzfristiger Beschäftigungen ... 201

23 Lohnabrechnungszeitraum ... 203
23.1 Neueinstellung im laufenden Monat ... 203
23.2 Unterbrechung ... 204

24 Lohnsteuer-Anmeldung ... 206
24.1 Monatliche Anmeldung ... 206
24.2 Pauschale Lohnsteuer ... 207
24.3 Korrektur ... 208
24.4 BAV-Förderbetrag ... 209

25 Lohnsteuer-Jahresausgleich ... 210
25.1 Überprüfung des Lohnsteuereinbehalts ... 210
25.2 Ausschluss bei eingetragenem Frei- oder Hinzurechnungsbetrag ... 212
25.3 Ausschluss bei Anwendung des Faktorverfahrens ... 213

26 Lohnsteuerklassen ... 214
26.1 Heirat, beide Steuerklasse I ... 214
26.2 Zusammenzug, dann Heirat ... 215
26.3 Hauptbeschäftigung mit Nebenbeschäftigung ... 218

27 Mehrarbeitsvergütung ... 220
27.1 Gehaltsempfänger (4,33 Wochen/Monat) ... 220
27.2 Gehaltsempfänger (4,35 Wochen/Monat) ... 221

28 Mehrfachbeschäftigung ... 223
28.1 Kurzfristige neben geringfügiger Beschäftigung ... 223
28.2 Hauptbeschäftigung und zwei geringfügig entlohnte Beschäftigungen ... 224
28.3 Hauptbeschäftigung eines freiwillig Versicherten mit 2 Nebenbeschäftigungen ... 225
28.4 Mehrere Beschäftigungen ... 227
28.5 Zwei geringfügige Beschäftigungen unter 450 EUR ... 229
28.6 Zwei geringfügige Beschäftigungen über 450 EUR ... 229

29 Mindestlohn ... 230
29.1 Akkordlohn ... 230
29.2 Stücklohn ... 230
29.3 Kost und Logis ... 230
29.4 Dienstwagen ... 231
29.5 Verstetigtes Arbeitsentgelt ... 231
29.6 Provision mit Vorschusszusage ... 232
29.7 Provision ohne Vorschusszusage ... 232
29.8 Entgeltumwandlung ... 232
29.9 Erschwerniszulagen ... 233
29.10 Überstundenzuschläge ... 234
29.11 Sonn- und Feiertagszulagen ... 234
29.12 Aufwandsentschädigungen ... 235
29.13 Fahrtkostenzuschuss ... 235
29.14 Ortszulage ... 235
29.15 Dienstkleidungszuschuss ... 236
29.16 Mankogeld ... 236
29.17 Werkzeuggeld ... 236
29.18 Freiwillige einmalige Leistungen ... 236
29.19 Vermögenswirksame Leistungen ... 237
29.20 Urlaubsgeld, Einmalzahlung ... 237
29.21 Urlaubsgeld, ratierliche Zahlung ... 238
29.22 Weihnachtsgeld, Einmalzahlung ... 238

29.23 Weihnachtsgeld, ratierliche Zahlung 239
29.24 Bereitschaftsdienst 239
29.25 Rufbereitschaft 239

30 Mutterschutz 241
30.1 Geburt zum errechneten Termin 241
30.2 Geburt 3 Tage nach errechnetem Termin 241
30.3 Geburt 9 Tage vor errechnetem Termin 241
30.4 Mehrlingsgeburt 242
30.5 Frühgeburt 242
30.6 Geburt eines Kindes mit Behinderung 243

31 Nachtarbeit 244
31.1 Steuerfreie Sonntags-, Feiertags- und Nachtzuschläge (Bemessungsgrundlage) 244
31.2 Steuerfreie Nachtzuschläge (Bemessungsgrundlage) 245
31.3 Steuerfreie Nachtzuschläge (ohne Grundlohnzusätze) 247
31.4 Sonntag 248

32 Nachzahlung 249
32.1 Gehaltserhöhung laufendes Jahr (rückwirkend) 249
32.2 Vorjahr 249
32.3 Rückwirkende Lohnerhöhung (nach Tarifvertrag mit Ausschlussfrist) 250
32.4 Mehrarbeitsvergütung für 8 Monate 250
32.5 Weihnachtsgeld im März des Folgejahres (Beitragsbemessungsgrenze nicht überschritten) 251
32.6 Prämie im März des Folgejahres (Beitragsbemessungsgrenze wird überschritten) 251
32.7 Prämie im Juni des Folgejahres 252

33 Nebenbeschäftigung 254
33.1 Minijob 254
33.2 Minijob (einmalig über 450 EUR) 255
33.3 2 Nebenjobs 256
33.4 Hinzuverdienst bei ALG I 257
33.5 Hinzuverdienst bei ALG I (vorheriger Minijob) 259

34 Pauschalierte Lohnsteuer 261
34.1 Sachzuwendungen 261
34.2 Kurzfristige Beschäftigung 262
34.3 Dienstwagen (Privatnutzung) 262

34.4 Weihnachtsfeier ... 263
34.5 Fahrtkostenzuschuss für Fahrten mit öffentlichen Verkehrsmitteln ... 264
34.6 Fahrtkostenzuschuss bei Nutzung des eigenen Kraftfahrzeugs ... 265
34.7 Jobticket: Wahlrecht zwischen Steuerfreiheit und Pauschalierung ... 265

35 Pfändung ... 267
35.1 Pfändbare und pfändungsfreie Beträge bei Nettovergütung ... 267
35.2 Nettomethode: Pfändbare und pfändungsfreie Beträge bei Bruttovergütung (Rechtsprechungsänderung seit 17.4.2013) ... 268
35.3 Pfändung, Weihnachtsgeld bzw. 13. Monatsgehalt ... 270
35.4 Pfändung, Wechselschichtzulage, Zuschläge für ungünstige Zeiten (Nachtarbeit, Sonntags- und Feiertagsarbeit) ... 271
35.5 Mehrere Pfändungen gleichzeitig ... 272
35.6 Vorausabtretung ... 273
35.7 Bearbeitungskosten Arbeitgeber ... 273

36 Pflegezeit ... 274
36.1 Antragsfrist ... 274
36.2 Verlängerung ... 274
36.3 Zweite Freistellung ... 275
36.4 Kürzung des Erholungsurlaubs ... 276

37 Private Krankenversicherung ... 277
37.1 Beitragszuschuss, Anspruchsvoraussetzungen ... 277
37.2 Beitragszuschuss, Höhe und Anspruchsdauer ... 278
37.3 Beitragszuschuss, Berücksichtigung Beiträge Angehöriger ... 279

38 Rabattfreibetrag ... 282
38.1 Belegschaftsrabatt ... 282
38.2 Produkte des Arbeitgebers ... 283
38.3 Eigene Waren oder Dienstleistungen ... 283
38.4 Arbeitgeber erbringt gewichtigen Beitrag zur Herstellung ... 284
38.5 Zeitpunkt der Bewertung ... 284
38.6 Personalrabatte (Konzern) ... 286
38.7 Reiseleistung/Vermittlungsprovision ... 288
38.8 Rabatte von Dritten ... 289
38.9 Mitarbeiter-Vorteilsprogramm ... 290
38.10 Bonuspunkte ... 291
38.11 Mahlzeiten (Vergleich Rabattfreibetrag/Sachbezugswert) ... 293
38.12 44-EUR-Freigrenze und Versandkosten ... 295

39 Reisekostenabrechnung ... 297
39.1 Auswärtstätigkeit unter 3 Monaten ... 297
39.2 Auswärtstätigkeit (3-Monatsfrist) ... 298
39.3 Übernachtungs- und Nebenkosten ... 300
39.4 Übernachtung vom Arbeitgeber veranlasst ... 301
39.5 Abweichende Reisekostenregelungen ... 303
39.6 Auswärtstätigkeit mit Anschlussaufenthalt ... 304
39.7 Gemischt veranlasste Gruppenreise ... 306
39.8 Auswärtstätigkeit mit vorgeschaltetem Urlaub ... 308
39.9 Urlaub zwischen dienstlichen Terminen ... 309
39.10 Mitnahme der Ehefrau ... 311
39.11 Mahlzeitengestellung ... 312
39.12 Verrechnung Sachbezugswert ... 313
39.13 Mehrere Aufträge beim gleichen Kunden ... 314

40 Sachbezug ... 316
40.1 Benzingutschein (steuerliche Voraussetzungen) ... 316
40.2 Benzingutschein (96-%-Regelung) ... 317
40.3 Freie Kost und Unterkunft ... 318
40.4 Essenmarke ... 318

41 Sonn- und Feiertagsarbeit ... 320
41.1 Sonntagszuschlag (100 %) ... 320
41.2 Sonntagszuschlag (50 %) ... 321
41.3 Nachtzuschlag ... 321
41.4 Sonntagszuschlag ... 322
41.5 Sonntags- und Nachtzuschlag ... 323
41.6 Zulage für Samstagsarbeit ... 324
41.7 Gesetzlicher Feiertag ... 325
41.8 Besonderer Feiertag ... 326
41.9 Kein bundeseinheitlicher Feiertag ... 327
41.10 Kein bundeseinheitlicher Feiertag mit Auswärtstätigkeit ... 328
41.11 Bemessungsgrundlage für steuerfreie Zuschläge ... 328

42 Sonstige Bezüge ... 331
42.1 Urlaubsgeld ... 331
42.2 Jahresbonus ... 332

43 Studentenjobs ... 334
43.1 Minijob ... 334
43.2 Kurzfristige Beschäftigung ... 335

43.3 Beschäftigung mit wöchentlicher Arbeitszeit von nicht mehr als 20 Stunden ... 335
43.4 Überschreitung der 20-Wochenstunden-Grenze/Arbeit in den Abend- und Nachtstunden und am Wochenende/befristete Beschäftigung ... 336
43.5 Überschreitung der 20-Wochenstunden-Grenze/Arbeit in den Abend- und Nachtstunden und am Wochenende/unbefristete Beschäftigung ... 337
43.6 Befristete Überschreitung der 20-Wochenstunden-Grenze/Arbeit in den Abend- und Nachtstunden ... 338
43.7 Überschreitung der 20-Wochenstunden-Grenze in den Semesterferien ... 338
43.8 Befristete Beschäftigungen ausschließlich in den Semesterferien ... 339
43.9 Befristete Beschäftigung mit Werkstudentenprivileg und Vorbeschäftigungen ... 341
43.10 Befristete Beschäftigungen ohne Werkstudentenprivileg mit Vorbeschäftigung ... 343

44 Teilzeitbeschäftigung ... 346
44.1 Übergangsbereich ... 346
44.2 Urlaubs- und Gehaltsanspruch ... 347
44.3 Überstunden ... 348

45 Tod des Arbeitnehmers ... 350
45.1 Laufendes Arbeitsverhältnis ... 350
45.2 Altersteilzeit (Blockmodell) ... 351
45.3 Zeitguthaben ... 352
45.4 Urlaub, offenes Urlaubsentgelt, Urlaubsgeld ... 352
45.5 Innerhalb der Kündigungsfrist (Abfindungsanspruch aus Sozialplan) ... 352
45.6 Nach Abschluss eines Aufhebungsvertrags ... 353

46 Unbezahlter Urlaub ... 354
46.1 Urlaubsanspruch während Auszeit ... 354
46.2 Arbeitsunfähigkeit ... 357
46.3 Feiertagsvergütung ... 357
46.4 Ausschluss von Doppelansprüchen ... 358
46.5 Anschluss an Elternzeit ... 358
46.6 Anschluss an Krankengeld ... 359

47 Urlaub ... 360
47.1 Urlaubsanspruch (gesetzlicher Mindesturlaub) ... 360
47.2 Vorgriff auf entstehende Urlaubsansprüche ... 360

47.3 Freistellung bei Beendigung des Arbeitsverhältnisses unter Fortzahlung der Vergütung und Anrechnung auf Urlaubsansprüche ... 361
47.4 Urlaubsanspruch bei Beendigung des Arbeitsverhältnisses ... 361
47.5 Urlaubsanspruch bei Beendigung des Arbeitsverhältnisses – Anspruch auf Vollurlaub ... 363
47.6 Urlaubsanspruch bei Arbeitsunfähigkeit ... 363
47.7 Übertragung des Anspruchs auf das Folgejahr nach Langzeiterkrankung ... 364
47.8 Langzeiterkrankung, Verfall ... 365
47.9 Urlaubsanspruch bei doppelter Elternzeit ... 366
47.10 Urlaubsanspruch bei vorzeitiger Beendigung der Elternzeit zur Inanspruchnahme der Schutzfristen und anschließender erneuter Elternzeit wegen eines weiteren Kindes ... 366
47.11 Urlaubsanspruch, erweiterter Zeitraum nach dem Mutterschutzgesetz, nachfolgende Elternzeit mit anschließender Arbeitsunfähigkeit ... 367
47.12 Urlaubsanspruch Teilzeitbeschäftigte ... 367
47.13 Urlaubsanspruch bei Wechsel von Vollzeit in Teilzeit während des Urlaubsjahrs (vor dem Wechsel wurde noch kein Urlaub genommen) ... 368
47.14 Urlaubsanspruch bei Wechsel von Vollzeit in Teilzeit während des Urlaubsjahres mit weniger Arbeitstagen als zuvor (vor dem Wechsel wurde teilweise Urlaub genommen) ... 370
47.15 Urlaubsanspruch im umgekehrten Fall Greenfield: Wechsel von Teilzeit in Vollzeit während des Urlaubsjahres mit mehr Arbeitstagen als zuvor (vor dem Wechsel wurde teilweise Urlaub genommen) ... 371
47.16 Urlaubsentgelt bei Wechsel von Vollzeit in Teilzeit mit gleich vielen Arbeitstagen wie zuvor, aber reduzierter Stundenzeit (während des Urlaubsjahres) ... 371
47.17 Anspruch auf bezahlten Urlaub für die Zeit unbezahlten Sonderurlaubs (Sabbatical)? ... 372
47.18 Fälligkeit des Urlaubsanspruchs ... 373
47.19 Fälligkeit des Urlaubsanspruchs bei Kündigung in der Wartezeit ... 374
47.20 Rückforderung durch Arbeitgeber (bei zu viel gewährtem Urlaub) ... 374
47.21 Urlaubsentgelt (Berücksichtigung von Überstunden) ... 375
47.22 Mitbestimmungsrechte des Betriebsrats ... 375
47.23 Kein automatischer Verfall von Urlaubsansprüchen bei einem nicht gestellten Urlaubsantrag ... 376
47.24 Urlaubsabgeltung, Verzicht ... 377
47.25 Urlaubsabgeltung nach Tod ... 378

48 Vermögenswirksame Leistungen ... 380
48.1 Förderarten/Anlageformen ... 380
48.2 Zuschuss des Arbeitgebers ... 381

48.3 Überweisung durch Arbeitgeber ohne Zuschuss ... 382
48.4 Zuschuss bei mehreren Verträgen ... 382
48.5 Arbeitgeberwechsel ... 383

Teil 2: Entgelt-ABC ... 385

1 A – Abfindung bis Autowerbung ... 386
1.1 Abfindung als Ausgleichszahlung ... 386
1.2 Abfindung in allen anderen Fällen ... 386
1.3 Abfindung wegen Verlust des Arbeitsplatzes ... 387
1.4 Abfindung wegen vorzeitiger Räumung einer Werks- oder Dienstwohnung ... 387
1.5 Abgeltung von Urlaubsansprüchen ... 388
1.6 Abgeltung witterungsbedingter Lohnausfall (Baugewerbe) ... 388
1.7 Abnutzungsentschädigung ... 389
1.8 Abschiedsgeschenk als Geldleistung ... 389
1.9 Abschiedsgeschenk als Sachleistung ... 389
1.10 Abschlagszahlung ... 390
1.11 Abschlussprämie ... 390
1.12 Abschussgeld ... 390
1.13 Abstandsgeld ... 391
1.14 Abtretung ... 391
1.15 Aktienüberlassung ... 391
1.16 Altersentlastungsbetrag ... 391
1.17 Altersrente ... 392
1.18 Altersteilzeit, Arbeitgeberbeitrag zur Höherversicherung ... 392
1.19 Altersteilzeit, Aufstockungsbeträge ... 393
1.20 Altersteilzeit, zusätzliche beitragspflichtige Einnahme in der Rentenversicherung ... 393
1.21 Annehmlichkeit ... 394
1.22 Antrittsgebühr ... 394
1.23 Anwesenheitsprämie ... 394
1.24 Arbeitgeberbeitrag zu sonstigen Direktversicherungen ... 395
1.25 Arbeitgeberbeitrag zur Direktversicherung (lebenslange Rentenzahlung ab 60. Lebensjahr bzw. ab 62. Lebensjahr für Versorgungszusagen ab 2012) ... 395
1.26 Arbeitgeberbeitrag zur gesetzlichen Sozialversicherung ... 396
1.27 Arbeitgeberbeitrag zur Insolvenzsicherung ... 396
1.28 Arbeitgeberdarlehen ... 396
1.29 Arbeitgeberzuschuss (pauschal versteuerte Fahrtkosten zwischen Wohnung und erster Tätigkeitsstätte) ... 396
1.30 Arbeitgeberzuschuss nach § 257 SGB V bzw. § 61 SGB XI ... 397
1.31 Arbeitgeberzuschuss zu einer Betriebskrankenkasse ... 397

1.32 Arbeitgeberzuschuss zu einer Lebensversicherung ... 397
1.33 Arbeitgeberzuschuss zum Elterngeld, Nettodifferenz mehr als 50 EUR überschritten ... 398
1.34 Arbeitgeberzuschuss zum Elterngeld, Nettodifferenz nicht mehr als 50 EUR überschritten ... 398
1.35 Arbeitgeberzuschuss zum Krankengeld ... 399
1.36 Arbeitgeberzuschuss zum Krankentagegeld ... 399
1.37 Arbeitgeberzuschuss zum Übergangsgeld (Nettoarbeitsentgelt mehr als 50 EUR überschritten) ... 399
1.38 Arbeitgeberzuschuss zum Übergangsgeld (Nettoarbeitsentgelt nicht mehr als 50 EUR überschritten) ... 399
1.39 Arbeitgeberzuschuss zur Betreuung nicht schulpflichtiger Kinder ... 400
1.40 Arbeitgeberzuschuss zur Förderung eines Studiums ... 400
1.41 Arbeitnehmeranteil ... 400
1.42 Arbeitnehmer-Sparzulage ... 401
1.43 Arbeitsessen ... 401
1.44 Arbeitskleidung ... 402
1.45 Arbeitslosengeld ... 402
1.46 Arbeitslosengeld II (Arbeitslosenhilfe) ... 402
1.47 Arbeitszeitkonto (Übertragung Wertguthaben) ... 403
1.48 Arbeitszimmer – Einrichtung und Ausstattung ... 403
1.49 Arbeitszimmer – Zuschuss des Arbeitgebers ... 403
1.50 Auflassungsgebühr ... 403
1.51 Aufmerksamkeiten ... 404
1.52 Aufsichtsratsvergütung ... 404
1.53 Aufstockungsbeträge ... 405
1.54 Aufwandsentschädigung (aus öffentlichen Kassen) ... 405
1.55 Aufwandsentschädigung an ehrenamtlich Tätige (Ehrenamtsfreibetrag) ... 405
1.56 Aufwandsentschädigung aus nichtöffentlichen Kassen ... 406
1.57 Aufwandsentschädigung für ehrenamtliche rechtliche Betreuer, Vormünder und Pflegschaften ... 406
1.58 Aufwandsentschädigung für Übungsleiter (Übungsleiterfreibetrag) ... 406
1.59 Ausbildungsbeihilfe ... 407
1.60 Ausbildungsvergütung ... 407
1.61 Ausgleichszahlung an ehrenamtliche Bürgermeister ... 407
1.62 Ausgleichszahlung bei Einsatz im Beitrittsgebiet ... 408
1.63 Ausgleichszahlung (freiwillige Rentenversicherungsbeiträge) des Arbeitgebers nach § 187a SGB VI ... 408
1.64 Ausgleichszahlung an Beamte ... 409
1.65 Ausgleichszahlung bei Altersteilzeitarbeit ... 409
1.66 Auslagenersatz ... 409
1.67 Ausländisches Entgelt ... 410

1.68 Auslandsverwendungszuschlag ... 410
1.69 Auslandszulage ... 410
1.70 Auslösungen ... 410
1.71 Außendienstentschädigung ... 411
1.72 Aussperrungsunterstützung ... 411
1.73 Autowerbung ... 411
1.74 Autowerbung (nur Arbeitnehmer) ... 412

2 B - Backwaren unbelegt bis Bußgeld ... 413
2.1 Backwaren unbelegt ... 413
2.2 BahnCard (Fahrten Wohnung - erste Tätigkeitsstätte) ab 1.1.2019 ... 413
2.3 BahnCard (Fahrten Wohnung - erste Tätigkeitsstätte) bis 31.12.2018 ... 413
2.4 BahnCard (Fahrten Wohnung - erste Tätigkeitsstätte), pauschal versteuert bis 31.12.2018 ... 414
2.5 Bahncard (für berufliche Auswärtstätigkeiten) ... 414
2.6 Ballungsraumzulage ... 415
2.7 Baustellenzulage ... 415
2.8 Bedienungszuschlag ... 415
2.9 Beförderung ... 415
2.10 Beförderung (pauschal versteuerter Zuschuss, Fahrten zwischen Wohnung und erster Tätigkeitsstätte) ... 416
2.11 Beihilfen öffentlicher Kassen ... 416
2.12 Beihilfen privater Arbeitgeber ... 416
2.13 Beiträge des Arbeitgebers (Sozialversicherungsbeiträge) ... 417
2.14 Beiträge des Arbeitgebers zur ZVK Bau ... 417
2.15 Beiträge des Arbeitgebers zur ZVK Bau (pauschal versteuert) ... 417
2.16 Beiträge zu einem Berufsverband (getragen vom Arbeitgeber) ... 418
2.17 Beitragsanteil des Arbeitgebers (Sozialversicherung) ... 418
2.18 Beitragsnachentrichtung ... 418
2.19 Beitragszuschuss ... 419
2.20 Bekleidungszuschuss ... 419
2.21 Belegschaftsaktien ... 419
2.22 Belegschaftsrabatte ... 419
2.23 Belohnung ... 419
2.24 Belohnung für Unfallverhütung (BG) ... 420
2.25 Bereitschaftsdienstvergütung ... 420
2.26 Berufsausbildungsbeihilfen nach § 56 SGB III ... 420
2.27 Berufshaftpflichtversicherung ... 421
2.28 Berufskleidung (Überlassung durch den Arbeitgeber) ... 421
2.29 Berufsverband (Arbeitgeber erstattet Arbeitnehmer Beiträge) ... 421
2.30 Bestattungsgeld ... 421
2.31 Betriebliche Gesundheitsförderung ... 422

2.32 Betriebliche Sachleistungen 422
2.33 Betriebskindergarten 422
2.34 Betriebsrente 423
2.35 Betriebsveranstaltung 423
2.36 Betriebsveranstaltung (pauschal versteuerte Zuwendungen) 423
2.37 Betriebsversammlung 424
2.38 Bewerberpauschale 424
2.39 Bewerbungskosten 425
2.40 Bewirtungskosten bei Bewirtung von Geschäftsfreunden 425
2.41 Bewirtungskosten bei Geburtstagen von Arbeitnehmern 425
2.42 Bewirtungskosten bei speziellen Anlässen 426
2.43 Bewirtungskosten des Arbeitnehmers (Auslagenersatz) 426
2.44 Bildschirmbrille 426
2.45 Bußgeld (Geldbuße und Geldstrafe) 427
2.46 Bußgeld (Verwarnungsgeld bei Verkehrsverstoß) 427
2.47 Bußgeld (Verwarnungsgeld wegen Lenk- und Ruhezeitverstoß) 428

3 D – Darlehen bis Durchlaufende Gelder 429
3.1 Darlehen 429
3.2 Dauer(eintritts)karte 429
3.3 Deputate in der Land- und Forstwirtschaft 430
3.4 Deutschkurs 430
3.5 Diäten 430
3.6 Dienstfahrrad 431
3.7 Dienstkleidung 431
3.8 Dienstrad (Gehaltumwandlung) 431
3.9 Dienstrad (zusätzlich gewährt) 431
3.10 Dienstwagen 432
3.11 Dienstwohnung 432
3.12 Differenzbetrag 432
3.13 Direktversicherung oder Pensionskasse (pauschal versteuerte Entgeltumwandlung Altzusagen bis 2004 bis zu 1.752 EUR pro Jahr) 433
3.14 Direktversicherungsbeiträge 433
3.15 Dreizehntes Monatsgehalt 433
3.16 Durchlaufende Gelder 434

4 E – E-Bike bis Essenszuschuss 435
4.1 E-Bike 435
4.2 Ehrenamtsfreibetrag 435
4.3 Ein-Euro-Job (Aufwandsentschädigung für Ein-Euro-Jobber) 435
4.4 Einkauf für den Arbeitgeber (Bareinkauf) 435
4.5 Einkleidungsbeihilfe 436

4.6 Einmalzahlung / Einmalige Bezüge ... 436
4.7 Eintrittskarte ... 436
4.8 Elektrofahrrad (Aufladen) ... 436
4.9 Elektrofahrrad (bis 25 km/h, Gehaltsumwandlung) ... 437
4.10 Elektrofahrrad (bis 25 km/h, zusätzlich gewährt) ... 437
4.11 Elektrofahrrad (über 25 km/h) ... 438
4.12 Elektrofahrzeug (Aufladen) ... 438
4.13 Elektrofahrzeug (Erstattung der Stromkosten, Dienstwagen) ... 438
4.14 Elektrofahrzeug (Erstattung der Stromkosten, Privatfahrzeug) ... 439
4.15 Elektrofahrzeug (Übereignung der Ladestation, pauschal versteuert) ... 439
4.16 Elektrofahrzeug (Überlassung) ... 440
4.17 Elektrofahrzeug (zeitweise Überlassung der Ladestation) ... 440
4.18 Elektrofahrzeug (Zuschuss zur Ladestation, pauschal versteuert) ... 441
4.19 Elterngeldzuschuss ... 441
4.20 Entgeltfortzahlung ... 441
4.21 Entlassungsentschädigung ... 442
4.22 Entschädigung für Privatforstbedienstete ... 442
4.23 Erbe ... 442
4.24 Erfindervergütung ... 442
4.25 Erfolgs- und Treueprämie ... 443
4.26 Erfrischungen ... 443
4.27 Ergebnisbeteiligung ... 443
4.28 Erholungsbeihilfe ... 444
4.29 Erholungsbeihilfe (pauschal versteuert) ... 444
4.30 Erholungsheime ... 444
4.31 Erschwerniszuschlag ... 444
4.32 Erwerbsunfähigkeitsrente ... 445
4.33 Erziehungsbeihilfe ... 445
4.34 Essen (pauschal versteuert) ... 445
4.35 Essenszuschuss ... 445
4.36 Essenszuschuss (pauschal versteuert) ... 446

5 F – Fahrrad bis Futtergeld ... 447
5.1 Fahrrad ... 447
5.2 Fahrtkostenersatz (eigener PKW – pauschal versteuert) ... 447
5.3 Fahrtkostenersatz (eigener PKW) ... 447
5.4 Fahrtkostenzuschuss (öffentl. Verkehrsmittel) ... 448
5.5 Familienpflegezeit ... 448
5.6 Familienzuschlag ... 448
5.7 Fehlgeldentschädigung ... 449
5.8 Feiertagsarbeitszuschlag, Grundlohn liegt zwischen 25 EUR und 50 EUR pro Stunde ... 449

5.9 Feiertagsarbeitszuschlag, Grundlohn übersteigt nicht 25 EUR pro Stunde 450
5.10 Feiertagszuschlag 450
5.11 Ferienbeihilfe (kostenlose Unterbringung / Barzuschüsse) 450
5.12 Ferienbeihilfe (pauschal versteuert) 451
5.13 Fernsprechanschluss (Gesprächsgebührenübernahme durch Arbeitgeber) 451
5.14 Fernsprechanschluss (Wohnung des Arbeitnehmers) 452
5.15 Festtagsgeschenk 452
5.16 Firmenwagen 452
5.17 Flexible Arbeitszeit (Übertragung Wertguthaben) 452
5.18 Fortbildungskosten (durch Arbeitgeber gebucht) 452
5.19 Fortbildungskosten (durch Arbeitnehmer gebucht) 453
5.20 Fortbildungsveranstaltung (auf Kosten des Betriebs) 453
5.21 Freianzeige 453
5.22 Freibrot 454
5.23 Freie Station 454
5.24 Freifahrt 455
5.25 Freifahrtberechtigung 455
5.26 Freiflug 455
5.27 Freikarte 456
5.28 Freitabak 456
5.29 Freitrunk 456
5.30 Führerschein Klasse C1, C und Klasse E 457
5.31 Futter- und Pflegegeld 457

6 G – Garagenmiete bis Gutschein 458
6.1 Garagenmiete für den Dienstwagen (Ersatz durch Arbeitgeber) 458
6.2 Gebühren (Auslagenersatz an Arbeitnehmer) 458
6.3 Gebührenanteil 459
6.4 Geburtsbeihilfe 459
6.5 Geburtstagsgeschenk 459
6.6 Gefahrenzulage 460
6.7 Gehalt 460
6.8 Gehaltsfortzahlung 460
6.9 Geldbuße 460
6.10 Geldzuwendung 460
6.11 Gelegenheitsgeschenk 460
6.12 Gemeinschaftsverpflegung 460
6.13 Geringfügige Beschäftigung 461
6.14 Geschenke (Auslagenersatz an Arbeitnehmer) 461
6.15 Gesundheitsförderung, betriebliche 461
6.16 Getränke bzw. Genussmittel 462
6.17 Gewinnanteil 462

6.18 Gewinnchance ... 463
6.19 Goldplakette ... 463
6.20 Gratifikation ... 463
6.21 Gruppen-Unfallversicherung ... 464
6.22 Gutschein ... 464

7 H - Haftpflichtversicherung bis Hybrid-Dienstwagen ... 465
7.1 Haftpflichtversicherung ... 465
7.2 Handy ... 465
7.3 Haustrunk ... 465
7.4 Heimarbeiterzuschlag (Arbeitsunfähigkeit) ... 466
7.5 Heimarbeiterzuschlag (Mehraufwendungen) ... 466
7.6 Heiratsbeihilfe ... 466
7.7 Heizmaterial ... 467
7.8 Hitzezuschlag ... 467
7.9 Homeoffice (Zahlungen des Arbeitgebers) ... 467
7.10 Hundegeld ... 467
7.11 Hybrid-Dienstwagen ... 467

8 I - Incentivereise bis Instrumentenversicherung ... 468
8.1 Incentivereise ... 468
8.2 Incentive-Reise (pauschal versteuert nach § 37b EStG) ... 468
8.3 Inkassogebühren ... 469
8.4 Inkassogebühren - Auslieferungsfahrer ... 469
8.5 Insolvenzgeld ... 469
8.6 Instrumentengeld ... 470
8.7 Instrumentenversicherung ... 470

9 J - Jahresabschlussprämie bis Jubiläumszuwendung ... 471
9.1 Jahresabschlussprämie ... 471
9.2 Jahreswagenrabatt ... 471
9.3 Jobrad ... 471
9.4 Jobticket (Gehaltsumwandlung) ... 471
9.5 Jobticket (zusätzlich gewährt) ... 472
9.6 Jubiläumszuwendung ... 472

10 K - Kapitalabfindung bis Kurzarbeitergeldzuschuss ... 474
10.1 Kapitalabfindung ... 474
10.2 Kapitalbeteiligung ... 474
10.3 Karenzentschädigung ... 474
10.4 Kassenverlustentschädigung ... 475
10.5 Kaufkraftausgleich ... 475

10.6 Kilometergeld ... 475
10.7 Kindergartenplatz ... 475
10.8 Kindergartenzuschuss ... 476
10.9 Kindergeld ... 476
10.10 Kinderverschickung ... 476
10.11 Kinderzuschlag ... 477
10.12 Kinderzuschuss ... 477
10.13 Kirchensteuer ... 477
10.14 Kleidergeld ... 478
10.15 Kontoeröffnungsgebühr ... 478
10.16 Kontoführungsgebühr ... 478
10.17 Kraftfahrzeugüberlassung (Fahrten Wohnung - erste Tätigkeitsstätte, 0,03 % bzw. 0,002 %-Regelung) ... 478
10.18 Kraftfahrzeugüberlassung (Fahrten Wohnung - erste Tätigkeitsstätte, pauschal versteuert) ... 479
10.19 Kraftfahrzeugüberlassung (Familienheimfahrten bei doppelter Haushaltsführung) ... 479
10.20 Kraftfahrzeugüberlassung (Familienheimfahrten) ... 480
10.21 Kraftfahrzeugüberlassung (Grundsatz) ... 480
10.22 Krankenbezüge (nach TVöD) ... 481
10.23 Krankenbezüge (Übergang nach § 115 SGB X) ... 481
10.24 Krankengeldzuschuss (GKV), Nettodifferenz mehr als 50 EUR überschritten ... 481
10.25 Krankengeldzuschuss (GKV), Nettodifferenz nicht mehr als 50 EUR überschritten ... 482
10.26 Krankentagegeldzuschuss (PKV), Nettodifferenz mehr als 50 EUR überschritten ... 482
10.27 Krankentagegeldzuschuss (PKV), Nettodifferenz nicht mehr als 50 EUR überschritten ... 483
10.28 Kreditkarte (Firmenkreditkarte mit Privatnutzung) ... 483
10.29 Kreditkarte (Firmenkreditkarte ohne Privatnutzung) ... 484
10.30 Kundenbindungsprogramm ... 484
10.31 Kurkosten ... 484
10.32 Kurzarbeit (Ist-Entgelt für tatsächliche Arbeitsleistung) ... 485
10.33 Kurzarbeitergeld ... 485
10.34 Kurzarbeitergeldzuschuss ... 485

11 L - Laptop bis Losgewinn ... 487
11.1 Laptop ... 487
11.2 Lebensarbeitszeitkonto (Übertragung Wertguthaben) ... 487
11.3 Lebensversicherungsprämie ... 487

11.4 Lebensversicherungsprämie (neben bestehender gesetzlicher Rentenversicherung) ... 488
11.5 Lehrabschlussprämie ... 488
11.6 Lehrentschädigung ... 489
11.7 Lehrgangskosten (durch Arbeitnehmer gebucht) ... 489
11.8 Leistungsprämie ... 489
11.9 Liquidationseinnahmen ... 490
11.10 Lohn ... 490
11.11 Lohnausfallvergütung ... 490
11.12 Lohnausgleich ... 491
11.13 Lohnfortzahlung ... 491
11.14 Lohnsteuer (Nacherhebung in größerer Zahl von Fällen) ... 491
11.15 Lohnsteuer und Kirchensteuer (pauschal vom Arbeitgeber getragen) ... 492
11.16 Lohnsteuer und Kirchensteuer (Übernahme bei Nettolohnvereinbarung) ... 492
11.17 Losgewinn (Incentive) ... 492
11.18 Losgewinn (Losverkauf) ... 493

12 M – Mahlzeiten bis Mutterschaftsgeldzuschuss ... 494
12.1 Mahlzeiten ... 494
12.2 Mahlzeiten (Pauschalversteuerung durch den Arbeitgeber) ... 494
12.3 Maigeld ... 495
12.4 Mankogeld ... 495
12.5 Massagen ... 495
12.6 Medikamente ... 495
12.7 Mehrarbeitsvergütung (entsprechend tatsächlicher Mehrarbeit) ... 496
12.8 Mehrarbeitsvergütung (pauschal) ... 496
12.9 Metergeld ... 497
12.10 Miete ... 497
12.11 Mietkostenzuschuss ... 498
12.12 Mitarbeiterbeteiligung ... 498
12.13 Mitarbeiter-Kapitalbeteiligung ... 498
12.14 Mitgliedsbeitrag ... 499
12.15 Montagebeteiligung ... 499
12.16 Montagezulage ... 500
12.17 Mutterschaftsgeldzuschuss ... 500

13 N – Nachtarbeitszuschlag bis Nutzungsentschädigung ... 501
13.1 Nachtarbeitszuschlag, Grundlohn übersteigt nicht 25 EUR pro Stunde ... 501
13.2 Nachtarbeitszuschläge, Grundlohn liegt zwischen 25 EUR und 50 EUR pro Stunde ... 501
13.3 Nachtdienstzulage ... 502
13.4 Nachzahlung von Entgelt ... 502

13.5 Nebenberufliche Tätigkeit 502
13.6 Nebenberufliche Tätigkeit (Ehrenamt) 503
13.7 Nebenjob / Nebenbeschäftigung (pauschal versteuert) 503
13.8 Neujahrszuwendung 503
13.9 Nichtraucherprämie 504
13.10 Notarzt im Rettungsdienst 504
13.11 Notebook 505
13.12 Notstandsbeihilfe 505
13.13 Nutzungsentschädigung 505

14 O – Optionsrecht bis Ortszuschlag 506
14.1 Optionsrecht (Ausübung des Optionsrechts) 506
14.2 Optionsrecht (Bezugsrecht) 506
14.3 Ortszuschlag 507

15 P – Parkgebühr bis Prozesskosten 508
15.1 Parkgebühr (Dienst- oder Betriebsfahrzeug bei Auswärtstätigkeit) 508
15.2 Parkgebühr für Arbeitnehmerparkplatz 508
15.3 Parkplatz 509
15.4 Partnerschaftsvergütung 509
15.5 Pauschalbesteuerte Bezüge 510
15.6 Pauschale Abgeltung im Baugewerbe 510
15.7 Pauschale Lohn- und Kirchensteuer 510
15.8 Pauschales Rohr-, Saiten- oder Blattgeld (Berufsmusiker) 511
15.9 Pedelec 511
15.10 Pensionsfonds und Pensionskasse (Beiträge) 511
15.11 Personalcomputer (PC) 511
15.12 Personalcomputerübereignung (pauschal versteuert) 512
15.13 Personalrabatt 512
15.14 Pflegeversicherung 512
15.15 Portokosten (Auslagenersatz an Arbeitnehmer) 512
15.16 Praktikant (Entgelt bei freiwilligem Praktikum) 513
15.17 Praktikant (Entgelt bei vorgeschriebenem Vorpraktikum / Nachpraktikum) 513
15.18 Praktikant, vorgeschriebenes Zwischenpraktikum 514
15.19 Prämie für Verbesserungsvorschlag 514
15.20 Prämien 515
15.21 Preisnachlass 515
15.22 Privatforstbedienstete (Entschädigung) 515
15.23 Privatgespräche 515
15.24 Provisionen 515
15.25 Provisionsfreie Abwicklung von Wertpapiergeschäften 516
15.26 Prozesskosten 516

16 R – Rabatt bis Restaurantscheck 517
16.1 Rabatt 517
16.2 Reisegepäckversicherung, dienstlich 517
16.3 Reisegepäckversicherung, privat 517
16.4 Reisekostenersatz der privaten Wirtschaft 518
16.5 Reisekostenersatz im öffentlichen Dienst 518
16.6 Reisekostenvergütung (pauschal versteuerter Verpflegungsmehraufwand) 518
16.7 Reisevergünstigung 519
16.8 Reparaturgeld für Musikinstrumente (nicht tarifvertraglich vorgeschrieben) 519
16.9 Reparaturgeld für Musikinstrumente (tarifvertraglich vorgeschrieben) 519
16.10 Restaurantscheck (wenn monatlich gewährt) 520
16.11 Rundfunkhonorar 520

17 S – Sachbezüge bis Studiengebühr 521
17.1 Sachbezüge 521
17.2 Sachbezüge (bis 44 EUR pro Monat) 521
17.3 Sachgeschenk (an Betriebsfremde) 521
17.4 Sachgeschenk (betriebseigene Arbeitnehmer) 522
17.5 Sachprämie (bis 1.080 EUR pro Jahr) 522
17.6 Sachprämie (Unfallfreiheit) 523
17.7 Sachprämie über 1.080 EUR pro Jahr (pauschal versteuert) 523
17.8 Saison-Kurzarbeitergeld für Schlechtwetterzeit 524
17.9 Sammelbeförderung 524
17.10 Schadensersatz (Schaden im Privatvermögen) 524
17.11 Schadensersatz (Verzicht des Arbeitgebers auf Anspruch) 525
17.12 Schadensersatzleistung (gesetzliche Verpflichtung) 525
17.13 Schadensersatzleistung (mit Entlohnungscharakter) 526
17.14 Schadensersatzleistung (Reiseschaden) 526
17.15 Schenkung 526
17.16 Schmerzensgeld 526
17.17 Schmutzzulage 527
17.18 Schutzkleidung 527
17.19 Sehhilfe 527
17.20 Seminarkosten (Auslagenersatz an Arbeitnehmer) 527
17.21 Seminarkosten (durch Arbeitnehmer gebucht) 527
17.22 Seuchenentschädigung nach § 56 IfSG 527
17.23 Sicherheitswettbewerb 528
17.24 Sicherungseinrichtung 528
17.25 Smartphone 528

17.26 Smartphoneübereignung (pauschal versteuert) ... 529
17.27 Sonderzulagen ... 529
17.28 Sonntagsarbeitszuschlag, Grundlohn liegt zwischen 25 EUR und 50 EUR pro Stunde ... 529
17.29 Sonntagsarbeitszuschlag, Grundlohn übersteigt nicht 25 EUR pro Stunde ... 530
17.30 Sonstige Bezüge (größere Zahl von Fällen – Einmalzahlung) ... 530
17.31 Sonstige Bezüge (größere Zahl von Fällen – laufendes Entgelt) ... 531
17.32 Sozialzulage ... 531
17.33 Sparzulage ... 531
17.34 S-Pedelec ... 532
17.35 Sportanlagen ... 532
17.36 Sprachkurs (durch Arbeitgeber gebucht) ... 532
17.37 Sprachkurs (durch Arbeitnehmer gebucht) ... 532
17.38 Sprachkurs (für ausländische Arbeitnehmer) ... 533
17.39 Stellenzulage ... 533
17.40 Sterbegeld ... 533
17.41 Steuerfreibeträge ... 534
17.42 Stipendium ... 534
17.43 Streikunterstützung ... 534
17.44 Student (Entgelt des Werkstudenten) ... 535
17.45 Studienbeihilfe ... 535
17.46 Studiengebühr (Ausbildungsdienstverhältnis) ... 535
17.47 Studiengebühr (ohne Ausbildungsverhältnis, aber berufsbegleitend) ... 536

18 T – Tablet bis Trinkgeld ... 537
18.1 Tablet ... 537
18.2 Tabletübereignung (pauschal versteuert) ... 537
18.3 Tageszeitung ... 537
18.4 Tanken (Dienst- oder Betriebsfahrzeug) ... 538
18.5 Tantiemen ... 538
18.6 Taschengeld aus zivilem Jugendfreiwilligendienst ... 539
18.7 Teilzeitbeschäftigung, geringfügige Beschäftigung (pauschal versteuert) ... 539
18.8 Teilzeitbeschäftigung, nicht geringfügig entlohnt (pauschal versteuert) ... 540
18.9 Telefonanschluss ... 540
18.10 Telefonbenutzung (privater Anschluss mit Nachweisführung) ... 540
18.11 Telefonbenutzung (privater Anschluss ohne Nachweisführung) ... 541
18.12 Telefonbenutzung (Privatgespräche am Arbeitsplatz) ... 541
18.13 Telekommunikationsleistungen ... 541
18.14 Teuerungszulage ... 542
18.15 Theaterbetriebszuschlag ... 542
18.16 Theaterkarte ... 542

18.17 Tombolagewinn 543
18.18 Trennungsentschädigung 543
18.19 Trennungsentschädigung (öffentlicher Dienst) 544
18.20 Treppengeld 544
18.21 Treueprämie 544
18.22 Trinkgeld (freiwillige Trinkgelder) 545
18.23 Trinkgeld (Rechtsanspruch) 545

19 U – Überbrückungsbeihilfe bis Urlaubszuschuss 546
19.1 Überbrückungsbeihilfe 546
19.2 Übergangsbeihilfe in allen anderen Fällen 546
19.3 Übergangsgebührnisse 547
19.4 Übergangsgeld / Übergangsbeihilfe 547
19.5 Übergangsgeld in allen anderen Fällen 547
19.6 Übernachtungskosten bei Auswärtstätigkeit (Auslagenersatz an Arbeitnehmer) 548
19.7 Überstundenvergütung 548
19.8 Übertragung eines Wertguthabens an Arbeitgeber 548
19.9 Übertragung eines Wertguthabens an DRV 549
19.10 Übungsleiterfreibetrag 549
19.11 Umsatzbeteiligung 549
19.12 Umzugskostenvergütung 549
19.13 Umzugskostenvergütung (aus öffentlichen Kassen) 550
19.14 Unfallentschädigung 550
19.15 Unfallverhütungsprämie 551
19.16 Unfallversicherung für den Arbeitnehmer (pauschal versteuerte Arbeitgeberzahlung, keine Zusatzleistung) 551
19.17 Unfallversicherung für den Arbeitnehmer (pauschal versteuerte Zusatzleistung) 552
19.18 Unfallversicherungsbeitrag 552
19.19 Unterhaltsbeitrag 552
19.20 Unterstützungen 553
19.21 Unterstützungskassenleistung 553
19.22 Urlaubsabgeltung 553
19.23 Urlaubsabgeltung (Tod des Berechtigten) 553
19.24 Urlaubsbeihilfe (pauschal versteuert) 554
19.25 Urlaubsbezug 554
19.26 Urlaubsgeld 554
19.27 Urlaubsvergütung im Baugewerbe 555
19.28 Urlaubszuschuss 555

20 V – Verbesserungsvorschlag bis Vorsorgeuntersuchung ... 556
20.1 Verbesserungsvorschlag ... 556
20.2 Verdienstausfall (Entschädigung gemäß IfSG) ... 556
20.3 Verdienstausfall (Teilnahme an Gewerkschaftskursen) ... 556
20.4 Vereinsbeitrag ... 557
20.5 Verfallenes Entgelt ... 557
20.6 Vergütung aus Mitarbeiterfonds ... 557
20.7 Vergütung für Verpflegungsmehraufwand ... 557
20.8 Verlosungsgewinn ... 558
20.9 Vermächtnisse ... 558
20.10 Vermittlungsprovision ... 558
20.11 Vermögensbeteiligung ... 559
20.12 Vermögenswirksame Leistung ... 559
20.13 Verpflegung bei Auswärtstätigkeit (Auslage durch Arbeitnehmer, Sachbezugswerte) ... 560
20.14 Verpflegung bei Auswärtstätigkeit (Auslagenersatz der tatsächlichen Kosten) ... 560
20.15 Verpflegungskostenzuschuss (14 EUR) ... 560
20.16 Verpflegungskostenzuschuss (28 EUR) ... 561
20.17 Verpflegungsmehraufwand (pauschal versteuert) ... 561
20.18 Versicherungsleistung (Ersatz von Einnahmeausfall) ... 562
20.19 Versicherungsleistungen ... 562
20.20 Versicherungsprämie ... 562
20.21 Versorgungsausgleich bei Ehescheidung (externer Ausgleich) ... 563
20.22 Versorgungsausgleich bei Ehescheidung (interner Ausgleich) ... 563
20.23 Verwarnungsgeld ... 563
20.24 Verwirkte Lohnteile ... 564
20.25 Vielfliegerprämie ... 564
20.26 VIP-Loge (für eigenen Arbeitnehmer) ... 564
20.27 VIP-Loge (pauschal versteuert nach § 37b EStG) ... 564
20.28 VIP-Loge (zu Gunsten Dritter) ... 565
20.29 Vollziehungsgebühr ... 565
20.30 Vorruhestandsleistung ... 566
20.31 Vorschuss ... 566
20.32 Vorsorgekur ... 566
20.33 Vorsorgeuntersuchung ... 566

21 W – Warengutschein bis Wohnungszulage ... 567
21.1 Warengutschein (bis 1.080 EUR jährlich) ... 567
21.2 Warengutschein (über 1.080 EUR jährlich) ... 567
21.3 Wäschegeld (als Abgeltung) ... 567

21.4 Wäschegeld (Auslagenersatz für gestellte Berufskleidung) ... 568
21.5 Wäschegeld (Auslagenersatz, nicht für gestellte Berufskleidung) ... 568
21.6 Waschgeld ... 569
21.7 Wasserzuschlag ... 569
21.8 Wegegeld ... 569
21.9 Wegezeitvergütung (mehr als 8 Stunden) ... 570
21.10 Wegezeitvergütung (weniger als 8 Stunden) ... 570
21.11 Wehrsold ... 570
21.12 Weihnachtsgeld / Weihnachtszuwendung ... 571
21.13 Weiterbildungsleistungen ... 571
21.14 Werbeeinnahmen ... 571
21.15 Werbeprämie ... 571
21.16 Werbungskosten ... 572
21.17 Werbungskostenersatz durch den Arbeitgeber ... 572
21.18 Werkswohnung, Mietpreisnachlass ... 572
21.19 Werkzeuggeld ... 573
21.20 Wertguthaben eines Arbeitnehmers, Übertragung ... 573
21.21 Wertguthaben nach Wertguthabenvereinbarung (Ansparphase) ... 573
21.22 Wertguthaben nach Wertguthabenvereinbarung (Freistellungsphase) ... 573
21.23 Wertpapiergeschäft (Provision) ... 574
21.24 Wettbewerbsentschädigung ... 574
21.25 Winterausfallgeld als Vorausleistung ... 574
21.26 Wintergeld ... 575
21.27 Winterreifen ... 575
21.28 Wirtschaftsbeihilfe ... 575
21.29 Wohnungsbeschaffungszuschuss ... 576
21.30 Wohnungsgeldzuschuss ... 576
21.31 Wohnungsüberlassung ... 577
21.32 Wohnungszulage ... 577

22 Z – Zählgeld bis Zuwendung zur betrieblichen Krankenversicherung ... 578
22.1 Zählgeld ... 578
22.2 Zehrgeld ... 578
22.3 Zeitung ... 578
22.4 Zeitung (Kostenersatz durch Arbeitgeber) ... 579
22.5 Zins aus Urlaubsabgeltung ... 579
22.6 Zinsersparnis (Restdarlehen bis 2.600 EUR) ... 579
22.7 Zinsersparnis (Zinssatz unter Marktzins) ... 580
22.8 Zinszuschuss ... 580
22.9 Zukunftssicherung ... 581
22.10 Zukunftssicherung (pauschal versteuerte Aufwendungen) ... 581

22.11 Zusätzliche beitragspflichtige Einnahme in der Rentenversicherung bei Altersteilzeit 581
22.12 Zuschuss des Arbeitgebers 582
22.13 Zuschuss des Arbeitgebers zu Pensionsfonds, Pensionskasse und zur Direktversicherung 582
22.14 Zuschuss des Arbeitgebers zum Elterngeld 582
22.15 Zuschuss des Arbeitgebers zur Internetnutzung 583
22.16 Zuschuss des Arbeitgebers zur Internetnutzung (pauschal versteuert) 583
22.17 Zuschuss des Arbeitgebers zur SV-Ersparnis bei BAV-Entgeltumwandlungen 583
22.18 Zuwendung zur betrieblichen Krankenversicherung bis 44 EUR 584
22.19 Zuwendung zur betrieblichen Krankenversicherung pauschalbesteuert 584
22.20 Zuwendung zur betrieblichen Krankenversicherung steuerpflichtig 585

Teil 1: Entgeltabrechnung konkret – Rechenbeispiele und Erläuterungen

1 Abfindungen

1.1 Fünftelregelung bei Zusammenballung von Einkünften

Sachverhalt: Ein Arbeitnehmer mit einem laufenden Monatslohn von 3.900 EUR erhält im Oktober 2020 infolge einer vom Arbeitgeber veranlassten Auflösung des Arbeitsverhältnisses zum 31.10.2020 eine Abfindung von 27.000 EUR. Weitere Einmalbezüge wurden nicht gezahlt. Er hat die Steuerklasse I, 0,5 Kinderfreibeträge, 9 % Kirchensteuer. Der Zusatzbeitrag zur gesetzlichen Krankenversicherung wird mit 0,9 % angenommen.

Wie ist die Abfindung lohnsteuer- und sozialversicherungsrechtlich zu behandeln?

Lösung: Sozialversicherungsrechtlich gelten Entlassungsabfindungen nicht als Arbeitsentgelt und sind daher ohne betragsmäßige Grenzen beitragsfrei.

Die Lohnsteuer auf die Abfindung muss nach der Fünftelregelung berechnet werden, da eine Zusammenballung von Einkünften im Kalenderjahr vorliegt.
Zunächst ist der Jahresarbeitslohn ohne die Abfindung zu ermitteln:

Jahresarbeitslohn (3.900 EUR × 12 Monate)	46.800,00 EUR
Lohnsteuer laut Jahrestabelle	7.793,00 EUR

Die Abfindung i. H. v. 27.000 EUR wird nach der Fünftelregelung besteuert:

Jahresarbeitslohn (3.900 EUR × 12 Monate)	46.800,00 EUR
Zzgl. 1/5 von 27.000 EUR	5.400,00 EUR
Gesamt	52.200,00 EUR
Lohnsteuer laut Jahrestabelle	9.36900 EUR
Differenz der beiden Lohnsteuerbeträge (9.369 EUR – 7.793 EUR)	1.576,00 EUR
Lohnsteuer auf die Abfindung (1.576 EUR x 5)	7.880,00 EUR
Davon 5,5 % Solidaritätszuschlag	433,40 EUR
Davon 9 % Kirchensteuer	709,20 EUR

Hinweis: Bei der Berechnung bleibt unberücksichtigt, dass eine Entlassungsabfindung nicht zur Bemessungsgrundlage für die Vorsorgepauschale gehört (§ 39b Abs. 2 Satz 5 Nr. 3 EStG). Dies führt im Lohnsteuerabzugsverfahren zu einer abweichenden Lohnsteuer als oben dargestellt. Ein Ausgleich bzw. eine Überprüfung erfolgt regelmäßig im Einkommensteuer-Veranlagungsverfahren.

1.2 Berechnung mit sonstigem Bezug

Sachverhalt: Ein Arbeitnehmer mit einem laufenden Monatslohn von 3.500 EUR erhält im Dezember 2020 infolge einer vom Arbeitgeber veranlassten Auflösung des Dienstverhältnisses zum 31.12.2020 eine Abfindung von 55.000 EUR. Als weiteren Einmalbezug hat er im Juli 2020 1.750 EUR Urlaubsgeld erhalten. Er hat die Steuerklasse IV, 1,0 Kinderfreibeträge, die Kirchensteuer beträgt 9 %. Der Zusatzbeitrag zur gesetzlichen Krankenversicherung wird mit 1,1 % angenommen.

Wie ist die Abfindung lohnsteuer- und sozialversicherungsrechtlich zu behandeln?

Lösung: Sozialversicherungsrechtlich gelten Entlassungsabfindungen nicht als Arbeitsentgelt und sind daher in der Sozialversicherung ohne betragsmäßige Grenzen beitragsfrei.

Die Lohnsteuer auf die Abfindung muss nach der Fünftelregelung ermittelt werden, da es in 2019 zu einer Zusammenballung von Einkünften kommt.
Zunächst ist der Jahresarbeitslohn ohne die Einmalzahlung zu ermitteln:

Jahresarbeitslohn (3.500 EUR × 12 Monate)	42.000,00 EUR
Zzgl. Urlaubsgeld	1.750,00 EUR
Gesamt	43.750,00 EUR
Lohnsteuer laut Jahrestabelle	6.927,00 EUR

Die Abfindung i. H. v. 55.000 EUR ist nach der Fünftelregelung zu besteuern:

Jahresarbeitslohn (3.500 EUR × 12 Monate + Urlaubsgeld)	43.750,00 EUR
Zzgl. 1/5 von 55.000 EUR	11.000,00 EUR
Gesamt	54.750,00 EUR
Lohnsteuer laut Jahrestabelle	10.123,00 EUR
Differenz der beiden Lohnsteuerbeträge (10.123 EUR ./. 6.927 EUR)	3.196,00 EUR
Lohnsteuer auf die Abfindung (3.196 EUR x 5)	15.980,00 EUR
Davon 5,5 % Solidaritätszuschlag	878,90 EUR
Davon 9 % Kirchensteuer	1.438,20 EUR

Tipp: Hat der ausscheidende Arbeitnehmer im Folgejahr voraussichtlich keine oder nur geringe Einkünfte, kann es sinnvoll sein, den Zahlungszeitpunkt ins Folgejahr zu verschieben, auch wenn dann die Fünftelregelung u. U. nicht mehr angewendet werden darf.[1]

1 S. Beispiel: Zahlung im Folgejahr ohne ermäßigte Besteuerung.

Hinweis: Bei der Berechnung bleibt unberücksichtigt, dass eine Entlassungsabfindung nicht zur Bemessungsgrundlage für die Vorsorgepauschale gehört (§ 39b Abs. 2 Satz 5 Nr. 3 EStG). Dies führt im Lohnsteuerabzugsverfahren zu einer abweichenden Lohnsteuer als oben dargestellt. Ein Ausgleich bzw. eine Überprüfung erfolgt regelmäßig im Einkommensteuer-Veranlagungsverfahren.

1.3 Zahlung im Folgejahr mit ermäßigter Besteuerung

Sachverhalt: Ein Arbeitnehmer erhält im Januar 2020 infolge einer vom Arbeitgeber veranlassten Auflösung des Dienstverhältnisses zum 31.12.2019 eine Abfindung von 55.000 EUR. Sein Gesamtbrutto des Vorjahres 2019 betrug 42.000 EUR. Über weitere Einkünfte oder Einnahmen (z. B. Arbeitslosengeld) gibt es keine Informationen. Er hat die Steuerklasse IV, keine Kinderfreibeträge, die Kirchensteuer beträgt 8 %.

Wie ist die Abfindung lohnsteuer- und sozialversicherungsrechtlich zu behandeln?

Lösung: Sozialversicherungsrechtlich gelten Entlassungsabfindungen nicht als Arbeitsentgelt und sind daher in der Sozialversicherung ohne betragsmäßige Grenzen beitragsfrei.

Die Abfindung ist in voller Höhe lohnsteuerpflichtig. Die ermäßigte Besteuerung nach der Fünftelregelung darf angewendet werden, da der Abfindungsbetrag größer ist als das Gesamtbrutto des Vorjahres (55.000 EUR > 42.000 EUR).

Abfindung	55.000 EUR
Lohnsteuer auf 11.000 EUR (= 1/5 von 55.000 EUR)	0 EUR
Lohnsteuer auf die Abfindung (0 EUR x 5)	0 EUR
Davon 5,5 % Solidaritätszuschlag	0 EUR
Davon 8 % Kirchensteuer	0 EUR

1.4 Zahlung im Folgejahr ohne ermäßigte Besteuerung

Sachverhalt: Ein Arbeitnehmer erhält im Januar 2020 infolge einer vom Arbeitgeber veranlassten Auflösung des Dienstverhältnisses zum 31.12.2019 eine Abfindung von 35.000 EUR. Sein Gesamtbrutto des Vorjahres 2019 betrug 42.000 EUR. Über weitere Einkünfte gibt es keine Informationen. Er hat die Steuerklasse IV, keine Kinder, die Kirchensteuer beträgt 9 %. Der Zusatzbeitrag zur gesetzlichen Krankenversicherung wird mit 1,1 % angenommen.

Wie ist die Abfindung lohnsteuer- und sozialversicherungsrechtlich zu behandeln?

Lösung: Sozialversicherungsrechtlich gelten Entlassungsabfindungen nicht als Arbeitsentgelt und sind daher in der Sozialversicherung ohne betragsmäßige Grenzen beitragsfrei.

Die Abfindung ist in voller Höhe lohnsteuerpflichtig. Die ermäßigte Besteuerung nach der Fünftelregelung darf nicht angewendet werden, da der Abfindungsbetrag kleiner ist als das Gesamtbrutto des Vorjahres (35.000 EUR < 42.000 EUR).

Abfindung	35.000,00 EUR
Lohnsteuer laut Jahrestabelle auf 35.000 EUR	4.614,00 EUR
Davon 5,5 % Solidaritätszuschlag	253,77 EUR
Davon 9 % Kirchensteuer	415,26 EUR

Liegen dem Arbeitgeber Informationen über weitere Einkünfte oder Lohnersatzleistungen vor, z. B. Arbeitslosengeld, und ergibt sich dadurch eine Zusammenballung der Einkünfte, darf die Fünftelregelung angewendet werden. Das wird in der Praxis jedoch selten der Fall sein.

Hinweis: Bei der Berechnung bleibt unberücksichtigt, dass eine Entlassungsabfindung nicht zur Bemessungsgrundlage für die Vorsorgepauschale gehört (§ 39b Abs. 2 Satz 5 Nr. 3 EStG). Dies führt im Lohnsteuerabzugsverfahren zu einer abweichenden Lohnsteuer als oben dargestellt. Ein Ausgleich bzw. eine Überprüfung erfolgt regelmäßig im Einkommensteuer-Veranlagungsverfahren.

1.5 Zahlung nach Ende des Beschäftigungsverhältnisses

Sachverhalt: Ein Arbeitnehmer erhält im Juni 2020 infolge einer vom Arbeitgeber veranlassten Auflösung des Dienstverhältnisses zum 31.12.2019 eine Abfindung von 55.000 EUR. Sein Bruttoarbeitslohn im Jahr 2019 betrug 55.200 EUR. Der Arbeitnehmer hat bereits ein neues Beschäftigungsverhältnis begonnen und wurde vom alten Arbeitgeber in der ELStAM-Datenbank abgemeldet.

Wie ist die Abfindung lohnsteuer- und sozialversicherungsrechtlich zu behandeln?

Lösung: Sozialversicherungsrechtlich gelten Entlassungsabfindungen nicht als Arbeitsentgelt und sind daher in der Sozialversicherung ohne betragsmäßige Grenzen beitragsfrei.

Die Abfindung ist in voller Höhe lohnsteuerpflichtig. Der alte Arbeitgeber muss sich beim Arbeitnehmer erkundigen, ob er sich als Haupt- oder Nebenarbeitgeber anmelden soll. Da der Arbeitnehmer bereits ein neues Beschäftigungsverhältnis hat, meldet er sich in der ELStAM-Datenbank als Nebenarbeitgeber an. Die Abfindung wird nach Steuerklasse VI versteuert, da es sich um das zweite Dienstverhältnis handelt. Erhält er vom Arbeitnehmer keine Information, muss er die Steuerklasse VI ohne ELStAM-Anmeldung anwenden. Die Fünftelregelung wird nicht angewendet, da die Abfindung den Vorjahreslohn unterschreitet und der Arbeitgeber Arbeitslohn, den der Arbeitnehmer ggf. von einem anderen Arbeitgeber erhält, außer Betracht lassen kann. Er dürfte die Fünftelregelung nur anwenden, wenn ihm der Arbeitnehmer diese Einkünfte mitteilt. Der Arbeitnehmer müsste dann die Fünftelregelung ausdrücklich beim alten Arbeitgeber beantragen. Das wird i. d. R. nicht der Fall sein.

Wird die Abfindung nach Steuerklasse VI versteuert, kann der Arbeitnehmer zu viel gezahlte Lohnsteuer nur im Rahmen der Einkommensteuerveranlagung zurückerstattet bekommen.

Abfindung	55.000,00 EUR
Lohnsteuer laut Jahrestabelle	15.776,00 EUR
Davon 5,5 % Solidaritätszuschlag	867,68 EUR
9 % Kirchensteuer	1.419,84 EUR

Hinweis: Bei der Berechnung bleibt unberücksichtigt, dass eine Entlassungsabfindung nicht zur Bemessungsgrundlage für die Vorsorgepauschale gehört (§ 39b Abs. 2 Satz 5 Nr. 3 EStG). Dies führt im Lohnsteuerabzugsverfahren zu einer abweichenden Lohnsteuer als oben dargestellt. Ein Ausgleich bzw. eine Überprüfung erfolgt regelmäßig im Einkommensteuer-Veranlagungsverfahren.

2 Abwälzung, pauschale Lohnsteuer

2.1 Minijob und Hauptbeschäftigung

Sachverhalt: Ein Arbeitgeber stellt eine Aushilfskraft auf Minijob-Basis ein mit einem monatlichen Verdienst von 450 EUR. Die Aushilfskraft möchte die Tätigkeit neben einer versicherungspflichtigen Hauptbeschäftigung ausüben. Der Arbeitgeber möchte die pauschalen Arbeitgeberleistungen auf die Aushilfskraft abwälzen.

Ist die Abwälzung zulässig? Wie gestaltet sich die Abrechnung?

Lösung: Der Arbeitgeber kann die pauschale Lohnsteuer auf den Arbeitnehmer abwälzen. Die Abwälzung von pauschalen Sozialversicherungsbeiträgen ist nicht zulässig.

Übt ein Arbeitnehmer einen Minijob mit einem Verdienst bis zu 450 EUR pro Monat neben einer versicherungspflichtigen Hauptbeschäftigung aus, bleibt das Arbeitsverhältnis für den Beschäftigten versicherungsfrei in der Kranken-, Arbeitslosen- und Pflegeversicherung, jedoch versicherungspflichtig in der Rentenversicherung. Der Arbeitnehmer kann sich allerdings auf Antrag von der Rentenversicherungspflicht befreien lassen.

Der Arbeitgeber hat folgende Abgaben zu leisten

Rentenversicherung	15 %
Krankenversicherung	13 %
Pauschalsteuer (Lohnsteuer, Solidaritätszuschlag und Kirchensteuer)	2 %
Abzuführender Gesamtbetrag	30 %

Ist der Arbeitnehmer privat krankenversichert, entfällt die Pauschale von 13 % für die Krankenversicherung. Einzugsstelle für den Gesamtbeitrag ist in jedem Fall die Deutsche Rentenversicherung Knappschaft-Bahn-See.

Die Besteuerung nach den ELStAM ist im vorliegenden Fall nicht zu empfehlen. Da es sich um ein zweites Beschäftigungsverhältnis handelt, würde er Arbeitslohn nach Steuerklasse VI versteuert werden.

Abrechnung (bei Befreiung von der RV)

Aushilfslohn	450,00 EUR
Abzgl. Pauschalsteuer (2 %)	– 9,00 EUR
Auszahlungsbetrag	441,00 EUR

Arbeitgeberbelastung

Rentenversicherung (15 % v. 450 EUR)	67,50 EUR
Krankenversicherung (13 % v. 450 EUR)	58,50 EUR
Gesamtbelastung (28 % v. 450 EUR)	126,00 EUR
Zzgl. Umlagen	

2.2 Minijobber mit Steuerklasse V

Sachverhalt: Ein Arbeitgeber stellt eine Aushilfskraft auf Minijob-Basis unbefristet ein, mit einem monatlichen Verdienst von 450 EUR. Die Mitarbeiterin übt keine weitere Beschäftigung aus. Sie ist verheiratet, hat Steuerklasse V und ist familienversichert.

Welche Möglichkeiten bestehen bezüglich der Versteuerung und welche ist die günstigste?

Lösung: Übt ein Arbeitnehmer ausschließlich einen »Minijob« mit einem Verdienst bis zu 450 EUR pro Monat aus, bleibt das Arbeitsverhältnis für den Beschäftigten versicherungsfrei in der Kranken-, Arbeitslosen- und Pflegeversicherung, jedoch versicherungspflichtig in der Rentenversicherung. Der Arbeitnehmer kann sich allerdings auf Antrag von der Rentenversicherungspflicht befreien lassen.

Der Arbeitgeber hat folgende Abgaben zu leisten

Rentenversicherung	15 %
Krankenversicherung	13 %
Pauschalsteuer (Lohnsteuer, Solidaritätszuschlag und Kirchensteuer)	2 %
Abzuführender Gesamtbeitrag	30 %

Einzugsstelle für den Gesamtbeitrag ist die Deutsche Rentenversicherung Knappschaft-Bahn-See.

Die Besteuerung kann nach den ELStAM erfolgen oder nach den Regelungen für Minijobber. Im Beispiel ist die Versteuerung nach den ELStAM nicht zu empfehlen, da die Lohnsteuer verhältnismäßig hoch ausfällt. Außerdem wäre der Arbeitslohn dann bei der Einkommensteuer-Veranlagung zu berücksichtigen, was bei pauschal besteuertem Arbeitslohn nicht erfolgt.

Der Arbeitgeber kann die pauschale Lohnsteuer auf den Arbeitnehmer abwälzen. In diesem Fall ist es für die Arbeitnehmerin günstiger, die Pauschalsteuer zu übernehmen als sich nach Steuerklasse V besteuern zu lassen. Eine Abwälzung pauschaler Sozialversicherungsbeiträge ist nicht zulässig.

Abrechnung (bei Befreiung von der RV)

Aushilfslohn	450,00 EUR
Abzgl. Pauschalsteuer (2 %)	- 9,00 EUR
Auszahlungsbetrag	441,00 EUR

Arbeitgeberbelastung

Rentenversicherung (15 % v. 450 EUR)	67,50 EUR
Krankenversicherung (13 % v. 450 EUR)	58,50 EUR
Gesamtbelastung (28 % v. 450 EUR)	126,00 EUR
Zzgl. Umlagen	

Wäre die Arbeitnehmer privat krankenversichert, würde die Pauschale von 13 % an die Krankenversicherung entfallen.

2.3 Direktversicherung

Sachverhalt: Der Arbeitgeber hat im Jahr 2000 für eine Arbeitnehmerin eine Direktversicherung abgeschlossen, die durch Gehaltsumwandlung finanziert wird. Laut ELStAM wird ihr die Steuerklasse IV bescheinigt, sie hat keine Kinder und zahlt 9 % Kirchensteuer. Ihr Zusatzbeitrag zur Krankenversicherung beträgt 1,1 %. Die Arbeitnehmerin hat gegenüber dem Arbeitgeber schriftlich erklärt, die Direktversicherung weiterhin nach altem Recht mit 20 % pauschaler Lohnsteuer besteuern lassen zu wollen. Die pauschale Lohnsteuer trägt vereinbarungsgemäß die Arbeitnehmerin.

Die Arbeitnehmerin lässt von ihrem Bruttogehalt i. H. v. 3.000 EUR monatlich 142 EUR in die Direktversicherung überweisen.

Kann die Lohnsteuer mit 20 % pauschal besteuert werden und wie sieht die Abrechnung aus?

Lösung: Da die Beiträge der Arbeitnehmerin jährlich 1.704 EUR betragen (12 Monate x 142 EUR) und somit die Grenze von 1.752 EUR jährlich nicht überschritten wird, kann die Lohnsteuer weiterhin mit 20 % pauschaliert werden, weil es sich um einen Vertrag handelt, der vor dem 1.1.2005 abgeschlossen wurde (sog. Altvertrag). Sofern die Pauschalversteuerung vor dem 1.1.2018 in mindestens einem Monat vorgenommen wurde, darf die Pauschalversteuerung auch weiterhin angewandt werden. Die pauschale Lohnsteuer zuzüglich pauschalem Solidaritätszuschlag und pauschaler Kirchensteuer wird vom Arbeitgeber einbehalten und zusammen mit der sonstigen Lohnsteuer an das zuständige Finanzamt abgeführt. Die auf die Arbeitnehmerin abgewälzte Pauschalsteuer mindert das Gesamtbrutto.

Abrechnung

Gehalt		3.000,00 EUR
Gehaltsumwandlung	- 142,00 EUR	
Direktversicherung	142,00 EUR	
Pauschale Lohnsteuer (20 % v. 142 EUR)	28,40 EUR	
Pauschaler Solidaritätszuschlag (5,5 % v. 28,40 EUR)	1,56 EUR	
Pauschale Kirchensteuer (9 % v. 28,40 EUR)	2,55 EUR	- 32,51 EUR
Gesamtbruttoverdienst		2.967,49 EUR
Steuerbrutto lohnsteuerpflichtig	2.858,00 EUR	
SV-Brutto sozialversicherungspflichtig	3.000,00 EUR	

Gesetzliche Abzüge

Lohnsteuer v. 2.858 EUR	370,00 EUR	
Solidaritätszuschlag	20,35 EUR	
Kirchensteuer (9 %)	33,30 EUR	
Steuerrechtliche Abzüge gesamt		- 423,65 EUR
Krankenversicherung (7,3 % + 0,55 % ZB v. 3.000 EUR)	235,50 EUR	
Rentenversicherung (9,3 % v. 3.000 EUR)	279,00 EUR	
Arbeitslosenversicherung (1,2 % v. 3.000 EUR)	36,00 EUR	
Pflegeversicherung (1,775 % v. 3.000 EUR)	53,25 EUR	
Sozialversicherungsbeiträge gesamt		- 603,75 EUR
Gesetzliches Netto		1.940,09 EUR
Überweisung Direktversicherung		- 142,00 EUR
Abwälzungsbetrag		
Auszahlungsbetrag		1.798,09 EUR

Hinweis: Die Entscheidung der Arbeitnehmerin, die Direktversicherung weiterhin mit 20 % pauschal zu versteuern, sichert ihr die steuerfreie Auszahlung der Direktversicherung nach Ablauf der Versicherung.

2.4 Kurzfristige Beschäftigung

Sachverhalt: Eine Altersrentnerin wird befristet vom 6.7.-24.7. (15 Arbeitstage) als Urlaubsvertretung für eine Sekretärin eingesetzt. Sie erhält 10 EUR Stundenlohn bei einer täglichen Arbeitszeit von 7 Stunden. Sie gehört keiner Konfession an; die pauschale Lohnsteuer soll auf die Arbeitnehmerin abgewälzt werden.

Ist eine pauschale Besteuerung zulässig?

Lösung: Die kurzfristige Beschäftigung ist sozialversicherungsfrei, da sie von vornherein auf längstens 3 Monate (oder 70 Arbeitstage) innerhalb eines Kalenderjahres begrenzt ist und nicht berufsmäßig ausgeübt wird. Die Lohnsteuerpauschalierung mit 25 % ist zulässig, da der Beschäftigungszeitraum 18 zusammenhängende Arbeitstage nicht überschreitet und der durchschnittliche Stundenlohn von 15 EUR pro Stunde bzw. 120 EUR pro Tag nicht überschritten wird.

Der Arbeitgeber ist der Schuldner der pauschalen Lohnsteuer, diese darf jedoch auf die Arbeitnehmerin abgewälzt werden.

Abrechnung der pauschalen Lohnsteuer

Aushilfslohn (10 EUR × 7 Std. × 15 Tage)	1.050,00 EUR
Pauschale Lohnsteuer (25 % v. 1.050 EUR)	- 262,50 EUR
Pauschaler Solidaritätszuschlag (5,5 % v. 262,50 EUR)	- 14.43 EUR
Auszahlungsbetrag	773,07 EUR
Arbeitgeberaufwendungen: 1.050 EUR zzgl. Umlagen	

Hinweis: Weist die Arbeitnehmerin nach, dass sie keiner kirchensteuererhebenden Religionsgemeinschaft angehört (z. B. durch eidesstattliche Erklärung), kann die pauschale Kirchensteuer entfallen. Wird die Kirchensteuer im vereinfachten Verfahren erhoben, kommt die pauschale Kirchensteuer hinzu. Der ermäßigte Kirchensteuer-Pauschsatz ist in den einzelnen Bundesländern unterschiedlich hoch und beträgt zwischen 4 % und 7 %.

2.5 Dienstwagen (Privatnutzung)

Sachverhalt: Ein Arbeitnehmer erhält einen Dienstwagen, den er auch privat nutzen darf. Die Bewertung soll nach der 1-%-Regelung erfolgen. Er nutzt den Pkw auch für die Fahrten zwischen Wohnung und erster Tätigkeitsstätte; die einfache Entfernung beträgt 30 Kilometer. Der inländische Listenpreis zum Tag der Erstzulassung zzgl. Sonderausstattung beträgt 34.709 EUR. Der Dienstwagen darf auch für Fahrten zwischen Wohnung und erster Tätigkeitsstätte genutzt werden.

Wie wird der geldwerte Vorteil berechnet und besteuert?

Lösung

Bruttolistenpreis, abgerundet auf volle 100 EUR	34.700,00 EUR
1 % von 34.700 EUR	347,00 EUR
Zzgl. 0,03 % des Listenpreises je Entfernungskilometer für Fahrten Wohnung – erste Tätigkeitsstätte (0,03 % v. 34.700 EUR × 30 km)	+ 312,30 EUR
Geldwerter Vorteil gesamt	659,30 EUR

Lohnsteuerpauschalierung mit 15 % bis zur Höhe der Entfernungspauschale

30 km × 0,30 EUR × 15 Arbeitstage	135,00 EUR
Pauschale Lohnsteuer (15 % v. 135 EUR)	20,25 EUR
Pauschaler Solidaritätszuschlag (5,5 % v. 20,25 EUR)	+ 1,11 EUR
Pauschale Kirchensteuer (angenommen 5 % v. 20,25 EUR)	+ 1,01 EUR
Pauschalsteuer gesamt	22,37 EUR

In der Entgeltabrechnung des Mitarbeiters werden 3 Lohnarten eingerichtet:

1. Geldwerter Vorteil, 1-%-Regelung (individuell besteuert): 347 EUR.
2. Geldwerter Vorteil, Fahrten Wohnung – erste Tätigkeitsstätte (individuell besteuert): 177,30 EUR (312,30 EUR – 135 EUR).
3. Geldwerter Vorteil, Fahrten Wohnung – erste Tätigkeitsstätte (pauschal besteuert): 135 EUR.

Während der individuell besteuerte Sachbezug der Sozialversicherungspflicht unterliegt, ist der pauschal besteuerte Anteil sozialversicherungsfrei.

Schuldner der pauschalen Lohnsteuer ist der Arbeitgeber, er kann aber die pauschale Lohnsteuer im Innenverhältnis auf den Arbeitnehmer abwälzen. In der Entgeltabrechnung werden dann neben der individuellen Lohnsteuer in einer extra Zeile die pauschale Lohnsteuer, der pauschale Solidaritätszuschlag und die pauschale Kirchensteuer getrennt voneinander als Nettoabzug ausgewiesen.

Tipp: Der pauschal besteuerte Sachbezug ist sozialversicherungsfrei, daher entfällt auch der Arbeitgeberanteil zur Sozialversicherung. Die Übernahme der pauschalen Lohnsteuer durch den Arbeitgeber würde daher keine zusätzliche finanzielle Belastung darstellen. Bei der pauschalen Kirchensteuer kann man zwischen dem Nachweisverfahren (Besteuerung nach den ELStAM) und dem vereinfachten Verfahren wählen. Beim vereinfachten Verfahren gilt ein ermäßigter Steuersatz, der dann für alle Arbeitnehmer für den gleichen Sachverhalt angewendet werden muss, unabhängig von ihrer Kirchenzugehörigkeit.

3 Annehmlichkeiten

3.1 Arbeitsessen (außergewöhnlicher Einsatz)

Sachverhalt: In einem Unternehmen steht die Jahresinventur durch die Mitarbeiter an. Die Inventur soll ohne größere Unterbrechungen ablaufen. Daher bestellt der Arbeitgeber an jedem der 3 Tage für alle Einsatzkräfte Mittagessen und Getränke, die im Betrieb verzehrt werden. Die Kosten belaufen sich auf 25 EUR pro Tag und pro Person.

Handelt es sich bei den 25 EUR um lohnsteuer- und sozialversicherungsfreie Aufmerksamkeiten für die Mitarbeiter?

Lösung: Die Mahlzeiten gelten als Aufmerksamkeiten, da sie bei einem außergewöhnlichen Arbeitseinsatz gewährt werden. Die Kosten überschreiten nicht die Grenze von 60 EUR pro Mahlzeit und pro Tag. Somit gilt die Aufmerksamkeit für die Mitarbeiter nicht als Arbeitslohn und auch nicht als Arbeitsentgelt.

3.2 Verzehr im Betrieb (Kaffee, Tee, Gebäck)

Sachverhalt: In einem Unternehmen wird den Mitarbeitern Kaffee, Tee, Mineralwasser sowie Gebäck und Süßigkeiten unentgeltlich zur Verfügung gestellt. Der Arbeitgeber selbst trinkt auch Kaffee im Büro. Ist die Zurverfügungstellung von Getränken und Lebensmitteln an die Mitarbeiter steuer- und sozialversicherungspflichtig und muss der Arbeitgeber seine eigene Tasse Kaffee als Privatentnahme buchen?

Lösung: Getränke und Genussmittel, die der Arbeitgeber dem Arbeitnehmer zum Verzehr im Betrieb unentgeltlich zur Verfügung stellt, gelten als Aufmerksamkeiten. Sie gelten nicht als Arbeitslohn.

Auch die eigene Tasse Kaffee darf sich der Arbeitgeber weiterhin gönnen, sofern die Aufwendungen insgesamt im angemessenen Rahmen bleiben.

Hinweis: Werden den Arbeitnehmern vollständige Mahlzeiten zur Verfügung gestellt, ist Vorsicht geboten. Diese gelten nur als Aufmerksamkeiten, wenn sie im Rahmen eines außergewöhnlichen Arbeitseinsatzes gewährt werden. Auch die Bewirtung in einer Gaststätte zählt nicht als Aufmerksamkeit.

3.3 Tankgutschein

Sachverhalt: Ein Arbeitgeber möchte seinen Mitarbeitern anstelle einer Prämie monatlich einen Tankgutschein zur Verfügung zu stellen.

Wie muss der Gutschein ausgestellt sein, damit er für den Mitarbeiter keinen lohnsteuer- und sozialversicherungspflichtigen Arbeitslohn darstellt?

Lösung: Sachbezüge bis zu einer Freigrenze von 44 EUR monatlich, die nicht in Geld bestehen, bleiben lohnsteuer- und sozialversicherungsfrei. Der Arbeitgeber darf dem Arbeitnehmer einen Gutschein mit einem ausgewiesenen Geldbetrag zum Erwerb einer Sachleistung beim Aussteller des Gutscheins oder einem begrenzten Kreis von Akzeptanzstellen überlassen.

Es bestehen folgende Möglichkeiten:
- Der Arbeitgeber händigt dem Arbeitnehmer einen Gutschein über höchstens 44 EUR aus. Die Tankstelle rechnet anschließend mit dem Arbeitgeber ab.
- Der Arbeitgeber überlässt dem Arbeitnehmer eine Tankkarte; mit dieser darf der Arbeitnehmer bei einer bestimmten Tankstelle für monatlich höchstens 44 EUR tanken.
- Die Gutscheine können natürlich auch zum Erwerb von anderen Waren ausgegeben werden. Der Arbeitgeber kann Gutscheine im Einzelhandel für maximal 44 EUR erwerben und an die Arbeitnehmer ausgeben.

Achtung: Seit dem 1.1.2020 gilt zudem eine neue gesetzliche Definition für die Behandlung von Gutscheinen als Sachbezug. Danach zählen – abweichend von der Regelung bis 2019 – zu den Geldleistungen auch nachträgliche Kostenerstattungen, zweckgebundene Geldleistungen, Geldsurrogate[2] und andere Vorteile, die auf einen Geldbetrag lauten. Gutscheine und Geldkarten gelten ab 2020 nur noch als Sachbezug, wenn
1. ausschließlich ein Waren- und Dienstleistungsbezug möglich ist,
2. die Kriterien des Zahlungsdiensteaufsichtsgesetzes[3] erfüllt sind (»keine Zahlungsdienste«) und
3. das sog. Zusätzlichkeitserfordernis erfüllt ist.

Tipp: Der Arbeitgeber sollte bei der Ausgabe von Gutscheinen weiterhin darauf achten, dass diese auf jeden Fall monatlich ausgegeben werden. Es sollte außerdem darauf geachtet werden, ob der Arbeitnehmer weitere Sachbezüge vom Arbeitgeber erhält, z. B. ein zinsbegünstigtes Darlehen. Bei der 44-EUR-Grenze handelt es sich um eine monatliche Freigrenze, die insgesamt pro Arbeitnehmer nicht überschritten werden darf.

2 Geldsurrogate gehören zu den Geldersatzmitteln. Zu solchen Hilfszahlungsmitteln zählen z. B. Kreditkarten oder Guthabenkarten.
3 § 2 Abs. 1 Nr. 10 ZAG.

3.4 Warengutschein

Sachverhalt: Eine Arbeitnehmerin erhält zum Geburtstag einen Gutschein einer Parfümerie i. H. v. 60 EUR. Stellt der Gutschein lohnsteuer- und sozialversicherungspflichtigen Arbeitslohn für die Arbeitnehmerin dar?

Lösung: Der Gutschein gilt als steuerfreie Aufmerksamkeit.

Hinweis: Die 60-EUR-Grenze für Sachgeschenke anlässlich eines besonderen persönlichen Ereignisses gilt unabhängig von der 44-EUR-Grenze für geringfügige Sachbezüge. Die Mitarbeiterin kann also z. B. neben der Überlassung eines monatlichen Jobtickets i. H. v. 44 EUR einen Geburtstagsgutschein i. H. v. 60 EUR erhalten. Auch die Überlassung eines Dienstwagens zur privaten Nutzung bzw. die Überlassung von Mahlzeiten oder Essenmarken ist nicht auf die 44-EUR-Grenze anzurechnen.

3.5 Sachgeschenk (Wert unter 60 EUR)

Sachverhalt: Eine Arbeitnehmerin erhält zum Geburtstag ein Parfüm zum Preis von 30 EUR sowie einen Blumenstrauß zum Preis von 10 EUR. Ist das Sachgeschenk steuer- und beitragsfrei für die Mitarbeiterin?

Lösung: Die Freigrenze von 60 EUR für Sachgeschenke wird nicht überschritten. Das Sachgeschenk kann als Aufmerksamkeit abgerechnet werden und gehört als solche nicht zum lohnsteuer- und beitragspflichtigen Arbeitslohn.

Tipp: Auf allen Belegen, die abrechnet werden, sollten sofort der Empfänger des Geschenks und der Anlass notiert werden. So spart man sich bei späteren Betriebsprüfungen Aufwand und Ärger.

3.6 Sachgeschenk (Wert über 60 EUR)

Sachverhalt: Eine Arbeitnehmerin erhält zur Hochzeit ein Buch zum Preis von 45 EUR sowie einen Blumenstrauß zum Preis von 17 EUR. Handelt es sich bei dem Sachgeschenk um lohnsteuer- und sozialversicherungspflichtigen Arbeitslohn für die Mitarbeiterin?

Lösung: Die Freigrenze von 60 EUR für Sachgeschenke wird überschritten. Das Sachgeschenk kann nicht als Aufmerksamkeit abgerechnet werden. Der Betrag gehört in voller Höhe zum lohnsteuer- und beitragspflichtigen Arbeitslohn.

3.7 Geld- und Sachgeschenk

Sachverhalt: Ein Arbeitnehmer erhält ein Geldgeschenk i. H. v. 30 EUR sowie einen Blumenstrauß zum Preis von 10 EUR. Handelt es sich bei den Geschenken um lohnsteuer- und sozialversicherungspflichtigen Arbeitslohn für die Mitarbeiter?

Lösung: Der Blumenstrauß gilt als Sachgeschenk und bleibt als Aufmerksamkeit lohnsteuer- und sozialversicherungsfrei. Geldgeschenke sind immer in voller Höhe lohnsteuer- und sozialversicherungspflichtig.

Tipp: Auf allen Belegen, die abrechnet werden, sollten sofort der Empfänger des Geschenks und der Anlass notiert werden. So spart man sich bei späteren Betriebsprüfungen Aufwand und Ärger.

3.8 Geldgeschenk

Sachverhalt: Ein Arbeitnehmer erhält zu einem »runden« Geburtstag als besondere Anerkennung ein Geldgeschenk i. H. v. 100 EUR. Ist das Geschenk steuer- und beitragspflichtig für den Mitarbeiter?

Lösung: Geldgeschenke sind immer in voller Höhe steuer- und sozialversicherungspflichtig. Der besondere Anlass spielt keine Rolle.

4 Aushilfslöhne

4.1 Mehrere Minijobs

Sachverhalt: Eine Arbeitnehmerin arbeitet als Haushaltshilfe in 3 verschiedenen Haushalten. Sie ist verheiratet (Steuerklasse V) und gesetzlich krankenversichert. Ihr Zusatzbeitrag zur Krankenversicherung beträgt 0,9 %. In jedem Haushalt ist sie mit 450 EUR pro Monat geringfügig beschäftigt.

Ist die Arbeitnehmerin versicherungspflichtig zur Sozialversicherung, und wie ist das Einkommen zu versteuern?

Lösung: Die Beschäftigungen müssen sozialversicherungsrechtlich zusammengerechnet werden und sind somit bei jedem Arbeitgeber in allen Zweigen der Sozialversicherung versicherungspflichtig.

Die Abrechnung kann nicht mehr über das Haushaltsscheckverfahren mit der Minijob-Zentrale erfolgen.

Die Anwendung der Pauschalsteuer von 2 % (inkl. Solidaritätszuschlag und Kirchensteuer) ist nicht möglich. Es bestehen folgende Möglichkeiten:

1. Versteuerung nach ELStAM: im ersten Arbeitsverhältnis Steuerklasse V, im zweiten und dritten Arbeitsverhältnis Steuerklasse VI.
   Folge: Bei der Einkommensteuerveranlagung werden alle 3 Beschäftigungsverhältnisse berücksichtigt. Zuviel gezahlte Lohnsteuer kann ggf. zurückgefordert werden.
2. Versteuerung aller 3 Arbeitsverhältnisse mit 20 % pauschaler Lohnsteuer zzgl. Solidaritätszuschlag und ggf. Kirchensteuer.
   Folge: Alle 3 Arbeitsverhältnisse bleiben bei der Einkommensteuerveranlagung außen vor. Die pauschale Lohnsteuer kann also auch nicht über die Einkommensteuererklärung zurückgeholt werden.
3. Kombinationen von 1. und 2., z. B. im ersten Arbeitsverhältnis Steuerklasse V, Arbeitsverhältnis 2 und 3 pauschal mit 20 %.

Lohnabrechnung zu 1:

Erstes Arbeitsverhältnis

Bruttolohn	450,00 EUR
Lohnsteuer (Steuerklasse V)	38,58 EUR
Solidaritätszuschlag	0,00 EUR
Kirchensteuer (9 %)	3,47 EUR

Krankenversicherung (7,3 % + 0,45 %)	34,88 EUR
Pflegeversicherung, kinderlos (1,775 %)	7,99 EUR
Rentenversicherung (9,3 %)	41,85 EUR
Arbeitslosenversicherung (1,2 %)	5,40 EUR
Auszahlungsbetrag	317,83 EUR

Zweites und drittes Arbeitsverhältnis

Bruttolohn	450,00 EUR
Lohnsteuer (Steuerklasse VI)	50,75 EUR
Solidaritätszuschlag	0,00 EUR
Kirchensteuer (9 %)	4,56 EUR
Krankenversicherung (7,3 % + 0,45 %)	34,88 EUR
Pflegeversicherung, kinderlos (1,775 %)	7,99 EUR
Rentenversicherung (9,3 %)	41,85 EUR
Arbeitslosenversicherung (1,2 %)	5,40 EUR
Auszahlungsbetrag	304,57 EUR

Lohnabrechnung zu 2:

Bruttolohn	450,00 EUR
Pauschale Lohnsteuer (20 %)	90,00 EUR
Solidaritätszuschlag (5,5 % v. 90 EUR)	4,95 EUR
Kirchensteuer (9 % v. 90 EUR)	8,10 EUR
Krankenversicherung (7,3 % + 0,45 %)	34,88 EUR
Pflegeversicherung, kinderlos (1,775 %)	7,99 EUR
Rentenversicherung (9,3 %)	41,85 EUR
Arbeitslosenversicherung (1,2 %)	5,40 EUR
Auszahlungsbetrag	256,83 EUR

Arbeitgeberaufwendungen

Die Kosten der Arbeitgeber sind in allen Fällen gleich:

Krankenversicherung (7,3 % + 0,45 %)	34,88 EUR
Pflegeversicherung (1,525 %)	6,86 EUR
Rentenversicherung (9,3 %)	41,85 EUR
Arbeitslosenversicherung (1,2 %)	5,40 EUR
Summe der Nebenkosten	88,99 EUR
Zzgl. Aushilfslohn	450,00 EUR
Gesamtkosten	538,99 EUR

(Zzgl. Umlagen 1 und 2; Insolvenzgeldumlage (Umlage U3) entfällt, da Privathaushalt)

4.2 Ein Minijob, gesetzlich krankenversichert

Sachverhalt: Eine Aushilfskraft ist auf 450-EUR-Basis unbefristet eingestellt. Sie ist verheiratet, familienversichert in einer gesetzlichen Krankenkasse und übt keine weitere Beschäftigung aus.

Ist die Arbeitnehmerin versicherungspflichtig zur Sozialversicherung, und wie ist das Einkommen zu versteuern?

Lösung: Übt ein Arbeitnehmer ausschließlich einen Minijob mit einem Verdienst bis zu 450 EUR pro Monat aus, bleibt das Arbeitsverhältnis für den Beschäftigten versicherungsfrei in der Kranken-, Arbeitslosen- und Pflegeversicherung, wird jedoch versicherungspflichtig in der Rentenversicherung. Der Arbeitnehmer kann sich allerdings auf Antrag von der Rentenversicherungspflicht befreien lassen (Opt-out-Regelung).

Der Arbeitgeber hat folgende Abgaben an die Deutsche Rentenversicherung Knappschaft-Bahn-See, Minijob-Zentrale zu leisten:

15 %	Rentenversicherung
13 %	Krankenversicherung
2 %	Einheitliche Pauschalsteuer (Lohnsteuer, Solidaritätszuschlag und Kirchensteuer)

Der Arbeitgeber hat die Möglichkeit, die pauschale Lohnsteuer auf den Arbeitnehmer abzuwälzen. Eine Abwälzung von pauschalen Sozialversicherungsbeiträgen ist nicht zulässig.

Abrechnung ohne Abwälzung der Pauschsteuer

Aushilfslohn	450,00 EUR
Abzüge (3,6 % Arbeitnehmeranteil zur Rentenversicherung – im Regelfall)	16,20 EUR
Auszahlungsbetrag	433,80 EUR

Arbeitgeberbelastung

Aushilfslohn	450,00 EUR
Rentenversicherung (15 %)	67,50 EUR
Krankenversicherung (13 %)	58,50 EUR
Pauschsteuer (2 %)	9,00 EUR
Gesamtbelastung	585,00 EUR
Zzgl. Umlagen	

Hinweis: Die Arbeitnehmerin ist über den Minijob nicht selbst krankenversichert. Sie bleibt weiterhin familienversichert, solange ihr Verdienst 450 EUR monatlich nicht überschreitet.

Arbeitnehmer, die nicht als Familienangehörige, Studenten, Rentner oder Arbeitslose krankenversichert sind, müssen auf jeden Fall mehr als 450 EUR monatlich verdienen, um über dieses Arbeitsverhältnis eine eigene Krankenversicherungspflicht zu begründen.

4.3 Ein Minijob, privat krankenversichert

Sachverhalt: Zur Unterstützung der Mitarbeiter wird eine weitere Aushilfskraft auf 450-EUR-Basis unbefristet eingestellt. Die neue Mitarbeiterin ist verheiratet, privat krankenversichert und übt keine weitere Beschäftigung aus.

Muss der Arbeitgeber auch den Pauschalbeitrag für die Krankenversicherung leisten?

Lösung: Ist die Arbeitnehmerin privat krankenversichert, entfällt die Pauschale von 13 % für die Krankenversicherung.

Der Arbeitgeber hat folgende Abgaben an die Deutsche Rentenversicherung Knappschaft-Bahn-See, Minijob-Zentrale zu leisten:

15 %	Rentenversicherung
2 %	Einheitliche Pauschalsteuer (Lohnsteuer, Solidaritätszuschlag und Kirchensteuer)

Abrechnung ohne Abwälzung der Pauschalsteuer

Aushilfslohn	450,00 EUR
Abzüge (3,6 % Arbeitnehmeranteil zur Rentenversicherung – im Regelfall)	16,20 EUR
Auszahlungsbetrag	433,80 EUR

Arbeitgeberbelastung

Aushilfslohn	450,00 EUR
Rentenversicherung (15 %)	67,50 EUR
Pauschalsteuer (2 %)	9,00 EUR
Gesamtbelastung	526,50 EUR
Zzgl. Umlagen	

4.4 Abrechnung nach den ELStAM

Sachverhalt: Im August wird eine Aushilfskraft auf 450-EUR-Basis unbefristet eingestellt. Die neue Mitarbeiterin legt ihre Steuer-Identifikationsnummer für den ELStAM-Abruf vor, sodass sie mit ihrer Steuerklasse I abgerechnet werden kann. Seit 1.7. ist sie arbeitslos gemeldet und war bis zu diesem Zeitpunkt voll beschäftigt. Sie ist gesetzlich krankenversichert, die Beiträge werden von der Bundesagentur für Arbeit entrichtet. Sie übt keine weitere Beschäftigung aus.

Sollte die Besteuerung nach den Merkmalen der ELStAM oder pauschal erfolgen?

Lösung: Bei der Besteuerung nach den ELStAM fällt in den Steuerklassen I bis IV bei einem Verdienst von 450 EUR keine Lohnsteuer an.

In diesem Fall ist jedoch eine Abrechnung nach den ELStAM nicht zu empfehlen, da bei der Einkommensteuer-Veranlagung für das gesamte Kalenderjahr neben den Einkünften aus dem Minijob auch die sonstigen steuerpflichtigen Einkünfte, z. B. aus selbstständiger oder gewerblicher Tätigkeit, sowie die Einkünfte aus nichtselbstständiger Tätigkeit vom 1.1.-30.6. berücksichtigt werden. Individuell versteuerte Minijobs wirken sich immer bei der Einkommensteuer-Veranlagung aus und erhöhen insgesamt die Steuerprogression. Minijobs, die pauschal besteuert werden, bleiben bei der Veranlagung zur Einkommensteuer außer Betracht.

Übt ein Arbeitnehmer ausschließlich einen Minijob mit einem Verdienst bis zu 450 EUR pro Monat aus, bleibt das Arbeitsverhältnis für den Beschäftigten versicherungsfrei in der Kranken-, Arbeitslosen- und Pflegeversicherung. Er wird jedoch versicherungspflichtig in der Rentenversicherung. Der Arbeitnehmer kann sich allerdings auf Antrag von der Rentenversicherungspflicht befreien lassen (Opt-out-Regelung). Der Arbeitgeber muss folgende Pauschalbeiträge abführen.

15%	Rentenversicherung
13%	Krankenversicherung
2%	Einheitliche Pauschalsteuer (Lohnsteuer, Solidaritätszuschlag und Kirchensteuer)

Der Arbeitgeber hat die Möglichkeit, die pauschale Lohnsteuer auf den Arbeitnehmer abzuwälzen. Eine Abwälzung von pauschalen Sozialversicherungsbeiträgen ist nicht zulässig.

Tipp: Die Sozialversicherungsfreiheit von Minijobs ist unabhängig von den monatlich geleisteten Arbeitsstunden des Arbeitnehmers. Ab 1.1.2020 ist für Minijobs jedoch der Mindestlohn von 9,35 EUR zu beachten, sodass bei einem Verdienst von 450 EUR von monatlich maximal 48,13 Arbeitsstunden auszugehen ist (ca. 11,06 Stunden/Woche).

4.5 Rentnerbeschäftigung, Minijob

Sachverhalt: Im August wird eine Aushilfe auf 450-EUR-Basis unbefristet eingestellt. Der Mitarbeiter legt seine Steuer-Identifikationsnummer für den ELStAM-Abruf vor, so dass er mit seiner Steuerklasse I abgerechnet werden kann. Seit 1.7. erhält er eine Berufsunfähigkeitsrente und hat bis zu diesem Zeitpunkt Krankengeld erhalten. Er ist gesetzlich krankenversichert, die Beiträge werden von der Deutschen Rentenversicherung entrichtet. Er übt keine weitere Beschäftigung aus.

Dürfen Rentenbezieher auf Minijob-Basis beschäftigt werden?

Lösung: Grundsätzlich können Rentenbezieher auf Minijob-Basis beschäftigt werden. Der Minijob wird nicht auf die Rente angerechnet. Bei höherem Entgelt sind ggf. Zuverdienstgrenzen zu beachten.

Übt ein Regelaltersrentner ausschließlich einen Minijob mit einem Verdienst bis zu 450 EUR pro Monat aus, bleibt das Arbeitsverhältnis für den Beschäftigten versicherungsfrei in der Kranken-, Renten-, Arbeitslosen- und Pflegeversicherung. Bei Rentnern, welche die Regelaltersrente noch nicht erreicht haben, besteht Versicherungspflicht in der Rentenversicherung. Der Arbeitnehmer kann sich allerdings auf Antrag von der Rentenversicherungspflicht befreien lassen (Opt-out-Regelung).

Die Besteuerung kann nach den ELStAM erfolgen, da in den Steuerklassen I bis IV bei einem Verdienst von 450 EUR keine Lohnsteuer anfällt; so entfällt die Pauschalsteuer in Höhe von 2 % für den Arbeitgeber.

Der Arbeitgeber hat folgende Abgaben an die Deutsche Rentenversicherung Knappschaft-Bahn-See, Minijob-Zentrale zu leisten:

15 %	Rentenversicherung
13 %	Krankenversicherung

Abrechnung

Aushilfslohn	450,00 EUR
Abzüge (bei RV-Freiheit)	0,00 EUR
Auszahlungsbetrag	450,00 EUR

Arbeitgeberbelastung

Aushilfslohn	450,00 EUR
Rentenversicherung (15 %)	67,50 EUR
Krankenversicherung (13 %)	58,50 EUR
Gesamtbelastung	576,00 EUR
Zzgl. Umlagen	

Hinweis: Die Besteuerung nach den ELStAM ist unbedenklich, wenn der Arbeitnehmer keine weiteren steuerpflichtigen Einkünfte hat, z. B. aus selbstständiger oder gewerblicher Tätigkeit bzw. aus Vermietung und Verpachtung oder Kapitalvermögen. Das sollte in jedem Fall vorher erfragt werden.

Minijobs, die pauschal besteuert werden, bleiben bei der Einkommensteuer-Veranlagung außer Betracht.

Tipp: Arbeitslohn, der nach den ELStAM besteuert wurde, wird bei der Veranlagung zur Einkommensteuer angerechnet. Bei Rentnern kann es dadurch zu einer Nachversteuerung kommen – vor allem, wenn noch andere Einkünfte vorliegen bzw. bei Ehepaaren ein Partner noch voll beschäftigt ist.

Bei Teilrentnern sind vor einer geringfügigen bzw. kurzfristigen Beschäftigung unbedingt die Hinzuverdienstgrenzen bei der Deutschen Rentenversicherung zu erfragen, da es bei Überschreiten zu einer Rentenkürzung kommt.

4.6 Kurzfristige Beschäftigung

Sachverhalt: Für die Urlaubszeit wird eine Altersrentnerin vom 3.7. bis 21.7. für 15 Arbeitstage als Aushilfskraft eingesetzt. Die Aushilfe erhält 9,35 EUR pro Stunde bei einer täglichen Arbeitszeit von 8 Stunden. Sie gehört keiner kirchensteuererhebenden Religionsgemeinschaft an. Die pauschale Lohnsteuer wird von der Aushilfskraft getragen.

Fallen für die Beschäftigung Beiträge zur Sozialversicherung an und ist eine pauschale Besteuerung zulässig?

Lösung: Die Aushilfskraft kann sozialversicherungsrechtlich als kurzfristig Beschäftigte behandelt werden, da das Beschäftigungsverhältnis maximal 70 Arbeitstage bzw. 3 Monate innerhalb eines Kalenderjahrs nicht übersteigt.

Das Arbeitsverhältnis ist in allen Zweigen der Sozialversicherung versicherungsfrei für Arbeitnehmer und Arbeitgeber. Die Versicherungsfreiheit ist an folgende Kriterien geknüpft:

- Die Beschäftigung muss in ihrer Eigenart von vornherein begrenzt sein,
- die Befristung muss von vornherein vereinbart werden,
- es darf keine Dauerbeschäftigung bzw. ein regelmäßig wiederkehrendes Arbeitsverhältnis vorliegen und
- die Beschäftigung darf nicht berufsmäßig ausgeübt werden.

Sollte der Vertretungszeitraum durch unvorhersehbare Gründe über 70 Tage hinaus verlängert werden müssen, ist das Arbeitsverhältnis ab dem Zeitpunkt der Verlängerung des Arbeitsvertrags, spätestens ab dem 71. Arbeitstag in allen Zweigen sozialversicherungspflichtig.

Die Arbeitnehmerin muss als kurzfristig Beschäftigte bei der Deutschen Rentenversicherung Knappschaft-Bahn-See, Minijob-Zentrale, angemeldet werden, obwohl keine Beiträge zu zahlen sind.

Die pauschale Besteuerung mit 25 % pauschaler Lohnsteuer zzgl. 5,5 % Solidaritätszuschlag und ggf. Kirchensteuer ist in diesem Fall zulässig, da der Beschäftigungszeitraum 18 zusammenhängende Arbeitstage nicht überschreitet. Ebenso werden der durchschnittliche Arbeitslohn von 120 EUR pro Tag sowie der durchschnittliche Stundenlohn von 15 EUR nicht überschritten. Die pauschale Lohnsteuer darf auf die Arbeitnehmerin abgewälzt werden.

Abrechnung mit pauschaler Lohnsteuer

Aushilfslohn (9,35 EUR × 8 Std. × 15 Tage)	1.122,00 EUR
Pauschale Lohnsteuer (25 %)	280,50 EUR
Pauschaler Solidaritätszuschlag (5,5 %)	15,42 EUR
Auszahlungsbetrag	826,08 EUR

Arbeitgeberbelastung

Aushilfslohn (9,35 EUR × 8 Std. × 15 Tage)	1.122,00 EUR
Nebenkosten	0,00 EUR
Gesamtbelastung	1.122,00 EUR

(Zzgl. Umlage 2 und Insolvenzgeldumlage; Umlage 1 entfällt, da Dauer Beschäftigungsverhältnis < 4 Wochen)

Achtung: Kurzfristige Beschäftigungsverhältnisse innerhalb eines Kalenderjahres sind zusammenzurechnen, auch wenn sie bei verschiedenen Arbeitgebern ausgeübt wurden. Eine Zusammenrechnung mit geringfügig entlohnten Beschäftigungsverhältnissen erfolgt jedoch nicht.

4.7 Kurzfristige Beschäftigung, Arbeitgeber trägt Lohnsteuer

Sachverhalt: Eine Aushilfskraft (Schülerin unter 18 Jahre) wird 3 Wochen lang für 15 Arbeitstage eingestellt. Die tägliche Arbeitszeit beträgt 6 Stunden zu 9,00 EUR[4] pro Stunde. Die Lohnsteuer wird mit 25 % pauschaliert, da die Beschäftigung nicht mehr als 18 zusammenhängende Arbeitstage dauert und der Arbeitslohn 120 EUR pro Tag sowie 15 EUR pro Stunde nicht übersteigt. Die pauschale Lohnsteuer übernimmt der Arbeitgeber.

Wie hoch sind Auszahlungsbetrag und Arbeitgeberbelastung?

Lösung

Abrechnung

Aushilfslohn (15 Arbeitstage × 6 Std. x 9,00 EUR)	810,00 EUR
Abzüge	0,00 EUR
Auszahlungsbetrag	810,00 EUR

Arbeitgeberbelastung

Aushilfslohn (15 Arbeitstage × 6 Std. x 9,00 EUR)	810,00 EUR
Lohnsteuer (25 % v. 810,00 EUR)	202,50 EUR
Solidaritätszuschlag (5,5 % v. 202,50 EUR)	11,14 EUR
Kirchensteuer (angenommen 5 % v. 202,50 EUR)	10,13 EUR
Gesamtbelastung	1.033,76 EUR

(Zzgl. Umlage 2 und Insolvenzgeldumlage; Umlage 1 entfällt, da Dauer Beschäftigungsverhältnis < 4 Wochen)

Hinweis: Die Lohnsteuer kann auch nach den ELStAM ermittelt werden. Es sollte vorher vereinbart werden, wie der Aushilfslohn versteuert werden soll.

Wird jemand während den Ferien als Ferienjobber oder auf Messen als Standpersonal eingesetzt, liegt z. B. eine gelegentliche, nicht regelmäßig wiederkehrende Beschäftigung vor.

Von einer Beschäftigung zu einem unvorhersehbaren Zeitpunkt spricht man, wenn die Aushilfskraft für einen kranken Kollegen beschäftigt wird. Auch bei akutem Arbeitskräftebedarf, z. B. bei Havarien bzw. Brand-, Sturm- oder Gewitterschäden, ist der Zeitpunkt der Beschäftigung von vornherein unvorhersehbar.

4 Der Mindestlohn i. H. v. 9,35 EUR muss Jugendlichen unter 18 Jahren ohne abgeschlossene Berufsausbildung nicht gezahlt werden.

Achtung: Kurzfristige Beschäftigungsverhältnisse innerhalb eines Kalenderjahres sind zusammenzurechnen, auch wenn sie bei verschiedenen Arbeitgebern ausgeübt wurden. Eine Zusammenrechnung mit geringfügig entlohnten Beschäftigungsverhältnissen erfolgt jedoch nicht.

4.8 Kurzfristige Beschäftigung, Arbeitnehmer trägt Lohnsteuer

Sachverhalt: Eine Aushilfskraft (Schülerin unter 18 Jahre) wird 3 Wochen lang für 15 Arbeitstage eingestellt. Die tägliche Arbeitszeit beträgt 6 Stunden zu 9,00 EUR[5] pro Stunde. Die Lohnsteuer wird mit 25 % pauschaliert, da die Beschäftigung nicht mehr als 18 zusammenhängende Arbeitstage dauert und der Arbeitslohn 120 EUR pro Tag sowie 15 EUR pro Stunde nicht übersteigt. Die pauschale Lohnsteuer wird auf die Aushilfe abgewälzt.

Wie hoch sind Auszahlungsbetrag und Arbeitgeberbelastung?

Lösung

Abrechnung	
Aushilfslohn (15 Arbeitstage × 6 Std. x 9,00 EUR)	810,00 EUR
Lohnsteuer (25 % v. 810,00 EUR)	202,50 EUR
Solidaritätszuschlag (5,5 % v. 202,50 EUR)	11,14 EUR
Kirchensteuer (angenommen 5 % v. 202,50 EUR)	10,13 EUR
Auszahlungsbetrag	586,24 EUR

Arbeitgeberbelastung	
Aushilfslohn (15 Arbeitstage × 6 Std. x 9,00 EUR)	810,00 EUR

Hinweis: Die Lohnsteuer kann auch nach den ELStAM ermittelt werden. Es sollte vorher vereinbart werden, wie die Lohnsteuer ermittelt werden soll.

Wird jemand während den Ferien als Ferienjobber oder auf Messen als Standpersonal eingesetzt, liegt bspw. eine gelegentliche, nicht regelmäßig wiederkehrende Beschäftigung vor. Von einer Beschäftigung zu einem unvorhersehbaren Zeitpunkt spricht man, wenn die Aushilfskraft für einen kranken Kollegen beschäftigt wird. Auch

5 Der Mindestlohn i. H. v. 9,35 EUR muss Jugendlichen unter 18 Jahren ohne abgeschlossene Berufsausbildung nicht gezahlt werden.

bei akutem Arbeitskräftebedarf, z. B. bei Havarien bzw. Brand-, Sturm- oder Gewitterschäden, ist der Zeitpunkt der Beschäftigung von vornherein unvorhersehbar.

Achtung: Kurzfristige Beschäftigungsverhältnisse innerhalb eines Kalenderjahrs sind zusammenzurechnen, auch wenn sie bei verschiedenen Arbeitgebern ausgeübt wurden. Eine Zusammenrechnung mit geringfügig entlohnten Beschäftigungsverhältnissen erfolgt jedoch nicht.

5 Auslagenersatz

5.1 Einkäufe durch Mitarbeiter

Sachverhalt: Eine Vertriebsmitarbeiterin kauft im Auftrag des Arbeitgebers Kundengeschenke ein. Sie hat vor dem Einkauf einen Vorschuss von 500 EUR erhalten und gibt insgesamt 590 EUR aus für:
- 20 Flaschen Rotwein für je 15 EUR,
- 20 Packungen Pralinen für je 10 EUR,
- Verpackungsmaterial für 30 EUR und
- Briefmarken für 60 EUR.

Für den Wein hat sie sich eine Rechnung auf ihr Unternehmen ausstellen lassen. Für die übrigen Gegenstände kann sie einen Kassenbon vorlegen. Sie bittet um Ersatz der restlichen Kosten in Höhe von 90 EUR.

Wie ist der Sachverhalt steuerlich zu behandeln? Ergeben sich sozialversicherungsrechtliche Folgen?

Lösung: Bei den Einkäufen im Gesamtwert von 590 EUR handelt es sich um Geschenke für Geschäftsfreunde des Arbeitgebers, für die ein steuerfreier Auslagenersatz möglich ist.

Weder der Vorschuss von 500 EUR noch die Erstattung von 90 EUR lösen lohnsteuerliche oder sozialversicherungsrechtliche Folgen aus.

Es spielt keine Rolle, ob die Ausgaben im Namen der Firma erfolgt sind oder die Mitarbeiterin im eigenen Namen eingekauft hat. Eine auf den Arbeitgeber ausgestellte Rechnung ist nicht zwingend erforderlich.

Für den Vorsteuerabzug benötigt der Arbeitgeber bei Einkäufen mit einem Gesamtwert von mehr als 250 EUR allerdings eine ordnungsgemäße Rechnung.
- Für den Weineinkauf hat die Mitarbeiterin eine Rechnung vorgelegt.
- Für das Verpackungsmaterial mit einem Wert von 30 EUR reicht der Kassenbon.
- Das Porto ist nicht mit Umsatzsteuer belastet.
- Für die Umsatzsteuer aus den Pralinen mit einem Gesamtwert von 200 EUR ist ebenfalls ein Vorsteuerabzug möglich. Weil es sich um sog. Kleinbetragsrechnungen handelt, reicht hier ebenfalls der Kassenbon.

Geschenke an Geschäftsfreunde sind nur bis zu einem Gesamtwert von 35 EUR je Geschenk und Jahr als Betriebsausgaben abzugsfähig. Werden insgesamt 20 Päckchen verschickt, die Pralinen und eine Flasche Wein (Gesamtwert 25 EUR) enthalten, wird diese Grenze nicht überschritten.

5.2 Garagenmiete

Sachverhalt: Der Arbeitgeber stellt dem Arbeitnehmer einen Dienstwagen mit Verbrennungsmotor mit einem Listenpreis von 30.000 EUR zur Verfügung. Dieser wird auch für private Zwecke und für die Fahrten zwischen Wohnung und erster Tätigkeitsstätte (Entfernung 10 km) genutzt. Der Wagen wird nach der 1-%-Regelung bzw. nach der 0,03-%-Regelung versteuert. Alle für den Dienstwagen entstehenden Kosten werden vom Arbeitgeber übernommen.

Der Arbeitnehmer bittet um Erstattung der von ihm verauslagten Kosten für den letzten Monat.

Neben Benzinkosten in Höhe von 500 EUR sind in seiner Abrechnung erstmalig auch 50 EUR für eine Garage enthalten, die er zum Schutz des Dienstwagens neu angemietet hat. Dem Mitarbeiter sollen die Kosten für die Garage erstattet werden.

Ist die Erstattung steuer- und sozialversicherungspflichtig? Welche Folgen ergeben sich für die Besteuerung des Dienstwagens?

Lösung: Die Benzinkosten können in voller Höhe steuer- und sozialversicherungsfrei erstattet werden. Es handelt sich um steuerfreien Auslagenersatz.

Auch Zahlungen, die der Arbeitgeber an seine Arbeitnehmer dafür leistet, dass diese den Dienstwagen in einer Garage unterstellen, behandelt die Rechtsprechung nicht als Arbeitslohn. Stellt der Arbeitnehmer das Fahrzeug in einer von ihm selbst angemieteten Garage unter, handelt es sich bei der vom Arbeitgeber erstatteten Garagenmiete um steuerfreien Auslagenersatz, was zugleich zur Beitragsfreiheit in der Sozialversicherung führt.

Die vom Arbeitgeber wirtschaftlich getragenen Garagenkosten führen bei Anwendung der 1-%-Regelung nicht dazu, dass der Arbeitnehmer zusätzlich einen geldwerten Vorteil für die Überlassung der Garage versteuern muss.

Der monatliche steuer- und beitragspflichtige geldwerte Vorteil aus dem Dienstwagen ermittelt sich wie folgt:

Privatfahrten: 30.000 EUR × 1 %	300 EUR
Fahrten Wohnung – erste Tätigkeitsstätte: 30.000 EUR × 0,03 % × 10 km	+ 90 EUR
Gesamt	390 EUR

Achtung: Gehört dem Arbeitnehmer die Garage selbst, führt die Erstattung von Garagenkosten zwar ebenfalls nicht zu steuer- und sozialversicherungspflichtigem Arbeitslohn, aber zu Einnahmen aus Vermietung und Verpachtung. Diese muss der Arbeitnehmer in der Einkommensteuererklärung angeben.

Wird der Dienstwagen nach der Fahrtenbuchmethode besteuert, gehört die Garagenmiete zu den Aufwendungen für den Wagen. Sie ist deshalb in die Ermittlung der Gesamtaufwendungen einzubeziehen und erhöht anteilig den zu versteuernden Vorteil für Privatfahrten und Fahrten zwischen Wohnung und erster Tätigkeitsstätte.

Einzeln abgerechneter Auslagenersatz muss immer zusätzlich gezahlt werden. Eine Gehaltsumwandlung ist daher ausgeschlossen.

Tipp: Eine Minderung des geldwerten Vorteils ist nach Verwaltungsauffassung zulässig, wenn der Arbeitnehmer einzelne Kosten wie Benzinkosten und/oder Garagenmiete selbst trägt.[6]

Nach einem aktuellen Urteil sind allerdings Grundstückskosten, die anteilig auf die Garage des Arbeitnehmers entfallen, nicht als Nutzungsentgelt zu berücksichtigen, da die Unterbringung in einer Garage zur Inbetriebnahme des Fahrzeugs und Aufrechterhaltung der Betriebsfähigkeit nicht notwendig ist.[7]

5.3 Telefonkosten mit Gesprächsnachweis

Sachverhalt: Der Arbeitgeber ersetzt seinen Außendienstmitarbeitern die Kosten, die ihnen für berufliche Telefongespräche sowie berufliche Internetnutzung an ihrem Privatanschluss entstehen.

Ein Mitarbeiter, der erst seit wenigen Monaten im Unternehmen arbeitet, legt die Rechnungen mit Einzelverbindungsnachweis und Kennzeichnung der beruflichen Nutzung für Januar bis März vor:

- 30 % beruflicher Nutzungsanteil des privaten Telefon- und Internetanschlusses,
- 400 EUR Grundgebühren für den Telefon-Anschluss sowie Verbindungsentgelte.

Wie ist der Sachverhalt lohnsteuerlich und sozialversicherungsrechtlich zu behandeln und wie können die Erstattungen zukünftig möglichst einfach geregelt werden?

6 BMF, Schreiben v. 4.4.2018, IV C 5-S 2334/18/10001, BStBl I 2018 S. 592.
7 FG Münster, Urteil v. 14.3.2019, 10 K 2990/17 E, EFG 2019 S. 1083.

Lösung: Die Erstattung beruflicher Telefonkosten stellt steuer- und sozialversicherungsfreien Auslagenersatz dar. Pauschaler Auslagenersatz ist zulässig, wenn mindestens für einen repräsentativen Zeitraum von 3 Monaten Aufzeichnungen geführt werden. Diese Voraussetzung ist durch die vorgelegten Rechnungen erfüllt.

Für die Monate Januar bis März kann der berufliche Anteil der Aufwendungen für Telefon und Internet in nachgewiesener Höhe steuer- und sozialversicherungsfrei ersetzt werden.

Insgesamt ergibt sich eine Erstattung von 400 EUR × 30 % = 120 EUR.

Ab April besteht die Möglichkeit, den ermittelten Aufteilungsmaßstab fortzuführen und den steuerfreien Auslagenersatz mit 30 % der vom Mitarbeiter weiterhin vorzulegenden Monatsabrechnungen des Telekommunikationsanbieters vorzunehmen.

Tipp: Es ist auch möglich, den für die 3 Monate ermittelten Durchschnittsbetrag von 40 EUR monatlich als steuerfreien Auslagenersatz für die berufliche Nutzung der privaten Telekommunikationseinrichtungen in der Folgezeit weiter zu gewähren. Dies gilt bis sich die Verhältnisse wesentlich ändern, z. B. aufgrund geänderter Berufstätigkeit.

5.4 Telefonkosten ohne Gesprächsnachweis

Sachverhalt: Der Arbeitgeber ersetzt seinen Außendienstmitarbeitern die Kosten, die ihnen für berufliche Telefongespräche sowie berufliche Internetnutzung an ihrem Privatanschluss entstehen.

Ein Mitarbeiter, der erst seit wenigen Monaten im Unternehmen arbeitet, legt die Rechnungen für Juli bis September vor:

300 EUR insgesamt für Grundgebühren für den Telefon- und Internetanschluss sowie Verbindungsentgelte

Einen Einzelverbindungsnachweis kann der Mitarbeiter nicht vorlegen.

Er hat versichert, dass an seinem Privatanschluss beruflich veranlasste Aufwendungen in beträchtlicher Höhe anfallen.

In welcher Höhe können steuer- und sozialversicherungsfreie Erstattungen gewährt werden und wie können die Erstattungen für die Zukunft möglichst einfach weitergeführt werden?

Lösung: Die Erstattung beruflicher Telefonkosten stellt grundsätzlich steuer- und sozialversicherungsfreien Auslagenersatz dar. Pauschaler Auslagenersatz ist zulässig, wenn mindestens für einen repräsentativen Zeitraum von 3 Monaten Aufzeichnungen geführt werden. Diese Voraussetzung ist durch die vorgelegten Rechnungen nur teilweise erfüllt, weil aus den Rechnungen der berufliche Nutzungsanteil nicht erkennbar ist.

Ist der berufliche Nutzungsanteil nicht genau ermittelbar, können 20 % der jeweiligen Monatsabrechnung, maximal 20 EUR pro Monat, pauschal steuerfrei ersetzt werden. Voraussetzung ist, dass aufgrund der Tätigkeit erfahrungsgemäß beruflich veranlasste Aufwendungen anfallen. Diese Voraussetzung ist hier erfüllt und zudem vom Mitarbeiter bestätigt worden.

Insgesamt können 20 % von 300 EUR = 60 EUR steuer- und sozialversicherungsfrei erstattet werden. Das entspricht dem 20-EUR-Höchstbetrag gem. R 3.50 Abs. 2 Satz 4 LStR.

Nach Ablauf von 3 Monaten kann der sich für diesen Zeitraum ergebende monatliche Durchschnittsbetrag als pauschaler Auslagenersatz für die berufliche Nutzung der privaten Telekommunikationsgeräte steuer- und sozialversicherungsfrei fortgeführt werden (hier 20 EUR pro Monat). Dies gilt bis sich die Verhältnisse wesentlich ändern, z. B. aufgrund geänderter Berufstätigkeit.

5.5 Fortbildungskosten (Sprachkurs)

Sachverhalt: Einige Mitarbeiter einer Firma besuchen an einem Abend in der Woche einen Sprachkurs in Spanisch. Die Gebühren pro Teilnehmer und Jahr betragen 500 EUR. Die Mitarbeiter haben sich eigenständig angemeldet und tragen die Kosten selbst.

Kann den Mitarbeitern für ihre Fortbildung ein Zuschuss steuerfrei gezahlt werden?

Lösung: Berufliche Fort- und Weiterbildungsleistungen des Arbeitgebers bleiben steuerfrei, wenn sie der Steigerung der individuellen Beschäftigungsfähigkeit dienen. Ein Sprachkurs ist eine solche Maßnahme, selbst wenn die Spanischkenntnisse nicht im derzeitigen Unternehmen eingesetzt werden können.

Auch für Maßnahmen, die auf eigene Rechnung des Mitarbeiters erbracht und durch den Arbeitgeber ganz oder teilweise beglichen bzw. dem Mitarbeiter ersetzt werden, ist eine steuerfreie Übernahme oder Erstattung durch den Arbeitgeber möglich.

Tipp: Rückwirkend ab 2019 hat der Gesetzgeber Weiterbildungsleistungen des Arbeitgebers steuerbefreit. Die Steuerbefreiung gilt ausdrücklich auch für Weiterbildungsleistungen, die der Verbesserung der individuellen Beschäftigungsfähigkeit von Mitarbeitern dienen. Es kommt nicht mehr darauf an, die Einsatzfähigkeit im konkreten Arbeitgeberbetrieb zu erhöhen. Für die Steuerbefreiung müssen keine weiteren Voraussetzungen erfüllt sein.

5.6 Knöllchenersatz

Sachverhalt: In einem Unternehmen werden Waren von eigenen Mitarbeitern zu den Kunden gebracht, die in Innenstadtnähe ihren Betrieb haben. Deshalb parken die Mitarbeiter oft im Halteverbot. Anfallende Strafzettel für Falschparken werden vom Arbeitgeber übernommen. Voraussetzung ist die Glaubhaftmachung, dass diese Strafe auf einer beruflich veranlassten Fahrt entstanden ist. Es liegen mehrere Anträge zur Erstattung von Strafzetteln in Höhe von jeweils 10 bis 50 EUR vor.

Wie sind die Erstattungen steuerlich zu behandeln? Ergeben sich sozialversicherungsrechtliche Folgen?

Lösung: Bei der Erstattung von Strafen und Geldbußen handelt es sich nicht um steuerfreien Auslagenersatz. Die Erstattung derartiger Aufwendungen ist in voller Höhe steuer- und sozialversicherungspflichtiger Arbeitslohn. Dies gilt unabhängig von der Höhe des jeweiligen Bußgelds und würde z. B. auch für eine Strafe für zu schnelles Fahren gelten.

Achtung: Nach der Rechtsprechung des BFH kann ein rechtswidriges Tun keine beachtliche Grundlage einer betriebsfunktionalen Zielsetzung sein. Dabei ist es unerheblich, ob der Arbeitgeber ein solches rechtswidriges Verhalten angewiesen hat und/oder anweisen darf. Beispielsweise ist die Übernahme von Bußgeldern wegen Verstößen gegen die Lenk- und Ruhezeiten und/oder von Verwarnungsgeldern wegen Verletzung des Halteverbots damit nicht im überwiegenden eigenbetrieblichen Interesse.

Allerdings ist in dieser Sache ein neues Revisionsverfahren beim BFH anhängig. Das Finanzgericht Düsseldorf hat entgegen der BFH-Rechtsprechung entschieden, dass die Übernahme von Verwarnungsgeldern wegen Falschparkens durch einen Paketzustelldienst nicht zu Arbeitslohn bei den angestellten Fahrern führt und daher nicht der Lohnsteuer unterliegt.[8]

8 FG Düsseldorf, Urteil v. 4.11.2016, 1 K 2470/14 L, EFG 2017 S. 315, Rev. anhängig, Az. beim BFH: VI R I/17.

Hinweis: Geldbußen und Strafzettel zählen zu den nicht abzugsfähigen Ausgaben. Deshalb können sie auch nicht im Rahmen der Einkommensteuererklärung als Werbungskosten geltend gemacht werden.

5.7 Arbeitnehmer verauslagt Kosten

Sachverhalt: Ein Erste-Hilfe-Beauftragter stellt bei der Kontrolle der Erste-Hilfe-Kästen im Unternehmen diverse Mängel fest. Daraufhin erwirbt er in einer Apotheke Verbandsmaterial und füllt damit die Erste-Hilfe-Kästen auf. Er legt dem Arbeitgeber am nächsten Tag den Kassenzettel vor und erhält den verauslagten Betrag von 123,70 EUR erstattet.

Wie ist die Erstattung steuer- und sozialversicherungsrechtlich zu behandeln?

Lösung: Es handelt sich um Auslagenersatz. Die Auszahlung bleibt steuer- und beitragsfrei.

Steuerfreier Auslagenersatz liegt vor, wenn es sich um Kosten oder Ausgaben des Arbeitgebers handelt, an denen der Arbeitnehmer kein oder nur ein sehr geringes eigenes Interesse hat. Werden Gegenstände angeschafft, muss der Arbeitgeber i. d. R. juristischer Eigentümer werden. Eine Ausnahme gilt für den Einkauf von Hilfs- und Betriebsstoffen, z. B. Büromaterial, Porto, Benzin, Diesel, Öl für den Dienstwagen. Dort liegt immer Auslagenersatz vor. In diesem Fall spielen die Eigentumsverhältnisse beim Erwerb keine Rolle, weil beim Arbeitnehmer keine Bereicherung eintreten kann.

5.8 Pauschaler Auslagenersatz

Sachverhalt: Ein Orchestermusiker erhält ein monatliches Instrumentengeld, mit dem die Abnutzung des vom Mitarbeiter selbst beschafften Instruments abgegolten wird. Zudem erhält er ein pauschaliertes »Noten- und Pflegegeld« von monatlich 20 EUR. Mit diesen Beträgen ist der Aufwand für Noten, die Reinigung des Instruments sowie bei den Streichinstrumenten der Ersatz von Saiten und Geigenbögen abgegolten.

Handelt es sich um steuer- und beitragspflichtigen Arbeitslohn?

Lösung: Beim Instrumentengeld handelt es sich nicht um steuerfreien Auslagenersatz, sondern um steuer- und beitragspflichtigen Arbeitslohn.

Anders sieht es dagegen beim pauschal gezahlten Noten- und Pflegegeld aus. Damit werden die Kosten für übliches Verbrauchsmaterial – Noten, Pflegemittel, kleine

Ersatzteile – abgegolten, die der Arbeitgeber seinen Mitarbeitern zur Verfügung stellen müsste. Diese Leistung bleibt steuerfrei.

Tipp: Ersetzt der Arbeitgeber aufgrund einer tarifvertraglichen Verpflichtung dem Orchestermusiker die Kosten der Instandsetzung des dem Mitarbeiter gehörenden Musikinstruments, handelt es sich beim Instrumentengeld um steuerfreien Auslagenersatz.

Hinweis: Beim Auslagenersatz muss keine Einzelabrechnung erfolgen. Eine Pauschalabgeltung ist zulässig, wenn sie den tatsächlichen Aufwand nicht übersteigen, da dies zivil- und arbeitsrechtlich zulässig und praktisch sinnvoll ist. Voraussetzung für pauschalierten Auslagenersatz ist,

- dass die Aufwendungen erfahrungsgemäß regelmäßig
- in etwa gleicher Höhe wiederkehren
- und der Auslagenersatz – im Großen und Ganzen gesehen – den tatsächlichen Aufwendungen entspricht.

5.9 Pauschale Stromkostenerstattung für Elektrofahrzeuge

Sachverhalt: Einem Arbeitnehmer wird ein Dienstwagen auch zur privaten Nutzung zur Verfügung gestellt. Weil es sich um ein Elektrofahrzeug handelt, muss der Arbeitnehmer den Dienstwagen gelegentlich auch zu Hause am privaten Stromanschluss aufladen; gesonderte Aufzeichnungen geführt er dazu nicht. Beim Arbeitgeber steht ihm ebenfalls eine Auflademöglichkeit zur Verfügung.

Kann der Arbeitgeber für die Stromkosten pauschale Erstattungen steuerfrei leisten?

Lösung: Entstehen einem Mitarbeiter im Zusammenhang mit der Nutzung eines Dienstwagens Kosten (z. B. Benzinkosten), die ihm vom Arbeitgeber ersetzt werden, liegt steuer- und sozialversicherungsfreier Auslagenersatz vor. Pauschaler Auslagenersatz kann grundsätzlich nur steuerfrei bleiben, wenn er regelmäßig wiederkehrt und der Mitarbeiter die entstandenen Aufwendungen für einen repräsentativen Zeitraum von 3 Monaten im Einzelnen nachweist.

Lädt der Arbeitnehmer ein ihm auch zur privaten Nutzung überlassenes (Elektro-) Dienstfahrzeug zu Hause zu seinen Lasten auf, müssten deshalb eigentlich Aufzeichnungen geführt werden. Die gesonderte Erfassung verursacht Kosten – z. B. für einen gesonderten geeichten Zähler – und administrativen Aufwand des Arbeitgebers bei der lohnsteuerlichen Erfassung.

Zur Vereinfachung des steuer- und beitragsfreien Auslagenersatzes für das Aufladen eines Dienstwagens (ausschließlich Pkw) beim Arbeitnehmer lässt die Finanzverwaltung im Jahr 2020 monatliche Pauschalen zu. Im vorliegenden Fall beträgt die Pauschale 20 EUR monatlich. Falls keine Auslademöglichkeit beim Arbeitgeber besteht, erhöht sie sich auf 50 EUR. Für Hybrid-Elektrofahrzeuge sind die Pauschalen jeweils halb so hoch, also 10 bzw. 25 EUR.

5.10 Werbungskostenersatz

Sachverhalt: Einem Arbeitnehmer werden im Laufe des Jahres entstandene Kosten für selbst beschaffte Fachliteratur von 2.000 EUR ersetzt. Eine Lohnsteuerprüfung greift diesen Vorgang auf und besteht auf einer Versteuerung als steuerpflichtigen Werbungskostenersatz. Aus den 2.000 EUR ergibt sich eine Lohnsteuer in Höhe von 500 EUR.

Wer trägt die Lohnsteuer?

Lösung: Der Arbeitgeber verweigert in der Schlussbesprechung die Übernahme der Lohnsteuer als Haftungsschuldner. Stattdessen verlangt er die Nacherhebung beim Arbeitnehmer, da dieser beim gleichen Finanzamt steuerlich erfasst ist. Gleichzeitig informiert der Arbeitgeber den Arbeitnehmer über die drohende Steuernachzahlung.

Daraufhin macht der Arbeitnehmer bei seinem Finanzamt die 2.000 EUR, die vom Prüfer nachversteuert werden, zeitgleich als Werbungskosten geltend. Das Finanzamt muss diese Werbungskosten zwingend berücksichtigen, sodass sich im Ergebnis keine Mehrsteuer (Lohn plus 2.000 EUR, minus Werbungskosten 2.000 EUR) bzw. nur in Höhe des eventuell verrechneten Werbungskosten-Pauschbetrags von 1.000 EUR ergibt.

Hinweis: Für die Sozialversicherung bleibt es jedoch bei einer endgültigen Mehrbelastung mit Sozialversicherungsbeiträgen. Der Arbeitgeber muss als Schuldner der Sozialversicherungsbeiträge den Arbeitnehmer- und den Arbeitgeberanteil übernehmen. Eine nachträgliche Erstattung bzw. ein Abwälzen auf den Mitarbeiter wie im Steuerrecht ist nicht möglich.

5.11 Werkzeuggeld

Sachverhalt: Ein Schreinergeselle beschafft sich sein Werkzeug selbst. Er erhält vom Arbeitgeber nach Vorlage der Kaufbelege bis zu 400 EUR pro Jahr als Werkzeuggeld erstattet.

Wie ist die Erstattung steuer- und sozialversicherungsrechtlich zu behandeln?

Lösung: Da der Arbeitnehmer sein berufliches Werkzeug selbst beschafft, liegen bei ihm Werbungskosten vor. Er kann diese Kosten im Rahmen seiner Einkommensteuererklärung absetzen. Damit wäre ein steuerfreier Ersatz durch den Arbeitgeber eigentlich nicht möglich, da ein Werbungskostenersatz steuerfrei nur möglich ist, wenn er ausdrücklich gesetzlich geregelt ist.

§ 3 Nr. 30 EStG sieht jedoch eine Steuerbefreiung für das Werkzeuggeld vor, sodass die vom Arbeitgeber erstatteten Beträge steuer- und beitragsfrei bleiben.

Hinweis: Werbungskosten des Arbeitnehmers kann der Arbeitgeber grundsätzlich nicht steuerfrei ersetzen, es sei denn, das Einkommensteuergesetz sieht hierfür eine Steuerbefreiung vor. Derzeit gibt es 7 Fälle, in denen der Arbeitgeber Werbungskosten des Arbeitnehmers steuerfrei ersetzen kann:

1. Aufwandsentschädigungen aus öffentlichen Kassen[9],
2. Ersatz von Reisekosten aus öffentlichen Kassen (z. B. Bund, Länder, Kommunen)[10],
3. Ersatz von Reisekosten durch private Arbeitgeber[11],
4. Übungsleiterpauschalen für nebenberufliche Tätigkeiten, z. B. als Trainer[12], sowie die Ehrenamtspauschale[13].
5. Werkzeuggeld[14],
6. Überlassung typischer Berufskleidung[15],
7. durchlaufende Gelder, Auslagenersatz[16].

9 § 3 Nr. 12 EStG.
10 § 3 Nr. 13 EStG.
11 § 3 Nr. 16 EStG.
12 § 3 Nr. 26 EStG.
13 § 3 Nr. 26a EStG.
14 § 3 Nr. 30 EStG.
15 § 3 Nr. 31 EStG.
16 § 3 Nr. 50 EStG.

6 Betriebliche Altersversorgung

6.1 Nebeneinander externer und interner Durchführungswege

Sachverhalt: Um einen wichtigen Mitarbeiter mit Spezialkenntnissen im Unternehmen zu halten, bietet der Arbeitgeber ihm im Jahr 2020 folgende betriebliche Altersvorsorge an:

- Zusage einer Betriebsrente: Der Mitarbeiter erhält mit Ausscheiden zum Ablauf seines 67. Lebensjahres vom Arbeitgeber eine monatliche Rente von 10 % seines letzten Bruttoarbeitslohns vor Eintritt in den Ruhestand. Zur Absicherung schließt der Arbeitgeber eine Rückdeckungsversicherung ab.
- Beiträge in eine Pensionskasse: Der Arbeitgeber zahlt monatlich 300 EUR in eine Pensionskasse ein. Aus dieser Pensionskasse erhält der Arbeitnehmer ab dem 65. Lebensjahr eine monatliche Rente.

Wie werden diese Formen der betrieblichen Altersvorsorge steuer- und sozialversicherungsrechtlich behandelt?

Lösung: Die beiden Formen der betrieblichen Altersvorsorge werden steuerlich unterschiedlich behandelt:

Zusage der Betriebsrente: Es handelt sich um eine Direktzusage, für die der Arbeitgeber in seiner Bilanz eine Pensionsrückstellung bilden kann. Weil der Anspruch auf die Auszahlung der Betriebspension erst im Versorgungsfall – hier mit dem 67. Lebensjahr – rechtlich entsteht, führt diese betriebliche Altersvorsorge bei der Zusage noch nicht zu Arbeitslohn. Auch die Beiträge, die der Arbeitgeber in die Rückstellungsversicherung einbezahlt, gelten steuerrechtlich nicht als Arbeitslohn. Demzufolge wird die Zusage steuerlich überhaupt nicht erfasst.

Da bis zur Auszahlung der Betriebspension lohnsteuerlich kein Arbeitslohn vorliegt, liegt auch kein sozialversicherungspflichtiges Arbeitsentgelt vor. Derartige Direktzusagen bleiben – sofern vom Arbeitgeber finanziert – in unbegrenzter Höhe lohnsteuer- und damit auch sozialversicherungsfrei. Werden derartige Direktzusagen vom Arbeitnehmer finanziert, gilt für das Sozialversicherungsrecht die Begrenzung der Sozialversicherungsfreiheit auf 4 % der Beitragsbemessungsgrenze der gesetzlichen Rentenversicherung West.

Erst bei Auszahlung der Betriebspension durch den Arbeitgeber entsteht steuerpflichtiger Arbeitslohn, für den die Lohnsteuer nach den ELStAM einbehalten werden muss.

Beiträge in eine Pensionskasse: Die zugesagten Beiträge des Arbeitgebers zu einer Pensionskasse gelten bereits mit Beitragszahlung als Arbeitslohn. Die Beiträge sind jedoch jährlich bis zu 8 % der Beitragsbemessungsgrenze der Rentenversicherung West steuerfrei (2020: 6.624 EUR). Damit bleiben insgesamt 3.600 EUR komplett steuerfrei. Die Beitragsfreiheit in der Sozialversicherung ist allerdings auf 4 % der Beitragsbemessungsgrenze der Rentenversicherung West begrenzt (2020: 3.312 EUR). Somit sind 3.312 EUR beitragsfrei und die übrigen 288 EUR beitragspflichtig.

Die spätere Rente wird nachgelagert besteuert.

6.2 Zusammentreffen Steuerbefreiung und Pauschalbesteuerung

Sachverhalt: Der Arbeitgeber entrichtet für seinen Arbeitnehmer im Rahmen eines ersten Dienstverhältnisses aufgrund einer vor 2005 erteilten Versorgungszusage jährliche Beiträge von 1.752 EUR in eine Direktversicherung, die Versorgungsleistungen in Form einer monatlichen Rentenzahlung vorsieht. Der Arbeitgeber hat hierfür die Pauschalbesteuerung mit 20 % vorgenommen.

Seit 2018 werden darüber hinaus weitere 300 EUR im Wege der Gehaltsumwandlung in eine Pensionskasse einbezahlt, die ebenfalls die Auszahlung einer lebenslangen Rente regelt.

Wie werden diese Formen der betrieblichen Altersvorsorge steuer- und sozialversicherungsrechtlich behandelt?

Lösung: Die Direktversicherungsbeiträge werden wie bisher mit 20 % pauschal versteuert.

Die Pensionskassenbeiträge von jährlich 3.600 EUR sind in vollem Umfang steuerfrei. Die steuerfreie Obergrenze von 6.624 EUR im Jahr 2020 (8 % der Beitragsbemessungsgrenze in der Rentenversicherung/West) ist um die pauschalbesteuerten Direktversicherungsbeiträge von 1.752 EUR zu kürzen. Dadurch verbleibt ein steuerfreies Volumen von 4.872 EUR, das höher ist als die Arbeitgeberbeiträge zur Pensionskasse. Daher bleiben die Beiträge in voller Höhe steuerfrei.

Tipp: Für die Weiteranwendung der Lohnsteuerpauschalierung mit 20 % ist nur noch erforderlich, dass für den Arbeitnehmer vor dem 1.1.2018 für eine Beitragsleistung zu einer Direktversicherung oder an eine Pensionskasse rechtmäßig die Pauschalbesteuerung vorgenommen wurde. Die Unterscheidung zwischen Alt- und Neuverträgen wurde ab 1.1.2018 aufgegeben.

6.3 Voraussetzungen für Steuerfreiheit

Sachverhalt: Aufgrund einer Betriebsvereinbarung erhalten die Arbeitnehmer die Möglichkeit Beiträge in einen Pensionsfonds einzuzahlen.

Wie sind die Beiträge steuerrechtlich zu behandeln?

Lösung: Beiträge an einen Pensionsfonds bleiben bis zu 8 % der Beitragsbemessungsgrenze der Rentenversicherung West steuerfrei (2020: 6.624 EUR).

Für die Steuerfreiheit sind mehrere Voraussetzungen zu beachten:
- Die Beiträge müssen im Rahmen des ersten Beschäftigungsverhältnisses des Arbeitnehmers gezahlt werden. Das sind Arbeitnehmer mit den Steuerklassen I-V. Auch für geringfügig Beschäftigte bis 450 EUR pro Monat kann dieser Steuerfreibetrag ausgenutzt werden, wenn die Aushilfe keine andere Beschäftigung ausübt.
- Die Auszahlung der betrieblichen Altersvorsorge im Versorgungsfall darf grundsätzlich nur als Rente erfolgen. Zulässig ist vertraglich vorrangig die Auszahlung einer Rente vorzusehen, aber ein Kapitalwahlrecht einzuräumen. Entscheidet sich der Arbeitnehmer allerdings vor dem letzten Jahr des Beginns der Rentenleistung für eine Einmalkapitalauszahlung, sind die Voraussetzungen der Steuerbefreiung ab diesem Zeitpunkt nicht mehr erfüllt.
- Begünstigt ist die Alters-, Invaliditäts- oder Hinterbliebenenversorgung. Eine Beitragsrückgewähr ist nur im Rahmen einer engen Hinterbliebenenversorgung möglich, ein angemessenes Sterbegeld kann im Todesfall an die Erben ausbezahlt werden. Unter angemessenem Sterbegeld ist i. d. R. ein Betrag bis zu maximal 8.000 EUR zu verstehen. Zu den Hinterbliebenen zählen die Witwe/Witwer des Arbeitnehmers, Kinder im steuerlichen Sinne (nur bis zur steuerlichen Altersgrenze, i. d. R. maximal bis zum 25. Lebensjahr), frühere Ehegatten oder Lebenspartner einer nichtehelichen Lebensgemeinschaft.

Achtung: Für die Beitragsfreiheit in der Sozialversicherung gilt weiterhin die Obergrenze von 4 % der Beitragsbemessungsgrenze der Rentenversicherung West (2020: 3.312 EUR).

6.4 Entgeltumwandlung von Einmalzahlungen (Pensionszusage)

Sachverhalt: Nach einer arbeitsvertraglichen Regelung hat ein Arbeitnehmer Anspruch auf eine jährliche Tantieme. Die Tantieme für das laufende Kalenderjahr wird hierbei zeitversetzt um ein Jahr mit der Gehaltsabrechnung für November des nachfolgenden Kalenderjahres ausgezahlt.

Die für das Kalenderjahr 2019 erdiente Tantieme gelangt beim Arbeitnehmer also erst mit der Gehaltsabrechnung für November 2020 zur Auszahlung. Der Arbeitnehmer vereinbart mit dem Arbeitgeber im Januar 2020, dass der Arbeitgeber die mit der Gehaltsabrechnung für November 2020 fällige Tantieme um die Hälfte zugunsten einer Pensionszusage umwandelt.

Wie ist die Tantieme steuerrechtlich zu behandeln?

Lösung: Die Tantiemezahlung ist im November 2020 lediglich zur Hälfte als steuerpflichtiger sonstiger Bezug dem Lohnsteuerabzug beim Arbeitnehmer zu unterwerfen. Die zwischen Arbeitnehmer und Arbeitgeber im Januar 2020 getroffene Vereinbarung ist als steuerlich zulässige Entgeltumwandlung zugunsten einer Pensionszusage anzuerkennen. Bei Abschluss der Entgeltumwandlung im Januar 2020 hatte der Arbeitnehmer die Tantieme des Jahres 2019 zwar bereits erdient, sie war jedoch noch nicht fällig geworden.

Hinweis: Eine durch Entgeltumwandlung finanzierte betriebliche Altersversorgung liegt nach dem BetrAVG dann vor, wenn Arbeitgeber und Arbeitnehmer vereinbaren, künftige Arbeitslohnansprüche des Arbeitnehmers in eine wertgleiche Anwartschaft auf Versorgungsleistungen herabzusetzen. Voraussetzung für die steuerliche Anerkennung einer Entgeltumwandlung zugunsten betrieblicher Altersversorgung ist, dass die Versorgungsleistungen zur Absicherung mindestens eines biometrischen Risikos (Alter, Tod, Invalidität) zugesagt und erst bei Eintritt des biologischen Ereignisses fällig werden.

6.5 Steuerfreie betriebliche Altersversorgung und Vererblichkeit

Sachverhalt: Den Mitarbeitern wird ab 1.1.2020 im Rahmen der beruflichen Altersvorsorge eine Direktversicherung angeboten. Diese finanzieren die Arbeitnehmer durch Barlohnverzicht. Der Arbeitgeber stockt den Finanzierungsanteil der Arbeitnehmer hierbei um 50 % auf.

Ein Mitarbeiter, 24 Jahre alt, alleinstehend, entscheidet sich, ab 1.6.2020 monatlich 120 EUR in die Direktversicherung einzuzahlen. Entsprechend verringert sich sein Arbeitslohn um 120 EUR, der Arbeitgeber überweist insgesamt 180 EUR an die Pensionskasse.

Wie sind die Voraussetzungen für die Steuerfreiheit der Beiträge?

Lösung: Damit die Beiträge in die Direktversicherung steuerfrei bleiben, müssen die Vertragsbedingungen der Direktversicherung den steuerlichen Vorschriften entsprechen. Neben der Auszahlung der Ansprüche als Rente kann der Vertrag nur eine eingeschränkte, enge Hinterbliebenenversorgung vorsehen.

Unter diesen engen Hinterbliebenenbegriff fallen folgende Personen:

- Witwe/Witwer des Arbeitnehmers,
- Kinder i. S. d. § 32 Abs. 3 und 4 EStG, also i. d. R. bis zum 25. Lebensjahr,
- frühere Ehegatten des Arbeitnehmers,
- Lebenspartner jeglichen Geschlechts sowohl von eheähnlichen Lebensgemeinschaften wie von gleichgeschlechtlichen Lebenspartnerschaften.

Daneben ist nur noch die Auszahlung eines angemessenen Sterbegelds bis 8.000 EUR zulässig.

Entspricht der Vertrag den aktuellen steuerlichen Vorschriften und verstirbt dieser Arbeitnehmer vorzeitig, ohne dass sich an seinen Lebensverhältnissen etwas ändert, bleiben die bereits eingezahlten Beiträge bei der Direktversicherung. Würde der Versicherungsvertrag eine Auszahlung der bereits eingezahlten Beiträge an die Erben vorsehen, würden die eingezahlten Beiträge sofort steuer- und sozialversicherungspflichtig.

Hinweis: Für Direktversicherungen aus Altzusagen vor dem 1.1.2005 müssen diese Einschränkungen nicht beachtet werden. Diese Altzusagen müssen nicht steuerfrei sein, sondern können laufend (pauschal) versteuert werden. Dadurch bleiben für diese »alten« Direktversicherungen Kapitalauszahlung, Beitragsrückgewähr und volle Vererblichkeit ohne steuerliche Nachteile zulässig.

6.6 Kapitalwahlrecht (kurzfristige Ausübung)

Sachverhalt: Ein Mitarbeiter hat ab 1.1.2020 wegen Erreichen der Altersgrenze Anspruch auf Auszahlung seiner steuerfrei angesparten betrieblichen Altersvorsorge. Da der Versicherungsvertrag zwar die Rentenauszahlung vorsieht, dem Arbeitnehmer aber ein Kapitalwahlrecht einräumt, entscheidet sich der Arbeitnehmer im März 2019 für die Auszahlung des gesamten Kapitals als Einmalbetrag. Demzufolge zahlt die Pensionskasse zum 1.1.2020 den gesamten Kapitalbetrag von 100.000 EUR an den Arbeitnehmer aus.

Welche Auswirkungen hat die kurzfristige Ausübung des Kapitalwahlrechts auf Entgeltabrechnung und Auszahlung?

Lösung: Da sich der Arbeitnehmer erst im letzten Jahr vor der Auszahlungsphase seiner betrieblichen Altersvorsorge für die Kapitalauszahlung entscheidet, hat dieses Ausüben des Kapitalwahlrechts keine Auswirkungen auf die Entgeltabrechnung.

Entgeltabrechnung: Der Arbeitgeber kann die Beiträge, die bis zum Dezember 2019 in die Pensionskasse eingezahlt werden müssen, in vollem Umfang steuerfrei belassen. Die Auswirkungen des Kapitalwahlrechts hat also keine Auswirkung auf die Entgeltabrechnung des Arbeitgebers.

Auszahlung: Die Auszahlung des Kapitals von 100.000 EUR am 1.1.2020 ist in voller Höhe steuerpflichtig. Die Pensionskasse muss vom Auszahlungsbetrag die Lohnsteuer entsprechend der Steuerklasse des Arbeitnehmers einbehalten. Eine Ermäßigung durch die Fünftelregelung ist nicht zulässig. Der Arbeitnehmer muss also, je nach individuellem Steuersatz im Jahr 2020, mit einer Steuerbelastung von über 40 % rechnen.

6.7 Kapitalwahlrecht (frühzeitige Ausübung)

Sachverhalt: Ein Mitarbeiter hat ab 1.1.2022 wegen Erreichens der Altersgrenze Anspruch auf Auszahlung seiner steuerfrei angesparten betrieblichen Altersvorsorge. Da der Versicherungsvertrag zwar die Rentenauszahlung vorsieht, dem Arbeitnehmer aber ein Kapitalwahlrecht einräumt, entscheidet sich der Arbeitnehmer im Juni 2020 dafür, sich anstelle der lebenslangen Rente das Kapital in voller Höhe ausbezahlen zu lassen.

Welche Auswirkungen hat die frühzeitige Ausübung des Kapitalwahlrechts auf Entgeltabrechnung und Auszahlung?

Lösung: Bis einschließlich Mai 2020 bleiben die Beiträge zur Pensionskasse steuerfrei, da der Vertrag vorrangig eine Rentenauszahlung vorsieht. Ein mögliches Kapitalwahlrecht ist steuerlich zulässig und hat bis zur Ausübung keine steuerliche Auswirkung.

Entgeltabrechnung: Da der Arbeitnehmer das Wahlrecht nicht innerhalb eines Jahres vor Auszahlungsbeginn ausgeübt hat, werden die Beiträge an die Pensionskasse in dem Augenblick zu steuerpflichtigem Arbeitslohn, in dem er sich für die Kapitalauszahlung entschieden hat.

Der Arbeitgeber muss die Beiträge zur Pensionskasse ab Juni 2020 versteuern, dementsprechend sind diese Beiträge auch sozialversicherungspflichtig. Damit der Arbeitgeber die Entgeltabrechnung ab Juni 2020 zutreffend erstellen kann, muss er also entweder vom Arbeitnehmer oder von der Versicherungsgesellschaft über die Auswirkungen des Kapitalwahlrechts informiert werden.

Auszahlung: Da in diesem Fall das zum 1.1.2022 angesammelte Kapital teilweise aus steuerfreien Beiträgen (bis Mai 2020) und teilweise aus versteuerten Beiträgen (ab Juni 2020) stammt, muss die Pensionskasse das Gesamtkapital aus dem Versicherungsvertrag entsprechend aufteilen.

- Soweit das Kapital aus steuerfreien Beiträgen stammt, wird die Kapitalauszahlung in voller Höhe steuerpflichtig.
- Soweit das Kapital aus steuerpflichtigen Beiträgen stammt, muss nur der Zinsanteil vom Arbeitnehmer versteuert werden.

Beide Beträge werden mit vollem Steuersatz versteuert, auch hier gilt keine Steuerermäßigung durch die Fünftelregelung.

Hinweis: Wichtig für die Entgeltabrechnung ist ein Hinweis der Versicherungsgesellschaft, dass der Arbeitnehmer sein Kapitalwahlrecht ausgeübt hat.

Ohne Auswirkung auf die Entgeltabrechnung bleibt eine Teilkapitalauszahlung von 30 % des Kapitals, das zu Beginn der Auszahlungsphase zur Verfügung steht.

6.8 BAV-Förderbetrag für Geringverdiener

Sachverhalt: Bei einem Mitarbeiter beträgt der laufende Arbeitslohn 2.150 EUR. Der Arbeitgeber zahlt monatlich ab Januar 2020 einen zusätzlichen Arbeitgeberbeitrag von 40 EUR in eine kapitalgedeckte betriebliche Altersversorgung. Er möchte dafür den BAV-Förderbetrag in Anspruch nehmen. Ab August 2020 steigt der laufende Arbeitslohn des Mitarbeiters aufgrund einer Gehaltserhöhung auf 2.215 EUR. Der Arbeitgeber zahlt weiterhin monatlich den zusätzlichen Arbeitgeberbeitrag.

Für welche Zeiträume erhält der Arbeitgeber eine Förderung für die betriebliche Altersvorsorge?

Lösung: Der Arbeitgeber erhält ab Januar 2020 über die Lohnsteuer-Anmeldung einen BAV-Förderbetrag von 30 % der Beiträge. Seine abzuführende Lohnsteuer mindert sich in den Monaten Januar bis Juli 2020 jeweils um 12 EUR, also insgesamt 72 EUR. Ab August 2020 kann der BAV-Förderbetrag nicht mehr in Anspruch genommen werden, weil der Arbeitnehmer kein Geringverdiener i. S. d. Vorschrift des § 100 EStG mehr ist. Das Überschreiten der Einkommensgrenze von 2.200 EUR ab August hat aber keinen Einfluss auf den bereits in den Monaten Januar bis Juli zulässigerweise in Anspruch genommenen BAV-Förderbetrag. Daher muss keine rückwirkende Korrektur erfolgen.

7 Betriebsveranstaltung

7.1 Betriebsausflug einzelner Abteilungen

Sachverhalt: Ein gemeinschaftlicher Betriebsausflug des gesamten Unternehmens ist organisatorisch nicht möglich. Daher unternimmt die Verkaufsabteilung mit 30 Mitarbeitern einen eintägigen Ausflug mit Besichtigungen, Schifffahrt und Abendessen. Eingeladen sind alle Mitarbeiter im Verkauf, die Vertreter und Bürokräfte. Je teilnehmendem Mitarbeiter sind Kosten i. H. v. 105 EUR angefallen.

Handelt es sich um eine steuerfreie Betriebsveranstaltung?

Lösung: Der Rahmen einer steuerfreien Betriebsveranstaltung ist eingehalten und der Freibetrag von 110 EUR wurde nicht überschritten.

Zuwendungen des Arbeitgebers im Rahmen von Betriebsveranstaltungen gehören als Leistungen im ganz überwiegend betrieblichen Interesse des Arbeitgebers nicht zum Arbeitslohn. Es entsteht für diesen Personenkreis kein geldwerter Vorteil. Voraussetzung ist, dass es sich um
- eine herkömmliche (übliche) Veranstaltung,
- mit üblichen Zuwendungen handelt.

Der Bundesfinanzhof (BFH) definiert Betriebsveranstaltungen als
- Veranstaltungen auf betrieblicher Ebene mit einem gewissen Eigengewicht,
- die einen gesellschaftlichen Charakter haben und
- bei denen die Teilnahme grundsätzlich allen Betriebsangehörigen offensteht.

Ob alle Betriebsangehörigen teilnehmen können bzw. wollen oder ob nur einzelne Abteilungen oder Personengruppen eingeladen sind, spielt keine Rolle. Grundsätzlich sind auch solche Veranstaltungen Betriebsveranstaltungen im steuerlichen Sinne, an denen nur ein begrenzter Kreis von Arbeitnehmern (z. B. alle Arbeitnehmer einer Filiale, eines Teams oder Abteilung) teilnehmen kann. Voraussetzung ist jedoch, dass
- die Veranstaltung allen Arbeitnehmern der teilnehmenden Abteilung(en) offensteht und
- eine Begrenzung des Teilnehmerkreises keine Bevorzugung bestimmter Personengruppen darstellt.

7.2 Motivationsveranstaltung

Sachverhalt: Für die 50 besten Verkäufer eines großen Unternehmens wird ein Ausflug organisiert. Die Veranstaltung beginnt um 12 Uhr mit einem gemeinsamen Mittagessen, danach erfolgt eine Stadtrundfahrt mit Weinprobe. Nach dem Abendessen werden die Leistungen besonders erfolgreicher Verkäufer gesondert hervorgehoben. Die Vorstellung dieser Mitarbeiter dient dazu, alle anderen Verkäufer in ihrem Arbeitseinsatz zusätzlich zu motivieren. Die Kosten der Veranstaltung betragen 90 EUR je Teilnehmer.

Bleibt die Veranstaltung als Betriebsausflug lohnsteuer- und sozialversicherungsfrei, weil der Kostenrahmen den steuerlichen Freibetrag von 110 EUR je teilnehmender Person nicht überschritten hat?

Lösung: Es liegt keine lohnsteuerlich anzuerkennende Betriebsveranstaltung vor. Bei der Veranstaltung wird nur eine bestimmte Personengruppe bevorzugt (die 50 besten Verkäufer). Es mangelt hier an der Offenheit des Teilnehmerkreises. In der Praxis bereitet die Abgrenzung zwischen dem klassischen steuerfreien Betriebsausflug (Betriebsveranstaltung) und einer Motivations- oder Belohnungsveranstaltung erhebliche Probleme. Derartige Veranstaltungen dienen überwiegend der Belohnung eines bestimmten Personenkreises. Die anteiligen Kosten sind für jeden Teilnehmer steuer- und beitragspflichtig. Entscheidend ist hierbei der Zweck der Veranstaltung:

- Dient die Veranstaltung dazu, dass sich die Mitarbeiter des Unternehmens, der Abteilung usw. kennen lernen, die sozialen Kontakte verbessern und sich dadurch das Betriebsklima und die Zusammenarbeit verbessert, liegt eine Betriebsveranstaltung vor. Diese bleibt steuer- und beitragsfrei, wenn pro Jahr maximal 2 Veranstaltungen durchgeführt werden. Die Steuer- und Sozialversicherungsfreiheit bezieht sich aber nur auf die Kosten bis 110 EUR je teilnehmendem Arbeitnehmer und Betriebsveranstaltung. Der übersteigende Betrag unterliegt dem Lohnsteuerabzug und ist sozialversicherungspflichtig.
- Dient die Veranstaltung dazu, einzelne Mitarbeiter zu ehren, für bestimmte Leistungen zu belohnen oder einzelne Mitarbeiter durch Ehrung oder Belohnung zu motivieren, führen die entstandenen Kosten zu steuer- und sozialversicherungspflichtigem Arbeitslohn. Hier steht der Entlohnungscharakter im Vordergrund, der i. d. R. zu Arbeitslohn führt.

Die Aufwendungen von 90 EUR je teilnehmender Person sind als geldwerter Vorteil (Sachbezug) individuell bei den einzelnen Arbeitnehmern nach den Merkmalen der ELStAM zu versteuern und unterliegen im vollen Umfang der Sozialversicherungspflicht.

Der Arbeitgeber kann die Lohnsteuer *nicht* mir einem festen Steuersatz von 25% erheben, da es sich *nicht* um eine Betriebsveranstaltung handelt. Eine solche Pauschalierung der Lohnsteuer kommt von vornherein nicht in Betracht, wenn es sich bei der Veranstaltung nicht um eine Betriebsveranstaltung handelt.

Es besteht aber eine weitere Pauschalierungsmöglichkeit, um die Arbeitnehmer teilweise zu entlasten. Die Lohnsteuer für sonstige Bezüge in einer größeren Zahl von Fällen kann pauschaliert werden. Jedoch ist hierbei zu beachten, dass der Steuersatz unter Umständen bei 40% oder auch weitaus höher liegen kann. Dies ist abhängig vom Bruttoarbeitslohn der Arbeitnehmer und davon, ob es sich um einen Brutto- oder Nettosteuersatz handelt. Allerdings gilt hier kein »fester« Pauschalsteuersatz, sondern der betriebsindividuelle. Zudem gehören diese pauschal besteuerten Bezüge zum sozialversicherungspflichtigen Entgelt.

7.3 Konzertbesuch und Abgrenzung zu einem geselligen Ereignis

Sachverhalt: Ein Arbeitgeber trifft sich mit seinen 20 Mitarbeitern ab 18 Uhr zu einem Konzertbesuch. Anschließend wird mit einem angemieteten Bus die Heimfahrt angetreten. Insgesamt entstehen Kosten für Busfahrt und Eintritt i.H.v. 2.000 EUR bzw. 100 EUR je Teilnehmer.

Zusätzlich wird in der Adventszeit für alle Mitarbeiter eine Feier veranstaltet. Die Kosten je Mitarbeiter betragen hierfür 70 EUR.

Handelt es sich bei beiden Veranstaltungen um steuerlich anzuerkennende Betriebsveranstaltungen?

Lösung: Ohne gesellschaftliche Veranstaltung (Essen, Umtrunk) akzeptiert die Finanzverwaltung einen Konzertbesuch oder eine sonstige Veranstaltung nicht als steuerlich begünstigte Betriebsveranstaltung. Der Freibetrag von 110 EUR je teilnehmender Person wurde zwar eingehalten, dem Konzertbesuch fehlt aber der gesellschaftliche Charakter.

Steuerlich abzugsfähig wären derartige Veranstaltungen, wenn das Konzert Teil eines Gesamtprogramms gewesen wäre, wenn z.B. nach der Veranstaltung noch ein Umtrunk oder ein gemeinsames Essen stattgefunden hätte.

Steuerlich abzugsfähige Betriebsveranstaltungen dienen dazu, den Kontakt und damit die Zusammenarbeit unter den Mitarbeitern zu fördern. Es handelt sich nicht um eine Belohnung. Vielmehr verspricht sich der Arbeitgeber durch die Teilnahme der

Mitarbeiter eigene Vorteile, durch eine verbesserte Zusammenarbeit. Die Veranstaltung muss das gemeinsame Miteinander der Arbeitnehmer fördern. Die Lohnsteuer-Außenprüfer der Finanzverwaltung und die Prüfer der Sozialversicherung sind angehalten, derartige Veranstaltungen als geldwerten Vorteil (Sachbezug) zu bewerten und gegebenenfalls nachzuversteuern bzw. die Beiträge nachzuerheben.

Im vorliegenden Fall ist die Adventsfeier dagegen eine gemeinschaftliche Veranstaltung und bleibt steuer- und beitragsfrei. Sie steht allen Mitarbeitern offen und der Freibetrag von 110 EUR je Mitarbeiter wurde nicht überschritten.

Tipp: In der Praxis sollte darauf geachtet werden, dass vor oder nach der Veranstaltung noch eine gemeinschaftliche Aktivität durchgeführt wird, z. B. ein gemeinsames Essen, ein Umtrunk o. Ä.

Übersteigen die Aufwendungen je teilnehmendem Mitarbeiter den Freibetrag von 110 EUR, empfiehlt sich eine Zuzahlung der Teilnehmer. Eine Eigenbeteiligung der teilnehmenden Arbeitnehmer führt dazu, dass kein Arbeitslohn entsteht, der versteuert werden muss und der Sozialversicherungspflicht unterliegt.

Steuersparmodell: Zuschuss des Arbeitgebers
Gibt der Arbeitgeber für die Betriebsveranstaltung lediglich einen Zuschuss von maximal 110 EUR je Teilnehmer in eine von den Arbeitnehmern unterhaltene Gemeinschaftskasse, ist diese Zuwendung kein Arbeitslohn. Es muss aber gewährleistet sein, dass eine Betriebsveranstaltung im steuerlichen Sinn vorliegt, ansonsten entfällt die Steuer- und Sozialversicherungsfreiheit.

7.4 Betriebsausflug mit Werksbesichtigung beim Kunden

Sachverhalt: Der Arbeitgeber führt einen Betriebsausflug durch. Beginn ist Freitag um 15:00 Uhr. Abends findet die eigentliche Betriebsfeier statt, mit Übernachtung auf Kosten des Arbeitgebers.

Samstags steht nach dem Frühstück eine Werksbesichtigung bei einem Hauptkunden anlässlich eines »Tags der offenen Tür« auf dem Programm. Die Belegschaft erhält eine besondere Führung durch den Betrieb, bei der insbesondere die Verwendung der gelieferten Produkte erläutert wird. Die Belegschaft ist am Samstag um 15:30 Uhr wieder zuhause. Insgesamt haben 30 Arbeitnehmer teilgenommen.

Die Gesamtkosten (inkl. Umsatzsteuer) für die teilnehmenden Arbeitnehmer betragen:

Busfahrt	850 EUR
Übernachtung mit Frühstück	1.800 EUR
Abendessen mit Programm	1.400 EUR
Mittagessen Samstag	510 EUR
Gesamtkosten	4.560 EUR
Kosten je Teilnehmer (4.560 EUR : 30)	152 EUR

Der Zeitaufwand für die Betriebsbesichtigung ist etwa gleich hoch wie der für die Betriebsfeier.

Muss der Betrag, der den Freibetrag von 110 EUR übersteigt, versteuert werden oder liegen 2 getrennte Veranstaltungen vor?

Lösung: Mit dieser Reise werden 2 steuerlich getrennte Veranstaltungen durchgeführt:

1. Eine Betriebsbesichtigung, die im überwiegend eigenbetrieblichen Interesse des Arbeitgebers liegt. Diese führt nicht zu steuerpflichtigem Arbeitslohn.
2. Eine Betriebsveranstaltung, die aufgrund der getrennten Kostenzuordnung den Freibetrag von 110 EUR nicht übersteigt.

Eine Betriebsbesichtigung bei einem Kunden kann im überwiegend eigenbetrieblichen Interesse erfolgen, auch wenn sie anlässlich eines »Tags der offenen Tür« durchgeführt wird und kein Entlohnungscharakter vorliegt.

Die angefallenen Kosten für die Reise werden, soweit möglich, der entsprechenden Veranstaltung direkt zugeordnet. Kosten, die nicht direkt zugeordnet werden können, wie z. B. Reisekosten und Übernachtung, sind nach Zeitanteilen berücksichtigungsfähig.

Die Zuordnung ist hier wie folgt vorzunehmen:

Vorgang	**Betrag**	**Aufteilung**	**Betriebsbesichtigung**	**Betriebsausflug**
Busfahrt	850 EUR	50:50	425 EUR	425 EUR
Übernachtung mit Frühstück	1.800 EUR	50:50	900 EUR	900 EUR
Abendessen mit Programm	1.400 EUR	direkt		1.400 EUR
Mittagessen Samstag	510 EUR	direkt	510 EUR	
Summe			*1.835 EUR*	*2.725 EUR*
Kosten je Mitarbeiter (30 Teilnehmer)				90,83 EUR

Die Kosten für die Betriebsbesichtigung führen als Veranstaltung im überwiegend eigenbetrieblichen Interesse nicht zu Arbeitslohn.

Die Kosten für den Betriebsausflug betragen 90,83 EUR je Arbeitnehmer und übersteigen nicht den Freibetrag von 110 EUR. Durch die zulässige Aufteilung der Aufwendungen für die Betriebsbesichtigung und die eigentliche Betriebsfeier kann der Betriebsausflug lohnsteuer- und sozialversicherungsfrei bleiben.

7.5 Mehr als 2 Veranstaltungen im Jahr

Sachverhalt: Ein Arbeitgeber führt den jährlichen Betriebsausflug abteilungsbezogen durch (Produktion, Verwaltung, Vertrieb). Kein Personenkreis ist von der Teilnahme ausgeschlossen. Jede Abteilung darf einen eintägigen Ausflug unternehmen, der mit einem Abendessen endet. Die Kosten je Veranstaltung dürfen 100 EUR pro teilnehmenden Mitarbeiter nicht übersteigen.

Außerdem findet in der Vorweihnachtszeit an einem Freitagnachmittag für alle Mitarbeiter eine Adventsfeier statt. Die Kosten je teilnehmender Person liegen bei rund 50 EUR.

Einmal im Jahr wird eine weitere Veranstaltung für alle Mitarbeiter durchgeführt. Gemeinsam mit den Pensionären werden die Mitarbeiter geehrt, die 20, 25 oder 30 Jahre lang dem Betrieb angehören.

Der für das Personal verantwortliche Geschäftsführer sowie 5 Betriebsräte nehmen an allen Veranstaltungen teil, auch an den Ausflügen der einzelnen Abteilungen.

Bleibt die Veranstaltung zur Ehrung der Jubilare und der Pensionäre steuerfrei oder liegt Arbeitslohn vor?

Lösung: Steuerlich sind jährlich nur max. 2 Betriebsveranstaltungen als üblich anzusehen. Pensionärstreffen und gemeinsame Ehrungen der Arbeitnehmer mit langer Betriebszugehörigkeit werden mitgezählt.

Nehmen einzelne Mitarbeiter an mehr als 2 Veranstaltungen teil, ist es steuerlich unbeachtlich (kein Arbeitslohn), wenn dies

- aufgrund eines funktionalen Wechsels (z. B. Eintritt in den Ruhestand, Versetzung) oder
- in Erfüllung beruflicher Aufgaben (z. B. als Personalleiter, Betriebsratsmitglied) erfolgt.

Für den Personalgeschäftsführer sowie die Betriebsräte bleiben somit alle Betriebsveranstaltungen steuer- und sozialversicherungsfrei, obwohl sie an 3 bzw. noch mehr Betriebsveranstaltungen teilgenommen haben. Für diesen Personenkreis handelt es sich um die Erfüllung beruflicher Aufgaben.

Für die restlichen Mitarbeiter bleiben lediglich 2 Veranstaltungen steuerfrei, soweit alle betroffenen Personen des Betriebs oder des Betriebsteils zu den Veranstaltungen eingeladen werden. Für die restlichen Veranstaltungen kann die Lohnsteuer individuell mit Sozialversicherungspflicht oder mit 25 % (sozialversicherungsfrei) pauschaliert werden.

Tipp: Der Freibetrag von 110 EUR ist arbeitnehmerbezogen. Der Arbeitgeber kann entscheiden, welche Veranstaltung er für den Arbeitnehmer versteuert, falls dieser an mehr als 2 Veranstaltungen teilnimmt. Wird die Wahl der Versteuerung (pauschal oder individuell) nachträglich geändert, wirkt sich dies auf die Beitragspflicht in der Sozialversicherung aus. Maßgeblich ist, zu welchem Zeitpunkt die Lohnsteuerbescheinigung ausgestellt wird. Eine beitragsrechtliche Korrektur ist nur bei einer steuerrechtlichen Korrektur durch den Arbeitgeber bis zur Erstellung der Lohnsteuerbescheinigung möglich (spätestens bis zum 28.2. des Folgejahres).

7.6 Ausflug mit Übernachtung

Sachverhalt: Ein Arbeitgeber veranstaltet für seine Mitarbeiter einen Betriebsausflug mit Übernachtung. Die Abfahrt erfolgt am Donnerstag um 16 Uhr. Nach Ankunft und Bezug der Hotelzimmer gibt es um 19 Uhr ein Abendessen. Ab 20 Uhr erfolgt ein Folkloreabend mit Tanz und gemütlichem Beisammensein. Am Folgetag wird nach dem Frühstück ein Automuseum besichtigt. Nach dem gemeinsamen Mittagessen wird die Heimfahrt angetreten. Die Mitarbeiter sind am Freitag um 16 Uhr wieder zurück. Die Kosten für den Ausflug einschließlich Übernachtung, Verpflegung und Eintritt betragen 125 EUR pro teilnehmendem Mitarbeiter.

Liegt trotz der Übernachtung eine steuerfreie Betriebsveranstaltung vor?

Lösung: Der Ausflug erfüllt alle Voraussetzungen einer steuerlich anzuerkennenden Betriebsveranstaltung. Die Dauer der Veranstaltung ist unbeachtlich. Damit bleiben mehrtägige Betriebsausflüge lohnsteuerfrei, sofern der Freibetrag von 110 EUR je Teilnehmer nicht überschritten wird.

Im Beispiel müssen 15 EUR je Arbeitnehmer individuell lohnversteuert werden. Dieser Betrag ist ebenfalls sozialversicherungspflichtig.

Die Lohnsteuer kann alternativ zur individuellen Lohnversteuerung mit einem festen Steuersatz von 25 % erhoben werden. Dann ist der Arbeitgeber Schuldner der Lohnsteuer und es besteht Sozialversicherungsfreiheit.

7.7 Angehörige feiern mit

Sachverhalt: Der Arbeitgeber veranstaltet eine Weihnachtsfeier. An der Feier nehmen 16 Mitarbeiter und 12 Angehörige teil, außerdem der Geschäftsführer mit Ehefrau, d. h. insgesamt 30 Teilnehmer.

Die Abrechnung der Weihnachtsfeier sieht wie folgt aus:

Verpflegung einschließlich Speisen und Getränke	980,00 EUR
Auftritt einer Kapelle	500,00 EUR
Anmietung der Kegelbahn	120,00 EUR
Übernommene Übernachtungskosten	840,00 EUR
Summe inkl. Umsatzsteuer	2.440,00 EUR
Kosten je Teilnehmer	81,33 EUR

Weitere Betriebsveranstaltungen werden im Kalenderjahr nicht durchgeführt.

Bleibt diese Veranstaltung lohnsteuerfrei, da der Betrag von 110 EUR nicht überschritten wird und nur eine Betriebsveranstaltung pro Jahr durchgeführt wird?

Lösung: Die Anzahl der jährlichen Veranstaltungen wird nicht überschritten. Es wäre noch eine weitere Veranstaltung in diesem Kalenderjahr steuer- und sozialversicherungsfrei möglich.

Für die Beurteilung, ob die Betriebsveranstaltung für die Mitarbeiter steuer- und sozialversicherungsfrei bleiben kann, ist zu unterscheiden zwischen Mitarbeitern, die alleine gekommen sind, und Mitarbeitern mit Begleitpersonen:

- Für die Mitarbeiter ohne Begleitung fallen pro Person Kosten i. H. v. 81,33 EUR an; der Freibetrag von 110 EUR wird nicht überschritten. Die Zuwendung bleibt für diese Mitarbeiter steuer- und beitragsfrei.
- Die Mitarbeiter, die eine Begleitperson mitbringen, müssen sich die Kosten für die Begleitpersonen zurechnen lassen (Kosten 162,66 EUR). Dadurch wird der Freibetrag von 110 EUR überschritten. Die Versteuerung des 110 EUR übersteigenden Betrags erfolgt entweder individuell nach den ELStAM oder pauschal mit 25 %.

Hinweis: Zu einer Betriebsveranstaltung gehören alle üblichen Zuwendungen, insbesondere Aufwendungen für den äußeren Rahmen. Hierzu gehören beispielsweise die Kosten für Räume, Musik, Kegelbahn, künstlerische und artistische Darbietungen. Bei den Kosten ist die Umsatzsteuer mit einzubeziehen.

7.8 Shuttle-Transfer zur Veranstaltung

Sachverhalt: Ein Arbeitgeber lädt zur Ehrung der Jubilare die ganze Belegschaft ein. Die Arbeitnehmer müssen grundsätzlich eigenständig an- und abreisen. Es besteht jedoch die Möglichkeit, von der Hauptverwaltung des Arbeitgebers zum Veranstaltungsort und für den späteren Rückweg einen »Shuttle-Bus« in Anspruch zu nehmen. Die Kosten je Teilnehmer für die Veranstaltung einschließlich Shuttle-Bus betragen 112,67 EUR, ohne Shuttle-Bus sind es 109,55 EUR.

Erhöhen diese Sonderkosten die Gesamtkosten der Betriebsveranstaltung?

Lösung: Kosten für den Shuttle-Bus sind Zuwendungen und zählen zu den Kosten anlässlich der Betriebsveranstaltung.

Der Freibetrag von 110 EUR ist überschritten. Bei dem Betrag von 2,67 EUR handelt es sich um steuerpflichtigen Arbeitslohn, der individuell nach den ELStAM versteuert werden kann. In diesem Fall ist der Arbeitslohn beitragspflichtig in der Sozialversicherung. Die Lohnsteuer kann aber auch mit einem festen Steuersatz von 25 % erhoben werden. In diesem Fall ist der Arbeitgeber Schuldner der Lohnsteuer und es besteht Sozialversicherungsfreiheit.

7.9 Absagen oder Nichterscheinen von Kollegen

Sachverhalt: Ein Arbeitgeber führt als Weihnachtsfeier einen gemeinsamen Kochkurs durch, bei dem jeder Teilnehmer unbegrenzt Speisen und Getränke verzehren darf. Von den ursprünglich angemeldeten 27 Arbeitnehmern sagen 2 kurzfristig ab. Hierdurch reduzieren sich aber die Kosten des Veranstalters nicht.

Werden alle ursprünglich angemeldeten Arbeitnehmer berücksichtigt, bleiben die Kosten pro Arbeitnehmer unter dem Freibetrag von 110 EUR. Rechnet man die Aufwendungen hingegen nur den teilnehmenden Arbeitnehmer zu, wird der Freibetrag überschritten.

Sind die Kosten den angemeldeten oder tatsächlichen Teilnehmer zuzurechnen?

Lösung: Laut Finanzverwaltung ist auf die tatsächlichen Teilnehmer der Betriebsveranstaltung abzustellen.

Achtung: Das Finanzgericht Köln hat im vorliegenden Fall die Aufwendungen den angemeldeten Teilnehmern zugerechnet.[17] Es stellte sich damit ausdrücklich gegen die Anweisung des Bundesfinanzministeriums an die Finanzämter.[18] Laut Finanzgericht ist es nicht nachvollziehbar, aus welchem Grund den Feiernden die vergeblichen Aufwendungen für sog. »No-Shows« (Nichterscheinende) zuzurechnen sind. Die feiernden Mitarbeiter haben keinen Vorteil durch die Absage ihrer beiden Kollegen. Zudem darf jeder Teilnehmer nach dem Veranstaltungskonzept ohnehin nach Belieben unbegrenzt Speisen und Getränke konsumieren.

Die Finanzverwaltung hat Revision beim Bundesfinanzhof eingelegt. Betroffene Arbeitgeber sollten bei gleichen Fällen im Rechtsbehelfsverfahren auf das Verfahren beim BFH hinweisen und ein Ruhen des Verfahrens beantragen.

7.10 Wahlrecht zur Pauschalierung der Betriebsveranstaltung

Sachverhalt: Ein Arbeitgeber lädt alle Mitarbeiter im Laufe des Jahres zu folgenden Veranstaltungen ein:

1. Frühlingsfest: Kosten: 50 EUR je Teilnehmer,
2. Sommerfest: Kosten: 100 EUR je Teilnehmer,
3. Weihnachtsfeier: Kosten: 70 EUR je Teilnehmer.

Welche Veranstaltungen kann der Arbeitgeber steuerfrei behandeln?

Lösung: Der Arbeitgeber kann den Freibetrag von 110 EUR für 2 Veranstaltungen im Kalenderjahr in Anspruch nehmen. Da aber in diesem Jahr mehr Veranstaltungen durchgeführt wurden, hat er ein Wahlrecht.

Er kann die Veranstaltungen benennen, die er steuerfrei belassen möchte. Die verbleibende Veranstaltung ist steuer- und ggf. sozialversicherungspflichtig. Zur Steuerminimierung sollte der Arbeitgeber die Veranstaltung mit den niedrigsten Kosten wählen.

Der Betrag kann entweder individuell nach den ELStAM versteuert werden und ist dann beitragspflichtig in der Sozialversicherung. Die Lohnsteuer kann aber auch mit einem festen Steuersatz von 25 % erhoben werden. In diesem Fall ist der Arbeitgeber Schuldner der Lohnsteuer und es besteht Sozialversicherungsfreiheit.

17 FG Köln, Urteil v. 27.6.2018, 3 K 870/17, Rev. beim BFH unter Az. VI R 31/18.
18 BMF, Schreiben v. 14.10.2015, IV C 5 – S 2332/15/100001, BStBl I 2015 S. 832.

7.11 Umsatzsteuer

Sachverhalt: Ein Arbeitgeber führte mit 130 Mitarbeitern einen Sommerausflug durch. Für die Prüfung, ob der Freibetrag nicht überschritten wurde, lässt sich der Leiter der Personalabteilung die Kosten aus der Buchhaltung geben.

Der Buchhalter schickt den Ausdruck des Finanzbuchhaltungskontos »freiwillige soziale Leistungen, steuerfrei« mit folgenden Beträgen:

Busfahrt	1.800 EUR
Mittagessen	2.200 EUR
Schiffsfahrt	1.500 EUR
Abendessen	2.500 EUR
Getränke am Abend	2.000 EUR
Band am Abend	3.000 EUR
Summe	13.000 EUR
Kosten je Person	100 EUR

Die anderen Voraussetzungen für die Lohnsteuerfreiheit der Betriebsveranstaltung sind erfüllt. Angehörige der Mitarbeiter haben am Sommerausflug nicht teilgenommen.

Bleibt der Sommerausflug lohnsteuerfrei, da der Freibetrag von 110 EUR nicht überschritten wurde?

Lösung: Für die Berechnung des Freibetrags sind die Bruttoausgaben einschließlich der in Rechnung gestellten Umsatzsteuer maßgebend.

Ist der Freibetrag überschritten, kann der Arbeitgeber aus den bezogenen Leistungen keine Vorsteuer abziehen. Der Gesetzgeber geht in diesem Fall von einer Mitveranlassung durch die Privatsphäre der Arbeitnehmer aus.

Zu den Kosten müssen 19 % bzw. 7 % (für die Schifffahrt) Umsatzsteuer hinzugerechnet werden:

Busfahrt	1.800 EUR + 342 EUR USt	2.142,00 EUR
Mittagessen	2.200 EUR + 418 EUR USt	2.618,00 EUR
Schiffsfahrt	1.500 EUR + 105 EUR USt	1.605,00 EUR
Abendessen	2.500 EUR + 475 EUR USt	2.975,00 EUR
Getränke am Abend	2.000 EUR + 380 EUR USt	2.380,00 EUR
Band am Abend	3.000 EUR + 570 EUR USt	3.570,00 EUR
Summe		15.290,00 EUR
Kosten je Arbeitnehmer		117,62 EUR

Die Aufwendungen erhöhen sich durch die in Rechnung gestellte Umsatzsteuer um 2.290 EUR auf 15.290 EUR. Das ergibt je Mitarbeiter einen Bruttoaufwand von 117,62 EUR für die Veranstaltung.

Der Freibetrag von 110 EUR ist überschritten. Bei jedem Arbeitnehmer müssen 17,62 EUR nachversteuert werden. Zusätzlich unterliegt der Betrag von 17,62 EUR der Sozialversicherung. Der Betrag kann entweder individuell nach den ELStAM versteuert werden und ist dann beitragspflichtig in der Sozialversicherung. Die Lohnsteuer kann aber auch mit einem festen Steuersatz von 25 % erhoben werden. In diesem Fall ist der Arbeitgeber Schuldner der Lohnsteuer und es besteht Sozialversicherungsfreiheit.

Hinweis: Bei der Planung einer Betriebsveranstaltung, die lohnsteuer- und sozialversicherungsfrei bleiben soll, muss die Umsatzsteuer bei den anfallenden Ausgaben berücksichtigt werden.

Soweit das Unternehmen zum Vorsteuerabzug berechtigt ist, müssen die Daten der Finanzbuchhaltung um die in der Rechnung ausgewiesene Umsatzsteuer erhöht werden.

8 Bewirtungskosten

8.1 Arbeitnehmerbewirtung

Sachverhalt: Während einer Fachmesse lädt der Geschäftsführer eines Unternehmens seine 4 Abteilungsleiter zum Mittagessen in das Messerestaurant ein. Die Gesamtrechnung für das Mittagessen der 4 Abteilungsleiter und des Geschäftsführers beläuft sich auf 180 EUR einschließlich Umsatzsteuer.

Der Geschäftsführer bittet um Erstattung der getragenen Aufwendungen und darum, evtl. lohnsteuerliche und sozialversicherungsrechtliche Auswirkungen für die Mitarbeiter zu berücksichtigen. Die vorgelegte Rechnung erfüllt sämtliche steuerlichen Voraussetzungen.

Wie sind die entstandenen Kosten steuer- und sozialversicherungsrechtlich zu behandeln?

Lösung: Im Rahmen des Mittagessens werden ausschließlich eigene Arbeitnehmer bewirtet. Die Kosten fallen deshalb nicht unter die Abzugsbeschränkung für Bewirtungsaufwendungen. Die Vorsteuer ist voll abzugsfähig, wenn die Rechnung auf den Namen der Firma ausgestellt ist. Die verbleibenden (Netto-) Aufwendungen können in voller Höhe als Betriebsausgaben abgezogen werden.

Dem Geschäftsführer können die entstandenen Auslagen in voller Höhe als Auslagenersatz steuer- und sozialversicherungsfrei erstattet werden.

Das Essen selbst hat sowohl für den (angestellten) Geschäftsführer als auch für die eingeladenen Arbeitnehmer lohnsteuerliche Folgen. Es handelt sich um eine übliche Beköstigung während einer Auswärtstätigkeit. Die Besteuerung einer üblichen Mahlzeit mit dem Sachbezugswert als Arbeitslohn ist jedoch gesetzlich ausgeschlossen, wenn dem Arbeitnehmer für die betreffende Auswärtstätigkeit dem Grunde nach eine Verpflegungspauschale zustehen würde. Diese Voraussetzung dürfte bei den Messeteilnehmern erfüllt sein. Die steuer- und sozialversicherungsfreie Pauschale ist allerdings zu kürzen, wenn dem Arbeitnehmer von seinem Arbeitgeber eine Mahlzeit zur Verfügung gestellt wird. Deshalb erfolgt im vorliegenden Fall eine Kürzung der Spesen um 40 % der für die 24-stündige Abwesenheit geltenden höchsten Tagespauschale für das Jahr 2020 von 28 EUR, also um 11,20 EUR.

8.2 Geschäftsfreunde

Sachverhalt: Während einer Fachmesse lädt der Geschäftsführer eines Unternehmens einige der besten Firmenkunden sowie die mit dem Messedienst beauftragten Mitarbeiter zum Mittagessen in ein nahe gelegenes Restaurant ein. Die Gesamtkosten für die Bewirtung von 15 Personen belaufen sich auf 600 EUR zuzüglich Umsatzsteuer.

Der Geschäftsführer bittet nun um Erstattung der von ihm getragenen Aufwendungen und darum, evtl. lohnsteuer- und sozialversicherungsrechtliche Auswirkungen für die Mitarbeiter zu berücksichtigen. Die vorgelegten Rechnungen erfüllen sämtliche steuerlichen Voraussetzungen.

Wie sind die entstandenen Kosten steuer- und sozialversicherungsrechtlich zu behandeln?

Lösung: Im Rahmen des Messebesuchs findet eine Bewirtung von Geschäftsfreunden statt. Die Kosten fallen unter die Abzugsbeschränkung für Bewirtungsaufwendungen und können vom Arbeitgeber nur zu 70 % als Betriebsausgaben abgezogen werden. Von der Gesamtrechnung über 600 EUR netto sind deshalb 180 EUR nicht abzugsfähig. Die auf die Bewirtung entfallende Vorsteuer von 114 EUR (600 EUR x 19 %) kann in voller Höhe abgezogen werden.

Dem Geschäftsführer können die ihm entstandenen Auslagen von 714 EUR einschließlich Umsatzsteuer in voller Höhe als Auslagenersatz steuer- und sozialversicherungsfrei erstattet werden. Die Teilnahme der Arbeitnehmer an der Bewirtung stellt keinen steuerpflichtigen Arbeitslohn dar. Es handelt sich vielmehr um eine Zuwendung im ganz überwiegend betrieblichen Interesse des Arbeitgebers. Dies gilt auch für den auf den einladenden Geschäftsführer entfallenden Anteil. Bei den eingeladenen eigenen Arbeitnehmern sind aufgrund der Mahlzeitengestellung die Verpflegungspauschalen für den Tag um 40 % der für die 24-stündige Abwesenheit geltenden Tagespauschale für das Jahr 2020 von 28 EUR, also um 11,20 EUR zu kürzen.

Für die eingeladenen Geschäftsfreunde bzw. deren Arbeitnehmer ergeben sich keine steuerlichen Folgen aus der Einladung. Weil es sich um die Einladung eines Dritten handelt, werden die Verpflegungspauschalen nicht gekürzt.

Tipp: Die Steuerfreiheit der Teilnahme von Arbeitnehmern an einer Bewirtung von Geschäftsfreunden gilt auch bei der Einladung in sog. VIP-Logen in Sportstadien. Der zulässigerweise pauschal zu ermittelnde Bewirtungsanteil an den Gesamtaufwendungen (30 %) führt nicht zu Arbeitslohn.

8.3 Arbeitsbesprechung (regelmäßige)

Sachverhalt: In einem Unternehmen ist es üblich, dass jede Abteilung mindestens vierteljährlich einen jour-fixe mit allen Mitarbeitern durchführt. Bei diesem Anlass werden aktuelle Angelegenheiten jeder Abteilung besprochen und die anstehenden Arbeitsaufträge werden koordiniert. Jeder Abteilungsleiter bekommt für die Veranstaltungen ein Budget zugesprochen, mit dem er die Mitarbeiter in angemessenem Rahmen verköstigen soll.

Der Abteilungsleiter der Personalabteilung führt insgesamt 5 derartige Veranstaltungen durch (Abteilungsgröße 10 Personen). Bei 2 Veranstaltungen hat er für die Mitarbeiter Getränke und Plätzchen bereitgestellt, bei 2 Besprechungen ein Frühstück und kurz vor Weihnachten ein Mittagessen.

Die Aufwendungen belaufen sich auf insgesamt 50 EUR für Getränke und Plätzchen sowie 170 EUR für die Frühstücke und nochmals 180 EUR für das Mittagessen (jeweils zuzüglich Umsatzsteuer).

Welche lohnsteuer- und sozialversicherungsrechtlichen Folgen für die bewirteten Mitarbeiter ergeben sich?

Lösung: Die gesamten Aufwendungen fallen nicht unter das teilweise Abzugsverbot für Bewirtungsaufwendungen. Es werden ausschließlich eigene Arbeitnehmer bewirtet. Die Aufwendungen von insgesamt 400 EUR sind beim Unternehmen voll als Betriebsausgaben abzugsfähig. Bei ordnungsgemäßer Rechnung ist die Vorsteuer voll abzugsfähig.

Für die Mitarbeiter ist die regelmäßige Bewirtung allerdings teilweise abgabenpflichtig. Werden Mitarbeiter aus betrieblichem Anlass kostenlos oder verbilligt bewirtet, ist dieser Sachbezug Arbeitslohn. Getränke und Genussmittel, die der Arbeitgeber zum Verzehr im Betrieb unentgeltlich oder teilentgeltlich überlässt, sind jedoch steuerfreie Aufmerksamkeiten. Deshalb ergeben sich aus der Bereitstellung von Getränken und Plätzchen zu den Veranstaltungen keine steuer- und sozialversicherungsrechtlichen Konsequenzen.

Die Verköstigung der Mitarbeiter mit einem Frühstück bzw. einem Mittagessen geht jedoch über die Grenze einer Aufmerksamkeit hinaus und ist deshalb zu versteuern. Die Bewertung der Mahlzeiten kann jedoch u. E. hier mit dem Sachbezugswert erfolgen. Dieser beträgt im Jahr 2020 je Arbeitnehmer für das Frühstück 1,80 EUR und für das Mittagessen 3,40 EUR. In gleicher Höhe ergibt sich jeweils auch ein beitragspflichtiges Entgelt in der Sozialversicherung.

Tipp: Es handelt sich bei den Bewirtungen im vorstehenden Beispiel nicht um Arbeitsessen im steuerlichen Sinne, weil die Veranstaltungen regelmäßig stattfinden. Ein Arbeitsessen und damit kein steuerpflichtiger Arbeitslohn liegt vor, wenn eine Bewirtung anlässlich und während eines außergewöhnlichen Arbeitseinsatzes (z. B. Eilauftrag) im ganz überwiegend betrieblichen Interesse an einer günstigen Gestaltung des Arbeitsablaufs erfolgt und dabei Speisen unentgeltlich überlassen werden, deren Wert 60 EUR nicht überschreitet. Regelmäßige Treffen stellen keinen außergewöhnlichen Arbeitseinsatz dar.

8.4 Belohnungsessen

Sachverhalt: Ein Unternehmen hatte in den vergangenen Wochen einen Großauftrag zu erledigen, der in allen Abteilungen zu erheblichen Überstunden geführt hat. Zur Belohnung hat der Geschäftsführer ein Budget von 1.000 EUR je Abteilung zur Verfügung gestellt, das die Abteilungsleiter nach eigenem Ermessen verwalten konnten. Nun liegen die Abrechnungen von 2 Abteilungsleitern vor.

- Der Leiter einer Abteilung hat seine 24 Mitarbeiter zu einem gemeinsamen Mittagessen in einer nahe gelegenen Gaststätte eingeladen. Die Gesamtrechnung für 25 Teilnehmer an der Bewirtung beläuft sich auf 1.000 EUR einschließlich Umsatzsteuer.
- Ein anderer Abteilungsleiter hat nur seine 4 Teamleiter zu einem gemeinsamen Abendessen eingeladen, weil sie am meisten unter dem Großauftrag zu leiden hatten. Er hat sie gebeten, jeweils ihren Partner bzw. ihre Partnerin mitzubringen. Die Gesamtrechnung für 10 Teilnehmer an der Bewirtung beläuft sich auf 1.000 EUR einschließlich Umsatzsteuer.

Welche lohnsteuer- und sozialversicherungsrechtlichen Folgen für die bewirteten Mitarbeiter ergeben sich?

Lösung: Die gesamten Aufwendungen für beide Bewirtungen fallen nicht unter das teilweise Abzugsverbot für Bewirtungsaufwendungen. Es werden ausschließlich eigene Mitarbeiter bewirtet. Bei ordnungsgemäßer Rechnung ist die Umsatzsteuer als Vorsteuer voll abzugsfähig. Die verbleibenden Aufwendungen sind beim Unternehmen voll als Betriebsausgabe abzugsfähig.

Für die Mitarbeiter ist die Bewirtung allerdings teilweise abgabenpflichtig. Werden Arbeitnehmer aus betrieblichem Anlass kostenlos oder verbilligt bewirtet, ist dieser Sachbezug Arbeitslohn. Es handelt sich hier jeweils um Belohnungsessen. Es liegen keine steuerlich unbedeutenden Arbeitsessen vor, weil Voraussetzung dabei insbesondere die Gestellung des Essens während des außergewöhnlichen Arbeitseinsatzes ist. Hier werden die Mitarbeiter jedoch nach dem Arbeitseinsatz zur Belohnung bewirtet. Unabhängig vom Wert des Essens und der Zahl der beteiligten Arbeitnehmer liegt also in beiden Fällen steuer- und sozialversicherungspflichtiger Arbeitslohn vor.

- Bei dem gemeinsamen Mittagessen nehmen alle 25 Angehörigen einer Abteilung teil. Auf jeden Teilnehmer entfallen damit Aufwendungen in Höhe von 40 EUR. Für diesen Teil des Arbeitslohns kann die Anwendung der Sachbezugsfreigrenze geprüft werden. Sachbezüge bis zu 44 EUR im Monat bleiben steuer- und sozialversicherungsfrei. Falls die Firma keine regelmäßigen steuerfreien Sachgeschenke gewährt (z. B. Gutscheine), bleibt die Bewirtung unter diesem Grenzwert und damit steuer- und sozialversicherungsfrei.
- Am Teamleiteressen nehmen insgesamt 10 Personen teil. Auf jede bewirtete Person entfallen 100 EUR. Der Wert der Bewirtung für den Partner oder die Partnerin ist dem jeweiligen Mitarbeiter zuzurechnen, sodass auf die 4 Teamleiter und den Abteilungsleiter jeweils 200 EUR entfallen. Aus Vereinfachungsgründen wird dieser Wert nur zu 96 % angesetzt, so dass lediglich 192 EUR steuer- und sozialversicherungspflichtig sind.

9 Dienstwagen, 1-%-Regelung

9.1 Kfz mit Sonderausstattung

Sachverhalt: Ein Arbeitnehmer erhält einen Dienstwagen, den er sowohl privat als auch für Fahrten zwischen Wohnung und erster Tätigkeitsstätte (Entfernung 22 km) nutzen darf.

Der geldwerte Vorteil wird nach der 1-%-Regelung errechnet.

Angaben zum Dienstwagen:	
Hauspreis des Händlers	30.000 EUR
Inländischer Listenpreis (brutto)	32.675 EUR
Sonderausstattung (werkseitig eingebaut)	
• Navigationssystem	1.512 EUR
• Diebstahlsicherung	522 EUR
• Freisprechanlage	150 EUR

Wie hoch ist der monatliche geldwerte Vorteil?

Lösung: Als Bemessungsgrundlage für den geldwerten Vorteil wird der inländische Listenpreis zuzüglich des Preises für die werkseitig eingebaute Sonderausstattung zugrunde gelegt. Nachträglich eingebaute Sonderausstattung erhöht nicht die Bemessungsgrundlage. Der Preis für die Freisprechanlage wird allerdings nicht hinzugezogen, da diese zu den Telekommunikationsgeräten gehört[19]:

Listenpreis	32.675,00 EUR
Navigationssystem	+ 1.512,00 EUR
Diebstahlsicherung	+ 522,00 EUR
Summe	34.709,00 EUR
Abzurunden auf volle 100 EUR	34.700,00 EUR
Davon 1 %	347,00 EUR
Fahrten Wohnung – erste Tätigkeitsstätte (0,03 % von 34.700 EUR × 22 Kilometer)	+ 229,02 EUR
Geldwerter Vorteil insgesamt	576,02 EUR

19 R 8.1 Abs. 9 Nr. 1 LStR.

9.2 Kfz mit nachträglich eingebauter Sonderausstattung

Sachverhalt: Ein Arbeitnehmer erhält einen Dienstwagen, den er sowohl privat als auch für Fahrten zwischen Wohnung und erster Tätigkeitsstätte (Entfernung 22 km) nutzen darf. Der geldwerte Vorteil wird nach der 1-%-Regelung errechnet.

Angaben zum Firmenwagen:	
Hauspreis des Händlers:	30.000 EUR
Inländischer Listenpreis (brutto):	32.675 EUR
Sonderausstattung (werkseitig eingebaut):	
• Diebstahlsicherung:	522 EUR
• Freisprechanlage:	150 EUR

Nachträglich lässt der Arbeitgeber eine Standheizung im Wert von 1.512 EUR einbauen.

Wie hoch ist der monatliche geldwerte Vorteil?

Lösung: Als Bemessungsgrundlage für den geldwerten Vorteil wird der inländische Listenpreis zuzüglich des Preises für die Diebstahlsicherung zugrunde gelegt. Der Preis für die Freisprechanlage wird allerdings nicht hinzugezogen, da diese gem. R 8.1 Abs. 9 Nr. 1 LStR zu den Telekommunikationsgeräten gehört. Ebenso entfällt der Ansatz der Kosten für die nachträglich eingebaute Standheizung:

Listenpreis	32.675,00 EUR
Diebstahlsicherung	+ 522,00 EUR
Summe	33.197,00 EUR
Abzurunden auf volle 100 EUR	33.100,00 EUR
Davon 1 %	331,00 EUR
Fahrten Wohnung - Tätigkeitsstätte (0,03 % von 33.100 EUR × 22 Kilometer)	+ 218,46 EUR
Geldwerter Vorteil insgesamt	549,46 EUR

Die nachträglich eingebaute Sonderausstattung erhöht nicht den geldwerten Vorteil.

Hinweis: Eine Sonderausstattung im Sinne des Einkommensteuergesetzes liegt nur vor, wenn das Fahrzeug bereits werksseitig im Zeitpunkt der Erstzulassung damit ausgestattet ist.

9.3 Pauschalierung (15 Fahrten pro Monat)

Sachverhalt: Ein Arbeitnehmer erhält einen Dienstwagen, den er auch privat nutzen darf. Ebenso darf der Arbeitnehmer den Dienstwagen auch für Fahrten zwischen Wohnung und der 22 Kilometer entfernten ersten Tätigkeitsstätte nutzen.

Der inländische Brutto-Listenpreis für das Fahrzeug beträgt 32.675 EUR.

Der geldwerte Vorteil wird nach der 1-%-Regelung errechnet. Die Fahrten zwischen Wohnung und erster Tätigkeitsstätte sollen pauschal versteuert werden.

Wie wird der geldwerte Vorteil pauschal versteuert?

Lösung

Listenpreis	32.675,00 EUR
Abzurunden auf volle 100 EUR	32.600,00 EUR
Davon 1 %	326,00 EUR
Fahrten Wohnung – erste Tätigkeitsstätte (0,03 % von 32.600 EUR × 22 Kilometer)	+ 215,16 EUR
Geldwerter Vorteil insgesamt	541,16 EUR
Pauschal mit 15 % versteuert (22 km × 0,30 EUR × 15 Arbeitstage)	99,00 EUR
Pauschale Lohnsteuer (15 % von 99 EUR)	14,85 EUR
Pauschaler Solidaritätszuschlag (5,5 % von 14,85 EUR)	0,82 EUR
Pauschale Kirchensteuer, angenommen (5 % von 14,85 EUR)	0,74 EUR
Geldwerter Vorteil insgesamt	541,16 EUR
Davon pauschal besteuert	- 99,00 EUR
Nach Lohnsteuertabelle zu versteuern	442,16 EUR

9.4 Pauschalierung (weniger als 180 Fahrten pro Jahr)

Sachverhalt: Ein Arbeitnehmer erhält einen Dienstwagen, den er auch privat nutzen darf. Ebenso darf er ihn für Fahrten zwischen seiner Wohnung und der 22 Kilometer entfernten ersten Tätigkeitsstätte nutzen.

Der inländische Brutto-Listenpreis für das Fahrzeug beträgt 32.675 EUR. Der geldwerte Vorteil wird nach der 1-%-Regelung errechnet. Die Fahrten zwischen Wohnung und erster Tätigkeitsstätte sollen pauschal versteuert werden. Der Arbeitnehmer führt ein Arbeitstagebuch (kein Fahrtenbuch i. S. der R 8.1 LStR), aus dem hervorgeht, dass er im August am 3.8., 5.8., 10.8., 12.8., 15.8. und 31.8., also an 6 Arbeitstagen, jeweils von zu Hause direkt zur ersten Tätigkeitsstätte fährt.

Aufgrund der detaillierten Aufzeichnungen darf die Versteuerung abweichend von der 0,03%-Methode mit 0,002% je Entfernungskilometer pro angegebenem Arbeitstag erfolgen, sofern er die Aufzeichnungen jahresbezogen führt.

Wie wird der geldwerte Vorteil pauschal versteuert?

Lösung

Listenpreis	32.675,00 EUR
Abzurunden auf volle 100 EUR	32.600,00 EUR
Davon 1%	326,00 EUR
Fahrten Wohnung – erste Tätigkeitsstätte (0,002% von 32.600 EUR × 22 Kilometer x 6 Arbeitstage)	+ 86,06 EUR
Geldwerter Vorteil insgesamt	412,06 EUR
Pauschal mit 15% versteuert (22 km × 0,30 EUR × 6 Arbeitstage)	39,60 EUR
Pauschale Lohnsteuer (15% von 39,60 EUR)	5,94 EUR
Pauschaler Solidaritätszuschlag (5,5% von 5,94 EUR)	0,33 EUR
Pauschale Kirchensteuer, angenommen (5% von 5,94 EUR)	0,30 EUR
Geldwerter Vorteil insgesamt	412,06 EUR
Davon pauschal besteuert	- 39,60 EUR
Nach Lohnsteuertabelle zu versteuern	372,46 EUR

9.5 Arbeitnehmer trägt Benzinkosten, Minderung in Einkommensteuererklärung

Sachverhalt: Der Arbeitnehmer soll zum 1.2.2020 zusätzlich zu seinem Gehalt einen Firmenwagen mit einem Listenpreis von 32.675 EUR erhalten. Die Versteuerung soll nach der 1-%-Methode erfolgen. Der Arbeitnehmer nutzt den Firmenwagen auch für Fahrten zwischen Wohnung und seiner 22 km entfernten ersten Tätigkeitsstätte. Der Arbeitgeber wünscht, dass der Arbeitnehmer die Benzinkosten für die Privatfahrten selbst trägt.

Der Arbeitgeber hat arbeitsvertraglich ausgeschlossen, die Minderung des geldwerten Vorteils im Lohnsteuerabzugsverfahren vorzunehmen. Der Arbeitnehmer sammelt seine Belege für die selbst getragenen Benzinrechnungen i. H. v. 3.800 EUR und reicht sie zusammen mit seiner Einkommensteuererklärung beim Finanzamt ein.

Wie hoch ist der geldwerte Vorteil und wie kann der Arbeitnehmer die für den Dienstwagen getragenen Benzinkosten in seiner Steuererklärung verrechnen?

Lösung: Die Versteuerung erfolgt mit der 1-%-Methode und der 0,03-%-Methode für Fahrten zwischen Wohnung und Arbeitsstätte.

Bruttolistenpreis abgerundet auf volle 100 EUR	32.600,00 EUR
Davon 1 % für Privatnutzung	326,00 EUR
Zzgl. 0,03 % von 32.600 EUR x 22 km für Fahrten Whg. – 1. Tätigkeitsstätte	+ 215,16 EUR
Geldwerter Vorteil insgesamt monatlich	541,16 EUR
Geldwerter Vorteil für das gesamte Kalenderjahr (541,16 EUR x 12), steuer- und beitragspflichtig	6.493,92 EUR

Der Arbeitnehmer beantragt bei der Einkommensteuererklärung eine Herabsetzung des geldwerten Vorteils von 6.493,92 EUR um 3.800 EUR auf 2.693,92 EUR und damit die Minderung seines Bruttoarbeitslohns.

Eine steuerrechtliche Minderung des Nutzungswerts im Rahmen der Einkommensteuerveranlagung führt jedoch *nicht* zur nachträglichen Beitragsfreiheit der Minderung des Nutzungswerts, d. h. bei dieser Variante erhält der Arbeitnehmer keine Beitragserstattungen der zu viel gezahlten Sozialversicherungsbeiträge.

Hinweis: Die Minderung des geldwerten Vorteils kann höchstens auf 0 EUR erfolgen. Betragen die Benzinkosten mehr als 6.493,92 EUR, wirkt sich der darüber hinausgehende Betrag nicht mehr steuermindernd aus.

9.6 Arbeitnehmer trägt Benzinkosten, Minderung in monatlicher Lohnabrechnung

Sachverhalt: Der Arbeitnehmer soll zum 1.2.2020 zusätzlich zu seinem Gehalt einen Firmenwagen mit einem Listenpreis von 32.675 EUR erhalten. Die Versteuerung soll nach der 1-%-Methode erfolgen. Der Arbeitnehmer nutzt den Firmenwagen auch für Fahrten zwischen Wohnung und seiner 22 km entfernten ersten Tätigkeitsstätte. Der Arbeitgeber wünscht, dass der Arbeitnehmer die Benzinkosten für die Privatfahrten selbst trägt.

Der Arbeitgeber mindert den geldwerten Vorteil im Rahmen der monatlichen Lohnabrechnungen.

Wie errechnet sich der geldwerte Vorteil, wenn der Arbeitnehmer die Benzinkosten selbst trägt?

Lösung: Die Versteuerung erfolgt mit der 1-%-Methode und der 0,03-%-Methode für Fahrten zwischen Wohnung und Arbeitsstätte.

Bruttolistenpreis abgerundet auf volle 100 EUR	32.600,00 EUR
Davon 1 % für Privatnutzung	326,00 EUR
Zzgl. 0,03 % von 32.600 EUR x 22 km für Fahrten Whg – 1. Tätigkeitsstätte	+ 215,16 EUR
Geldwerter Vorteil insgesamt monatlich	541,16 EUR
Geldwerter Vorteil für das gesamte Kalenderjahr (541,16 EUR x 12)	6.493,92 EUR
Abzgl. Minderung durch selbst getragene Benzinkosten	- 3.800,00 EUR
Steuer- und beitragspflichtiger geldwerter Vorteil	2.693,92 EUR

Tipp: Auch wenn der Arbeitnehmer erst zum Ende des Kalenderjahres die Belege vorlegt, ist eine Minderung des geldwerten Voreils für das ganze Kalenderjahr noch bis zur Erstellung der Lohnsteuerbescheinigung – spätestens zum 29.2. des Folgejahres – möglich. Im Unterschied zum vorherigen Beispiel ist im Falle der monatlichen Verrechnung im Lohnsteuerabzugsverfahren nur ein Betrag von 2.693,92 EUR beitragspflichtig.

Hinweis: Die Minderung des geldwerten Vorteils kann höchstens auf 0 EUR erfolgen. Betragen die Benzinkosten mehr als 6.493,92 EUR, wirkt sich der darüber hinausgehende Betrag nicht mehr steuermindernd aus.

10 Dienstwagen, Fahrtenbuch

10.1 Außendienstmitarbeiter (keine Fahrten Wohnung – erste Tätigkeitsstätte)

Sachverhalt: Ein Außendienstmitarbeiter erhält erstmalig zum 10.1. einen Dienstwagen, den er für seine umfangreichen Dienstfahrten benötigt. Da er regelmäßig von seiner Wohnung aus die Dienstfahrten antritt, entfällt die Versteuerung der Fahrten zwischen Wohnung und erster Tätigkeitsstätte.

Die Privatnutzung soll anhand eines Fahrtenbuchs nachgewiesen werden.

Gemäß Buchhaltung entstanden für das Kalenderjahr Gesamtaufwendungen von 13.190,29 EUR brutto. Insgesamt ist der Arbeitnehmer 18.775 km in diesem Jahr gefahren, davon 2.310 km privat.

Wie wird der geldwerte Vorteil errechnet und versteuert?

Lösung: Bei der Fahrtenbuchmethode darf monatlich 1/12 des Privatanteils des Vorjahrs angesetzt werden.

Da zum Beginn der Nutzung noch keine Vorjahreswerte vorliegen, ist es zulässig, zunächst monatlich für jeden privat gefahrenen Kilometer 0,001 % des Listenpreises anzusetzen und diesen vorläufigen Wert nach Jahresende dem konkreten Wert anzupassen und die Differenz nachzuversteuern.

Listenpreis		62.400,00 EUR
Privat gefahrene Kilometer lt. Fahrtenbuch:	2.310 km	
Bereits unterjährig versteuert (2.310 km x 62.400 EUR x 0,001 %)		1.441,44 EUR
Gesamtkilometer lt. Fahrtenbuch:	18.775 km	
Zu versteuern (13.190,29 EUR : 18.775 km x 2.310 km)		1.622,88 EUR
Nachzuversteuern: (1.622,88 EUR – 1.441,44 EUR)		181,44 EUR

Der monatliche geldwerte Vorteil beträgt 1/12 von 1.622,88 EUR = 135,24 EUR. Dieser Wert ist nach Jahresende wiederum anzupassen.

10.2 Mitarbeiter beantragt Fahrtenbuchregelung bei seiner Einkommensteuererklärung

Sachverhalt: Ein Mitarbeiter mit Steuerklasse I und einem Bruttolohn von 5.000 EUR monatlich erhält ab 8.1. einen neuen Dienstwagen, Bruttolistenpreis 42.320 EUR inkl. USt, den er sowohl für Fahrten zur ersten Tätigkeitsstätte (10 km) als auch für private Fahrten nutzen darf.

Bei der Besteuerung nach der 1-%- und 0,03-%-Regelung ergeben sich folgende monatlichen Beträge:

Privatnutzung (1 % aus 42.300 EUR)	423,00 EUR
Fahrten zur ersten Tätigkeitsstätte (0,03 % aus 42.300 EUR x 10 km)	+ 126,90 EUR
Geldwerter Vorteil monatlich	549,90 EUR
Jährlich (549,90 EUR x 12 Monate)	6.598,80 EUR

Da dem Mitarbeiter die Besteuerung nach der 1-%- und 0,03-%-Regelung zu teuer ist, will er ein Fahrtenbuch führen und die Privatfahrten durch Einzelnachweis versteuern. Der Arbeitgeber ist skeptisch, ob der Mitarbeiter ein ordnungsgemäßes Fahrtenbuch führt, außerdem lehnt er die Berechnung als zu aufwändig ab.

Wie hoch ist die Differenz zwischen dem zu versteuernden geldwerten Vorteil nach der 1-%- und 0,03-%-Regelung und dem nach der Fahrtenbuchmethode?

Kann der Mitarbeiter den zu hoch angesetzten geldwerten Vorteil in seiner Einkommensteuer-Erklärung geltend machen?

Lösung: Ja, bei der Einkommensteuerveranlagung kann der Mitarbeiter die Beträge dem Finanzamt mitteilen und der vom Arbeitgeber gemeldete Bruttoarbeitslohn wird vom Finanzamt entsprechend gekürzt.

Der Arbeitgeber versteuert den geldwerten Vorteil nach der Pauschalmethode (1-%- und 0,03-%-Regelung). Dies vermindert das Haftungsrisiko des Arbeitgebers, da diese Regelung gesetzlich vorrangig ist. Mängel im Fahrtenbuch gehen bei dieser Lösung ausschließlich zu Lasten des Mitarbeiters.

Der Arbeitgeber bescheinigt dem Arbeitnehmer nach Ablauf des Jahres die insgesamt aus dem Betrieb des Fahrzeugs angefallenen Kosten. Die Werte aus der Finanzbuchhaltung müssen bei Arbeitgebern mit Vorsteuerabzug um die gesetzliche Umsatzsteuer erhöht werden (Bruttowerte).

Abrechnung nach Fahrtenbuch: Der Arbeitgeber bescheinigt auf das Jahresende folgende Werte:

- Kaufpreis brutto: 36.000 EUR
- Gesamtkosten betragen: 10.398 EUR brutto

Der Mitarbeiter kann anhand seines Fahrtenbuchs folgende Fahrleistungen nachweisen:

- Gesamtfahrleistung: 25.000 km
- Privatfahrten: 6.000 km
- Fahrten zwischen Wohnung und erster Tätigkeitsstätte: 4.000 km (10 km einfache Entfernung)

Gesamtkosten brutto	10.398,00 EUR
Kosten pro km (10.398 EUR : 25.000 km)	0,416 EUR
Geldwerter Vorteil Privatfahrten (6.000 km) zzgl. Fahrten Wohnung – erste Tätigkeitsstätte (4.000 km) gesamt (10.000 km x 0,416 EUR)	4.160,00 EUR
Bisher vom Arbeitgeber versteuert	6.598,80 EUR
Zuviel versteuert	2.438,80 EUR

Im Rahmen der Einkommensteuerveranlagung des Mitarbeiters wird der vom Arbeitgeber gemeldete Bruttoarbeitslohn vom Finanzamt um 2.438,80 EUR gekürzt. Der Arbeitnehmer-Pauschbetrag von 1.000 EUR wird daneben gewährt.

Als Werbungskosten kann der Mitarbeiter geltend machen:

230 Tage x 10 km x 0,30 EUR = 690 EUR.

Da der Arbeitnehmer-Pauschbetrag von 1.000 EUR höher ist, wird dieser gewährt.

Der Arbeitnehmer kann über seine Einkommensteuererklärung nur eine Korrektur des steuerpflichtigen Arbeitslohns erreichen. Die Korrektur des sozialversicherungspflichtigen Bruttoentgelts ist nicht möglich.

11 Doppelte Haushaltsführung

11.1 Beginn der doppelten Haushaltsführung

Sachverhalt: Ein verheirateter Arbeitnehmer wird ab Februar von seiner Filiale in Düsseldorf nach München versetzt. Er reist am 2.2.2020 erstmals an. Seinen Familienwohnsitz in Düsseldorf behält er bei.

Der Arbeitgeber stellt ihm in München kostenlos ein Apartment auf dem Firmengelände zur Verfügung.

Im Februar fährt der Arbeitnehmer nach seinem Dienst in München an allen Wochenenden mit dem eigenen Pkw zu seiner Familie nach Düsseldorf. Er kommt dort regelmäßig freitags gegen 22 Uhr an und fährt am Sonntag gegen 17 Uhr wieder nach München. Der Arbeitgeber erstattet die steuerlich zulässigen Aufwendungen.

Wie hoch ist die Reisekostenerstattung für Februar 2020 (einschließlich erster Hinfahrt)?

Lösung: Es liegt eine steuerlich zu berücksichtigende doppelte Haushaltsführung vor. Der Arbeitnehmer ist aufgrund der Versetzung außerhalb seines Wohnorts Düsseldorf beschäftigt und führt am auswärtigen Beschäftigungsort München einen doppelten Haushalt. Deshalb dürfen die notwendigen Mehraufwendungen, die durch die doppelte Haushaltsführung entstehen, steuer- und sozialversicherungsfrei ersetzt werden. Dazu gehören die Kosten für die Unterkunft. Da diese ohnehin vom Arbeitgeber kostenfrei gestellt wird, können keine zusätzlichen steuerfreien Erstattungen gewährt werden.

Am Beginn der doppelten Haushaltsführung kann der Arbeitgeber die tatsächlichen Aufwendungen für die erste Hinfahrt zum Beschäftigungsort steuerfrei vergüten.

Ohne Einzelnachweis ist die Kilometerpauschale von 0,30 EUR je gefahrenem Kilometer zu gewähren:

600 Kilometer × 0,30 EUR je Kilometer = 180 EUR

Außerdem können die Kosten für eine Heimfahrt wöchentlich steuerfrei erstattet werden. Dazu können dem Arbeitnehmer die Aufwendungen in Höhe der Entfernungspauschale von 0,30 EUR je Entfernungskilometer steuerfrei ersetzt werden.

Da der Mitarbeiter im Februar nicht öfter als einmal wöchentlich nach Hause gefahren ist, sind alle Heimfahrten erstattungsfähig. Es ergeben sich 4 Rückfahrten und 3 neue Hinfahrten. Für Zwecke der Berechnung der Entfernungspauschale kann deshalb von 3,5 Familienheimfahrten ausgegangen werden:

3,5 Fahrten × 600 Kilometer × 0,30 EUR je Entfernungskilometer = 630 EUR.

Die Verpflegungsmehraufwendungen können maximal 3 Monate lang in Höhe der für beruflich veranlasste Auswärtstätigkeiten geltenden Pauschalen erstattet werden, also bis Ende April 2020.

Für die Berechnung der Abwesenheitsdauer ist die Wohnung am Lebensmittelpunkt des Arbeitnehmers maßgebend. Hieraus folgt, dass für Tage, an denen Familienheimfahrten durchgeführt werden, nur geringere Pauschbeträge zum Ansatz kommen und für Tage, an denen sich der Arbeitnehmer ganz zu Hause aufgehalten hat, keine Pauschbeträge steuerfrei erstattet werden können.

Für Tage, an denen Familienheimfahrten durchgeführt werden, kann nur die Pauschale für An- und Abreisetage zum Ansatz kommen. Für Tage, an denen sich der Arbeitnehmer ganz zu Hause aufgehalten hat, können keine Pauschbeträge steuerfrei erstattet werden.

Von Montag bis Donnerstag ist der Arbeitnehmer 24 Stunden abwesend und erhält deshalb die volle Verpflegungspauschale von 28 EUR. An den Freitagen und an den Sonntagen erhält er eine Pauschale von 14 EUR. Samstags erhält er keine Pauschale.

Für Februar 2020 ergeben sich damit folgende Pauschalen:

8 × 14 EUR + 16 × 28 EUR = 560 EUR

Insgesamt können dem Arbeitnehmer damit 1.370 EUR steuer- und sozialversicherungsfrei erstattet werden.

11.2 Versetzung

Sachverhalt: Ein verheirateter Arbeitnehmer wurde Anfang Dezember vorübergehend 300 Kilometer von seinem Wohnort entfernt nach Kassel versetzt. Seine Familie ist nicht umgezogen.

Er hat dort ein möbliertes Apartment (40 Quadratmeter) zum Preis von 400 EUR angemietet.

An den Wochenenden fährt er regelmäßig mit der Bahn nach Hause zu seiner Familie. Die Fahrkarten kosten 300 EUR monatlich.

Nach unternehmensinternen Regelungen werden die steuerlich zulässigen Aufwendungen erstattet.

Ergeben sich aus dem Sachverhalt lohnsteuer- und sozialversicherungsrechtliche Folgen?

Lösung: Für den Arbeitnehmer können folgende Aufwendungen im Rahmen der doppelten Haushaltsführung erstattet werden:

- Unterkunft: Die Miete i. H. v. 400 EUR kann in voller Höhe steuer- und sozialversicherungsfrei gewährt werden.
- Fahrtkosten für eine Heimfahrt wöchentlich: Bei der Benutzung öffentlicher Verkehrsmittel können die Kosten in tatsächlicher Höhe erstattet werden. Die Erstattung der Fahrkarten bleibt somit in voller Höhe von 300 EUR lohnsteuer- und sozialversicherungsfrei.
- Verpflegungsmehraufwendungen: Diese können max. 3 Monate lang steuerfrei erstattet werden. Die 3-Monatsfrist läuft Ende Februar des nächsten Jahres aus, sodass für März erstmalig keine Verpflegungspauschalen steuer- und sozialversicherungsfrei gewährt werden dürfen.

11.3 Ledige mit Fahrten am Ort

Sachverhalt: Eine Bereichsleiterin hat bei ihrer Einstellung vor 3 Jahren eine Zusage erhalten, maximal 5 Jahre lang, die notwendigen Kosten für eine Zweitwohnung ersetzt zu bekommen. Nachdem sie anfangs ein kleines Apartment in unmittelbarer Firmennähe bewohnt hat, ist sie vor etwa einem Jahr in eine rund 60 Quadratmeter große Wohnung am Stadtrand gezogen (10 Kilometer von der Firma) entfernt. Die monatliche Warmmiete beträgt 700 EUR. Sie erhält – wie alle Mitarbeiter – ein Jobticket zum Preis von monatlich 60 EUR, mit dem sie die Fahrten von der Zweitwohnung zur ersten Tätigkeitsstätte zurücklegen kann (keine Gehaltsumwandlung). Weitere Erstattungen erhält die Mitarbeiterin nicht. Obwohl sie alleinstehend ist, hat sie ihre rund 400 Kilometer entfernt liegende Hauptwohnung nicht aufgegeben und fährt dort an den Wochenenden hin, weil ihre Verwandtschaft und ihr gesamter Freundeskreis in der Gegend leben.

Wie sind die Arbeitgeberzuschüsse zu Wohnung und Fahrkarte lohnsteuer- und sozialversicherungsrechtlich zu behandeln?

Lösung: Die Mitarbeiterin ist aufgrund des vor 3 Jahren erfolgten Arbeitsplatzwechsels außerhalb ihres Wohnorts beschäftigt und führt am auswärtigen Beschäftigungsort einen Haushalt. Die Anerkennung einer doppelten Haushaltsführung setzt zusätzlich voraus, dass die Mitarbeiterin einen eigenen Hausstand außerhalb des Beschäftigungsorts unterhält. Bei Ledigen dürfen Arbeitgeber einen eigenen Hausstand nur anerkennen, wenn die Mitarbeiterin schriftlich erklärt hat, dass sie neben der Zweitwohnung am Beschäftigungsort außerhalb des Beschäftigungsorts einen eigenen Hausstand unterhält, an dem sie sich auch finanziell beteiligt. Die Richtigkeit dieser Erklärung muss der Arbeitnehmer durch Unterschrift bestätigen. Liegt eine solche Bescheinigung vor, ist die doppelte Haushaltsführung grundsätzlich steuerlich anzuerkennen.

Weil die doppelte Haushaltsführung schon mehrere Jahre andauert, sind Verpflegungsmehraufwendungen nicht mehr steuerfrei zu gewähren.

Es können die tatsächlichen Übernachtungskosten bis zur Höhe von maximal 1.000 EUR monatlich steuerfrei erstattet werden. Deshalb kann die Miete i. H. v. 700 EUR in voller Höhe steuer- und sozialversicherungsfrei erstattet werden.

Zuschüsse für Familienheimfahrten werden hier nicht gewährt. Die Mitarbeiterin erhält nur die Nahverkehrskarte. Die Gestellung eines zusätzlich zum Arbeitslohn gewährten Jobtickets bleibt steuerfrei. Daraus folgt die Sozialversicherungsfreiheit.

11.4 Pauschaler Übernachtungskostenersatz

Sachverhalt: Ein Arbeitnehmer hat bei seiner Einstellung die Zusage erhalten, für mindestens 2 Jahre die notwendigen Kosten für eine Zweitwohnung ersetzt zu bekommen.

Der Arbeitnehmer hat seine Hauptwohnung beibehalten. Er hat dem Arbeitgeber schriftlich erklärt, dass er außerhalb des Beschäftigungsorts einen eigenen Hausstand unterhält und die Richtigkeit dieser Erklärung durch Unterschrift bestätigt.

Nachdem er im 1. Jahr ein kleines Apartment in unmittelbarer Nähe der Firma bewohnt hat, übernachtet er ab dem 2. Jahr die Woche über bei einem befreundeten Kollegen kostenfrei in dessen Wohnung.

Ist eine Erstattung von Kosten für die Zweitwohnung nach dem Umzug noch steuer- und sozialversicherungsfrei möglich?

Lösung: Der Arbeitnehmer ist aufgrund des Arbeitsplatzwechsels außerhalb seines früheren Wohnorts beschäftigt und führt am auswärtigen Beschäftigungsort einen

Haushalt. Die Anerkennung einer doppelten Haushaltsführung setzt zusätzlich voraus, dass der Arbeitnehmer weiterhin einen eigenen Hausstand außerhalb des Beschäftigungsorts unterhält. Dies hat er schriftlich bestätigt. Damit ist die doppelte Haushaltsführung grundsätzlich steuerlich anzuerkennen.

Bei einer doppelten Haushaltsführung kann der Arbeitgeber die Übernachtungskosten in Höhe der nachgewiesenen Aufwendungen erstatten. Aufwendungen für Übernachtung fallen hier nicht mehr an. Alternativ ist auch die Gewährung von Übernachtungspauschalen für die ersten 3 Monate möglich: Die Übernachtungskosten können im Inland bis zu 20 EUR je Übernachtung steuerfrei erstattet werden. Diese 3-Monatsfrist ist bei dem Arbeitnehmer abgelaufen, weil die doppelte Haushaltsführung bereits mehr als ein Jahr andauert. Danach kann je Übernachtung grundsätzlich ein Pauschbetrag von 5 EUR steuerfrei erstattet werden. Voraussetzung für die pauschale Erstattung ist aber, dass die Übernachtung nicht in einer vom Arbeitgeber unentgeltlich überlassenen Unterkunft stattfindet.

Dies ist hier erfüllt. Ein Wechsel zwischen dem Einzelnachweis der tatsächlich entstandenen Übernachtungskosten und dem Ansatz der Pauschbeträge ist während ein und derselben doppelten Haushaltsführung innerhalb eines Kalenderjahrs nicht zulässig. Weil der Mitarbeiter genau zum Jahreswechsel umgezogen ist, kann jedoch u. E. eine Erstattung in Höhe von 5 EUR je Übernachtung steuer- und sozialversicherungsfrei erfolgen.

11.5 Auswärtstätigkeit

Sachverhalt: Ein Arbeitnehmer führt seit etwas mehr als einem Jahr einen beruflich veranlassten doppelten Haushalt in Freiburg. Dort bewohnt er ein kleines Apartment zum Preis von 300 EUR monatlich. Am Wochenende fährt er mit dem Pkw zu seiner Familie nach Stuttgart (200 Kilometer).

Vom Arbeitgeber werden sowohl die Übernachtungskosten wie auch die Familienheimfahrten – wie in den vergangenen Monaten – bis zu den steuerfreien Grenzen erstattet.

Der Arbeitnehmer hat an den 4 Wochenenden im Februar 2020 seinen Heimatort Stuttgart sonntags gegen 21 Uhr verlassen und ist freitags gegen 19 Uhr dorthin zurückgekehrt.

Von 4.-6.2.2020 (Di. – Do.) hat er mit der Bahn Kunden in Frankfurt und Karlsruhe besucht. Die Fahrkarten dafür hat er unmittelbar vom Arbeitgeber erhalten; ebenso hat dieser seine Übernachtungen gebucht. Der Arbeitnehmer ist am Dienstag um 8

Uhr von seiner Zweitwohnung losgefahren und am Donnerstag um 11 Uhr wieder an seiner ersten Tätigkeitsstätte eingetroffen.

Können dem Mitarbeiter Verpflegungsmehraufwendungen steuer- und sozialversicherungsfrei ersetzt werden?

Lösung: Bei dem Arbeitnehmer liegt eine beruflich veranlasste doppelte Haushaltsführung vor. Er ist aufgrund der Versetzung außerhalb seines Wohnorts beschäftigt und führt am auswärtigen Beschäftigungsort Freiburg einen doppelten Haushalt. Deshalb dürfen die notwendigen Mehraufwendungen, die durch die doppelte Haushaltsführung entstehen, steuer- und sozialversicherungsfrei ersetzt werden.

Die Kosten für die Unterkunft sowie die Kosten für eine Familienheimfahrt wöchentlich (beschränkt auf die Entfernungspauschale von 0,30 EUR je Entfernungskilometer) können steuer- und sozialversicherungsfrei erstattet werden.

Eine Erstattung von Verpflegungsmehraufwendungen im Rahmen der doppelten Haushaltsführung kommt nicht in Betracht, da die 3-Monatsfrist abgelaufen ist.

Während der Kundenbesuche befindet sich der Arbeitnehmer jedoch gleichzeitig auf einer beruflich veranlassten Auswärtstätigkeit. Für diese Tage können Verpflegungspauschalen erstattet werden, weil hier eine separate Frist beginnt, die mit der Rückkehr nach Freiburg endet.

Dienstag und Donnerstag sind An-/Abreisetage und der Arbeitnehmer erhält dafür im Jahr 2020 eine Pauschale von jeweils 14 EUR, am Mittwoch beträgt die Abwesenheit volle 24 Stunden und die Pauschale 28 EUR.

Es können damit insgesamt 56 EUR Verpflegungsmehraufwendungen steuer- und sozialversicherungsfrei erstattet werden.

Tipp: Dauert die doppelte Haushaltsführung erst weniger als 3 Monate an, können auch dafür Verpflegungsmehraufwendungen erstattet werden. Soweit für denselben Kalendertag Verpflegungsmehraufwendungen wegen einer Auswärtstätigkeit und einer doppelten Haushaltsführung anzuerkennen sind, ist jeweils der höchste Pauschbetrag anzusetzen.

11.6 Arbeitnehmer ohne eigenen Hausstand

Sachverhalt: Im letzten Monat hat eine neue Auszubildende die Ausbildung begonnen. Sie stammt aus der Nähe von Hamburg und wohnt dort bei ihren Eltern. Für die

Ausbildung hat sie in Hannover ein Apartment zum Preis von 200 EUR bezogen. Die Miete dafür wird vom Arbeitgeber erstattet.

Wie ist die Erstattung für die Wohnung steuerlich und sozialversicherungsrechtlich zu beurteilen?

Lösung: Eine doppelte Haushaltsführung liegt vor, wenn ein Mitarbeiter aus beruflichen Gründen außerhalb des Orts, in dem er einen eigenen Hausstand unterhält, beschäftigt ist und auch am Beschäftigungsort wohnt.

Im vorliegenden Fall mangelt es an einem eigenen Hausstand der Mitarbeiterin am Heimatort, weil sie dort bei ihren Eltern wohnt. Das Vorliegen eines eigenen Hausstandes setzt eine finanzielle Beteiligung an den laufenden Kosten der Haushaltsführung voraus. Diese Voraussetzung ist bei Arbeitnehmern, die noch bei ihren Eltern wohnen, regelmäßig nicht erfüllt. Es liegt damit eine sog. unechte doppelte Haushaltsführung ohne eigenen Hausstand vor.

Die Übernahme der Wohnungsmiete durch den Arbeitgeber stellt in voller Höhe lohnsteuer- und sozialversicherungspflichtigen Arbeitslohn dar.

11.7 Wegzug

Sachverhalt: Ein lediger Mitarbeiter wohnt und arbeitet in Düsseldorf. Zum 1.6. verlegt er seinen Hauptwohnsitz zu seiner Lebensgefährtin nach München, sie hat dort eine Wohnung gemietet. Seine 50 qm große Wohnung in Düsseldorf behält er bei, nur die Wochenenden verbringt er in München.

Liegt eine doppelte Haushaltsführung vor?

Lösung: Nach dem Wegzug könnte eine beruflich bedingte doppelte Haushaltsführung vorliegen. Der Mitarbeiter behält die auswärtige Zweitwohnung in Düsseldorf bei um von dort aus seinen Arbeitsplatz erreichen zu können. Die gleichzeitige Wegverlegung der Familienwohnung aus privaten Gründen nach München, durch die erst die Einrichtung einer zusätzlichen Wohnung erforderlich wird, und damit auch die Aufsplitterung der bislang einheitlichen Haushaltsführung am Ort der Beschäftigung, sind nicht von Bedeutung.

Das Vorliegen eines eigenen Hausstandes setzt eine finanzielle Beteiligung an den laufenden Kosten der Haushaltsführung voraus. Betragen die Barleistungen des Mitarbeiters mehr als 10 % der monatlich regelmäßig anfallenden laufenden Kosten der Haushaltsführung (Miete, Mietnebenkosten, Kosten für Lebensmittel und andere

Dinge des täglichen Bedarfs), ist von einer finanziellen Beteiligung auszugehen. Bei unverheirateten Arbeitnehmern kann der Arbeitgeber einen eigenen Hausstand nur dann anerkennen, wenn sie schriftlich erklären, dass sie neben einer Zweitwohnung am Beschäftigungsort außerhalb des Beschäftigungsortes einen eigenen Hausstand am Lebensmittelpunkt unterhalten, an dem sie sich auch finanziell beteiligen.

11.8 Umgekehrte Familienheimfahrten

Sachverhalt: Ein verheirateter Abteilungsleiter führt seit Jahren einen doppelten Haushalt. Neben einem Appartement an seinem Arbeitsort Dresden hat er seinen Hauptwohnsitz in der Nähe von München, wo seine Ehefrau weiterhin wohnt. Die Firma erstattet die Kosten für die wöchentlichen Familienheimfahrten mit dem eigenen Pkw im Rahmen der steuerlichen Möglichkeiten.

An insgesamt 3 Wochenenden konnte der Mitarbeiter wegen dringender beruflicher Verpflichtungen keine Heimfahrt antreten, stattdessen besuchte ihn seine Ehefrau an diesen Wochenenden in Dresden. Zusätzlich ist die Ehefrau auch an einem Wochenende im Dezember nach Dresden gekommen, um mit ihrem Mann den dortigen Weihnachtsmarkt zu besuchen.

Können auch die Aufwendungen für die Besuchsfahrten der Ehefrau steuerfrei ersetzt werden?

Lösung: Im Rahmen der doppelten Haushaltsführung können die Kosten für eine Heimfahrt wöchentlich steuerfrei erstattet werden. Dazu können dem Arbeitnehmer die Aufwendungen in Höhe der Entfernungspauschale von 0,30 EUR je Entfernungskilometer im Jahr 2020 steuerfrei ersetzt werden. Bei einer Entfernung von 450 km sind dies wöchentlich 135 EUR.

Dies gilt grundsätzlich auch für sog. umgekehrte Familienheimfahrten. Wird der Arbeitnehmer am Wochenende von seinem Ehegatten oder minderjährigen Kindern besucht, insbesondere weil er aus beruflichen Gründen nicht nach Hause fahren kann, so treten deren Fahrtkosten an die Stelle der Kosten für eine Familienheimfahrt des Arbeitnehmers. Auch diese Kosten können vom Arbeitgeber nach den Grundsätzen für Familienheimfahrten steuerfrei erstattet werden, allerdings nur in der Höhe, in der auch dem Arbeitnehmer Kosten für die Familienheimfahrt entstanden wären. Für die 3 Wochenenden, an denen der Arbeitnehmer beruflich an einer Familienheimfahrt gehindert war, können trotzdem jeweils 135 EUR steuerfrei erstattet werden.

Wird die wöchentliche Familienheimfahrt hingegen aus privaten Gründen nicht angetreten, sind die Aufwendungen für die stattdessen durchgeführte Besuchsfahrt des anderen Ehegatten zum Beschäftigungsort keine Werbungskosten. Für das Wochenende des Weihnachtsmarktbesuchs ist deshalb keine steuerfreie Erstattung durch den Arbeitgeber möglich.

Hinweis: Bei Nutzung einer Wohnung am auswärtigen Tätigkeitsort zur Übernachtung während einer beruflich veranlassten Auswärtstätigkeit kann im Inland aus Vereinfachungsgründen bei Aufwendungen bis zu einem Betrag von 1.000 EUR monatlich von einer ausschließlichen beruflichen Veranlassung ausgegangen werden. Daran ändern auch gelegentliche Besuche des Ehe- /Lebenspartners oder anderer Familienmitglieder nichts.

12 Einmalzahlungen

12.1 Entgeltarten

Sachverhalt: Ein Arbeitgeber zahlt seinen Mitarbeitern laufendes wie auch einmaliges Arbeitsentgelt unter diversen Bezeichnungen.

Welche der Entgeltarten zählen zu den Einmalzahlungen, welche zum Arbeitsentgelt?

Bezeichnung des Arbeitsentgelts	Einmal-zahlung	laufendes Arbeitsent-gelt
Weihnachtsgeld	x	
Urlaubsgeld	x	
Jubiläumszuwendungen	x	
Geburtsbeihilfen	x	
Abgeltung bestimmter Aufwendungen des Beschäftigten, die im Zusammenhang mit der Beschäftigung stehen		x
Waren oder Dienstleistungen, die vom Arbeitgeber nicht überwiegend für den Bedarf seiner Beschäftigten hergestellt, vertrieben oder erbracht werden und monatlich in Anspruch genommen werden können, z. B. verbilligter Einkauf für Mitarbeiter eines Warenhauses		x
Sonstige Sachbezüge		x
Vorteil aus verbilligter Miete für Arbeitnehmer in einer Werkswohnung		x
Arbeitnehmer bei einem Automobilkonzern, kann 2x jährlich ein Auto mit Personalrabatt erwerben	x	
Vermögenswirksame Leistungen		x
Provision		x
Beteiligung am Unternehmensgewinn des Vorjahres	x	

12.2 Zeitliche Zuordnung

Sachverhalt: In der Zeit vom 1.4.-31.12.2020 werden Einmalzahlungen an diverse Arbeitnehmer ausgezahlt.

Welchem Entgeltabrechnungsmonat sind diese Einmalzahlungen zuzuordnen?

Sachverhalt	Zuordnung	Hinweise/Besonderheiten
Auszahlung Urlaubsgeld im Mai	Mai	
Weihnachtsgeld wird im Dezember ausgezahlt, der Arbeitnehmer bezieht seit 1.10. Krankengeld	Dezember	Krankengeldbezugszeiten sind grds. beitragsfrei. Trotzdem unterliegt die Einmalzahlung der Beitragspflicht. Die beitragsfreie Zeit wird jedoch nicht für die Ermittlung der anteiligen Jahresbeitragsbemessungsgrenze herangezogen (Oktober bis Dezember = 0 SV-Tage)
Gewinnbeteiligung auf Vorjahresgewinn wird im Juni gezahlt, die Arbeitnehmerin ist bereits seit 15.5. in Elternzeit	Juni	Während einer Elternzeit besteht grds. Beitragsfreiheit. Trotzdem unterliegt die Einmalzahlung der Beitragspflicht (s. voriges Beispiel)
Beschäftigung endet am 31.10. wegen Eintritt in den Ruhestand. Zahlung von anteiligem Weihnachtsgeld im Dezember	Oktober	Zuordnung zum letzten abgerechneten Kalendermonat im laufenden Jahr
Beschäftigung endet durch fristlose Kündigung am 14.3. Im Juni wird dem Arbeitnehmer durch das Arbeitsgericht eine Abfindung wegen Beendigung der Beschäftigung als Entschädigung für den Wegfall künftiger Verdienstmöglichkeiten (den Verlust des Arbeitsplatzes) zugesprochen und ausgezahlt	keine	Keine Zuordnung zum früheren Beschäftigungsverhältnis, weil die Abfindung künftige Entgeltansprüche (also für die Zeit nach Ende der Beschäftigung) ausgleichen soll **Achtung:** Soweit es sich um erarbeitete Entgeltansprüche handelt, die nachgezahlt werden, sind diese dem Beschäftigungsverhältnis zuzuordnen (Einmalzahlungen im Beispiel also dem Zeitraum 1.-14.3. bzw. laufende Entgelte dem Monat der Erzielung).

12.3 Zeitliche Zuordnung mit Märzklausel

Sachverhalt: In der Zeit vom 1.1.-31.3.2020 werden Einmalzahlungen an diverse Arbeitnehmer ausgezahlt.

Welchem Entgeltabrechnungsmonat müssen diese Einmalzahlungen zugeordnet werden?

Sachverhalt	Zuordnung	Hinweise/Besonderheiten
Einmalzahlung durch Arbeitgeber A im März 2020 übersteigt anteilige Jahresbeitragsbemessungsgrenze. Der Arbeitnehmer war wie folgt bei Arbeitgeber A beschäftigt: 1.3.2007 - 30.6.2019 1.2.2020 - laufend In der Zeit vom 1.7.2019 bis 31.1.2020 bestand eine Beschäftigung bei Arbeitgeber B.	Juni 2019	Die Märzklausel gilt auch, wenn der Arbeitnehmer für eine Zwischenzeit bei einem anderen Arbeitgeber beschäftigt war. Es fällt grundsätzlich die Insolvenzgeldumlage nach der Höhe des für die Rentenversicherung beitragspflichtigen Anteils der Einmalzahlung an (2019: 0,06 %). Umlagen nach dem AAG sind aus der Einmalzahlung nicht zu entrichten.
Einmalzahlung im März 2020 übersteigt anteilige Jahresbeitragsbemessungsgrenze. Beschäftigung bestand auch während des Vorjahres, die Jahresbeitragsbemessungsgrenze bis Dezember 2019 ist jedoch bereits ausgeschöpft.	Dezember 2019	Bei der Märzklausel bleibt es auch dann, wenn der beitragspflichtige Anteil geringer ist, als er bei einer Zuordnung im laufenden Jahr gewesen wäre (kein Günstigkeitsvergleich). Hier ist die Einmalzahlung im Ergebnis beitragsfrei.
Einmalzahlung im März 2020 übersteigt anteilige Jahresbeitragsbemessungsgrenze der Kranken- und Pflegeversicherung, nicht die der Renten- und Arbeitslosenversicherung. Der Arbeitnehmer ist nur renten- und arbeitslosenversicherungspflichtig (private Kranken- und Pflegeversicherung). Beitragsgruppe 0110.	März 2020	Für die Anwendung der Märzklausel ist bei krankenversicherungspflichtigen Arbeitnehmern für alle Versicherungszweige die KV-Beitragsbemessungsgrenze maßgebend, ansonsten die RV-Beitragsbemessungsgrenze. Damit wird vermieden, dass eine Einmalzahlung zur Beitragsberechnung unterschiedlichen Abrechnungszeiträumen zuzurechnen ist. Die Beitragsberechnung erfolgt dann für alle Versicherungszweige unter Berücksichtigung der im neuen Zuordnungsmonat geltenden Bedingungen (Beitragsgruppen, Beitragssätze und Beitragsbemessungsgrenzen). In beiden Fällen fällt Insolvenzgeldumlage (2020: 0,06 %) nach der Höhe des für die Rentenversicherung beitragspflichtigen Anteils an. Umlagen nach dem AAG sind aus den Einmalzahlungen nicht zu entrichten.

Sachverhalt	Zuordnung	Hinweise/Besonderheiten
Der Arbeitnehmer erhält im März 2020 2 verschiedene Einmalzahlungen, die jeweils für sich nicht, sondern nur in der Summe, die anteilige Jahresbeitragsbemessungsgrenze überschreiten.	Dezember 2019	Mehrere Einmalzahlungen im selben Abrechnungsmonat sind zusammen als einmalig gezahltes Arbeitsentgelt dieses Abrechnungszeitraums zu behandeln. Grundsätzlich fällt die Insolvenzgeldumlage (2019: 0,06 %) nach der Höhe des für die Rentenversicherung beitragspflichtigen Anteils der Einmalzahlung an. Umlagen nach dem AAG sind aus der Einmalzahlung nicht zu entrichten.
Der Arbeitnehmer erhält im Januar 2020 eine Einmalzahlung; sie ist in diesem Monat in vollem Umfang beitragspflichtig. Im März 2020 erhält er eine weitere Einmalzahlung, welche die anteilige Jahresbeitragsbemessungsgrenze übersteigt.	Dezember 2019 für die Einmalzahlung aus März, die Einmalzahlung aus Januar bleibt unberührt	Die erste Einmalzahlung im Januar wurde voll beitragspflichtig. Die zweite Sonderzuwendung im März übersteigt die anteilige Jahresbeitragsbemessungsgrenze und ist dem Vorjahr zuzuordnen. Die Zuordnung der bereits voll abgerechneten Einmalzahlung im Januar 2020 bleibt davon unberührt. Es fällt grundsätzlich die Insolvenzgeldumlage (2019: 0,06 %) nach der Höhe des für die Rentenversicherung beitragspflichtigen Anteils der Einmalzahlung an. Umlagen nach dem AAG sind aus der Einmalzahlung nicht zu entrichten.

Sachverhalt	Zuordnung	Hinweise/Besonderheiten
Der Arbeitnehmer ist am 1.3.2020 von Arbeitgeber B zu C gewechselt. Er erhält auch nach Beendigung der Beschäftigung bei Arbeitgeber B von diesem noch Einmalzahlungen. Die Einmalzahlungen überschreiten jeweils die maßgebende anteilige Jahresbeitragsbemessungsgrenze **1.** von C im März 2020 **2.** von B im März 2020 **3.** von B im Juni 2020	**1.** März 2020 **2.** Dezember 2019 **3.** Februar 2020	**1.** Keine Beschäftigung bei C im Vorjahr. Beitrags- und Umlagepflicht zur Insolvenzgeldumlage (2020 : 0,06 %) besteht im Rahmen der Beitragsbemessungsgrenzen für März 2020, wobei das laufende Entgelt vorrangig beitragspflichtig ist. **2.** Wegen Zahlung bis 31.3.2020 und Beschäftigung bei B im Vorjahr ist die Märzklausel anzuwenden. Grundsätzlich fällt die Insolvenzgeldumlage (2019: 0,06 %) nach der Höhe des für die Rentenversicherung beitragspflichtigen Anteils der Einmalzahlung an, jedoch keine Umlagen nach dem AAG. **3.** Die Einmalzahlung ist nach dem 31.3.2020 ausgezahlt worden. Sie wurde lediglich einem Monat im ersten Quartal zugeordnet, weil die Beschäftigung in diesem Monat geendet hat. Aus diesem Grund bleibt es bei der Zuordnung; die Märzklausel wird nicht angewendet. Sollte ein für die Rentenversicherung beitragspflichtiger Anteil der Einmalzahlung entstehen, fällt die Insolvenzgeldumlage (2020: 0,06 %) an. Umlagen nach dem AAG sind aus der Einmalzahlung nicht zu entrichten.

12.4 Märzklausel

Sachverhalt: In einem Handelsunternehmen (Rechtskreis West) ist es üblich, im Monat Februar die Jahresprovision für das vergangene Jahr auszuzahlen.

Eine Mitarbeiterin hat ein Gehalt von 3.650 EUR. Sie erhält im Februar 2020 eine Jahresprovision in Höhe von 5.000 EUR.

Ihr Jahresbruttoentgelt im Jahr 2019 betrug 51.350 EUR.

Welchem Zeitraum ist die Einmalzahlung zuzuordnen und in welcher Höhe ist sie beitragspflichtig zur Sozialversicherung?

Lösung: Die Jahresprovision ist im Februar 2020 als sonstiger Bezug nach der Jahrestabelle zu versteuern. Im Steuerrecht gilt das Zuflussprinzip: Die Lohnsteuer fällt in dem Jahr an, in dem die Zahlung erfolgt.

Die Anwendung der Märzklausel ist zu prüfen. Dazu ist die anteilige Jahresbeitragsbemessungsgrenze (JBBG) per 29.2.2020 sowohl in der Kranken- und Pflegeversicherung als auch in der Renten- und Arbeitslosenversicherung dem beitragsrechtlichen Entgelt per 29.2.2020 gegenüberzustellen:

Anteilige JBBG Kranken- und Pflegeversicherung 2020 (4.687,50 EUR × 2 Monate)		9.375 EUR
Gehalt Januar 2020	3.650 EUR	
Gehalt Februar 2020	+ 3.650 EUR	
Entgelt per 29.2.2020		- 7.300 EUR
Differenz		2.075 EUR
Jahresprovision		5.000 EUR

Die gesamte Einmalzahlung muss dem Vorjahr (Anwendung der Märzklausel) zugeordnet werden, auch in der Renten- und Arbeitslosenversicherung.

Kranken- und Pflegeversicherung

JBBG Kranken- und Pflegeversicherung 2019	54.450 EUR
Beitragspflichtiges Arbeitsentgelt 2019	51.350 EUR
Differenz	3.100 EUR
Einmalzahlung aus Februar 2020	5.000 EUR
Die Einmalzahlung aus Februar 2020 in Höhe von 5.000 EUR ist in Höhe von 3.100 EUR beitragspflichtig zur Kranken- und Pflegeversicherung (3.100 EUR < 5.000 EUR).	3.100 EUR

Renten- und Arbeitslosenversicherung

JBBG Renten- und Arbeitslosenversicherung 2019	80.400 EUR
Beitragspflichtiges Arbeitsentgelt 2019	- 51.350 EUR
Differenz	29.050 EUR

Die gesamte Einmalzahlung aus Februar 2020 in Höhe von 5.000 EUR ist beitragspflichtig zur Renten- und Arbeitslosenversicherung (5.000 EUR < 29.050 EUR).

Hinweis: Bei krankenversicherungspflichtigen Arbeitnehmern ist bei der Beurteilung der Märzklausel für jeden Versicherungszweig auf die Beitragsbemessungsgrenze in der Krankenversicherung abzustellen. Bei krankenversicherungsfreien (freiwillig oder privat versicherten) Arbeitnehmern ist nur die Beitragsbemessungsgrenze in der Rentenversicherung anzuwenden.

Tipp: Wurde die Jahresprovision im Entgeltabrechnungsprogramm als Einmalzahlung gekennzeichnet, wird die Prüfung der Märzklausel automatisch durchgeführt.

12.5 Urlaubsgeld

Sachverhalt: Ein Arbeitnehmer, geb. 1966, Lohnsteuerklasse I, verdient monatlich 3.150 EUR. Im Juni 2020 erhält er ein Urlaubsgeld in Höhe von 1.500 EUR.

Wie ist die Einmalzahlung steuer- und sozialversicherungsrechtlich zu bewerten?

Lösung: Urlaubsgeld gehört zu den Einmalzahlungen (sozialversicherungsrechtlich) bzw. sonstigen Bezügen (lohnsteuerrechtlich). Für diese gelten besondere steuerrechtliche und sozialversicherungsrechtliche Regelungen.

Sonstige Bezüge müssen nach der Jahreslohnsteuertabelle versteuert werden.

Berechnung der Lohnsteuer auf den sonstigen Bezug

Voraussichtlicher Jahresarbeitslohn ohne sonstigen Bezug: (3.150 EUR × 12 Monate)	37.800 EUR	
Darauf entfallende Lohnsteuer (fiktiv)		5.491 EUR
Voraussichtlicher Jahresarbeitslohn mit sonstigem Bezug (37.800 EUR + 1.500 EUR Urlaubsgeld)	39.300 EUR	
Darauf entfallende Lohnsteuer (fiktiv)		<u>5.886 EUR</u>
Differenz		395 EUR
Die Differenz zwischen beiden Beträgen ist die Lohnsteuer auf den sonstigen Bezug, zzgl. Solidaritätszuschlag und ggf. Kirchensteuer.		

Berechnung Sozialversicherungspflicht der Einmalzahlung

Anteilige JBBG Kranken- und Pflegeversicherung 2020 (4.687,50 EUR × 6 Monate)	28.125 EUR
Gehalt Januar bis Juni 2020 (3.150 EUR x 6 Monate)	- 18.900 EUR
Differenz	<u>9.225 EUR</u>
Urlaubsgeld	1.500 EUR
Das gesamte Urlaubsgeld in Höhe von 1.500 EUR ist sozialversicherungspflichtig (9.225 EUR > 1.500 EUR).	

Da die Beitragsbemessungsgrenze in der Renten- und Arbeitslosenversicherung höher liegt, erübrigt sich im vorliegenden Fall die Prüfung, ob die Beitragsbemessungsgrenze überschritten wird.

Hinweis: Einmalzahlungen bleiben bei der Ermittlung der Umlagen U1 und U2 außer Ansatz.

Tipp: Im Entgeltabrechnungsprogramm ist in jedem Fall eine Lohnart der Gruppe »sonstiger Bezug und Einmalzahlung« auszuwählen, damit die Versteuerung und Beitragsabrechnung nach dem o. g. Schema ausgeführt wird.

12.6 Arbeitgeberwechsel und Krankengeldbezug

Sachverhalt: Ein Arbeitnehmer ist versicherungspflichtig zu allen Zweigen der Sozialversicherung. Seine Beschäftigung bei Arbeitgeber A endet am 31.3.2020. Er beginnt dort am 16.5.2020 erneut. Während der Zeit vom 1.4.2020 – 15.5.2020 ist der Arbeitnehmer bei Arbeitgeber B beschäftigt.

Vom 1.11.2020 – 15.1.2021 bezieht er Krankengeld.

Weihnachtsgeld wird im Dezember 2020 ausgezahlt.

Bis zu welcher Höhe unterliegt das Weihnachtsgeld der Beitragsberechnung zur Sozialversicherung?

Lösung: Die Bemessungsgrenze für Dezember 2020 beträgt 0 EUR, da keine beitragspflichtigen SV-Tage infolge des Krankengeldbezugs vorliegen. Deshalb sind die anteiligen Jahresbeitragsbemessungsgrenzen für die Kranken- und Pflegeversicherung und die Renten- und Arbeitslosenversicherung zu ermitteln. So kann festgestellt werden, bis zu welchem Gesamtarbeitsentgelt (noch) Beitragspflicht besteht.

Ermittlung der SV-Tage vom 1.1.2020 – 31.12.2020	
Januar bis März 2020 (3 Monate x 30 Tage)	90 Tage
April 2020 (Zeiten bei Arbeitgeber B zählen nicht)	0 Tage
Mai 2020 (16.5.-31.5., es zählen die tatsächlichen Kalendertage)	16 Tage
Juni bis Oktober 2020 (5 Monate x 30 Tage)	150 Tage
November bis Dezember 2020 (Krankengeldbezug beitragsfrei)	0 Tage
SV-Tage 2020 gesamt	**256 Tage**

Anteilige Jahresbeitragsbemessungsgrenze Kranken- und Pflegeversicherung

Jahresbeitragsbemessungsgrenze 2020	56.250 EUR
Anteilige Jahresbeitragsbemessungsgrenze 2019 (56.250 EUR : 360 Tage x 256 SV-Tage)	40.000 EUR

Während der Beschäftigungszeiten bis einschließlich Dezember 2020 ist maximal ein Gesamtarbeitsentgelt von 40.000 EUR beitragspflichtig zur Kranken- und Pflegeversicherung. Darüber hinaus ausgezahltes Entgelt wird nicht verbeitragt.

Anteilige Jahresbeitragsbemessungsgrenze Renten- und Arbeitslosenversicherung

Jahresbeitragsbemessungsgrenze 2020	82.800,00 EUR
Anteilige Jahresbeitragsbemessungsgrenze 2020 (82.800 EUR : 360 Tage × 256 SV-Tage)	58.880 EUR

Während der Beschäftigungszeiten bis einschließlich Dezember 2020 ist maximal ein Gesamtarbeitsentgelt von 58.880 EUR beitragspflichtig zur Renten- und Arbeitslosenversicherung sowie zur Insolvenzgeldumlage. Darüber hinaus ausgezahltes Entgelt bleibt beitragsfrei.

12.7 Unterjähriger Beginn/Wegfall der Versicherungspflicht

Sachverhalt: Ein Arbeitnehmer nimmt am 1.4.2020 eine Beschäftigung auf. Zunächst besteht ausschließlich Renten- und Arbeitslosenversicherungspflicht und Krankenversicherungsfreiheit wegen Überschreitens der Jahresarbeitsentgeltgrenze (BGR 0110).

Ab 1.7.2020 wird das Entgelt dauerhaft gekürzt und folglich tritt Kranken- und Pflegeversicherungspflicht ein (BGR 1111).

Im Dezember 2020 wird vom Arbeitgeber eine Einmalzahlung geleistet.

Welche Besonderheiten sind bei der Ermittlung der anteiligen Jahresbeitragsbemessungsgrenzen aufgrund der unterjährigen Änderungen bei den Beitragsgruppen zu beachten?

Lösung: Die anteiligen Jahresbeitragsbemessungsgrenzen sind wegen der unterjährigen Änderung in der KV und PV für einen abweichenden Zeitraum zu ermitteln:

- Kranken- und Pflegeversicherung für die Zeit vom 1.7.-31.12.2020.
- Renten- und Arbeitslosenversicherung und Insolvenzgeldumlage für die Zeit vom 1.4.-31.12.2020.

12.8 Unterjährige Beitragsgruppenveränderung (durchgängige Versicherungspflicht in allen SV-Zweigen)

Sachverhalt: Ein Arbeitnehmer hatte bislang Beitragsgruppe 1111. Er vollendet das Lebensjahr für den Bezug einer Regelaltersrente am 11.7.2020 und erhält ab 1.8.2020 Vollrente wegen Alters sowie eine Einmalzahlung im Dezember 2020 aus seinem weiterhin ausgeübten Beschäftigungsverhältnis. Der beschäftigte Vollrentner hat in seiner Beschäftigung nicht auf die Versicherungsfreiheit in der Rentenversicherung verzichtet.

Welche Besonderheiten sind bei der Ermittlung der anteiligen Jahresbeitragsbemessungsgrenzen aufgrund der unterjährigen Änderungen bei den Beitragsgruppen zu beachten?

Lösung: Beitragsgruppen ändern sich bei dem Arbeitnehmer ab 1.8.2020 wie folgt:

Krankenversicherung: Änderung der Beitragsgruppe von 1XXX auf 3XXX, wegen des Rentenbezugs entfällt der Anspruch auf Krankengeld. Der ermäßigte KV-Beitragssatz gilt.

Rentenversicherung: Änderung der Beitragsgruppe von X1XX auf X3XX, wegen des Rentenbezugs wird der Arbeitnehmer rentenversicherungsfrei. Der Arbeitgeber muss den halben Rentenversicherungsbeitrag zahlen.

Arbeitslosenversicherung: Änderung der Beitragsgruppe von XX1X auf XX0X, wegen Vollendung des Lebensjahres für den Bezug einer Regelaltersrente wird der Arbeitnehmer arbeitslosenversicherungsfrei. Der Arbeitgeber muss bis zum 31.12.2021 nicht den halben Arbeitslosenversicherungsbeitrag zahlen. Sollte die Beschäftigung dann weiter fortbestehen, muss der Arbeitgeber ab 1.1.2022 den halben Arbeitslosenversicherungsbeitrag zahlen.

Insolvenzgeldumlage: Die Umlage ist auch für rentenversicherungsfreie Arbeitnehmer von dem Entgelt zu entrichten, das ohne die Rentenversicherungsfreiheit für die Berechnung der Rentenversicherungsbeiträge relevant wäre.

Trotz der Änderung besteht in der Kranken-, Pflege- und Rentenversicherung durchgehend Beitragspflicht. Lediglich in der Arbeitslosenversicherung besteht bis 31.12.2021 keine Beitragspflicht.

Die anteiligen Jahresbeitragsbemessungsgrenzen sind für jeden Versicherungszweig durchgehend für die Zeit vom 1.1.-31.12.2020 zu ermitteln. Die Beiträge aus dem beitragspflichtigen Anteil der Einmalzahlung sind jedoch nach dem im Dezember 2020 geltenden Beitragsgruppenschlüssel (BGR 3301) und mit den entsprechenden Beitragssätzen zu berechnen.

12.9 Beitragspflichtiger Anteil (Ermittlung)

Sachverhalt: Ein Arbeitnehmer erhält laufendes Monatsentgelt in Höhe von 4.087,50 EUR.

Im Dezember 2020 bekommt er Weihnachtsgeld in Höhe von 5.000 EUR.

Im Mai 2020 erhält er Urlaubsgeld in Höhe von 4.087,50 EUR.

Im August 2020 macht er Überstunden, die mit 800 EUR vergütet werden (laufendes Entgelt; beitragspflichtig bis zur Beitragsbemessungsgrenze des Monats in der KV/PV waren noch 600 EUR; die vollen 800 EUR waren beitragspflichtig zur RV/ALV).

Die anteiligen Jahres- Beitragsbemessungsgrenzen 2020 betragen

- am 31.5.2020: 23.437,50 EUR (KV/PV) bzw. 34.500 EUR (RV/ALV)
- am 31.12.2020: 56.250 EUR (KV/PV) bzw. 82.800 EUR (RV/ALV)

Wie ist der beitragspflichtige Anteil der Einmalzahlungen im Mai und Dezember jeweils zu berechnen?

Lösung

Berechnungsformel
Anteilige Jahresbeitragsbemessungsgrenze
- bisher beitragspflichtiges Arbeitsentgelt ohne die zu beurteilende Einmalzahlung
= BBG für die zu beurteilende Einmalzahlung

Der so ermittelte Freiraum zwischen der anteiligen Jahresbeitragsbemessungsgrenze und dem im gleichen Zeitraum erzielten beitragspflichtigen Entgelt des jeweiligen Versicherungszweiges bildet die Beitragsbemessungsgrenze für die Einmalzahlung. Soweit diese überschritten wird, bleibt die Einmalzahlung beitragsfrei. (Achtung: Ausnahme s. unter »Märzklausel«!)

Berechnung Kranken- und Pflegeversicherung für Mai 2020

Anteilige Jahresbeitragsbemessungsgrenze	23.437,50 EUR
Entgelt (4.087,50 EUR x 5 Monate)	- 20.437,50 EUR
Differenz	3.000 EUR

Der beitragspflichtige Anteil des Urlaubsgeldes in Höhe von 4.087,50 EUR beträgt zur Kranken- und Pflegeversicherung 3.000 EUR.

Berechnung Renten- und Arbeitslosenversicherung für Mai 2020

Anteilige Jahresbeitragsbemessungsgrenze	34.500 EUR
Entgelt (4.087,50 EUR x 5 Monate)	- 20.437,50 EUR
Differenz	14.062,50 EUR

Das Urlaubsgeld ist in voller Höhe von 4.087,50 EUR beitragspflichtig zur RV/ALV sowie zur Insolvenzgeldumlage. Es fällt keine Umlage U1 bzw. U2 an.

Berechnung Kranken- und Pflegeversicherung für Dezember 2020

Anteilige Jahresbeitragsbemessungsgrenze		56.250 EUR
Entgelt (4.087,50 EUR x 12 Monate)	49.050 EUR	
Zzgl. verbeitragtes Urlaubsgeld	+ 3.000 EUR	
Zzgl. verbeitragte Überstundenvergütung	+ 600 EUR	
Entgelt gesamt		- 52.650 EUR
Differenz		3.600 EUR

Der beitragspflichtige Anteil des Weihnachtsgeldes in Höhe von 5.000 EUR beträgt zur Kranken- und Pflegeversicherung 3.600 EUR.

Berechnung Renten- und Arbeitslosenversicherung für Dezember 2020

Anteilige Jahresbeitragsbemessungsgrenze		82.800,00 EUR
Entgelt (4.087,50 EUR x 12 Monate)	49.050,00 EUR	
Zzgl. Urlaubsgeld	+ 4.087,50 EUR	
Zzgl. Überstundenvergütung	+ 800,00 EUR	
Entgelt gesamt		- 53.937,50 EUR
Differenz		28.862,50 EUR

Das Weihnachtsgeld ist in voller Höhe von 5.000 EUR beitragspflichtig zur RV/ALV und zur Insolvenzgeldumlage. Es fällt keine Umlage U1 bzw. U2 an.

12.10 Beitragsberechnung

Sachverhalt: Ein Arbeitnehmer erhält im März eine Geburtsbeihilfe, die die anteilige Jahresbeitragsbemessungsgrenze für Januar bis März übersteigt. Die Geburt seines Sohns hat er dem Arbeitgeber im Februar angezeigt, sodass er ab 1.3. den Beitragszuschlag für Kinderlose zur Pflegeversicherung nicht mehr zu zahlen hat.

Lösung: Die Beitragsberechnung für den beitragspflichtigen Teil der Einmalzahlung findet stets in den Beitragsgruppen statt, die im jeweiligen Zuordnungsmonat für den Beschäftigten gelten. Auch beim Beitragssatz sind immer die Verhältnisse des Zuordnungsmonats maßgebend. Dies bedeutet, dass bei rückwirkender Zuordnung von

Einmalzahlungen nicht selten andere Beitragsfaktoren maßgeblich sind als im Auszahlungsmonat der Einmalzahlung.

Auswirkungen beim Arbeitnehmer:

Die Geburtsbeihilfe ist für den Arbeitnehmer dem Dezember zuzuordnen, da wegen der anzuwendenden Märzklausel eine Zuordnung im Auszahlungsmonat März ausscheidet. Daher sind die Verhältnisse des Monats Dezember des Vorjahres maßgebend: Es ist also noch der Beitragssatz zur Pflegeversicherung inklusive des Beitragszuschlags für Kinderlose zu beachten. Auch die Beiträge zur KV, RV und BA sind mit dem Beitragssatz des Vorjahres zu berechnen. Gleiches gilt für die Insolvenzgeldumlage.

12.11 Rückwirkende Korrektur

Sachverhalt: Am 15.10.2019 wird mit allen Arbeitnehmern eine schriftliche Vereinbarung darüber geschlossen, dass die im Dezember 2019 fälligen Jahressonderzahlungen wegen der schlechten Geschäftslage um 50 % gekürzt werden.

Wider Erwarten kommt es doch noch zu einem besseren Geschäftsergebnis für 2019. Der Arbeitgeber entschließt sich daher, die infolge Verzichts nicht zur Auszahlung gelangten Anteile der Jahressonderzahlung im April 2020 nachzuzahlen:

- Arbeitnehmer A erhält 2.000 EUR Jahressonderzahlung. Wegen erheblicher Überstunden hat sein laufendes Entgelt in den Monaten Januar bis April 2020 die monatliche Beitragsbemessungsgrenze zur Kranken- und Pflegeversicherung überschritten.
- Arbeitnehmer B erhält 1.800 EUR Jahressonderzahlung. Er bezieht seit 1.12.2019 Krankengeld.

Für beide Arbeitnehmer wäre in einer anteiligen Jahresbeitragsbemessungsgrenze vom 1.1.-31.12.2019 genug Freiraum, um die Nachzahlungen zur Jahressonderzahlung in allen Versicherungszweigen in voller Höhe der Beitragspflicht zu unterwerfen.

Welchem Zeitraum werden die Nachzahlungen zugeordnet und wie gestaltet sich die rückwirkende Korrektur der Beiträge zur Sozialversicherung?

Lösung: Grundsätzlich können Nachzahlungen für zu gering erfolgte Einmalzahlungen durch eine Rückrechnung abgerechnet werden. Die damalige Entgeltabrechnung wird so korrigiert, also ob die Einmalzahlung bereits von Anfang an in richtiger Höhe geflossen wäre.

Die Nachzahlungen zur Jahressonderzahlung an die Arbeitnehmer werden rückwirkend dem Monat Dezember 2019 zugeordnet. Dies hat folgende Auswirkungen:

Beide Nachzahlungen werden unter Berücksichtigung der Beitragsfaktoren im Dezember 2019 in allen Versicherungszweigen voll beitragspflichtig, auch Insolvenzgeldumlage fällt an.

Die Beiträge für die Nachzahlungen zur Jahressonderzahlung werden mit dem April-Beitrag 2020 fällig.

Die Beitragsnachzahlung ist in einem Beitragsnachweis zu berücksichtigen. Es stehen verschiedene Möglichkeiten zur Verfügung, die das Entgeltabrechnungsprogramm automatisch oder nach manueller Vorgabe anbietet:

- Zulässig wäre hier »S« (= Stornierung des ursprünglichen Beitragsnachweises) für Dezember 2019 und Abgabe eines neuen – erhöhten – Beitragsnachweises für Dezember 2019. Wird »S« angegeben, sind die Felder »Zeitraum« bis »Gesamtbetrag« des Storno-Beitragsnachweises mit den zu stornierenden Werten zu befüllen. Der ursprünglich übermittelte Beitragsnachweis wird dadurch vollständig storniert. Wird als Funktionskennzeichen »S« angegeben, ist die laufende Nummer des zu stornierenden bzw. ersetzenden Datensatzes anzugeben.
- Als weitere Variante wäre es möglich, die nachzuzahlenden Beiträge in den Beitragsnachweis April 2020 mit aufzunehmen. Für Prüfzwecke nachvollziehbar würde dies über die Beitragsabrechnung (Krankenkassenliste), die zu jedem Beitragsnachweis zu erstellen ist. Würde der Arbeitgeber Dauerbeitragsnachweise erstellen, wäre für Mai 2020 ein neuer Dauerbeitragsnachweis erforderlich, damit die (durch die Nachzahlung) erhöhten Beiträge des April 2020 nicht auch in den Folgemonaten weiterhin zum Soll gestellt werden.

Die Jahresmeldung für Arbeitnehmer A für 2019 muss durch Storno und Neumeldung korrigiert oder alternativ eine Sondermeldung mit Abgabegrund 54 erstattet werden.

Bei Arbeitnehmer B muss eine Sondermeldung (für Dezember 2019, mit der beitragspflichtigen Nachzahlung) mit Abgabegrund 54 erstattet werden.

Hinweis: Rückforderungen von Einmalzahlungen (oder Teilen davon) führen immer zu aufwändigen Rückrechnungen. Die Beiträge sind neu zu berechnen und es wird die Erstattung der zu viel gezahlten Beiträge bei der zuständigen Krankenkasse (Einzugsstelle) beantragt.

Tipp: Bei rückwirkenden Erhöhungen des laufenden Entgelts (Tariferhöhungen) sind die nachzuzahlenden Entgelte grundsätzlich dem jeweiligen Abrechnungszeitraum, auf den sie entfallen, zuzurechnen.

Aus Vereinfachungsgründen ist folgende Regelung zulässig:

- Der Nachzahlungsbetrag wird analog einer Einmalzahlung abgerechnet.
- Dabei ist für den Nachzahlungsbetrag die anteilige Jahresbeitragsbemessungsgrenze des Nachzahlungszeitraums maßgebend.

Die Beitragsgruppen und Beitragssätze des Abrechnungszeitraums, mit dessen laufenden Entgelten die Nachzahlung abgerechnet wird, sind zu beachten.

12.12 Rückwirkende Korrektur (Behandlung der Nachzahlung als neue Einmalzahlung)

Sachverhalt: Am 16.10.2019 wurde mit allen Arbeitnehmern eine schriftliche Vereinbarung geschlossen, dass die im Dezember 2019 fälligen Jahressonderzahlungen wegen der schlechten Geschäftslage um 50 % gekürzt werden. Wider Erwarten kommt es zu einem besseren Geschäftsergebnis. Der Arbeitgeber zahlt die infolge Verzichts nicht zur Auszahlung gelangten Anteile der Jahressonderzahlung 2019 im April 2020 nach:

- Arbeitnehmer A erhält 2.000 EUR Jahressonderzahlung. Wegen erheblicher Überstunden hat sein laufendes Entgelt in den Monaten Januar bis April 2020 die monatliche Beitragsbemessungsgrenze zur Kranken- und Pflegeversicherung überschritten.
- Arbeitnehmer B erhält 1.800 EUR Jahressonderzahlung. Er bezieht seit 1.12.2019 Krankengeld.

Welchem Zeitraum wird die Nachzahlung zugeordnet und welche Auswirkungen ergeben sich daraus?

Lösung: Die Nachzahlungen zur Jahressonderzahlung an die beiden Arbeitnehmer werden dem Monat April 2020 zugeordnet. Dies hat folgende Auswirkungen:

- Da die Nachzahlung der Einmalzahlung im April 2020 erfolgt, kommt hier die Anwendung der Märzklausel (bei Auszahlung im Januar, Februar oder März) nicht zum Tragen. Die Nachzahlung wird dem tatsächlichen Monat der Auszahlung (April 2020) zugeordnet. Der Arbeitgeber muss keine Rückrechnung vornehmen.
- Für Arbeitnehmer A sind aus der Nachzahlung nur Renten- und Arbeitslosenversicherungsbeiträge sowie die Insolvenzgeldumlage zu entrichten, da sein laufendes Entgelt in den Monaten Januar bis April 2020 die monatliche Beitragsbemessungsgrenze zur Kranken- und Pflegeversicherung überschritten hat.
- Für Arbeitnehmer B fallen in der Zeit von Januar bis April 2020 keine SV-Tage an, da wegen des Krankengeldbezugs durchgehend Beitragsfreiheit besteht. Die anteiligen Jahresbeitragsbemessungsgrenzen belaufen sich folglich auf 0 EUR. Die Nachzahlung ist damit beitrags- und umlagefrei.

- Die Beiträge aus der Nachzahlung werden mit dem Betrag für April 2020 fällig (Monat der tatsächlichen Auszahlung der Sonderzahlung).
- Die beitragspflichtigen Entgelte für Arbeitnehmer A fließen in die (noch zu erstellende) Jahresmeldung 2020 mit ein.

Hinweis: Die Entscheidung, ob die Nachzahlung wie oben beschrieben behandelt wird, oder ob eine Rückrechnung durchgeführt wird, kann der Arbeitgeber für alle betroffenen Beschäftigten nur einheitlich treffen. Eine willkürliche Zuordnung, z. B. mit Blick auf das jeweils günstigste Ergebnis je Arbeitnehmer, ist nicht zulässig.

12.13 Fälligkeit der Beiträge

Sachverhalt: Abrechnungsmonat Dezember 2020.

- Entgeltzahlung einschließlich Zahlung eines Weihnachtsgeldes am 30.12.2020.
- Termin für die Fälligkeit des Gesamtsozialversicherungsbeitrags am 29.12.2020.
- Termin für die Abgabe des Beitragsnachweises ist der 23.12.2020.
- Zeitpunkt, an dem der Arbeitgeber (aufgrund interner Arbeitsorganisation) die voraussichtliche Höhe der Beitragsschuld feststellt, ist der 22.12.2020.
- Es liegen keine Anhaltspunkte für die Nichtzahlung des Weihnachtsgeldes vor.

Mit den laufenden Beiträgen welchen Monats sind die Beiträge aus der Einmalzahlung abzuführen?

Lösung: Bei der Ermittlung der voraussichtlichen Beitragsschuld für Dezember 2020 sind auch die Beiträge zu berücksichtigen, die auf das Weihnachtsgeld entfallen würden.

Bei einer Einzahlung entstehen die Beitragsansprüche, sobald diese ausgezahlt worden ist. Unter dem Gesichtspunkt der Beitragsfälligkeit in Höhe der voraussichtlichen Beitragsschuld kann die Fälligkeit der Beiträge aus einmalig gezahltem Arbeitsentgelt nicht allein am bloßen Vorgang der Auszahlung festgemacht werden. Arbeitgeber müssen bei der Ermittlung der voraussichtlichen Beitragsschuld für den Beitragsmonat fest, ob die Einmalzahlung mit hinreichender Sicherheit in diesem Beitragsmonat ausgezahlt wird.

Deshalb werden die Beiträge aus einmalig gezahltem Arbeitsentgelt im Rahmen der Regelungen über die Höhe der voraussichtlichen Beitragsschuld in dem Monat fällig, in dem das einmalig gezahlte Arbeitsentgelt ausgezahlt werden soll.

12.14 Rückzahlung des Weihnachtsgeldes an Arbeitgeber (auflösende Bedingung)

Sachverhalt: Die Arbeitnehmer erhalten mit dem Novemberentgelt, welches am letzten Arbeitstag des Monats November zur Auszahlung kommt, ein Weihnachtsgeld in Höhe von 75% des durchschnittlichen Monatsentgelts.

Die Zahlung ist nach dem Tarifvertrag an die Bedingung geknüpft, dass das Beschäftigungsverhältnis mindestens bis zum 31.3. des Folgejahres andauert.

Ein Arbeitnehmer kündigt nach Zahlung des Weihnachtsgeldes sein Arbeitsverhältnis fristgerecht zum 31.1., um ab 1.2. eine Stelle bei einem anderen Arbeitgeber anzutreten.

Kann der Arbeitgeber das Weihnachtsgeld zurückfordern und wie ist dies ggf. sozialversicherungsrechtlich zu behandeln?

Lösung: Die Bedingung, unter der die Einmalzahlungen geleistet wurde, ist eine sogenannte »auflösende Bedingung«. Bei deren Eintritt entfällt der arbeitsrechtliche Anspruch auf das Weihnachtsgeld rückwirkend. Der Arbeitgeber kann die Zahlung zurückfordern oder den überzahlten Betrag mit einer ggf. noch folgenden Entgeltzahlung aufrechnen.

Die Beiträge zur Sozialversicherung wurden ordnungsgemäß dem November zugeordnet und mit den Novemberbeiträgen abgeführt.

Zum Zeitpunkt (Monat) der Durchführung der Rückforderung ist eine
- Korrekturberechnung für den Monat November vorzunehmen. Das Entgeltkonto ist so zu stellen, als wäre die Einmalzahlung damals nicht zur Auszahlung gelangt (»Rückrechnung«).
- Die zu viel gezahlten Beiträge (Arbeitnehmer- und Arbeitgeberanteile) werden im aktuellen Beitragsnachweis (Rückforderungsmonat) verrechnet.
  Voraussetzung für die Verrechnung ist, dass die Zahlung der zu viel gezahlten Beiträge noch keine 24 Monate zurückliegt. Die entfallene Einmalzahlung darf nicht der Bemessung von Geldleistungen zugrunde gelegen haben, also nicht in eine Verdienstbescheinigung, z.B. für Kranken- oder Mutterschaftsgeld eingeflossen sein.
- Alternativ kann die Rückforderung der zu viel gezahlten Beiträge über einen Erstattungsantrag bei der zuständigen Krankenkasse (Einzugsstelle) erfolgen. In diesem Fall muss die Rückrechnung im Entgeltkonto unterbleiben.
- Die zurückgeforderte Einmalzahlung darf nicht in die Jahresmeldung des Arbeitnehmers einfließen. Eine bereits übermittelte Jahresmeldung ist zu stornieren und mit den korrigierten Werten neu zu melden.

Tipp: Die verrechneten oder von der Einzugsstelle erstatteten Arbeitnehmeranteile aus der Einmalzahlung stehen dem Arbeitgeber zu. Mit dem Eintritt der auflösenden Bedingung ist der Anspruch auf das Brutto-Weihnachtsgeld entfallen. Es ist also nicht nur der Nettobetrag der Einmalzahlung, sondern auch alle davon abgezweigten Abzüge zurückzuzahlen. Das Gleiche gilt für die aus der Einmalzahlung an das Finanzamt abgeführten Steuern.

12.15 Verzicht des Arbeitnehmers auf Weihnachtsgeld

Sachverhalt: Ein nicht tarifgebundenes Unternehmen zahlte in den letzten 3 Jahren – ohne Freiwilligkeitsvorbehalt und ohne Unterbrechung – Weihnachtsgeld in Höhe des durchschnittlichen Monatsentgelts an seine Arbeitnehmer. Dadurch liegt »betriebliche Übung« vor.

Da sich das Unternehmen wirtschaftlich verschlechtert hat, vereinbart der Arbeitgeber am 23.11. mit jedem Arbeitnehmer schriftlich, das Weihnachtsgeld nicht auszuzahlen, sondern zur Sanierung der Unternehmensfinanzen zu verwenden.

Wie ist das entfallene Weihnachtsgeld sozialversicherungsrechtlich zu behandeln?

Lösung: Da hier der Verzicht auf die Einmalzahlung vor dem Fälligkeitstag der Beiträge (drittletzter Bankarbeitstag im November) für den Monat November feststand, werden keine Beiträge aufgrund des entfallenen Weihnachtsgeldes fällig. Wäre der Verzicht erst nach dem Fälligkeitstag vereinbart worden, wären aus dem Weihnachtsgeld zunächst Beiträge fällig geworden.

Wäre ein Arbeitnehmer ausschließlich infolge des regelmäßig zu erwartenden Weihnachtsgeldes wegen Überschreitung der Jahresarbeitsentgeltgrenze bisher krankenversicherungsfrei, so tritt mit Abschluss der Verzichtsvereinbarung am 23.11. Krankenversicherungspflicht ein. Soweit im Folgejahr Weihnachtsgeld wieder zusteht, wäre eine Überschreitung der Jahresarbeitsentgeltgrenze im übernächsten Jahr wieder möglich.

Der Verzicht auf Weihnachtsgeld hat Auswirkungen auf die Berechnung des regelmäßigen Arbeitsentgeltes für die Geringfügigkeitsgrenze (450 EUR) und für den Übergangsbereich.

Der Verzicht auf das Weihnachtsgeld sollte – wie im vorliegenden Fall – arbeitsrechtlich korrekt ablaufen, da sonst Klagen auf Zahlung erfolgversprechend wären. Wenn ein Tarifvertrag zu beachten ist, muss dieser eine entsprechende Öffnungsklausel beinhalten. Teilzeitkräfte dürften nicht benachteiligt werden (z. B. indem nur sie zum Verzicht aufgefordert werden). Der Verzicht muss in jedem Fall vor der Fälligkeit des Weihnachtsgeldes schriftlich vereinbart sein.

Achtung: Die schriftliche Vereinbarung des Verzichts auf Weihnachtsgeld ist Bestandteil der Entgeltunterlagen und als solche bis zur nächsten Prüfung durch den Rentenversicherungsträger aufzubewahren.

13 Einsatzwechseltätigkeit

13.1 Täglicher Betriebsbesuch

Sachverhalt: Ein Außendienstmitarbeiter hat folgenden vom Arbeitgeber festgelegten Tagesablauf:

Gegen 8:15 Uhr fährt er mit seinem Pkw 10 Kilometer in die Firma, wo er seine Tagesaufträge erhält. Von dort aus beginnt er gegen 9 Uhr mit seiner Außendiensttätigkeit. Um 16:45 Uhr trifft er regelmäßig wieder in der Firma ein, wo er die abgerechneten Aufträge an die Buchhaltung weitergibt. Gegen 17:30 Uhr kehrt er üblicherweise aus dem Außendienst direkt nach Hause zurück.

Für sämtliche dienstlichen Fahrten vom Betrieb aus und zurück erhält er ein Kilometergeld von 0,30 EUR. Zusätzlich erhält er tägliche Spesen i. H. v. 14 EUR. Der Mitarbeiter hat im Februar 2020 an 20 Tagen gearbeitet und dabei insgesamt 2.000 dienstliche Kilometer (ohne Fahrten zum Betrieb) zurückgelegt.

In welcher Höhe stehen dem Mitarbeiter Erstattungen zu und welche steuer- und sozialversicherungsrechtlichen Folgen ergeben sich daraus?

Lösung: Der Außendienstmitarbeiter zählt zu den Arbeitnehmern mit wechselnden Einsatzstellen. Mangels Arbeitgeberzuordnung liegt keine erste Tätigkeitsstätte vor. Er sucht den Firmensitz zwar täglich auf, um seine berufliche Auswärtstätigkeit, also seine weitere Arbeit an auswärtigen Einsatzstellen, von dort anzutreten bzw. zu beenden. Die Aufenthalte sind aber immer nur kurz und er übt dort keine (wesentlichen) Tätigkeiten aus. Die quantitativen Kriterien für eine erste Tätigkeitsstätte greifen damit ebenfalls nicht.

Allerdings handelt es sich beim Betrieb um einen Sammelpunkt, zu dem kein steuerfreier Fahrtkostenersatz möglich ist. Dieser Ort wird typischerweise arbeitstäglich und auf Weisung des Arbeitgebers aufgesucht. In seiner Einkommensteuererklärung kann der Arbeitnehmer für die Fahrten die Entfernungspauschale von 0,30 EUR je Entfernungskilometer geltend machen (10 km x 0,30 EUR = 3 EUR je Tag).

Die anschließenden Fahrten vom Betrieb in den Außendienst und wieder zum Betrieb zählen zu den Reisekosten. Der steuerfreie Arbeitgeberersatz ist in Höhe der tatsächlich angefallenen Kosten bzw. in Höhe des Kilometersatzes von 0,30 EUR für Fahrten mit dem Pkw zulässig. Insgesamt ergeben sich für diesen Monat 2.000 dienstliche Kilometer.

Die Fahrtkosten können i. H. v. 600 EUR (2.000 Kilometer × 0,30 EUR) steuer- und sozialversicherungsfrei erstattet werden.

Für Verpflegungsmehraufwendungen werden je nach Abwesenheit Pauschalen gewährt. Weil der Mitarbeiter keine erste Tätigkeitsstätte hat, kann er für die Dauer der gesamten Abwesenheit von der Wohnung Verpflegungsmehraufwendungen in Anspruch nehmen. Die Abwesenheitsdauer beträgt täglich über 8 Stunden. Es können im Jahr 2020 Verpflegungspauschalen i. H. v. 14 EUR täglich steuer- und sozialversicherungsfrei erstattet werden. Bei 20 Arbeitstagen im Monat Februar ergibt sich eine Erstattung von 280 EUR.

Insgesamt können somit 880 EUR steuer- und sozialversicherungsfrei erstatten werden.

Hinweis: Der Sammelpunkt hat keinen nachteiligen Einfluss auf den Verpflegungsmehraufwand. Hätte der Arbeitgeber hingegen den Betrieb als erste Tätigkeitsstätte bestimmt, würde die Steuerfreiheit der Verpflegungspauschalen entfallen. Maßgebend wäre nämlich dann die Abwesenheit von der ersten Tätigkeitsstätte, die im Beispielsfall regelmäßig nicht über 8 Stunden liegt.

13.2 Wöchentlicher Betriebsbesuch

Sachverhalt: Ein Kundendienstmonteur fährt mit seinem eigenen Pkw jeweils montags gegen 7:30 Uhr zunächst in die Firma. Dort holt er den firmeneigenen Werkstattwagen ab und stellt seine Wochentour zusammen. Er verlässt die Firma erst gegen 10 Uhr. Am Freitagmittag beendet er gegen 15 Uhr seine Außendiensttätigkeit, indem er in der Firma seine Aufträge abrechnet und an die Buchhaltung weiterleitet. Den Werkstattwagen stellt er dann vereinbarungsgemäß auf dem Firmengelände ab. Der Arbeitgeber hat auf die Zuordnung einer ersten Tätigkeitsstätte verzichtet.

Von Dienstag bis Donnerstag, wenn er seine täglichen Einsatztouren zu Hause beginnt und beendet, ist er jeweils von 7:30 Uhr bis 17:30 Uhr unterwegs. Montags und freitags ist die Abwesenheitsdauer von zu Hause identisch, allerdings entfallen jeweils 2 Stunden auf Büroarbeiten im Betrieb sowie zusätzliche Zeit auf die An- und Abfahrt.

Laut Spesenabrechnung für Februar 2020 war der Mitarbeiter an allen 20 Arbeitstagen im Dienst.

In welcher Höhe können ihm steuer- und sozialversicherungsfreie Reisekosten erstattet werden?

Lösung: Der Mitarbeiter zählt zu den Arbeitnehmern mit wechselnden Einsatzstellen. Weil der Arbeitgeber keine Zuordnung vorgenommen hat, sind nur die quantitativen Kriterien für eine erste Tätigkeitsstätte zu prüfen. Er sucht den Betriebssitz seines Arbeitgebers zwar fortdauernd immer wieder auf, bleibt aber dort jeweils nur kurz, sodass weder 1/3 seiner Arbeitszeit noch 2 ganze Arbeitstage erreicht werden. Auch wird er dort nicht arbeitstäglich tätig. Im Ergebnis liegt keine erste Tätigkeitsstätte vor. Der Arbeitnehmer ist deshalb fortwährend auf einer Auswärtstätigkeit.

Deshalb kann er Verpflegungsmehraufwendungen für die Dauer der gesamten Abwesenheit von der Wohnung in Anspruch nehmen. Damit ist er an allen Arbeitstagen 10 Stunden unterwegs und kann im Jahr 2020 die Verpflegungspauschale von 14 EUR für eine Abwesenheitsdauer von über 8 Stunden in Anspruch nehmen. Insoweit können steuer- und sozialversicherungsfreie Erstattungen vorgenommen werden.

Für den Februar ergeben sich für die 20 Wochentage Erstattungen von 280 EUR.

Hinweis: Falls der Arbeitgeber dem Mitarbeiter für die Fahrten zum Betrieb bzw. vom Betrieb nach Hause einen Firmenwagen zur Verfügung stellt, bleibt der Vorteil unbesteuert. Alternativ könnte der Arbeitgeber für die wöchentlichen Fahrten steuerfreie Erstattungen i. H. v. 0,30 EUR je Kilometer gewähren oder der Arbeitnehmer könnte in seiner Steuererklärung entsprechende Aufwendungen geltend machen.

13.3 Tägliche Rückkehr zur Wohnung

Sachverhalt: Ein Bauarbeiter ist seit mehr als einem Jahr auf einer Großbaustelle eingesetzt, die voraussichtlich zum Ende des nächsten Jahres abgeschlossen wird. Die Baustelle ist 25 Kilometer vom Firmensitz und 40 Kilometer vom Wohnort des Mitarbeiters entfernt. Er verlässt regelmäßig um 7 Uhr die Wohnung und kehrt dorthin gegen 18 Uhr zurück. Zum Firmensitz kommt er nur zu besonderen Anlässen und ist dort auch nicht zugeordnet. Der Arbeitgeber erstattet Fahrt- und Verpflegungskosten, soweit die Erstattungen steuerfrei bleiben.

In welcher Höhe können dem Mitarbeiter Reisekosten erstattet werden?

Lösung: Trotz der langen Verweildauer auf einer Baustelle übt der Bauarbeiter eine vorübergehende Auswärtstätigkeit aus. Dies würde sich erst ändern, wenn die Bauzeit mehr als 48 Monate beträgt.

Im Rahmen der Auswärtstätigkeit können Fahrt- und Verpflegungskosten steuerfrei erstattet werden. Weil der Mitarbeiter täglich zu seiner Wohnung zurückkehrt, fallen keine Übernachtungskosten an.

Fahrtkosten entstehen ausschließlich für Fahrten zwischen Wohnung und Baustelle. Der Mitarbeiter sucht den Firmensitz fast nie auf und hat keine erste Tätigkeitsstätte. Die Fahrtkosten können deshalb in der tatsächlichen Höhe erstattet werden. Bei Fahrten mit dem Pkw können ohne Einzelnachweis 0,30 EUR je gefahrenen Kilometer steuerfrei erstattet werden: 2 × 40 Kilometer × 0,30 EUR = 24 EUR. Eine zeitliche Beschränkung existiert nicht.

Verpflegungsmehraufwendungen können für den Mitarbeiter hingegen nicht mehr steuerfrei ersetzt werden, weil er bereits mehr als 3 Monate auf der gleichen Baustelle tätig ist.

13.4 Unbefristeter Kundeneinsatz

Sachverhalt: Ein Monteur ist von Beginn seines Dienstverhältnisses an bis auf Weiteres auf Montage bei einem Kunden eingesetzt. Der Betrieb des Kunden ist 20 Kilometer vom Wohnort des Mitarbeiters entfernt. Die Strecke dorthin legt er mit dem eigenen Pkw zurück. Er verlässt regelmäßig um 7 Uhr die Wohnung und kehrt dorthin gegen 18 Uhr zurück. Zum Firmensitz kommt der Mitarbeiter nur zu besonderen Anlässen und ist dort auch nicht zugeordnet.

Der Arbeitgeber erstattet Fahrtkosten mit 0,30 EUR je gefahrenen Kilometer. Zudem werden die steuerlichen Verpflegungspauschalen gezahlt.

Welche steuer- und sozialversicherungsrechtlichen Folgen ergeben sich?

Lösung: Eine erste Tätigkeitsstätte kann auch bei einem Dritten, z. B. bei einem Kunden, begründet werden. Dies gilt aber nur, wenn der Mitarbeiter dort dauerhaft eingesetzt ist. Diese Voraussetzung ist erfüllt, wenn die Zuordnung für die Dauer des gesamten Dienstverhältnisses erfolgt. Ein Einsatz von Beginn des Dienstverhältnisses an »bis auf Weiteres« gilt als dauerhaft. Damit scheidet steuerfreier Reisekostenersatz für die Tätigkeit beim Kunden aus. Die vom Arbeitgeber erstatteten Fahrtkosten sind in voller Höhe steuerpflichtiger Arbeitslohn. Es handelt sich um Fahrtkostenersatz für Fahrten zur ersten Tätigkeitsstätte. Bis zur Höhe der Entfernungspauschale kann jedoch eine sozialversicherungsfreie Pauschalversteuerung mit 15 % erfolgen.

Für die tägliche Hin- und Rückfahrt ergibt sich folgende Erstattung: 2 x 20 km x 0,30 EUR = 12 EUR. Davon sind 20 km x 0,30 EUR = 6 EUR pauschal besteuerbar. Die restlichen 6 EUR sind individuell nach den ELStAM des Monteurs zu besteuern.

Tipp: Durch eine Zuordnung zum Firmensitz des Arbeitgebers kann der Fahrtkostenersatz in voller Höhe steuer- und sozialversicherungsfrei bleiben. Voraussetzung ist, dass der Arbeitnehmer dort zumindest in ganz geringem Umfang tätig werden soll. Dafür sind auch Tätigkeiten von untergeordneter Bedeutung ausreichend, z. B. Auftragsbestätigungen, Stundenzettel, Krank- und Urlaubsmeldung persönlich abgeben. Liegt die erste Tätigkeitsstätte beim Arbeitgeber, stellen die Kundenbesuche Auswärtstätigkeiten dar.

13.5 Täglich mehrere Einsatzstellen

Sachverhalt: Ein Maurer, der auf ständig wechselnden Einsatzstellen arbeitet, ist im Februar 2020 an 10 Arbeitstagen auf einer 50 Kilometer von seiner Wohnung entfernt liegenden Baustelle tätig. An weiteren 10 Arbeitstagen ist er zunächst auf einer 20 Kilometer von seiner Wohnung entfernten Baustelle tätig. Dort arbeitete er bis mittags und fährt dann jeweils zu einer von der ersten Baustelle 25 Kilometer entfernten Baustelle. Diese zweite Baustelle liegt 35 Kilometer von seiner Wohnung entfernt.

Der Mitarbeiter verlässt regelmäßig um 6:30 Uhr die Wohnung und kehrt zwischen 17 und 18 Uhr dorthin zurück. Zum Firmensitz kommt der Mitarbeiter nur selten, eine Arbeitgeberzuordnung ist nicht erfolgt. Die Fahrten zu den Baustellen führt er mit dem eigenen Pkw durch. Der Arbeitgeber erstattet Fahrtkosten mit 0,30 EUR je gefahrenen Kilometer. Zudem werden die steuerlichen Verpflegungspauschalen gezahlt.

In welcher Höhe können dem Maurer für Februar Reisekosten steuer- und sozialversicherungsfrei erstattet werden?

Lösung: Als Maurer übt der Arbeitnehmer eine Tätigkeit an wechselnden Einsatzstellen aus. Er hat im Februar 3 Einsatzstellen. Eine erste Tätigkeitsstätte scheidet aus. Demnach können Fahrt- und Verpflegungskosten steuer- und sozialversicherungsfrei erstattet werden. Es fallen keine Übernachtungskosten an, weil der Mitarbeiter täglich zu seiner Wohnung zurückkehrt.

Für Verpflegungsmehraufwendungen werden Pauschalen gewährt. Der Maurer ist täglich zwischen 10,5 und 11,5 Stunden von seiner Wohnung abwesend. Für Abwesenheiten über 8 Stunden kann im Jahr 2020 eine Pauschale i. H. v. 14 EUR täglich steuer- und sozialversicherungsfrei gewährt werden.

Für den Februar 2020 ergeben sich bei 20 Arbeitstagen steuer- und sozialversicherungsfreie Pauschalen von insgesamt 280 EUR.

Zusätzlich entstehen dem Arbeitnehmer Fahrtkosten für Fahrten zwischen Wohnung und Baustellen. Die Fahrtkosten können grundsätzlich in der tatsächlichen Höhe erstattet werden.

Bei Fahrten mit dem Pkw können ohne Einzelnachweis 0,30 EUR je gefahrenem Kilometer erstattet werden. Auf die Entfernungen kommt es nicht an. Die gesamte Fahrtstrecke von 80 Kilometern (20 km Hinfahrt + 25 km Weiterfahrt zur zweiten Baustelle + 35 km Heimfahrt) wird steuerlich anerkannt.

Folgende Fahrtkostenerstattungen sind somit steuer- und sozialversicherungsfrei möglich:

10 Tage × 2 × 50 km × 0,30 EUR	300 EUR
Zzgl. 10 Tage × 80 km (Gesamtstrecke) × 0,30 EUR	+ 240 EUR
Summe	540 EUR

Insgesamt können dem Maurer für Februar Reisekosten i. H. v. 820 EUR steuer- und sozialversicherungsfrei erstattet werden.

13.6 Auswärtige Übernachtung unter 3 Monaten

Sachverhalt: Ein in Freiburg wohnender Polier, der auf Großbaustellen eingesetzt wird, ist seit Januar in Karlsruhe tätig. Er arbeitet dort voraussichtlich bis Ende des Jahres. Unter der Woche übernachtet er – außer dienstags – in einem angemieteten 1-Zimmer-Appartement (monatliche Miete 250 EUR), das unmittelbar neben der Baustelle liegt.

Jeweils dienstags und freitags fährt er abends mit dem Pkw die 100 Kilometer lange Strecke zu seiner Familie und kommt dort gegen 18:30 Uhr an.

Montags und mittwochs fährt er um 6:30 Uhr wieder von zu Hause zur Baustelle.

Laut Reisekostenantrag für Februar 2020 war der Mitarbeiter in dieser Zeit an allen 20 Arbeitstagen im Dienst.

In welcher Höhe können ihm steuer- und sozialversicherungsfrei Reisekosten erstattet werden?

Lösung: Als Polier übt der Mitarbeiter eine Tätigkeit an wechselnden Einsatzstellen aus. Nach dem derzeitigen Einsatz wird er wieder zu einer neuen Baustelle wechseln. Eine erste Tätigkeitsstätte hat er nicht.

Im Rahmen einer solchen Auswärtstätigkeit können Übernachtungs-, Fahrt- und Verpflegungskosten grundsätzlich steuerfrei erstattet werden.

Die Mietaufwendungen i. H. v. 250 EUR monatlich können in tatsächlicher Höhe steuer- und sozialversicherungsfrei ersetzt werden.

Für die anfallenden Fahrtkosten ist ein steuer- und sozialversicherungsfreier Arbeitgeberersatz in Höhe der tatsächlich angefallenen Kosten bzw. in Höhe des Kilometersatzes von 0,30 EUR für Fahrten mit dem Pkw zulässig. Für sämtliche Fahrten (einschließlich Zwischenheimfahrten unter der Woche) können nach Dienstreisesätzen die Kosten lohnsteuer- und sozialversicherungsfrei ersetzt werden.

Für Februar (insgesamt 8 Hin- und Rückfahrten) ergibt sich folgender, steuer- und sozialversicherungsfrei möglicher Fahrtkostenersatz:

8 Fahrten × 2 × 100 km × 0,30 EUR = 480 EUR

Außerdem umfasst der steuer- und sozialversicherungsfrei mögliche Arbeitgeberersatz die steuerlichen Verpflegungspauschalen. Dies gilt allerdings nur für die ersten 3 Monate des Einsatzes auf der gleichen Baustelle, also hier noch bis einschließlich März. Für die Berechnung ist die Abwesenheitsdauer von der Familienwohnung maßgebend. Montags, dienstags, mittwochs und freitags ist der Mitarbeiter zwar mehr als 8 Stunden, aber nicht volle 24 Stunden abwesend, sodass im Jahr 2020 eine Pauschale von 14 EUR für diese Tage gewährt werden kann. Donnerstags ist der Arbeitnehmer hingegen volle 24 Stunden abwesend, sodass hier die volle Tagespauschale von 28 EUR gewährt werden kann.

Bei 20 Arbeitstagen (davon 4 Donnerstage) im Februar 2020 ergeben sich folgende Pauschalen, die steuer- und sozialversicherungsfrei ersetzt werden können:

16 Tage × 14 EUR + 4 Tage × 28 EUR = 336 EUR

Insgesamt können dem Mitarbeiter bis zu 1.066 EUR steuer- und sozialversicherungsfrei erstattet werden. Selbstverständlich können nach firmeninternen Regelungen auch geringere Erstattungen vorgenommen werden, z. B. nur für eine Heimfahrt wöchentlich.

Tipp: Bei einer unentgeltlich vom Arbeitgeber gewährten Übernachtungsmöglichkeit im Bauwagen können keine Übernachtungskosten steuerfrei erstattet werden, auch nicht pauschal.

13.7 Auswärtige Übernachtung über 3 Monate

Sachverhalt: Ein Monteur, der in Hannover wohnt, ist seit Juli 2018 (und voraussichtlich noch bis Ende 2020) auf Montage in Hamburg eingesetzt. Eine Arbeitgeberzuordnung zum Betrieb ist nicht erfolgt.

Unter der Woche übernachtet er in einer Pension zum Preis von 25 EUR je Nacht (ohne Frühstück), die in 10 Kilometer Entfernung von der Arbeitsstätte liegt.

Am Freitagnachmittag fährt er mit dem Pkw von der Pension aus die 150 Kilometer lange Strecke zu seiner Familie und kommt dort gegen 19 Uhr an.

Sonntags fährt er um 20 Uhr wieder zu seiner Pension.

Der Arbeitgeber erstattet die Fahrtkosten mit 0,30 EUR je gefahrenen Kilometer, für Verpflegung werden 5 EUR täglich gewährt. Die Übernachtungskosten ohne Frühstück werden in tatsächlicher Höhe erstattet.

Laut Reisekostenantrag des Monteurs für Februar 2020 war er an 20 Arbeitstagen im Dienst.

In welcher Höhe müssen Reisekostenerstattungen geleistet werden und welche lohnsteuerlichen und sozialversicherungsrechtlichen Folgen ergeben sich daraus?

Lösung: Eine erste Tätigkeitsstätte kann auch bei einem Dritten, z. B. einem Kunden, begründet werden. Trotz der langen Verweildauer auf einer Arbeitsstelle übt der Monteur aber dort noch keine dauerhafte Tätigkeit aus. Von einer solchen wird erst bei mehr als 48 Monaten ausgegangen. Der Monteur hat damit keine erste Tätigkeitsstätte, sondern befindet sich auf Auswärtstätigkeit.

Im Rahmen einer solchen Auswärtstätigkeit können Übernachtungs-, Fahrt- und Verpflegungskosten grundsätzlich steuer- und sozialversicherungsfrei erstattet werden. Deshalb können die Übernachtungsaufwendungen in tatsächlicher Höhe steuer- und sozialversicherungsfrei ersetzt werden.

Für Februar sind Kosten für 20 Übernachtungen (sonntags bis freitags) entstanden. Die Erstattung beträgt damit 500 EUR.

Für die anfallenden Fahrtkosten ist ein steuer- und sozialversicherungsfreier Arbeitgeberersatz in Höhe der tatsächlich angefallenen Kosten bzw. in Höhe des Kilometersatzes von 0,30 EUR für Fahrten mit dem Pkw zulässig. Es können sowohl die Heimfahrten zur Familie wie auch die Fahrten am Einsatzort nach Dienstreisesätzen steuer- und sozialversicherungsfrei ersetzt werden, da es sich um eine Auswärtstätigkeit handelt und nicht um eine doppelte Haushaltsführung.

Für Februar ist folgender steuer- und sozialversicherungsfreier Fahrtkostenersatz möglich:

4 Heimfahrten × 2 × 150 km × 0,30 EUR = 360 EUR

20 Arbeitstage × 2 × 10 km × 0,30 EUR = 120 EUR

Verpflegungsmehraufwendungen können für den Mitarbeiter hingegen nicht mehr steuerfrei ersetzt werden, weil er bereits mehr als 3 Monate auf der gleichen Einsatzstelle tätig ist.

Die Verpflegungskostenerstattungen von insgesamt 100 EUR für 20 Arbeitstage sind steuer- und sozialversicherungspflichtiger Arbeitslohn.

Steuer- und sozialversicherungsfrei können dem Mitarbeiter für Februar insgesamt 980 EUR für Unterkunfts- und Fahrtkosten erstattet werden.

13.8 Sammelbeförderung

Sachverhalt: Eine Firma setzt Bauarbeiter in Kolonnen auf Großbaustellen ein. Dabei werden sie in firmeneigenen Kleinbussen zu ihrem jeweiligen Einsatzort transportiert. Die Kleinbusse starten von einem Parkplatz als gemeinsamem Treffpunkt. Für die Fahrt dorthin erhalten die Mitarbeiter eine Fahrkarte für den öffentlichen Personennahverkehr auf Antrag zusätzlich zum vereinbarten Arbeitslohn ersetzt. Zudem erhalten die Mitarbeiter eine tägliche Verpflegungspauschale von 7 EUR.

Es liegt der Reisekostenantrag eines Mitarbeiters für Februar 2020 vor.

- Der Mitarbeiter hat in diesem Monat an 20 Tagen auf einer erst kürzlich eingerichteten Baustelle gearbeitet.
- Für die 5 Kilometer Entfernung zum Treffpunkt hat er den Bus benutzt. Die Fahrkarte hat für den Monat 60 EUR gekostet.
- Der Mitarbeiter hat täglich um 6:30 Uhr das Haus verlassen und ist um 16:30 dorthin zurückgekehrt. Die Abfahrt vom Treffpunkt bzw. die Ankunft war jeweils eine halbe Stunde davor bzw. danach.

Welche steuer- und sozialversicherungsrechtlichen Folgen ergeben sich aus den vereinbarten Erstattungen?

Lösung: Als Bauarbeiter übt der Mitarbeiter eine Tätigkeit an wechselnden Einsatzstellen aus. Eine erste Tätigkeitsstätte hat er nicht. Eine Arbeitgeberzuordnung scheidet ebenso aus wie eine Erfüllung der quantitativen Kriterien. Allerdings handelt es sich bei dem Treffpunkt für die Sammelbeförderung um einen Sammelpunkt, der arbeitstäglich auf Veranlassung des Arbeitgebers aufgesucht wird.

Die Fahrkarte zum Sammelpunkt bleibt als Jobticket steuerfrei. In der Folge ergibt sich insoweit auch Sozialversicherungsfreiheit.

Weitere Fahrtkosten fallen für die Fahrten vom Treffpunkt zur Baustelle nicht an, weil es sich um eine unentgeltliche Sammelbeförderung handelt. Diese löst keine steuerlichen oder sozialversicherungsrechtlichen Folgen aus. Bei der Sammelbeförderung von Mitarbeitern ohne erste Tätigkeitsstätte handelt sich um steuerfreien Reisekostenersatz.

Weil der Mitarbeiter täglich zu seiner Wohnung zurückkehrt, fallen keine Übernachtungskosten an.

Für Verpflegungsmehraufwendungen werden Pauschalen gewährt. Der Mitarbeiter ist täglich 10 Stunden von seiner Wohnung abwesend. Für Abwesenheit über 8 Stunden kann während der ersten 3 Monate an derselben Baustelle eine Pauschale bis zur Höhe von 14 EUR täglich steuer- und sozialversicherungsfrei gewährt werden.

Für Februar ergeben sich bei einer Arbeitgeberpauschale von 7 EUR täglich für 20 Arbeitstage steuer- und sozialversicherungsfreie Pauschalen von insgesamt 140 EUR. Den steuerlichen Restbetrag von täglich 7 EUR kann der Bauarbeiter in seiner Einkommensteuererklärung geltend machen.

14 Essenszuschuss

14.1 Kantinenessen (Zuzahlung unter Sachbezugswert)

Sachverhalt: Der Arbeitgeber bietet seinen Mitarbeitern ein arbeitstägliches Mittagessen zu verbilligten Preisen zwischen 1,50 EUR und 3,00 EUR in der eigenen Kantine an. Im Monat wurden insgesamt 2.000 Essen in der Kantine verkauft. Für diese Essen haben die Arbeitnehmer insgesamt 4.500 EUR entrichtet.

Wie müssen die verbilligten Kantinenmahlzeiten lohnsteuerlich behandelt werden und welche sozialversicherungsrechtlichen Folgen ergeben sich?

Lösung: Die Gestellung von verbilligten Mahlzeiten für die Mitarbeiter ist steuer- und sozialversicherungspflichtiger Arbeitslohn. Es handelt sich um einen Sachbezug. Der Wert der arbeitstäglichen Mahlzeiten ist für lohnsteuerliche Zwecke mit dem amtlichen Sachbezugswert (2020: 3,40 EUR) anzusetzen.

Die evtl. anfallende Lohnsteuer kann für die Mahlzeiten pauschal mit 25 % erhoben werden. Dies führt gleichzeitig zur Sozialversicherungsfreiheit. Bemessungsgrundlage für die Pauschalierung ist der Unterschiedsbetrag zwischen dem amtlichen Sachbezugswert und dem niedrigeren Entgelt, das die Mitarbeiter für die Mahlzeit entrichten.

Weil in der Kantine des Arbeitgebers unterschiedliche Mahlzeiten zu unterschiedlichen Preisen verbilligt an die Arbeitnehmer abgegeben werden, kann der Pauschalbesteuerung zur Vereinfachung ein Durchschnittswert zugrunde gelegt werden. Dabei reicht es aus, wenn die Durchschnittsberechnung für den jeweiligen Entgeltzahlungszeitraum, also hier für den gesamten Monat Januar, durchgeführt wird.

Berechnung des zu versteuernden Vorteils

Sachbezugswert je Mahlzeit	3,40 EUR
Durchschnittliche Zuzahlung je Arbeitnehmer und Essen (4.500 EUR : 2.000 Essen)	2,25 EUR
Geldwerter Vorteil je Essen	1,15 EUR
Pauschal zu versteuern gesamt (1,15 EUR × 2.000 Essen)	2.300,00 EUR
Pauschalsteuer (2.300 EUR × 25 %)	575,00 EUR
Zzgl. pauschaler Solidaritätszuschlag (5,5 %) und pauschale Kirchensteuer je nach Bundesland	

Die pauschale Lohnsteuer für die Kantinenmahlzeiten von 575 EUR monatlich trägt vereinbarungsgemäß der Arbeitgeber.

Tipp: Ist die Ermittlung des Durchschnittswertes wegen der Menge der zu erfassenden Daten besonders aufwändig, kann diese auf einen repräsentativen Zeitraum beschränkt werden.

Verfügt die Firma über eine Vielzahl von Kantinen, kann die Ermittlung des Durchschnittswerts auch auf eine repräsentative Auswahl der Kantinen beschränkt werden.

14.2 Kantinenessen (verpachtete Kantine)

Sachverhalt: Ein Unternehmen hat die Kantine an einen externen Caterer verpachtet. Die Räumlichkeiten werden der Fremdfirma mietfrei überlassen. Sie bietet dafür den Mitarbeitern täglich 3 verschiedene Essen zu verbilligten Preisen von 2,30 EUR, 3,40 EUR und 4,50 EUR an.

Im März 2020 wurden insgesamt 3.000 Essen in der Kantine verkauft:
- 1.000-mal das Menü für 2,30 EUR,
- 1.000-mal das Menü für 3,40 EUR und
- 1.000-mal das Menü für 4,50 EUR.

Wie müssen die verbilligten Kantinenmahlzeiten lohnsteuerlich behandelt werden und welche sozialversicherungsrechtlichen Folgen ergeben sich?

Lösung: Die Gestellung von verbilligten Mahlzeiten für die Mitarbeiter ist steuer- und sozialversicherungspflichtiger Arbeitslohn. Es handelt sich um einen Sachbezug. Der Wert der Kantinenmahlzeiten ist für lohnsteuerliche Zwecke mit dem amtlichen Sachbezugswert (2020: 3,40 EUR) anzusetzen. Dies gilt auch in diesem Fall, obwohl die Kantine nicht vom Arbeitgeber betrieben wird. Durch die mietfreie Überlassung von Räumen trägt er zur Verbilligung der Mahlzeiten bei.

Weil in der Kantine unterschiedliche Mahlzeiten zu unterschiedlichen Preisen an die Arbeitnehmer abgegeben werden, kann der steuerlichen Ermittlung zur Vereinfachung ein Durchschnittswert zugrunde gelegt werden. Dabei reicht es, wenn die Durchschnittsberechnung für den jeweiligen Entgeltzahlungszeitraum durchgeführt wird, hier also für den Monat März. Andernfalls müssen für jeden Mitarbeiter die von ihm eingenommen Mahlzeiten bzw., das dafür entrichtete Entgelt einzeln erhoben werden, was gerade bei einer größeren Firma kaum durchführbar ist.

Ermittlung des Durchschnittspreises je Essen

1.000 Essen zum Preis von 2,30 EUR	2.300 EUR
1.000 Essen zum Preis von 3,40 EUR	3.400 EUR
1.000 Essen zum Preis von 4,50 EUR	4.500 EUR
Gesamteinnahmen der Kantine	10.200 EUR
Durchschnittspreis je Essen (10.200 EUR : 3.000 Essen)	3,40 EUR

Der Durchschnittspreis je Essen liegt genau beim steuerlichen Sachbezugswert von 3,40 EUR (2020) je Mahlzeit. Es verleibt somit kein geldwerter Vorteil. Obwohl zumindest für das preiswerteste Essen der Sachbezugswert unterschritten wird, fallen aufgrund der Durchschnittsbetrachtung keine lohnsteuer- oder sozialversicherungspflichtigen Vorteile an.

Die mietfreie Überlassung der Kantine und die dadurch mögliche Verbilligung des Essens haben hier also keinerlei Abgabenbelastung zur Folge.

Hinweis: Wenn der Sachbezugswert vom Durchschnittspreis unterschritten würde, wäre der Restbetrag steuerpflichtig – mit der Möglichkeit zur Pauschalbesteuerung in Höhe von 25 %.

14.3 Essenszuschuss (digitaler Essensgutschein)

Sachverhalt: Ein Arbeitgeber ohne eigene Kantine hat mit dem Pächter der Nachbarkantine eine Vereinbarung getroffen, nach der jeder Mitarbeiter täglich einen (digitalen) Essensgutschein für ein Mittagessen in der dortigen Kantine im Wert von 2 EUR erhält. Der Durchschnittspreis der dort angebotenen Essen – Menü 1 zum Preis von 3,50 EUR bzw. Menü 2 zum Preis von 4,50 EUR – liegt bei 4 EUR. Die Essensauswahl bleibt den Mitarbeitern überlassen. Sie müssen bei Einlösung der Essensgutscheine eine entsprechende Zuzahlung leisten.

Bei der Abgabe der Mahlzeiten kann täglich nur ein Essensgutschein in Zahlung genommen werden. Die Ausgabe erfolgt nicht an Mitarbeiter, die eine Dienstreise durchführen oder eine Auswärtstätigkeit ausüben. Die Gestellung der Essenszuschüsse erfolgt zusätzlich zum Arbeitslohn. Daraus resultierende Abgaben sollen vom Arbeitgeber übernommen werden.

Wie müssen die Essenszuschüsse lohnsteuerlich behandelt werden und welche sozialversicherungsrechtlichen Folgen ergeben sich?

Lösung: Die Gestellung von Essenszuschüssen für die Mitarbeiter ist steuer- und sozialversicherungspflichtiger Arbeitslohn. Es handelt sich um einen Sachbezug. Bestehen die Leistungen des Arbeitgebers in einem arbeitsvertraglich vereinbarten Anspruch der Mitarbeiter auf arbeitstägliche Zuschüsse zu Mahlzeiten, ist als Arbeitslohn nicht der Zuschuss, sondern die Mahlzeit mit dem Sachbezugswert anzusetzen. Der Wert der Mahlzeiten ist mit dem amtlichen Sachbezugswert (2020: 3,40 EUR) anzusetzen, weil alle formalen Voraussetzungen erfüllt sind.

Berechnung des zu versteuernden Vorteils je Arbeitnehmer	
Durchschnittlicher Wert der Mahlzeit	4,00 EUR
Abzgl. Wert Essenszuschuss	- 2,00 EUR
Durchschnittliche Zuzahlung der Arbeitnehmer	2,00 EUR
Anzusetzender Sachbezugswert	3,40 EUR
Abzgl. durchschnittliche Zuzahlung der Arbeitnehmer	- 2,00 EUR
Verbleibender Sachbezug pro Tag	1,40 EUR
Sachbezug Monat (durchschnittlich 20 Arbeitstage x 1,40 EUR)	28,00 EUR
Pauschalsteuer je Arbeitnehmer monatlich (28 EUR x 25 %)	7,00 EUR

Die pauschale Lohnsteuer i. H. v. 7,00 EUR je Arbeitnehmer trägt vereinbarungsgemäß der Arbeitgeber. Zusätzlich werden auf den Betrag noch pauschale Kirchensteuer (abhängig vom Bundesland) sowie 5,5 % Solidaritätszuschlag erhoben.

Hinweis: Der Arbeitgeber muss die Abrechnungen des Kantinenpächters aufbewahren, aus denen sich ergeben muss, wie viele Essenszuschüsse mit welchen Verrechnungswerten eingelöst worden sind.

Voraussetzung für die vorstehende Verwendung digitaler Essenszuschüsse ist, dass dem Arbeitgeber monatliche Abrechnungen zur Verfügung gestellt werden, aus denen sich wie bei Einzelbelegnachweisen die erforderlichen Erkenntnisse für das Vorliegen der steuerlichen Anforderungen ergeben. Der Arbeitgeber muss die Monatsabrechnungen als Beleg zum Lohnkonto nehmen.

14.4 Barlohnumwandlung für Essenszuschüsse

Sachverhalt: Ein Unternehmen hat keine eigene Kantine. Allerdings befindet sich in unmittelbarer Nähe zur Firma eine Gaststätte, in der viele der Mitarbeiter zu Mittag essen. Zur weiteren Umsatzsteigerung hat der Gastwirt angeboten, die Mitarbeiter zu einem Pauschalpreis von 5,50 EUR je Mittagessen zu verköstigen. Seitdem können die Mitarbeiter auf Wunsch Essenszuschüsse für die Gaststätte erhalten. Nehmen die Arbeitnehmer die Essenszuschüsse in Anspruch, wird der Bruttolohn um 100 EUR im Monat gekürzt.

Nun soll die Entgeltabrechnung für einen Mitarbeiter durchgeführt werden, der im letzten Monat (20 Arbeitstage) erstmalig das Essenszuschuss-Programm in Anspruch genommen hat. Die Abrechnung dieser Zuschüsse erfolgt digital und erfüllt die verwaltungsseitigen Voraussetzungen. Bisher hatte der Mitarbeiter einen lohnsteuer- und sozialversicherungspflichtigen Bruttolohn von 3.500 EUR. Gemäß seinem geänderten Arbeitsvertrag verzichtet er auf 100 EUR Barlohn zugunsten der Zuschüsse. Wie hoch ist der neue, maßgebende Bruttolohn?

Lösung: Die vorgenommene Gehaltsumwandlung wird steuerlich voll anerkannt, sodass sich der steuerlich zu berücksichtigende Barlohn um 100 EUR auf 3.400 EUR verringert.

Zusätzlich sind die Essenmarken als Sachbezug zu versteuern. Im vorliegenden Fall darf dafür der amtliche Sachbezugswert von 3,40 EUR (2020) statt des tatsächlichen Werts von 5,50 EUR je Essenzuschuss angesetzt werden. Die Differenz zum tatsächlichen Wert beträgt hier 2,10 EUR. Ab einer Differenz von mehr als 3,10 EUR muss der tatsächliche Wert angesetzt werden, sodass die Gehaltsumwandlung keine steuerlichen Vorteile mehr hätte.

Hier sind 20 Mahlzeiten mit dem Sachbezugswert von 3,40 EUR und damit insgesamt 68 EUR als Sachbezug anzusetzen.

Insgesamt beträgt der neue lohnsteuer- und sozialversicherungspflichtige Arbeitslohn 3.468 EUR.

Eine Pauschalbesteuerung ist für die Essenszuschüsse hier nicht möglich, weil sie als Lohnbestandteile vereinbart sind.

Tipp: Ohne Änderung des Arbeitsvertrags führt der Austausch von Barlohn durch Essenszuschüsse nicht zu einer Herabsetzung des steuer- und beitragspflichtigen Barlohns. In diesem Fall ist der Betrag, um den sich der ausgezahlte Barlohn verringert, als Entgelt für die Essenszuschüsse anzusehen und von deren Wert abzuziehen. Im vorliegenden Fall bedeutet das: 20 Essenszuschüsse im Gesamtwert von 110 EUR abzüglich Zuzahlung von 100 EUR, verbleiben 10 EUR. Es würde sogar zu einer Erhöhung des steuer- und sozialversicherungspflichtigen Arbeitslohns auf 3.510 EUR kommen.

15 Fahrten Wohnung – erste Tätigkeitsstätte

15.1 Kilometergeld

Sachverhalt: Nach der firmeninternen Regelung erhält ein Mitarbeiter einen zusätzlich zum Arbeitslohn zu zahlenden Fahrtkostenzuschuss von 0,30 EUR je Entfernungskilometer für die Fahrten zwischen Wohnung und erster Tätigkeitsstätte. Der Arbeitgeber hat dem Mitarbeiter zugesagt, evtl. Lohnsteuer- und Sozialversicherungsbeiträge, die auf den Zuschuss entfallen, zu übernehmen. Der Mitarbeiter wohnt 60 Kilometer von der ersten Tätigkeitsstätte entfernt und fährt an 220 Tagen mit seinem Privatwagen ins Büro.

Wie müssen die Zuschüsse für die Fahrten zwischen Wohnung und erster Tätigkeitsstätte lohnsteuerlich behandelt werden und welche sozialversicherungsrechtlichen Folgen ergeben sich?

Lösung: Der Ersatz der Kosten für die Fahrten zwischen Wohnung und erster Tätigkeitsstätte mit dem eigenen Pkw stellt grundsätzlich steuerpflichtigen Arbeitslohn dar. Die Lohnsteuer für zusätzlich zum ohnehin geschuldeten Arbeitslohn geleistete Zuschüsse zu den Aufwendungen des Arbeitnehmers für Fahrten zwischen Wohnung und erster Tätigkeitsstätte (Barzuschüsse) kann mit 15 % pauschal erhoben werden. Diese Pauschalversteuerung führt auch zur Sozialversicherungsfreiheit.

Die Pauschalversteuerung ist aber nur bis zu dem Betrag zulässig, den der Mitarbeiter als Werbungskosten geltend machen könnte, wenn die Bezüge nicht pauschal besteuert würden.

Es ergibt sich für 2020 folgende Berechnung

Entfernungspauschale (220 Arbeitstage × 60 Kilometer × 0,30 EUR)	3.960 EUR
Fahrtkostenzuschüsse durch den Arbeitgeber (220 Arbeitstage × 60 Kilometer × 0,30 EUR)	3.960 EUR
Differenz	0 EUR

Die Lohnsteuer für den Fahrtkostenzuschuss kann mit 15 % erhoben werden, da der dafür zulässige Betrag nicht überschritten wird. Es fallen keine Beträge zur Sozialversicherung an.

Der pauschal besteuerte Arbeitslohn ist in der Lohnsteuerbescheinigung (Nummer 18) einzutragen und wird auf die als Werbungskosten abzugsfähigen Ausgaben des Mitarbeiters angerechnet.

Die pauschale Lohnsteuer zuzüglich Solidaritätszuschlag und ggf. Kirchensteuer trägt vereinbarungsgemäß der Arbeitgeber.

15.2 Pauschaler Fahrtkostenzuschuss

Sachverhalt: Nach der firmeninternen Regelung erhält ein Arbeitnehmer einen zusätzlich zum Arbeitslohn zu zahlenden Fahrtkostenzuschuss von 50 EUR monatlich für die Fahrten zwischen Wohnung und erster Tätigkeitsstätte. Der Arbeitgeber hat dem Mitarbeiter zugesagt, evtl. Lohnsteuer- und Sozialversicherungsbeiträge, die auf den Zuschuss entfallen, zu übernehmen. Der Arbeitnehmer wohnt 20 Kilometer von der ersten Tätigkeitsstätte entfernt und fährt an 220 Tagen mit seinem Pkw ins Büro.

Wie müssen die Zuschüsse für die Fahrten zwischen Wohnung und erster Tätigkeitsstätte lohnsteuerlich behandelt werden und welche sozialversicherungsrechtlichen Folgen ergeben sich?

Lösung: Der Ersatz der Kosten für die Fahrten zwischen Wohnung und erster Tätigkeitsstätte mit dem eigenen Pkw stellt steuerpflichtigen Arbeitslohn dar. Die Lohnsteuer für zusätzlich zum ohnehin geschuldeten Arbeitslohn geleistete Zuschüsse zu den Aufwendungen des Arbeitnehmers für Fahrten zwischen Wohnung und erster Tätigkeitsstätte (Barzuschüsse) kann mit 15 % pauschal erhoben werden. Diese Pauschalversteuerung führt auch zur Sozialversicherungsfreiheit.

Die Pauschalversteuerung ist aber nur bis zu dem Betrag zulässig, den der Mitarbeiter als Werbungskosten geltend machen könnte, wenn die Bezüge nicht pauschal besteuert würden.

Es ergibt sich für 2020 folgende Berechnung

Pauschalierungsfähig insgesamt (220 Tage × 20 Kilometer × 0,30 EUR)	1.320 EUR
Zuschüsse vom Arbeitgeber	600 EUR
Der Fahrtkostenzuschuss von monatlich 50 EUR kann pauschal mit 15 % versteuert werden und bleibt beitragsfrei zur Sozialversicherung	

Die pauschale Lohnsteuer von 50 EUR × 15 % = 7,50 EUR im Monat bzw. 90 EUR im Jahr trägt vereinbarungsgemäß der Arbeitgeber.

Der pauschal besteuerte Arbeitslohn ist in der Lohnsteuerbescheinigung (Nummer 18) einzutragen und wird auf die als Werbungskosten abzugsfähigen Ausgaben des Mitarbeiters angerechnet.

Im Beispielsfall verbleiben dem Arbeitnehmer im Rahmen seiner Einkommensteuererklärung 2020 noch abzugsfähige Kosten von 720 EUR für die Fahrten zwischen Wohnung und erster Tätigkeitsstätte. Falls der Arbeitnehmer keine anderen Werbungskosten nachweisen kann, wäre bei ihm der Arbeitnehmer-Pauschbetrag von 1.000 EUR anzusetzen.

15.3 Erstattung der Bahnfahrkarte

Sachverhalt: Eine Arbeitnehmerin wohnt 30 Kilometer von der ersten Tätigkeitsstätte entfernt und fährt an 220 Tagen mit der S-Bahn ins Büro. Nach der firmeninternen Regelung erhält sie die Monatskarte, die sie zum Preis von 80 EUR monatlich selbst erwirbt, in voller Höhe zusätzlich zum ohnehin geschuldeten Arbeitslohn erstattet.

Wie muss die Fahrkartenerstattung lohnsteuerlich behandelt werden und welche sozialversicherungsrechtlichen Folgen ergeben sich?

Lösung: Die Erstattung von Fahrtkosten für öffentliche Verkehrsmittel für die Fahrten zwischen Wohnung und erster Tätigkeitsstätte bleibt ab 2019 steuerfrei, wenn sie zusätzlich gewährt wird. Diese Steuerbefreiung führt auch zur Sozialversicherungsfreiheit. Eine private Nutzungsmöglichkeit der Bahnfahrkarte für den Nahverkehr ist unschädlich.

Die Zuschüsse werden bei der Einkommensteuererklärung der Mitarbeiterin auf die verkehrsmittelunabhängige Entfernungspauschale angerechnet.

Es ergibt sich für 2020 folgende Berechnung

220 Arbeitstage × 30 Kilometer × 0,30 EUR	1.980 EUR
Abzgl. pauschalversteuerte Zuschüsse	- 960 EUR
Verbleibende Werbungkosten	1.020 EUR

Hinweis: Die gleiche Lösung ergibt sich auch bei Zurverfügungstellung eines Jobtickets durch den Arbeitgeber (ggf. mit Zuzahlung der Mitarbeiterin).

15.4 Jobticket

Sachverhalt: Ein Arbeitgeber mit 400 Mitarbeitern möchte den Arbeitnehmern ein Jobticket zusätzlich zum geschuldeten Arbeitslohn zur Verfügung stellen. Die Mitarbeiter wohnen in einem Umkreis von maximal 20 Kilometer Entfernung zum Betrieb. Beim örtlichen Verkehrsverbund kostet eine Fahrkarte für derartige Strecken derzeit regulär 55 EUR.

Bei Abnahme von mehr als 200 Jobtickets erhält der Arbeitgeber die Karten zu einem monatlichen Preis von 40 EUR je Karte.

Wie können die Jobtickets für die Wege zwischen Wohnung und erster Tätigkeitsstätte möglichst steuergünstig behandelt werden und welche sozialversicherungsrechtlichen Folgen ergeben sich?

Lösung: Die zusätzliche Gestellung von Fahrkarten für öffentliche Verkehrsmittel für die Fahrten zwischen Wohnung und erster Tätigkeitsstätte in Form eines Jobtickets bleibt ab 2019 steuerfrei. Aus der Steuerbefreiung folgt auch die Sozialversicherungsfreiheit. Eine private Nutzungsmöglichkeit im Nahverkehr ist unschädlich.

Der steuerfrei belassene Vorteil ist in der Lohnsteuerbescheinigung (Nummer 17) einzutragen. Bescheinigt werden dabei die Aufwendungen des Arbeitgebers von 40 EUR je Karte monatlich. Der Jahresbetrag von 480 EUR wird in der Steuererklärung auf die beim Mitarbeiter evtl. abzugsfähigen Kosten (Entfernungspauschale) angerechnet.

Hinweis: Rückwirkend ab 2019 hat der Gesetzgeber eine alternative Möglichkeit zur Pauschalbesteuerung von Jobtickets **ohne** Anrechnung auf die Entfernungspauschale eingeführt. Es erfolgt in diesen Fällen keine Eintragung auf der Lohnsteuerbescheinigung. Die Pauschalbesteuerung mit 25 % ist zudem auch bei Entgeltumwandlung zulässig.

15.5 BahnCard als Jobticket

Sachverhalt: Der Arbeitgeber überlässt einer Mitarbeiterin eine BahnCard 100, die er zum Preis von 4.400 EUR erworben hat. Nach der Prognose des Arbeitgebers betragen die ersparten Kosten der Einzelfahrscheine für Dienstreisen im Gültigkeitszeitraum 3.000 EUR. Der reguläre Preis der Jahresfahrkarte für die Strecke zwischen Wohnung und erster Tätigkeitsstätte hätte 1.600 EUR betragen.

Kann die BahnCard trotz der privaten Nutzungsmöglichkeit steuerfrei überlassen werden?

Lösung: Erstattungen für Reisekosten anlässlich von Auswärtstätigkeiten bleiben steuerfrei. Ebenso bleibt die Gestellung eines Jobtickets für die Fahrten zur ersten Tätigkeitsstätte steuerfrei. Die Nutzung des öffentlichen Personennahverkehrs ist unabhängig von der Art der Fahrten begünstigt, also auch bei Privatfahrten. Schwieriger wird es, wenn auch die Privatnutzung im Fernverkehr möglich ist. Nur wenn die Privatnutzung nicht zu Zusatzkosten für den Arbeitgeber führt, ergibt sich hier kein steuerpflichtiger Vorteil.

Rechnen sich für den Arbeitgeber die Aufwendungen für die BahnCard bereits durch die ersparten Kosten für Dienstreisen (=Vollamortisation), ergibt sich kein geldwerter Vorteil. Tritt eine Vollamortisation erst unter Berücksichtigung der Fahrten zur ersten Tätigkeitsstätte ein, bleibt die Gestellung ebenfalls vollständig steuerfrei. Maßgebend ist dabei jeweils eine Nutzungsprognose durch den Arbeitgeber zum Zeitpunkt der Hingabe.

Danach übersteigen im Sachverhalt die insgesamt ersparten Kosten des Arbeitgebers die Kosten der BahnCard 100. Die BahnCard 100 ist i. H. v. 3.000 EUR steuerfreier Reisekostenersatz und der verbleibende Betrag von 1.400 EUR bleibt als Jobticket steuerfrei (und ist auch nur in dieser Höhe auf der Lohnsteuerbescheinigung auszuweisen). Auf den Umfang der tatsächlichen Nutzung sowie die private Nutzungsmöglichkeit kommt es nicht an.

15.6 Dienstwagen (ohne Pauschalierung)

Sachverhalt: Einem Vertriebsmitarbeiter wird vom Arbeitgeber ein Firmenwagen (mit Verbrennungsmotor) mit einem Listenpreis von 30.000 EUR für die Privatnutzung sowie für die Fahrten zwischen Wohnung und erster Tätigkeitsstätte zur Verfügung gestellt.

Der Mitarbeiter wohnt 15 Kilometer vom Unternehmen entfernt und kommt an 200 Tagen jährlich in die Firma. Die Privatnutzung des Firmenwagens wird bereits seit Jahren nach der 1-%-Regelung versteuert. Eine Pauschalversteuerung geldwerter Vorteile lehnt die Firma ab.

Wie muss die Nutzung des Dienstwagens für die Fahrten zwischen Wohnung und erster Tätigkeitsstätte behandelt werden und welche sozialversicherungsrechtlichen Folgen ergeben sich?

Lösung: Die Gestellung eines Dienstwagens für diese Fahrten stellt grundsätzlich steuerpflichtigen Arbeitslohn dar. Bei Anwendung der 1-%-Regelung für die Privatnutzung ist diese Nutzungsmöglichkeit zusätzlich monatlich mit 0,03 % des inländischen Listenpreises des Fahrzeugs für jeden Kilometer der Entfernung zwischen Wohnung und erster Tätigkeitsstätte zu bewerten und dem Arbeitslohn zuzurechnen:

- Geldwerter Vorteil für die Fahrten zwischen Wohnung und erster Tätigkeitsstätte: 0,03 % von 30.000 EUR × 15 Kilometer × 12 Monate = 1.620 EUR.
- Da eine Pauschalbesteuerung nicht gewünscht wird, sind die vollen 1.620 EUR individuell zu versteuern und unterliegen der Sozialversicherung.

Bei seiner Einkommensteuererklärung für 2020 kann der Mitarbeiter die Aufwendungen für die Fahrten zwischen Wohnung und erster Tätigkeitsstätte in Höhe der Entfernungspauschale von 0,30 EUR je Entfernungskilometer geltend machen.

Tipp: Bei Anwendung der Fahrtenbuchmethode sind statt der 0,03-%-Regelung die anteiligen Aufwendungen als geldwerter Vorteil anzusetzen, die auf die Fahrten zwischen Wohnung und erster Tätigkeitsstätte entfallen.

Hinweis: Statt der 0,03 % ist auch eine tageweise Versteuerung der Fahrten zwischen Wohnung und erster Tätigkeitsstätte mit 0,002 % möglich. Dies ist jedoch nur bei weniger als 180 Arbeitstagen im Betrieb vorteilhaft und kommt deshalb hier nicht in Betracht.

15.7 Dienstwagen (mit Pauschalierung)

Sachverhalt: Der Arbeitgeber stellt einem Mitarbeiter einen Dienstwagen (mit Verbrennungsmotor) mit einem Listenpreis von 40.000 EUR für die Privatnutzung sowie für die Fahrten zwischen Wohnung und erster Tätigkeitsstätte zur Verfügung. Der Mitarbeiter wohnt 35 Kilometer vom Betrieb entfernt und kommt an 200 Tagen in die Firma. Die Privatnutzung des Dienstwagens wird bereits seit Jahren nach der 1-%-Regelung versteuert.

Wie muss die Nutzung des Dienstwagens für die Fahrten zwischen Wohnung und erster Tätigkeitsstätte behandelt werden und welche sozialversicherungsrechtlichen Folgen ergeben sich?

Lösung: Die Gestellung eines Dienstwagens für diese Fahrten stellt grundsätzlich steuerpflichtigen Arbeitslohn dar. Bei Anwendung der 1-%-Regelung für die Privatnutzung ist diese Nutzungsmöglichkeit zusätzlich monatlich mit 0,03 % des inländischen Listenpreises des Fahrzeugs für jeden Kilometer der Entfernung zwischen Wohnung und erster Tätigkeitsstätte zu bewerten und dem Arbeitslohn zuzurechnen.

Der für den Vorteil aus der Gestellung des Dienstwagens für Fahrten zwischen Wohnung und erster Tätigkeitsstätte anzusetzende Arbeitslohn kann mit 15 % pauschaliert werden. Dieser pauschalierte Arbeitslohn ist zudem sozialversicherungsfrei. Allerdings ist die Pauschalierung nur bis zur Höhe der Entfernungspauschale möglich.

Es ergibt sich für 2020 folgende Berechnung

Geldwerter Vorteil Fahrten Wohnung – erste Tätigkeitsstätte (0,03 % von 40.000 EUR × 35 Kilometer × 12 Monate)	5.040 EUR
Ohne Einzelnachweis sind bei der Pauschalversteuerung mit 15 % 180 Arbeitstage zu berücksichtigen (180 Arbeitstage × 35 Kilometer × 0,30 EUR)	1.890 EUR
Differenz, nach den ELStAM zu versteuern	3.150 EUR

Auf diesen Arbeitslohn sind auch Sozialversicherungsbeiträge zu zahlen.

Der pauschal besteuerte Anteil von 1.890 EUR ist in der Lohnsteuerbescheinigung (Nummer 18) einzutragen und wird auf die Abzugsmöglichkeiten des Mitarbeiters angerechnet.

Die pauschale Lohnsteuer von 1.890 EUR × 15 % = 283,50 EUR trägt grundsätzlich der Arbeitgeber. Er kann aber diesen Betrag auch im Innenverhältnis auf den Mitarbeiter abwälzen.

Tipp: Auf die Pauschalierung kann verzichtet werden. Der Mitarbeiter kann dann entsprechende Kosten in seiner Einkommensteuererklärung geltend machen. Allerdings unterliegt der Arbeitslohn dann auch der vollen Sozialversicherungspflicht. Die Vereinfachung auf Seiten des Arbeitgebers führt deshalb regelmäßig zu Nachteilen für den Mitarbeiter.

Hinweis: Bekäme der Mitarbeiter einen Firmenwagen mit Elektroantrieb gestellt, wäre dieser bei einem Listenpreis bis 40.000 EUR bei der Versteuerung ab dem Jahr 2020 nur noch zu 1/4 anzusetzen. Bei darüber liegenden Listenpreisen halbiert sich die Bemessungsgrundlage.

15.8 Familienheimfahrten

Sachverhalt: Ein Arbeitnehmer wird für 3 Jahre an die Filiale seines Arbeitgebers nach München abgeordnet. Seine Familie wohnt weiterhin in Düsseldorf. Der Mitarbeiter hat sich in München ein Apartment gemietet und führt einen doppelten Haushalt. Gemäß der anlässlich der Abordnung getroffenen Vereinbarungen erhält der Mitarbeiter die steuerlich berücksichtigungsfähigen Kosten für maximal eine Familienheimfahrt wöchentlich ersetzt.

Im betroffenen Jahr fährt der Mitarbeiter an 44 Wochenenden die Strecke von 630 Kilometer zu seiner Familie nach Düsseldorf und am Sonntagabend wieder zurück nach München.

Wie müssen die Erstattungen lohnsteuer- und sozialversicherungsrechtlich behandelt werden?

Lösung: Im Rahmen der beruflich bedingten doppelten Haushaltsführung können dem Mitarbeiter die Aufwendungen für eine Familienheimfahrt wöchentlich in Höhe der Entfernungspauschale von 0,30 EUR je Entfernungskilometer im Jahr 2020 steuerfrei ersetzt werden.

Für den Arbeitnehmer ergibt sich folgende Berechnung:

44 Fahrten × 630 Kilometer × 0,30 EUR = 8.316 EUR

Eine Begrenzung oder einen Höchstbetrag gibt es für Familienheimfahrten nicht. Damit kann der volle Betrag von 8.316 EUR steuerfrei erstattet werden. Auch Sozialversicherungsbeiträge fallen nicht an.

Die Erstattung ist allerdings grundsätzlich in der Lohnsteuerbescheinigung einzutragen. Der Arbeitnehmer kann für die Fahrten keine Kosten mehr im Rahmen seiner Einkommensteuererklärung geltend machen.

15.9 Maßgebliche Straßenverbindung für Entfernungspauschale

Sachverhalt: Nach der firmeninternen Regelung erhält jeder Mitarbeiter einen zusätzlich zum Arbeitslohn zu zahlenden Fahrtkostenzuschuss von 0,30 EUR je Entfernungskilometer für die Fahrten zwischen Wohnung und erster Tätigkeitsstätte. Bei einem neu eingestellten Mitarbeiter verläuft die kürzeste Strecke zwischen Wohnung und erster Tätigkeitsstätte durch einen mautpflichtigen Tunnel. Deshalb benutzt der Mitarbeiter für die Fahrten mit seinem Pkw eine mautfreie Bundesstraße. Die Strecke zwischen Wohnung und erster Tätigkeitsstätte beträgt durch den Tunnel 10 km, über die Bundesstraße 20 km.

In welcher Höhe können Arbeitgeberzuschüsse pauschal besteuert werden?

Lösung: Der Ersatz der Kosten für die Fahrten zwischen Wohnung und erster Tätigkeitsstätte mit dem eigenen Pkw stellt steuerpflichtigen Arbeitslohn dar. Die Lohnsteuer für zusätzlich zum ohnehin geschuldeten Arbeitslohn geleistete Zuschüsse zu den Aufwendungen des Arbeitnehmers für Fahrten zwischen Wohnung und erster Tätigkeitsstätte (sog. Barzuschüsse) kann mit 15 % pauschal erhoben werden.

Die Pauschalversteuerung ist aber nur bis zu dem Betrag zulässig, den der Mitarbeiter als Werbungskosten geltend machen könnte, wenn die Bezüge nicht pauschal besteuert würden, also in Höhe der Entfernungspauschale von 0,30 EUR je Entfernungskilometer im Jahr 2020. Maßgebend ist dabei die kürzeste Straßenverbindung. Das ist nach der Rechtsprechung die kürzeste Strecke zwischen Wohnung und erster Tätigkeitsstätte auf öffentlichen Straßen, die dem allgemeinen Kraftfahrzeugverkehr dienen. Für die Entfernungspauschale ist die kürzeste Straßenverbindung auch dann maßgeblich, wenn diese mautpflichtig ist oder mit dem vom Arbeitnehmer tatsächlich verwendeten Verkehrsmittel straßenverkehrsrechtlich nicht benutzt werden darf. Gebühren für die Benutzung eines Straßentunnels oder einer mautpflichtigen Straße dürfen dagegen nicht neben der Entfernungspauschale berücksichtigt werden.

Anzusetzen ist also im Beispiel die Entfernungspauschale für eine Entfernung von 10 km.

Aus Vereinfachungsgründen kann zunächst unterstellt werden, dass der Mitarbeiter an 15 Tagen monatlich und damit an 180 Tagen im Jahr Fahrten zur ersten Tätigkeitsstätte unternimmt.

Es ergibt sich folgender pauschalierungsfähiger Fahrtkostenzuschuss

Entfernungspauschale (180 Arbeitstage × 10 Kilometer × 0,30 EUR)	540 EUR
Pauschalierbare Fahrtkostenzuschüsse durch den Arbeitgeber im Jahr	540 EUR
Pauschalierbarer Fahrtkostenzuschuss pro Monat (540 EUR : 12 Monate)	45 EUR

Die Lohnsteuer für den Fahrtkostenzuschuss kann mit 15 % erhoben werden. Die pauschale Lohnsteuer trägt grundsätzlich der Arbeitgeber, er kann sie jedoch auf den Mitarbeiter abwälzen. Der pauschal besteuerte Arbeitslohn ist in der Lohnsteuerbescheinigung einzutragen. Es fallen keine Beträge zur Sozialversicherung an.

Hinweis: Benutzt der Mitarbeiter für die Strecken zur ersten Tätigkeitsstätte – wie im Urteilsfall – ausschließlich ein Motorrad oder Moped ergibt sich im Ergebnis die gleiche Lösung. Zwar können hier die tatsächlich entstandenen Aufwendungen angesetzt werden bzw. alternativ pauschale Kilometersätze, allerdings maximal die Entfernungspauschale. Bei einem Kilometersatz von 0,20 EUR je Kilometer für motorbetriebene Fahrzeuge ergibt sich für Hin- und Rückfahrt ein Satz von 0,40 EUR. Anzusetzen ist deshalb die geringere Entfernungspauschale von 0,30 EUR wiederum für 10 km Entfernung.

Tipp: Grundsätzlich kann die Entfernungspauschale nur für die kürzeste Entfernung beansprucht werden. Etwas anderes gilt aber, wenn eine andere Verbindung »offensichtlich verkehrsgünstiger« ist und vom Arbeitnehmer regelmäßig benutzt wird. Die vom Mitarbeiter tatsächlich benutzte Straßenverbindung ist dann verkehrsgünstiger als die kürzeste Straßenverbindung, wenn damit eine Zeitersparnis oder sonstige Vorteile aufgrund von Streckenführung, Schaltung von Ampeln o.Ä. verbunden sind. In diesen Fällen kann die günstigere Strecke auch der Pauschalierung zugrunde gelegt werden.

16 Freibetrag

16.1 ELStAM-Datenbank

Sachverhalt: Für einen Arbeitnehmer mit einem monatlichen Bruttolohn von 1.885,50 EUR ist in der ELStAM-Datenbank ein Freibetrag i. H. v. 1.200 EUR jährlich bzw. 100 EUR monatlich eingetragen.

Wie wirkt sich dieser Freibetrag bei der Entgeltabrechnung aus?

Lösung: Lohnsteuerfreibeträge, die in der ELStAM-Datenbank eingetragen wurden, sind immer persönliche Freibeträge des Arbeitnehmers. Der Arbeitnehmer muss den Freibetrag selbst beim Finanzamt beantragen; der Arbeitgeber muss sich nicht um die Gründe für die Eintragung kümmern.

Berücksichtigung bei der Entgeltabrechnung

Bruttolohn	1.885,50 EUR
Abzgl. monatl. Steuerfreibetrag	- 100,00 EUR
Steuerpflichtiger Bruttolohn	1.785,50 EUR
Sozialversicherungspflichtiges Entgelt	1.885,50 EUR

Die Lohnsteuer, der Solidaritätszuschlag und die Kirchensteuer werden bei einem Betrag von 1.785,50 EUR aus der Lohnsteuertabelle abgelesen. Der Steuerfreibetrag wirkt sich monatlich steuermindernd für den Arbeitnehmer aus. Der Freibetrag von 100 EUR gilt nur für den Lohnsteuerabzug und wird daher nicht bei der Berechnung der Sozialversicherungsbeiträge berücksichtigt.

Hinweis: Persönliche Freibeträge können sein:

- Schwerbehindertenfreibetrag,
- Freibetrag für erhöhte Werbungskosten,
- Freibetrag für Verluste aus anderen Einkunftsarten (z. B. Vermietung und Verpachtung).

Die Eintragung eines Freibetrags in der ELStAM-Datenbank zieht außer bei einem Schwerbehindertenfreibetrag immer die Pflicht zur Abgabe einer Einkommensteuererklärung des Arbeitnehmers nach sich.

Tipp: Antragsabhängige Lohnsteuerfreibeträge können seit 2016 für 2 aufeinanderfolgende Kalenderjahre beantragt werden. Freibeträge für Menschen mit Behinderungen und Hinterbliebene bleiben von der gesetzlichen Änderung unberührt.

16.2 Fehlender Kinderfreibetrag

Sachverhalt: Ein Arbeitnehmer erklärt seinem Arbeitgeber, dass er ab Februar von seiner Ehefrau getrennt lebt und deshalb ab sofort die Steuerklasse I und 0,5 Kinderfreibeträge zu berücksichtigen sind.

Darf der Arbeitgeber die ELStAM daraufhin ändern?

Lösung: Der Arbeitgeber muss den Arbeitslohn nach den ELStAM versteuern. Er darf nicht eigenmächtig nach anderen Merkmalen abrechnen, auch wenn er von deren Richtigkeit überzeugt ist. Der Arbeitnehmer selbst ist verpflichtet, seine ELStAM beim Wohnsitzfinanzamt ändern zu lassen. Er kann den Antrag auf Korrektur der ELStAM persönlich oder schriftlich stellen.

Hinweis: Erhält der Arbeitgeber geänderte ELStAM, muss er auf das Änderungsdatum achten. Gilt die Änderung rückwirkend ab 1.1. des laufenden Jahres, können die zurückliegenden Monate korrigiert und neu berechnet werden. Ansonsten gelten die Änderungen erst ab dem Monat der Übermittlung der ELStAM.

16.3 Nachträgliche Eintragung

Sachverhalt: Ein Arbeitnehmer beantragt im Oktober beim Finanzamt einen Lohnsteuerfreibetrag von 2.800 EUR im Jahr. Der Freibetrag wird in der ELStAM-Datenbank gespeichert und steht dem Arbeitgeber beim nächsten Abruf zur Verfügung.

Wie wird der Freibetrag für den Rest des laufenden Jahres berücksichtigt?

Lösung: Der Jahresfreibetrag von 2.800 EUR wird vom Finanzamt ab November eingetragen. Er wird auf die beiden verbleibenden Monate aufgeteilt, d. h. monatlich 1.400 EUR.

Für die Sozialversicherungsbeiträge wird der Freibetrag nicht berücksichtigt.

Hinweis: Die Eintragung eines Freibetrags in den ELStAM zieht immer die Pflicht zur Abgabe einer Einkommensteuererklärung des Arbeitnehmers nach sich – außer bei einem Schwerbehindertenfreibetrag.

16.4 Übungsleiter (neben Hauptbeschäftigung)

Sachverhalt: Ein Leiter einer gemeinnützigen Einrichtung, die Freizeitangebote wie Sportgemeinschaften und künstlerische Arbeitsgemeinschaften für Kinder anbietet, ist auf die Mitarbeit von freiwilligen Helfern angewiesen. Diese Helfer arbeiten üblicherweise neben einer Hauptbeschäftigung einige Stunden nachmittags oder am Wochenende.

Wie können diese Mitarbeiter für ihre Tätigkeit entlohnt werden?

Lösung: Für Personen, die nebenberuflich als Übungsleiter, Ausbilder, Erzieher oder Betreuer tätig sind, kann der Übungsleiterfreibetrag von 2.400 EUR jährlich genutzt werden.

Monatlich können 200 EUR lohnsteuerfrei an die Mitarbeiter ausbezahlt werden. Dieser Freibetrag ist ein Jahresbetrag. Ist der Arbeitseinsatz in den einzelnen Monaten unterschiedlich hoch und wird nach Stunden abgerechnet, ist das unproblematisch, sofern die 2.400 EUR im Jahr nicht überschritten werden.

Wird der Freibetrag von 2.400 EUR überschritten, ist nur der übersteigende Teil lohnsteuer- und sozialversicherungspflichtig. Ggf. kann der übersteigende Teil als Minijob abgerechnet werden.

Hinweis: Auch für Rentner, Studenten, Arbeitslose, Schüler und Hausfrauen bzw. Hausmänner kann der Übungsleiterfreibetrag infrage kommen.

16.5 Übungsleiterpauschale

Sachverhalt: Ein Arbeitnehmer ist hauptberuflich Angestellter. In seiner Freizeit trainiert er die Jugendmannschaft eines Sportvereins. Dafür erhält er ein monatliches Entgelt von 200 EUR.

Lösung: Die 200 EUR bleiben lohnsteuer- und sozialversicherungsfrei.

Eine Arbeitgeberbelastung besteht nur bei der Unfallumlage. Die lohnsteuerfreien Einnahmen gehören nicht zum Arbeitsentgelt in der Sozialversicherung und sind somit beitragsfrei.

16.6 Übungsleiter (Minijobber)

Sachverhalt: Ein Arbeitnehmer ist hauptberuflich Angestellter. In seiner Freizeit betreut er in einer Behinderteneinrichtung eine künstlerische Arbeitsgemeinschaft. Er bekommt dafür ein monatliches Entgelt von 650 EUR.

Lösung: 200 EUR bleiben durch die Übungsleiterpauschale lohnsteuer- und sozialversicherungsfrei. Die restlichen 450 EUR können als Minijob abgerechnet werden.

Auszahlungsbetrag des Arbeitnehmers

Steuerfreie Übungsleiterpauschale	200 EUR
Entgelt für geringfügig Beschäftigte	450 EUR
Abzgl. Abzüge (ohne Aufstockung in der Rentenversicherung; Opt-out-Regelung)	- 0 EUR
Auszahlungsbetrag	650 EUR

Arbeitgeberbelastung durch Minijob

Rentenversicherung (15 %)	67,50 EUR
Krankenversicherung (13 %)	58,50 EUR
Pauschalsteuer (2 %)	9,00 EUR
Gesamtbelastung (30 %)	135,00 EUR
	+ ggf. Umlagen

16.7 Übungsleiter (arbeitsuchend)

Sachverhalt: Ein bei der Agentur für Arbeit gemeldeter Arbeitsuchender betreut in seiner Freizeit die Sportgruppe in einem Seniorenheim. Er bekommt dafür ein monatliches Entgelt von 365 EUR.

Lösung: 200 EUR bleiben durch die Übungsleiterpauschale lohnsteuer- und sozialversicherungsfrei. Die restlichen 165 EUR können als Minijob abgerechnet werden. Auch bei arbeitslos gemeldeten Personen gilt die Tätigkeit als nebenberuflich.

Auszahlungsbetrag des Arbeitnehmers

Steuerfreie Übungsleiterpauschale	200,00 EUR
Entgelt für geringfügig Beschäftigte	165,00 EUR
Abzgl. Abzüge (ohne Aufstockung in der Rentenversicherung; Opt-out-Regelung)	- 0,00 EUR
Auszahlbetrag	365,00 EUR

Arbeitgeberbelastung durch Minijob

Rentenversicherung (15 %)	24,75 EUR
Krankenversicherung (13 %)	21,45 EUR
Pauschalsteuer (2 %)	3,30 EUR
Gesamtbelastung (30 %)	49,50 EUR
	+ ggf. Umlagen

17 Freiwillige soziale Aufwendungen

17.1 Kantinenmahlzeiten (Zuzahlung überschreitet den Sachbezugswert)

Sachverhalt: In der Kantine des Arbeitgebers werden im Februar insgesamt 2.300 Mittagsmahlzeiten kostenpflichtig ausgegeben. Es wurde ein einheitlicher Preis festgelegt. Der Arbeitnehmer zahlt pro Mahlzeit 3,45 EUR.

Wie ist der geldwerte Vorteil zu versteuern?

Lösung: In diesem Fall ist kein geldwerter Vorteil zu versteuern, da der Preis der Mahlzeit den Sachbezugswert von 3,40 EUR nicht unterschreitet.

17.2 Kantinenmahlzeiten (Zuzahlung in Höhe des Sachbezugswerts)

Sachverhalt: In der Kantine des Arbeitgebers werden im Februar insgesamt 2.300 Mittagsmahlzeiten kostenpflichtig ausgegeben. Es wurde ein einheitlicher Preis festgelegt. Der Arbeitnehmer zahlt pro Mahlzeit 3,40 EUR.

Wie ist der geldwerte Vorteil zu versteuern?

Lösung: In diesem Fall ist kein geldwerter Vorteil zu versteuern, da der Preis der Mahlzeit dem Sachbezugswert von 3,40 EUR genau entspricht und damit diesen nicht unterschreitet.

17.3 Kantinenmahlzeiten (Zuzahlung unterschreitet den Sachbezugswert)

Sachverhalt: In der Kantine des Arbeitgebers werden im Februar insgesamt 2.300 Mittagsmahlzeiten kostenpflichtig ausgegeben. Es wurde ein einheitlicher Preis festgelegt. Der Arbeitnehmer zahlt pro Mahlzeit 2 EUR.

Wie ist der geldwerte Vorteil zu versteuern?

Lösung: Da dieser Preis den Sachbezugswert von 3,40 EUR unterschreitet, ist ein geldwerter Vorteil pro Mahlzeit von 1,40 EUR zu versteuern.

Geldwerter Vorteil insgesamt: 2.300 Portionen x 1,40 EUR = 3.220 EUR.

Die Versteuerung kann als geldwerter Vorteil über die Entgeltabrechnung nach den ELStAM erfolgen oder mit 25 % pauschaler Lohnsteuer.

Berechnung der Belastung für den Arbeitgeber

Geldwerter Vorteil	3.220,00 EUR
Pauschale Lohnsteuer (25 %)	805,00 EUR
Zzgl. pauschaler Solidaritätszuschlag (5,5 %)	+ 44,27 EUR
Zzgl. pauschaler Kirchensteuer nach Bundesland (angenommen 5 %)	+ 40,25 EUR
Pauschalsteuer gesamt	889,52 EUR

17.4 Kosten für Kindergarten

Sachverhalt: Eine Arbeitnehmerin nimmt nach Ablauf der Elternzeit eine Teilzeitbeschäftigung auf, Gehalt monatlich 1.000 EUR. Der Arbeitgeber übernimmt die Kosten von 180 EUR für die Unterbringung des Kindes in einem städtischen Kindergarten.

Wie ist dieser Zuschuss für die Kosten des Kindergartens zu behandeln?

Lösung: Übernimmt der Arbeitgeber zusätzlich zum ohnehin geschuldeten Arbeitslohn die Kosten für die Unterbringung (Betreuung, Unterkunft und Verpflegung) von nicht schulpflichtigen Kindern seiner Arbeitnehmerin, bleibt dieser gewährte Vorteil lohnsteuerfrei und damit auch sozialversicherungsfrei.

Es ist unerheblich, ob es sich dabei um eine betriebliche, städtische oder private Kindereinrichtung handelt. Auch die Unterbringung bei Tagesmüttern ist möglich.

Hinweis: Dem Arbeitgeber soll der Originalbeleg über die Unterbringung von der Arbeitnehmerin vorgelegt werden. Dieser bewahrt den Beleg in den Lohnunterlagen auf. Damit wird gewährleistet, dass nur ein Elternteil den lohnsteuer- und sozialversicherungsfreien Zuschuss in Anspruch nehmen kann.

17.5 Kinderbetreuung (Mutter/Haushaltshilfe)

Sachverhalt: Eine teilzeitbeschäftigte Arbeitnehmerin lässt ihr nicht schulpflichtiges Kind tageweise von ihrer Mutter bzw. ihrer Haushaltshilfe betreuen. Die Fahrtkosten zum Wohnort ihrer Mutter bzw. die anteiligen Kosten für die Haushaltshilfe möchte der Arbeitgeber steuerfrei erstatten.

Kann der Arbeitgeber die Fahrtkosten lohnsteuer- und sozialversicherungsfrei erstatten?

Lösung: Diese Leistungen werden nicht vom § 3 Nr. 33 EStG erfasst und stellen daher steuer- und sozialversicherungspflichtigen Arbeitslohn dar.

18 Geringfügig entlohnte Beschäftigung

18.1 Versicherungsrechtliche Beurteilung nach Personengruppen

18.1.1 Gesetzlich Krankenversicherte

Sachverhalt: Eine geringfügig beschäftigte Arbeitnehmerin ist gesetzlich krankenversichert und erhält für ihre Tätigkeit 300 EUR monatlich. Darüber hinaus hat sie keine weiteren Beschäftigungen.

Wie ist die Beschäftigung lohnsteuer- und sozialversicherungsrechtlich zu behandeln?

Lösung: Die Beschäftigung ist als geringfügig entlohnte Beschäftigung abzurechnen, da das regelmäßige Arbeitsentgelt 450 EUR im Monat nicht übersteigt. Es sind Pauschalbeiträge in Höhe von 13 % zur Krankenversicherung sowie in Höhe von 15 % zur Rentenversicherung – sofern die Arbeitnehmerin die Befreiung von der Rentenversicherungspflicht beantragt – an die Minijob-Zentrale abzuführen. Ansonsten ist die geringfügige Beschäftigung rentenversicherungspflichtig, die Arbeitnehmerin trägt 3,6 % und der Arbeitgeber 15 % des Rentenversicherungsbeitrags. Darüber hinaus ist die einheitliche Pauschalsteuer von 2 % abzuführen.

18.1.2 Privat Krankenversicherte

Sachverhalt: Eine Aushilfe erhält für ihre Tätigkeit ein monatliches Entgelt von 420 EUR. Die Tätigkeit wird neben einer Haupttätigkeit ausgeübt. Die Aushilfe ist privat krankenversichert und beantragt die Befreiung von der Rentenversicherungspflicht.

Wie ist die Aushilfsbeschäftigung lohnsteuer- und sozialversicherungsrechtlich zu behandeln?

Lösung: Die Beschäftigung ist als geringfügig entlohnte Beschäftigung abzurechnen, da das regelmäßige Arbeitsentgelt 450 EUR im Monat nicht übersteigt. Da die Aushilfe in der Hauptbeschäftigung privat krankenversichert ist, sind keine pauschalen Beiträge zur Krankenversicherung fällig. Grundsätzlich ist die Aushilfe versicherungspflichtig in der Rentenversicherung, sodass der Arbeitnehmer 3,6 % und der Arbeitgeber 15 % des Rentenversicherungsbeitrags trägt. Beantragt der Arbeitnehmer die Befreiung von der Rentenversicherungspflicht sind 15 % als Pauschalbeitrag zur Rentenversicherung sowie 2 % Pauschalsteuern an die Minijob-Zentrale weiterzuleiten.

18.1.3 Studenten

Sachverhalt: Eine Studentin wird ab 1.1.2020 befristet für 1 Jahr als Aushilfe eingestellt. Der Stundenlohn beträgt 15 EUR und die Arbeitszeit 20 Stunden pro Monat. Es ergibt sich ein monatliches Entgelt von 300 EUR. Im November erhält die Aushilfskraft Weihnachtsgeld i. H. v. 120 EUR. Die Mitarbeiterin legt eine Immatrikulationsbescheinigung der örtlichen Universität vor. Die Aushilfe hat keine weiteren Beschäftigungen. Sie ist über ihre Eltern privat krankenversichert.

Handelt es sich um eine kurzfristige oder eine geringfügige Beschäftigung?

Lösung: Die Studentin muss als geringfügig entlohnte Beschäftigte bei der Minijob-Zentrale angemeldet werden. Im vorliegenden Fall ist eine geringfügig entlohnte Beschäftigung gegeben, da das regelmäßige Arbeitsentgelt 450 EUR nicht übersteigt. Bei einem monatlichen Entgelt von 300 EUR ergibt sich ein Jahresbetrag von 3.600 EUR. Hinzu kommt ein Weihnachtsgeld i. H. v. 120 EUR, sodass das Jahresarbeitsentgelt 3.720 EUR beträgt, umgerechnet monatlich 310 EUR. Damit ist die Beschäftigung geringfügig, der Studentenstatus der Beschäftigten ändert daran nichts.

Für geringfügige Beschäftigungen fallen Pflichtbeiträge zur Rentenversicherung an, wovon der Arbeitgeber 15 % und die Studentin 3,6 % trägt. Auch für Studenten besteht die Möglichkeit der Befreiung von der Rentenversicherungspflicht. Pauschalbeiträge zur Krankenversicherung fallen in diesem Fall nicht an, da die Studentin über ihre Eltern privat krankenversichert ist.

Tipp: Die Versteuerung des Arbeitsentgelts kann über die einheitliche Pauschalsteuer von 2 % erfolgen. Im Beispiel ist eine individuelle Besteuerung nach ELStAM sinnvoll, da die Studentin keine weitere Beschäftigung ausübt und damit Steuerklasse I hat. Bei dem geringfügigen Arbeitsentgelt fällt bei Lohnsteuerklasse I noch keine Lohnsteuer an, sodass die Arbeitnehmerin den Lohn in voller Höhe ausbezahlt bekommt (ggf. abzüglich des Rentenversicherungsbeitrags).

Bei der Beschäftigung von Studenten ist es aus Sicht des Arbeitgebers in der Regel sinnvoller, die Grenzen der geringfügigen Beschäftigung zu überschreiten. Die Lohnnebenkosten bei der geringfügigen Beschäftigung, können bis knapp über 30 % betragen (15 % pauschale Rentenversicherung, 13 % pauschale Krankenversicherung, 2 % einheitliche Pauschalsteuer). Studenten, deren regelmäßiges Arbeitsentgelt über 450 EUR liegt, sind zwar vom Prinzip her sozialversicherungspflichtig beschäftigt, sind aber in der Kranken-, Pflege- und Arbeitslosenversicherung versicherungsfrei, wenn ihre wöchentliche Arbeitszeit 20 Stunden nicht überschreitet (Werkstudentenprivileg).

18.1.4 Trainertätigkeit

Sachverhalt: Ein Mitglied eines gemeinnützigen Sportvereins trainiert ab 1.1.2020 die Beachvolleyballmannschaft des Vereins. Für seine Trainertätigkeit erhält er pro Monat 600 EUR. Der Trainer ist hauptberuflich sozialversicherungspflichtig beschäftigt, andere Nebenjobs übt er nicht aus. Er ist in der gesetzlichen Krankenversicherung pflichtversichert.

Handelt es sich bei der Trainertätigkeit um eine geringfügig entlohnte Beschäftigung und wie wird diese angemeldet?

Lösung: Die Vergütung für die Trainertätigkeit kann als geringfügig entlohnte Beschäftigung abgerechnet werden.

Entscheidendes Kriterium für die Beurteilung ist die Höhe des regelmäßigen Arbeitsentgelts. Der Trainer erhält von seinem Verein zwar auf das Jahr gesehen 7.200 EUR (12 x 600 EUR). Da die Tätigkeit als Trainer nebenberuflich für einen gemeinnützigen Verein ausgeübt wird, steht dem Trainer steuerlich der Freibetrag für nebenberufliche Tätigkeiten (Übungsleiterfreibetrag) von 2.400 EUR pro Jahr[20] zu. Bis zu diesem Betrag bleiben Einnahmen aus nebenberuflichen Tätigkeiten als Trainer oder Übungsleiter steuerfrei. Gleichzeitig gelten sie aufgrund dieser Steuerfreistellung sozialversicherungsrechtlich nicht als Arbeitsentgelt.[21]

Damit vermindert sich das sozialversicherungsrechtliche Arbeitsentgelt von den tatsächlich ausbezahlten 7.200 EUR auf 4.800 EUR (7.200 EUR – 2.400 EUR). Da eine ganzjährige Beschäftigung vorliegt, wird das Jahresarbeitsentgelt von 4.800 EUR monatlich mit 1/12 angesetzt. Dies ergibt einen Betrag von monatlich 400 EUR. Damit beträgt das regelmäßige Arbeitsentgelt nicht mehr als 450 EUR, die Beschäftigung gilt somit als geringfügig entlohnte Beschäftigung.

Vom Verein wird der Mitarbeiter wie folgt angemeldet:

- Personengruppe 109 (geringfügig entlohnte Beschäftigte)
- Beitragsgruppe lautet 6 (Pauschalbeitrag zur Krankenversicherung für geringfügig Beschäftigte)
- 1 (Pflichtbeitrag zur Rentenversicherung für geringfügig Beschäftigte)
- 0 (kein Beitrag zur Arbeitslosenversicherung)
- 0 (kein Beitrag zur Pflegeversicherung)
- Die Besteuerung erfolgt über den einheitlichen Pauschalsteuersatz von 2 %. Der Betrag wird direkt mit den Pauschalbeiträgen zur Kranken- und Pflegeversicherung an die Minijob-Zentrale in Essen abgeführt.

20 § 3 Nr. 26 EStG.
21 § 1 SvEV.

Hinweis: Das Beispiel zeigt, dass es für die Frage, ob eine geringfügig entlohnte Beschäftigung vorliegt, nicht auf das tatsächlich monatlich gezahlte, sondern auf das regelmäßige Entgelt ankommt. Gelten steuerfreie Entgeltbestandteile sozialversicherungsrechtlich nicht als Arbeitsentgelt (z. B. Übungsleiterfreibetrag, Rabattfreibetrag, steuerfreie Zuschläge für Sonntags-, Feiertags- oder Nachtarbeit), werden diese nicht auf die 450-EUR-Grenze angerechnet.

18.1.5 Beamte

Sachverhalt: Ein Beamter ist privat krankenversichert. In seinem Beamtenverhältnis hat er im Krankheitsfall Anspruch auf Fortzahlung der Bezüge und auf Beihilfe oder Heilfürsorge. Der Beamte hat folgende Nebenjobs:

- seit 2015 als Hausmeister für 300 EUR monatlich und
- seit Anfang 2020 als Pförtner für 250 EUR monatlich.

Wie sind die Beschäftigungen lohnsteuer- und sozialversicherungsrechtlich zu behandeln?

Lösung: Im Gegensatz zu Arbeitnehmern, die sozialversicherungspflichtig beschäftigt sind, erfolgt bei Beamten in keinem Fall eine Zusammenrechnung der geringfügig entlohnten Beschäftigungen mit der Hauptbeschäftigung als Beamter.

Die Entgelte aus den Beschäftigungen als Hausmeister (300 EUR) und als Pförtner (250 EUR) werden hingegen zusammengerechnet.

Beide Beschäftigungen sind ab 1.1.2020 nicht mehr geringfügig, da das Gesamtentgelt monatlich 450 EUR übersteigt. Da das Gesamtentgelt 550 EUR beträgt, ist für beide Beschäftigungen die Regelung des Übergangsbereichs anzuwenden. Die Beschäftigungen werden nicht bei der Minijob-Zentrale angemeldet, sondern bei einer Krankenkasse. Zuständig ist die Krankenkasse, bei welcher der Beamte zuletzt versichert war, ansonsten suchen Arbeitgeber und Arbeitnehmer eine Krankenkasse aus.

Da der Beamte im Krankheitsfall Anspruch auf Fortzahlung der Bezüge und auf Beihilfe oder Heilfürsorge aus seinem Beamtenverhältnis hat, bleibt er in beiden Nebenbeschäftigungen versicherungsfrei in der Kranken- und Pflegeversicherung. Es müssen Beiträge zur Renten- und Arbeitslosenversicherung abgeführt werden.

Angemeldet werden die Beschäftigungen wie folgt:

- Personengruppenschlüssel 101 (sozialversicherungspflichtige Beschäftigung)
- Beitragsgruppenschlüssel 0110.

Die Besteuerung der beiden Beschäftigungen erfolgt entweder nach ELStAM mit der Steuerklasse VI oder mit 20 % pauschaler Lohnsteuer.

Will der Arbeitgeber die pauschale Lohnsteuer von 20 % nicht übernehmen, kann sie auf den Arbeitnehmer abgewälzt werden. In diesem Fall muss geprüft werden, ob die Lohnsteuerpauschalierung mit 20 % (zuzüglich 5,5 % Solidaritätszuschlag und ggf. Kirchensteuer) günstiger ist als eine Besteuerung über die ELStAM.

18.2 Arbeitsentgelt

18.2.1 Weihnachtsgeld

Sachverhalt: Eine seit 1.1.2020 angestellte Aushilfe erhält neben dem monatlichen Arbeitsentgelt von 420 EUR im Dezember ein vertraglich zugesichertes Weihnachtsgeld i. H. v. 480 EUR.

Entsteht durch die Zahlung des Weihnachtsgelds ein sozialversicherungspflichtiges Beschäftigungsverhältnis?

Lösung: Das Weihnachtsgeld ist bei der Beurteilung der Beschäftigung zu berücksichtigen.

Arbeitsentgelt jährlich (420 EUR x 12 Monate + 480 EUR)	5.520 EUR
Durchschnittliches monatliches Arbeitsentgelt (5.520 EUR : 12 Monate)	460 EUR

Durch die Zahlung des Weihnachtsgeldes im Dezember wird die Geringfügigkeitsgrenze von 5.400 EUR pro Jahr überschritten. Es entsteht Sozialversicherungspflicht ab Beginn der Beschäftigung. Die Beiträge sind an die Krankenkasse abzuführen. Arbeitgeber müssen bei Beginn einer Beschäftigung und später laufend jährlich vorausschauend den sozialversicherungsrechtlichen Status einer Beschäftigung beurteilen. Hierbei sind auch mögliche Einmalzahlungen zu berücksichtigen.

Da keine geringfügig entlohnte Beschäftigung i. S. v. § 8 SGB IV vorliegt, ist auch die Pauschalierung gemäß § 40a Abs. 2 EStG i. H. v. 2 % nicht mehr möglich. Die Besteuerung hat nach den ELStAM zu erfolgen. Werden keine Lohnunterlagen vorgelegt, ist die Besteuerung nach Lohnsteuerklasse VI vorzunehmen.

18.2.2 Schwankendes Arbeitsentgelt – Unvorhersehbarer Einsatz

Sachverhalt: Ein Pflegedienst hat neben 16 Mitarbeitern, die sozialversicherungspflichtig beschäftigt sind, 2 Aushilfen angestellt. Laut Arbeitsvertrag erhalten diese einen Stundenlohn von 10 EUR. Nach den Erfahrungen der vergangenen Jahre liegt der Arbeitsaufwand der beiden Aushilfen zwischen 25 und 35 Stunden pro Monat. Daher sind die Aushilfen als geringfügig entlohnte Beschäftigte bei der Minijob-Zentrale gemeldet. Beide Aushilfen haben die Befreiung von der Rentenversicherungspflicht beantragt.

Im Oktober erkranken 3 der hauptamtlichen Arbeitnehmer und fallen unvorhergesehen aus. Da auch einige der zu betreuenden Patienten erkrankt sind, ergibt sich gleichzeitig ein erhöhter Pflegebedarf. Die Aushilfen arbeiten daher im Oktober 96 bzw. 112 Stunden. Dementsprechend beträgt das Entgelt 960 EUR bzw. 1.120 EUR. Ab November liegt die Arbeitsbelastung der Aushilfen wieder im üblichen Rahmen (25 bis 35 Stunden pro Monat).

Werden die Aushilfen durch die erhöhte Arbeitszeit sozialversicherungspflichtig?

Lösung: Die Beschäftigung der Aushilfen wird auch weiterhin als geringfügig entlohnt angesehen. Bei einer Krankheitsvertretung wird das Arbeitsentgelt unvorhersehbar überschritten. Ein nicht vorhersehbares Überschreiten der Arbeitsentgeltsgrenze von nicht mehr als 3 Monaten oder 70 Arbeitstagen innerhalb eines Zeitjahres ist unschädlich.

An der Entgeltabrechnung ändert sich auch im Monat Oktober nichts. Die Arbeitslöhne der beiden Aushilfen von 960 EUR bzw. 1.120 EUR werden wie das Arbeitsentgelt normaler Minijobs abgerechnet. Der Arbeitgeber führt pauschale Beiträge zur Rentenversicherung (15 %) – da die Arbeitnehmer die Befreiung von der Rentenversicherungspflicht beantragt haben – und zur Krankenversicherung (13 %) sowie die einheitliche Pauschalsteuer i. H. v. 2 % an die Minijob-Zentrale ab. Bei bestehender Rentenversicherungspflicht würden der Arbeitnehmer 3,6 % und der Arbeitgeber 15 % des Rentenversicherungsbeitrags tragen.

Hinweis: Bei der Jahresmeldung liegt das gemeldete Jahresarbeitsentgelt über dem »Grenzbetrag« von 5.400 EUR jährlich. Trotzdem bleibt es bei der geringfügig entlohnten Beschäftigung. Bei evtl. Nachfragen des Lohnsteuerprüfers sollte darauf hingewiesen werden, dass sich die einheitliche Pauschalsteuer von 2 % ausschließlich an der sozialversicherungsrechtlichen Eingruppierung der Beschäftigten orientiert. Eine eigenständige, monatliche Höchstgrenze von 450 EUR für das Steuerrecht gibt es seit der Angleichung der steuerrechtlichen Regelung an die der Sozialversicherung nicht mehr.[22]

22 § 40a Abs. 2 EStG enthält einen eindeutigen Verweis auf die sozialversicherungsrechtliche Beurteilung.

Aus Nachweisgründen empfiehlt es sich den Entgeltunterlagen der beiden Aushilfen einen schriftlichen Nachweis bezüglich der Krankheitsvertretung (z. B. Kopien der Arbeitsunfähigkeitsbescheinigungen) beizufügen.

Tipp: Derartige unvorhersehbare Überschreitungen der 450-EUR-Grenze sind unproblematisch, wenn sie sich auf Ausnahmefälle beschränken. Schwierigkeiten ergeben sich immer dann, wenn sich Überschreitungen jährlich wiederholen. Die Prüfer der Sozialversicherungsträger verweisen in derartigen Fällen darauf, dass der Personalbestand insgesamt zu niedrig ist und damit mit einem krankheitsbedingten Mehreinsatz der Aushilfskräfte gerechnet werden muss. Insoweit ist die Überschreitung dann nicht mehr unvorhersehbar. Sie muss am Jahresanfang bei der sozialversicherungsrechtlichen Beurteilung der Aushilfsbeschäftigungen mitberücksichtigt werden. Kommt es zu Überschreitungen der 450-EUR-Grenze bei Aushilfskräften, sollten der Arbeitgeber den Anlass der notwendigen Mehrarbeit in den Personalunterlagen notieren und anhand geeigneter Belege (z. B. Arbeitsunfähigkeitsbescheinigungen) nachweisen können.

18.2.3 Mindestbeitragsbemessungsgrundlage bei Option zur vollen Rentenversicherungspflicht

Sachverhalt: Eine Reinigungskraft ist seit 2009 geringfügig entlohnt für monatlich 160 EUR beschäftigt Sie erhält weder Urlaubs- noch Weihnachtsgeld. Die Arbeitnehmerin übt daneben keine weiteren Beschäftigungen aus.

Um sich die Riester-Zulage zu sichern, hat sie im Rahmen der geringfügigen Beschäftigung zur Rentenversicherungspflicht optiert. Sie stockt demnach aus eigenen Mitteln den Rentenversicherungsbeitrag auf den aktuellen Satz auf.

Wie hoch ist der Aufstockungsbetrag zur Rentenversicherung, den die Mitarbeiterin selbst tragen muss?

Lösung: Die Beiträge zur Rentenversicherung sind mindestens von einem Betrag von 175 EUR zu berechnen, auch wenn das tatsächliche Arbeitsentgelt unter diesem Betrag liegt.

Monatlicher Aufstockungsbetrag

Beitragssatz zur Rentenversicherung 2020	18,6 %
Pauschaler Beitragssatz zur Rentenversicherung (übernimmt Arbeitgeber)	15 %
Differenz	3,6 %
Monatslohn	160,00 EUR

Mindestbeitragsbemessungsgrundlage Rentenversicherung 175 EUR	
Mindestbeitrag 175 EUR x 18,6 %	32,55 EUR
Arbeitgeberanteil 160 EUR x 15 %	24,00 EUR
Beitragsanteil der Mitarbeiterin (32,55 EUR abzgl. 24 EUR)	8,55 EUR

Hinweis: Eine Optierung zur Versicherungspflicht war bei der Rentenversicherung bis zum 31.12.2012 möglich. Bei einem Beschäftigungsbeginn ab 1.1.2013 unterliegt der Arbeitnehmer grundsätzlich der Rentenversicherungspflicht, sofern er nicht die Befreiung hiervon beantragt. In der Regel wird die Prüfung des Mindestbetrags zur Rentenversicherung vom Entgeltabrechnungsprogramm vorgenommen. Voraussetzung ist jedoch, dass die Abmeldung zeitlich richtig eingegeben wird, und nur die anteiligen Sozialversicherungstage vom Programm eingerechnet werden.

Tipp: Bei der Option zur Rentenversicherungspflicht bei vor dem 1.1.2013 aufgenommenen geringfügig entlohnten Beschäftigungen bleibt der Personengruppenschlüssel 109 unverändert, der Beitragsgruppenschlüssel lautet 6100 bzw. 0100, wenn keine Versicherung in der gesetzlichen Krankenversicherung besteht.

18.3 Monatliche Arbeitsentgeltgrenze

Sachverhalt: Eine Arbeitnehmerin übt seit 2017 eine geringfügig entlohnte Beschäftigung mit einem monatlichen Arbeitsentgelt von 390 EUR aus. Die Beschäftigung endet am 15.4.2020. Im April 2020 erhält die Arbeitnehmerin das Entgelt in voller Höhe. Weitere Beschäftigungen werden nicht ausgeübt.

Wie ist die Beschäftigung im April 2020 sozialversicherungsrechtlich zu beurteilen?

Lösung: Bei der Arbeitsentgeltgrenze von 450 EUR handelt es sich um einen Monatsbetrag, der auch dann gilt, wenn die Beschäftigung im Laufe eines Kalendermonats beginnt oder endet.[23]

Bei einer geringfügig entlohnten Beschäftigung entfällt damit die Berechnung einer anteiligen Entgeltgrenze, selbst wenn diese nur in einem Teilmonat ausgeübt wird.

Das erzielte Arbeitsentgelt in Höhe von 390 EUR übersteigt die monatliche Arbeitsentgeltgrenze nicht. Somit steht die Arbeitnehmerin auch im April 2020 in einem geringfügig entlohnten Beschäftigungsverhältnis.

23 BSG, Urteil v. 5.12.2017, B 12 R 10/15 R.

18.4 Mehrere geringfügig entlohnte Beschäftigungen und Berücksichtigung der Arbeitsentgeltgrenze

Sachverhalt: Die seit 2016 ausgeübte geringfügig entlohnte Beschäftigung einer Arbeitnehmerin endet zum 14.5.2020. Im Mai 2020 erzielt sie aus dieser Beschäftigung ein Arbeitsentgelt in Höhe von 230 EUR.

Am 18.5.2020 nimmt die Arbeitnehmerin eine neue geringfügig entlohnte Beschäftigung auf, die bis Dezember 2020 fortbesteht. Für die Zeit vom 18.5.2020 bis 31.5.2020 beträgt das Arbeitsentgelt 280 EUR.

Werden die Entgelte aus beiden Beschäftigungen für die Prüfung der Arbeitsentgeltgrenze zusammengerechnet? Wie sind die beiden Beschäftigungen im Mai 2019 sozialversicherungsrechtlich zu beurteilen?

Lösung: Endet eine geringfügig entlohnte Beschäftigung im Laufe eines Kalendermonats und beginnt anschließend im gleichen Kalendermonat eine geringfügig entlohnte Beschäftigung bei einem anderen Arbeitgeber, werden die erzielten Arbeitsentgelte aus beiden Beschäftigungen nicht zusammengerechnet.

Die Arbeitsentgelte aus beiden Beschäftigungen überschreiten für sich betrachtet die Arbeitsentgeltgrenze von 450 EUR nicht. Insoweit sind beide Beschäftigungen im Mai 2019 als geringfügig entlohnt zu beurteilen.

Hinweis: Folgen mehrere geringfügig entlohnte Beschäftigungen aufeinander, die in demselben Kalendermonat beginnen und enden, sind die erzielten Arbeitsentgelte aus diesen Beschäftigungen zusammenzurechnen. Wird dabei die Arbeitsentgeltgrenze von 450 EUR überschritten, ist die später aufgenommene Beschäftigung, die in der Zusammenrechnung zu einem Überschreiten der Entgeltgrenze führt, nicht geringfügig entlohnt. Gleiches gilt für die zuerst aufgenommene Beschäftigung, wenn bereits zu ihrem Beginn bekannt ist, dass in demselben Kalendermonat eine weitere befristete geringfügig entlohnte Beschäftigung folgen soll, durch die die Entgeltgrenze überschritten wird.

18.5 »Arbeit auf Abruf« und Phantomlohn

Sachverhalt: Mehrere geringfügig entlohnte Beschäftigte werden zum 1.4. in einem Freizeitpark angestellt. Das Geschäft ist stark von den Witterungsbedingungen und den damit einhergehenden schwankenden Besucherzahlen abhängig. Daher vereinbart der Arbeitgeber mit allen Beschäftigten »Arbeit auf Abruf« und zudem einen Stundenlohn in Höhe des Mindestlohns.

Darüber hinaus ist mit Arbeitnehmer A eine wöchentliche Mindestarbeitszeit von 10 Stunden und mit Arbeitnehmer B eine wöchentliche Höchstarbeitszeit von 10 Stunden vereinbart. Der Arbeitsvertrag von Arbeitnehmer C enthält keine Aussagen zur wöchentlichen Arbeitszeit.

Wie sind die Beschäftigungen von Arbeitnehmer A, B und C sozialversicherungsrechtlich zu beurteilen?

Lösung

Arbeitnehmer A
Ist eine wöchentliche Mindestarbeitszeit vereinbart, darf der Arbeitgeber bis zu 25 % der wöchentlichen Arbeitszeit – bei Arbeitnehmer A 2,5 Stunden pro Woche – zusätzlich abrufen. Die wöchentliche Arbeitszeit kann sich dabei auf bis zu 12,5 Stunden erhöhen.

Aufgrund des erzielten Mindestlohns und der vereinbarten wöchentlichen Mindestarbeitszeit ist grundsätzlich von einer geringfügig entlohnten Beschäftigung auszugehen. Werden gelegentlich bis zu 25 % der wöchentlichen Arbeitszeit zusätzlich abgerufen, ist ein unvorhersehbares Überschreiten der Arbeitsentgeltgrenze von nicht mehr als 3 Monaten oder 70 Arbeitstagen innerhalb eines Zeitjahres unschädlich. Ein weiteres Überschreiten führt zur Sozialversicherungspflicht. Gleiches gilt, wenn zu Beschäftigungsbeginn abzusehen ist, dass die zusätzliche wöchentliche Arbeitszeit von 25 % dauerhaft abgerufen und die monatliche Arbeitsentgeltgrenze von 450 EUR regelmäßig überschritten wird. Sozialversicherungspflicht besteht dann bereits ab 1.4.

Arbeitnehmer B
Ist eine wöchentliche Höchstarbeitszeit vereinbart, darf der Arbeitgeber bis zu 20 % der wöchentlichen Arbeitszeit weniger abrufen. Dabei wird die entfallene Arbeitszeit nicht vergütet.

Bei Arbeitnehmer B kann sich die wöchentliche Arbeitszeit somit um 2 Stunden auf 8 Stunden verringern. Da der Arbeitnehmer den Mindestlohn verdient, ist im Rahmen einer vorausschauenden versicherungsrechtlichen Beurteilung unter Berücksichtigung der wöchentlichen Höchstarbeitszeit von einer geringfügig entlohnten Beschäftigung auszugehen.

Arbeitnehmer C
Aufgrund einer fehlenden Vereinbarung wird eine wöchentliche Arbeitszeit von 20 Stunden zugrunde gelegt. Unterschreitet die abgerufene wöchentliche Arbeitszeit den gesetzlichen vorgegebenen Wert, besteht dennoch ein Entgeltanspruch und damit ein Beitragsanspruch der Sozialversicherungsträger für volle 20 Wochenstunden

(»fiktive« Entgeltzahlungen, sog. Phantomlohn). In diesen Fällen wird die monatliche Arbeitsentgeltgrenze von 450 EUR bereits mit dem Mindestlohnanspruch überschritten. Ab Beschäftigungsbeginn besteht damit Sozialversicherungspflicht.

Liegt eine wirksame Lohnverzichtserklärung des Arbeitnehmers vor, werden keine Beiträge aus dem Phantomlohn berechnet.

Hinweis: Der Arbeitgeber kann entweder eine wöchentliche Höchst- oder eine Mindestarbeitszeit mit dem Arbeitnehmer vereinbaren. Unzulässig ist die Kombination von Mindest- und Höchstarbeitszeit.

Wichtig: Wird eine geringfügig entlohnte Beschäftigung als »Arbeit auf Abruf« ausgeübt, ist zwingend eine wöchentliche Arbeitszeit zu vereinbaren. Nur so kann der unmittelbare Eintritt von Sozialversicherungspflicht zu Beschäftigungsbeginn vermieden werden.

19 Jahresarbeitsentgelt

19.1 Urlaubsgeld

Sachverhalt: Ein Arbeitnehmer in einem Großunternehmen erhält jährlich im Juli ein volles Monatsentgelt als Urlaubsgeld. Dies ist im Haustarifvertrag des Unternehmens festgelegt.

Handelt es sich um eine regelmäßige Einnahme?

Lösung: Der Arbeitnehmer erzielt hier eine regelmäßige Einnahme. Das Urlaubsgeld wird regelmäßig, d. h. mit hinreichender Sicherheit 1x jährlich gezahlt, da es im Haustarifvertrag verankert ist. Das Urlaubsgeld wird bei der Berechnung des Jahresarbeitsentgelts berücksichtigt.

19.2 Überstundenvergütung (tatsächliche Überstunden)

Sachverhalt: Ein Arbeitnehmer erhält neben seinem normalen Entgelt praktisch jeden Monat eine zusätzliche Überstundenvergütung. Diese Vergütung wird für die tatsächlich geleisteten Überstunden gezahlt. In Monaten ohne Überstunden erhält er keine Überstundenvergütung.

Handelt es sich um eine regelmäßige Einnahme?

Lösung: Bei der Überstundenvergütung handelt es sich nicht um eine regelmäßige Einnahme. Selbst wenn über längere Zeit monatlich Überstunden anfielen, kann nicht dauerhaft davon ausgegangen werden, dass dies mit hinreichender Sicherheit auch in Zukunft so sein wird. Die Überstundenvergütungen werden nicht auf das regelmäßige Jahresarbeitsentgelt angerechnet.

19.3 Überstundenvergütung (dauernd pauschal)

Sachverhalt: Ein Arbeitnehmer erhält neben dem Monatsentgelt eine Überstundenvergütung. In seinem Betrieb wird ein monatlich gleicher Betrag gezahlt, unabhängig von der tatsächlich im Monat erzielten Anzahl von Überstunden. Hierdurch sind sämtliche geleisteten Überstunden abgegolten – völlig unabhängig davon, ob und in welchem Ausmaß sie tatsächlich anfielen.

Handelt es sich um eine regelmäßige Einnahme?

Lösung: Bei der Überstundenvergütung handelt es sich um eine regelmäßige Einnahme. Da sie unabhängig vom tatsächlichen Anfall von Überstunden monatlich gezahlt wird, liegt hier eine Regelmäßigkeit vor. Die Überstundenvergütungen werden auf das regelmäßige Jahresarbeitsentgelt angerechnet.

19.4 Jubiläumszuwendung

Sachverhalt: Ein Arbeitnehmer ist seit seiner Ausbildung bei seinem Arbeitgeber beschäftigt. In diesem Jahr feiert er sein 40. Betriebsjubiläum. Sein Arbeitgeber lässt ihm dann erneut ein volles Monatsgehalt als Jubiläumszuwendung extra zukommen. Dies ist im Haustarifvertrag so geregelt.

Handelt es sich um eine regelmäßige Einnahme?

Lösung: Die Jubiläumszuwendung ist keine regelmäßige Einnahme, da diese Zuwendung nicht mindestens 1x jährlich gewährt wird. Die Zuwendung wird nicht auf das regelmäßige Jahresarbeitsentgelt angerechnet.

19.5 Geburtsbeihilfe

Sachverhalt: Eine Arbeitnehmerin bekommt laut geltendem Tarifvertrag vom Arbeitgeber eine Geburtsbeihilfe anlässlich der Entbindung ihres Kindes ausgezahlt.

Handelt es sich um eine regelmäßige Einnahme?

Lösung: Die Arbeitnehmerin bekommt durch die Geburtsbeihilfe keine regelmäßige Einnahme. Naturgemäß kann eine Zahlung wegen einer Kindesgeburt nicht ohne weiteres nochmals erwartet werden. Somit kann eine solche Zahlung niemals regelmäßig sein.

19.6 Bereitschaftsdienstzulage

Sachverhalt: Ein Arbeitnehmer ist für die Beaufsichtigung der Schaltwarte einer technischen Großanlage zuständig. Bei ihm fällt daher regelmäßig, d. h. in jedem Monat, unter anderem ein Bereitschaftsdienst an. Dies ist für diese Tätigkeit typisch und arbeitsvertraglich entsprechend verankert.

Handelt es sich um eine regelmäßige Einnahme?

Lösung: Der Arbeitnehmer erzielt regelmäßige Einnahmen durch den monatlich zu leistenden Bereitschaftsdienst, an welchen er arbeitsvertraglich gebunden ist. Die Bereitschaftsdienstzulage wird auf das regelmäßige Jahresarbeitsentgelt angerechnet.

19.7 Werkswohnung

Sachverhalt: Eine Arbeitnehmerin erhält von ihrem Arbeitgeber eine stark verbilligte Werkswohnung. Daraus erwächst ihr ein monatlicher finanzieller Vorteil.

Handelt es sich um eine regelmäßige Einnahme?

Lösung: Die Arbeitnehmerin hat eine regelmäßige Einnahme. Sie hat die Wohnung bis auf Weiteres angemietet und einen entsprechenden Mietvertrag. Der finanzielle Vorteil wird auf das regelmäßige Jahresarbeitsentgelt angerechnet.

19.8 Jahreswagen

Sachverhalt: Eine Arbeitnehmerin ist Werksangehörige eines großen Automobilherstellers. 2x im Jahr hat sie das Recht, ein Auto mit Personalrabatt zu erwerben.

Handelt es sich um eine regelmäßige Einnahme?

Lösung: Die Arbeitnehmerin hat keine regelmäßige Einnahme. Niemand vermag sicher zu sagen, ob sie das Recht, ein Auto mit Personalrabatt zu erwerben, tatsächlich jedes Mal nutzen möchte bzw. nutzen wird.

19.9 Vermögenswirksame Leistungen

Sachverhalt: Eine Arbeitnehmerin erhält laut Tarifvertrag vom Arbeitgeber vermögenswirksame Leistungen in bestimmter Höhe monatlich ausgezahlt. Sie hat dafür einen entsprechenden Bausparvertrag abgeschlossen.

Handelt es sich um eine regelmäßige Einnahme?

Lösung: Die Arbeitnehmerin erhält regelmäßige Einnahmen durch die vom Arbeitgeber monatlich gezahlten vermögenswirksamen Leistungen. Die vermögenswirksamen Leistungen werden auf das regelmäßige Jahresarbeitsentgelt angerechnet.

19.10 Provision

Sachverhalt: Eine Vertriebsleiterin erhält monatlich ein vereinbartes Fixum sowie eine erfolgsabhängige Provision. Die Höhe der Provision ergibt sich aus den abgeschlossenen Kaufverträgen. Das Unternehmen erwartet für die kommenden 12 Monate nun eine Steigerung der Verkaufszahlen um 30 %.

Stellt die Provision eine regelmäßige Einnahme dar?

Lösung: Die Arbeitnehmerin erzielt durch die Provision eine regelmäßige Einnahme, da sie Bestandteil des monatlichen Arbeitsentgelts ist. Da eine Steigerung der Verkaufszahlen erwartet wird, ist das regelmäßige Jahresarbeitsentgelt unter Berücksichtigung der Steigerung neu zu berechnen.

19.11 Erfolgsbeteiligung

Sachverhalt: Eine Arbeitnehmerin ist Angestellte eines börsennotierten Großkonzerns. In guten Geschäftsjahren, was seit Jahren der Fall ist, zahlt ihr das Unternehmen im Dezember zusätzlich zum Gehalt und zum Weihnachtsgeld eine Erfolgsbeteiligung aus. Deren Höhe ist abhängig vom Geschäftsverlauf, sie kann also in manchen Jahren auch völlig entfallen.

Handelt es sich um eine regelmäßige Einnahme?

Lösung: Die Arbeitnehmerin erzielt durch die Erfolgsbeteiligung keine regelmäßige Einnahme. Ob diese Zahlung im Dezember tatsächlich wieder gezahlt wird, entscheidet sich jedes Jahr aufs Neue und ist somit zunächst jährlich unsicher. Eine Anrechnung auf das regelmäßige Jahresarbeitsentgelt erfolgt nicht.

20 Jahresarbeitsentgeltgrenze

20.1 Erstmalige Arbeitsaufnahme nach dem 31.12.2002

Sachverhalt: Ein Arbeitnehmer nimmt am 1.2.2020 erstmals eine Beschäftigung auf.

Gilt für den Arbeitnehmer die allgemeine oder die besondere Jahresarbeitsentgeltgrenze?

Lösung: Für den Arbeitnehmer gilt die allgemeine Jahresarbeitsentgeltgrenze, er war am Stichtag 31.12.2002 noch nicht als Arbeitnehmer beschäftigt.

20.2 Erstmalige Arbeitsaufnahme und Übergrenzer vor/am Stichtag 31.12.2002

Sachverhalt: Ein Arbeitnehmer ist erstmals seit 1.12.2000 abhängig beschäftigt. Am gesetzlichen Stichtag 31.12.2002 hat sein regelmäßiges Jahresarbeitsentgelt die Jahresarbeitsentgeltgrenze 2002 in Höhe von 40.500 EUR überschritten. Er ist bereits seit 2000 privat krankenversichert.

Gilt für den Arbeitnehmer die allgemeine oder die besondere Jahresarbeitsentgeltgrenze?

Lösung: Für den Arbeitnehmer gilt die besondere Jahresarbeitsentgeltgrenze, da er
- am gesetzlichen Stichtag 31.12.2002 wegen Überschreitens der damals geltenden Jahresarbeitsentgeltgrenze (40.500 EUR) versicherungsfrei war, und
- bei einem privaten Krankenversicherungsunternehmen in einer substitutiven (der gesetzlichen Krankenversicherung im Umfang entsprechenden, nicht in einer Zusatzversicherung) versichert war.

20.3 Erstmalige Arbeitsaufnahme aber kein Übergrenzer vor/am Stichtag 31.12.2002

Sachverhalt: Ein Arbeitnehmer ist erstmals seit 1.1.2000 abhängig beschäftigt. Aufgrund seines regelmäßigen Jahresarbeitsentgelts war er am 31.12.2002 krankenversicherungspflichtig.

Gilt für den Arbeitnehmer die allgemeine oder die besondere Jahresarbeitsentgeltgrenze?

Lösung: Für den Arbeitnehmer gilt die allgemeine Jahresarbeitsentgeltgrenze, da er am gesetzlichen Stichtag 31.12.2002 nicht die erforderlichen Voraussetzungen für eine Anwendung der besonderen Jahresarbeitsentgeltgrenze (private Krankenversicherung, Entgelt oberhalb der damaligen Jahresarbeitsentgeltgrenze) erfüllt hat.

20.4 Feste Bezüge und laufende und einmalige Einnahmen

Sachverhalt: Am 1.4.2020 nimmt ein Arbeitnehmer, für den die allgemeine Jahresarbeitsentgeltgrenze gilt, seine Beschäftigung auf.

Er hat folgende Einnahmen:

- Monatslohn 4.700 EUR
- Pauschale Überstundenvergütung 200 EUR monatlich
- Steuer- und beitragsfreie Nachtarbeitszuschläge 50 EUR monatlich
- Vertraglich zugesichertes Weihnachtsgeld 2.000 EUR jeweils im November
- Vertraglich zugesichertes Urlaubsgeld 1.000 EUR jeweils im Juni

Unterliegt der Arbeitnehmer der Krankenversicherungspflicht?

Lösung

Berechnungsstufen regelmäßiges Jahresarbeitsentgelt
Jahreseinnahmen (aller Einnahmen aus der Beschäftigung für ein fiktives Jahr)
- Bezüge, die kein Arbeitsentgelt im Sinne der Sozialversicherung sind
- Unregelmäßige Bezüge
- Zuschläge, die mit Rücksicht auf den Familienstand gezahlt werden
= Regelmäßiges Jahresarbeitsentgelt

Berechnung regelmäßiges Jahresarbeitsentgelt

Arbeitsentgelt (4.700 EUR × 12 Monate)	56.400 EUR
Pauschale Überstundenvergütung (200 EUR × 12 Monate)	+ 2.400 EUR
Nachtzuschläge (50 EUR × 12 Monate)	+ 600 EUR
Weihnachtsgeld	+ 2.000 EUR
Urlaubsgeld	+ 1.000 EUR
Jahresarbeitsentgelt gesamt	62.400 EUR
Abzgl. Nachtzuschläge (50 EUR × 12 Monate)	- 600 EUR
Regelmäßiges Jahresarbeitsentgelt	61.800 EUR

Die Überstundenvergütung erfolgt regelmäßig pauschal.

Das regelmäßige Jahresarbeitsentgelt des Arbeitnehmers (61.800 EUR) überschreitet die allgemeine Jahresarbeitsentgeltgrenze (2020: 62.500 EUR) nicht. Der Arbeitnehmer ist krankenversicherungspflichtig.

20.5 Feste Bezüge und variable Entgelte

Sachverhalt: Am 1.4.2020 nimmt ein Arbeitnehmer, für den die allgemeine Jahresarbeitsentgeltgrenze gilt, seine Beschäftigung auf.

Er hat folgende Einnahmen:

- Monatslohn 4.700 EUR, einschließlich 150 EUR Kinderzuschlag und 50 EUR Nachtzuschlag
- Firmenwagen, auch zur privaten Nutzung, geldwerter Vorteil monatlich 250 EUR
- Vertraglich zugesichertes Weihnachtsgeld 3.000 EUR (jeweils im November)
- Vertraglich zugesicherte Gewinnbeteiligung, mindestens 1.000 EUR, sie steigert sich als nicht garantierte Gewinnbeteiligung auf bis zu 3.000 EUR (jeweils im Juni)

Unterliegt der Arbeitnehmer der Krankenversicherungspflicht?

Berechnung regelmäßiges Jahresarbeitsentgelt	
Arbeitsentgelt (4.700 EUR × 12 Monate)	56.400 EUR
Geldwerter Vorteil Firmenwagen (250 EUR × 12 Monate)	+ 3.000 EUR
Weihnachtsgeld	+ 3.000 EUR
Gewinnbeteiligung	+ 3.000 EUR
Jahresarbeitsentgelt gesamt	65.400 EUR
Abzgl. Nachtzuschläge (50 EUR × 12 Monate)	- 600 EUR
Abzgl. unregelmäßige Gewinnbeteiligung	- 2.000 EUR
Abzgl. Kinderzuschlag (150 EUR x 12 Monate)	- 1.800 EUR
Regelmäßiges Jahresarbeitsentgelt	61.000 EUR

Lösung: Die Gewinnbeteiligung als variabler Entgeltbestandteil zählt grundsätzlich nicht zum regelmäßigen Jahresarbeitsentgelt. Lediglich der Anspruch auf den Mindestbetrag (hier: 1.000 EUR) ist beim regelmäßigen Jahresarbeitsentgelt zu berücksichtigen.

Das regelmäßige Jahresarbeitsentgelt (61.000 EUR) des Arbeitnehmers überschreitet die allgemeine Jahresarbeitsentgeltgrenze (2020: 62.550 EUR) nicht. Der Arbeitnehmer ist krankenversicherungspflichtig.

20.6 Schwankende Bezüge (Stundenlohn)

Sachverhalt: Am 1.4.2020 nimmt ein Arbeitnehmer als Mitarbeiter in der Produktion seine Beschäftigung auf. Es handelt sich um die erste Beschäftigung des Arbeitnehmers im Inland. Die Arbeitszeit beträgt 38 Stunden in der Woche.

Er hat folgende Einnahmen:

- Stundenlohn: 29,50 EUR
- Überstunden: 30 EUR je Stunde (in der Vergangenheit ca. 2 Stunden/Woche)
- Steuer- und beitragsfreie Nachtarbeitszuschläge: monatlich 50 EUR
- Vertraglich zugesichertes Weihnachtsgeld: ein durchschnittlicher Monatslohn ohne Überstunden (jeweils im November)
- Vertraglich zugesichertes Urlaubsgeld: 1.000 EUR (jeweils im Juni)

Ist der Arbeitnehmer der krankenversicherungspflichtig oder krankenversicherungsfrei?

Lösung

Umrechnung Stundenlohn in durchschnittlichen Monatslohn

(Grundregel: 13 Wochen entsprechen stets 3 Monaten)

Arbeitsentgelt (29,50 EUR x 38 Std. x 13 Wochen : 3 Monate)	4.857,67 EUR
Überstunden (30 EUR × 2 Std. x 13 Wochen : 3 Monate)	260,00 EUR
Monatlich gesamt	5.117,67 EUR

Berechnung regelmäßiges Jahresarbeitsentgelt

Arbeitslohn (4.857,67 EUR × 12 Monate)	58.292,04 EUR
Überstunden (260 EUR × 12 Monate)	+ 3.120,00 EUR
Nachtzuschläge (50 EUR × 12 Monate)	+ 600,00 EUR
Weihnachtsgeld	+ 4.857,67 EUR
Urlaubsgeld	+ 1.000,00 EUR
Jahresarbeitsentgelt gesamt	67.869,71 EUR
Abzgl. Nachtzuschläge	- 600,00 EUR
Abzgl. Überstundenvergütung	- 3.120,00 EUR
Regelmäßiges Jahresarbeitsentgelt	64.149,71 EUR

Das regelmäßige Jahresarbeitsentgelt (64.149,71 EUR) des Arbeitnehmers überschreitet die allgemeine Jahresarbeitsentgeltgrenze (2020: 62.550 EUR). Er ist ab Beschäftigungsbeginn krankenversicherungsfrei. Wegen der erstmaligen Beschäftigungsaufnahme im Inland besteht ein einmaliges Wahlrecht, einer gesetzlichen Krankenkasse freiwillig beizutreten (Beitrittsfrist 3 Monate, hier bis 1.4.2020). Nutzt der Arbeitnehmer diese Frist nicht, bleibt ihm nur die Wahl, eine private Krankenversicherung abzuschließen. Schließt er keine private Krankenversicherung ab, kommt kraft Gesetzes eine »Auffangversicherung« (Versicherungspflicht für zuletzt Nichtversicherte) zustande. Dabei entscheidet sich die Zuordnung zur gesetzlichen oder privaten Krankenversicherung danach, wo der Beschäftigte zuletzt versichert war.

20.7 Schwankende Bezüge (vorausschauende Betrachtung)

Sachverhalt: Am 1.1.2020 nimmt ein Arbeitnehmer als Vertreter im Außendienst seine Beschäftigung auf. Es handelt sich um die erste Beschäftigung des Arbeitnehmers im Inland.

Er hat folgende Einnahmen:

- Monatliches Fixum: 2.100 EUR
- Provision: 2.500 EUR monatlich (Vorgänger erzielte im gleichen Bezirk und vergleichbarer Produktpalette diesen Betrag über mehrere Jahre hinweg)
- Firmenwagen (auch zur privaten Nutzung): 250 EUR monatlicher steuerpflichtiger geldwerter Vorteil
- Vertraglich zugesichertes Weihnachtsgeld: monatliches Fixum zzgl. durchschnittliche monatliche Provision (im November)
- Vertraglich zugesichertes Urlaubsgeld: 2.000 EUR (im Juni)

Ist der Arbeitnehmer krankenversicherungspflichtig oder -frei?

Lösung: Bei schwankenden Bezügen (z. B. Akkord, Provisionsbasis) und vorausschauender Betrachtung ist eine Schätzung anhand der Einkünfte des Vorgängers oder eines gleichartigen Arbeitnehmers vorzunehmen.

Hier ist die Provision aufgrund der Angaben des Vorgängers als hinreichend sichere Einnahme zu betrachten.

Berechnung regelmäßiges Jahresarbeitsentgelt

Fixum (2.100 EUR × 12 Monate)	25.200 EUR
Provision (2.500 EUR × 12 Monate)	+ 30.000 EUR
Geldwerter Vorteil Firmenwagen (250 EUR × 12 Monate)	+ 3.000 EUR
Weihnachtsgeld	+ 3.900 EUR
Urlaubsgeld	+ 2.000 EUR
Regelmäßiges Jahresarbeitsentgelt	64.100 EUR

Das regelmäßige Jahresarbeitsentgelt (64.100 EUR) des Arbeitnehmers überschreitet die allgemeine Jahresarbeitsentgeltgrenze (2020: 62.550 EUR). Er ist ab Beschäftigungsbeginn krankenversicherungsfrei.

Achtung: Soweit das regelmäßige Jahresarbeitsentgelt im Wege der Schätzung ermittelt wurde, ist eine neue Beurteilung unverzüglich zu dem Zeitpunkt vorzunehmen, zu dem sich die erste Schätzung als unzutreffend erweist oder spätestens nach einem Jahr. Falls sich daraus eine abweichende versicherungsrechtliche Beurteilung ergibt, so entfaltet diese jedoch nur für die Zukunft entsprechende Auswirkungen. Die Konsequenzen aufgrund der ersten Beurteilung bleiben für den zurückliegenden Zeitraum unangetastet.

20.8 Zeitpunkt der Ermittlung

Sachverhalt: Eine Arbeitnehmerin, für die die allgemeine Jahresarbeitsentgeltgrenze gilt, nimmt

- zum 1.3.2020 eine Beschäftigung auf.
- Bereits zu Beschäftigungsbeginn wurde ihr eine Entgelterhöhung zum 1.8.2020 vertraglich zugesichert.
- Am 2.11.2020 wird ein Verzicht auf das im Dezember 2020 zustehende Weihnachtsgeld schriftlich fixiert.

Wann muss die Jahresarbeitsentgeltgrenze durch die Veränderungen neu geprüft werden?

Lösung: Zur Feststellung der Krankenversicherungspflicht ist jeweils zu Beginn eines Beschäftigungsverhältnisses und darüber hinaus bei jeder Entgeltänderung das Jahresarbeitsentgelt zu berechnen.

- Deshalb ist bei der Arbeitnehmerin zum 1.3.2020 das Jahresarbeitsentgelt mit dem zu diesem Zeitpunkt feststehenden Entgelt (noch ohne die vorab vereinbarte Erhöhung) zu berechnen.
- Zum 1.8.2020 ist eine Neuberechnung des regelmäßigen Jahresarbeitsentgelts vorzunehmen. Zukünftige Änderungen des laufenden Entgelts sind stets erst zu dem Zeitpunkt zu berücksichtigen, in dem das erhöhte Entgelt zusteht. Dies gilt auch dann, wenn die Vereinbarung weit vorher getroffen wurde.
- Am 2.11.2020 ist durch den Verzicht auf das Weihnachtsgeld eine weitere Neuberechnung des regelmäßigen Jahresarbeitsentgelts vorzunehmen.

Die unterjährigen Berechnungen dienen der perspektivischen Betrachtung, ob jeweils künftig die Jahresarbeitsentgeltgrenze noch überschritten wird (vorausschauende Betrachtung).

Ist das bei Beschäftigungsbeginn der Fall, besteht vom Beschäftigungsbeginn an Krankenversicherungsfreiheit. Wird die Grenze bei Beschäftigungsbeginn nicht überschritten, besteht zunächst Krankenversicherungspflicht.

Überschreitet das regelmäßige Jahresarbeitsentgelt die Grenze erst im Laufe des Jahres 2020 (dabei ist die letzte Berechnung maßgebend – hier am 2.11.2020) und am 1.1.2021 die Grenze für 2021, tritt am 1.1.2021 Krankenversicherungsfreiheit ein.

20.9 Bevorstehende Gehaltserhöhung (Prüfungszeitpunkt)

Sachverhalt: Ein bisher krankenversicherungspflichtiger Arbeitnehmer erhält zum 1.11.2019 eine Gehaltserhöhung. Sein regelmäßiges Jahresarbeitsentgelt übersteigt nun sowohl die Jahresarbeitsentgeltgrenze für 2019 als auch für 2020.

Besteht weiterhin Versicherungspflicht zur Krankenversicherung?

Lösung: Die Krankenversicherungspflicht endet zum 31.12.2019; Krankenversicherungsfreiheit besteht ab 1.1.2020.

Der Versicherungsschutz in der Krankenversicherung endet jedoch im laufenden Beschäftigungsverhältnis nicht automatisch. Er wird vielmehr von einer Pflichtversicherung in eine freiwillige Krankenversicherung umgewandelt. Die Krankenkasse muss ihn darauf und auf sein Kündigungsrecht aufmerksam machen (zugunsten einer privaten Krankenvollversicherung). Die Versicherung endet bei Kündigung innerhalb von 2 Wochen nach Hinweis der Krankenkasse und Wahl einer privaten Krankenversicherung zum Ende der Versicherungspflicht (31.12.2019).

20.10 Rückwirkende Gehaltserhöhung

Sachverhalt: Ein bisher krankenversicherungspflichtiger Arbeitnehmer erhält am 14.2.2020 eine rückwirkende tarifliche Entgelterhöhung für die Zeit ab 1.12.2019. Durch die Entgelterhöhung werden die Jahresarbeitsentgeltgrenzen der Jahre 2019 und 2020 überschritten.

Ist der Arbeitnehmer – ggf. von welchem Zeitpunkt an – nicht mehr versicherungspflichtig in der Krankenversicherung?

Lösung: Der Tarifvertrag wird im Jahr 2020 abgeschlossen. Bei rückwirkender Entgelterhöhung gilt für die Überschreitung der Jahresarbeitsentgeltgrenze das Kalenderjahr, in dem der Anspruch auf das erhöhte Entgelt entstanden ist, in diesem Fall also das Jahr 2020. Maßgebend ist das Datum des Abschlusses der entsprechenden Vereinbarung. Es erfolgt keine (erneute) Prüfung rückwirkend für das Jahr 2019.

Das regelmäßige Jahresarbeitsentgelt des Arbeitnehmers überschreitet die Grenze des Jahres 2020. Um zum 31.12.2020 aus der Krankenversicherungspflicht ausscheiden zu können, muss am 1.1.2021 auch die Grenze von 2021 überschritten werden. Im Jahr 2020 ist der Arbeitnehmer nach wie vor krankenversicherungspflichtig.

20.11 Kurzarbeit

Sachverhalt: Ein Arbeitnehmer ist in einem Betriebsteil beschäftigt, der ab 1.4.2020 für 6 Monate Kurzarbeit durchführt. Er hat 50 % Arbeitsausfall, sein Entgelt halbiert sich, er erhält jedoch Kurzarbeitergeld.

Der Arbeitnehmer ist vor Beginn der Kurzarbeit wegen Überschreitens der Jahresarbeitsentgeltgrenze versicherungsfrei und privat versichert.

Wirkt sich die durch die Kurzarbeit verursachte Entgeltminderung auf die Krankenversicherungsfreiheit aus?

Lösung: Bei Kurzarbeit kommt es zu einer lediglich vorübergehenden Entgeltminderung, die bei der Ermittlung des regelmäßigen Jahresarbeitsentgelts nicht berücksichtigt wird. Es ist also am 1.4.2020 keine Neuberechnung des regelmäßigen Jahresarbeitsentgelts vorzunehmen.

Der Beschäftigte bleibt durchgehend krankenversicherungsfrei.

20.12 Elternzeit

Sachverhalt: Ein krankenversicherungsfreier, privat krankenversicherter Arbeitnehmer nimmt vom 1.8. bis 30.9.2020 Elternzeit. Während der gesamten Elternzeit wird eine zulässige Teilzeitbeschäftigung mit einem unter der Jahresarbeitsentgeltgrenze liegenden Jahresarbeitsentgelt bei dem Arbeitgeber, der auch die Elternzeit gewährt, durchgeführt. Von der Möglichkeit der Befreiung von der Krankenversicherungspflicht wird kein Gebrauch gemacht. Nach dem Ende der Elternzeit wird die Jahresarbeitsentgeltgrenze wieder überschritten.

Wie wirkt sich die während der Elternzeit ausgeübte Beschäftigung in der Krankenversicherung aus?

Lösung: Während der Elternzeit besteht Krankenversicherungspflicht. Diese Krankenversicherungspflicht endet nicht mit dem Ende der Elternzeit. Sie endet zum Ablauf des Kalenderjahres, wenn auch die vom Beginn des nächsten Kalenderjahres an geltende Jahresarbeitsentgeltgrenze ebenfalls überschritten wird.

20.13 Arbeitszeitreduzierung (Befreiung von der Krankenversicherungspflicht)

Sachverhalt: Ein Arbeitnehmer ist 48 Jahre alt und bereits 10 Jahre wegen Überschreitens der Jahresarbeitsentgeltgrenze versicherungsfrei. Er verringert seine wöchentliche Arbeitszeit ab 1.2.2020 um 50%. Durch die Teilzeittätigkeit verringert sich das regelmäßige Jahresarbeitsentgelt. Durch das Unterschreiten der Jahresarbeitsentgeltgrenze tritt ab dem 1.2.2020 Versicherungspflicht ein. Da er seit Jahren privat krankenversichert ist, stellt er im April 2019 einen Befreiungsantrag bei einer Krankenkasse.

Wie ist der Arbeitnehmer ab 1.2.2020 versichert?

Lösung: Grundsätzlich wird der Beschäftigte ab 1.2.2020 kranken- und pflegeversicherungspflichtig. Kranken- und Pflegeversicherungspflicht tritt nur deshalb nicht ein, weil der Arbeitnehmer von seinem Befreiungsrecht Gebrauch macht.

Dies ist möglich, weil
- die Unterschreitung zurückzuführen ist auf die Reduzierung der Arbeitszeit auf die Hälfte oder weniger als die Hälfte,
- der Arbeitnehmer seit mindestens 5 Jahren wegen Überschreitens der Jahresarbeitsentgeltgrenze versicherungsfrei war und
- den Antrag fristgerecht binnen 3 Monaten nach Beginn der Versicherungspflicht bei der zuständigen Kasse (letzte gesetzliche Krankenkasse des Arbeitnehmers) gestellt hat.

20.14 Jahresarbeitsentgeltgrenze holt Arbeitsentgelt ein

Sachverhalt: Ein Arbeitnehmer ist am 1.1.2020 54 Jahre alt und seit 20 Jahren wegen Überschreitens der Jahresarbeitsentgeltgrenze privat krankenversichert. Sein regelmäßiges Jahresarbeitsentgelt (55.000 EUR) wird am 1.1.2020 durch die Erhöhung der Jahresarbeitsentgeltgrenze (2020: 56.250 EUR) vom Grenzwert »eingeholt«.

Tritt für den Arbeitnehmer Kranken- und Pflegeversicherungspflicht ein?

Lösung: Die besondere Jahresarbeitsentgeltgrenze gilt für Arbeitnehmer, die am 31.12.2002 wegen Überschreitens der Jahresarbeitsentgeltgrenze versicherungsfrei und zu diesem Zeitpunkt mit einer privaten Krankenkostenvollversicherung abgesichert waren. Grundsätzlich wird der Beschäftigte ab 1.1.2020 kranken- und pflegeversicherungspflichtig. Er könnte sich jedoch innerhalb einer Frist von 3 Monaten (bis 1.4.2020) von der Versicherungspflicht auf Antrag befreien lassen. Stellt er keinen solchen Antrag, wird er Mitglied einer gesetzlichen Krankenkasse.

Achtung: Hätte der Arbeitnehmer am 1.1.2020, bei Unterschreitung der Jahresarbeitsentgeltgrenze das 55. Lebensjahr bereits vollendet, hätte dies nicht mehr zum Eintritt von Kranken- und Pflegeversicherungspflicht geführt, weil der Arbeitnehmer in den letzten 5 Jahren nicht gesetzlich krankenversichert war.

21 Krankengeldzuschuss

21.1 Auswirkungen eines Krankengeldzuschusses

Sachverhalt: Ein Arbeitgeber zahlt seinen Arbeitnehmern finanzielle Leistungen, während diese gleichzeitig Sozialleistungen erhalten. Je nach Position des Arbeitnehmers im Betrieb (Vergütungsgruppe) erhalten die Mitarbeiter einzelne oder alle der folgenden Leistungen:

- Zuschuss zum Krankengeld, Verletztengeld, Übergangsgeld,
- Zuschuss zum Mutterschaftsgeld,
- Zuschuss zum Krankentagegeld privat Versicherter,
- weiter gewährte Sachbezüge (z. B. Kost, Wohnung und private Nutzung von Geschäftsfahrzeugen),
- weiter gewährte Firmen- und Belegschaftsrabatte,
- weiter gezahlte vermögenswirksame Leistungen,
- weiter gewährte Kontoführungsgebühren,
- weiter gewährte Zinsersparnisse aus verbilligten Arbeitgeberdarlehen,
- weiter gezahlte Telefonzuschüsse und
- weiter gewährte Beiträge und Zuwendungen zur betrieblichen Altersvorsorge.

Wie wirken sich diese Zahlungen beitragsrechtlich aus?

Lösung: Soweit eine der im Sachverhalt genannten laufend gezahlten arbeitgeberseitigen Leistungen auf eine der folgenden Sozialleistungen (in Klammern ist jeweils der zuständige Träger genannt) trifft, ist die arbeitgeberseitige Leistung unter den abschließend genannten Voraussetzungen beitragsfrei:

- Krankengeld und Krankengeld bei Erkrankung des Kindes (Krankenkassen),
- Verletztengeld und Verletztengeld bei Verletzung des Kindes (Unfallversicherungsträger),
- Übergangsgeld (Rentenversicherungsträger, Bundesagentur für Arbeit, Unfallversicherungsträger, Kriegsopferfürsorge),
- Versorgungskrankengeld (Träger der Kriegsopferversorgung),
- Mutterschaftsgeld (Krankenkassen, Bund),
- Krankentagegeld (private Krankenversicherungsunternehmen),
- Erziehungsgeld, Elterngeld (Bundesländer, auf Kosten des Bundes).

Voraussetzungen für die Beitragsfreiheit:

Alle arbeitgeberseitigen Leistungen, die für die Zeit des Bezugs der o. g. Sozialleistungen laufend gezahlt werden, sind bis zur Freigrenze von 50 EUR monatlich nicht beitragspflichtig. Alle darüber hinausgehenden Beträge werden hingegen in voller Höhe als beitragspflichtige Einnahmen berücksichtigt (kein Freibetrag).

21.2 Grenze der Beitragsfreiheit

Sachverhalt: Arbeitnehmer A und B sind infolge Krankheit arbeitsunfähig und beziehen seit 1.3. Krankengeld von einer gesetzlichen Krankenkasse.

Beide erzielten im letzten vor Beginn der Arbeitsunfähigkeit abgerechneten Entgeltabrechnungszeitraum, Dezember (Bemessungszeitraum), ein laufendes Bruttoarbeitsentgelt von 3.000 EUR sowie 1.000 EUR Weihnachtsgeld; Nettolohn 2.100 EUR bzw.2.700 EUR mit Weihnachtsgeld. Diese Werte hat der Arbeitgeber in die Entgeltbescheinigungen für die Krankenkasse eingetragen.

- *Arbeitnehmer A* erhält während der Arbeitsunfähigkeit seine vermögenswirksamen Leistungen in Höhe von 52 EUR monatlich weitergezahlt.
- *Arbeitnehmer B* bewohnt mietfrei eine Werkswohnung, deren ortsüblicher Mietpreis 600 EUR monatlich beträgt.

Beide erhalten jeweils ein Nettokrankengeld in Höhe von 1.628,10 EUR monatlich.

Besteht für die Arbeitnehmer während des Krankengeldbezugs Beitragsfreiheit?

Lösung: Zur Feststellung des Sozialversicherungs-Freibetrags werden benötigt:

- Das zu vergleichende Nettoarbeitsentgelt (Vergleichs-Nettoarbeitsentgelt), es entspricht dem Nettoarbeitsentgelt, das der Arbeitgeber dem gesetzlichen Sozialleistungsträger (hier der Krankenkasse) in der Entgeltbescheinigung mitteilt. Einmalzahlungen im Bemessungszeitraum für die Sozialleistung bleiben außer Ansatz.
- Der höchstmögliche Sozialversicherungs-Freibetrag, er ergibt sich aus der Differenz zwischen dem Vergleichs-Nettoarbeitsentgelt und der Netto-Sozialleistung.

Berechnung des Freibetrags für Arbeitnehmer A und B

Nettoarbeitsentgelt Dezember	2.100,00 EUR
SV-Freibetrag monatlich (2.100 EUR – 1.628,10 EUR)	471,90 EUR
zzg. SV-Freigrenze	50,00 EUR
Freibetrag	521,90 EUR

Folgen Arbeitnehmer A: In der Zeit des Krankengeldbezugs ist auch die weitergewährte Zahlung des Arbeitgebers beitragsfrei. Der Sozialversicherungs-Freibetrag von Arbeitnehmer A wird durch die Vermögenswirksamen Leistungen in Höhe von 52 EUR monatlich nicht überschritten; es liegt deshalb keine beitragspflichtige Einnahme vor.

Folgen Arbeitnehmer B: Die Brutto-Zahlung des Arbeitgebers in Höhe von 600 EUR monatlich (Sachbezug) übersteigt den maximal beitragsfreien Betrag von 521,90 EUR. Die 50 EUR SV-Freigrenze darf daher nicht angewendet werden. Es bleibt nur der SV-Freibetrag von 471,90 EUR beitragsfrei. Die Beiträge zur Sozialversicherung werden monatlich aus 128,10 EUR (600 EUR – 471,90 EUR) berechnet.

21.3 Einmalzahlung während Krankengeldbezugs

Sachverhalt: Arbeitnehmer A und B sind sozialversicherungspflichtig beschäftigt. Beide beziehen seit dem 1.4. Krankengeld.

Arbeitnehmer A erhält daneben vermögenswirksame Leistungen in Höhe von 26 EUR monatlich, die als Zuschuss zum Krankengeld beitragsfrei sind.

Arbeitnehmer B nutzt während des Krankengeldbezugs seinen Dienstwagen weiterhin privat. Dieser Sachbezug übersteigt die Differenz zwischen Netto-Krankengeld und Vergleichs-Nettoentgelt um 100 EUR monatlich. Die 100 EUR stellen beitragspflichtiges Arbeitsentgelt dar. Die Freigrenze von 50 EUR bleibt wegen Überschreitens ohne Auswirkung.

Im Juli erhalten beide Arbeitnehmer jeweils 1.500 EUR Urlaubsgeld.

Wie wird die anteilige Beitragsbemessungsgrenze für die Beitragspflicht der Einmalzahlungen errechnet?

Lösung: Eine Behandlung von Einmalzahlungen als Krankengeldzuschuss scheidet aus. Dies – und dadurch eine evtl. Beitragsfreiheit – kommt lediglich für laufende Bezüge in Betracht, die neben einer Sozialleistung, z. B. Krankengeld, zur Auszahlung kommen. Die Einmalzahlungen sind dem Monat Juli zuzurechnen und sind grundsätzlich beitragspflichtig.

Für Arbeitnehmer A sind 90 SV-Tage zu berücksichtigen (Januar bis März, 3 × 30 SV-Tage). Ab 1.4. besteht Beitragsfreiheit.

Für Arbeitnehmer B sind 210 SV-Tage anzurechnen (Januar bis Juli, 7 × 30 SV-Tage). Ab 1.4. besteht weiter Beitragspflicht.

Für beide Arbeitnehmer gelten also unterschiedliche anteilige Jahres-Beitragsbemessungsgrenzen. Da bei Arbeitnehmer B in den Monaten April bis Juli nur jeweils 50 EUR laufendes beitragspflichtiges Entgelt anfallen, wird seine Einmalzahlung in weit höherem Maße der Beitragspflicht unterworfen.

22 Kurzfristige Beschäftigung

22.1 Zeitraum von 3 Monaten oder 70 Arbeitstagen

Sachverhalt: Ein Arbeitgeber stellt in seinem Betrieb für saisonale Aushilfstätigkeiten von kurzfristiger Dauer mehrere Hausfrauen mit folgenden regelmäßigen wöchentlichen Arbeitszeiten ein:

- Hausfrau A: 6 Tage,
- Hausfrau B: 5 Tage,
- Hausfrau C: 4 Tage.

Welcher Zeitraum (3 Monate oder 70 Arbeitstage) ist bei den jeweiligen wöchentlichen Arbeitszeiten für die sozialversicherungsrechtliche Beurteilung zugrunde zu legen?

Lösung

Hausfrau A und *Hausfrau B*: Da in diesen Fällen die Beschäftigung an mindestens 5 Tagen in der Woche ausgeübt wird, ist bei der Feststellung, ob die Zeitdauer von 3 Monaten oder 70 Arbeitstagen überschritten wird, von der 3-Monatsfrist auszugehen.

Hausfrau C: In diesem Fall ist hingegen auf den Zeitraum von 70 Arbeitstagen abzustellen, da die Beschäftigung an weniger als 5 Tagen in der Woche ausgeübt wird.

Hinweis: Bei einer Zusammenrechnung von mehreren Beschäftigungszeiten treten an die Stelle des 3-Monatszeitraums 90 Kalendertage. Das gilt nicht, wenn es sich bei den einzelnen Beschäftigungszeiten jeweils um volle Kalendermonate handelt. Sind bei einer Zusammenrechnung Zeiten, in denen die Beschäftigung regelmäßig an mindestens 5 Tagen in der Woche ausgeübt wurde, und Beschäftigungen mit einer Arbeitszeit an weniger als 5 Tagen in der Woche zu berücksichtigen, dann ist einheitlich von dem Zeitraum von 70 Arbeitstagen auszugehen.

22.2 Nachträgliche Verlängerung

Sachverhalt: Eine Hausfrau wird vom 1.7. bis 15.9.2020 als befristete Urlaubsvertretung eingestellt. Die Aushilfe arbeitet 5 Tage pro Woche für ein monatliches Entgelt von 1.000 EUR. Die Mitarbeiterin ist ansonsten nicht berufstätig und hat im maßgebenden Jahr noch keine kurzfristige Beschäftigung ausgeübt.

Am 11.9.2020 teilt die durch die Aushilfe vertretene Mitarbeiterin mit, dass sie wegen Erkrankung die Arbeit erst am 21.9.2020 (Montag) wieder aufnehmen kann. Der

Arbeitgeber verlängert daraufhin das Arbeitsverhältnis der Aushilfe bis zum 18.9.2020 (Freitag).

Am 18.9.2020 meldet sich die erkrankte Mitarbeiterin weiter krank. Sie kann erst am 5.10.2020 (Montag) die Arbeit wieder aufnehmen. Die Aushilfe ist erneut bereit, das Arbeitsverhältnis bis zum Ende der Erkrankung der Vollzeitkraft und somit bis zum 23.10.2020 (Freitag) zu verlängern.

Welchen Einfluss haben die beiden nachträglichen Verlängerungen der Beschäftigung auf die lohnsteuer- und sozialversicherungsrechtliche Behandlung?

Lösung: Die ursprünglich vereinbarte befristete Beschäftigung vom 1.7. bis 15.9.2020 ist kurzfristig und sozialversicherungsfrei. Die Tätigkeit wird nicht berufsmäßig ausgeübt und ist von vornherein auf weniger als 3 Monate pro Kalenderjahr begrenzt. Da die Aushilfe an 5 Tagen pro Woche arbeitet, ist allein die 3-Monatsfrist maßgebend. Bei der Einstellung der Mitarbeiterin am 1.7.2020 wird sie bei der Minijob-Zentrale der Deutschen Rentenversicherung Knappschaft-Bahn-See angemeldet, der Personengruppenschlüssel lautet 110, der Beitragsgruppenschlüssel 0000.

Die erste Verlängerung der Beschäftigung bis zum 21.9.2020 ändert an dieser Beurteilung nichts; die Beschäftigungsdauer vom 1.7. bis 18.9.2020 liegt noch innerhalb der 3-Monatsgrenze und bleibt damit als kurzfristige Beschäftigung weiterhin sozialversicherungsfrei. In der Praxis würde sich lediglich die Abmeldung bei der Deutschen Rentenversicherung Knappschaft-Bahn-See auf den 18.9.2020 verschieben.

Von erheblicher Bedeutung ist jedoch die weitere Verlängerung, die am 18.9.2020 mit der Aushilfe vereinbart wird. Mit der Verlängerung der Beschäftigung bis zum 23.10.2020 wird die 3-Monatsfrist für das Kalenderjahr überschritten. Damit liegt keine sozialversicherungsfreie kurzfristige Beschäftigung mehr vor. Die Voraussetzungen für eine kurzfristige Beschäftigung fallen zum Zeitpunkt der Vereinbarung am 18.9.2020 weg, sodass ab diesem Tag die Sozialversicherungspflicht eintritt. Eine geringfügig entlohnte Beschäftigung scheidet wegen der Entgelthöhe von regelmäßig mehr als 450 EUR monatlich aus.

Für den Zeitraum vom 1.7. bis 18.9.2020 bleibt es dagegen bei der Beurteilung als sozialversicherungsfreie kurzfristige Beschäftigung. Zum 18.9.2020 muss die Aushilfe vom Arbeitgeber bei der Deutschen Rentenversicherung Knappschaft-Bahn-See abgemeldet werden. Zum 19.9.2020 muss sie vom Arbeitgeber bei der zuständigen Krankenkasse als versicherungspflichtig Beschäftigte angemeldet werden. Der Personengruppenschlüssel lautet 101, der Beitragsgruppenschlüssel 1111.

Die Besteuerung der Aushilfstätigkeit muss in jedem Fall nach den ELStAM erfolgen. Die Voraussetzungen für eine steuerliche kurzfristige Beschäftigung sind nicht erfüllt, da die Zeitgrenze von 18 zusammenhängenden Arbeitstagen deutlich überschritten wird. Eine Lohnsteuerpauschalierung im Zusammenhang mit der kurzfristigen Beschäftigung scheidet somit aus.

Tipp: Der Arbeitgeber sollte darauf achten, dass er sowohl den Zeitpunkt als auch den Anlass für die jeweilige Verlängerung der Beschäftigung schriftlich niederlegt. Mit der Arbeitnehmerin sollten in jedem Fall vor Beschäftigungsbeginn eine schriftliche Vereinbarung getroffen werden. Der Abschluss eines schriftlichen Arbeitsvertrags ist bereits aus arbeitsrechtlichen Gründen notwendig, da die Vorschriften des Teilzeit- und Befristungsgesetzes beachtet werden müssen. Nach §2 NachwG sind spätestens nach einem Monat nach dem vereinbarten Beginn des Arbeitsverhältnisses, die wesentlichen Vertragsbedingungen schriftlich niederzulegen.

22.3 Zeitgrenze überschritten

Sachverhalt: Eine Hausfrau übernimmt Krankheits- oder Urlaubsvertretungen für verschiedene Pflegedienste, die jeweils nur von kurzfristiger Dauer sind.

Beim Pflegedienst C macht sie Urlaubsvertretung befristet vom 1.7. bis 2.9.2020 (64 Kalendertage). Die Aushilfe hat hierbei eine 6-Tage-Woche. Die Vergütung beim Pflegedienst erfolgt nach geleisteten Arbeitsstunden mit einem Stundensatz von 11 EUR. Die Beteiligten gehen von monatlichen Arbeitszeiten zwischen 120 und 140 Stunden aus.

Sie hat nach eigenen Angaben im Kalenderjahr folgende Vorbeschäftigungszeiten:

- beim Pflegedienst A vom 2.1. bis 25.1.2020 (24 Kalendertage),
- beim Pflegedienst B vom 31.3. bis 15.4.2020 (16 Kalendertage).

Beschäftigt war sie hier jeweils 6 Tage in der Woche.

Wie ist die Tätigkeit beim Pflegedienst C lohnsteuer- und sozialversicherungsrechtlich zu behandeln?

Lösung: Die Aushilfsbeschäftigung beim Pflegedienst C ist keine sozialversicherungsfreie kurzfristige Beschäftigung, da die maximale Beschäftigungsdauer aufgrund der Vorbeschäftigungszeiten für dieses Kalenderjahr überschritten wird. Bei Beginn der Beschäftigung beim Pflegedienst C steht fest, dass die Beschäftigungsdauer 64 Kalendertage dauert. Zusammen mit den 24 Kalendertagen beim Pflegedienst A und den 16

Kalendertagen beim Pflegedienst B ergeben sich 104 Kalendertage. Da die Arbeitnehmerin an mindestens 5 Tagen pro Woche tätig ist, gilt die Zeitgrenze von 3 Monaten (90 Kalendertagen) pro Kalenderjahr. Auch eine geringfügig entlohnte Beschäftigung scheidet wegen der Entgelthöhe von deutlich mehr als 450 EUR pro Monat aus. Damit ist die Beschäftigung beim Pflegedienst C von vornherein als sozialversicherungspflichtige Beschäftigung anzusehen. Die Arbeitnehmerin ist bei der zuständigen Krankenkasse als sozialversicherungspflichtige Beschäftigte anzumelden, der Personengruppenschlüssel lautet 101, der Beitragsgruppenschlüssel 1111.

Die Besteuerung hat zwingend nach den ELStAM zu erfolgen (ggf. Lohnsteuerklasse VI). Eine Pauschalbesteuerung ist nicht möglich, da die steuerlichen Voraussetzungen für eine kurzfristige Beschäftigung (nicht mehr als 18 zusammenhängende Arbeitstage, maximal 120 EUR Tageslohn, maximal 15 EUR Stundenlohn) nicht erfüllt sind.

Hinweis: Der Arbeitgeber ist stets verpflichtet nach Vorbeschäftigungen im laufenden Kalenderjahr zu fragen. Die schriftliche Abfrage ist hierbei vom Arbeitgeber als Nachweis zu den Entgeltunterlagen der Aushilfsbeschäftigten zu nehmen. Kommt der Arbeitgeber seiner Pflicht nicht im gesetzlich vorgeschriebenen Maß nach, können vom Arbeitgeber Sozialversicherungsbeiträge ab Beginn der Beschäftigung nachgefordert werden. Die anfallenden Sozialversicherungsbeiträge werden in diesem Fall in voller Höhe vom Arbeitgeber nacherhoben, da dieser Schuldner des Gesamtsozialversicherungsbeitrags ist.

22.4 Kurzfristige Beschäftigungen bei demselben Arbeitgeber vor und nach dem Jahreswechsel

Sachverhalt: Eine Aushilfe nimmt eine Beschäftigung in der Adventszeit vom 1.11. bis 20.12.2020 auf (5-Tage-Woche). Im Jahr 2020 gab es keine Vorbeschäftigungen. Bei demselben Arbeitgeber wird am 2.1.2021 erneut eine bis zum 31.3.2021 befristete Beschäftigung aufgenommen (5-Tage-Woche).

Handelt es sich um 2 kurzfristige Beschäftigungen?

Lösung: Die Aushilfe ist sowohl im Jahr 2020 als auch im Jahr 2021 kurzfristig beschäftigt. Die jeweils bei Beschäftigungsbeginn für das Kalenderjahr zulässige Zeitgrenze (3 Monate oder 90 Kalendertage) wird nicht überschritten.

Hinweis: Dies gilt allerdings nicht, wenn bereits bei Beschäftigungsaufnahme im Jahr 2020 feststeht, dass weitere Einsätze im Jahr 2021 folgen werden. Denn in diesen Fällen müsste der Arbeitgeber im Rahmen der vorausschauenden Beurteilung zum

Zeitpunkt der ersten Beschäftigungsaufnahme 2020 bereits erkennen, dass keine gelegentliche, sondern eine regelmäßig wiederkehrende Beschäftigung vorliegt. Das spricht gegen die Annahme einer kurzfristigen Beschäftigung.

22.5 Kurzfristige Beschäftigung über den Jahreswechsel

Sachverhalt: Eine Hausfrau wird für 6 Tage in der Woche (jeweils 4 Stunden) für Reinigungsarbeiten eingestellt, das Entgelt beträgt 500 EUR monatlich. Die Beschäftigung ist von vornherein befristet vom 15.11.2020 bis 28.2.2021. Eine Wiederholungsabsicht besteht nicht. Die eingestellte Mitarbeiterin war zuvor noch nicht kurzfristig beschäftigt und wird auch im Jahr 2021 voraussichtlich keine weitere kurzfristige Beschäftigung aufnehmen.

Liegt hier eine sozialversicherungsfreie kurzfristige Beschäftigung vor?

Lösung: Die Beschäftigung erfolgt an 6 Tagen pro Woche, damit gilt für eine kurzfristige Beschäftigung die Zeitgrenze von 3 Monaten pro Kalenderjahr, die im Grunde bei der vorliegenden Beschäftigung sowohl für das Jahr 2020 als auch für das Folgejahr 2021 eingehalten wäre.

Dennoch liegt keine sozialversicherungsfreie kurzfristige Beschäftigung vor, denn

- bei einer Beschäftigung über den Jahreswechsel müssen die Beschäftigungszeiten in beiden Kalenderjahren zusammengerechnet werden bzw. die Beschäftigung wird im Ganzen betrachtet.
- Die Voraussetzungen einer sozialversicherungsfreien kurzfristigen Beschäftigung sind nur gegeben, wenn die Beschäftigung von vornherein auf nicht mehr als 3 Monate oder 70 Arbeitstage (auch kalenderjahrüberschreitend) befristet ist und nicht berufsmäßig ausgeübt wird.

Die Beschäftigung der Reinigungskraft erfüllt auch nicht die Voraussetzungen für eine geringfügig entlohnte Beschäftigung, da das regelmäßige Arbeitsentgelt mehr als 450 EUR beträgt.

Der Arbeitgeber muss die Reinigungskraft daher als sozialversicherungspflichtig Beschäftigte bei der zuständigen Krankenkasse anmelden und die regulären Sozialversicherungsbeiträge abführen:

- Personengruppenschlüssel 101
- Beitragsgruppenschlüssel lautet 1111.
- Die Besteuerung muss nach den ELStAM erfolgen (ggf. Lohnsteuerklasse VI).

Eine Lohnsteuerpauschalierung scheidet grundsätzlich aus, da der steuerlich relevante Zeitrahmen von 18 zusammenhängenden Arbeitstagen sowohl im Jahr 2020 als auch im Jahr 2021 überschritten ist. Die Anwendung der einheitlichen Pauschalsteuer von 2 % scheidet von vornherein aus, da sozialversicherungsrechtlich keine geringfügig entlohnte Beschäftigung vorliegt. Die Lohnsteuerpauschalierung mit 20 % für geringfügig entlohnte Beschäftigungen ist wegen der Entgelthöhe und der gegebenen Rentenversicherungspflicht nicht möglich.

22.6 Vorbeschäftigungszeiten verschwiegen

Sachverhalt: Vom 15.7. bis 30.9.2020 wird eine Aushilfskraft als Urlaubsvertretung eingestellt. Die Mitarbeiterin arbeitet jeweils 5 Tage pro Woche, die Arbeitszeit beträgt 1,5 Stunden pro Tag, der Stundenlohn 10 EUR. Das Entgelt liegt demzufolge zwischen 310 EUR und 330 EUR.

Die Aushilfskraft teilt dem Arbeitgeber auf einem Fragebogen mit, dass sie im laufenden Jahr keine Vorbeschäftigungen hatte. Der Arbeitgeber meldet die Aushilfe daraufhin als kurzfristig Beschäftigte mit dem Personengruppenschlüssel 110 und Beitragsgruppenschlüssel 0000 an.

Im Rahmen einer Sozialversicherungsprüfung stellt sich heraus, dass die Aushilfe entgegen den Aussagen im Fragebogen im maßgebenden Jahr (2020) bei einem anderen Arbeitgeber bereits an 58 Kalendertagen beschäftigt war und dabei ein Monatsentgelt von 720 EUR bezogen hat.

Der Sozialversicherungsprüfer verweigert die Anerkennung der kurzfristigen Beschäftigung. Ist das richtig?

Lösung: Die Beschäftigung der Aushilfe vom 15.7. bis 30.9.2020 erfüllt nicht die Voraussetzungen einer sozialversicherungsfreien kurzfristigen Beschäftigung. Zusammen mit der Vorbeschäftigung von 58 Kalendertagen und der aktuellen Beschäftigung von 77 Kalendertagen ist die 3-Monatsfrist (90 Kalendertage) deutlich überschritten. Da der Arbeitgeber jedoch seiner Pflicht nachgekommen ist, das Beschäftigungsverhältnis korrekt zu beurteilen (Nachfrage nach Vorbeschäftigungen und Dokumentation in einem Fragebogen), kann der Prüfer Sozialversicherungspflicht lediglich für die Zukunft, aber nicht rückwirkend feststellen.

Wegen des geringen Entgelts von weniger als 450 EUR pro Monat erfüllt die Beschäftigung jedoch die Voraussetzungen einer geringfügig entlohnten Beschäftigung. Dadurch spielen Vorbeschäftigungszeiten im maßgebenden Jahr keine Rolle; es erfolgt auch keine Zusammenrechnung einer geringfügig entlohnten Beschäftigung mit der vorher ausgeübten kurzfristigen Beschäftigung. Die Beschäftigung kann deshalb als geringfügig entlohnte Beschäftigung sozialversicherungsfrei bleiben. Der Arbeitgeber hat allerdings die pauschalen Sozialversicherungsbeiträge i. H. v. 15 % zur Rentenversicherung und 13 % pauschale Krankenversicherungsbeiträge sowie 2 % einheitliche Pauschalsteuer an die Minijob-Zentrale der Deutschen Rentenversicherung Knappschaft-Bahn-See abzuführen.

22.7 Arbeitsuchende

Sachverhalt: Ein junger Mann, bei der Agentur für Arbeit arbeitsuchend gemeldet, arbeitet ein Wochenende (Samstag und Sonntag für jeweils 50 EUR) als Aushilfe in einem Restaurant. Er war im laufenden Kalenderjahr noch nicht kurzfristig beschäftigt. Die Beschäftigung meldet er ordnungsgemäß bei der Bundesagentur für Arbeit. Der Arbeitgeber geht von einer abgabenfreien kurzfristigen Beschäftigung aus.

Handelt es sich tatsächlich um eine kurzfristige Beschäftigung?

Lösung: Die Beschäftigung erfüllt trotz der Beschränkung auf 2 Tage nicht die Voraussetzungen einer kurzfristigen Beschäftigung. Neben der zeitlichen Beschränkung (3 Monate bzw. 70 Arbeitstage) ist eine Beschäftigung nur kurzfristig, wenn sie nicht berufsmäßig ausgeübt wird. Personen, die bei der Bundesagentur für Arbeit arbeitsuchend gemeldet sind, üben eine Beschäftigung immer berufsmäßig aus.

Die Beschäftigung ist versicherungspflichtig zur Renten-, Kranken- und Pflege- und Arbeitslosenversicherung.

Die Besteuerung kann entweder über die ELStAM oder pauschal mit 25 % (steuerlich kurzfristige Beschäftigung) erfolgen. Steuerrechtlich liegt eine kurzfristige Beschäftigung vor, wenn der Arbeitnehmer bei dem Arbeitgeber gelegentlich, nicht regelmäßig wiederkehrend beschäftigt wird. Die Dauer der Beschäftigung darf 18 zusammenhängende Arbeitstage nicht übersteigen und der Tageslohn nicht über 120 EUR liegen. Der maximal zulässige Stundenlohn ist auf 15 EUR beschränkt. Die pauschale Lohnsteuer von 25 % zzgl. Solidaritätszuschlag und ggf. Kirchensteuer kann auf den Mitarbeiter abgewälzt werden.

Im Lohnprogramm wird die Beschäftigung mit dem Personengruppenschlüssel 101, Beitragsgruppenschlüssel 1111 angelegt.

Hinweis: Da sozialversicherungsrechtlich keine kurzfristige Beschäftigung vorliegt, muss geprüft werden, ob eine geringfügig entlohnte Beschäftigung vorliegt. Diese ist gegeben, wenn das regelmäßige monatliche Arbeitsentgelt 450 EUR nicht übersteigt.

22.8 Pauschalbesteuerung im steuerrechtlichen Sinn

Sachverhalt: Ein Arbeitnehmer wird kurzfristig für knapp 3 Wochen vom 5.1. bis 24.1.2020, nicht regelmäßig wiederkehrend, bei einer Spedition als Ladehilfe beschäftigt. Er arbeitet an 6 Tagen in der Woche jeweils 5 Stunden (wöchentlich 30 Stunden). Das Entgelt beträgt wöchentlich 300 EUR, für die gesamte Beschäftigungszeit 900 EUR (3 Wochen x 300 EUR).

Kann diese Beschäftigung steuerlich als kurzfristig behandelt werden?

Lösung: Eine Pauschalierung der Lohnsteuer mit 25 % ist im vorliegenden Fall möglich, da die Beschäftigungszeit vom 5.1. bis 24.1.2020 lediglich 18 Arbeitstage beträgt. Der Arbeitslohn übersteigt nicht 120 EUR je Arbeitstag (900 EUR : 18 = 50 EUR). Der Stundenlohn übersteigt nicht 15 EUR (30 Stunden x 3 Wochen = 90 Stunden insgesamt; 900 EUR : 90 Std. = 10 EUR/Std.).

Eine kurzfristige Beschäftigung im lohnsteuerlichen Sinn liegt nach § 40a Abs. 1 EStG dann vor, wenn der Arbeitnehmer nur eine gelegentliche (nicht regelmäßig wiederkehrende) Tätigkeit ausübt, die nicht über 18 zusammenhängende Arbeitstage hinausgeht. Neben der kurzfristigen Dauer der Beschäftigung von max. 18 zusammenhängenden Arbeitstagen, darf der Tageslohn nicht über 120 EUR liegen. Zudem ist der Stundenlohn auf höchstens 15 EUR beschränkt

Hinweis: Die Pauschalsteuer i. H. v. 25 % für kurzfristige Beschäftigungen sowie die darauf entfallende pauschale Kirchensteuer und der Solidaritätszuschlag sind bei dem zuständigen Betriebsstättenfinanzamt mit einer Lohnsteuer-Anmeldung und nicht bei der Minijob-Zentrale anzumelden.

22.9 Ermittlung des Arbeitsentgelts bei Teilmonaten zur Prüfung der Berufsmäßigkeit

Sachverhalt: Eine Arbeitnehmerin nimmt neben ihrer Hauptbeschäftigung eine Beschäftigung in einer Rechtsanwaltskanzlei für die Zeit vom 15.4.2020 bis zum 30.4.2020 auf. Sie erhält im Monat April ein Arbeitsentgelt in Höhe von 450 EUR.

Lösung: In diesem Fall liegt eine kurzfristige Beschäftigung vor, da die Arbeitnehmerin die Tätigkeit neben ihrer Hauptbeschäftigung ausübt und die Arbeitsentgeltgrenze von 450 EUR nicht überschritten wird.

Grundsätzlich liegt eine kurzfristige Beschäftigung dann vor, wenn diese die Zeitgrenzen von 3 Monaten bzw. 70 Arbeitstagen nicht überschreitet. Wird die Beschäftigung jedoch berufsmäßig ausgeübt und ihr Arbeitsentgelt überschreitet die 450 EUR-Grenze, liegt keine kurzfristige Beschäftigung mehr vor. Das bedeutet im Umkehrschluss, dass die Berufsmäßigkeit nur dann geprüft werden muss, wenn das Arbeitsentgelt 450 EUR übersteigt.

Achtung: Auch wenn die Arbeitnehmerin nicht einen kompletten Monat beschäftigt war, kann sie ein Arbeitsentgelt in Höhe von 450 EUR erhalten. Hierbei handelt es sich um einen Monatswert, der auch dann gilt, wenn die Beschäftigung nicht während des gesamten Beschäftigungsmonats besteht.

22.10 Zusammenrechnung mehrerer kurzfristiger Beschäftigungen

Sachverhalt: Ein Arbeitnehmer nimmt eine Beschäftigung (Beschäftigung 1) vom 1.5.2020 bis zum 10.5.2020 mit einem Arbeitsentgelt in Höhe von 450 EUR bei einem Cateringunternehmen auf. Er war bereits in der Zeit vom 15.1.2020 bis zum 14.2.2020 mit einem Entgelt in Höhe von 1.000 EUR bei Restaurant A (Beschäftigung 2) und vom 1.3.2020 bis zum 31.3.2020 bei Restaurant B (Beschäftigung 3) mit einem Arbeitsentgelt von 850 EUR beschäftigt. Für alle Beschäftigungen gilt eine 6-Tage-Woche. Wie ist die Beschäftigung vom 1.5.2020 bis zum 10.5.2020 versicherungsrechtlich zu beurteilen?

Lösung: Alle 3 Beschäftigungen sind für sich betrachtet kurzfristige Beschäftigungen. Um festzustellen, ob mit der aktuellen Beschäftigung die Zeitgrenzen von 3 Monaten überschritten werden, sind diese zusammenzurechnen. Im vorliegenden Fall ist die Zeitgrenze von 3 Monaten maßgeblich, da die Beschäftigungen alle an mindestens 5 Tagen in der Woche ausgeübt werden. Bei der Zusammenrechnung mehrerer Beschäftigungen treten an die Stelle des 3-Monats-Zeitraums 90 Kalendertage. Sofern ein Zeitraum keinen Kalendermonat, aber einen Zeitmonat umfasst, ist dieser ebenfalls mit 30 Kalendertagen zu berücksichtigen. Dies trifft auf Beschäftigung 2 zu (Beschäftigung vom 15.1.2020 bis 14.2.2020 = 1 Zeitmonat), weshalb auch diese mit 30 Tagen angesetzt wird.

- Beschäftigung 1 = 10 Tage
- Beschäftigung 2 = 30 Tage
- Beschäftigung 3 = 30 Tage

Insgesamt übersteigen die ausgeübten kurzfristigen Beschäftigungen die Grenze von 90 Kalendertagen nicht, sodass auch die Beschäftigung vom 1.5.2020 bis 10.5.2020 als kurzfristig anzusehen ist.

Hinweis: Grundsätzlich gilt, dass bei der Ermittlung, ob die Zeitgrenze von 3 Monaten oder 70 Arbeitstagen überschritten werden, mehrere kurzfristige Beschäftigungen zusammenzurechnen sind. Ob es sich bei den kurzfristigen Beschäftigungen um geringfügig entlohnte oder mehr als geringfügig entlohnte Beschäftigungen handelt, ist unbeachtlich. Bei der Ermittlung sind volle Kalendermonate mit 30 Kalendertagen und Teilmonate mit den tatsächlichen Tagen anzusetzen. Zeitmonate sind ebenfalls mit 30 Kalendertagen zu berücksichtigen.

23 Lohnabrechnungszeitraum

23.1 Neueinstellung im laufenden Monat

Sachverhalt: Zum 17.8.2020 hat ein neuer Mitarbeiter angefangen, für den nun erstmalig die Gehaltsabrechnung durchgeführt werden soll. Der Arbeitnehmer hat ein Bruttogehalt von 3.000 EUR monatlich. Für den August erhält er dieses Gehalt zur Hälfte. Er bezieht keine sonstigen Vorteile vom Arbeitgeber.

Bis zur Einstellung hat er bei einer anderen Firma gearbeitet und bisher im Jahr einen Arbeitslohn von 15.000 EUR erhalten. Der Arbeitnehmer hat Lohnsteuerklasse I und ist konfessionslos.

Wie hoch ist die Lohnsteuer für den Monat August, wie ist sie zu ermitteln und welche Lohnsteuertabelle ist anzuwenden?

Lösung: Regulärer Lohnzahlungszeitraum für den neuen Mitarbeiter ist der Monat. Ab September kann die Lohnsteuer aus der Monatstabelle für einen Arbeitslohn von 3.000 EUR ermittelt werden.

Für August gilt ein verkürzter Lohnzahlungszeitraum, weil das Arbeitsverhältnis erst im Laufe des üblichen Lohnzahlungszeitraums beginnt. Die Lohnsteuer kann deshalb nicht nach der Monatstabelle erhoben werden (diese wäre zu niedrig, weil der Mitarbeiter in »normalen« Monaten nicht nur 1.500 EUR, sondern 3.000 EUR verdient).

Die Lohnsteuer kann hilfsweise nach der Tagestabelle ermittelt werden. Vom 17.-31.8.2020 sind es insgesamt 15 Kalendertage (die tatsächlichen Arbeitstage sind ohne Bedeutung).

Berechnung der Lohnsteuer

Arbeitslohn je Kalendertag (1.500 EUR : 15 Kalendertage)	100,00 EUR
Lohnsteuer je Kalendertag	13,58 EUR
Gesamtlohnsteuer August (15 Kalendertage x 13,58 EUR)	203,70 EUR

Der bisherige Arbeitslohn ist für die Lohnsteuerermittlung auf den laufenden Arbeitslohn ohne Bedeutung. Im Beispiel ist der Lohnsteuerabzug der Firma tendenziell etwas zu hoch, weil der Mitarbeiter vorher weniger verdient hat. Die Differenz wird ihm erst im Rahmen seiner Einkommensteuerveranlagung erstattet.

Tipp: Die Monats-, Wochen- und Tageslohnsteuertabelle sind aus der Jahreslohnsteuertabelle abgeleitet, indem sowohl die Beträge des Arbeitslohns als auch die Steuerbeträge anteilig angesetzt werden. In der Monatslohnsteuertabelle erfolgt die Umrechnung mit 1/12, in der Wochenlohnsteuertabelle mit 7/360 und in der Tagestabelle mit 1/360 der Jahresbeträge. Durch die Nutzung elektronischer Lohnabrechnungsprogramme können leichte Rundungsdifferenzen auftreten.

23.2 Unterbrechung

Sachverhalt: Ein Arbeitgeber aus Schwerin (Baunebengewerbe) beschäftigt Bauarbeiter, die ihren Arbeitslohn wochenweise erhalten.

Am Abend des 24.11.2020 gab es einen Wintereinbruch. Deshalb war der Mitarbeiter in dieser Woche nur am 23.11. und 24.11. eingesetzt, ab 25.11. bezog er Winterausfallgeld vom Arbeitgeber.

Der Arbeitnehmer hat für die Tage vom 25.11.-.27.11. Anspruch auf Winterausfallgeld i. H. v. 180 EUR. Sein regulärer Wochenlohn liegt bei 600 EUR brutto und wird bei schlechtem Wetter anteilig gekürzt.

Welche Lohnzahlungszeiträume sind hier maßgebend?

Lösung: Für welchen Zeitraum jeweils der laufende Arbeitslohn gezahlt wird, bestimmt sich aus den arbeitsrechtlichen Vereinbarungen. Im vorliegenden Fall ist eine wöchentliche Lohnzahlung vorgesehen. Arbeitstage, an denen kein Anspruch auf Lohn besteht, lassen den bisherigen Zeitraum unberührt, wenn das Dienstverhältnis fortbesteht und dem Arbeitgeber die ELStAM vorliegen. Dies gilt auch für den Bauarbeiter, der wegen schlechten Wetters Winterausfallgeld bezieht. Für den Mitarbeiter bleibt also für den gesamten Zeitraum die Woche der maßgebliche Lohnzahlungszeitraum. Die Lohnsteuer ist deshalb aus der Wochenlohnsteuertabelle abzulesen.

23.11.2020 - 24.11.2020: Der Mitarbeiter konnte nur an 2 Tagen tätig werden, er erhält deshalb nur einen Bruttolohn von 240 EUR (2/5 von 600 EUR). Die Lohnsteuer darauf ist aus der Wochenlohnsteuertabelle abzulesen.

25.11.2020 - 27.11.2020: Das zusätzlich gezahlte Winterausfallgeld von 180 EUR bleibt steuerfrei. Es unterliegt allerdings dem Progressionsvorbehalt. Der Mitarbeiter ist in diesen Fällen zur Abgabe einer Einkommensteuererklärung verpflichtet. Das

Winterausfallgeld bleibt zwar auch bei der Veranlagung steuerfrei, erhöht aber den Steuersatz für die steuerpflichtigen Einkünfte und kann deshalb zu einer Nachzahlung führen.

Hinweis: Winterausfallgeld ist bei jeder Auszahlung im Lohnkonto aufzuzeichnen und auch im Rahmen der elektronischen Lohnsteuerbescheinigung dem Finanzamt zu übermitteln.

24 Lohnsteuer-Anmeldung

24.1 Monatliche Anmeldung

Sachverhalt: Eine Firma führt die Lohnsteuer-Anmeldung für Januar durch. Insgesamt wurden den 10 Mitarbeitern für Januar Arbeitslöhne von 30.000 EUR ausgezahlt. Es wurden 10.000 EUR an Lohnsteuer, 550 EUR an Solidaritätszuschlag und 700 EUR an Kirchensteuer einbehalten. Von der Kirchensteuer entfallen 300 EUR auf evangelische Mitarbeiter und 400 EUR auf römisch-katholische. Die Firma verfügt über kein elektronisches Lohnabrechnungsprogramm.

Wie muss die Lohnsteuer-Anmeldung erstellt werden?

Lösung: Obwohl die Firma kein elektronisches Lohnabrechnungsprogramm hat, ist sie verpflichtet, die Lohnsteuer-Anmeldung für die Firma monatlich zu erstellen und dem zuständigen Finanzamt elektronisch zu übermitteln. Die entsprechende Möglichkeit stellt die Finanzverwaltung unter www.elster.de kostenlos zur Verfügung. Steueranmeldungen müssen zudem zwingend authentifiziert übermittelt werden. Für die authentifizierte Übermittlung wird ein elektronisches Zertifikat benötigt. Dieses erhält man durch eine Registrierung im Online-Portal der Finanzverwaltung. Nach erfolgreicher Registrierung muss der Vordruck Lohnsteuer-Anmeldung geöffnet und ausgefüllt werden. Dazu sind oben die

- Steuernummer der Firma sowie die Anschrift einzugeben.
- Auf der rechten Seite muss angekreuzt werden, dass es sich um die Anmeldung für den Monat Januar handelt.

Jeweils rechts neben den entsprechenden Kennziffern sind folgende Eintragungen vorzunehmen (ohne Tausenderpunkt und Währungsangaben; die Nachkommastellen müssen immer mit eingegeben werden):

- Kennziffer 86: Zahl der Arbeitnehmer: 10
- Kennziffer 42: Summe der einzubehaltenden Lohnsteuer: 10000,00
- Kennziffer 48: Verbleiben: 10000,00 (diese Kennziffer füllt das Programm automatisch aus)
- Kennziffer 49: Solidaritätszuschlag: 550,00
- Kennziffer 61: Evangelische Kirchensteuer: 300,00
- Kennziffer 62: Römisch-katholische Kirchensteuer: 400,00
- Kennziffer 83: Gesamtbetrag: 11250,00 (diese Kennziffer füllt das Programm automatisch aus)

Die Lohnsteuer-Anmeldung muss dem Finanzamt bis spätestens 10.2.2020 übermittelt werden. Bis dahin ist auch der Betrag von 11.250 EUR an das Finanzamt zu zahlen.

Hinweis: Statt am Tag des Eingangs bei der Finanzbehörde gilt die Zahlung bei Scheckzahlung erst 3 Tage danach als geleistet. Ein Verrechnungsscheck muss also schon 3 Tage vor dem eigentlichen Fälligkeitszeitpunkt beim Finanzamt eintreffen.

24.2 Pauschale Lohnsteuer

Sachverhalt: Ein Unternehmen erstellt die Lohnsteuer-Anmeldung an das Finanzamt. Für Januar sind bei den 100 fest angestellten Mitarbeitern folgende Steuerabzüge vorgenommen worden:

- Lohnsteuer 94.000 EUR, darin sind 4.000 EUR pauschale Lohnsteuer enthalten,
- Kirchensteuer 6.280 EUR, davon entfallen 4.000 EUR auf evangelische Mitarbeiter und 2.000 EUR auf römisch-katholische und 280 EUR auf pauschal besteuerte Lohnbestandteile,
- einbehaltener Solidaritätszuschlag 5.170 EUR, davon entfallen 220 EUR auf pauschal besteuerte Lohnbestandteile.

Wegen des großen Arbeitsanfalls beschäftigt der Arbeitgeber seit einigen Monaten zusätzlich 10 Minijobber mit einem Monatsverdienst von jeweils 450 EUR. Alle Minijobber haben die Befreiung von der Rentenversicherungspflicht beantragt.

Wie muss anhand dieser Angaben die elektronische Lohnsteuer-Anmeldung erstellt werden?

Lösung: Die Steuerabzüge für Januar müssen bis zum 10.2.2020 angemeldet und an das für den Arbeitgeber zuständige Finanzamt abgeführt werden. Pauschale Lohnsteuer ist gesondert anzumelden.

Es sind folgende Eintragungen vorzunehmen (ohne Tausenderpunkt und Währungsangaben; die Nachkommastellen müssen immer mit eingegeben werden):

- Kennziffer 86: Arbeitnehmerzahl der Firma: 110 (die Minijobber sind bei der Berechnung der Mitarbeiterzahl mitzurechnen.)
- Kennziffer 42: Summe der einzubehaltenden Lohnsteuer: 90000,00
- Kennziffer 41: Summe der pauschalen Lohnsteuer: 4000,00
- Kennziffer 49: Solidaritätszuschlag: 5170,00 (eine gesonderte Eintragung des auf die Pauschalsteuer entfallenden Solidaritätszuschlags ist nicht erforderlich)
- Kennziffer 47: Pauschale Kirchensteuer im vereinfachten Verfahren: 280,00 (die Aufteilung der pauschalen Kirchensteuer auf die erhebungsberechtigten Religionsgemeinschaften wird vom Finanzamt vorgenommen)
- Kennziffer 61: Evangelische Kirchensteuer: 4000,00
- Kennziffer 62: Römisch-katholische Kirchensteuer: 2000,00

Die Pauschalsteuer von 2 % ist nicht in die anzumeldende und abzuführende Lohnsteuer einzubeziehen. Insgesamt werden für die Minijobber Pauschalabgaben von 30 % erhoben: Für den Januar sind 1.350 EUR abzuführen. Dieser Betrag ist bei der Minijob-Zentrale anzumelden und an sie abzuführen; er ist nicht in der Lohnsteuer-Anmeldung einzutragen.

24.3 Korrektur

Sachverhalt: Die Lohnsteuer für März wurde für 50 Mitarbeiter einer Firma zum 10.4. angemeldet und abgeführt. In der Meldung waren folgende Beträge enthalten:

- Summe der einzubehaltenden Lohnsteuer: 50.000 EUR
- Solidaritätszuschlag: 2.750 EUR
- Evangelische Kirchensteuer: 2.400 EUR
- Römisch-katholische Kirchensteuer: 2.100 EUR

Es wird festgestellt, dass die abgeführten Steuerabzugsbeträge zu gering waren. Bei der Lohnsteuer-Anmeldung wurden die geldwerten Vorteile eines Mitarbeiters von insgesamt 5.000 EUR übersehen. Die darauf entfallende Lohnsteuer von 1.500 EUR wurde zwar einbehalten, aber nicht abgeführt. Der Mitarbeiter gehört keiner Kirche an.

Wie wird eine entsprechende Korrektur vorgenommen?

Lösung: Für März muss eine berichtigte Lohnsteuer-Anmeldung abgegeben werden. Auch diese erfolgt elektronisch. Weil es sich um eine geänderte Anmeldung handelt, muss in der

- Kennziffer 10 »Berichtigte Anmeldung« eine »1« eingetragen werden. Dadurch kann das Finanzamt erkennen, dass es sich um eine Korrektur handelt.

Bei der Korrektur müssen Eintragungen auch in den Zeilen vorgenommen werden, in denen sich keine Änderungen ergeben.

Es sind deshalb folgende Eintragungen zusätzlich vorzunehmen (ohne Tausenderpunkt und Währungsangaben; die Nachkommastellen müssen immer mit eingegeben werden):

- Kennziffer 86: Zahl der Arbeitnehmer: 50
- Kennziffer 42: Summe der einzubehaltenden Lohnsteuer: 51500,00
- Kennziffer 49: Solidaritätszuschlag: 2832,50 (der bisher abgeführte Zuschlag ist um 5,5 % des sonstigen Bezugs von 1.500 EUR um 82,50 EUR zu erhöhen)
- Kennziffer 61: Evangelische Kirchensteuer: 2400,00
- Kennziffer 62: Römisch-katholische Kirchensteuer: 2100,00
  Die Kirchensteuerwerte ändern sich nicht, weil der Mitarbeiter keiner Kirche angehört.

Hinweis: Eine Änderung kommt nur solange in Betracht, wie das Steuerabzugsverfahren für den Mitarbeiter noch nicht abgeschlossen ist. Spätestens mit der Erstellung der elektronischen Lohnsteuerbescheinigung bleibt eine Korrektur ausschließlich dem Finanzamt vorbehalten. Um in diesen Fällen einer Haftung zu entgehen, muss der unzutreffende Lohnsteuerabzug unverzüglich dem Betriebsstättenfinanzamt mitgeteilt werden. Eine Steuernachforderung ist damit nur noch beim Mitarbeiter im Rahmen seiner Einkommensteuerveranlagung möglich.

24.4 BAV-Förderbetrag

Sachverhalt: Der Arbeitgeber hat für seine Mitarbeiter eine betriebliche Altersversorgung abgeschlossen, für die er jeweils 30 EUR monatlich entrichtet. Von den 100 Mitarbeitern verdienen 80 Mitarbeiter unter 2.200 EUR monatlich und erfüllen damit die Voraussetzungen für einen BAV-Förderbetrag.

Welche zusätzlichen Eintragungen sind nötig, damit der Arbeitgeber die staatliche Förderung erhält?

Lösung: Es sind folgende Eintragungen vorzunehmen (ohne Tausenderpunkt und Währungsangaben; die Nachkommastellen müssen immer mit eingegeben werden):

- Kennziffer 90: Zahl der Arbeitnehmer mit BAV-Förderbetrag: 80
- Kennziffer 45: Förderbetrag zur betrieblichen Altersversorgung nach § 100 EStG (BAV-Förderbetrag): 720,00 EUR

Der Betrag von 720 EUR (30 EUR Beitrag x 30 % Förderung x 80 begünstige Arbeitnehmer) wird von der abzuführenden Lohnsteuer abgezogen.

25 Lohnsteuer-Jahresausgleich

25.1 Überprüfung des Lohnsteuereinbehalts

Sachverhalt: Ein Mitarbeiter mit Steuerklasse I, keine Kinder, ev. (Kirchensteuer 8 %), Zusatzbeitrag zur Krankenversicherung 1,1 %, erhält monatlich 3.000 EUR brutto. Im April 2020 zahlt der Arbeitgeber eine Erfolgsprämie von 2.500 EUR, die als sonstiger Bezug versteuert wird. Zum 1.10.2020 erhöht sich sein Gehalt auf 4.000 EUR im Monat. Der Jahresbruttolohn des Arbeitnehmers beträgt damit 41.500 EUR.

Der Arbeitgeber hat 30 Mitarbeiter, das Entgeltabrechnungsprogramm führt automatisch einen Lohnsteuer-Jahresausgleich für den Arbeitgeber durch.

Ist der Lohnsteuer-Jahresausgleich durch den Arbeitgeber zulässig und wie sieht der Vergleich zwischen den einbehaltenen Steuerbeträgen und der tatsächlichen Jahreslohnsteuer aus?

Lösung: Der Arbeitgeber ist verpflichtet, einen Lohnsteuer-Jahresausgleich durchzuführen, wenn er am 31.12. des Ausgleichsjahres mindestens 10 Mitarbeiter beschäftigt. Ein Ausschlussgrund, der den Lohnsteuer-Jahresausgleich verbieten würde, liegt nicht vor.

Zur Berechnung der Lohnsteuer auf den sonstigen Bezug wird die Jahreslohnsteuer aus 36.000 EUR (3.000 EUR × 12) und aus 38.500 EUR (36.000 EUR + 2.500 EUR) ermittelt.

Jahreslohnsteuer aus 38.500 EUR	5.497,00 EUR
Abzgl. Jahreslohnsteuer aus 36.000 EUR	- 4.861,92 EUR
Lohnsteuer für den sonstigen Bezug	635,08 EUR

Zusätzlich muss der Arbeitgeber für den Einmalbezug 34,97 EUR Solidaritätszuschlag und 50,84 EUR Kirchensteuer einbehalten.

Tatsächlich liegt der Jahresarbeitslohn jedoch bei 41.500 EUR (9 × 3.000 EUR + 2.500 EUR + 3 × 4.000 EUR).

Die Lohnerhöhung ab Oktober 2020 führt wegen des progressiven Steuertarifs zu einer deutlich höheren Jahreslohnsteuer. Ab Oktober erhöht sich der monatliche Lohnsteuerabzug:

- bei 3.000 EUR: 405,16 EUR,
- bei 4.000 EUR: 673,16 EUR.

Dieser erhöhte Lohnsteuerabzug reicht aus, um die zusätzliche Lohnsteuer aufzuholen.

Für den Arbeitnehmer wurden in 2020 folgende Steuerabzugsbeträge einbehalten:

Monat	*Bruttolohn (in EUR)*	*Lohnsteuer (in EUR)*	*Solidaritätszuschlag (in EUR)*	*Kirchensteuer (in EUR)*
1-9	27.000	3.646,44	200,52	291,69
Sonderzahlung	2.500	635,08	34,97	50,84
10-12	12.000	2.019,48	111,06	161,55
Gesamtsumme	41.500	6.301,00	346,55	504,08

Die Berechnung des Lohnsteuer-Jahresausgleichs ergibt sich aus folgender Tabelle:

Für 2020	*Tatsächlich einbehaltene Steuerbeträge (in EUR)*	*Steuerbeträge laut Jahreslohnsteuer-Berechnung (in EUR)*	*Mehr-/Minderbetrag (in EUR)*
Arbeitslohn/Jahr	41.500,00	41.500,00	
Lohnsteuer	6.301,00	6.284,00	- 17,00
Solidaritätszuschlag	346,55	345,63	- 0,92
Kirchensteuer	504,08	502,72	- 1,36

Der Vergleich der zutreffend einbehaltenen Lohnsteuer mit der tatsächlichen Jahreslohnsteuer zeigt, dass bei diesem Arbeitnehmer während des Jahres 2020 zu viel Lohnsteuer einbehalten wurde. Die »Erstattung« der Steuerbeträge ergibt sich aus der Kombination der Lohnerhöhung von 3.000 EUR auf 4.000 EUR ab Oktober und der Abrechnung eines sonstigen Bezugs von 2.500 EUR im April.

Im Beispiel beträgt die Erstattung für die Lohnsteuer 17,00 EUR, für den Solidaritätszuschlag 0,92 EUR und für die Kirchensteuer 1,36 EUR. Die Erstattung der Lohnsteuer und der Annexsteuern in Höhe von insgesamt 19,28 EUR muss der Arbeitgeber in der Dezember-Abrechnung vornehmen.

Wurde zu wenig Lohnsteuer einbehalten, muss der Arbeitgeber prüfen, woher die Differenz stammt:

- Hat der Arbeitgeber den Lohnsteuerabzug *nicht zutreffend* vorgenommen, d. h. der Fehler liegt beim Arbeitgeber, muss die Lohnsteuer mit der nächstmöglichen Entgeltabrechnung beim Arbeitnehmer nachgefordert werden. Ist dies nicht möglich, weil der Arbeitnehmer z. B. ausgeschieden ist, oder das Lohnsteuerverfahren für das laufende Jahr bereits abgeschlossen wurde (die Lohnsteuerbescheinigung wurde bereits ausgestellt), muss der Arbeitgeber den Fehler beim Lohnsteuerabzug unverzüglich dem Betriebsstättenfinanzamt anzeigen. Hierdurch schließt der Arbeitgeber eine drohende Haftung aus. Das Finanzamt kann Beträge über 10 EUR vom Arbeitnehmer nachfordern.

- Wurde der Lohnsteuerabzug *zutreffend* vorgenommen, besteht für den Arbeitgeber keine Verpflichtung zur Nacherhebung der Lohn- und Annexsteuern (Kirchensteuer und Solidaritätszuschalg). Auch braucht er das Betriebsstättenfinanzamt hierüber nicht zu unterrichten. In diesem Fall wird die Lohnsteuer im Rahmen der Einkommensteuerveranlagung des Arbeitnehmers nacherhoben, sofern der Arbeitnehmer zur Abgabe einer Einkommensteuererklärung verpflichtet ist bzw. freiwillig eine Einkommensteuererklärung abgibt. Es kann sogar zu einem endgültigen Ausfall der Lohnsteuer kommen, wenn der Arbeitnehmer im Rahmen der Antragsveranlagung nicht zur Abgabe einer Einkommensteuererklärung verpflichtet ist.

Bei einer korrekten Entgeltabrechnung sind Steuernachzahlungen in der Praxis selten. Sie sind denkbar, wenn sonstige Bezüge auf einem »niedrigen« Lohnniveau versteuert wurden, und später der laufende monatliche Arbeitslohn stark erhöht wird. Werden nach einer Lohnerhöhung nochmals sonstige Bezüge wie z. B. Weihnachtsgeld gezahlt, wird die Lohnsteuer durch eine höhere Besteuerung der sonstigen Bezüge automatisch nacherhoben.

Wichtig: Der Lohnsteuer-Jahresausgleich dient nicht dazu Steuerbeträge vom Arbeitnehmer nachzufordern, wenn der monatliche Lohnsteuerabzug *zutreffend* vorgenommen wurde.

25.2 Ausschluss bei eingetragenem Frei- oder Hinzurechnungsbetrag

Sachverhalt: Ein Arbeitnehmer mit Steuerklasse I, einem Zusatzbeitrag zur Krankenversicherung von 1,1 % und einem Monatslohn von 3.500 EUR erhält im November 2020 ein Weihnachtsgeld von 3.500 EUR. Aus der Vermietung einer Eigentumswohnung erzielt er einen steuerlichen Verlust von rund 8.000 EUR pro Jahr.

Im Oktober 2020 beantragt er bei seinem zuständigen Finanzamt die Eintragung eines Freibetrags in den ELStAM für den Verlust aus Vermietung und Verpachtung. Das Finanzamt verteilt diesen auf die verbleibenden 2 vollen Monate (November – Dezember), sodass ein Freibetrag von monatlich 4.000 EUR in den ELStAM hinterlegt wird.

Ist der Lohnsteuer-Jahresausgleich durch den Arbeitgeber zulässig?

Lösung: Für diesen Mitarbeiter darf der Arbeitgeber *keinen* Lohnsteuer-Jahresausgleich durchführen. Werden bei der Lohnsteuerberechnung ein Freibetrag bzw. ein Hinzurechnungsbetrag berücksichtigt, schließt dies einen Lohnsteuer-Jahresausgleich aus.

Der Freibetrag von monatlich 4.000 EUR wirkt sich nur bei den Entgeltabrechnungen November und Dezember steuermindernd aus. Im November führt der Freibetrag zu einer Lohnsteuer von 0 EUR. Im Dezember beträgt die Lohnsteuer ebenfalls 0 EUR, jedoch kann der Freibetrag nicht in voller Höhe ausgenutzt werden, da dieser 500 EUR über dem tatsächlichen Arbeitslohn liegt.

In diesem Fall ist der Ausschluss des Lohnsteuer-Jahresausgleichs für den Arbeitnehmer steuerlich nachteilig. Die Verteilung des Freibetrags auf die Monate November und Dezember führt dazu, dass aus dem Jahresarbeitslohn (45.500 EUR) insgesamt 4.985 EUR Lohnsteuer und 274,17 EUR Solidaritätszuschlag einbehalten werden. Hätte der Arbeitnehmer sich den Freibetrag bereits zum Anfang des Jahres eintragen lassen, wäre der Vermietungsverlust von 8.000 EUR mit monatlich 666,66 EUR auf 12 Monate verteilt worden. Durch die gleichmäßige Verteilung des Freibetrags hätte sich die Jahreslohnsteuer auf 4.834 EUR und der Solidaritätszuschlag auf 265,87 EUR vermindert.

Selbst bei gleichmäßiger Verteilung des Freibetrags ergäbe sich bei Nichtanwendung des Lohnsteuer-Jahresausgleichs ein Nachteil: Arbeitslohnschwankungen im laufenden Jahr können am Jahresende nicht ausgeglichen werden. Durch den Lohnsteuer-Jahresausgleich wird dieser Nachteil behoben: Der Jahresbruttoarbeitslohn wird rechnerisch gleichmäßig auf 12 Monate verteilt; die Lohnsteuer wird dann für einen Monat ermittelt und mit 12 multipliziert. Das Ergebnis entspricht der Lohnsteuer laut Jahreslohnsteuertabelle. In der Praxis übernimmt dies das Entgeltabrechnungsprogramm.

Hinweis: Der Arbeitgeber hat keinen Einfluss auf diese Verschiebungen beim Lohnsteuerabzug. Für ihn ist der Lohnsteuer-Jahresausgleich ausgeschlossen, wenn der Arbeitnehmer einen Freibetrag eintragen lässt; gleichzeitig besteht dann für den Arbeitnehmer die Verpflichtung, eine Einkommensteuererklärung abzugeben. Im Rahmen der Einkommensteuerveranlagung gleicht sich der ggf. zu hohe Lohnsteuerabzug aus, sodass dem Arbeitnehmer steuerlich kein Nachteil entsteht.

25.3 Ausschluss bei Anwendung des Faktorverfahrens

Sachverhalt: Ein rentenversicherungspflichtiges Ehepaar ist bei unterschiedlichen Arbeitgebern beschäftigt. Ihre bisherige Lohnsteuerklassenkombination lautete IV/IV. Im Februar beantragen die beiden Ehepartner bei ihrem Wohnsitzfinanzamt die Steuerklassenkombination IV/IV mit Faktor.

Lösung: Da für beide Ehegatten das Faktorverfahren anzuwenden ist, dürfen beide Arbeitgeber keinen Lohnsteuer-Jahresausgleich für den jeweiligen Arbeitnehmer durchführen. Erst nach Ablauf des Kalenderjahres kann die zutreffende Jahreseinkommensteuer ermittelt werden. Die Ehepartner sind zur Abgabe einer Einkommensteuererklärung verpflichtet, da im Lohnsteuerabzugsverfahren das Faktorverfahren berücksichtigt wurde.

26 Lohnsteuerklassen

26.1 Heirat, beide Steuerklasse I

Sachverhalt: Ein Arbeitnehmer heiratet im September und möchte seine Steuerklasse wechseln. Er erhält ein Gehalt von 2.030 EUR und hatte bisher Steuerklasse I, keine Kinder, 9 % Kirchensteuer. Seine Ehepartnerin verdient 1.970 EUR brutto und hatte bisher ebenfalls die Steuerklasse I, keine Kinder, keine Kirchensteuer. Für beide wird zur Ermittlung der Lohnsteuer ein Zusatzbeitrag von 1,0 % zur gesetzlichen Krankenversicherung zugrunde gelegt.

Lohnsteuer Ehemann bisher

Bruttolohn	2.030,00 EUR
Lohnsteuer	179,25 EUR
Solidaritätszuschlag	+ 9,85 EUR
Kirchensteuer	+ 16,13 EUR
Gesamt	205,23 EUR

Lohnsteuer Ehefrau bisher

Bruttolohn	1.970,00 EUR
Lohnsteuer	166,33 EUR
Solidaritätszuschlag	+ 9,14 EUR
Kirchensteuer	+ 0,00 EUR
Gesamt	175,47 EUR

Die lohnsteuerliche Gesamtbelastung der Ehepartner beträgt 380,70 EUR.

Welche Lohnsteuerklasse sollte der Arbeitnehmer wählen und wäre ein Wechsel für ihn vorteilhaft?

Lösung: Ändert sich der Familienstand des Arbeitnehmers durch Heirat, führt dies automatisch dazu, dass die nach Landesrecht für das Meldewesen zuständigen Behörden die melderechtlichen Änderungen des Familienstandes an die Finanzverwaltung übermitteln. Dadurch werden Ehepartner programmgesteuert ab dem Heiratsmonat in die Steuerklassen IV/IV eingereiht. Der Wechsel in Steuerklasse IV/IV bringt allerdings keine steuerlichen Veränderungen in der monatlichen Entgeltabrechnung. Bei der Wahl der Steuerklasse IV wird man lohnsteuerlich behandelt wie ein Alleinstehender, d. h. die Versteuerung erfolgt nach der Grundtabelle.

Der Wechsel in die Steuerklassen III und V muss von den Ehepartnern beim Finanzamt beantragt werden und bringt folgende Veränderung:

Lohnsteuer Ehemann Steuerklasse III	
Bruttolohn	2.030,00 EUR
Lohnsteuer	0,00 EUR
Solidaritätszuschlag	+ 0,00 EUR
Kirchensteuer	+ 0,00 EUR
Gesamt	0,00 EUR

Lohnsteuer Ehefrau Steuerklasse V	
Bruttolohn	1.970,00 EUR
Lohnsteuer	398,41 EUR
Solidaritätszuschlag	+ 21,91 EUR
Kirchensteuer	+ 0,00 EUR
Gesamt	420,32 EUR

Die steuerliche Gesamtbelastung der Ehepartner bei Steuerklassenwahl III/V beträgt 420,32 EUR.

Ein Wechsel der Steuerklassen ist nicht empfehlenswert. Steuererstattungen, die sich durch unterschiedlichen Arbeitsverdienst beider Ehepartner ergeben, können dann erst im Rahmen der Einkommensteuerveranlagung geltend gemacht werden.

Hinweis: Die Ehepartner können sich bei Steuerklasse IV/IV auch für das Faktorverfahren entscheiden.

26.2 Zusammenzug, dann Heirat

Sachverhalt: Eine Arbeitnehmerin ist alleinstehend mit einem Kind und verdient 2.800 EUR brutto. Sie hat Steuerklasse II, 0,5 Kinderfreibetrag, keine Kirchensteuer, der Zusatzbeitrag zur Krankenversicherung beträgt 1,0 %. Im März zieht sie mit dem Vater ihres Kindes in eine gemeinsame Wohnung. Damit erlischt ihr Anspruch auf die Steuerklasse II und sie bekommt die Lohnsteuerklasse I/0,5.

Im September heiratet sie den Vater ihres Kindes. Die Eheleute haben jetzt die Möglichkeit, zwischen verschiedenen Steuerklassen-Kombinationen zu wählen: IV/IV (wird von den Meldebehörden automatisch vergeben), IV/IV mit Faktor oder III/V. Verdient der Ehepartner über 20 % mehr, empfiehlt sich im Allgemeinen die Steuerklassen-Kombination III/V.

Der Ehemann verdient 4.030 EUR Brutto, 9 % Kirchensteuer, KV-Zusatzbeitrag 1,0 %.

Wie hoch ist für die Arbeitnehmerin die Mehrbelastung nach dem Zusammenzug mit dem Vater ihres Kindes?

Welche Lohnsteuerklasse sollte nach der Heirat gewählt werden um die günstigste Besteuerung für das Ehepaar zu erreichen?

Lösung

Lohnsteuerklasse II/0,5 vor dem Zusammenzug

Bruttolohn	2.800,00 EUR
Lohnsteuer	312,41 EUR
Solidaritätszuschlag	+ 12,23 EUR
Kirchensteuer	+ 0,00 EUR
Gesamt	324,64 EUR

Lohnsteuerklasse I/0,5 nach dem Zusammenzug

Bruttolohn	2.800,00 EUR
Lohnsteuer	358,33 EUR
Solidaritätszuschlag	+ 14,61 EUR
Kirchensteuer	+ 0,00 EUR
Gesamt	372,94 EUR

Die steuerliche Mehrbelastung für die Arbeitnehmerin in Lohnsteuerklasse I/0,5 beträgt 48,30 EUR.

Steuerklassenwahl nach der Heirat

Berechnung Steuerklasse IV/IV

Der Wechsel in Steuerklasse IV/IV bringt keine Veränderung bei der Lohnsteuer. Bei der Wahl der Steuerklasse IV wird man lohnsteuerlich behandelt wie ein Alleinstehender, d. h. die Versteuerung erfolgt nach der Grundtabelle. Die Kinderfreibeträge werden auf beide Ehegatten verteilt:

Lohnsteuer Ehemann Steuerklasse IV/1,0/ev.

Bruttolohn	4.030,00 EUR
Lohnsteuer	685,91 EUR
Solidaritätszuschlag	+ 31,69 EUR
Kirchensteuer 9 %	+ 51,86 EUR
Gesamt	769,46 EUR

Lohnsteuer Ehefrau Steuerklasse IV/1,0

Bruttolohn	2.800,00 EUR
Lohnsteuer	358,33 EUR
Solidaritätszuschlag	+ 14,61 EUR
Kirchensteuer	+ 0,00 EUR
Gesamt	372,94 EUR

Die steuerliche Gesamtbelastung des Ehepaars beträgt bei Steuerklassenwahl IV/IV 1.142,40 EUR.

Berechnung Steuerklasse III/V

Bei Wechsel in die Steuerklassen III und V wird der Kinderfreibetrag grundsätzlich dem Partner mit der Steuerklasse III zugeordnet, selbst dann, wenn es sich nicht um sein eigenes Kind handelt. Dieser Wechsel bringt folgende Veränderung:

Lohnsteuer Ehemann Steuerklasse III/1,0/ev.

Bruttolohn	4.030,00 EUR
Lohnsteuer	377,00 EUR
Solidaritätszuschlag	+ 10,03 EUR
Kirchensteuer	+ 19,09 EUR
Gesamt	406,12 EUR

Lohnsteuer Ehefrau Steuerklasse V/0,0

Bruttolohn	2.800,00 EUR
Lohnsteuer	659,33 EUR
Solidaritätszuschlag	+ 36,26 EUR
Kirchensteuer	+ 0,00 EUR
Gesamt	695,59 EUR

Die steuerliche Gesamtbelastung des Ehepaars beträgt bei Steuerklassenwahl III/V 1.101,71 EUR.

Berechnung Steuerklasse IV/IV mit Faktor

Beim Faktorverfahren wird die voraussichtliche Einkommensteuer des Ehepaars von 12.370 EUR (wird vom Finanzamt ausgerechnet) durch die Summe der Jahreslohnsteuer beider Ehegatten in der Steuerklasse IV von 12.531 EUR geteilt. In diesem Fall ergibt sich ein Faktor von 0,987 (12.370 / 12.531), der in beiden ELStAM der Ehegatten im Zusammenhang mit der Steuerklasse IV eingetragen wird.

Lohnsteuer Ehemann Steuerklasse IV (0,987)/1,0/ev.

Bruttolohn	4.030,00 EUR
Lohnsteuer	676,91 EUR

Solidaritätszuschlag	+ 31,28 EUR
Kirchensteuer	+ 51,19 EUR
Gesamt	759,38 EUR

Lohnsteuer Ehefrau Steuerklasse IV (0,987)/1,0

Bruttolohn	2.800,00 EUR
Lohnsteuer	353,66 EUR
Solidaritätszuschlag	+ 14,42 EUR
Kirchensteuer	+ 0,00 EUR
Gesamt	368,08 EUR

Die steuerliche Gesamtbelastung des Ehepaars beträgt bei Steuerklassenwahl IV/IV mit Faktor (0,987) 1.127,46 EUR.

Zusammenfassung: Die günstigste Besteuerung für das Ehepaar ist bei der Lohnsteuerklassenkombination IV/IV mit Faktor zu erreichen.

Hier ist jedoch die Belastung mit Kirchenlohnsteuer des Ehemannes höher als in Steuerklasse III, daher ist die Gesamtbelastung bei der Steuerklassenkombination III/V am niedrigsten.

Es wird eine gleichmäßige Besteuerung beider Ehepartner erreicht.

Hinweis: Bei Steuerklassenwahl III/V sowie bei IV/IV mit Faktor besteht die Verpflichtung zur Abgabe einer Einkommensteuererklärung.

26.3 Hauptbeschäftigung mit Nebenbeschäftigung

Sachverhalt: Eine Arbeitnehmerin verdient in einer Teilzeitstelle 1.500 EUR brutto. Sie hat Steuerklasse II, 0,5 Kinderfreibetrag, keine Kirchensteuer. Im März nimmt sie zusätzlich einen Minijob an, bei dem sie 200 EUR monatlich verdient. Im September erhält sie die Gelegenheit, einen weiteren Minijob für 250 EUR Monatsverdienst anzunehmen.

Wie sind diese Arbeitsverhältnisse steuer- und sozialversicherungsrechtlich zu behandeln?

Lösung: Im ersten Arbeitsverhältnis ist die Arbeitnehmerin voll sozialversicherungspflichtig, sie wird nach den ELStAM besteuert.

Das zweite Arbeitsverhältnis kann als Minijob bei der Deutschen Rentenversicherung Knappschaft-Bahn-See abgerechnet werden. Die Arbeitnehmerin ist in diesem

Arbeitsverhältnis nur rentenversicherungspflichtig, davon kann sie sich auf Antrag befreien lassen; die Pauschalsteuer von 2% kann angewandt werden.

Das dritte Arbeitsverhältnis muss mit dem ersten Arbeitsverhältnis zusammengerechnet werden, obwohl die Arbeitnehmerin in den beiden Nebenjobs insgesamt nicht mehr als 450 EUR verdient. Neben einer Hauptbeschäftigung darf jeweils nur eine Nebenbeschäftigung mit einem Verdienst von bis zu 450 EUR als Minijob abgerechnet werden. Weitere geringfügige Beschäftigungsverhältnisse sind nicht sozialversicherungsfrei, sie dürfen auch nicht mit 2% Pauschalsteuer versteuert werden. Die Arbeitnehmerin hat die Wahl zwischen Steuerklasse VI oder der Pauschalierung mit 20% zzgl. 5,5% Solidaritätszuschlag und ggf. 8% bzw. 9% Kirchensteuer. Die pauschale Lohnsteuer darf auf die Arbeitnehmerin abgewälzt werden.

Erstes Arbeitsverhältnis, Lohnsteuersteuerklasse II/0,5/-

Bruttolohn	1.500,00 EUR
Lohnsteuer	32,75 EUR
Solidaritätszuschlag	0,00 EUR
Kirchensteuer	0,00 EUR

Zweites Arbeitsverhältnis

Bruttolohn	200,00 EUR
2% Pauschalsteuer	4,00 EUR

Die Pauschalsteuer darf der Arbeitgeber auf die Arbeitnehmerin abwälzen.

Drittes Arbeitsverhältnis, Wahl der Lohnsteuerklasse VI Arbeitnehmerin

Bruttolohn	250,00 EUR
Lohnsteuer	28,16 EUR
Solidaritätszuschlag	0,00 EUR

Bei der Veranlagung zur Einkommensteuer bleibt das zweite Arbeitsverhältnis unberücksichtigt.

Das erste und das dritte Arbeitsverhältnis werden zusammengerechnet und unterliegen insgesamt der Einkommensteuer. Eventuell zu viel gezahlte Lohnsteuer wird vom Finanzamt erstattet.

27 Mehrarbeitsvergütung

27.1 Gehaltsempfänger (4,33 Wochen/Monat)

Sachverhalt: Eine Angestellte erhält ein monatliches Gehalt von 2.000 EUR brutto bei einer wöchentlichen Arbeitszeit von 38 Stunden. Im Mai leistet sie insgesamt 12 Überstunden, die ihr mit der Gehaltsabrechnung Mai ausbezahlt werden. Im Unternehmen werden 30 % Überstundenzuschlag gezahlt.

Wie hoch ist der Gesamtbruttolohn für Mai inkl. Überstunden und Überstundenzuschlag?

Lösung: Der Stundensatz für Gehaltsempfänger kann nach einer festen Formel ermittelt werden. Es wird dazu ein Quartal mit 4,33 Wochen/Monat wie folgt zugrunde gelegt: 13 Wochen/3 Monate = 4,33 Wochen/Monat

Berechnung Stundensatz	
Stunden monatlich (38 Stunden × 4,33)	164,54 Std.
Stundenlohn (Bruttolohn 2.000 EUR : 164,54 Stunden)	12,16 EUR

Berechnung Gesamtbruttolohn	
Bruttolohn Mai	2.000,00 EUR
Zzgl. Überstunden (12 Überstunden x 12,16 EUR)	+ 145,92 EUR
Zzgl. Überstundenzuschlag (30 % v. 145,92 EUR)	+ 43,78 EUR
Gesamtbruttolohn (lohnsteuer- und beitragspflichtig)	2.189,70 EUR

Hinweis: Überstunden sind regelmäßig gesondert zu vergüten, wenn Tarifvertrag, Betriebsvereinbarung oder Einzelvertrag dies vorsehen. Ein besonderer Zuschlag ist nur dann zu zahlen, wenn dieser vereinbart wurde oder betriebs- und branchenüblich ist. Die Überstundenbezahlung setzt sich zusammen aus dem Grundlohn für die jeweilige Überstunde und dem tariflich oder arbeitsvertraglich vereinbarten Mehrarbeits- bzw. Überstundenzuschlag. Beide Teile gehören zum laufenden Arbeitslohn und sind lohnsteuer- und beitragspflichtig. Denkbar und häufig praktiziert ist auch ein Ausgleich durch Freizeitgewährung. Nach der Rechtsprechung des Bundesarbeitsgerichts ist aber auch eine vertragliche Vereinbarung mit Angestellten zulässig, wonach Überstunden oder Mehrarbeit bereits durch das Gehalt abgegolten werden und somit nicht zusätzlich bezahlt werden müssen.

Mit welcher dieser Formeln gerechnet wird, ergibt sich entweder aus den betrieblichen Vorgaben bzw. unterliegt der Entscheidung des Arbeitgebers. Die entsprechende Formel sollte im Entgeltabrechnungsprogramm ausgewählt und dann für alle Arbeitnehmer angewendet werden.

27.2 Gehaltsempfänger (4,35 Wochen/Monat)

Sachverhalt: Eine Angestellte bezieht ein monatliches Gehalt von 1.800 EUR Brutto bei einer wöchentlichen Arbeitszeit von 40 Stunden. Im Mai leistet sie insgesamt 12 Überstunden, die ihr mit der Gehaltsabrechnung ausbezahlt werden. Der Überstundenzuschlag beträgt 25 %.

Wie hoch ist der Gesamtbruttolohn für Mai inkl. Überstunden und Überstundenzuschlag?

Lösung: Der Stundensatz für Gehaltsempfänger kann nach der 4,35-Formel (Ermittlung der tariflichen Normalzeit) ermittelt werden. Diese Methode bietet die Möglichkeit, auch bei Gehaltsempfängern mit einem festen Stundensatz (Gehaltsstundensatz) zu rechnen. Der 4,35-Formel liegt folgende Berechnung zugrunde:

Ein Jahr hat durchschnittlich 52,2 Wochen bei 12 Monaten. 52,2 Wochen : 12 Monate = 4,35 Wochen/Monat

Der Monat wird bei dieser Methode grundsätzlich mit 4,35 Wochen angesetzt, unabhängig davon, wie viele Tage er tatsächlich hat. Multipliziert man die regelmäßige tarifliche Arbeitszeit mit 4,35, erhält man die tarifliche Normalzeit.

Berechnung Stundensatz	
Stunden monatlich (40 Stunden × 4,35)	174 Std.
Stundenlohn (Bruttolohn 1.800 EUR : 174 Stunden)	10,34 EUR

Berechnung Gesamtbruttolohn	
Bruttolohn Mai	1.800,00 EUR
Zzgl. Überstunden (12 Überstunden x 10,34 EUR)	+ 124,08 EUR
Zzgl. Überstundenzuschlag (25 % v. 124,08 EUR)	+ 31,02 EUR
Gesamtbruttolohn (lohnsteuer- und beitragspflichtig)	1.955,10 EUR

Hinweis: Überstunden sind regelmäßig gesondert zu vergüten. Ein besonderer Zuschlag ist nur dann zu zahlen, wenn dieser vereinbart wurde oder betriebs- und branchenüblich ist. Die Überstundenbezahlung setzt sich aus dem Grundlohn für die jeweilige Überstunde und dem tariflich oder arbeitsvertraglich vereinbarten

Mehrarbeits- bzw. Überstundenzuschlag zusammen. Beide Teile gehören zum laufenden Arbeitslohn und sind steuer- und beitragspflichtig. Denkbar und häufig praktiziert ist auch ein Ausgleich durch Freizeitgewährung. Nach der Rechtsprechung des Bundesarbeitsgerichts ist aber auch eine vertragliche Vereinbarung mit Angestellten zulässig, wonach Überstunden oder Mehrarbeit bereits durch das Gehalt abgegolten werden und somit nicht zusätzlich bezahlt werden müssen.

Mit welcher dieser Formeln gerechnet wird, ergibt sich entweder aus den betrieblichen Vorgaben bzw. unterliegt der Entscheidung des Arbeitgebers. Die entsprechende Formel sollte im Entgeltabrechnungsprogramm ausgewählt und für alle Arbeitnehmer angewendet werden.

28 Mehrfachbeschäftigung

28.1 Kurzfristige neben geringfügiger Beschäftigung

Sachverhalt: Eine Arbeitnehmerin übt folgende Aushilfstätigkeiten aus:

- 4.4.-31.5., 6 Tage in der Woche für 700 EUR monatlich in einem Einzelhandelsgeschäft.
- 1.7.-31.7., 3 Vormittage in der Woche in einer Bäckerei für 320 EUR monatlich.
- Die Arbeitnehmerin ist bei ihrem Mann in der gesetzlichen Krankenversicherung mitversichert.
  Sie ist nicht arbeitslos gemeldet, nicht in Elternzeit und hat die Lohnsteuerklasse V.

Wie sind die Beschäftigungen lohnsteuer- und sozialversicherungsrechtlich zu behandeln?

Lösung

Beschäftigung vom 4.4.-31.5.: Es handelt es sich um eine kurzfristige sozialversicherungsfreie Beschäftigung, da die zeitliche Begrenzung auf max. 3 Monate eingehalten ist.

- Der Arbeitgeber muss die Mitarbeiterin bei der Minijob-Zentrale der Deutschen Rentenversicherung Knappschaft-Bahn-See als kurzfristig Beschäftigte anmelden:
  Personengruppenschlüssel 110,
  Beitragsgruppenschlüssel 0000.
- Die Besteuerung erfolgt nach den ELStAM mit Steuerklasse V.
  Eine Lohnsteuerpauschalierung für eine kurzfristige Beschäftigung mit 25 %[24] ist nicht möglich, da das Arbeitsverhältnis 18 zusammenhängende Arbeitstage übersteigt.

Beschäftigung vom 1.7.-31.7.: Es handelt sich aufgrund der geringen Entgelthöhe (monatlich 320 EUR) um eine geringfügig entlohnte Beschäftigung, obwohl sie ebenfalls zeitlich begrenzt ist. Es erfolgt keine Zusammenrechnung mit der kurzfristigen Beschäftigung.

- Der Arbeitgeber muss die Mitarbeiterin bei der Minijob-Zentrale als geringfügig entlohnte Beschäftigte anmelden:
  Personengruppenschlüssel 109.
  Der Beitragsgruppenschlüssel lautet 6100 oder 6500 im Falle einer Befreiung von der Rentenversicherungspflicht auf Antrag der Arbeitnehmerin.
- Der Arbeitgeber muss Pflichtbeiträge (18,6 %) oder pauschale Rentenversicherungsbeiträge (15 %) und pauschale Krankenversicherungsbeiträge (13 %) abführen, zzgl. Umlagen und Pauschalsteuer (2 %).

24 § 40a Abs. 1 EStG.

Tipp: Bei Arbeitnehmern mit einer geringfügig entlohnten Beschäftigung ist die Besteuerung mit der einheitlichen Pauschalsteuer von 2 % i. d. R. die verwaltungsärmere Alternative. Sofern der Arbeitgeber die zusätzliche Belastung mit 2 % vermeiden will, ist auch eine Abwälzung der Pauschalsteuer auf den Arbeitnehmer steuerlich zulässig.

28.2 Hauptbeschäftigung und zwei geringfügig entlohnte Beschäftigungen

Sachverhalt: Ein Arbeitnehmer übt eine lohnsteuer- und sozialversicherungspflichtige Hauptbeschäftigung (Entgelt 2.000 EUR monatlich) bei Arbeitgeber A aus. Daneben ist er zusätzlich bei Arbeitgeber B für 250 EUR monatlich beschäftigt. Ab 1.6. wird er zusätzlich bei Arbeitgeber C für 100 EUR monatlich tätig.

Wie sind die Beschäftigungen lohnsteuer- und sozialversicherungsrechtlich zu behandeln?

Lösung

Beschäftigung bei Arbeitgeber A: Arbeitgeber A meldet die Mitarbeiterin mit dem Personengruppenschlüssel 101 und dem Beitragsgruppenschlüssel 1111 bei der Krankenkasse an.

Beschäftigung bei Arbeitgeber B: Neben einer Hauptbeschäftigung kann nur eine geringfügig entlohnte Beschäftigung sozialversicherungsfrei behandelt werden. Sozialversicherungsfrei ist die zeitlich zuerst begonnene Tätigkeit bei Arbeitgeber B. In der Rentenversicherung besteht Versicherungspflicht, wenn kein Antrag auf Befreiung gestellt wird, wovon jedoch regelmäßig auszugehen ist.

Arbeitgeber B meldet die Mitarbeiterin mit dem Personengruppenschlüssel 109 und dem Beitragsgruppenschlüssel 6500 bei der Minijob-Zentrale der Deutschen Rentenversicherung Knappschaft-Bahn-See an. Er muss für die Beschäftigung pauschale Beiträge zur Rentenversicherung (15 %) und zur Krankenversicherung (13 %) sowie Pauschalsteuer (2 %) an die Minijob-Zentrale abführen. Eine Abwälzung der einheitlichen Pauschalsteuer auf die Arbeitnehmerin ist zulässig.

Beschäftigung bei Arbeitgeber C: Die später aufgenommene Nebentätigkeit (Arbeitgeber C) ist mit der Hauptbeschäftigung zusammenzurechnen und wird – mit Ausnahme der Arbeitslosenversicherung versicherungspflichtig.

Arbeitgeber C meldet die Mitarbeiterin mit dem Personengruppenschlüssel 101 und dem Beitragsgruppenschlüssel 1101 bei der Krankenkasse an.

Da für die Beschäftigung bei Arbeitgeber C keine pauschalen Rentenversicherungsbeiträge abgeführt werden, kommt auch keine Pauschalsteuer in Höhe von 2% in Frage. Die Versteuerung kann entweder nach den ELStAM (Steuerklasse VI) oder mit 20% pauschaler Lohnsteuer zzgl. Solidaritätszuschlag und ggf. pauschaler Kirchensteuer nach §40a Abs. 2a EStG erfolgen.

28.3 Hauptbeschäftigung eines freiwillig Versicherten mit 2 Nebenbeschäftigungen

Sachverhalt: Ein Arbeitnehmer ist bei Arbeitgeber A gegen ein Entgelt von 6.000 EUR monatlich beschäftigt. Er ist wegen Überschreitens der Jahresarbeitsentgeltgrenze freiwillig krankenversichert in der gesetzlichen Krankenversicherung.

- Ab 1.1. nimmt er bei Arbeitgeber B eine Beschäftigung für monatlich 200 EUR auf.
- Ab 1.2. nimmt er zusätzlich eine weitere Beschäftigung bei Firma C für monatlich 150 EUR.

Wie sind die beiden Beschäftigungen lohnsteuer- und sozialversicherungsrechtlich zu behandeln?

Lösung: Die Frage, ob eine geringfügig entlohnte Beschäftigung vorliegt, ist für die Renten- und Arbeitslosenversicherung einerseits und die Kranken- und Pflegeversicherung andererseits getrennt zu prüfen.

Renten- und Arbeitslosenversicherung: Der Arbeitnehmer ist bei Arbeitgeber A für die Renten- und Arbeitslosenversicherung versicherungspflichtig beschäftigt.

Neben dieser (sozialversicherungspflichtigen) Hauptbeschäftigung darf er eine geringfügige Beschäftigung ausüben, die nicht mit der Hauptbeschäftigung zusammengerechnet wird. Das ist die zum 1.1. beim Arbeitgeber B zeitlich zuerst aufgenommene geringfügig entlohnte Beschäftigung. Der Arbeitnehmer ist bereits aufgrund der Hauptbeschäftigung rentenversicherungspflichtig. Deshalb hat er die Befreiung von der Rentenversicherungspflicht im Minijob beantragt und Arbeitgeber B muss pauschale Beiträge zur Rentenversicherung in Höhe von 15% abführen.

Die später aufgenommene Beschäftigung bei Arbeitgeber C wird mit der Hauptbeschäftigung bei Arbeitgeber A zusammengerechnet und ist daher nicht geringfügig entlohnt, sondern »normal« versicherungspflichtig in der Rentenversicherung. Eine Befreiung ist nicht möglich.

Für die Arbeitslosenversicherung greift jedoch eine Ausnahme: Neben einer sozialversicherungspflichtigen Hauptbeschäftigung ausgeübte Beschäftigungen werden in der Arbeitslosenversicherung nicht versicherungspflichtig, wenn das Entgelt aus den Nebenjobs jeweils 450 EUR nicht überschreitet.

Kranken- und Pflegeversicherung: In der Hauptbeschäftigung bei Arbeitgeber A ist der Arbeitnehmer wegen der Höhe seines Jahresarbeitsentgelts in der Krankenversicherung nicht versicherungspflichtig. Eine Zusammenrechnung der Nebenjobs mit der Beschäftigung bei Arbeitgeber A im Bereich der Kranken- und Pflegeversicherung scheidet von vornherein aus, da bei Arbeitgeber A keine Versicherungspflicht in der Kranken- und Pflegeversicherung besteht. Allerdings muss bei den Nebenjobs bei Arbeitgeber B und C für die Kranken- und Pflegeversicherung geprüft werden, ob das Entgelt insgesamt 450 EUR nicht übersteigt. Da dies nicht der Fall ist, erfüllen die beiden Beschäftigungen insgesamt für die Kranken- und Pflegeversicherung die Voraussetzungen einer geringfügig entlohnten Beschäftigung. Da der Mitarbeiter freiwillig in der gesetzlichen Krankenversicherung versichert ist, fallen für die beiden Nebenjobs Pauschalbeiträge zur gesetzlichen Krankenversicherung an.

Meldungen

- Arbeitgeber A
  Personengruppenschlüssel 101
  Beitragsgruppenschlüssel 0111
  Bei Firmenzahlern (der Arbeitgeber führt die freiwilligen Krankenversicherungsbeiträge an die gesetzliche Krankenkasse ab), lautet der Beitragsgruppenschlüssel 9111.
- Arbeitgeber B
  Personengruppenschlüssel 109, geringfügige Beschäftigung
  Beitragsgruppenschlüssel 6500
- Arbeitgeber C
  Für die Rentenversicherung erfolgt eine Zusammenrechnung mit der sozialversicherungspflichtigen Hauptbeschäftigung, sodass aus der Nebentätigkeit Beiträge zur Rentenversicherung abgeführt werden müssen. Der Arbeitnehmer wird bei der zuständigen Krankenkasse wie folgt angemeldet:
  Personengruppenschlüssel 101
  der Beitragsgruppenschlüssel 0100
  Für die Krankenversicherung gilt die Besonderheit, dass hier auch bei Arbeitgeber B eine geringfügige Beschäftigung vorliegt. Der Arbeitnehmer muss also gleichzeitig – und zwar nur bezüglich der Krankenversicherung – bei der Minijob-Zentrale angemeldet werden:
  Personengruppenschlüssel 101
  Beitragsgruppenschlüssel 6000

Besteuerung: Für die einheitliche Pauschalsteuer von 2 % ist allein maßgebend, ob pauschale Beiträge zur gesetzlichen Rentenversicherung im Rahmen der geringfügigen

Beschäftigung abgeführt werden. Dies ist bei Arbeitgeber B der Fall, sodass gleichzeitig die einheitliche Pauschalsteuer mit 2% an die Minijob-Zentrale der Deutsche Rentenversicherung Knappschaft-Bahn-See abgeführt werden kann. Für die Beschäftigung bei Arbeitgeber C werden keine pauschalen Beiträge an die gesetzliche Rentenversicherung abgeführt.

Daher muss diese Beschäftigung nach den ELStAM mit der Steuerklasse VI abgerechnet werden, möglich ist aber auch eine pauschale Besteuerung mit 20%. Voraussetzung für die Pauschalsteuer von 20% ist, dass das monatliche Entgelt nicht mehr als 450 EUR beträgt. Da das Entgelt 150 EUR beträgt, ist statt Steuerklasse VI auch eine Pauschalbesteuerung mit 20% möglich. Eine Abwälzung der pauschalen Lohnsteuer auf den Arbeitnehmer ist möglich, sodass es zu keiner zusätzlichen Arbeitgeberbelastung bei der Beschäftigung C kommt.

28.4 Mehrere Beschäftigungen

Sachverhalt: Eine alleinerziehende Mutter arbeitet halbtags bei Arbeitgeber A für 750 EUR im Monat. Sie erhält kein Urlaubsgeld und kein Weihnachtsgeld.

Daneben erstellt sie in Heimarbeit Schreibarbeiten für Arbeitgeber B und erhält dafür ein festes monatliches Entgelt von 300 EUR, ebenfalls kein Urlaubs- und kein Weihnachtsgeld.

Im Sommer arbeitet sie befristet vom 1.8.-15.9. samstags und sonntags als Aushilfe bei Arbeitgeber C in einer Gaststätte. Sie arbeitet 12 Stunden pro Wochenende für pauschal 140 EUR.

Wie sind die Beschäftigungen lohnsteuer- und sozialversicherungsrechtlich zu behandeln?

Lösung

Beschäftigung bei Arbeitgeber A: Die Beschäftigung ist beitragspflichtig in allen Zweigen der Sozialversicherung. Es gelten die Regelungen für den sozialversicherungsrechtlichen Übergangsbereich mit ermäßigten Arbeitnehmerbeiträgen zur Sozialversicherung, da das Entgelt regelmäßig weniger als 1.300 EUR beträgt. Die Arbeitnehmerin wird nach den ELStAM (Steuerklasse II) besteuert.

Beschäftigung bei Arbeitgeber B: Es handelt sich um eine geringfügig entlohnte Beschäftigung. Sie ist auf Dauer angelegt und das regelmäßige Arbeitsentgelt beträgt nicht mehr als 450 EUR. Neben einer sozialversicherungspflichtigen Hauptbeschäftigung – hierzu zählt auch eine Beschäftigung im sozialversicherungsrechtlichen Übergangsbereich – ist eine geringfügig entlohnte Beschäftigung sozialversicherungsfrei. Da bereits in der Hauptbeschäftigung Rentenversicherungspflicht vorliegt, beantragt die Arbeitnehmerin die Befreiung von der Rentenversicherungspflicht im Minijob. Der Minijob bei Arbeitgeber B wird nicht mit der Hauptbeschäftigung bei Arbeitgeber A zusammengerechnet.

Arbeitgeber B meldet die Mitarbeiterin mit dem Personengruppenschlüssel 109 und dem Beitragsgruppenschlüssel 6500 bei der Minijob-Zentrale der Deutschen Rentenversicherung Knappschaft-Bahn-See an. Er muss für die Beschäftigung pauschale Beiträge zur Rentenversicherung (15 %) und zur Krankenversicherung (13 %) sowie Pauschalsteuer (2 %) an die Minijob-Zentrale abführen. Eine Abwälzung der einheitlichen Pauschalsteuer auf die Arbeitnehmerin ist zulässig.

Beschäftigung bei Arbeitgeber C: Diese Beschäftigung erfüllt die Voraussetzungen einer kurzfristigen Beschäftigung. Sie wird nicht berufsmäßig ausgeübt und ist von vornherein auf weniger als 70 Arbeitstage begrenzt. Es gilt die 70-Arbeitstage-Grenze, da die Arbeitnehmerin weniger als 5 Arbeitstage pro Woche tätig ist. Vom 1.8.-15.9. ergeben sich 12 Arbeitstage (6 Wochenenden). Die kurzfristige Beschäftigung wird weder mit der sozialversicherungspflichtigen Hauptbeschäftigung bei Arbeitgeber A noch mit der geringfügig entlohnten Beschäftigung bei Arbeitgeber B zusammengerechnet.

Die Aushilfstätigkeit wird bei der Minijob-Zentrale der Deutschen Rentenversicherung Knappschaft-Bahn-See mit dem Personengruppenschlüssel 110 und dem Beitragsgruppenschlüssel 0000 angemeldet.

Die Beschäftigung kann nach den ELStAM (Steuerklasse VI) besteuert werden. Alternativ kommt auch eine Pauschalbesteuerung mit 25 % in Betracht, da die Aushilfsbeschäftigung gleichzeitig die Voraussetzungen einer steuerlichen kurzfristigen Beschäftigung (maximal 18 zusammenhängende Arbeitstage, Tageslohngrenze unter 120 EUR und Stundenlohngrenze unter 15 EUR) erfüllt. Die pauschale Lohnsteuer kann auf die Arbeitnehmerin abgewälzt werden.

Tipp: Mit den Jahresentgelten aus der Beschäftigung bei Arbeitgeber A (9.000 EUR) und in der Gaststätte (840 EUR) fällt in der Lohnsteuerklasse II noch keine Lohnsteuer an. Unter Umständen ist es daher sinnvoll, die Aushilfsbeschäftigung in der Gaststätte über die individuelle Besteuerung abzuwickeln. Die über ELStAM mit der Steuerklasse VI einbehaltene Lohnsteuer kann im Rahmen der Einkommensteuererklärung vom Finanzamt (anteilig) erstattet werden. Zudem kann sich die Arbeitnehmerin wegen ihres geringen Entgelts bei Arbeitgeber A in den ELStAM einen Freibetrag im Falle der Steuerklasse VI und in gleicher Höhe einen Hinzurechnungsbetrag im Falle der Steuerklasse I eintragen lassen. Damit kann der Lohnsteuerabzug bei der Steuerklasse VI deutlich verringert werden.

28.5 Zwei geringfügige Beschäftigungen unter 450 EUR

Sachverhalt: Eine familienversicherte Bedienung übt 2 geringfügig entlohnte Beschäftigungen mit je 150 EUR monatlich aus. Die Bedienung hat bei beiden Arbeitgebern die Befreiung von der Rentenversicherungspflicht beantragt.

Wie sind die Beschäftigungen sozialversicherungsrechtlich zu behandeln?

Lösung: Die Entgelte beider Beschäftigungen sind zusammenzurechnen. Die Zusammenrechnung ergibt ein Gesamtentgelt in Höhe von 300 EUR monatlich. Der Grenzwert von 450 EUR pro Monat wird nicht überschritten. Beide Beschäftigungen sind geringfügig und für die Bedienung sozialversicherungsfrei.

Beide Arbeitgeber müssen pauschale Beiträge zur Rentenversicherung (15 %) und zur Krankenversicherung (13 %) sowie Pauschalsteuer (2 %) an die Minijob-Zentrale der Deutschen Rentenversicherung Knappschaft-Bahn-See abführen. Eine Abwälzung der einheitlichen Pauschalsteuer auf die Arbeitnehmerin ist zulässig.

28.6 Zwei geringfügige Beschäftigungen über 450 EUR

Sachverhalt: Eine familienversicherte Bedienung übt gleichzeitig 2 geringfügig entlohnte Beschäftigungen bei unterschiedlichen Arbeitgebern mit einem Arbeitsentgelt von je 250 EUR im Monat aus. Weitere Beschäftigungen bestehen nicht.

Wie sind die Beschäftigungen lohnsteuer- und sozialversicherungsrechtlich zu behandeln?

Lösung: Die Entgelte der beiden – für sich getrachtet geringfügig entlohnten – Beschäftigungen müssen zusammengerechnet werden. Daraus ergibt sich ein Gesamtentgelt von 500 EUR pro Monat. Die Geringfügigkeitsgrenze von 450 EUR pro Monat für Minijobs wird überschritten. Es handelt sich nicht um geringfügige Beschäftigungen; es entsteht Sozialversicherungspflicht in beiden Beschäftigungen.[25] Für beide Beschäftigungen ist die besondere Beitragsberechnung im Übergangsbereich anzuwenden, da das Gesamtentgelt innerhalb des Übergangsbereichs von 450,01 bis 1.300 EUR liegt.

Die Pauschalierung der Lohnsteuer mit 2 % ist nicht möglich, da keine Pauschalbeiträge zur Rentenversicherung gezahlt werden. Die Versteuerung kann nach den ELStAM oder mit 20 %[26] pauschaler Lohnsteuer zzgl. Solidaritätszuschlag und ggf. pauschaler Kirchensteuer erfolgen.

25 § 8 Abs. 2 SGB IV.
26 § 40a Abs. 2a EStG.

29 Mindestlohn

Kurzbeschreibung: Der Beitrag stellt anhand einzelner Berechnungsbeispiele die Zusammensetzung des Mindestlohns unter Berücksichtigung der verschiedenen Lohnbestandteile dar.

29.1 Akkordlohn

Sachverhalt: Arbeitnehmer A erhält pro Stunde einen Grundlohn von 8,50 EUR zuzüglich eines Akkordzuschlags von 1,50 EUR pro gearbeiteter Stunde, also einen Gesamtstundenlohn von 10,00 EUR.

Lösung: Die Vereinbarung eines Akkordlohns ist nur zulässig, wenn gewährleistet ist, dass der Mindestlohn für die tatsächlich geleisteten Arbeitsstunden erreicht wird. Der Akkordzuschlag darf auf den Mindestlohnanspruch angerechnet werden.

Der Gesamtstundenlohn für die Akkordarbeit übersteigt mit 10,00 EUR den Mindestlohnanspruch von 9,35 EUR.

29.2 Stücklohn

Sachverhalt: Arbeitnehmer A, der 160 Stunden im Monat arbeitet, erhält zusätzlich zu einem festen Grundgehalt von 1.000 EUR pro Monat einen Stücklohn von 0,20 EUR pro gefertigtem Produkt. Im Schnitt erreicht er damit regelmäßig eine Gesamtbruttomonatsvergütung von 2.000 EUR.

Lösung: Stücklöhne sind zulässig, wenn sichergestellt ist, dass der Arbeitnehmer je tatsächlich geleisteter Arbeitsstunde den Mindestlohn erhält.

Die monatliche Gesamtvergütung von 2.000 EUR brutto übersteigt den Mindestlohnanspruch von 1.496 EUR (160 Stunden x 9,35 EUR pro Stunde).

29.3 Kost und Logis

Sachverhalt: Arbeitnehmer A ist Saisonarbeitnehmer und erhält einen Bruttolohn von 8,50 EUR pro Stunde. Von seinem Arbeitgeber erhält er als weitere Leistungen für seine Arbeit Frühstück, Mittag- und Abendessen sowie eine Unterkunft.

Lösung: Auf den Mindestlohnanspruch dürfen neben dem Arbeitslohn in Geld *ausschließlich bei Saisonarbeitern* Sachleistungen des Arbeitgebers angerechnet werden. Dabei darf der gesetzliche Mindestlohn nicht unterschritten werden und die Anrechnung der Sachleistungen die Höhe des pfändbaren Teils des Arbeitsentgelts nicht übersteigen (entsprechend § 107 Abs. 2 Satz 5 GewO in Verbindung mit § 394 BGB (Pfändungsfreigrenze)). Es wird der für eine ledige, nicht unterhaltspflichtige Person maßgebliche Betrag zugrunde gelegt. Unterkunft und Verpflegung sind mit den Werten nach § 2 SvEV zu berücksichtigen.

Ob ein Arbeitnehmer unter Berücksichtigung von Sachleistungen seinen Mindestlohn erhält, ist in jedem Einzelfall unter Beachtung der Pfändungsfreigrenze zu prüfen.

29.4 Dienstwagen

Sachverhalt: Der Arbeitnehmer A erhält monatlich eine Bruttovergütung von 1.300 EUR bei einer monatlichen Arbeitszeit von 160 Stunden. Zusätzlich wird ihm ein Dienstwagen auch zur privaten Nutzung gestellt, dessen geldwerter Vorteil monatlich mit 200 EUR bewertet wird.

Lösung: Bei dem Mindestlohn handelt es sich um einen Bruttolohn je Zeitstunde. Dieser ist wegen des zwingenden Charakters der §§ 1 und 20 MiLoG grundsätzlich als Geldleistung zu berechnen und auszuzahlen. Die Entlohnung im Wege der Gewährung von Sachbezügen wie z. B. der Zurverfügungstellung eines Dienstwagens zur privaten Nutzung soll nicht zulässig sein. Dieser Rechtsauffassung zugrunde gelegt, wird der Mindestlohnanspruch von 1.496 EUR (160 Stunden x 9,35 EUR/Stunde) unterschritten. Eine höchstrichterliche Rechtsprechung steht allerdings noch aus.

29.5 Verstetigtes Arbeitsentgelt

Sachverhalt: Die Arbeitnehmerin B arbeitet arbeitsvertraglich 38,5 Stunden je Woche. Dafür erhält sie ein verstetigtes Arbeitsentgelt von 1.650 EUR.

Lösung: Ein verstetigtes Arbeitsentgelt, d. h. ein Arbeitsentgelt, das unabhängig von der Zahl der Arbeitstage im Monat jeden Monat gleich hoch ist, muss mindestens in der Höhe gezahlt werden, die sich unter Anwendung der folgenden Formel errechnet:

Zahl der Arbeitsstunden je Woche multipliziert mit 13 Wochen geteilt durch 3 Monate multipliziert mit dem Mindestlohn je Stunde.

Das verstetigte monatliche Arbeitsentgelt von 1.650 EUR übersteigt den Mindestlohnanspruch von 1.559,89 EUR (38,5 Stunden/Woche x 13 Wochen ./. 3 Monate x 9,35 EUR/Stunde).

29.6 Provision mit Vorschusszusage

Sachverhalt: Arbeitnehmer A erhält neben der vereinbarten Grundvergütung von 1.000 EUR eine Provision. Die Provision beträgt im Durchschnitt 1.500 EUR. Unwiderruflich zugesagt ist ihm die Auszahlung eines Provisionsvorschusses von 500 EUR pro Monat.

Lösung: Arbeitnehmer A erhält pro Monat zumindest 1.500 EUR und damit mehr als 9,35 EUR pro Stunde (1.500 EUR ./. 160 Stunden = 9,37 EUR pro Stunde).

29.7 Provision ohne Vorschusszusage

Sachverhalt: Arbeitnehmer A erhält neben der vereinbarten Grundvergütung von 1.000 EUR bei einer monatlichen Arbeitszeit von 160 Stunden eine umsatzabhängige Provision. Die Provision betrug im Durchschnitt der letzten 12 Monate rund 1.500 EUR monatlich. Ein Vorschuss ist nicht zugesagt, die Abrechnung erfolgt monatlich nachträglich.

Lösung: Eine auf einen vertraglichen Provisionsanspruch beruhende Zahlung des Arbeitgebers kann nur dann auf den Mindestlohnanspruch angerechnet werden, wenn der Anspruch auf die Provision in demselben Monat wie der Mindestlohnanspruch für die geleisteten Arbeitsstunden entsteht. So muss der z. B. im Januar entstandene Provisionsanspruch zusammen mit den im Januar geleisteten Arbeitsstunden spätestens an dem nach § 2 Abs. 1 MiLoG maßgeblichen Fälligkeitstermin im Februar vorbehaltlos und unwiderruflich abgerechnet und gezahlt werden.

29.8 Entgeltumwandlung

Sachverhalt: Arbeitnehmer A erhält für 160 Arbeitsstunden eine Monatsvergütung von 1.500 EUR brutto, die nicht auf einem Tarifvertrag beruht. Im Wege der Entgeltumwandlung werden 200 EUR pro Monat für eine Direktversicherung einbehalten und abgeführt.

Lösung: Nach § 1a Abs. 1 BetrAVG finanziert der Arbeitnehmer die Altersversorgung selbst, indem er auf die Auszahlung eines Teils seines Arbeitsentgelts zugunsten einer Altersvorsorgezusage verzichtet. Von seinem Arbeitgeber kann er verlangen, dass dieser von den künftigen Entgeltansprüchen bis zu 4 vom Hundert der jeweiligen Beitragsbemessungsgrenze in der allgemeinen Rentenversicherung durch Entgeltumwandlung für seine betriebliche Altersversorgung verwendet.

In 2020 betragen 4 vom Hundert der Beitragsbemessungsgrenze in der allgemeinen Rentenversicherung 276 EUR pro Monat. Der Betrag, den A umwandelt, ist mit 200 EUR niedriger. Damit wird das mindestlohnrelevante Brutto-Arbeitsentgelt nicht unterschritten.

Abwandlung 1
Sachverhalt: Die Arbeitnehmerin B, die für 160 Arbeitsstunden eine Monatsvergütung von 1.500 EUR brutto erhält, das nicht auf einem Tarifvertrag beruht, will für ihre Altersversorgung im Wege der Entgeltumwandlung 350 EUR pro Monat verwenden.

Lösung: Ein über die 4-vom-Hundert-Grenze hinausgehender Betrag darf nicht auf den Mindestlohn angerechnet werden. B darf nur 276 EUR für ihre Altersversorgung umwandeln. Die Umwandlung eines höheren Betrages würde zu einer Unterschreitung des Mindestlohns führen.

Abwandlung 2
Sachverhalt: Arbeitnehmer A erhält für 160 Arbeitsstunden eine Monatsvergütung von 1.500 EUR brutto. Die Vergütung ist in einem Tarifvertrag geregelt, der die Entgeltumwandlung weder vorsieht, noch zulässt. Im Wege der Entgeltumwandlung sollen 200 EUR pro Monat für eine Direktversicherung einbehalten und abgeführt werden.

Lösung: Nach § 20 Abs. 1 BetrAVG darf für Entgeltansprüche, die auf einem Tarifvertrag beruhen, eine Entgeltumwandlung nur vorgenommen werden, soweit dies der Tarifvertrag vorsieht oder zulässt. Eine Entgeltumwandlung kann in einem Tarifvertrag auch ausdrücklich ausgeschlossen werden.

Bei dem Mindestlohnanspruch nach dem MiLoG handelt es sich zwar um einen gesetzlichen Lohnanspruch. Gleichwohl ist es strittig, ob eine Entgeltumwandlung zulässig ist, wenn der Lohnanspruch auf einem Tarifvertrag beruht, der eine Entgeltumwandlung weder vorsieht, noch zulässt. Eine höchstrichterliche Entscheidung steht noch aus.

29.9 Erschwerniszulagen

Sachverhalt: Arbeitnehmer A erhält eine Monatsvergütung von 1.200 EUR brutto bei einer monatlichen Arbeitszeit von 160 Stunden sowie eine Erschwerniszulage von 300 EUR monatlich wegen der besonderen, monatlich tatsächlich anfallenden erschwerten Arbeitsbedingungen.

Lösung: Das Arbeitsentgelt setzt sich aus der vereinbarten Monatsvergütung von 1.200 EUR und der Erschwerniszulage von 300 EUR zusammen. Auch die Erschwerniszulage ist eine Gegenleistung für die tatsächlich geleistete Arbeit. Sie kann daher auf den Mindestlohnanspruch angerechnet werden. Dabei ist nicht von Bedeutung, in welchem Umfang eine Erschwer eintritt. Erschwerniszulagen können Schmutzzulagen, Gefahrenzulagen, Spätschicht- oder Wechselzulagen sein.

A hat einen Stundenlohn von 9,37 EUR brutto, der damit den Mindestlohn übersteigt.

29.10 Überstundenzuschläge

Sachverhalt: Ein Arbeitnehmer hat Anspruch auf eine Festvergütung von 8,30 EUR pro Stunde bei einer vertraglich vereinbarten Arbeitszeit von 160 Arbeitsstunden im Monat. Er erhält außerdem regelmäßig im Durchschnitt pro Monat für geleistete Überstunden 300 EUR.

Lösung: Jede Überstunde muss wie jede andere Arbeitsstunde mit dem Mindestlohn vergütet werden. Zahlt der Arbeitgeber für jede Überstunde einen Überstundenzuschlag, kann dieser auf den Mindestlohnanspruch im Abrechnungszeitraum angerechnet werden. Der Mindestlohnanspruch ist nicht von den mit der Arbeitsleistung verbundenen Umständen abhängig.[27]

Ob im Ausgangsfall der Mindestlohn erreicht wird, hängt von der Zahl der geleisteten Überstunden ab, die den regulären Arbeitsstunden hinzuzurechnen sind.

29.11 Sonn- und Feiertagszulagen

Sachverhalt: Arbeitnehmer A arbeitet aufgrund vertraglicher Vereinbarung regelmäßig an Sonn- und Feiertagen. Zu seiner Grundvergütung von 1.200 EUR bei einer monatlichen Arbeitszeit von 160 Stunden erhält er an Sonn- und Feiertagszulagen durchschnittlich 300 EUR.

Lösung: Die Sonn- und Feiertagszulagen sind Gegenleistung für die reguläre Arbeitsleistung und dürfen daher bei der Berechnung des Mindestlohns berücksichtigt werden.

27 BAG, Urteil vom 25. Mai 2016, 5 AZR 135/16, Rn. 30.

29.12 Aufwandsentschädigungen

Sachverhalt: Arbeitnehmer A erhält eine Aufwandsentschädigung i. H. v. 200 EUR pro Monat für die durch Dienstreisen entstandenen Fahrkosten neben einer Grundvergütung von 1.300 EUR pro Monat bei einer monatlichen Arbeitszeit von 160 Stunden.

Lösung: Aufwandsentschädigungen sind nach Auffassung des BAG keine Gegenleistung für geleistete Arbeit und zählen bei der Berechnung des Mindestlohns nicht mit. Da das gezahlte Arbeitsentgelt von 1.300 EUR den geschuldeten Mindestlohn von 1.496 EUR (160 Stunden x 9,35 EUR/Stunde) unterschreitet, hat A noch einen Anspruch auf die Differenz von 196 EUR.

29.13 Fahrtkostenzuschuss

Sachverhalt: Der Arbeitnehmer hat Anspruch auf einen Stundenlohn von 9 EUR bei einer Arbeitszeit von 160 Stunden. Zusätzlich dazu erhält er monatlich einen Fahrtkostenzuschuss für die Fahrten zwischen Wohnung und Betrieb von 100 EUR. Der Betrieb liegt in einer verkehrsmäßig schlecht erschlossenen Region. Der Fahrkostenzuschuss soll ein Anreiz sein, den ungünstigen Weg zum Betrieb in Kauf zu nehmen.

Lösung: Der Fahrtkostenzuschuss darf nicht angerechnet werden, er stellt keinen Gegenwert für die geleistete Arbeit dar.[28] Mit dem Fahrkostenzuschuss verfolgt der Arbeitgeber den Zweck, Arbeitnehmer zu motivieren, trotz der ungünstigen Anfahrt in seinem Betrieb zu arbeiten. Der gesetzliche Mindestlohn von 9,35 EUR wird daher nicht erreicht.

29.14 Ortszulage

Sachverhalt: Arbeitnehmer A hat Anspruch auf einen Stundenlohn von 9,20 EUR/Stunde bei einer Arbeitszeit von 160 Stunden. Ergänzend dazu erhält er monatlich 100 EUR als Ortszulage, weil der Betrieb in einer Stadt liegt, in der die Wohnungsmieten sehr hoch sind.

Lösung: Es kommt auf den Zweck der Leistung des Arbeitgebers an. Die Ortszulage wird hier nicht für die tatsächliche Arbeitsleistung gezahlt, sondern um Arbeitnehmer zu bewegen, trotz höherer Mieten in den Ort zu ziehen, in dem der Betrieb seinen Sitz hat.

Mit dem Stundenlohn von 9,20 EUR wird der Mindestlohn von 9,35 EUR unterschritten.

---

28 LAG Hamburg, Urteil vom 26.8.2014, 2 Sa 70/13.

29.15 Dienstkleidungszuschuss

Sachverhalt: Arbeitnehmer A erhält einen Stundenlohn von 8,84 EUR bei einer Arbeitszeit von 160 Stunden zuzüglich 100 EUR monatlich für Dienstkleidung.

Lösung: Zuschüsse für Dienstkleidung dürfen nach dem Gegenleistungsprinzip des BAG nicht angerechnet werden, da sie kein Gegenwert für geleistete Arbeit sind. Der gesetzliche Mindestlohn wird daher nicht erreicht. Arbeitnehmer A hat Anspruch auf einen Mindestlohn von 9,35 EUR pro Stunde.

29.16 Mankogeld

Sachverhalt: Der Arbeitnehmer hat Anspruch auf eine Festvergütung von 8,84 EUR pro Stunde bei einer Arbeitszeit von 160 Stunden. Zusätzlich erhält er monatlich ein Mankogeld i. H. v. 100 EUR.

Lösung: Mankogeld darf nicht angerechnet werden, da es keinen Gegenwert zur geleisteten Arbeit darstellt, sondern eine besondere Entschädigung vorwiegend für Arbeitnehmer im Kassen- oder Zähldienst zum Ausgleich von Kassenverlusten, die auch bei Anwendung der gebotenen Sorgfalt auftreten können. Der gesetzliche Mindestlohn wird daher in diesem Fall nicht erreicht.

29.17 Werkzeuggeld

Sachverhalt: Der Arbeitnehmer hat Anspruch auf eine Festvergütung von 9,00 EUR pro Stunde bei einer Arbeitszeit von 160 Stunden, zzgl. 100 EUR monatlich Werkzeuggeld.

Lösung: Werkzeuggeld wird nicht als Gegenleistung für die Arbeitsleistung gezahlt und darf daher nicht angerechnet werden. Der gesetzliche Mindestlohn von 9,35 EUR je Stunde wird nicht erreicht.

29.18 Freiwillige einmalige Leistungen

Sachverhalt: Arbeitnehmer A hat Anspruch auf einen Stundenlohn von 9 EUR bei einer monatlichen Arbeitszeit von 160 Stunden. Für besondere Leistungen zahlt der Arbeitgeber gelegentlich eine Prämie von 100 EUR/Monat. Ein Rechtsanspruch besteht hierauf nicht.

Lösung: A erhält ohne Prämie einen Arbeitslohn von 1.440 EUR (160 Stunden x 9 EUR/Stunde). Der ihm zustehende Mindestlohn von 9,35 EUR/Stunde wird um 56 EUR unterschritten (160 Stunden x 9,35 EUR/Stunde – 1.440 EUR).

Die gelegentliche Zahlung der Prämie führt nicht dazu, dass Arbeitnehmer A regelmäßig den Mindestlohn erhält. Die freiwillige Leistung kann jedoch dann, wenn mit dieser die tatsächlich geleistete Arbeitsleistung vergütet werden soll, im Auszahlungsmonat auf den Mindestlohn angerechnet werden, wenn sie vorbehaltslos und unwiderruflich gezahlt wird.

Hinweis: Wird mit der freiwilligen Leistung ein über die Vergütung der tatsächlichen Arbeitsleistung hinausgehender Zweck verfolgt wie z. B. mit einer Gratifikation aus Anlass langjähriger Betriebszugehörigkeit oder eines Betriebsjubiläums, scheidet eine Anrechnung auf den Mindestlohn aus.

29.19 Vermögenswirksame Leistungen

Sachverhalt: Arbeitnehmer A hat Anspruch auf eine Festvergütung von 9,10 EUR pro Stunde bei einer Arbeitszeit von 160 Stunden zuzüglich 45 EUR vermögenswirksame Leistungen pro Monat.

Lösung: Vermögenswirksame Leistungen dürfen nicht angerechnet werden, da sie dem Vermögensaufbau dienen und damit keine Gegenleistung für die normale Arbeitsleistung darstellen.[29] Der gesetzliche Mindestlohn wird daher nicht erreicht, Arbeitnehmer A hat seit 1.1.2020 Anspruch auf 9,35 EUR pro Stunde.

29.20 Urlaubsgeld, Einmalzahlung

Sachverhalt: Vertraglich vereinbart sind 8,30 EUR/Stunde sowie ein Urlaubsgeld in Höhe einer halben Monatsvergütung, ausgezahlt mit dem Juli-Gehalt des Jahres bei einer monatlichen Arbeitszeit von 160 Stunden.

Lösung: Bei einer als Urlaubsgeld bezeichneten Sonderzahlung des Arbeitgebers ist für die Anrechenbarkeit auf den Mindestlohn der vom Arbeitgeber verfolgte Zweck der Leistung maßgeblich. Allein aus der Bezeichnung »Urlaubsgeld« kann nicht zwingend auf einen Zusammenhang mit der Urlaubsgewährung geschlossen werden. Wird die

29 BAG, Urteil v. 18.4.2012, 4 AZR 168/10: Danach sind vom Arbeitgeber erbrachte vermögenswirksame Leistungen nicht auf Mindestlohnansprüche anzurechnen, da ihr Zweck der langfristigen Vermögensbildung in Arbeitnehmerhand nicht funktional gleichwertig mit dem Zweck des Mindestlohns ist.

Zuwendung in einer Summe unabhängig von der Urlaubsgewährung geleistet, kann sie im Monat der Auszahlung auf den Mindestlohn angerechnet werden.

Im Juli erhält der Arbeitnehmer für die geleistete Arbeitszeit 1.328 EUR (160 Stunden x 8,30 EUR pro Stunde) sowie ein »Urlaubsgeld« von 664 EUR (1.328 EUR ./. 2), also insgesamt 1.992 EUR. Damit ist der Mindestlohnanspruch von 1.496 EUR (160 Stunden x 9,35 EUR/Stunde) erfüllt.

29.21 Urlaubsgeld, ratierliche Zahlung

Sachverhalt: Vertraglich vereinbart sind 9,00 EUR pro Stunde sowie ein Urlaubsgeld in Höhe einer halben Monatsvergütung, zahlbar jeweils 1/12 pro Monat bei einer monatlichen Arbeitszeit von 160 Stunden.

Lösung: Die als Urlaubsgeld bezeichnete Zuwendung des Arbeitgebers wird nicht akzessorisch zur Urlaubsgewährung, sondern in monatlichen gleichbleibenden Raten gezahlt. Sie kann daher auf den Mindestlohn angerechnet werden.

Das Urlaubsgeld beträgt 160 Stunden x 9,00 EUR ./. 2 = 720 EUR. Pro Monat werden 60,00 EUR bzw. pro Stunde 0,38 EUR ausbezahlt. Der Stundenlohn pro Monat beträgt daher 9,00 EUR + 0,38 EUR = 9,38 EUR und übersteigt damit den gesetzlichen Mindestlohn.

29.22 Weihnachtsgeld, Einmalzahlung

Sachverhalt: Vertraglich vereinbart sind 8,30 EUR pro Stunde bei einer monatlichen Arbeitszeit von 160 Stunden sowie ein Weihnachtsgeld in Höhe einer halben Monatsvergütung, zahlbar im Dezember eines Jahres.

Lösung: Ob die als Weihnachtsgeld bezeichnete Leistung auf den Mindestlohn angerechnet werden kann, hängt von dem Zweck ab, den der Arbeitgeber mit der Leistung verfolgt. Die Bezeichnung ist in der Regel rechtlich unerheblich. Entscheidend sind die Ausgestaltung der Leistung und der vom Arbeitgeber mit ihr verfolgte Zweck. Eine Anrechnung auf den Mindestlohn scheidet aus, wenn mit der Zahlung andere Ziele als die Vergütung von Arbeitsleistung verfolgt werden. Dies können z. B. die Honorierung von im abgelaufenen Jahr erwiesener oder Motivation für künftige Betriebstreue oder ein Beitrag zu den oft erhöhten Aufwendungen aus Anlass des Weihnachtsfestes sein.

29.23 Weihnachtsgeld, ratierliche Zahlung

Sachverhalt: Vertraglich vereinbart sind 8,30 EUR pro Stunde bei einer vertraglich vereinbarten Arbeitszeit von 160 Stunden/Monat sowie ein Weihnachtsgeld in Höhe einer halben Monatsvergütung, zahlbar jeweils 1/12 pro Monat.

Lösung: Ein anteilig auf den Monat aufgeteiltes so genanntes Weihnachtsgeld dürfte in der Regel seinen Gratifikationscharakter verloren haben und im Zweifel auf den Mindestlohn anrechenbar sein. Eine höchstrichterliche Rechtsprechung steht noch aus.

29.24 Bereitschaftsdienst

Sachverhalt: Der Arbeitnehmer A hat eine reguläre monatliche Arbeitszeit von 160 Stunden. Zusätzlich leistet er 10Stunden Bereitschaftsdienst. Für die reguläre Arbeitszeit erhält er 9,35 EUR je Stunde, für den Bereitschaftsdienst 5,00 EUR je Stunde.

Lösung: Bereitschaftsdienst ist die Arbeitszeit, in der sich der Arbeitnehmer an einem vom Arbeitgeber bestimmten Ort innerhalb oder außerhalb des Betriebs bereitzuhalten hat, um im Bedarfsfall die Arbeit auf Anforderung des Arbeitgebers aufzunehmen. Da die Vergütungspflicht des MiLoG nicht nach dem Grad der tatsächlichen Inanspruchnahme differenziert, ist auch der Bereitschaftsdienst mit dem Mindestlohn zu vergüten.

A hat für seine Arbeitszeit von insgesamt 170 Stunden einen Mindestlohnanspruch von 1.589, 50 EUR (170 Stunden x 9,35 EUR). Da er lediglich 1.546 EUR erhält (160 Stunden x 9, 35 EUR/Stunde + 10 Stunden x 5,00 EUR/Stunde), ist der Mindestlohn unterschritten.

29.25 Rufbereitschaft

Sachverhalt: Arbeitnehmer A hat Anspruch auf eine Festvergütung von 8,30 EUR pro Stunde bei einer Arbeitszeit von 160 Stunden. Zuzüglich erhält er eine Zulage für Rufbereitschaft in Höhe von 200 EUR monatlich.

Lösung: Rufbereitschaft setzt in Abgrenzung zum Bereitschaftsdienst voraus, dass der Arbeitnehmer nicht gezwungen ist, sich am Arbeitsplatz oder einer anderen vom Arbeitgeber bestimmten Stelle aufzuhalten, sondern – unter freier Wahl des Aufenthaltsortes – lediglich jederzeit erreichbar sein muss, um auf Abruf des Arbeitgebers die Arbeit alsbald aufnehmen zu können. Ob ein Anspruch auf den Mindestlohn für Zeiten der Rufbereitschaft besteht, ist strittig. Eine höchstrichterliche Entscheidung steht noch aus. Fällt während der Rufbereitschaft Arbeit an, muss der Arbeitgeber diese immer zumindest mit dem Mindestlohn vergüten.

Unabhängig von der Antwort auf die Frage, ob Rufbereitschaft mit dem Mindestlohn zu vergüten ist, handelt es sich bei der Zulage für die Rufbereitschaft um eine Leistung des Arbeitgebers, mit der dieser eine – wenn auch weniger intensive – Arbeitsleistung des Arbeitnehmers vergüten will. Sie kann daher auf den Mindestlohn angerechnet werden. Ob der Mindestlohn im Ausgangsfall erreicht wird, hängt von der Zahl der Stunden der Rufbereitschaft ab.

30 Mutterschutz

30.1 Geburt zum errechneten Termin

Sachverhalt: Eine Arbeitnehmerin ist schwanger. Nach ärztlicher Bescheinigung ist der voraussichtliche Entbindungstermin der 28.12. Das Kind wird am 28.12. geboren.

Wann sind Beginn und Ende der Mutterschutzfrist?

Lösung: Die Mutterschutzfrist beträgt mindestens 14 Wochen und einen Tag (6 Wochen vor dem errechneten Geburtstermin und 8 Wochen nach der Geburt). Da das Kind zum errechneten Termin zur Welt kommt, beträgt die Mutterschutzfrist in diesem Fall genau 14 Wochen plus 1 Tag.

Sie beginnt am 16.11., 6 Wochen vor dem errechneten Geburtstermin, und endet 8 Wochen nach der Geburt am 22.2. des Folgejahres.

30.2 Geburt 3 Tage nach errechnetem Termin

Sachverhalt: Eine Arbeitnehmerin ist schwanger. Nach ärztlicher Bescheinigung ist der voraussichtliche Entbindungstermin der 28.12. Die Geburt erfolgt am 31.12.

Wann endet die Mutterschutzfrist?

Lösung: Die Mutterschutzfrist beträgt 14 Wochen und 4 Tage (6 Wochen vor dem errechneten Geburtstermin und 8 Wochen nach der Geburt). Da das Kind 3 Tage nach dem errechneten Termin zur Welt kommt, beträgt die Mutterschutzfrist in diesem Fall 14 Wochen plus 4 Tage (28.12., 29.12., 30.12. und 31.12.). Sie beginnt am 16.11., 6 Wochen vor dem errechneten Termin, und endet 8 Wochen nach der Geburt am 25.2. des Folgejahres.

30.3 Geburt 9 Tage vor errechnetem Termin

Sachverhalt: Eine Arbeitnehmerin ist schwanger. Nach ärztlicher Bescheinigung ist der voraussichtliche Entbindungstermin der 28.12. Das Kind wird bereits am 19.12. geboren.

Wann endet die Mutterschutzfrist?

Lösung: Die Mutterschutzfrist beträgt mindestens 14 Wochen und einen Tag (6 Wochen vor dem errechneten Geburtstermin und 8 Wochen nach der Geburt). Die Mutterschutzfrist beginnt am 16.11., 6 Wochen vor dem errechneten Termin. Die nicht in Anspruch genommenen 9 Tage wegen vorzeitiger Entbindung gehen jedoch nicht verloren. Die 8-Wochenfrist nach der Geburt beginnt am 20.12. und reicht bis zum 13.2. des Folgejahres. Die nicht in Anspruch genommenen Tage zwischen Geburt und errechnetem Termin werden jedoch an diesen Zeitraum angehängt. Die Mutterschutzfrist endet somit 8 Wochen nach dem errechneten Termin am 22.2. des Folgejahres.

30.4 Mehrlingsgeburt

Sachverhalt: Eine Arbeitnehmerin ist schwanger. Nach ärztlicher Bescheinigung ist der voraussichtliche Entbindungstermin der 28.12. Am 6.12. kommen Zwillinge zur Welt.

Wann endet die Mutterschutzfrist?

Lösung: Die Mutterschutzfrist verlängert sich aufgrund der Mehrlingsgeburt um 4 Wochen von 14 Wochen auf 18 Wochen (6 Wochen vor dem errechneten Geburtstermin und 12 Wochen nach der Geburt). Die Mutterschutzfrist beträgt in diesem Fall 18 Wochen plus 1 Tag. Sie beginnt am 16.11., 6 Wochen vor dem errechneten Termin. Die 12-Wochenfrist nach der Geburt beginnt am 7.12. und reicht bis zum 28.2. des Folgejahres. Die nicht in Anspruch genommenen 22 Tage zwischen Geburt und errechnetem Termin werden an diesen Zeitraum angehängt. Die Mutterschutzfrist endet somit am 22.3. des Folgejahres.

Hinweis: Bei Drillingen verlängert sich die 12-Wochen-Frist nicht zusätzlich.

30.5 Frühgeburt

Sachverhalt: Eine Arbeitnehmerin ist schwanger. Nach ärztlicher Bescheinigung ist der voraussichtliche Entbindungstermin der 28.12. Das Kind wird am 13.11. geboren. Der Arzt bescheinigt eine Frühgeburt.

Wann endet die Mutterschutzfrist?

Lösung: Die Mutterschutzfrist beginnt nach dem Tag der Geburt am 14.11., Mutterschaftsgeld erhält die Arbeitnehmerin ab 13.11., dem Tag der Entbindung. Die 6 Wochen, auf die sie vor der Geburt Anspruch gehabt hätte, gehen ihr nicht verloren. Anschließend erhält sie weitere 12 Wochen wegen der Frühgeburt. Die Mutterschutzfrist endet am 19.3. des Folgejahres

30.6 Geburt eines Kindes mit Behinderung

Sachverhalt: Eine Arbeitnehmerin ist schwanger. Nach ärztlicher Bescheinigung ist der 28.12. der voraussichtliche Entbindungstermin. Am 6.12. kommt ein Kind mit Behinderung zur Welt. Sie legt darüber eine ärztliche Bescheinigung vor.

Wann endet die Mutterschutzfrist?

Lösung: Die Mutterschutzfrist verlängert sich aufgrund der Geburt des behinderten Kindes um 4 Wochen von 14 Wochen auf 18 Wochen (6 Wochen vor dem errechneten Geburtstermin und 12 Wochen nach der Geburt). Die Mutterschutzfrist beträgt in diesem Fall 18 Wochen plus 1 Tag. Sie beginnt am 16.11., 6 Wochen vor dem errechneten Termin. Die 12-Wochenfrist nach der Geburt beginnt am 7.12. und reicht bis zum 28.2. des Folgejahres. Die nicht in Anspruch genommenen 22 Tage zwischen Geburt und errechnetem Termin werden jedoch an diesen Zeitraum angehängt. Die Mutterschutzfrist endet somit am 22.3. des Folgejahres.

31 Nachtarbeit

31.1 Steuerfreie Sonntags-, Feiertags- und Nachtzuschläge (Bemessungsgrundlage)

Sachverhalt: In einem Unternehmen wird üblicherweise durchgängig an Sonn- und Feiertagen im Mehrschichtsystem gearbeitet. Ein Arbeitnehmer hat bei einer 40-Stunden-Woche einen Stundenlohn i. H. v. 9,45 EUR. Er erhält eine Schichtzulage i. H. v. 0,50 EUR pro Stunde. Im entsprechenden Abrechnungszeitraum erhält er eine Erschwerniszulage i. H. v. 0,60 EUR pro Stunde für 90 Arbeitsstunden. Der Arbeitgeber zahlt einen monatlichen Zuschuss zu vermögenswirksamen Leistungen i. H. v. 13 EUR.

Wie wird der Grundlohn für die lohnsteuerfreien Zuschläge berechnet?

Lösung: Ob Zuschläge gezahlt werden müssen, richtet sich nach den Regelungen des Tarifvertrags, der Betriebsvereinbarung oder des Arbeitsvertrags und des Arbeitszeitgesetzes (für Nachtzuschläge). Eine gesetzliche Verpflichtung zur Zahlung von Zuschlägen an Sonn- und Feiertagen gibt es nicht. Werden in einem Unternehmen Zuschläge gezahlt, bleiben diese unter bestimmten Voraussetzungen lohnsteuerfrei.

Bemessungsgrundlage für die Zahlung der lohnsteuerfreien Sonntags-, Feiertags- und Nachtzuschläge ist der Grundlohn. Darunter ist der laufende Arbeitslohn zu verstehen: hierzu zählen neben dem Gehalt bzw. Stundenlohn auch laufend gewährte Sachbezüge, vermögenswirksame Leistungen, Erschwerniszuschlagen und andere Zulagen. Nicht zum Grundlohn gehören Einmalzahlungen, Überstundenvergütungen, steuerfreie und pauschalbesteuerte Bezüge.

Basisgrundlohn ist der für den jeweiligen Entgeltzahlungszeitraum vereinbarte Grundlohn. Er ändert sich erst, wenn eine Lohnerhöhung oder eine Veränderung in der regelmäßigen Arbeitszeit eintritt.

Grundlohnzusätze sind Teile des Grundlohns, die nicht im Voraus bestimmbar sind. Sie sind mit den Beträgen in den Grundlohn einzubeziehen, die für den jeweiligen Entgeltzahlungszeitraum tatsächlich zustehen.

Zunächst wird der Basisgrundlohn ermittelt und dann die Grundlohnzusätze. Der Monatswert (Basisgrundlohn + Grundlohnzusätze) ist auf einen Stundenlohn umzurechnen. Dabei ist im Fall eines monatlichen Entgeltzahlungszeitraums die regelmäßige wöchentliche Arbeitszeit mit dem 4,35-fachen anzusetzen.

Berechnungsgrundlage

Grundlohn monatlich (9,45 EUR x 40 Stunden x 4,35)	1.644,30 EUR
Schichtzulage monatlich (0,50 EUR x 40 Stunden x 4,35)	+ 87,00 EUR
Zuschuss Vermögenswirksame Leistungen monatlich	+ 13,00 EUR
Summe Grundlohn	1.744,30 EUR
Grundlohnzusätze (Erschwerniszulage monatlich 0,60 EUR x 90 Stunden)	+ 54,00 EUR
Monatswert	1.798,30 EUR
Höchstmögliche Bemessungsgrundlage (Grundlohn)	
Stundenlohn [1.798,30 EUR : (40 Stunden x 4,35)]	10,34 EUR

Diese Berechnung ist monatlich neu durchzuführen, da der Wert der Grundlohnzusätze von Monat zu Monat schwanken kann.

Tipp: Wenn keine tariflichen Regelungen dem entgegenstehen, können die Sonntags-, Feiertags- und Nachtzuschläge auch auf der Basis Stundenlohn (9,45 EUR) + Schichtzulage (0,50 EUR) ermittelt werden.

Hinweis: Der Höchstbetrag des Grundlohns für die Lohnsteuerfreiheit der Nacht-, Sonn- und Feiertagszuschläge beträgt 50 EUR pro Stunde. Der Höchstbetrag des Grundlohns für die Sozialversicherungsfreiheit der Nacht-, Sonn- und Feiertagszuschläge beträgt 25 EUR pro Stunde.

Sonn- und Feiertagszuschläge sind mit Nachtzuschlägen addierbar.

31.2 Steuerfreie Nachtzuschläge (Bemessungsgrundlage)

Sachverhalt: Ein Arbeitnehmer arbeitet wechselnd in der Frühschicht von 8.00 Uhr bis 16.00 Uhr bzw. in der Spätschicht von 16.00 Uhr bis 24.00 Uhr. Er hat einen Monatslohn von 1.800 EUR.

Zusätzlich zahlt ihm der Arbeitgeber monatlich einen VWL-Zuschuss von 13 EUR und monatliche Leistungszulagen. Die Leistungszulage im Januar beträgt 245,67 EUR.

Von welchem Betrag müssen die 25 % Zuschlag für die Nachtarbeit berechnet werden und wie hoch ist der Zuschlag?

Lösung: Ob Zuschläge gezahlt werden müssen, richtet sich nach den Regelungen des Tarifvertrags, der Betriebsvereinbarung oder des Arbeitsvertrags und des Arbeitszeitgesetzes (für Nachtzuschläge). Eine gesetzliche Verpflichtung zur Zahlung von

Zuschlägen an Sonn- und Feiertagen gibt es nicht. Zahlt ein Unternehmen Zuschläge, bleiben diese unter bestimmten Voraussetzungen lohnsteuerfrei:

- Die gesetzliche Nachtarbeit beginnt um 20.00 Uhr und endet um 6.00 Uhr.
- Steuerfrei bleibt ein Zuschlag von 25 % vom Grundlohn, für die Zeit von 0.00 Uhr bis 4.00 Uhr erhöht sich dieser auf 40 %, wenn die Nachtarbeit vor 0.00 Uhr aufgenommen wurde.
- Bemessungsgrundlage für die Zahlung der lohnsteuerfreien Sonntags-, Feiertags- und Nachtzuschläge ist der Grundlohn. Darunter ist der laufende Arbeitslohn zu verstehen: hierzu zählen neben dem Gehalt bzw. Stundenlohn auch laufend gewährte Sachbezüge, vermögenswirksame Leistungen, Erschwerniszulagen und andere Zulagen. Nicht zum Grundlohn gehören Einmalzahlungen, Überstundenvergütungen, lohnsteuerfreie und pauschalbesteuerte Bezüge.
- Basisgrundlohn ist der für den jeweiligen Entgeltzahlungszeitraum vereinbarte Grundlohn. Er ändert sich erst, wenn eine Lohnerhöhung oder eine Veränderung in der regelmäßigen Arbeitszeit eintritt.
- Grundlohnzusätze sind Teile des Grundlohns, die nicht im Voraus bestimmbar sind. Sie sind mit den Beträgen in den Grundlohn einzubeziehen, die für den jeweiligen Entgeltzahlungszeitraum tatsächlich zustehen.

Zunächst wird der Basisgrundlohn ermittelt und dann die Grundlohnzusätze. Der Monatswert (Basisgrundlohn + Grundlohnzusätze) ist auf einen Stundenlohn umzurechnen. Dabei ist im Fall eines monatlichen Entgeltzahlungszeitraums die regelmäßige wöchentliche Arbeitszeit mit dem 4,35-fachen anzusetzen.

Berechnung Bemessungsgrundlage

Monatslohn	1.800,00 EUR
Zuschuss Vermögenswirksame Leistungen monatlich	+ 13,00 EUR
Summe Grundlohn	1.813,00 EUR
Grundlohnzusätze (Leistungszulage Januar)	+ 245,67 EUR
Monatswert	2.058,67 EUR
Höchstmögliche Bemessungsgrundlage (Grundlohn)	
Stundenlohn [2.058,67 EUR / (40 Stunden x 4,35)]	11,83 EUR

Diese Berechnung ist monatlich neu durchzuführen, da der Wert der Grundlohnzusätze von Monat zu Monat schwanken kann.

Für die im Januar geleisteten Spätschichten darf ein Zuschlag von 25 % von 11,83 EUR = 2,96 EUR pro Stunde für jeweils 4 Stunden (von 20.00 Uhr bis 24.00 Uhr) = 11,84 EUR gezahlt werden.

Hinweis: Der Höchstbetrag für die Lohnsteuerfreiheit der Nacht-, Sonn- und Feiertagszuschläge beträgt 50 EUR pro Stunde, der Höchstbetrag für die Sozialversicherungsfreiheit der Nacht-, Sonn- und Feiertagszuschläge beträgt 25 EUR pro Stunde.

Sonn- und Feiertagszuschläge sind mit Nachtzuschlägen addierbar.

31.3 Steuerfreie Nachtzuschläge (ohne Grundlohnzusätze)

Sachverhalt: In einem Unternehmen wird üblicherweise im 3-Schicht-System gearbeitet. Ein Arbeitnehmer mit einem Stundenlohn von 9,95 EUR ist in der Nachtschicht an 5 Arbeitstagen von Montag bis Freitag eingesetzt. Die Schicht beginnt jeweils um 22.00 Uhr und endet um 6.00 Uhr des folgenden Tags.

In welcher Höhe dürfen lohnsteuerfreie Nachtzuschläge gezahlt werden?

Lösung: Ob Nachtzuschläge gezahlt werden müssen, richtet sich nach den Regelungen des Arbeitszeitgesetzes, des Tarifvertrags, der Betriebsvereinbarung oder des Arbeitsvertrags. Das Arbeitszeitgesetz nennt keine konkrete Höhe für die Nachtzuschläge, es spricht lediglich von »einer angemessenen Zahl bezahlter freier Tage oder einen angemessenen Zuschlag auf das ihm (dem Arbeitnehmer) hierfür zustehende Bruttoarbeitsentgelt«. Tarifvertragliche Regelungen sind in jedem Fall zu beachten.

Nachtzuschläge bleiben unter bestimmten Voraussetzungen steuerfrei:
- 25 % vom Grundlohn für die Arbeit in der Zeit von 20.00 Uhr bis 6.00 Uhr,
- 40 % vom Grundlohn für Nachtarbeit zwischen 0.00 Uhr und 4.00 Uhr, wenn die Nachtarbeit vor 0.00 Uhr aufgenommen wurde.

Berechnung der Zuschläge

Montag bis Freitag: 22.00-24.00 Uhr und 4.00-6.00 Uhr (25 % v. 9,95 EUR = 2,49 EUR x 20 Stunden)	49,80 EUR
Montag bis Freitag: 0.00-4.00 Uhr (40 % v. 9,95 EUR = 3,98 EUR x 20 Stunden)	79,60 EUR
Zuschläge für die gesamte Woche	128,80 EUR

Hinweis: Der Höchstbetrag des Grundlohns für die Lohnsteuerfreiheit der Nacht-, Sonn- und Feiertagszuschläge beträgt 50 EUR pro Stunde, der Höchstbetrag des Grundlohns für die Sozialversicherungsfreiheit der Nacht-, Sonn- und Feiertagszuschläge beträgt 25 EUR pro Stunde.

Nachtzuschlägen sind mit Sonntags- bzw. Feiertagszuschlägen addierbar.

31.4 Sonntag

Sachverhalt: In einem Unternehmen wird üblicherweise durchgängig an Sonn- und Feiertagen im Mehrschichtsystem gearbeitet.

Ein Arbeitnehmer mit einem Stundenlohn von 9,95 EUR ist in der Nachtschicht an 5 Arbeitstagen vom Mittwoch bis Sonntag eingesetzt. Die Schicht beginnt jeweils um 22.00 Uhr und endete um 6.00 Uhr des folgenden Tages.

Wie werden die Zuschläge für diese Woche berechnet und welcher lohnsteuer- und sozialversicherungsfreie Betrag ergibt sich?

Lösung: Ob Zuschläge gezahlt werden müssen, richtet sich nach den Regelungen des Tarifvertrags, der Betriebsvereinbarung oder des Arbeitsvertrags. Eine gesetzliche Verpflichtung zur Zahlung von Zuschlägen an Sonn- und Feiertagen gibt es nicht. Wenn in einem Unternehmen die Verpflichtung zur Zahlung besteht oder der Arbeitgeber diese Zuschläge auf freiwilliger Basis zahlt, bleiben diese unter bestimmten Voraussetzungen steuerfrei:

Auch Nachtzuschläge bleiben unter bestimmten Voraussetzungen steuerfrei:

- 25 % vom Grundlohn für die Arbeit in der Zeit von 20.00 Uhr bis 6.00 Uhr,
- 40 % vom Grundlohn für Nachtarbeit zwischen 0.00 Uhr und 4.00 Uhr, wenn die Nachtarbeit vor 0.00 Uhr aufgenommen wurde.

Berechnung der Zuschläge

Lohnsteuer- und sozialversicherungsfreie Sonntagszuschläge 50 %

- Samstag, 00.00 Uhr bis Sonntag 6.00 Uhr (50 % v. 9,95 EUR = 4,98 EUR x 6 Std.) + 29,88 EUR
- Sonntag, 22.00 Uhr-Montag 4.00 Uhr (50 % v. 9,95 EUR = 4,98 EUR x 6 Std.) + 29,88 EUR

Lohnsteuer- und sozialversicherungsfreie Nachtzuschläge 25 %

- 5 Tage jeweils v. 22.00-24.00 Uhr und v. 4.00-6.00 Uhr (25 % v. 9,95 EUR = 2,49 EUR x 20 Std.) + 49,80 EUR
- 5 Tage jeweils v. 0.00-4.00 Uhr (40 % v. 9,95 EUR = 3,98 EUR x 20 Std.) + 79,60 EUR

Zuschläge gesamt für die Woche 189,16 EUR

Hinweis: Der Höchstbetrag des Grundlohns für die Lohnsteuerfreiheit der Nacht-, Sonn- und Feiertagszuschläge beträgt 50 EUR pro Stunde, der Höchstbetrag des Grundlohns für die Sozialversicherungsfreiheit der Nacht-, Sonn- und Feiertagszuschläge beträgt 25 EUR pro Stunde.

Sonn- und Feiertagszuschläge sind mit Nachtzuschlägen addierbar.

32 Nachzahlung

32.1 Gehaltserhöhung laufendes Jahr (rückwirkend)

Sachverhalt: Eine Arbeitnehmerin mit einem monatlichen Bruttolohn von 3.000 EUR erhält im April eine Lohnerhöhung von monatlich 100 EUR, rückwirkend ab Januar.

Wie wird die rückwirkende Lohnerhöhung für die Monate Januar bis März abgerechnet?

Lösung: Im April erhält die Mitarbeiterin für die Monate Januar bis März korrigierte Gehaltsabrechnungen mit einer Erhöhung des laufenden Bruttolohns um 100 EUR. Sowohl steuerrechtlich als auch in der Sozialversicherung handelt es sich bei der Lohnerhöhung um laufenden Arbeitslohn.

Aus Vereinfachungsgründen kann die Nachzahlung i. H. v. 300 EUR allerdings auch wie eine Einmalzahlung behandelt und als solche dem Monat der Auszahlung (April) zugeordnet werden.

32.2 Vorjahr

Sachverhalt: Seit Oktober 2019 übernimmt eine Sachbearbeiterin zusätzliche Aufgaben im Unternehmen. Im März 2020 wird ihr Gehalt rückwirkend um monatlich 200 EUR für die Monate Oktober 2019 bis Februar 2020 erhöht (= 1.000 EUR). Ihr bisheriger monatlicher Bruttolohn beträgt 2.300 EUR und erhöht sich ab März 2020 auf 2.500 EUR.

Wie wird die rückwirkende Lohnerhöhung abgerechnet?

Lösung: Im März 2020 erhält die Mitarbeiterin für die Monate Oktober bis Dezember 2019 sowie für Januar und Februar 2020 korrigierte Gehaltsabrechnungen mit einer Erhöhung des laufenden Arbeitslohns um 200 EUR. Der lohnsteuer- und sozialversicherungspflichtige Bruttolohn erhöht sich um diesen Betrag auf 2.500 EUR.

Aus Vereinfachungsgründen können die Nachzahlungen wie eine Einmalzahlung behandelt werden. Um den Charakter des laufenden Arbeitsentgelts dabei nicht zu berühren, ist als Beitragsbemessungsgrenze diejenige des Nachzahlungszeitraums heranzuziehen. Daraus folgt, dass die Nachzahlung für die Monate Oktober bis Dezember 2019 mit einem Gesamtbetrag von 600 EUR dem Dezember 2019 zugeordnet und als Beitragsbemessungsgrenze der Zeitraum vom 1.10. bis 31.12.2019 herangezogen werden kann. Der laufende Arbeitslohn für den März 2020 beträgt 2.500 EUR zuzüglich 400 EUR Einmalzahlung für den Nachzahlungszeitraum Januar und Februar 2020.

32.3 Rückwirkende Lohnerhöhung (nach Tarifvertrag mit Ausschlussfrist)

Sachverhalt: Gemäß Tarifvertrag stand einer Sekretärin für das 5. Beschäftigungsjahr ab Januar des Jahres eine Gehaltserhöhung von monatlich 75 EUR zu. Dies wurde im August des Jahres bemerkt. Aufgrund der Ausschlussfrist von 3 Monaten nach Entstehen des Anspruchs im Tarifvertrag erhält die Mitarbeiterin im August eine Gehaltserhöhung von 75 EUR rückwirkend ab Mai. Der laufende monatliche Arbeitslohn beträgt 1.900 EUR.

Wann bekommt die Mitarbeiterin die Lohnerhöhung gezahlt?

Lösung: Im August erhält die Mitarbeiterin für die Monate Mai bis Juli korrigierte Gehaltsabrechnungen, in denen der laufende Arbeitslohn um 75 EUR erhöht wurde. Das laufende Gehalt für den August beträgt 1.975 EUR. Sowohl bei der Berechnung der Lohnsteuer als auch bei der Sozialversicherung wird der Arbeitslohn dem Monat zugeordnet, in dem er entstanden ist.

32.4 Mehrarbeitsvergütung für 8 Monate

Sachverhalt: Ein Arbeitnehmer beantragt im Mai 2020 die Auszahlung von 100 Überstunden für den Zeitraum September 2019 bis April 2020. Die Überstunden wurden zur Flexibilisierung der wöchentlichen Arbeitszeit auf einem Gleitzeitkonto angesammelt. Die Auftragslage ließ einen Freizeitausgleich allerdings nicht zu. Laut Arbeitszeitnachweis entfallen von den 100 Überstunden 60 Stunden auf den Zeitraum September bis Dezember 2019 und 40 Stunden auf den Zeitraum Januar bis April 2020. Der Arbeitnehmer hat einen Stundenlohn von 17 EUR.

Wie wird die Überstundenvergütung abgerechnet?

Lösung: Entgelt aus Arbeitszeitguthaben wird sozialversicherungsrechtlich wie eine Einmalzahlung behandelt. Im Mai 2020 werden dem Mitarbeiter 1.700 EUR vergütet. Hierbei handelt es sich um die – laut Arbeitszeitnachweis – entstandenen Überstunden für die Monate September bis Dezember 2019 (= 60 x 17 EUR) sowie für die Monate Januar bis April 2020 (40 x 17 EUR). Dies führt in der Abrechnung Mai 2020 zu einem sonstigen Bezug von 1.700 EUR (100 x 17 EUR).

32.5 Weihnachtsgeld im März des Folgejahres (Beitragsbemessungsgrenze nicht überschritten)

Sachverhalt: Ein Unternehmen zahlt seinem Mitarbeiter im März 2020 das Weihnachtsgeld des Vorjahres von 2.700 EUR aus. Der Bruttolohn des Arbeitnehmers beträgt monatlich 2.700 EUR.

Welchem Zeitraum wird die Einmalzahlung sozialversicherungsrechtlich zugeordnet?

Lösung: Bei Einmalzahlungen in den ersten 3 Monaten des Jahres greift ggf. die Märzklausel. Diese Zahlungen werden grundsätzlich dem Zahlungsmonat des laufenden Kalenderjahres zugeordnet. Reicht die anteilige Jahresbeitragsbemessungsgrenze allerdings nicht aus, um den gesamten Betrag der Einmalzahlung zu verbeitragen, ist er in allen Sozialversicherungszweigen dem letzten Entgeltabrechnungszeitraum des Vorjahres zuzuordnen. Dies gilt selbst dann, wenn die anteiligen Jahresbeitragsbemessungsgrenzen nicht in allen Sozialversicherungszweigen überschritten werden.

Kranken- und Pflegeversicherung

Anteilige Jahresbeitragsbemessungsgrenze 2020 (4.687,50 EUR x 3 Monate)	14.062,50 EUR
Beitragspflichtiges Arbeitsentgelt 2020 (2.700 EUR x 3 Monate)	- 8.100,00 EUR
Differenz	5.962,50 EUR

Renten- und Arbeitslosenversicherung

Anteilige Jahresbeitragsbemessungsgrenze 2020 (6.900 EUR x 3 Monate)	20.700,00 EUR
Beitragspflichtiges Arbeitsentgelt 2020 (2.700 x 3 Monate)	- 8.100,00 EUR
Differenz	12.600,00 EUR

Durch das Weihnachtsgeld von 2.700 EUR werden die anteiligen Beitragsbemessungsgrenzen nicht überschritten, die Einmalzahlung ist dem März 2020 zuzuordnen.

32.6 Prämie im März des Folgejahres (Beitragsbemessungsgrenze wird überschritten)

Sachverhalt: Ein Mitarbeiter mit einem monatlichen Gehalt von 3.650 EUR erhält im März 2020 eine Prämie von 3.650 EUR.

Welchem Zeitraum wird die Einmalzahlung sozialversicherungsrechtlich zugeordnet?

Lösung: Bei Einmalzahlungen in den ersten 3 Monaten des Jahres greift ggf. die Märzklausel. Diese Zahlungen werden grundsätzlich dem Zahlungsmonat des laufenden Kalenderjahres zugeordnet. Reicht die anteilige Jahresbeitragsbemessungsgrenze allerdings nicht aus, um den gesamten Betrag der Einmalzahlung zu verbeitragen, ist er in allen Sozialversicherungszweigen dem letzten Entgeltabrechnungszeitraum des Vorjahres zuzuordnen. Dies gilt selbst dann, wenn die anteiligen Jahresbeitragsbemessungsgrenzen nicht in allen SV-Zweigen überschritten wird.

Kranken- und Pflegeversicherung

Anteilige Jahresbeitragsbemessungsgrenze bis März 2020 (4.687,50 EUR x 3 Monate)	14.062,50 EUR
Beitragspflichtiges Arbeitsentgelt bis März 2020 (3.650 EUR x 3 Monate)	- 10.950,00 EUR
Differenz	3.112,50 EUR

Renten- und Arbeitslosenversicherung

Anteilige Jahresbeitragsbemessungsgrenze bis März 2020 (6.900 EUR x 3 Monate)	20.700,00 EUR
Beitragspflichtiges Arbeitsentgelt bis März 2020 (3.650 EUR x 3 Monate)	- 10.950,00 EUR
Differenz	9.750,00 EUR

Die Einmalzahlung übersteigt die Differenz zwischen der anteiligen Jahresbeitragsbemessungsgrenze in der Kranken- und Pflegeversicherung und dem bisher beitragspflichtigen Arbeitsentgelt (Sonderzahlung: 3.650 EUR > 3.112,50 EUR). Die Einmalzahlung ist sowohl in der Kranken- und Pflegeversicherung als auch in der Renten- und Arbeitslosenversicherung dem Vorjahr zuzuordnen.

32.7 Prämie im Juni des Folgejahres

Sachverhalt: Im Juni 2020 erhält ein Angestellter eine Prämie in Höhe eines Monatsgehalts für das Jahr 2019. Sein regelmäßiges monatliches Gehalt beträgt 4.150 EUR.

Wie wird die Einmalzahlung sozialversicherungsrechtlich behandelt?

Lösung

Kranken- und Pflegeversicherung

Anteilige Jahresbeitragsbemessungsgrenze bis Juni 2020 (4.687,50 EUR x 6 Monate)	28.125 EUR
Beitragspflichtiges Arbeitsentgelt bis Juni 2020 (4.150 EUR x 6 Monate)	- 24.900 EUR
Differenz	3.225 EUR

Von der Einmalzahlung i. H. v. 4.150 EUR sind 3.225 EUR beitragspflichtig in der Kranken- und Pflegeversicherung.

Renten- und Arbeitslosenversicherung

Anteilige Beitragsbemessungsgrenze bis Juni 2020 (6.900 EUR x 6 Monate)	41.400 EUR
Beitragspflichtiges Arbeitsentgelt bis Juni 2020 (4.150 EUR x 6 Monate)	- 24.900 EUR
Differenz	16.500 EUR

In der Renten- und Arbeitslosenversicherung wird die Einmalzahlung in voller Höhe verbeitragt, da sie die Differenz zwischen dem bisher gezahlten Arbeitsentgelt und der anteiligen Beitragsbemessungsgrenze (16.500 EUR) nicht überschreitet.

33 Nebenbeschäftigung

33.1 Minijob

Sachverhalt: Eine Servicekraft arbeitet wöchentlich 30 Stunden für ein Arbeitsentgelt von 1.950 EUR monatlich. Sie ist gesetzlich krankenversichert. An 4 Samstagen im Monat arbeitet sie zusätzlich je 8 Stunden in einem Baumarkt für 11 EUR in der Stunde. Auf die Rentenversicherungspflicht hat sie in diesem Job verzichtet.

Wie werden die Beschäftigungen lohnsteuer- und sozialversicherungsrechtlich behandelt?

Lösung: Für die Hauptbeschäftigung als Servicekraft besteht Sozialversicherungspflicht in allen Zweigen. Die Lohnsteuer und die Annexsteuern (Solidaritätszuschlag und Kirchensteuer) werden nach den ELStAM einbehalten.

Die Nebenbeschäftigung im Baumarkt mit 352 EUR monatlich ist eine geringfügige Beschäftigung, für die der Arbeitgeber Pauschalabgaben zur Sozialversicherung von 28 % (15 % RV, 13 % KV) abführt. Die Übernahme der Pauschalsteuer durch den Arbeitgeber ist arbeitsvertraglich ausgeschlossen. Die Mitarbeiterin muss deshalb die 2 % Pauschalsteuer von 352 EUR (7,04 EUR) selbst tragen. Der Auszahlungsbetrag reduziert sich auf 344,96 EUR.

Der Arbeitgeber muss folgende Beträge an die Minijob-Zentrale abführen:

Rentenversicherung: 15 % v. 352 EUR	52,80 EUR
Krankenversicherung: 13 % v. 352 EUR	+ 45,76 EUR
U1 (Ausgleich der Arbeitgeberaufwendungen bei Krankheit): 0,9 % v. 352 EUR	+ 3,17 EUR
U2 (Ausgleich der Arbeitgeberaufwendungen bei Schwangerschaft und Mutterschaft): 0,19 % v. 352 EUR (bis 31.5.2019: 0,24 %)	+ 0,67 EUR
Insolvenzgeldumlage: 0,06 % v. 352 EUR	+ 0,21 EUR
Pauschale Lohnsteuer: 2 % v. 352 EUR	+7,04 EUR
Gesamt	109,65 EUR

Die Beitragshöhe zur gesetzlichen Unfallversicherung (Berufsgenossenschaft) ist von der Branche des Betriebs abhängig.

Obwohl die Arbeitnehmerin die pauschale Lohnsteuer selbst trägt, ist der Arbeitgeber für den Einbehalt vom Bruttobetrag und die Abführung verantwortlich. Die Abwälzung der pauschalen Lohnsteuer auf den Arbeitnehmer führt nicht zu einer Minderung der Bruttobezüge.

Abrechnung für den Arbeitnehmer

Bruttoarbeitslohn	352,00 EUR
2 % pauschale Lohnsteuer	- 7,04 EUR
Auszuzahlender Betrag	344,96 EUR

Hinweis: Die pauschale Lohnsteuer von 2 % kann in der persönlichen Einkommensteuererklärung der Arbeitnehmerin nicht angerechnet werden.

33.2 Minijob (einmalig über 450 EUR)

Sachverhalt: Eine Arbeitnehmerin übt neben ihrer Hauptbeschäftigung im Büro eine Nebentätigkeit an einer Tankstelle aus. Sie ist in der gesetzlichen Krankenversicherung pflichtversichert. An der Tankstelle arbeitet sie regelmäßig 10 Stunden pro Woche für 9,50 EUR in der Stunde (monatliches Entgelt 413,25 EUR). Im Juni übernimmt sie noch zusätzlich 10 Stunden an der Tankstelle, da eine Kollegin erkrankt ist. Ihr Entgelt im Juni beträgt 508,25 EUR. Die Arbeitnehmerin hat im Minijob auf die Rentenversicherungspflicht verzichtet.

Wie wird die Nebentätigkeit an der Tankstelle lohnsteuer- und sozialversicherungsrechtlich behandelt?

Lösung: Die Hauptbeschäftigung im Büro ist in allen Zweigen der Sozialversicherung sozialversicherungspflichtig und gemäß den ELStAM zu besteuern.

Die Nebenbeschäftigung an der Tankstelle mit einem regelmäßigen Entgelt von 413,25 EUR ist eine geringfügige Beschäftigung. Der Arbeitgeber muss pauschale Abgaben zur Sozialversicherung von 28 % (15 % RV, 13 % KV) und 2 % Pauschalsteuer an die Deutsche Rentenversicherung Knappschaft-Bahn-See (Minijob-Zentrale) entrichten.

Im Juni ist die 450-EUR-Grenze überschritten. Da die Überschreitung durch ein unvorhersehbares Ereignis bedingt ist, bleibt die Beschäftigung weiterhin versicherungsfrei und wird entsprechend den Bestimmungen der geringfügigen Beschäftigung abgerechnet.

Der Arbeitgeber muss für Juni folgende Beträge an die Minijob-Zentrale abführen:

Rentenversicherung: 15 % v. 508,25 EUR	76,24 EUR
Krankenversicherung: 13 % v. 508,25 EUR	+ 66,07 EUR
U1 (Ausgleich der Arbeitgeberaufwendungen bei Krankheit): 0,9 % v. 508,25 EUR	+ 4,57 EUR

U2 (Ausgleich der Arbeitgeberaufwendungen bei Schwangerschaft und Mutterschaft): 0,19 % v. 508,25 EUR	+ 0,97 EUR
Insolvenzgeldumlage: 0,06 % v. 508,25 EUR	+ 0,30 EUR
Pauschale Lohnsteuer: 2 % v. 508,25 EUR	+ 10,17 EUR
Gesamt	158,32 EUR

Die Beitragshöhe zur gesetzlichen Unfallversicherung (Berufsgenossenschaft) ist von der Branche des Betriebs abhängig.

Tipp: Derartige unvorhersehbare Überschreitungen der 450-EUR-Grenze sind unproblematisch, wenn sie sich auf Ausnahmefälle beschränken. Aus Nachweisgründen empfiehlt es sich den Entgeltunterlagen einen schriftlichen Nachweis bezüglich der Krankheitsvertretung (z. B. Kopien der Arbeitsunfähigkeitsbescheinigungen) beizufügen.

33.3 2 Nebenjobs

Sachverhalt: Eine Sekretärin hat eine wöchentliche Arbeitszeit von 25 Stunden bei einem Stundenlohn von 14 EUR. Sie ist gesetzlich krankenversichert.

Seit Mai arbeitet sie zusätzlich an 2 Tagen pro Woche, jeweils 2 Stunden, in einem Immobilienbüro für 12 EUR je Stunde, monatlich 208,80 EUR. Von der Rentenversicherungspflicht hat sie sich in dieser Tätigkeit befreien lassen.

Zusätzlich arbeitet sie seit Juli an 2 Samstagen im Monat für jeweils 6 Stunden auf dem Wochenmarkt. Hier erhält sie einen Stundenlohn von 10 EUR, monatlich 120 EUR.

Wie werden die Nebentätigkeiten lohnsteuer- und sozialversicherungsrechtlich behandelt?

Lösung: Die Hauptbeschäftigung als Sekretärin ist in allen Zweigen sozialversicherungspflichtig. Die Lohnsteuer und die Annexsteuern werden nach den ELStAM einbehalten

Die erste (älteste) Nebentätigkeit im Immobilienbüro entspricht den Bedingungen der geringfügigen Beschäftigung. Die Pauschalabgaben von 28 % (15 % RV, 13 % KV) aus 208,80 EUR trägt der Immobilienmakler. Die Übernahme der Pauschalsteuer durch den Arbeitgeber ist arbeitsvertraglich ausgeschlossen. Somit fallen für die Sekretärin noch 2 % Pauschalsteuer an.

Die Nebentätigkeit auf dem Wochenmarkt wird mit der Hauptbeschäftigung zusammengerechnet und ist in allen Zweigen der Sozialversicherung (außer Arbeitslosenversicherung) beitragspflichtig. Die Versteuerung erfolgt nach den ELStAM mit Steuerklasse VI.

Der Arbeitgeber der ersten Nebentätigkeit (Immobilienbüro) muss ab Mai folgende Beträge an die Deutsche Rentenversicherung Knappschaft-Bahn-See abführen:

Rentenversicherung: 15 % v. 208,80 EUR	31,32 EUR
Krankenversicherung: 13 % v. 208,80 EUR	+ 27,14 EUR
U1 (Ausgleich der Arbeitgeberaufwendungen bei Krankheit): 0,9 % v. 208,80 EUR	+ 1,88 EUR
U2 (Ausgleich der Arbeitgeberaufwendungen bei Schwangerschaft und Mutterschaft): 0,19 % v. 208,80 EUR	+ 0,40 EUR
Insolvenzgeldumlage: 0,06 % v. 208,80 EUR	+ 0,13 EUR
Pauschale Lohnsteuer: 2 % v. 208,80 EUR	+ 4,18 EUR
Gesamt	65,05 EUR

Die Beitragshöhe zur gesetzlichen Unfallversicherung (Berufsgenossenschaft) ist von der Branche des Betriebs abhängig.

Abrechnung für den Arbeitnehmer

Bruttoarbeitslohn	208,80 EUR
2 % pauschale Lohnsteuer	- 4,18 EUR
Auszuzahlender Betrag	204,62 EUR

Hinweis: Die pauschale Lohnsteuer von 2 % kann in der persönlichen Einkommensteuererklärung der Arbeitnehmerin nicht angerechnet werden.

33.4 Hinzuverdienst bei ALG I

Sachverhalt: Ein Bezieher von Arbeitslosengeld I, gesetzlich krankenversichert, arbeitet 5 Stunden wöchentlich als Aushilfe für 9,35 EUR in der Stunde. Das monatliche Gehalt beträgt 203,36 EUR. Nach Abzug der 2 %igen Pauschalsteuer überweist der Arbeitgeber 199 EUR. Auf die Rentenversicherungspflicht hat der Arbeitslosengeldbezieher in dem Job verzichtet.

Welcher Betrag wird auf das Arbeitslosengeld I angerechnet?

Lösung: Bei der Aushilfstätigkeit handelt es sich um eine geringfügige Beschäftigung. Der Arbeitgeber trägt die Pauschalabgaben zur Sozialversicherung von 28 % (15 % RV, 13 % KV). Die Aushilfskraft übernimmt die pauschale Lohnsteuer von 2 %.

Der monatliche Freibetrag für Nebeneinkommen bei Arbeitslosengeld I beträgt 165 EUR.

Berechnung für die Aushilfe

Nettoentgelt	199,29 EUR
Freibetrag (ALG I)	- 165,00 EUR
Anrechnungsbetrag auf das Arbeitslosengeld	34,29 EUR

Das Netto-Nebeneinkommen übersteigt den Freibetrag um 34,29 EUR. Das Arbeitslosengeld wird um diesen Betrag gekürzt.

Der Arbeitgeber muss für die Tätigkeit folgende Beträge an die Deutsche Rentenversicherung Knappschaft-Bahn-See abführen:

Rentenversicherung: 15 % v. 203,36 EUR	30,50 EUR
Krankenversicherung: 13 % v. 203,36 EUR	+ 26,44 EUR
U1 (Ausgleich der Arbeitgeberaufwendungen bei Krankheit): 0,9 % v. 203,36 EUR	+ 1,83 EUR
U2 (Ausgleich der Arbeitgeberaufwendungen bei Schwangerschaft und Mutterschaft): 0,19 % v. 203,36 EUR (bis 31.5.2019: 0,24 %)	+ 0,39 EUR
Insolvenzgeldumlage: 0,06 % v. 203,36 EUR	+ 0,12 EUR
Pauschale Lohnsteuer: 2 % v. 203,36 EUR	+ 4,07 EUR
Gesamt	63,35 EUR

Die Beitragshöhe zur gesetzlichen Unfallversicherung (Berufsgenossenschaft) ist von der Branche des Betriebs abhängig.

Lohnabrechnung des Arbeitgebers

Bruttolohn	203,36 EUR
Pauschale Lohnsteuer: 2 % v. 203,36 EUR	- 4,07 EUR
Nettolohn	199,29 EUR

Hinweis: Die Aushilfskraft ist verpflichtet die Nebentätigkeit umgehend der Agentur für Arbeit zu melden. Hierfür muss der Arbeitgeber eine Bescheinigung über Nebeneinkommen ausfüllen und der Aushilfe aushändigen bzw. direkt an die Agentur für Arbeit übermitteln.

Sozialversicherungsfalle

Die Nebenbeschäftigung darf allerdings einen zeitlichen Umfang von 15 Stunden wöchentlich nicht erreichen. Erreicht oder überschreitet die Dauer der wöchentlichen Arbeitszeit 15 Stunden, besteht kein Anspruch mehr auf Arbeitslosengeld. Bei einer Nebenbeschäftigung von 15 Stunden liegt keine Arbeitslosigkeit mehr vor.

33.5 Hinzuverdienst bei ALG I (vorheriger Minijob)

Sachverhalt: Eine Arbeitnehmerin wird arbeitslos in ihrer Hauptbeschäftigung.

Sie übt seit 18 Monaten vor Beginn der Arbeitslosigkeit eine Nebentätigkeit auf Basis einer geringfügigen Beschäftigung aus. Das monatliche Einkommen daraus beträgt netto 391,50 EUR, nach Abzug der 2%igen Pauschalsteuer. Sie arbeitet regelmäßig 10 Stunden pro Woche und hat sich von der Rentenversicherungspflicht befreien lassen. Aufgrund der Arbeitslosigkeit ist sie gesetzlich krankenversichert.

Die Übernahme der Pauschalsteuer durch den Arbeitgeber ist arbeitsvertraglich ausgeschlossen. Als Aushilfskraft entscheidet sie sich für die Pauschalversteuerung von 2%.

Wie ist das Einkommen aus der Nebentätigkeit lohnsteuer- und sozialversicherungsrechtlich zu behandeln und wird das Nettogehalt auf das Arbeitslosengeld I angerechnet?

Lösung: Der Arbeitgeber trägt die Pauschalabgaben zur Sozialversicherung von 28% (15% RV, 13% KV).

Da die Arbeitnehmerin schon 18 Monate vor Beginn der Arbeitslosigkeit regelmäßig ein Nebeneinkommen von monatlich 391,50 EUR erzielt hat und die wöchentliche Arbeitszeit unter 15 Stunden liegt, erhöht sich hier der zu berücksichtigende Freibetrag von 165 EUR auf 391,50 EUR. Der Minijob hat damit keine Auswirkungen auf das ausgezahlte Arbeitslosengeld.

Der Arbeitgeber muss für die Tätigkeit folgende Beträge an die Deutsche Rentenversicherung Knappschaft-Bahn-See abführen:

Rentenversicherung: 15% v. 399,49 EUR	59,92 EUR
Krankenversicherung: 13% v. 399,49 EUR	+ 51,93 EUR
U1 (Ausgleich der Arbeitgeberaufwendungen bei Krankheit): 0,9% v. 399,49 EUR	+ 3,60 EUR
U2 (Ausgleich der Arbeitgeberaufwendungen bei Schwangerschaft und Mutterschaft): 0,19% v. 399,49 EUR	+0,76 EUR
Insolvenzgeldumlage: 0,06% v. 399,49 EUR	+ 0,24 EUR
Pauschale Lohnsteuer: 2% v. 399,49 EUR	+ 7,99 EUR
Gesamt	124,44 EUR

Die Beitragshöhe zur gesetzlichen Unfallversicherung (Berufsgenossenschaft) ist von der Branche des Betriebs abhängig.

Lohnabrechnung des Arbeitgebers

Bruttolohn	399,49 EUR
Pauschale Lohnsteuer: 2 % v. 399,49 EUR	- 7,99 EUR
Nettolohn	391,50 EUR

Hinweis: Die Aushilfskraft ist verpflichtet, die Nebentätigkeit umgehend der Agentur für Arbeit zu melden. Hierfür muss der Arbeitgeber eine Bescheinigung über Nebeneinkommen ausfüllen und der Aushilfe aushändigen bzw. direkt an die Agentur für Arbeit übermitteln.

34 Pauschalierte Lohnsteuer

34.1 Sachzuwendungen

Sachverhalt: Ausgewählte Mitarbeiter eines Handelsunternehmens erhalten als Anerkennung für den erfolgreichen Verkauf im zurückliegenden Wirtschaftsjahr eine Belohnungsreise (Incentivereise). Der Arbeitgeber hat für die Reise aufgrund eines Großkundenrabatts pro Person 2.500 EUR bezahlt. Eine vergleichbare Reise würde im Reisebüro 3.500 EUR kosten. Im Reisepreis sind Flug, Transfer, Übernachtung, Verpflegung und Kosten für Ausflüge enthalten. Während der Reise finden keine beruflichen Termine statt.

Wie sind die Kosten der Incentivereise abzurechnen?

Lösung: Es handelt sich um einen geldwerten Vorteil, der entweder individuell nach den ELStAM des jeweiligen Mitarbeiters oder pauschal versteuert werden muss.

Eine Pauschalierung von Sachzuwendungen nach § 37b EStG ist möglich. Der Pauschalsteuersatz beträgt 30 % (zzgl. Solidaritätszuschlag und ggf. Kirchensteuer). Hinzu kommt bei eigenen Arbeitnehmern eine Belastung mit Sozialversicherungsbeiträgen; die Sozialversicherungsfreiheit besteht für pauschal besteuerte Sachzuwendungen nur für Leistungen an Arbeitnehmer eines Dritten.

Berechnungsgrundlage für die pauschale Lohnsteuer sind die dem Arbeitgeber entstandenen Kosten. Der Arbeitgeber kann den Beitrag zur Sozialversicherung der Arbeitnehmer neben seinem eigenen Arbeitgeberanteil übernehmen. Diese Übernahme stellt eine Nettozuwendung dar, die auf einen Bruttobetrag hochgerechnet werden muss.

Belastung für den Arbeitgeber	
Kosten der Reise	2.500,00 EUR
Pauschalierte Einkommensteuer (30 % v. 2.500 EUR)	+ 750,00 EUR
Solidaritätszuschlag (5,5 % v. 750 EUR)	+ 41,25 EUR
Kirchensteuer (angenommen 9 %[30])	+ 67,50 EUR

Sozialversicherungsrechtliche Belastung: Es sind zunächst die übernommenen Arbeitnehmeranteile hochzurechnen. Diese wiederum dürfen nicht mit 30 % pauschaliert werden, da es sich um eine Geldzuwendung handelt. Wenn der Arbeitgeber die

30 Auch möglich: Kirchensteuer im vereinfachten Verfahren, z. B. 5 %.

individuelle Steuerbelastung des Arbeitnehmers darauf übernimmt, ist der dann hochgerechnete Bruttobetrag beitragspflichtig.

34.2 Kurzfristige Beschäftigung

Sachverhalt: Für die Urlaubszeit wird eine Altersrentnerin vom 6.7.-24.7. für 15 Arbeitstage als Aushilfskraft eingesetzt. Die Aushilfe erhält 9,35 EUR pro Stunde bei einer täglichen Arbeitszeit von 7 Stunden. Sie gehört keiner kirchensteuererhebenden Religionsgemeinschaft an. Die pauschale Lohnsteuer übernimmt der Arbeitgeber, diese dürfte auch auf die Arbeitnehmerin abgewälzt werden.

Wie hoch ist die Gesamtbelastung für den Arbeitgeber?

Lösung: Die pauschale Besteuerung mit 25 % Lohnsteuer zzgl. 5,5 % Solidaritätszuschlag und ggf. Kirchensteuer ist in diesem Fall zulässig, da der Beschäftigungszeitraum 18 zusammenhängende Arbeitstage nicht überschreitet. Ebenso werden der durchschnittliche Arbeitslohn (ab 2020) von 120 EUR pro Tag sowie der durchschnittliche Stundenlohn von 15 EUR nicht überschritten.

Abrechnung pauschale Lohnsteuer	
Aushilfslohn (9,35 EUR × 7 Std. × 15 Tage)	981,75 EUR
Pauschale Lohnsteuer (25 %)	+ 245,44 EUR
Pauschaler Solidaritätszuschlag (5,5 % v. 245,44 EUR)	+ 13,49 EUR
Gesamtbelastung Arbeitgeber	1.240,68 EUR

Hinweis: Weist die Arbeitnehmerin nach, dass sie keiner kirchensteuererhebenden Religionsgemeinschaft angehört (z. B. durch eidesstattliche Erklärung), kann die pauschale Kirchensteuer entfallen.

34.3 Dienstwagen (Privatnutzung)

Sachverhalt: Ein Arbeitnehmer erhält einen Dienstwagen, den er auch privat nutzen darf. Die Versteuerung soll nach der 1-%-Regelung erfolgen. Der Pkw wird vom Arbeitnehmer auch für die Fahrten zwischen Wohnung und erster Tätigkeitsstätte genutzt. Die einfache Entfernung beträgt 30 Kilometer. Der inländische Brutto-Listenpreis zum Tag der Erstzulassung zzgl. werksseitig eingebauter Sonderausstattung wurde mit 34.709 EUR ermittelt.

Wie hoch ist der Anteil des geldwerten Vorteils, der pauschal versteuert werden kann?

Lösung

Berechnung geldwerter Vorteil

Bemessungsgrundlage		34.709,00 EUR
Abzurunden auf volle 100 EUR		34.700,00 EUR
Davon 1 %	347,00 EUR	
Zzgl. Fahrten Wohnung – erste Tätigkeitsstätte (0,03 % v. 34.700 EUR × 30 Kilometer)	+ 312,30 EUR	
Geldwerter Vorteil gesamt	659,30 EUR	659,30 EUR
Davon pauschal mit 15 % versteuert (30 km × 0,30 EUR × 15 Arbeitstage)		- 135,00 EUR
Pauschale Lohnsteuer (15 % v. 135 EUR)	20,25 EUR	
Pauschaler Solidaritätszuschlag (5,5 % v. 20,25 EUR)	1,11 EUR	
Pauschale Kirchensteuer (angenommen 5 % v. 20,25 EUR)	1,01 EUR	
Individuell nach Lohnsteuertabelle zu versteuern		524,30 EUR

Während der individuell besteuerte Sachbezug auch der Sozialversicherungspflicht unterliegt, ist der pauschal besteuerte Anteil sozialversicherungsfrei.

Schuldner der pauschalen Lohnsteuer ist der Arbeitgeber. Er kann aber die pauschale Lohnsteuer im Innenverhältnis auf den Arbeitnehmer abwälzen.

In der Entgeltabrechnung werden neben der individuellen Lohnsteuer in einer extra Zeile die pauschale Lohnsteuer, der pauschale Solidaritätszuschlag und ggf. die pauschale Kirchensteuer getrennt voneinander ausgewiesen.

Tipp: Bei Abwälzung auf den Arbeitnehmer sollte die Kirchensteuer immer individuell nach den ELStAM des Arbeitnehmers ermittelt werden (Nachweisverfahren). In diesem Fall ist die Kirchensteuer bei Arbeitnehmern, die nicht in der Kirche sind, nicht zu erheben. Wird das vereinfachte Verfahren angewendet, ist der ermäßigte Kirchensteuersatz (hier 5 %) auf alle Arbeitnehmer anzuwenden.

Da der pauschal besteuerte Sachbezug sozialversicherungsfrei ist, entfällt für den Arbeitgeber auch der Arbeitgeberanteil zur Sozialversicherung. Die Übernahme der pauschalen Lohnsteuer stellt für ihn daher keine zusätzliche finanzielle Belastung dar.

34.4 Weihnachtsfeier

Sachverhalt: An der Weihnachtsfeier eines Unternehmens nehmen 50 Arbeitnehmer teil. Jeder Teilnehmer erhält im Rahmen der betrieblichen Weihnachtsfeier ein Weihnachtspäckchen im Wert von 60 EUR. Die übrigen Aufwendungen für die Betriebsveranstaltung belaufen sich pro Arbeitnehmer auf 95 EUR. Damit liegen die Gesamtkosten je Teilnehmer bei 155 EUR.

Wie müssen die Aufwendungen für die Betriebsveranstaltung lohnsteuer- und sozialversicherungsrechtlich behandelt werden?

Lösung: Der Freibetrag von 110 EUR pro Arbeitnehmer wurde um 45 EUR überschritten. Der Arbeitgeber kann die Mitarbeiter von der Lohnsteuerbelastung freistellen, indem er von der Möglichkeit der Pauschalbesteuerung Gebrauch macht. In diesem Fall sind die Arbeitgeberleistungen ebenfalls beitragsfrei.

Abrechnung

Steuerpflichtiger Anteil (50 Teilnehmer × 45 EUR)	2.250,00 EUR
Pauschale Lohnsteuer (25 % v. 2.250 EUR)	562,50 EUR
Pauschaler Solidaritätszuschlag (5,5 % v. 562,50 EUR)	30,93 EUR
Pauschale Kirchensteuer (angenommen 5 % v. 562,50 EUR)	28,12 EUR

Tipp: Lohnsteuerpflichtige Leistungen des Arbeitgebers müssen über die Lohnbuchhaltung abgerechnet werden (z. B. über einen fiktiven Mitarbeiter oder als Lohnsteuer aus Nebenbuchhaltung). Nur so wird die Erfassung der pauschalen Lohnsteuer in der Lohnsteuer-Anmeldung gewährleistet.

Wichtig: Der pauschal versteuerte Betrag ist beitragsfrei. Dies gilt aber nur, wenn die Pauschalversteuerung für den jeweiligen Entgeltabrechnungszeitraum vorgenommen wurde. Das ist normalerweise der Monat des Zuflusses. Da die Entscheidung über die Art der Versteuerung – auch nachträglich – bis zur Aushändigung der Lohnsteuerbescheinigungen an die Arbeitnehmer getroffen werden kann, muss die Pauschalversteuerung bis zum 28.2. bzw. 29.2. des Folgejahres vorgenommen worden sein.

34.5 Fahrtkostenzuschuss für Fahrten mit öffentlichen Verkehrsmitteln

Sachverhalt: Der Arbeitnehmer erhält zusätzlich zu seinem Gehalt die Kosten für die Anschaffung seiner Monatsfahrkarte i. H. v. 110 EUR von seinem Arbeitgeber erstattet. Der Arbeitnehmer möchte die Anrechnung auf die Werbungskosten vermeiden, damit er seine Werbungskosten in seiner Einkommensteuererklärung in voller Höhe geltend machen kann.

Lösung: Der Zuschuss i. H. v. 110 EUR kann mit 25 % pauschaler Lohnsteuer zzgl. Solidaritätszuschlag und ggf. Kirchensteuer versteuert werden. Dann entfällt der Ausweis des

Zuschusses in der Lohnsteuerbescheinigung. Die Pauschalsteuer kann vom Arbeitgeber getragen oder auf den Arbeitnehmer abgewälzt werden.

Abrechnung Zuschuss	110,00 EUR
25 % pauschale Lohnsteuer	27,50 EUR
Zzgl. 5,5 % Solidaritätszuschlag	+ 1,51 EUR
Ggf.zzgl. Kirchensteuer (angenommen 9 %)	+ 2,47 EUR

34.6 Fahrtkostenzuschuss bei Nutzung des eigenen Kraftfahrzeugs

Sachverhalt: Der Arbeitnehmer erhält zusätzlich zu seinem Gehalt einen Fahrtkostenzuschuss in Höhe der zulässigen Entfernungspauschale erstattet. Seine Entfernung zur ersten Tätigkeitsstätte beträgt 10 Kilometer.

Lösung: Der Zuschuss beträgt monatlich 45 EUR (= 10 Kilometer x 0,30 EUR x 15 Arbeitstage). Dieser Betrag kann mit 15 % pauschaler Lohnsteuer – unter Anrechnung auf die Entfernungspauschale – versteuert werden. Die Pauschalsteuer kann vom Arbeitgeber getragen werden oder auf den Arbeitnehmer abgewälzt werden.

Abrechnung Zuschuss	45,00 EUR
Pauschalversteuerung mit 15 % pauschaler Lohnsteuer	6,75 EUR
Zzgl. 5,5 % Solidaritätszuschlag	+ 0,37 EUR
Zzgl. ggf. Kirchensteuer (angenommen 9 %)	+ 0,60 EUR

34.7 Jobticket: Wahlrecht zwischen Steuerfreiheit und Pauschalierung

Sachverhalt: Der Arbeitnehmer bekommt zu seinem Gehalt von 3.000 EUR zusätzlich vom Arbeitgeber einen Betrag von 60 EUR monatlich für den Kauf einer Monatsfahrkarte. Seine Entfernung zur ersten Tätigkeitsstätte beträgt 20 Kilometer. Der Arbeitgeber hat die Wahl zwischen 2 Besteuerungsmöglichkeiten:

1. Der Arbeitgeber kann die Monatsfahrkarte steuerfrei gewähren.
2. Der Arbeitnehmer kann die Monatsfahrkarte alternativ mit 25 % pauschalieren.

Welche Unterschiede gibt es bei den beiden Varianten der Besteuerung?

Lösung 1

Gehalt	3.000 EUR
Zzgl. Monatskarte	60 EUR
Gesamtbrutto	3.060 EUR
= Steuer- und SV-Brutto	3.000 EUR

Der Betrag von 60 EUR wird auf die Entfernungspauschale angerechnet und muss in der Lohnsteuerbescheinigung unter Zeile 17 ausgewiesen werden.

Als Werbungskosten können geltend gemacht werden:
0,30 EUR x 20 km x 220 Arbeitstage (angenommen) = 1.320 EUR,
darauf angerechnet werden: 60 EUR x 12 Monate = 720 EUR.

Lösung 2

Gehalt	3.000,00 EUR
Zzgl. Monatsfahrkarte	+ 60,00 EUR
Gesamtbrutto	3.060,00 EUR
= Steuer- und SV-Brutto	3.000,00 EUR

Pauschalversteuerung mit 25 % pauschaler Lohnsteuer	15,00 EUR
Zzgl. 5,5 % Solidaritätszuschlag	+ 0,82 EUR
Zzgl. ggf. Kirchensteuer (angenommen 9 %)	+ 1,35 EUR
Zusätzliche Belastung monatlich	17,17 EUR
Zusätzliche Belastung jährlich	206,04 EUR

Der Betrag von 60 EUR wird *nicht* auf die Entfernungspauschale angerechnet und muss *nicht* in der Lohnsteuerbescheinigung ausgewiesen werden. So kann der Arbeitnehmer seine Werbungskosten in der Steuererklärung in voller Höhe geltend machen.

Als Werbungskosten können geltend gemacht werden:
0,30 EUR x 20 km x 220 Arbeitstage (angenommen) = 1.320 EUR.

Die Pauschalsteuer kann vom Arbeitgeber auf den Arbeitnehmer abgewälzt werden.

Tipp: Wenn der Arbeitnehmer sich für die Pauschalversteuerung entscheidet, muss er abwägen, ob die Steuererstattung durch den Werbungskostenabzug höher ist als die Steuerbelastung durch die Pauschalsteuer i. H. v. 206,04 EUR. Das kann jeweils nur individuell entsprechend der persönlichen Situation des Arbeitnehmers entschieden werden.

Wenn der Arbeitgeber die Pauschalsteuer übernimmt, ist diese Variante immer am günstigsten für den Arbeitnehmer, da er keine zusätzliche Belastung und trotzdem den vollen Werbungskostenabzug hat.

35 Pfändung

35.1 Pfändbare und pfändungsfreie Beträge bei Nettovergütung

Sachverhalt: Ein Arbeitgeber erhält einen gerichtlichen Pfändungs- und Überweisungsbeschluss über 1.000 EUR für einen Mitarbeiter. Der betroffene Arbeitnehmer hat eine Nettovergütung von 1.850 EUR monatlich. Er ist ledig und hat ein minderjähriges Kind. In diesem Monat hat er, zusätzlich zum Nettolohn ausnahmsweise noch verdient:

- Überstundenzuschläge: 200 EUR netto
- Tarifliches zusätzliches Urlaubsgeld: 300 EUR netto
- Jubiläumszuwendung für seine 20-jährige Betriebszugehörigkeit: 1.000 EUR netto sowie
- Freiwilliges Weihnachtsgeld mit ausdrücklichem Freiwilligkeitsvorbehalt: 500 EUR netto.

Welcher Verdienst ist im Dezember der Pfändung zugrunde zu legen und wie hoch ist der an den Gläubiger abzuführende Betrag?

Lösung: Die für die Mehrarbeit gezahlten Teile der Nettovergütung (normale Stundenvergütung zzgl. gezahlter Mehrarbeitszuschlag) sind zur Hälfte unpfändbar und im Übrigen pfändbar (§ 850a Nr. 1 ZPO)

Das tarifliche zusätzliche Urlaubsgeld ist unpfändbar (§ 850a Nr. 2 ZPO)

Die Jubiläumszuwendung ist unpfändbar (§ 850a Nr. 2 ZPO)

Das Weihnachtsgeld übersteigt nicht die Grenze des § 850a Nr. 4 ZPO von 500 EUR und ist somit unpfändbar

Nettolohn	1.850,00 EUR
Zzgl. Hälfte der Überstundenvergütung (200 EUR : 2)	+ 100,00 EUR
Der Pfändung zugrunde zu legender Verdienst	1.950,00 EUR
Entspricht nach der Tabelle bei einer Unterhaltspflicht für 1 Person einem pfändbaren Betrag von	163,92 EUR

An den Gläubiger sind im Dezember 163,92 EUR abzuführen.

In den Monaten, in denen der Arbeitnehmer monatlich nur 1.850 EUR netto verdient, sind jeweils 113,92 EUR abzuführen, bis der Gläubiger befriedigt ist.

Hinweis: Das Arbeitseinkommen im Zwangsvollstreckungsverfahren ist durch zwingendes Recht gem. §§850 ff. ZPO geschützt, indem es nur begrenzt zur Verfügung steht. Hierbei handelt es sich um ein differenziertes, abgestuftes System. Die aktuell gültige amtliche Pfändungstabelle ist vom 1.7.2019 und gilt bis 30.6.2021.[31]

Manche Einkommensteile sind
- völlig der Pfändung entzogen (§850a ZPO),
- nur bedingt pfändbar (§850b ZPO).

Zudem wird die Pfändbarkeit des verbleibenden Einkommens begrenzt (§850c, d ZPO) und in bestimmten Fällen wird nur Pfändungsschutz auf Antrag gewährt (§850f, g, i ZPO).

Der Schuldner kann auf den Pfändungsschutz weder generell noch im Einzelfall verzichten.

35.2 Nettomethode: Pfändbare und pfändungsfreie Beträge bei Bruttovergütung (Rechtsprechungsänderung seit 17.4.2013)

Sachverhalt: Ein Arbeitgeber erhält einen gerichtlichen Pfändungs- und Überweisungsbeschluss über 1.000 EUR für einen Mitarbeiter. Der betroffene Arbeitnehmer hat einen Bruttoverdienst von 4.000 EUR monatlich. Er ist ledig und hat ein minderjähriges Kind. In diesem Monat hat er zusätzlich ausnahmsweise noch verdient:
- Überstundenzuschläge: 500 EUR brutto
- Tarifliches zusätzliches Urlaubsgeld: 400 EUR brutto
- Jubiläumsgeld für seine 20-jährige Betriebszugehörigkeit: 2.000 EUR brutto sowie
- Freiwilliges Weihnachtsgeld mit ausdrücklichem Freiwilligkeitsvorbehalt: 1.000 EUR brutto

Wie ist der für die Pfändung anzusetzende Verdienst zu ermitteln und wie ist der an den Gläubiger abzuführende Betrag zu ermitteln?

Lösung: Früher wurde die sog. Bruttomethode angewandt, nach der dem Gesamtbruttoeinkommen des Arbeitnehmers zunächst die nach §850a ZPO unpfändbaren Bezüge mit dem Bruttobetrag hinzuaddiert und dann die auf das Gesamtbruttoeinkommen (d. h. einschließlich der unpfändbaren Bezüge) zu zahlenden Steuern und Sozialversicherungsbeiträge abgezogen wurden. Die Steuern und Sozialversicherungsbeiträge

31 Pfändungsfreigrenzenbekanntmachung 2019 v. 4.4.2019, BGBl 2019 I S. 443.

wurden damit 2-mal in Abzug gebracht. Das führte dazu, dass das pfändbare Einkommen umso niedriger ausfiel, je höher die unpfändbaren Bezüge i. S. d. § 850a ZPO waren. Damit konnte das pfändbare Einkommen des Arbeitnehmers allein wegen der zusätzlichen unpfändbaren Bezüge unter die Pfändungsfreigrenze des § 850c ZPO fallen und eine Pfändung ausschließen oder vermindern.

Das **BAG hat jedoch am 17.4.2013**[32] entschieden, dass bei der Berechnung des pfändbaren Einkommens die sogenannte »**Nettomethode**« zugrunde zu legen ist.

Das geschieht wie folgt:

1. Ermittlung des Bruttoarbeitseinkommens:	**7.900 EUR**
2. Abzug der unpfändbaren Bezüge nach § 850a ZPO:	
• bei Vergütung für Mehrarbeit (§ 850a Nr. 1 ZPO): die Hälfte	250 EUR
• Aufwandsentschädigungen, Auslösungsgelder und sonstige soziale Zulagen für auswärtige Beschäftigungen	... EUR
• Entgelt für selbstgestelltes Arbeitsmaterial, Gefahrenzulagen, Schmutz- und Erschwerniszulagen (§ 850a Nr. 3 ZPO)	... EUR
• andere nach § 850a ZPO unpfändbare Bezüge	
– Urlaubszuschuss/-geld	400 EUR
– Jubiläumszuwendungen	2.000 EUR
– Treuegelder	... EUR
– Weihnachtsvergütungen bis zur Hälfte des monatlichen Bruttoeinkommens, höchstens 500 EUR	500 EUR
– Heirats- und Geburtsbeihilfen (§ 850a Nr. 5 ZPO)	... EUR
– Erziehungsgelder und Studienbeihilfe (§ 850a Nr. 6 ZPO)	... EUR
– Sterbegelder/Gnadenbezüge (§ 850a Nr. 7 ZPO)	... EUR
– Blindenzulage (§ 850a Nr. 8 ZPO)	... EUR
Zwischenergebnis:	**4.750 EUR**
3. Abzug der sich hieraus ergebenden »fiktiven« Steuer (§ 850e Abs. 1 ZPO):	... EUR
4. Abzug der sich hieraus ergebenden »fiktiven« Sozialversicherungsbeiträge (§ 850e Nr. 1 ZPO):	... EUR

Dann wird aus dem sich hieraus ergebenden Nettoeinkommen (Pfändungsnetto) anhand der Pfändungstabelle der pfändbare Betrag entnommen und an den Gläubiger abgeführt.

Hinweis: Nachforderungen sind möglich, wenn die Bruttomethode in der Vergangenheit angewandt wurde.

32 BAG, Urteil v. 17.4.2013, 10 AZR 59/12.

Die Berechnungsmethode, die das BAG inzwischen verlangt, erfordert eine »fiktive« Zwischenberechnung, die nach Auffassung des BAG elektronisch zu bewerkstelligen ist. Das Ergebnis kann zu deutlichen Differenzen zugunsten des Gläubigers und damit auch zu Nachforderungen führen, wenn in der Vergangenheit nach der Bruttomethode gerechnet wurde. Hier wird der Arbeitgeber den Gläubiger normalerweise darauf verweisen können, dass sich die Abführung der gepfändeten Beträge nur etwas verzögert. Schwierigkeiten können entstehen, wenn das Arbeitsverhältnis des Arbeitnehmers mittlerweile beendet wurde und dieser insolvent ist.

35.3 Pfändung, Weihnachtsgeld bzw. 13. Monatsgehalt

Sachverhalt: Ein Arbeitgeber erhält einen gerichtlichen Pfändungs- und Überweisungsbeschluss über 2.000 EUR für einen Mitarbeiter. Der betroffene Arbeitnehmer hat einen Nettolohn von 2.500 EUR monatlich. Er ist 3 Personen zum Unterhalt verpflichtet. Im Dezember erhält er noch Weihnachtsgeld bzw. ein 13. Monatsgehalt von 2.500 EUR netto.

Welcher Betrag muss im Dezember an den Gläubiger abgeführt werden?

Lösung: Weihnachtsvergütungen sind nach § 850a Nr. 4 ZPO bis zum Betrag der Hälfte des monatlichen Arbeitseinkommens, höchstens aber bis zum Betrag von 500 EUR unpfändbar. Die Bezeichnung als 13. Monatsgehalt ist bedeutungslos, soweit die Leistung im zeitlichen und sachlichen Zusammenhang mit Weihnachten erfolgt und eine entsprechende Zwecksetzung erfolgt. Bei einer Sonderzahlung zwischen dem 1.11. und dem 15.1. kann regelmäßig von dieser Zwecksetzung ausgegangen werden. Privilegiert ist der halbe Betrag des monatlichen Bruttoeinkommens, maximal aber 500 EUR. Diese Summe ist als Nettobetrag vom pfändbaren Einkommen abzusetzen, damit dem Schuldner der Betrag ungekürzt verbleibt. Die darauf entfallenden Steuern und Sozialabgaben sind aus dem sonstigen Einkommen zu leisten. Der restliche Betrag ist dem Monat hinzuzurechnen, in dem die Weihnachtsvergütung gezahlt wird.

Nettolohn	2.500,00 EUR
zzgl. Teil des Weihnachtsgeldes, der der Pfändung unterworfen wird (2.500 EUR ./. 500 EUR)	+ 2.000,00 EUR
Der Pfändung zugrunde liegender Verdienst	**4.500,00 EUR**
Voll pfändbarer Mehrbetrag nach der Tabelle (4.500 EUR ./. 3.613,08 EUR)	886,92 EUR
Pfändbarer Betrag lt. Pfändungstabelle aus 3.613,08 EUR bei Unterhaltspflicht für 3 Personen	+ 448,08 EUR
An den Gläubiger abzuführender Betrag	1.335,00 EUR

Für Dezember sind 1.335,00 EUR an den Gläubiger abzuführen. In den 5 Folgemonaten ist jeweils nur noch der pfändbare Betrag aus dem regelmäßigen Nettolohn von

2.500 EUR, also nach der Pfändungstabelle bei einer Unterhaltspflicht für 3 Personen 115,08 EUR pro Monat, abzuführen. Der noch offene Restbetrag von 89,60 EUR ist im 7. Monat abzuführen.

Hinweis: Weihnachtsgeld ist unabhängig von der Anspruchsgrundlage teilweise unpfändbar. Die Weihnachtsgratifikation ist eine Sonderleistung, die vom Arbeitgeber anlässlich des Weihnachtsfestes zusätzlich zur Vergütung gezahlt wird. Die Rechtsgrundlage ist unerheblich, solange ein Anspruch darauf besteht. Eine Forderung i. S. d. § 850a Nr. 4 ZPO liegt auch vor, wenn die Anspruchsbegründung freiwillig unter Widerrufsvorbehalt für die Zukunft erfolgt.

35.4 Pfändung, Wechselschichtzulage, Zuschläge für ungünstige Zeiten (Nachtarbeit, Sonntags- und Feiertagsarbeit)

Sachverhalt: Eine Arbeitnehmerin arbeitet als Hauspflegerin bei einer Arbeitgeberin, die Sozialstationen betreibt. Nach einem Insolvenzverfahren war sie in einer sogenannten Wohlverhaltensphase, in der sie ihre pfändbare Vergütung an einen Treuhänder abgetreten hatte. Von Mai 2015 bis März 2016 führte die Arbeitgeberin den – aus ihrer Sicht – pfändbaren Teil der Vergütung an den Treuhänder ab, wobei sie die tarifvertraglich geschuldeten Zuschläge für Sonntags-, Feiertags-, Nacht-, Wechselschicht-, Samstags- und Vorfestarbeit als pfändbar betrachtete. Die Arbeitnehmerin war aber der Ansicht, dass diese Zuschläge unpfändbare Erschwerniszulagen nach § 850a Nr. 3 ZPO seien und klagte diese i, H. v. 144,91 EUR von ihrer Arbeitgeberin ein.

Lösung: Nach § 850a Nr. 3 ZPO sind Aufwandsentschädigungen, Auslösungsgelder und sonstige soziale Zulagen für auswärtige Beschäftigungen, das Entgelt für selbstgestelltes Arbeitsmaterial, Gefahrenzulagen sowie Schmutz- und Erschwerniszulagen unpfändbar, soweit diese Bezüge den Rahmen des Üblichen nicht übersteigen.

Der Bundesgerichtshof hielt Nachtarbeitszuschläge nur dann für unpfändbar i. S. v. § 850a Nr. 3 ZPO, wenn sie dem Arbeitnehmer nach § 3b EStG steuerfrei gewährt werden.[33]

Das Bundesarbeitsgericht hat zudem entschieden, dass Zulagen für Sonntags-, Feiertags- und Nachtarbeit unpfändbare Erschwerniszulagen i. S. v. § 850a Nr. 3 ZPO sind. Der Gesetzgeber habe in § 6 Abs. 5 ArbZG die Ausgleichspflicht für Nachtarbeit geregelt, die er als besonders erschwerend bewertet habe. Sonntage und gesetzliche Feiertage stünden

33 BGH, Urteil v. 29.6.2016, VII ZB 4/15.

kraft Verfassung[34] unter besonderem Schutz. Nach § 9 Abs. 1 ArbZG sei an diesen Tagen ein grundsätzliches Beschäftigungsverbot angeordnet. Wenn an diesen Tagen gearbeitet werde, gehe folglich der Gesetzgeber auch hier von einer Erschwernis aus. Zulagen für Schicht-, Samstags- oder Vorfestarbeit sind dagegen der Pfändung nicht entzogen.[35]

Mit dem Urteil des BAG endet ein jahrelanger Streit der Gerichte über die Pfändbarkeit von Sonntags-, Feiertags- und Nachtzulagen.

Hinweis: Zulagen für Sonntags-, Feiertags- und Nachtarbeit sind im Rahmen des »Üblichen« unpfändbar.[36] Bei der Frage, was »üblich« ist, kann an die Regelung in § 3b EStG angeknüpft werden.

Zulagen für Schicht-, Samstags- oder Vorfestarbeit sind dagegen pfändbar.

35.5 Mehrere Pfändungen gleichzeitig

Sachverhalt: Am 10.1. erhält ein Arbeitgeber 2 gerichtliche Pfändungs- und Überweisungsbeschlüsse über 1.000 EUR und 2.000 EUR für eine Mitarbeiterin. Die betroffene Arbeitnehmerin hat einen Nettolohn von 1.800 EUR monatlich. Sie ist ledig und hat ein minderjähriges Kind. Am 15.1. erhält der Arbeitgeber einen weiteren Pfändungs- und Überweisungsbeschluss über 2.200 EUR.

In welcher Reihenfolge und Höhe sind die Forderungen zu bedienen?

Lösung: Nach dem *Grundsatz der Priorität* geht der zuerst zugestellte Pfändungs- und Überweisungsbeschluss dem späteren vor. Der am 15.1. zugestellte Beschluss greift also erst, wenn die anderen Forderungen vollständig bedient sind.

Zwischen den beiden am 10.1. zugestellten Pfändungen herrscht *Gleichrang*. Hier ist nach dem Verhältnis der vollstreckbaren Beträge aufzuteilen. Dieses Verhältnis beträgt vorliegend 2/3 zu 1/3 (2.000 zu 1.000).

Berechnung

Pfändbarer Betrag lt. Pfändungstabelle bei Nettomonatsvergütung von 1.800 EUR und Unterhaltspflicht für eine Person	88,92 EUR
Davon 1/3	29,64 EUR
Davon 2/3	59,28 EUR

34 Art. 140 GG i. V. m. Art. 139 WRV.

35 BAG, Urteil v. 23.8.2017, 10 AZR 859/16.

36 § 850a Nr. 3 ZPO.

Beginnend ab Februar ist die am 10.1. zugestellte Pfändung über 1.000 EUR mit 29,64 EUR monatlich zu bedienen, die am selben Tag zugestellte Pfändung über 2.000 EUR mit 59,28 EUR monatlich. Erst wenn beide Pfändungen vollständig bedient sind, ist die zuletzt am 15.1. zugestellte an der Reihe.

35.6 Vorausabtretung

Sachverhalt: Ein Arbeitgeber erhält am 10.1. einen gerichtlichen Pfändungs- und Überweisungsbeschluss über 1.000 EUR für eine Mitarbeiterin. Die betroffene Arbeitnehmerin hat einen Nettolohn von 1.800 EUR monatlich. Sie ist ledig und hat ein minderjähriges Kind. Ein weiterer Gläubiger übersendet dem Arbeitgeber eine auf den 5.1. datierte Abtretungserklärung, mit der die künftigen pfändbaren Bezüge auf Arbeitslohn für eine Schuld von 10.000 EUR an ihn abgetreten wird.

Wie geht der Arbeitgeber in diesem Fall vor?

Lösung: Die auf den 5.1. datierte Abtretung geht vor. Es ist möglich, auch künftiges pfändbares Arbeitseinkommen nach § 398 BGB abzutreten (Vorausabtretung). Die Abtretung ist mit Vertragsschluss wirksam.

Hinweis: Nach § 399 BGB kann die Abtretung im Arbeitsvertrag oder einem Ergänzungsvertrag mit dem Arbeitnehmer ausgeschlossen werden.

35.7 Bearbeitungskosten Arbeitgeber

Sachverhalt: Arbeitgeber und Betriebsrat haben eine Betriebsvereinbarung abgeschlossen, wonach der Arbeitgeber für die Bearbeitungskosten bei Pfändungen von dem gepfändeten Betrag 3 % Bearbeitungsgebühren einbehalten und mit der Vergütung des Arbeitnehmers verrechnen kann.

Ist diese Vereinbarung wirksam?

Lösung: Diese Bestimmung ist unwirksam. Es besteht weder ein entsprechendes Mitbestimmungsrecht des Betriebsrats noch können die Betriebsparteien einen Erstattungsanspruch zugunsten des Arbeitgebers durch freiwillige Betriebsvereinbarung regeln.

36 Pflegezeit

36.1 Antragsfrist

Sachverhalt: Ein Mitarbeiter teilt seinem Arbeitgeber am 5.6. mit, dass er in der Zeit vom 10.6. bis 23.8. eines Jahres seine pflegebedürftige Mutter bei sich zu Hause betreuen müsse. Er verlangt deshalb Freistellung von der Arbeit für diesen Zeitraum.

Hat der Mitarbeiter Anspruch auf Freistellung?

Lösung: Der Mitarbeiter hat nach dem Pflegezeitgesetz grundsätzlich einen Anspruch auf Freistellung für die Betreuung pflegebedürftiger Angehöriger, soweit er nicht schon einen entsprechenden Anspruch in der Vergangenheit hatte.

Er muss eine Antragsfrist von 10 Arbeitstagen einhalten und den Antrag schriftlich stellen.

Da der Mitarbeiter die Frist nicht eingehalten hat besteht der Anspruch auf Pflegezeit erst ab 20.6. (ohne Berücksichtigung der Wochenenden).

Tipp: Der Eingang des Antrags auf Pflegezeit muss dokumentiert werden, damit festgestellt werden kann, ab wann die Pflegezeit frühestens beginnen kann. Bei der Berechnung werden die regelmäßigen Arbeitstage des Betriebs zugrunde gelegt.

Der Mitarbeiter kann selbstverständlich den Antrag auch schon frühzeitiger stellen, die gesetzliche Frist von 10 Arbeitstagen ist eine Mindestfrist. Das Gesetz stellt auf Arbeits- und nicht auf Wochentage ab bei der Berechnung des Ankündigungsfrist: Das Wochenende wird also nicht mit eingerechnet.

Hinweis: Auf einen mündlichen Antrag auf Pflegezeit muss der Arbeitgeber nicht reagieren, das Pflegezeitgesetz schreibt vor, dass der Mitarbeiter den Antrag schriftlich stellt. Hat der Arbeitgeber allerdings auf einen mündlichen Antrag positiv reagiert und die Pflegezeit zugesagt, kann er sich aber nicht nachträglich auf die fehlende Schriftform berufen.

36.2 Verlängerung

Sachverhalt: Ein Mitarbeiter hat in der Zeit vom 10.6. bis 23.8. Pflegezeit zur Betreuung seiner pflegebedürftigen Mutter.

Er will die Pflegezeit ab 30.8. verlängern, weil zu diesem Zeitpunkt die andere Person, die die Pflege ab 24.8. übernimmt, selbst in ärztliche Behandlung geht.

Kann der Mitarbeiter die Pflegezeit verlängern?

Lösung: Der Mitarbeiter hat nach dem Pflegezeitgesetz einen Anspruch auf eine Pflegezeit von maximal 6 Monaten. Wird zunächst ein kürzerer Zeitraum beantragt, kann der Arbeitnehmer eine Verlängerung verlangen, wenn der Arbeitgeber dem zustimmt.

Verlängerung des ursprünglichen Zeitraums bedeutet aber den »nahtlosen« Ansatz daran. Im vorliegenden Fall ist jedoch eine Unterbrechung sogar von mehreren Tagen gegeben. Der Mitarbeiter verlangt also keine Verlängerung der Pflegezeit, sondern eine weitere, 2. Pflegezeit für dieselbe pflegebedürftige Person. Hierauf hat der Mitarbeiter aber keinen Anspruch.

Tipp: Das Pflegezeitgesetz enthält Mindestbedingungen. Der Arbeitgeber kann auf freiwilliger Basis weitere Pflegezeiten durchaus zulassen, muss aber darauf achten, dass daraus kein für ihn verpflichtender Rechtsanspruch wird entweder durch die so genannte betriebliche Übung oder aus dem Grundsatz der Gleichbehandlung heraus. Deshalb sollte der Grund der Ausnahme von den Voraussetzungen des Pflegezeitgesetzes dokumentiert werden, um dann gegebenenfalls gegenüber anderen Beschäftigten rechtssicher argumentieren zu können, warum in dem einen Fall abweichend vom Pflegezeitgesetz gehandelt wurde und in dem anderen Falle nicht.

Will der Arbeitgeber dem Mitarbeiter eine weitere, gesetzlich nicht geregelte »Pflegezeit« gewähren, kann er mit dem Arbeitnehmer unabhängig vom Pflegezeitgesetz für den entsprechenden Zeitraum eine unbezahlte Freistellung von der Arbeit vereinbaren mit der Folge, dass das Arbeitsverhältnis während dieser Zeit ruht.

36.3 Zweite Freistellung

Sachverhalt: Ein Mitarbeiter hatte in der Zeit vom 10.6. bis 23.8. eines Jahres Pflegezeit in Anspruch genommen für die Pflege seiner Mutter.

Er beantragt eine weitere Pflegezeit für den Zeitraum vom 23.12. des Jahres bis 6.1. des Folgejahres und verlangt für diesen Zeitraum die Freistellung von der Arbeit.

Hat der Arbeitnehmer Anspruch auf eine 2. Pflegezeit?

Lösung: Der Mitarbeiter hat nach dem Pflegezeitgesetz für den 2. Zeitraum keinen Anspruch auf Freistellung. Das Pflegezeitgesetz gewährt den Beschäftigten einen einmaligen Anspruch auf Freistellung zur Pflege pro zu pflegendem Angehörigen von maximal 6 Monaten. Selbst wenn bei der »1.« Pflegezeit der Zeitraum von 6 Monaten nicht ausgeschöpft wurde, kann der Mitarbeiter nicht verlangen, dass die nicht verbrauchte Zeit später genommen wird. Der Anspruch kann abgelehnt werden.

Tipp: Der Arbeitgeber sollte dokumentieren, wann welcher Mitarbeiter für welche pflegebedürftige Personen Pflegezeit geltend gemacht hat. Dieser Hinweis wird dann auch in die Personalakte aufgenommen, am besten zusammen mit der entsprechenden ärztlichen Bescheinigung über die Pflegebedürftigkeit des nahen Angehörigen.

Hinweis: Der Arbeitgeber kann mit dem Mitarbeiter für den 2. Zeitraum eine unbezahlte Freistellung von der Arbeit (unbezahlten Urlaub) vereinbaren. Dabei handelt es sich dann aber nicht um eine Pflegezeit im Sinne des Pflegezeitgesetzes.

Dies sollte aber nicht regelmäßig geschehen, da sonst andere Arbeitnehmer sich über den Anspruch auf Gleichbehandlung gegebenenfalls darauf berufen könnten. In einem solchen Fall sollte der Arbeitgeber mit dem Mitarbeiter vereinbaren, dass für diesen Zeitraum das Arbeitsverhältnis ruht. In diesem Fall muss für diese Zeit weder Urlaub gewährt werden noch eventuell bei einer Erkrankung des Mitarbeiters während dieser Zeit Entgeltfortzahlung leisten.

36.4 Kürzung des Erholungsurlaubs

Sachverhalt: Ein Mitarbeiter hatte in der Zeit vom 10.6. bis 23.8. eines Jahres für die Pflege seiner Mutter Pflegezeit in Anspruch genommen. Er macht für das gesamte Jahr den vollständigen Urlaub vom 24 Urlaubstagen geltend.

Hat der Arbeitnehmer Anspruch auf den gesamten Jahresurlaub?

Lösung: Nein. Der Arbeitgeber kann nach § 4 Abs. 4 PflegeZG den Erholungsurlaub für jeden vollen Kalendermonat der vollständigen Freistellung von der Arbeitsleistung um ein Zwölftel kürzen. Im vorliegenden Fall war der Mitarbeiter den vollständigen Monat Juli freigestellt, sodass der Urlaubsanspruch um ein Zwölftel, also 2 Urlaubstage gekürzt werden kann.

Hinweis: Das PflegeZG spricht von Kalendermonaten. Der Mitarbeiter hat zwar mehr als 2 Monate gefehlt, aber nur einen vollständigen Kalendermonat. Es kommt also nicht auf die Dauer der Fehlzeit alleine an, sondern ausschließlich auf die vollständigen Kalendermonate.

37 Private Krankenversicherung

37.1 Beitragszuschuss, Anspruchsvoraussetzungen

Sachverhalt: Ein Arbeitnehmer ist wegen Überschreitung der Jahresarbeitsentgeltgrenze krankenversicherungsfrei. Er ist privat krankenversichert und beantragt beim Arbeitgeber einen Beitragszuschuss. Der Versicherungsvertrag des Arbeitnehmers beinhaltet grundsätzlich die Leistungen, die der Art nach ein gesetzlich Versicherter beanspruchen kann; Zahnersatz ist jedoch nicht mitversichert. Bei anderen Leistungen, z. B. Krankenhausbehandlung, besteht pro Jahr eine Eigenbeteiligung von 1.000 EUR.

Eine Bescheinigung des Versicherungsunternehmens, dass die Versicherung nach bestimmten gesetzlich vorgesehenen Regelungen durchgeführt wird, kann der Arbeitnehmer nicht vorlegen.

Hat der Arbeitnehmer Anspruch auf einen Beitragszuschuss zur privaten Krankenversicherung?

Lösung: Der Arbeitnehmer kann keinen Beitragszuschuss beanspruchen, weil er keine Bescheinigung vorgelegt hat.

Die gesetzlich geforderte Bescheinigung des Versicherungsunternehmens in der die Aufsichtsbehörde dem privaten Krankenversicherungsunternehmen bestätigt hat, dass der Versicherungsvertrag entsprechend den im Gesetz genannten Regeln durchgeführt wird, ist unabdingbar. Diese Bescheinigung muss jeweils nach Ablauf von 3 Jahren erneuert werden.

Der Umfang der privaten Versicherung des Arbeitnehmers schließt den Anspruch auf Beitragszuschuss nicht aus, da er Leistungen beinhaltet, die der Art nach denen der gesetzlichen Krankenversicherung entsprechen. Es müssen weder alle Leistungen der gesetzlichen Krankenversicherung eingeschlossen sein noch muss der Umfang der jeweiligen Leistung der Leistung der gesetzlichen Krankenversicherung genau entsprechen.

Achtung
Vergleichbare Bestimmungen sind durch die private Pflegeversicherung einzuhalten (allerdings ohne Standardtarife) und zu belegen (Bescheinigung des Versicherers), wenn für die Pflegeversicherung ein Beitragszuschuss beansprucht werden soll.

37.2 Beitragszuschuss, Höhe und Anspruchsdauer

Sachverhalt: Eine Arbeitnehmerin, 1 Kind, ist von der Versicherungspflicht zur gesetzlichen Krankenversicherung befreit und seit Jahren privat kranken- und pflegeversichert. Ihre Versicherungen sind zuschussberechtigt, die erforderlichen Bescheinigungen liegen dem Arbeitgeber vor. Der Beschäftigungsort liegt nicht in Sachsen.

Die Arbeitnehmerin wendet für ihre private Krankenversicherung monatlich 800 EUR und für ihre private Pflegeversicherung monatlich 120 EUR auf.

Vom 1.2.2020 an ist sie infolge Krankheit arbeitsunfähig. Nach Ablauf der Entgeltfortzahlung am 13.3.2020 erhält sie Krankentagegeld von der Privatversicherung.

Wie hoch sind Beitragszuschuss und Anspruchsdauer des Arbeitgebers zur Kranken- und Pflegeversicherung im Monat März?

Lösung: Der Beitragszuschuss zur Kranken- und Pflegeversicherung beträgt grundsätzlich die Hälfte der aufgewendeten Prämie, hier also 400 EUR zur Krankenversicherung und 60 EUR zur Pflegeversicherung.

Der Beitragszuschuss zur Krankenversicherung ist allerdings auf den gesetzlichen Höchstzuschuss begrenzt.

Berechnung Höchstzuschuss zur Krankenversicherung

Beitragsbemessungsgrenze 2020 monatlich	4.687,50 EUR
Halber allgemeiner Beitragssatz (14,6 %)	7,3 %
Halber durchschnittlicher Zusatzbeitragssatz (1,1 %)	0,55 %
Gesamtbeitragssatz	7,85 %
Monatlicher Höchstzuschuss (4.687,50 EUR x 7,85 %)	367,97 EUR

Die Arbeitnehmerin kann maximal 367,97 EUR monatlich als Beitragszuschuss zur Krankenversicherung erhalten.

Berechnung Höchstzuschuss zur Pflegeversicherung

Beitragsbemessungsgrenze 2020 monatlich	4.687,50 EUR
Halber Beitragssatz (3,05 %)	1,525 %
Monatlicher Höchstzuschuss (4.687,50 EUR x 1,525 %)	71,48 EUR

Die Arbeitnehmerin kann den vollen Beitragszuschuss von monatlich 60 EUR (Hälfte v. 120 EUR) zur Pflegeversicherung erhalten.

Höhe und Anspruchsdauer des Zuschusses für März 2020
Der Beitragszuschuss ist ausschließlich für Tage zu bezahlen, an denen Anspruch auf Arbeitsentgelt aus der Beschäftigung besteht. Für die Ermittlung von Zuschüssen für Teil-Monate ist stets 1/30 des Monatszuschusses je Kalendertag anzusetzen.

Die Arbeitnehmerin erhält im März nur bis 13.3.2020 Arbeitsentgelt. Der Zuschuss beträgt:

- Krankenversicherung: 367,97 EUR : 30 Tage × 13 zuschusspflichtige Tage = 159,45 EUR
- Pflegeversicherung: 60 EUR : 30 Tage × 13 zuschusspflichtige Tage = 26 EUR

Hinweis: In Sachsen ist der Arbeitnehmeranteil zur Pflegeversicherung höher, da dort kein Feiertag zur Kompensation der Arbeitgeberaufwendungen abgeschafft wurde. Der für Sachsen maßgebende Arbeitgeberanteil beträgt 1,025 % und damit ergibt sich 2020 ein Höchstzuschuss zur privaten Pflegeversicherung von 48,05 EUR monatlich.

Soweit der Zuschuss während einer Arbeitsunfähigkeit nach Ablauf des Entgeltfortzahlungsanspruchs weitergezahlt wird, geschieht dies ohne gesetzliche Verpflichtung. Solche freiwillig gezahlten Beitragszuschüsse sind nicht vom gesetzlichen Anspruchsrahmen abgedeckt, weshalb sie steuer- und sozialversicherungspflichtiges Arbeitsentgelt darstellen.

37.3 Beitragszuschuss, Berücksichtigung Beiträge Angehöriger

Sachverhalt: Eine Arbeitnehmerin, verheiratet, 2 Kinder, ist in Nordrhein-Westfalen beschäftigt. Sie ist wegen Überschreitung der Jahresarbeitsentgeltgrenze krankenversicherungsfrei und seit Jahren privat kranken- und pflegeversichert. Die erforderlichen Bescheinigungen liegen vor.

Die Arbeitnehmerin und ihre Angehörigen sind im Juli 2020 wie folgt versichert:

Person	Versicherung	monatliche(r) Prämie/Beitrag
Arbeitnehmerin	• Private Krankenversicherung inkl. Wahlleistung Krankenhaus und 100 % Zahnersatz:	300,00 EUR
	• Sterbegeldversicherung:	25,00 EUR
	• Private Pflegeversicherung:	44,00 EUR
Ehemann, beschäftigt bei Arbeitgeber B, 20 Std. pro Woche, Entgelt 1.200 EUR monatlich	• Gesetzliche Krankenversicherung, Arbeitnehmeranteil zur Kranken- und Pflegeversicherung:	105,90 EUR

	• Private Zusatzversicherung für Zahnersatz:	40,00 EUR
Sohn, 24 Jahre alt	• Gesetzliche Krankenversicherung als Student:	66,33 EUR
	• Pflegeversicherung (mit Beitragszuschlag für Kinderlose):	21,42 EUR
Tochter, Schülerin, 17 Jahre alt	• Private Krankenversicherung inkl. Wahlleistung Krankenhaus und 100 % Zahnersatz:	75,00 EUR
	• Private Pflegeversicherung:	8,00 EUR

Wie hoch ist der Beitragszuschuss der Arbeitnehmerin im Monat?

Lösung

Zuschuss zur Krankenversicherung

Private Krankenversicherung Arbeitnehmerin	300,00 EUR
Private Krankenversicherung Tochter	+ 75,00 EUR
Beiträge gesamt	375,00 EUR
Beitragszuschuss (375 EUR : 2)	187,50 EUR

187,50 EUR überschreitet nicht den Höchstzuschuss von 367,97 EUR zur Krankenversicherung (2020). Daher kann der Betrag von 187,50 EUR als Beitragszuschuss gezahlt werden.

- Die private Krankenversicherung der Arbeitnehmerin ist zuschussfähig, selbst wenn sie bei Leistungen, die auch gesetzliche Krankenkassen bieten, mehr leistet.
- Die Sterbegeldversicherung ist generell nicht zuschussfähig da sie eine Leistung darstellt, die die gesetzliche Krankenversicherung nicht kennt.
- Die Beiträge zur gesetzlichen Krankenversicherung und die Zusatzversicherung des Ehemanns sind nicht zuschussfähig. Private Zusatzversicherungen werden nicht bezuschusst. In einer privaten Krankenversicherung versicherte Arbeitnehmer können von ihrem Arbeitgeber für die in der gesetzlichen Krankenversicherung freiwillig versicherten Angehörigen keinen Beitragszuschuss verlangen. Dies besagt die Rechtsprechung des Bundessozialgerichts.[37]
- Sohn und Tochter haben keine eigenen Einkünfte und wären bei der Krankenkasse der Arbeitnehmerin familienversichert, wenn diese bei einer gesetzlichen Krankenkasse versichert wäre. Die Beiträge der Tochter sind zuschussberechtigt, da sie privat krankenversichert ist, die Beiträge des Sohnes nicht, da er einer gesetzlichen Krankenkasse angehört. Eine Familienversicherung über den Vater ist für

37 BSG, Urteil v. 20.3.2013, B 12 KR 4/11.

beide Kinder ausgeschlossen, weil die Mutter infolge der Überschreitung der Jahresarbeitsentgeltgrenze krankenversicherungsfrei ist und keiner gesetzlichen Krankenkasse angehört.

Zuschuss zur Pflegeversicherung

Private Pflegeversicherung Arbeitnehmerin	44 EUR
Private Pflegeversicherung Tochter	+ 8 EUR
Beiträge gesamt	52 EUR
Beitragszuschuss (52 EUR : 2)	26 EUR

26 EUR überschreitet nicht den Höchstzuschuss von 71,48 EUR zur Pflegeversicherung (2020). Daher kann der Betrag von 26 EUR als Beitragszuschuss gezahlt werden.

- Die Beiträge zur gesetzlichen Pflegeversicherung des Ehemanns sind nicht zuschussfähig, da sie bereits zur Hälfte von seinem Arbeitgeber getragen werden.
- Sohn und Tochter haben keine eigenen Einkünfte und wären bei der Arbeitnehmerin familienversichert, falls diese bei einer gesetzlichen Pflegeversicherung versichert wäre. Die PV-Beiträge der Tochter sind zuschussberechtigt, allerdings nicht der Beitrag zur Studenten-Pflegeversicherung des Sohnes.

38 Rabattfreibetrag

38.1 Belegschaftsrabatt

Sachverhalt: Ein Möbelhändler überlässt seiner Mitarbeiterin eine Schrankwand zum Preis von 3.000 EUR. Der angegebene offizielle Verkaufspreis der Schrankwand beträgt laut Preisauszeichnung 4.500 EUR.

Wie hoch ist der lohnsteuer- und sozialversicherungspflichtige geldwerte Vorteil aus dem Rabatt?

Lösung: Belegschaftsrabatte und Vorteile aus der unentgeltlichen Überlassung von Waren oder Dienstleistungen des eigenen Unternehmens gehören zum steuerpflichtigen Arbeitslohn. Jedoch kann der Arbeitgeber hiervon den Rabattfreibetrag i. H. v. 1.080 EUR pro Jahr abziehen. Der Rabattfreibetrag von 1.080 EUR gilt nur für Waren und Dienstleistungen, die der Arbeitgeber nicht überwiegend seinen Arbeitnehmern, sondern überwiegend den Kunden seines Unternehmens entgeltlich zur Verfügung stellt.

Die überlassenen Waren und Dienstleistungen müssen vor Anwendung des Rabattfreibetrags mit 96 % des »Abgabepreises an Letztverbraucher im allgemeinen Geschäftsverkehr« bewertet werden.

Abgabepreis ist der Wert, mit dem die Ware an Endverbraucher abgegeben wird. Zuzahlungen des Arbeitnehmers sind abzuziehen; sie reduzieren den geldwerten Vorteil. Auf den verbleibenden Betrag wird der Rabattfreibetrag i. H. v. 1.080 EUR berücksichtigt. Der Rabattfreibetrag ist ein Jahresbetrag und darf nicht bei jeder einzelnen Warenlieferung oder jeder einzelnen Dienstleistung abgezogen werden.

Berechnung geldwerter Vorteil	
Preis für Endverbraucher	4.500 EUR
Abzgl. pauschaler Bewertungsabschlag v. 4 %	- 180 EUR
Zwischensumme	4.320 EUR
Zuzahlung des Arbeitnehmers	- 3.000 EUR
Geldwerter Vorteil insgesamt	1.320 EUR
Abzgl. Rabattfreibetrag	- 1.080 EUR
Geldwerter Vorteil	240 EUR

Es verbleibt ein Betrag von 240 EUR, dieser führt beim Arbeitnehmer zu lohnsteuerpflichtigem Arbeitslohn und zu sozialversicherungspflichtigem Arbeitsentgelt. Der Rabattfreibetrag der Arbeitnehmerin ist für dieses Kalenderjahr ausgeschöpft.

38.2 Produkte des Arbeitgebers

Sachverhalt: Eine Arbeitnehmerin erwirbt im Juli von ihrem Arbeitgeber, einem Küchenhersteller, eine Küche zum Preis von 10.000 EUR. Im Einzelhandel wird dieselbe Küche für 18.000 EUR an den Endverbraucher verkauft.

Wie hoch ist der geldwerte Vorteil für die Arbeitnehmerin?

Lösung

Geldwerter Vorteil	
Preis Endverbraucher	18.000 EUR
Abzgl. pauschaler Bewertungsabschlag (4 %)	- 720 EUR
Zwischensumme	17.280 EUR
Zuzahlung des Arbeitnehmers	- 10.000 EUR
Geldwerter Vorteil insgesamt	7.280 EUR
Abzgl. Rabattfreibetrag	- 1.080 EUR
Steuer- und sozialversicherungspflichtiger geldwerter Vorteil	6.200 EUR

Dieser Betrag ist als einmalig gewährter geldwerter Vorteil (sonstiger Bezug) für den Juli neben dem laufenden Gehalt zu versteuern. Gleichzeitig ist der Vorteil als Einmalzahlung sozialversicherungspflichtig.

Hinweis: Der Rabattfreibetrag für Personalrabatte von jährlich 1.080 EUR kann grundsätzlich nur auf Waren oder Dienstleistungen des eigenen Unternehmens angewendet werden. Voraussetzung ist, dass der Preisnachlass vom eigenen Arbeitgeber eingeräumt wird (nicht von einem Dritten) und das Unternehmen mit diesen Waren Handel treibt oder Dienstleistungen erbringt, also nicht überwiegend für seine Arbeitnehmer herstellt. Zu den Waren gehören hierbei alle Wirtschaftsgüter, die im Wirtschaftsverkehr wie Sachen behandelt werden (z. B. auch Strom und Wärme). Als Dienstleistungen kommen alle anderen Leistungen in Betracht, die üblicherweise gegen Entgelt erbracht werden. Hierzu zählen z. B. auch Beförderungsleistungen von Strom und Wärme, Vermittlung von Versicherungsverträgen oder Darlehen.

38.3 Eigene Waren oder Dienstleistungen

Sachverhalt: Ein Transportunternehmen nutzt zur Betankung seines Fuhrparks eine betriebseigene Tankstelle. Arbeitnehmer des Betriebs können hier auch ihre privaten Pkw verbilligt betanken.

Kann der Rabattfreibetrag zur Anwendung kommen?

Lösung: Der Rabattfreibetrag nach §8 Abs. 3 Satz 2 EStG darf nicht berücksichtigt werden, da der Treibstoff nicht überwiegend an fremde Dritte abgegeben wird. Für die Anwendung des Rabattfreibetrags muss es sich um Waren handeln, die vom Arbeitgeber hergestellt oder vertrieben werden. Die dem Arbeitnehmer unentgeltlich oder verbilligt überlassenen Waren oder Dienstleistungen dürfen vom Arbeitgeber nicht nur für den Bedarf seiner Arbeitnehmer hergestellt bzw. angeschafft werden. Entscheidend ist, dass die Waren oder Dienstleistungen überwiegend fremden Dritten entgeltlich zur Verfügung gestellt werden.

38.4 Arbeitgeber erbringt gewichtigen Beitrag zur Herstellung

Sachverhalt: Eine Druckerei druckt eine Tageszeitung für einen Verlag. Alle Verlagsmitarbeiter können die Tageszeitung verbilligt abonnieren. Statt des üblichen Abonnementpreises von 480 EUR im Jahr erhalten die Mitarbeiter das Abo für 80 EUR.

Kommt der Rabattfreibetrag von 1.080 EUR hier zur Anwendung?

Lösung: Der Rabattfreibetrag gilt auch für Waren, die ein Arbeitgeber im Auftrag und nach den Plänen und Vorgaben von einem Dritten produzieren lässt. Die Druckerei druckt zwar die Zeitung, der Inhalt stammt aber von der Redaktion.

Berechnung geldwerter Vorteil für die Verlagsmitarbeiter

Preis Endverbraucher	480,00 EUR
Abzgl. pauschaler Bewertungsabschlag v. 4 %	- 19,20 EUR
Zwischensumme	460,80 EUR
Abo-Preis Arbeitnehmer	- 80,00 EUR
Geldwerter Vorteil insgesamt	380,80 EUR
Abzgl. Rabattfreibetrag (höchstens 1.080 EUR)	- 380,80 EUR
Lohnsteuer- und sozialversicherungspflichtiger geldwerter Vorteil	0 EUR

Den verbleibenden Rabattfreibetrag von 699,20 EUR (1.080 EUR – 380,80 EUR) kann der Verlag für sonstige Vergünstigungen an den Arbeitnehmer nutzen.

38.5 Zeitpunkt der Bewertung

Sachverhalt: Ein Möbelhaus ermöglicht allen Arbeitnehmern den Einkauf eigener Waren bis zur Höhe des Rabattfreibetrags von 1.080 EUR im Jahr. Ein Arbeitnehmer sucht sich aus der Produktpalette seines Arbeitgebers eine Schrankwand aus. Der im

Möbelhaus angegebene Endpreis der Schrankwand beträgt 2.500 EUR. Arbeitgeber und Arbeitnehmer vereinbaren eine Zuzahlung von 1.000 EUR.

Was sind die lohnsteuer- und sozialversicherungsrechtlichen Folgen aus dem verbilligten Verkauf?

Lösung

	Ermittlung des Sachbezugs
Endpreis der Schrankwand	2.500 EUR
Abzgl. pauschaler Bewertungsabschlag von 4 %	- 100 EUR
Zwischensumme	2.400 EUR
Zuzahlung des Arbeitnehmers	- 1.000 EUR
Geldwerter Vorteil insgesamt	1.400 EUR
Abzgl. Rabattfreibetrag	- 1.080 EUR
Steuer- und sozialversicherungspflichtiger geldwerter Vorteil	320 EUR

Da es sich bei dem Rabattfreibetrag um einen Freibetrag und nicht um eine Freigrenze handelt, ist der Betrag von 320 EUR beim Arbeitnehmer als steuer- und sozialversicherungspflichtiger Arbeitslohn anzusetzen. Dieser Arbeitslohn fließt dem Arbeitnehmer nicht bereits bei Einräumung des Anspruchs zu (Bestellung), sondern erst bei tatsächlicher Ausübung bzw. Inanspruchnahme des Rabattfreibetrags (d. h. mit Auslieferung der Schrankwand). Der geldwerte Vorteil von 320 EUR ist als sonstiger Bezug somit erst bei der Entgeltabrechnung für den Zeitpunkt der Auslieferung als steuer- und sozialversicherungspflichtiger Arbeitslohn beim Arbeitnehmer anzusetzen.

Hinweis: Ein üblicher Rabatt, der auch Dritten eingeräumt wird, kann für den Arbeitnehmer nicht zu steuer- und sozialversicherungspflichtigem Arbeitslohn führen. Ob der Arbeitgeber dem Arbeitnehmer tatsächlich einen besonders günstigen Preis einräumt, ist durch Vergleich mit dem um übliche Preisnachlässe geminderten üblichen Endpreis am Abgabeort zu bestimmen. Bezieht der Arbeitnehmer von seinem Arbeitgeber hergestellte Waren, richtet sich die Rabattbesteuerung grundsätzlich nach § 8 Abs. 3 EStG.

Der Arbeitnehmer hat folgende Vergünstigungen:

- Bewertungsabschlag von 4 %,
- zusätzlich Rabattfreibetrag von 1.080 EUR.

Bemessungsgrundlage ist hier der Preis, zu dem der Arbeitgeber die Waren oder Dienstleistungen fremden Letztverbrauchern im allgemeinen Geschäftsverkehr anbietet. Weil dieser vom Arbeitgeber bestimmte Endpreis weit über den tatsächlichen

Marktverhältnissen liegen kann, hat der Arbeitnehmer im Rahmen seiner Einkommensteuerveranlagung die Wahl, den geldwerten Vorteil mit dem um übliche Preisnachlässe geminderten üblichen Endpreis am Abgabeort zu bewerten – dann allerdings ohne Bewertungsabschlag und ohne Rabattfreibetrag.

Steuerpflichtiger Arbeitslohn entsteht laut BFH erst, wenn der Arbeitgeberrabatt über das hinausgeht, was auch fremde Dritte als Rabatt erhalten.

Tipp: Bei der Bewertung von Sachbezügen besteht ein Wahlrecht zwischen der Rabattregelung und der Einzelbewertung.

Zusätzlich besteht bei der Einzelbewertung von Sachbezügen ein Wahlrecht zwischen
- dem üblichen Endpreis am Abgabeort (96-%-Grenze bei Sachbezügen) und
- dem günstigsten Preis am Markt (z. B. Preis von Anbietern im Internet).

38.6 Personalrabatte (Konzern)

Sachverhalt: Bei einem großen Energieversorger erhalten alle Mitarbeiter verbilligt Strom und Gas. Im Laufe des Jahres wird das Unternehmen in einen Konzern eingebracht. Die einzelnen Betriebszweige werden verselbstständigt in:

ABC Stromversorgung GmbH

ABC Gas GmbH

ABC Netz und Versorgungsleitung AG

ABC Holding AG

Der verbilligte Bezug von Strom und Gas gilt weiter. Ein Mitarbeiter der ABC Stromversorgung GmbH nutzt einen Rabatt von 500 EUR beim Strom (Strombezug für 1.300 EUR abzüglich Zahlung von 800 EUR) und 400 EUR beim Gas (Gasbezug für 2.000 EUR abzüglich Zahlung von 1.600 EUR).

Wie sind die Vorteile steuerlich abzurechnen?

Lösung: Der Rabattfreibetrag gilt arbeitgeberbezogen: Bei der ABC Stromversorgung GmbH bleiben Rabatte beim Strombezug durch den Rabattfreibetrag begünstigt, nicht aber der verbilligte Bezug von Gas.

Strombezug mit Rabattfreibetrag

Preis Endverbraucher	1.300 EUR
Abzgl. pauschaler Bewertungsabschlag v. 4 %	- 52 EUR
Zwischensumme	1.248 EUR
Abzgl. Zahlung Arbeitnehmer	- 800 EUR
Geldwerter Vorteil	448 EUR
Abzgl. Rabattfreibetrag 448 EUR (höchstens 1.080 EUR)	- 448 EUR
Lohnsteuer- und sozialversicherungspflichtiger geldwerter Vorteil	0 EUR

Den verbleibenden Rabattfreibetrag von 632 EUR (1.080 EUR – 448 EUR) kann der Arbeitgeber für sonstige Vergünstigungen an den Arbeitnehmer nutzen.

Gasbezug ohne Rabattfreibetrag

Preis Endverbraucher	2.000 EUR
Abzgl. pauschaler Bewertungsabschlag v. 4 %	- 80 EUR
Zwischensumme	1.920 EUR
Abzgl. Zahlung Arbeitnehmer	- 1.600 EUR
Geldwerter Vorteil	320 EUR
Ein Rabattfreibetrag darf nicht berücksichtigt werden	0 EUR
Lohnsteuer- und sozialversicherungspflichtiger geldwerter Vorteil	320 EUR

Steuerlich benachteiligt sind die Mitarbeiter der ABC Netz und Versorgungsleitung AG sowie der Holding. Ihre tarifvertraglich festgeschriebenen Preisnachlässe beim Bezug von Strom und Gas sind nicht über den Rabattfreibetrag begünstigt, da ihr Arbeitgeber keine derartigen Leistungen überwiegend an Kunden erbringt.

Selbst wenn die Holding die Muttergesellschaft bildet und die einzelnen Betriebszweige Tochtergesellschaften werden, verbleibt es bei der Lösung. Die Mitarbeiter erhalten den Rabattfreibetrag lediglich für den eigenen Geschäftszweig des Arbeitgebers.

Die Holding-Mitarbeiter erhalten aus allen Betriebszweigen keinen Rabattfreibetrag, da die Holding weder Waren herstellt oder vertreibt, noch Dienstleistungen erbringt.

Hinweis: Eine »konzernweite« Anwendung des Rabattfreibetrags lehnt der Bundesfinanzhof nach wie vor ab.[38] Bei der Bewertung von Sachbezügen besteht ein Wahlrecht zwischen der Rabattregelung und der Einzelbewertung. Zusätzlich besteht bei der Einzelbewertung von Sachbezügen ein Wahlrecht zwischen

- dem üblichen Endpreis am Abgabeort (96-%-Grenze bei Sachbezügen) und
- dem günstigsten Preis am Markt (z. B. Preis von Anbietern im Internet).

38 BFH, Urteil v. 26.4.2018, VI R 39/16, BFH/NV 2018 S. 1176.

38.7 Reiseleistung/Vermittlungsprovision

Sachverhalt: Die Arbeitnehmerin eines Reisebüros kann eine vom Arbeitgeber vermittelte Pauschalreise, die im Katalog des Reiseveranstalters zum Preis von 2.000 EUR angeboten wird, für lediglich 1.500 EUR buchen. Vom Preisnachlass von 500 EUR entfallen 200 EUR auf die Vermittlungsprovision des Arbeitgebers und 300 EUR auf die Reiseleistung des Veranstalters. Der Rabatt des Veranstalters soll zur Auslastungsoptimierung beitragen und die bestehenden Geschäftsverbindungen sichern und verbessern. Er ist an keine Gegenleistung geknüpft.

Wie sind die unterschiedlichen Rabatte für die Arbeitnehmerin steuerlich zu behandeln?

Lösung: Es liegen 2 »Rabatt-Arten« vor:

1. Der Arbeitgeber verzichtet auf seine Provision. Da der Arbeitgeber an seine Kunden ausschließlich Reisen vermittelt und dafür Provision bekommt, ist dieser Vorteil (200 EUR) über den Rabattfreibetrag begünstigt.
2. Beim Preisnachlass vom Reiseveranstalter handelt es sich dem Grunde nach um eine Lohnzahlung Dritter. Der Rabatt steht auch in Veranlassungszusammenhang mit dem Arbeitsverhältnis. Jedoch führt er nicht zu steuerpflichtigem Arbeitslohn, da der Dritte (Veranstalter) an der Rabattgewährung ein eigenwirtschaftliches Interesse hat.

Berechnung geldwerter Vorteil

Wert der Reise	2.000 EUR
Arbeitgeberverzicht auf einen Teil der Provision	200 EUR
Steuerlicher Wert 96 %	192 EUR
Begünstigt durch den Rabattfreibetrag (höchstens 192 EUR)	-192 EUR
Geldwerter Vorteil (lohnsteuer- und sozialversicherungspflichtig)	0 EUR
Verbleibender Rabattfreibetrag für das laufende Kalenderjahr (1.080 EUR – 192 EUR)	888 EUR

Tipp: Gewährt ein Reiseveranstalter den Reisebüroinhabern und deren Angestellten (Expedienten) zur Sicherung der Geschäftsverbindung Rabatte von über 80 % des Katalogpreises, führt dies für die Angestellten nicht zu steuerpflichtigem Arbeitslohn.[39] Bei diesem Rabatt liegen keine Zuwendung eines Dritten vor. Ob eine Zuwendung eines Dritten durch das Dienstverhältnis veranlasst ist, entscheidet immer der Einzelfall.

Bei von Dritten gewährten Preisvorteilen liegt Arbeitslohn nur vor, wenn der Dritte den Vorteil im Interesse des Arbeitgebers gewährt. Hingegen nicht, wenn der Dritte

39 FG Düsseldorf, Urteil v. 21.12.2016, 5 K 2504/14 E.

ein eigenwirtschaftliches Interesse an der Rabattgewährung hat bzw. den Rabatt aus eigenwirtschaftlichen Gründen gewährt.

38.8 Rabatte von Dritten

Sachverhalt: Die Mitarbeiter eines Unternehmens erhalten beim Kauf eines Pkws bei einem bestimmten Hersteller einen Rabatt von 20 % auf den Bruttolistenpreis, wenn er nachweisen kann, dass er bei dem Unternehmen beschäftigt ist. Der Preisnachlass beruht auf einem Rahmenabkommen zwischen dem Unternehmen und dem Pkw-Hersteller, das die beiden Unternehmen vor einigen Jahren abgeschlossen haben.

Im Januar erwirbt ein Mitarbeiter einen Pkw bei einem Vertragshändler und erhält auf den Bruttolistenpreis von 29.750 EUR einen Preisnachlass von 20 % = 5.950 EUR. Er bezahlt für das Fahrzeug 23.800 EUR. Zeitgleich wirbt der Pkw-Hersteller für alle Interessenten mit der Aktion: »Beim Kauf bis 31.1. schenken wir Ihnen die Umsatzsteuer«.

Handelt es sich bei dem geldwerten Vorteil um lohnsteuer- und sozialversicherungspflichtigen Arbeitslohn?

Lösung: Es liegt hier eine Lohnzahlung Dritter vor, die der Arbeitgeber wie eigenen Arbeitslohn behandeln muss. Der Vorteil unterliegt dem Lohnsteuerabzug und ist sozialversicherungspflichtig. Der Arbeitgeber muss diese Lohnzahlung durch Dritte versteuern, wenn er weiß, dass derartiger Drittlohn vorliegt oder er erkennen kann, dass solche Leistungen erbracht werden. Diese Voraussetzung ist erfüllt, wenn der Arbeitgeber selbst an der Verschaffung des Preisvorteils durch Abschluss des Rahmenabkommens mitgewirkt hat.

Die Berechnung des geldwerten Vorteils erfolgt mit dem individuellen Lohnsteuerabzug nach den ELStAM. Maßgebend ist der Endpreis am Abgabeort. Das ist der Preis, der im allgemeinen Geschäftsverkehr von Letztverbrauchern in der Mehrzahl der Fälle vor Ort tatsächlich gezahlt wird. Dies ist, entgegen der häufig von Finanzamtsprüfern geäußerten Meinung, nicht der Bruttolistenpreis des Herstellers, sondern der übliche Verkaufspreis nach Abzug üblicher Rabatte. Im Beispiel ist der Rabatt bereits vom Hersteller in Höhe der Umsatzsteuer ausgewiesen:

Bruttolistenpreis	29.750 EUR
Abzgl. »geschenkte« Umsatzsteuer (19 %)	- 4.750 EUR
Endpreis am Abgabeort	25.000 EUR
Davon 96 %:	24.000 EUR
Abzgl. tatsächlich vom Mitarbeiter gezahlt	- 23.800 EUR
Geldwerter Vorteil	200 EUR

Dieser Betrag muss in der Entgeltabrechnung lohnsteuerlich als sonstiger Bezug und sozialversicherungsrechtlich als Einmalzahlung behandelt werden. Eine Lohnsteuer-Pauschalierung ist nicht möglich.

Hinweis: Bei der Bewertung von Sachbezügen besteht ein *Wahlrecht* zwischen
- dem üblichen Endpreis am Abgabeort (96-%-Grenze bei Sachbezügen) und
- dem günstigsten Preis am Markt (z. B. Preis von Anbietern im Internet).

Tipp: Die von einem Dritten gewährten Preisvorteile gehören nur zum steuerpflichtigen Arbeitslohn, wenn der Arbeitgeber an der Verschaffung des Preisvorteils mitgewirkt hat. Eine Mitwirkung des Arbeitgebers an der Verschaffung des Preisvorteils ist nicht anzunehmen, wenn sich seine Beteiligung darauf beschränkt,
- Angebote Dritter in seinem Betrieb bekannt zu machen oder
- Angebote Dritter an die Arbeitnehmer seines Betriebs zu dulden oder
- die Betriebszugehörigkeit der Beschäftigten zu bescheinigen.

An einer Mitwirkung des Arbeitgebers fehlt es auch, wenn bei der Verschaffung von Preisvorteilen nur eine vom Arbeitgeber unabhängige Einrichtung der Arbeitnehmer mitwirkt, z. B. Gewerkschaft, Betriebs- oder Personalrat.

Bei Lohnzahlung durch Dritte ist es erforderlich, dass der Arbeitgeber über die von einem Dritten gewährten Bezüge Kenntnis hatte. Der Arbeitgeber hat deshalb die Arbeitnehmer auf ihre gesetzliche Verpflichtung hinzuweisen, dass sie am Ende des jeweiligen Lohnzahlungszeitraums die gegebenenfalls von Dritten gewährten Bezüge mitteilen müssen.

38.9 Mitarbeiter-Vorteilsprogramm

Sachverhalt: Die Mitarbeiter eines Unternehmens erhalten aufgrund eines Mitarbeiter-Vorteilsprogramms Artikel aller Art von ihrem Zulieferer, und zwar mit einem Nachlass von 10% auf den üblichen Endpreis. Das Mitarbeiter-Vorteilsprogramm wurde vom Zulieferer initiiert und den Mitarbeitern bekannt gemacht. Der Zulieferer verspricht sich dadurch die Steigerung des Umsatzes und den Ausbau der Marktpräsenz. Der Arbeitgeber hat nicht aktiv bei der Verschaffung des Preisvorteils mitgewirkt, er veröffentlicht die Angebote aber am schwarzen Brett und im Intranet.

Fließt den Mitarbeitern durch die Rabattgewährung Arbeitslohn in Form eines geldwerten Vorteils zu?

Lösung: Die von einem Dritten gewährten Preisvorteile gehören nur zum steuerpflichtigen Arbeitslohn, wenn der Arbeitgeber an der Verschaffung des Preisvorteils mitgewirkt hat. Eine Mitwirkung des Arbeitgebers an der Verschaffung des Preisvorteils besteht nicht, wenn sich seine Beteiligung darauf beschränkt, Angebote Dritter in seinem Betrieb bekannt zu machen.

Bei Lohnzahlung durch Dritte ist es erforderlich, dass der Arbeitgeber über die von einem Dritten gewährten Bezüge Kenntnis hatte. Im vorliegenden Fall hatte der Arbeitgeber von den tatsächlich gewährten Preisvorteilen keine Kenntnis und ist damit weder verpflichtet den Arbeitnehmer über Rabatte zu befragen, noch eine Lohnversteuerung vorzunehmen bzw. Sozialversicherungsbeiträge einzubehalten.

38.10 Bonuspunkte

Sachverhalt: Einem Außendienstmitarbeiter werden bei einer Hotelkette für jede berufliche Übernachtung Bonuspunkte gutgeschrieben. Im Laufe des Jahres sammelt er 100 Bonuspunkte, die für eine kostenlose Wochenendübernachtung mit der Familie eingesetzt werden können. Bei regulärer Buchung würde das Angebot 240 EUR kosten.

Darüber hinaus werden dem Arbeitnehmer für das Betanken seines Dienstwagens Bonuspunkte bei einer Tankstellenkette gutgeschrieben. Die Punkte können bei der Tankstellenkette zum Erwerb von Sachprämien (Koffer, Sportkleidung) eingelöst werden. Der Wert der Gegenstände, die dem Arbeitnehmer im Kalenderjahr hierdurch zufließen, beträgt rund 50 EUR.

Wie sind die durch die Bonuspunkte erlangten Vorteile und Sachgegenstände von 290 EUR lohnsteuerrechtlich zu behandeln?

Lösung: Die Vorteile aus den dienstlich erworbenen Bonuspunkten sind beim Arbeitnehmer aufgrund der Nutzung zu privaten Zwecken grundsätzlich steuer- und sozialversicherungspflichtig. Rabatte von Dritten führen immer zu steuerpflichtigem Arbeitslohn, wenn sie als Entlohnung für die individuelle Arbeitsleistung anzusehen sind. Dazu gehören alle Vorteile, Ersparnisse und Zuwendungen, die »für« eine Arbeitsleistung gewährt werden, unabhängig davon, ob die Leistungen vom eigenen Arbeitgeber oder aufgrund des Arbeitsverhältnisses von einem Dritten gewährt werden. Es reicht aus, dass der Arbeitnehmer Leistungen erhält, weil er beruflich unterwegs ist oder weil er bei diesem Arbeitgeber beschäftigt ist. Sowohl die kostenlose Übernachtung mit der Familie, als auch die von der Tankstellenkette erhaltenen Sachprämien sind steuer- und sozialversicherungspflichtig.

Auch Vorteile und Zahlungen, die nicht der Arbeitgeber selbst, sondern ein Dritter gewährt, müssen steuerlich erfasst und ggf. dem steuerpflichtigen Arbeitslohn des Arbeitnehmers hinzugerechnet werden. Der Arbeitgeber muss diesen sog. Drittlohn des Arbeitnehmers versteuern, wenn er weiß oder erkennen kann, dass solche Vorteile von dritter Seite an eigene Arbeitnehmer erbracht werden bzw. wurden.

Soweit der Arbeitgeber zum Lohnsteuerabzug verpflichtet ist, muss der Arbeitnehmer die gesamten Vorteile von Dritten dem Arbeitgeber anzeigen. Damit keine Missverständnisse auftreten, sollte dies schriftlich erfolgen. Hat der Arbeitgeber Zweifel an der Richtigkeit, ist er verpflichtet, dies dem Betriebsstättenfinanzamt mitzuteilen. In diesem Fall ermittelt das Finanzamt und fordert die u. U. zu wenig einbehaltene Lohnsteuer nach.

Sachzuwendungen aus allgemeinen Bonusprogrammen zur Kundenbindung sind bis zu 1.080 EUR pro Jahr beim Arbeitnehmer steuer- und sozialversicherungsfrei. Der Anbieter muss hierfür bei seinem Betriebsstättenfinanzamt einen Pauschalierungsantrag stellen. Erst dann können die Sachprämien pauschal mit 2,25 % versteuert werden. Wenn ein derartiger Antrag nicht gestellt wird, müssen diese Beträge individuell lohnversteuert werden und unterliegen der Sozialversicherung.

Im vorliegenden Beispiel ist zwar die Erfassung und Bewertung der eingeräumten Vorteile nötig, ein steuerpflichtiger geldwerter Vorteil für den Arbeitnehmer ergibt sich jedoch nicht. Bei den Vorteilen handelt es sich um Sachprämien aus Kundenbindungsprogrammen. Hierauf kann der Freibetrag von 1.080 EUR pro Kalenderjahr angewendet werden.

Hinweis: Der Freibetrag von 1.080 EUR für Kundenbindungsprogramme (§ 3 Nr. 38 EStG) ist nicht zu verwechseln mit dem Rabattfreibetrag (8 Abs. 3 Satz 2 EStG). Neben der Steuerbefreiung aufgrund von Kundenbindungsprogrammen für Prämien unter 1.080 EUR wurde mit § 37a EStG eine besondere Pauschalierungsvorschrift in das Einkommensteuergesetz aufgenommen. Danach können Prämien aus Kundenbindungsprogrammen vom Anbieter mit 2,25 % pauschal besteuert werden. Bemessungsgrundlage sind die insgesamt ausgeschütteten Prämien. Durch die vorgenommene Pauschalbesteuerung unterliegen die eingeräumten Vorteile nicht dem Steuer- und Sozialversicherungsabzug beim Arbeitnehmer. Der Anbieter muss den Prämienempfänger über die Pauschalbesteuerung unterrichten. Liegt keine derartige Mitteilung vor, muss der Arbeitgeber davon ausgehen, dass eine Pauschalversteuerung nicht erfolgt ist und prüfen, ob eine steuerpflichtige Lohnzahlung Dritter vorliegt. Nur in diesem Fall unterliegt der Vorteil dem Lohnsteuerabzug und es fallen Sozialversicherungsbeiträge an.

38.11 Mahlzeiten (Vergleich Rabattfreibetrag/ Sachbezugswert)

Sachverhalt: 10 Mitarbeiter einer Jugendherberge erhalten täglich Frühstück, Mittag- und Abendessen. Pro Mahlzeit müssen die Mitarbeiter 2 EUR zahlen. Der monatliche Betrag wird vom Nettogehalt einbehalten. Wie sich aus den Aufzeichnungen für das laufende Jahr ergibt, wurden die 10 Mitarbeiter wie folgt verpflegt:

- 2.200 Frühstücke,
- 2.250 Mittagessen,
- 1.800 Abendessen.

Die Durchschnittspreise, für welche die Mahlzeiten an die Gäste der Jugendherberge abgegeben werden, betragen:

- 5 EUR für ein Frühstück,
- 10 EUR für ein Mittagessen und
- 8 EUR für ein Abendessen.

Mit dem Betriebsrat wird vereinbart, die steuerlich günstigste Besteuerungsart zu wählen.

Lösung: Da es sich um arbeitstägliche Mahlzeiten handelt, gelten die amtlichen Sachbezugswerte nach der Sozialversicherungsentgeltverordnung. Diese betragen für 2020:

- Frühstück: 1,80 EUR
- Mittagessen: 3,40 EUR
- Abendessen: 3,40 EUR

Berechnung Sachbezugswert Frühstück	
Sachbezugswert je Frühstück	1,80 EUR
Abzgl. Zuzahlung je Mitarbeiter	- 2,00 EUR
Wert für 2.200 ausgegebene Frühstücke	0,00 EUR

Berechnung Sachbezugswert Mittag-/Abendessen	
Sachbezugswert je Mittag-/Abendessen	3,40 EUR
Abzgl. Zuzahlung je Mitarbeiter	- 2,00 EUR
Verbleiben	1,40 EUR
Wert Mittagessen (2.250 Essen x 1,40 EUR)	3.150,00 EUR
Wert Abendessen (1.800 Essen x 1,40 EUR)	+ 2.520,00 EUR
Summe geldwerte Vorteile	5.670,00 EUR
Geldwerter Vorteil je Arbeitnehmer (5.670,00 EUR : 10)	567,00 EUR

Da die Mehrzahl der Mahlzeiten an Gäste (und nicht an Arbeitnehmer) abgegeben wird, kann gleichzeitig der Rabattfreibetrag von 1.080 EUR genutzt werden. Allerdings werden die Mahlzeiten dann nicht mit dem Sachbezugswert, sondern mit dem tatsächlichen Endverbraucherpreis bewertet. Der geldwerte Vorteil der Mahlzeiten wird in diesem Fall wie folgt ermittelt:

Berechnung Rabattfreibetrag

Fremdpreis Frühstück	5,00 EUR	
Davon 96 %	4,80 EUR	
Abzgl. Zuzahlung Mitarbeiter	-2,00 EUR	
Verbleiben	2,80 EUR	
Wert Frühstücke (2.200 x 2,80 EUR)		6.160,00 EUR
Fremdpreis Mittagessen	10,00 EUR	
Davon 96 %	9,60 EUR	
Abzgl. Zuzahlung Mitarbeiter	-2,00 EUR	
Verbleiben	7,60 EUR	
Wert Mittagessen (2.250 x 7,60 EUR)		+ 17.100,00 EUR
Fremdpreis Abendessen	8,00 EUR	
Davon 96 %	7,68 EUR	
Abzgl. Zuzahlung Mitarbeiter	-2,00 EUR	
Verbleiben	5,68 EUR	
Wert Abendessen (1.800 x 5,68 EUR)		+ 10.224,00 EUR
Summe geldwerte Vorteile		33.484,00 EUR
Geldwerter Vorteil je Arbeitnehmer (33.484 EUR : 10)		3.348,40 EUR
Abzgl. Rabattfreibetrag (höchstens 1.080 EUR)		-1.080,00 EUR
Verbleibender geldwerter Vorteil je Arbeitnehmer		2.268,40 EUR

In diesem Fall ist die Anwendung des Rabattfreibetrags von 1.080 EUR für den Arbeitnehmer ungünstiger als die Bewertung der Mahlzeiten nach den amtlichen Sachbezugswerten.

Die Lohnversteuerung des geldwerten Vorteils von durchschnittlich 567,00 EUR je Arbeitnehmer aufgrund der amtlichen Sachbezugswerte muss über die Entgeltabrechnung der einzelnen Arbeitnehmer erfolgen. Zulässig ist auch eine Lohnsteuerpauschalierung mit 25 % durch den Arbeitgeber. Die Pauschalbesteuerung führt zur Beitragsfreiheit in der Sozialversicherung.

Ein zusätzlicher Vorteil besteht für den Arbeitnehmer darin, dass der Arbeitgeber in diesem Fall die pauschale Lohnsteuer übernehmen kann.

Tipp: Die Besteuerung kann bei Bewertung mit den amtlichen Sachbezugswerten vermieden werden, wenn die Zuzahlung der Arbeitnehmer für die gewährten Mittag- und

Abendessen auf den amtlichen Sachbezugswert von 3,40 EUR je Mahlzeit erhöht wird. Die Zuzahlung für das Frühstück kann auf den niedrigeren Sachbezugswert von 1,80 EUR herabgesetzt werden.

38.12 44-EUR-Freigrenze und Versandkosten

Sachverhalt: Ein Arbeitgeber gewährt seinen Mitarbeitern unter bestimmten Voraussetzungen Sachprämien (insbesondere handelsübliche Verbrauchsgüter, u. a. Unterhaltungselektronik, Werkzeuge, Kosmetik, Kleidung, Lebensmittel, Haushaltsgeräte). Hierzu bedient er sich eines Dritten, der die Waren ordert und auch ausliefert. Der dem Arbeitgeber in Rechnung gestellte Bruttobetrag beträgt 43,99 EUR. Darüber hinaus muss der Arbeitgeber für jede Bestellung eine Versand- und Handlingspauschale von 6 EUR zahlen.

Fallen die monatlichen Sachprämien unter den sog. »kleinen Rabattfreibetrag« von 44 EUR für Sachbezüge?

Lösung: Die Bewertung des geldwerten Vorteils erfolgt mit dem um übliche Preisnachlässe geminderten üblichen Endpreis am Abgabeort, hier also 43,99 EUR (innerhalb der Freigrenze).

Liefert der Arbeitgeber jedoch die Ware in die Wohnung des Arbeitnehmers, kommt es zu einer zusätzlichen Leistung des Arbeitgebers an den Arbeitnehmer. Dies führt zu einem gesonderten Sachbezug, der auch gesondert zu bewerten ist. Wird die Versand- und Handlingspauschale als eigenständige Leistung in der Rechnung ausgewiesen und ist sie nicht bereits im Einzelhandelsverkaufspreis und damit im Endpreis enthalten, erhöht der geldwerte Vorteil aus der Lieferung »nach Hause« bei der Berechnung der Freigrenze von 44 EUR den Warenwert.

Der Warenwert von 43,99 EUR erhöht sich folglich um die Versand- und Handlingspauschale von 6 EUR. Damit ist die Freigrenze von 44 EUR überschritten und der gesamte Vorteil von 49,99 EUR ist sowohl steuer- als auch sozialversicherungspflichtig.

Hinweis: Der Endpreis ist der nachgewiesene günstigste Preis einschließlich sämtlicher Nebenkosten, zu dem eine Ware oder Dienstleistung mit vergleichbaren Bedingungen an Endverbraucher ohne individuelle Preisverhandlungen im Zeitpunkt des Zuflusses am Markt angeboten wird. Dabei sind auch Versand- und Handlingskosten in die Bewertung der Sachbezüge und die Berechnung der Freigrenze einzubeziehen. Diese Nebenkosten erhöhen den geldwerten Vorteil.

Der übliche Endpreis ist der Endverbraucherpreis. Dies ist der im allgemeinen Geschäftsverkehr von Letztverbrauchern für identische bzw. gleichartige Waren tatsächlich gezahlte günstigste Einzelhandelspreis am Markt. Liefert jedoch der Arbeitgeber die Ware in die Wohnung des Arbeitnehmers, liegt eine zusätzliche Leistung des Arbeitgebers an den Arbeitnehmer vor. Dieser Vorteil (Porto oder Wert der Transportleistung) ist in die Berechnung der Freigrenze von 44 EUR einzubeziehen.

Gleiches gilt auch, wenn der günstigste Einzelhandelspreis des Sachbezugs am Markt im Versand- oder Onlinehandel gefunden wird. Wird der Versand dort als eigenständige Leistung ausgewiesen und ist nicht bereits im Einzelhandelsverkaufspreis (und damit im Endpreis) enthalten, erhöht der geldwerte Vorteil aus der Lieferung bei der Berechnung der Freigrenze von 44 EUR den Warenwert.

39 Reisekostenabrechnung

39.1 Auswärtstätigkeit unter 3 Monaten

Sachverhalt: Ein Arbeitnehmer betreut ein Großprojekt bei einem Kunden. Für einen Zeitraum von 2 Monaten ist er an 3 Tagen wöchentlich beim Kunden vor Ort. An diesen Tagen kommt er nicht wie üblich zum Firmensitz. Der Kunde hat seinen Sitz 50 Kilometer entfernt von der Wohnung des Mitarbeiters; die Entfernung von Firma zu Firma beträgt 40 Kilometer.

Der Arbeitnehmer fährt jeweils gegen 7.30 Uhr von seiner Wohnung zum Kunden und kehrt gegen 18 Uhr nach Hause zurück. Die Strecken fährt er mit dem eigenen Pkw. Übernachtungen finden nicht statt. Nach einer firmeninternen Regelung werden Reisekosten in der steuerlich zulässigen Höhe voll erstattet (Fahrtkosten mit Kilometerpauschalen).

In welcher Höhe können wöchentlich Reisekosten lohnsteuer- und sozialversicherungsfrei erstattet werden?

Lösung: Der Arbeitnehmer unternimmt beruflich veranlasste Auswärtstätigkeiten, weil er aus beruflichen Gründen außerhalb seiner ersten Tätigkeitsstätte und auch außerhalb seiner Wohnung tätig wird. Es dürfen ihm Reisekosten steuer- und sozialversicherungsfrei erstattet werden. Für den Arbeitnehmer fallen Fahrt- und Verpflegungskosten an.

Für Verpflegung werden 2020 im Inland Pauschalen von 14 EUR für eintägige Reisen mit über 8 Stunden Abwesenheit gezahlt. Maßgeblich ist die Abwesenheitszeit von Wohnung und erster Tätigkeitsstätte.

Für den Arbeitnehmer ergibt sich jeweils eine Abwesenheitszeit von 10,5 Stunden.

Verpflegungspauschale wöchentlich: 3 Tage x 14 EUR = 42 EUR

Es können Verpflegungspauschalen von 42 EUR wöchentlich steuer- und sozialversicherungsfrei erstattet werden.

Die Fahrtkosten können in der tatsächlich nachgewiesenen Höhe steuerfrei ersetzt werden. Statt eines Einzelnachweises kann bei Fahrten mit dem eigenen Pkw eine Kilometerpauschale von 0,30 EUR je gefahrenen Kilometer steuer- und sozialversicherungsfrei erstattet werden. Fahrten von der Wohnung zur auswärtigen Tätigkeitsstätte gehören zu den begünstigten Fahrten. Als maßgebende Entfernung können deshalb 50 Kilometer (und nicht nur die kürzere Entfernung zwischen den beiden Firmen) berücksichtigt werden.

Fahrtkosten wöchentlich: 2 × 50 Kilometer × 0,30 EUR = 30 EUR x 3 Tage (Woche) = 90 EUR

Es können Fahrtkosten von 90 EUR wöchentlich steuer- und sozialversicherungsfrei erstattet werden.

Dem Arbeitnehmer können wöchentliche Reisekosten von gesamt 132 EUR steuer- und sozialversicherungsfrei erstattet werden.

Tipp: Ein Einzelnachweis der tatsächlichen Verpflegungskosten ist nicht möglich. Die Fahrtkosten können auch in tatsächlicher Höhe erstattet werden, dazu ist ein Fahrtenbuch zu führen.

Hinweis: Steuerfreie Verpflegungszuschüsse bei Auswärtstätigkeiten müssen grundsätzlich auf der Lohnsteuerbescheinigung aufgeführt werden. Allerdings gilt dies nach einer Billigkeitsregelung nur dann, wenn sie im Lohnkonto aufgezeichnet worden sind.

39.2 Auswärtstätigkeit (3-Monatsfrist)

Sachverhalt: Ein Arbeitnehmer ist seit April vorübergehend in Mannheim eingesetzt (voraussichtlich bis zum Ende des Jahres). Er fährt täglich mit dem eigenen Pkw von seinem Wohnort zur 80 Kilometer entfernten Einsatzstelle. Übernachtungen finden nicht statt.

Der Arbeitnehmer fährt jeweils gegen 7 Uhr von seiner Wohnung zum Kunden und kehrt gegen 18 Uhr nach Hause zurück.

Nach einer firmeninternen Regelung erhält der Arbeitnehmer eine tägliche Verpflegungspauschale von 7 EUR während der gesamten Einsatzdauer. Fahrtkosten werden mit der Kilometerpauschale von 0,30 EUR erstattet.

Die Reisekosten für die Monate Juni und Juli sollen abgerechnet werden. Nach den Aufzeichnungen des Arbeitnehmers war er in beiden Monaten je 20 Tage in Mannheim.

In welcher Höhe müssen dem Mitarbeiter Kosten erstattet werden und welche lohnsteuer- und sozialversicherungsrechtlichen Folgen ergeben sich?

Lösung: Der Arbeitnehmer unternimmt eine beruflich veranlasste Auswärtstätigkeit, weil er aus beruflichen Gründen außerhalb seiner ersten Tätigkeitsstätte und auch außerhalb seiner Wohnung tätig wird. Dementsprechend dürfen ihm Reisekosten steuer- und sozialversicherungsfrei erstattet werden.

Für Verpflegung werden nach der firmeninternen Regelung 7 EUR täglich bei einer Abwesenheitszeit des Mitarbeiters von 11 Stunden erstattet. Steuerlich zulässig wäre 2020 eine Verpflegungspauschale von 14 EUR, sodass die steuerfreie Grenze unterschritten wird.

Verpflegungskosten monatlich: 20 Arbeitstage x 7 EUR = 140 EUR

Nach Ablauf von 3 Monaten der Tätigkeit am selben Ort dürfen keine Verpflegungspauschalen mehr steuerfrei erstattet werden.

Bei Fahrten mit dem eigenen Pkw wird steuerlich eine Kilometerpauschale von 0,30 EUR je gefahrenen Kilometer gewährt. Fahrten von der Wohnung zur auswärtigen Tätigkeitsstätte gehören in vollem Umfang zu den betrieblichen Fahrten. Für die einzelnen Hin- und Rückfahrten ergibt sich folgende Berechnung:

Fahrtkosten monatlich: 2 × 80 Kilometer × 0,30 EUR = 48 EUR x 20 Tage = 960 EUR

Die Fahrtkosten können ohne zeitliche Begrenzung steuerfrei erstattet werden.

Der Mitarbeiter erhält für Juni und Juli jeweils Reisekostenerstattungen i. H. v. 1.100 EUR.

Lohnsteuer und Sozialversicherung: Juni: Die Erstattung ist in voller Höhe lohnsteuer- und sozialversicherungsfrei.

Juli: Bei der Erstattung von Verpflegungspauschalen ist die 3-Monatsfrist zu beachten: Es handelt sich um steuer- und sozialversicherungspflichtigen Arbeitslohn i. H. v. 140 EUR.

Hinweis: Für die Monate bis einschließlich Juni kann der Arbeitnehmer die restlichen Spesen bis zum steuerlichen Höchstbetrag von 7 EUR/Tag (14 EUR – 7 EUR Arbeitgebererstattung) in seiner Einkommensteuererklärung geltend machen.

39.3 Übernachtungs- und Nebenkosten

Sachverhalt: Eine Vertriebsmitarbeiterin unternimmt im Jahr 2020 mit der Bahn eine 2-tägige Diensteise durch Norddeutschland. Die Fahrtkosten wurden bereits im Rahmen des Großkundenabonnements des Arbeitgebers mit der Bahn abgerechnet.

Die Mitarbeiterin legt mit ihrer Reisekostenabrechnung eine Hotelrechnung vor, die auf das Unternehmen ausgestellt ist.

- In der Rechnung ist neben einer Übernachtung zum Preis von 75 EUR ein Business-Package, das einen Internetzugang und das Frühstück beinhaltet, zum Preis von 20 EUR ausgewiesen. Der Anteil, der auf das Frühstück entfällt, ist nicht ersichtlich.
- Zudem legt die Mitarbeiterin Taxiquittungen über insgesamt 45 EUR vor.
- Laut Reisekostenabrechnung hat die Arbeitnehmerin ihre Wohnung am Donnerstag um 7 Uhr verlassen und ist am Freitag um 18 Uhr dorthin zurückgekehrt.

Nach einer firmeninternen Regelung werden Reisekosten in der steuerlich zulässigen Höhe voll erstattet. Kosten für Frühstück werden nicht erstattet.

Wie hoch ist die Reisekostenerstattung für die Mitarbeiterin und welche lohnsteuer- und sozialversicherungsrechtlichen Folgen ergeben sich?

Lösung: Die Mitarbeiterin unternimmt eine beruflich veranlasste Auswärtstätigkeit, weil sie aus beruflichen Gründen außerhalb ihrer ersten Tätigkeitsstätte und auch außerhalb ihrer Wohnung tätig wird. Dementsprechend können Reisekosten steuer- und sozialversicherungsfrei erstattet werden.

Die Fahrtkosten für öffentliche Verkehrsmittel dürfen dabei in voller Höhe erstattet werden. Die Übernahme der Kosten für die Bahnfahrt durch den Arbeitsgeber hat keine steuerlichen oder sozialversicherungsrechtlichen Folgen.

Kosten für Hotelübernachtungen können steuerlich in voller Höhe steuerfrei ersetzt werden. Aufgrund der firmeninternen Regelung ist der Betrag um die Kosten für das Frühstück zu mindern.

Übernachtung: Das Business-Package ist ein Sammelposten, für den der Frühstückspreis nicht einzeln angegeben werden muss. Der Wert des Frühstücks kann deshalb pauschal mit 5,60 EUR (20 % der Tagespauschale von 28 EUR im Jahr 2020) geschätzt werden. Die verbleibenden Kosten von 89,40 EUR können steuer- und sozialversicherungsfrei erstattet werden.

Verpflegungskostenpauschalen: Für beide Tage der Reise kann die »kleine« Verpflegungspauschale i. H. v. 14 EUR erstattet werden. Es können Verpflegungskosten von gesamt 28 EUR steuer- und sozialversicherungsfrei erstattet werden. Eine Kürzung der Verpflegungspauschalen unterbleibt, weil der Arbeitgeber das Frühstück nicht übernommen hat.

Nebenkosten: Die Taxikosten können in der nachgewiesenen Höhe von 45 EUR steuer- und sozialversicherungsfrei erstattet werden.

Insgesamt sind 162,40 EUR steuer- und sozialversicherungsfrei zu erstatten.

Tipp: Steuerlich könnte der Arbeitgeber auch das Frühstück übernehmen, weil die Rechnung auf ihn ausgestellt ist. Allerdings wäre dann die Verpflegungspauschale im Jahr 2020 um 5,60 EUR wegen Mahlzeitengestellung zu kürzen. Weil im obigen Fall die Höhe der Frühstückskosten geschätzt worden ist (mit 5,60 EUR) ergibt sich letztlich in beiden Varianten eine steuerfreie Gesamtspesenerstattung in gleicher Höhe.

39.4 Übernachtung vom Arbeitgeber veranlasst

Sachverhalt: Ein Arbeitnehmer unternimmt im Jahr 2020 mit der Bahn eine 2-tägige Reise nach München. Die Übernachtung in München zum Preis von 80 EUR zuzüglich 20 EUR Frühstück hat er selbst gebucht. Der Mitarbeiter legt die Rechnung, die auf die Firma ausgestellt ist, zusammen mit den Bahnfahrkarten i. H. v. 176 EUR zur Erstattung vor. Die Reisekostenordnung des Unternehmens sieht eine Übernahme der Frühstückskosten bei Hotelübernachtungen vor.

Nach seiner Reisekostenabrechnung hat der Mitarbeiter seine Wohnung am ersten Reisetag um 5.30 Uhr verlassen und ist am Rückreisetag um 19.30 Uhr dorthin zurückgekehrt. Nach einer firmeninternen Regelung werden Reisekosten in der steuerlich zulässigen Höhe voll erstattet.

Wie hoch ist die Reisekostenerstattung für den Mitarbeiter und welche lohnsteuer- und sozialversicherungsrechtlichen Folgen ergeben sich?

Lösung: Der Mitarbeiter unternimmt eine beruflich veranlasste Auswärtstätigkeit, weil er aus beruflichen Gründen außerhalb seiner ersten Tätigkeitsstätte und auch außerhalb seiner Wohnung tätig wird. Dementsprechend dürfen ihm Reisekosten steuer- und sozialversicherungsfrei erstattet werden.

Fahrtkosten: Die Fahrtkosten für Bahnfahrten dürfen in voller Höhe von 176 EUR steuer- und sozialversicherungsfrei erstattet werden.

Übernachtung: Die Übernachtungskosten können in voller Höhe erstattet werden. Das Frühstück wurde auf Veranlassung des Arbeitgebers abgegeben. Bei Mahlzeitengestellungen anlässlich von Auswärtstätigkeiten geht die Verwaltung bereits von einer Gewährung der Verpflegung auf Veranlassung des Arbeitgebers aus, wenn die Aufwendungen vom Arbeitgeber dienst- oder arbeitsrechtlich ersetzt werden und die Rechnung auf den Arbeitgeber ausgestellt ist. Ein Ansatz mit dem Sachbezugswert scheidet aber aus, wenn dem Mitarbeiter für die Tage Verpflegungsspesen zustehen; das ist hier der Fall.

Verpflegungspauschalen: Der Arbeitnehmer war an beiden Tagen mehr als 14 Stunden, aber weniger als 24 Stunden von der Wohnung und der ersten Tätigkeitsstätte abwesend. Er erhält deshalb die »kleine« Pauschale von jeweils 14 EUR steuerfrei gezahlt. Wegen der Frühstückgestellung ist diese jedoch i. H. v. 20 % der vollen Tagespauschale von 28 EUR zu kürzen. Deshalb sind die Spesen im Jahr 2020 um 5,60 EUR zu mindern. Es verbleiben noch steuerfreie Verpflegungspauschalen von 22,40 EUR.

Steuer- und sozialversicherungsfreie Erstattung gesamt

Fahrtkosten	176,00 EUR
Übernachtungskosten	+ 100,00 EUR
Verpflegungspauschalen	+ 22,40 EUR
Summe	298,40 EUR

39.5 Abweichende Reisekostenregelungen

Sachverhalt: Nach unternehmensinternen Regelungen erhalten Mitarbeiter bei Auswärtstätigkeiten für Fahrten mit dem eigenen Pkw einen Fahrtkostenersatz von 0,50 EUR je gefahrenen Kilometer. Verpflegungspauschalen werden hingegen nicht gewährt.

Es liegt eine Reisekostenabrechnung vor, nach der ein Mitarbeiter am Montag um 6 Uhr seine Wohnung verlassen hat und zu einer beruflichen Auswärtstätigkeit aufgebrochen ist. Dabei hat er bis zu seiner Rückkehr um 21 Uhr 600 Kilometer mit dem eigenen Pkw zurückgelegt.

Wie hoch ist die Reisekostenerstattung und welche steuer- und sozialversicherungsrechtlichen Folgen ergeben sich?

Lösung: Reisekostenerstattung nach firmeninterner Regelung

Fahrtkosten: 600 Kilometer × 0,50 EUR = 300 EUR

Steuerlich hat der Mitarbeiter eine beruflich veranlasste Auswärtstätigkeit ausgeübt, für die steuer- und sozialversicherungsfrei nachfolgende Reisekosten erstattet werden dürfen:

Bei Fahrten mit dem eigenen Pkw wird ohne Einzelnachweis steuerlich eine Kilometerpauschale von 0,30 EUR je gefahrenen Kilometer gewährt.

Zusätzlich können, steuer- und sozialversicherungsfreie Verpflegungspauschalen gewährt werden. Am Montag ist der Mitarbeiter mehr als 8 Stunden von der Wohnung und der ersten Tätigkeitsstätte abwesend und erhält dafür 2020 eine Pauschale von 14 EUR.

Reisekostenerstattung nach gesetzlicher Regelung	
Fahrtkosten (600 Kilometer × 0,30 EUR)	180 EUR
Verpflegungspauschale	14 EUR
Summe	194 EUR

Für die Fahrtkosten gehen die Erstattungen des Arbeitgebers über die steuerlich zulässigen Beträge hinaus. Die einzelnen Kostenarten dürfen jedoch miteinander saldiert werden. In diesem Fall können die Erstattungen deshalb teilweise mit der nicht gewährten Verpflegungspauschale verrechnet werden.

Letztlich bleibt aber immer noch eine Erstattung von 106 EUR (300 EUR abzüglich 194 EUR), die über die steuer- und sozialversicherungsrechtlichen Höchstgrenzen hinausgeht. Insoweit liegt steuerpflichtiger Arbeitslohn vor.

Neben der steuerfreien Verpflegungspauschale von 14 EUR können aber nochmals bis zur gleichen Höhe Verpflegungskostenerstattungen pauschal mit 25 % versteuert werden. Wegen der Verrechnungsmöglichkeiten gilt dies auch in diesem Fall. Die Pauschalversteuerung des Teilbetrags von 14 EUR führt zur Sozialversicherungsfreiheit.

Insgesamt ergibt sich damit folgende Behandlung der Reisekostenerstattung	
Gesamterstattung	300 EUR
Davon steuer- und sozialversicherungsfrei	194 EUR
Davon mit 25 % pauschal besteuert und sozialversicherungsfrei	14 EUR
Davon regulär steuer- und sozialversicherungspflichtig	92 EUR

39.6 Auswärtstätigkeit mit Anschlussaufenthalt

Sachverhalt: Ein Abteilungsleiter fliegt am Mittwoch zu einer Fachtagung nach Hamburg, bei der er selbst einen Vortrag hält. Die Tagung dauert bis Freitagnachmittag. Am Samstag besucht er noch Freunde in Hamburg und fliegt am Sonntag zurück. Der Rückflug am Freitagnachmittag hätte dasselbe gekostet wie am Sonntag.

Er legt die Rechnung für den Flug über 400 EUR, die Hotelrechnung für vier Übernachtungen sowie einen Sammelposten für Internetnutzung und Frühstück i. H. v. insgesamt 400 EUR (100 EUR/Nacht) vor.

Der Abteilungsleiter hat am Mittwoch um 14 Uhr die Firma verlassen und ist am Sonntag gegen 18 Uhr nach Hause zurückgekehrt.

Der Arbeitgeber erstattet Reisekosten bis zu den steuerlichen Höchstgrenzen und Beschränkungen.

Wie hoch ist die Reisekostenerstattung für den Mitarbeiter und welche lohnsteuer- und sozialversicherungsrechtlichen Folgen ergeben sich im Jahr 2020?

Lösung: Der Mitarbeiter wird außerhalb seiner ersten Tätigkeitsstätte und seiner Wohnung tätig. Eine steuerlich zu berücksichtigende Auswärtstätigkeit liegt nur vor, wenn sie zum Zweck einer auswärtigen beruflichen Tätigkeit durchgeführt wird. Berufliche Gründe liegen vor, wenn der Reise offensichtlich ein unmittelbarer konkreter beruflicher Anlass zugrunde liegt. Diese Voraussetzung ist nur bis einschließlich Freitag erfüllt.

Ab Freitagnachmittag beginnt ein privat veranlasster Anschlussaufenthalt.

Bei den Übernachtungs- und Verpflegungskosten für diesen Zeitraum handelt es sich nicht mehr um Reisekosten.

Flugkosten: Die Flugkosten sind Reisekosten, da sie durch einen unmittelbaren (konkreten) betrieblichen Anlass bedingt sind. Sie dürfen in voller Höhe von 400 EUR steuer- und sozialversicherungsfrei erstattet werden.

Das gilt aber nur, wenn privat veranlasste Reisetage nicht zu einer unabgrenzbaren Erhöhung der Flugkosten führen (Rückflug am Sonntag darf nicht teurer sein als am Freitag).

Übernachtung: Die Erstattung der Hotelkosten für die 2 Übernachtungen Mittwoch und Donnerstag ist steuerfrei.

Verpflegungspauschalen: Der Mitarbeiter erhält – auch zur Abgeltung des Frühstücksbedarfs – steuer- und sozialversicherungsfreie Verpflegungspauschalen.

Mittwoch: Für An- und Abreisetage kann 2020 eine Pauschale von 14 EUR steuerfrei gewährt werden.

Donnerstag: Die Abwesenheit beträgt volle 24 Stunden und die Pauschale 28 EUR.

Freitag: Die Abwesenheit beträgt zwar 24 Stunden, ab nachmittags ist sie jedoch nicht mehr beruflich veranlasst, deshalb sollten für den Freitag nur noch 14 EUR erstattet werden.

Frühstück: Da die Rechnung für den Sammelposten keine Einzelangaben zum Frühstück enthält, kann der Frühstückswert mit 20 % der vollen Tagespauschale von 28 EUR geschätzt werden. Will der Arbeitgeber nur die reine Übernachtung erstatten, kann die Übernachtungskostenerstattung für die beiden Nächte jeweils um 5,60 EUR auf 94,40 EUR gekürzt werden. Steuerlich könnte der Arbeitgeber auch das Frühstück übernehmen, wenn die Rechnung auf ihn ausgestellt ist. Wegen Mahlzeitengestellung wären dann allerdings die Verpflegungspauschalen für beide Tage um 5,60 EUR zu kürzen. Letztlich ergibt sich in beiden Varianten eine steuerfreie Gesamtspesenerstattung in gleicher Höhe.

Steuer- und sozialversicherungsfreie Erstattung insgesamt

Fahrtkosten (Flug)	400,00 EUR
Übernachtungskosten (ungekürzt)	+ 200,00 EUR
Verpflegungspauschalen (ungekürzt)	+ 56,00 EUR
Kürzung für 2 Frühstücke	- 11,20 EUR
Gesamterstattung	644,80 EUR

39.7 Gemischt veranlasste Gruppenreise

Sachverhalt: Für Außendienstmitarbeiter einer Firma findet regelmäßig einmal jährlich ein einwöchiges Verkaufstraining an wechselnden Orten statt (5 Aufenthaltstage zzgl. An- und Abreisetag). Die Schulung findet in Jahr 2020 mit 50 Teilnehmern an der kroatischen Küste statt.

Neben diversen Vorträgen an den Vormittagen besuchen die Mitarbeiter auch die Betriebe potenzieller Großabnehmer.

Nachmittags und abends nehmen die Mitarbeiter an touristischen und kulturellen Programmpunkten teil.

Die Gesamtkosten für die Reise betragen 100.000 EUR. Das Reisebüro, das mit der kompletten Organisation betraut ist, stellt folgende Rechnung auf:

Flugkosten	50.000 EUR
Übernachtungskosten	20.000 EUR
Verpflegung	10.000 EUR
Touristisches Programm	10.000 EUR
Vortragsveranstaltungen	5.000 EUR
Fahrtkosten vor Ort	5.000 EUR
Gesamtkosten	100.000 EUR

Wie sieht die Lohnabrechnung für die beteiligten Außendienstmitarbeiter aus und welche steuer- bzw. sozialversicherungsrechtlichen Folgen aus der Gruppenreise sind zu berücksichtigen?

Lösung: Zunächst werden die Kostenbestandteile der Reise ermittelt, die leicht und eindeutig dem betrieblichen Bereich zuzuordnen sind. Dazu gehören die Aufwendungen für die Vorträge.

Das touristische Programm stellt rein private Kosten dar, die auszuscheiden bzw. als Lohn zu behandeln sind.

Kosten gesamt	100.000 EUR
Abzgl. Aufwendungen Vorträge	- 5.000 EUR
Abzgl. private Kosten Arbeitnehmer	- 10.000 EUR
Restliche Kosten	85.000 EUR

Die restlichen Kosten für die Beförderung (Flug- bzw. Fahrtkosten, Transfers), die Hotelunterbringung und die Verpflegung sind im Wege der Schätzung aufzuteilen. Als Aufteilungsmaßstab ist grundsätzlich das Verhältnis der Zeitanteile heranzuziehen, in dem die Reise-Bestandteile mit privatem Charakter zu den aus betrieblichen Gründen durchgeführten Reise-Bestandteilen stehen. Hilfsweise ist nach der Rechtsprechung ein Maßstab von 50:50 zulässig.

Bei der Aufteilung der Verpflegungskosten ist zu beachten, dass Arbeitslohn in der Höhe vorliegt, in der die vom Arbeitgeber getragenen Verpflegungskosten 50 % des 2020 für Kroatien geltenden Höchstbetrags von 35 EUR bzw. 24 EUR für den An- und Abreisetag übersteigen. Danach ist bei den Verpflegungskosten ein Betrag von 5.575 EUR (35 EUR x 50 % x 5 Aufenthaltstage x 50 Mitarbeiter zzgl. 24 EUR x 50 % x 2 Tage x 50 Mitarbeiter) nicht als Arbeitslohn zu erfassen.

Nach Abzug der Verpflegungskosten von 10.000 EUR bleiben noch Kosten von 75.000 EUR, auf die der hälftige Aufteilungsmaßstab Anwendung findet.

Steuer- und sozialversicherungspflichtiger Arbeitslohn Arbeitnehmer

Touristisches Programm	10.000,00 EUR
Anteil aufzuteilende Kosten (50 % v. 75.000 EUR)	+ 37.500,00 EUR
Verpflegungskosten (10.000 EUR – 5.575 EUR)	+ 4.425 ,00 EUR
Arbeitslohn gesamt	51.925,00 EUR
Arbeitslohn je Mitarbeiter (51.925 EUR : 50)	1.038,50 EUR

Hinweis: Grundsätzlich ist eine Aufteilung der Kosten nach objektiven Gesichtspunkten vorzunehmen bei einer Reise, die sowohl Elemente beinhaltet, bei denen die betriebliche Zielsetzung des Arbeitgebers im Vordergrund steht, als auch Bestandteile umfasst, deren Gewährung sich als geldwerter Vorteil darstellt (gemischt veranlasste Reise). Ist eine genaue Ermittlung oder Berechnung der Besteuerungsgrundlagen nicht möglich, sind sie zu schätzen.

Tipp: Auch auf Arbeitnehmerseite ist eine Aufteilung zulässig, wenn die Kosten nicht von der Firma ersetzt werden.

39.8 Auswärtstätigkeit mit vorgeschaltetem Urlaub

Sachverhalt: Ein Arbeitnehmer muss im August wegen Verkaufsverhandlungen zu einem Kunden nach Shanghai (China). Die Verhandlungen erstrecken sich über eine Woche. Der Arbeitgeber trägt die Aufwendungen für Flug, Unterkunft und Verpflegung.

Der Arbeitnehmer möchte vor den Verhandlungen einen 2-wöchigen Urlaub in China machen. Dabei will er eine Rundreise machen, die in Peking beginnt und in Shanghai endet.

Er möchte wissen, ob der Arbeitgeber auch einen Gabelflug erstatten würde und welche steuerlichen und sozialversicherungsrechtlichen Folgen sich daraus ergeben würden. Alle weiteren Kosten, die für seine Rundreise anfallen, übernimmt der Mitarbeiter selbst.

Ein Gabelflug Peking/Shanghai kostet 1.500 EUR, ein Flug nach Shanghai hin und wieder zurück 1.000 EUR. Dem Arbeitnehmer wird jedoch der gewünschte Gabelflug gewährt.

Welche steuerlichen und sozialversicherungsrechtlichen Folgen ergeben sich?

Lösung: Der Arbeitnehmer wird außerhalb seiner Wohnung und seiner ersten Tätigkeitsstätte tätig. Eine steuerlich zu berücksichtigende Auswärtstätigkeit liegt jedoch nur vor, wenn sie zum Zweck einer auswärtigen beruflichen Tätigkeit durchgeführt wird. Berufliche Gründe liegen vor, wenn der Reise offensichtlich ein unmittelbarer, konkreter beruflicher Anlass zugrunde liegt. Diese Voraussetzung ist für einen Kundenbesuch in China offensichtlich erfüllt.

Weil der Arbeitnehmer vor dem beruflichen Aufenthalt privat Urlaub macht, ist die Reise nach China jedoch nicht mehr ausschließlich beruflich veranlasst. Allerdings ist eine Aufteilung der meisten Kosten problemlos möglich.

Kosten Unterkunft und Verpflegung: Dem Arbeitnehmer dürfen nach seiner Ankunft in Shanghai für die beruflich veranlassten Tage Hotel- und Verpflegungskosten erstattet werden. Bei 24-stündiger Abwesenheit können 2020 für Shanghai Verpflegungspauschalen von 50 EUR steuer- und sozialversicherungsfrei erstattet werden.

Ohne Einzelnachweis können Hotelkosten bis zu 128 EUR je Nacht pauschal erstattet werden.

Flugkosten: Die Flugkosten sind Reisekosten, da sie durch einen unmittelbaren (konkreten) betrieblichen Anlass bedingt sind. Das gilt allerdings nicht, soweit die privat veranlassten Reisetage zu einer Erhöhung der Flugkosten führen, insbesondere wenn diese Erhöhung nicht eindeutig abgrenzbar ist. Dies ist jedoch in vorliegendem Fall möglich.

Der Gabelflug führt zu einer Verteuerung um 500 EUR. Diese Mehrkosten sind privat veranlasst und können nicht abgabenfrei ersetzt werden.

Steuer- und sozialversicherungsfrei dürfen dem Mitarbeiter nur die Flugkosten i. H. v. 1.000 EUR erstattet werden.

39.9 Urlaub zwischen dienstlichen Terminen

Sachverhalt: Ein Arbeitnehmer muss wegen Verkaufsverhandlungen zu mehreren Kunden in Bayern.

Er verlässt montags um 7 Uhr seine Wohnung und besucht noch am selben Tag einen Kunden in Nürnberg. Am Abend übernachtet er in einem nahe gelegenen Hotel zum Preis von 90 EUR ohne Frühstück.

Am Dienstag besucht er bis 15 Uhr einen Kunden in Erlangen. Statt sich danach auf die Heimreise zu machen, besucht er seine Schwester in Ulm und bleibt dort bis Donnerstagmorgen (Hotelkosten sind während dieser Zeit nicht angefallen).

Danach fährt er nach München weiter und absolviert dort am Freitagvormittag weitere Kundenbesuche. Die Übernachtung in einem Hotel kostet 100 EUR ohne Frühstück.

Am Freitagnachmittag fährt er wieder nach Hause und kommt dort gegen 20 Uhr an.

Verpflegungs- und Übernachtungskosten – mit Ausnahme von Frühstück – werden vom Arbeitgeber bis zu den steuerlichen Höchstgrenzen erstattet.

Für die Fahrten (insgesamt mehr als 1.500 Kilometer) benutzt der Mitarbeiter seinen Dienstwagen. Die Privatnutzung des Dienstwagens wird nach der 1-%-Regelung besteuert.

In welcher Höhe können dem Mitarbeiter Reisekosten erstattet werden?

Lösung: Der Arbeitnehmer wird außerhalb seiner ersten Tätigkeitsstätte und auch außerhalb seiner Wohnung tätig. Eine beruflich veranlasste Auswärtstätigkeit liegt jedoch nur vor, wenn sie zum Zwecke einer auswärtigen beruflichen Tätigkeit durchgeführt wird. Berufliche Gründe liegen vor, wenn der Reise offensichtlich ein unmittelbarer, konkreter beruflicher Anlass zugrunde liegt. Diese Voraussetzung ist für die Kundenbesuche offensichtlich erfüllt.

Weil der Arbeitnehmer zwischendurch aus privaten Gründen seine Schwester besucht, ist die Reise jedoch nicht mehr ausschließlich beruflich, sondern gemischt veranlasst. Dem Mitarbeiter dürfen nur für die beruflich veranlassten Tage Hotel- und Verpflegungskosten erstattet werden.

Übernachtung: Kosten für Hotelübernachtungen können in voller Höhe erstattet werden. U. E. sind im vorliegenden Fall beide Übernachtungen beruflich veranlasst (der Termin am Freitagmorgen hätte wohl auch bei einer »rein« beruflichen Reise nicht ohne Übernachtung wahrgenommen werden können). Die Hotelkosten von insgesamt 190 EUR sind ohne Frühstück und können dem Mitarbeiter in voller Höhe steuer- und sozialversicherungsfrei ausgezahlt werden.

Verpflegung:

- Montag und Dienstag: Es ergibt sich jeweils eine Abwesenheit von weniger als 24 Stunden, sodass die »kleine« Pauschale von 14 EUR je Tag im Jahr 2020 steuer- und sozialversicherungsfrei erstattet werden kann. (Dies gilt u. E. ebenso für den Dienstag, weil die Übernachtung an diesem Abend bei der Schwester stattfindet und die beruflich begründete Abwesenheit unter 24 Stunden liegt.)
- Mittwoch: Es darf keine Verpflegungspauschale gezahlt werden.
- Donnerstag: Der Tag ist nur teilweise beruflich veranlasst: Geht man davon aus, dass die beruflich bedingte Abwesenheit unter 8 Stunden beträgt, sind keine Verpflegungskosten zu erstatten.
- Freitag: Es ergibt sich eine Abwesenheit von weniger als 24 Stunden, es kann eine Pauschale von 14 EUR steuer- und sozialversicherungsfrei erstattet werden.

Insgesamt können für die Reise Verpflegungspauschalen von 42 EUR steuer- und sozialversicherungsfrei erstattet werden.

Die Fahrten mit dem Dienstwagen haben keine steuerlichen Auswirkungen. Auch die privaten Umwegstrecken sind mit der Versteuerung der Privatnutzung nach der 1-%-Regelung abgegolten.

Tipp: Bei Fahrten mit dem eigenen Kraftfahrzeug können nur die beruflich bedingten Strecken mit 0,30 EUR je gefahrenen Kilometer erstattet werden. Für privat veranlasste Umwegstrecken ist eine steuer- und sozialversicherungsfreie Erstattung nicht zulässig.

39.10 Mitnahme der Ehefrau

Sachverhalt: Ein Abteilungsleiter nimmt an einem 2-tägigen Kongress in Baden-Baden in Begleitung seiner Ehefrau teil. Die 300 Kilometer dorthin legt er mit seinem privaten Pkw zurück.

Er fährt am Mittwoch gegen 17 Uhr von zu Hause los.

Die 2 Übernachtungen kosten 400 EUR ohne Frühstück. Ein entsprechendes Einzelzimmer hätte für 2 Nächte 300 EUR ohne Frühstück gekostet.

Am Freitag fährt der Mitarbeiter nach Ende des Kongresses nach Hause und kommt dort gegen 21 Uhr an.

Er bittet den Arbeitgeber um Erstattung der angefallenen Reisekosten.

Auf Nachfrage erklärt der Abteilungsleiter, dass die Mitnahme seiner Frau zwingend notwendig war. Auch die anderen Kongressteilnehmer wurden von ihren jeweiligen Partnern begleitet. Insbesondere für die Abendveranstaltung waren die Partner ausdrücklich mit eingeladen. Zudem habe seine Ehefrau während der übrigen Zeit Kontakte mit Partnerinnen von potenziellen Kunden geknüpft. Aus diesen Kontakten verspreche er sich neue Absatzmöglichkeiten für die Firma.

Die Hotelkosten sollen dem Arbeitnehmer auch insoweit erstattet werden, wie sie auf die Ehefrau entfallen. Zudem werden vom Arbeitgeber Fahrt- und Verpflegungskosten in der steuerlich zulässigen Höhe ausgezahlt.

Welche steuer- und sozialversicherungsrechtlichen Folgen ergeben sich aus der Erstattung?

Lösung: Der Abteilungsleiter hat eine beruflich veranlasste Auswärtstätigkeit unternommen, weil er aus beruflichen Gründen außerhalb seiner ersten Tätigkeitsstätte und auch außerhalb seiner Wohnung tätig geworden ist. Dementsprechend dürfen ihm Reisekosten steuer- und sozialversicherungsfrei erstattet werden.

Fahrtkosten: Für die Fahrten mit dem Pkw kann ohne Einzelnachweis die Kilometerpauschale von 0,30 EUR je gefahrenen Kilometer erstattet werden. Die Erstattung i. H. v. 180 EUR (600 km x 0,30 EUR) bleibt steuer- und sozialversicherungsfrei.

Verpflegung: Mittwoch und Freitag: Für An- und Abreisetage kann jeweils eine Pauschale von je 14 EUR im Jahr 2020 steuer- und sozialversicherungsfrei erstattet werden.

Donnerstag: Die Abwesenheitsdauer beträgt 24 Stunden, die Pauschale beträgt damit 28 EUR.

Übernachtung: Die durch die Mitnahme der Ehefrau entstandenen Kosten sind eine Folge der beruflichen und gesellschaftlichen Stellung des Mitarbeiters und gehören daher zu den Kosten der Lebensführung, auch wenn der Beruf dadurch gefördert wird. Die Mehrkosten betragen 100 EUR.

Die verbleibenden Hotelkosten von 300 EUR, die für ein Einzelzimmer angefallen wären, enthalten kein Frühstück und können dem Mitarbeiter steuer- und sozialversicherungsfrei ausgezahlt werden.

Die darüberhinausgehende Übernachtungskostenerstattung ist voll steuer- und sozialversicherungspflichtig.

Tipp: Etwas anderes kann gelten, wenn durch die Mitnahme des Partners eine andere Arbeitskraft ersetzt wird. Denkbar erscheint ein Einsatz des Partners z. B. auf einer Messe, um auf den Einsatz einer Messe-Hostess zu verzichten. Bei einer solchen Gestaltung wird das Finanzamt allerdings strenge Maßstäbe anlegen.

39.11 Mahlzeitengestellung

Sachverhalt: Anlässlich einer eintägigen Fortbildungsveranstaltung stellt der Arbeitgeber den teilnehmenden Mitarbeitern ein Mittagessen zur Verfügung. Der Wert der gestellten Mahlzeit beträgt 15 EUR. Die Abwesenheitsdauer der Mitarbeiter beträgt 9 Stunden.

Welche steuer- und sozialversicherungsrechtlichen Möglichkeiten ergeben sich im Jahr 2020, wenn

a) der Arbeitgeber Spesen in maximal steuerfreier Höhe gewähren will oder

b) die Firma keine Spesen gewährt?

Lösung: Das durch den Arbeitgeber bereitgestellte Mittagessen kann grundsätzlich mit dem Sachbezugswert von 3,40 EUR (2020) bewertet werden, weil der Preis unter 60 EUR liegt. Ein Ansatz mit dem Sachbezugswert als Arbeitslohn scheidet aber aus, wenn den Mitarbeitern für die Tage aus steuerlicher Sicht Verpflegungsspesen zustehen. Dies ist hier in beiden Fallkonstellationen der Fall.

Die Teilnehmer waren mehr als 8 Stunden von der Wohnung und der ersten Tätigkeitsstätte abwesend. Steuerlich steht ihnen damit im Jahr 2020 eine Pauschale von 14 EUR zu. Wegen der Mahlzeitengestellung ist diese jedoch um 40 % der vollen Tagespauschale von 28 EUR zu kürzen. Deshalb sind die Spesen um 11,20 EUR zu mindern. Es verbleibt noch eine Verpflegungspauschale von 2,80 EUR.

Diesen Betrag kann der Arbeitgeber steuerfrei erstatten (Variante a) oder der Mitarbeiter kann den Betrag in seiner Einkommensteuererklärung geltend machen (Variante b).

39.12 Verrechnung Sachbezugswert

Sachverhalt: Ein Mitarbeiter nimmt an einem halbtägigen auswärtigen Seminar mit Mittagessen teil und ist 6 Stunden von seiner Wohnung und der ersten Tätigkeitsstätte abwesend.

Für die Fahrt zum Seminar nutzt er seinen privaten Pkw und könnte für die entstandenen Fahrtkosten eine Erstattung i. H. v. 30 EUR (2 x 50 km x 0,30 EUR je Kilometer) von seinem Arbeitgeber beanspruchen.

Welche Möglichkeiten bestehen bei der Reisekostenabrechnung?

Lösung: Der Arbeitgeber kann einerseits die 30 EUR als Fahrtkosten erstatten. Er muss dann aber die von ihm im Rahmen des Seminars gestellte Mahlzeit mit dem

Sachbezugswert von 3,40 EUR (2020) mit dem individuellen Steuersatz oder pauschal mit 25 % versteuern.

Es wird von der Finanzverwaltung jedoch nicht beanstandet, wenn der Arbeitgeber in den Fällen, in denen steuerlich keine Verpflegungspauschale gezahlt werden darf (Auswärtstätigkeit bis zu 8 Stunden, Ablauf der 3-Monatsfrist, keine Aufzeichnung der Abwesenheitszeiten), eine Verrechnung des Sachbezugswerts für die Mahlzeitengestellung mit den zu erstattenden Fahrt- oder Reisenebenkosten vornimmt. Im vorliegenden Fall könnte er deshalb den Sachbezugswert von der Fahrtkostenerstattung abziehen. Die verbleibende Erstattung von 26,60 EUR wäre steuer- und sozialversicherungsfrei, Auswirkungen auf die Entgeltabrechnung könnten vermieden werden.

39.13 Mehrere Aufträge beim gleichen Kunden

Sachverhalt: Im Jahr 2019 hat ein Mitarbeiter 3 Aufträge für denselben Kunden ausgeführt. Die befristeten Verträge für die voneinander unabhängigen Aufträge wurden einzeln, im Abstand von mehreren Monaten und mit verschiedenen Vertretern des Auftraggebers geschlossen. Der letzte Auftrag wird voraussichtlich 2020 abgeschlossen sein. Der Arbeitgeber hat keine erste Tätigkeitsstätte bestimmt.

Bis auf seine Urlaubs- und Krankheitstage (2 x 3 Wochen Urlaub, 6 Krankheitstage) sowie vereinzelte Besuche am Firmensitz des Arbeitgebers war der Mitarbeiter ausschließlich in der Firma des Kunden eingesetzt, von der er täglich zu seinem Wohnsitz zurückgekehrt ist.

Welche Reisekosten können im Jahr 2020 lohnsteuer- und sozialversicherungsfrei erstattet werden?

Lösung: Der Arbeitnehmer unternimmt steuerlich zu berücksichtigende Auswärtstätigkeiten, weil er aus beruflichen Gründen außerhalb einer ersten Tätigkeitsstätte und auch außerhalb seiner Wohnung tätig wird. Eine erste Tätigkeitsstätte beim Kunden liegt nicht vor, weil der Arbeitnehmer nicht dauerhaft dort eingesetzt ist, sondern immer nur befristet.

Dem Mitarbeiter dürfen die Reisekosten steuer- und sozialversicherungsfrei erstattet werden. Es fallen hier Fahrt- und Verpflegungskosten an. Für Verpflegung auf eintägigen Reisen wird 2020 im Inland eine Pauschale von 14 EUR bei mehr als 8-stündiger Abwesenheitsdauer gezahlt. Maßgeblich ist hier – mangels erster Tätigkeitsstätte – die Abwesenheitszeit von der Wohnung.

Bei derselben Auswärtstätigkeit können Verpflegungsmehraufwendungen aber nur für die ersten 3 Monate steuerfrei gewährt werden. Eine längerfristige vorübergehende Auswärtstätigkeit ist noch als dieselbe Auswärtstätigkeit zu beurteilen, wenn der Mitarbeiter nach einer Unterbrechung die Auswärtstätigkeit

- mit gleichem Inhalt,
- am gleichen Ort ausübt und
- ein zeitlicher Zusammenhang mit der bisherigen Tätigkeit besteht.

Unterbrechungen durch andere Tätigkeiten, Urlaub, Krankheit etc. führen nur dann zu einem Neubeginn der 3-Monatsfrist, wenn die Unterbrechung mindestens 4 Wochen gedauert hat. Diese Voraussetzungen sind hier nicht erfüllt.

Die Fahrtkosten können hingegen zeitlich unbegrenzt in der tatsächlich nachgewiesenen Höhe steuerfrei ersetzt werden. Statt eines Einzelnachweises kann bei Fahrten mit dem eigenen Pkw eine Kilometerpauschale von 0,30 EUR je gefahrenen Kilometer steuer- und sozialversicherungsfrei erstattet werden.

Tipp: In den ersten 3 Monaten können neben den steuerfreien Verpflegungspauschalen nochmals bis zur gleichen Höhe Verpflegungskostenerstattungen pauschal mit 25 % versteuert werden.

Hinweis: Steuerfreie Verpflegungszuschüsse bei Auswärtstätigkeiten müssen grundsätzlich auf der Lohnsteuerbescheinigung bescheinigt werden. Allerdings gilt dies nach einer Billigkeitsregelung nur dann, wenn sie im Lohnkonto aufgezeichnet worden sind.

40 Sachbezug

40.1 Benzingutschein (steuerliche Voraussetzungen)

Sachverhalt: Ein Arbeitnehmer erhält von seinem Arbeitgeber monatlich zusätzlich zum ohnehin geschuldeten Arbeitslohn einen Gutschein mit folgenden Angaben:

- »Treibstoff (Benzin, Super oder Diesel) im Wert von 44 EUR, einzulösen bei der Tankstelle A.«
- Der Inhaber des Gutscheins ist nicht berechtigt, andere Waren an Stelle des Treibstoffs auszusuchen.

Erfüllt der Gutschein die Voraussetzungen zur Abrechnung als Sachbezug und zur Anwendung der 44-EUR-Sachbezugsfreigrenze?

Lösung: Alle Voraussetzungen für einen steuer- und sozialversicherungsfreien Sachbezug sind erfüllt:

- Der Gutschein wird zusätzlich zum ohnehin geschuldeten Arbeitslohn gewährt.
- Der Arbeitnehmer kann eine bestimmte Sachleistung bei der Tankstelle (z. B. Treibstoff) beanspruchen.
- Der Arbeitnehmer hat keinen Anspruch auf Geld.
- Dem Arbeitnehmer wird das Recht eingeräumt, bei der Tankstelle die Sachleistung zu ordern.
- Der auf dem Gutschein genannte Betrag übersteigt nicht die Freigrenze von 44 EUR.

Der Sachbezug bleibt bis zu 44 EUR monatlich steuerfrei. Durch die Steuerfreiheit bleibt der Sachbezug auch in der Sozialversicherung beitragsfrei.

Achtung

Ab 1.1.2020 gibt es eine neue Abgrenzung zwischen Sachbezügen und Barlohn. Danach können Benzingutscheine weiterhin als Sachbezug gewertet werden, wenn

1. sie zusätzlich zum ohnehin geschuldeten Arbeitslohn gewährt werden,
2. ausschließlich Waren und Dienstleistungen bezogen werden können und
3. es sich z. B. bei Tankkarten um sog. »Closed-Loop-Karten« (= Einkauf beim Aussteller des Gutscheins) oder »Controlled-Loop-Karten« (= Einkauf bei einem begrenzten Kreis von Akzeptanzstellen) handelt.

Vorsicht ist geboten bei sog. Prepaidkarten. Hier ist genau zu prüfen, inwiefern solche Guthabenkarten die Kriterien eines Sachbezugs erfüllen. Es ist davon auszugehen, dass das Bundesfinanzministerium ein klärendes Anwendungsschreiben veröffentlichen wird.

Hinweis: Bei dem Betrag von 44 EUR handelt es sich um eine Freigrenze, nicht um einen Freibetrag. Würde die monatliche Freigrenze von 44 EUR auch nur um 1 Cent überschritten, wäre der gesamte Betrag und nicht nur der übersteigende Betrag steuer- und sozialversicherungspflichtig. In einem Monat nicht ausgenutzte Teile der Freigrenze dürfen nicht auf andere Zeiträume verteilt und nicht auf einen Jahresbetrag hochgerechnet werden.

40.2 Benzingutschein (96-%-Regelung)

Sachverhalt: Der Arbeitgeber räumt seinem Arbeitnehmer das Recht ein, einmalig zu einem beliebigen Zeitpunkt bei einer Tankstelle auf Kosten des Arbeitgebers gegen Vorlage einer Tankkarte bis zu einem Betrag von 44 EUR zu tanken. Der Arbeitnehmer tankt im Februar für 46 EUR; der Betrag wird vom Konto des Arbeitgebers abgebucht.

Sind die Voraussetzungen zur Anwendung der 44-EUR-Sachbezugsfreigrenze erfüllt? Und kann der Bewertungsabschlag von 4 % in diesem Fall angewandt werden?

Lösung: Unter der Voraussetzung, dass der Arbeitnehmer von seinem Arbeitgeber nicht anstelle der ausgehändigten Tankkarte Barlohn verlangen kann, liegt im Februar ein Sachbezug vor. Dieser Sachbezug ist steuerfrei, wenn dem Arbeitnehmer in diesem Monat keine weiteren Sachbezüge gewährt werden und der Arbeitgeber die übersteigenden 2 EUR vom Arbeitnehmer einfordert.

Der Arbeitgeber darf keinen Bewertungsabschlag von 4 % vornehmen, da der Sachbezug durch einen Warengutschein mit Betragsangabe ausgegeben wird.

Falls der Arbeitgeber den Betrag von 2 EUR nicht einfordert, ist der gesamte Sachbezug nicht steuerfrei, da die 44-EUR-Freigrenze für Sachbezüge überschritten wurde. Zudem fallen Sozialversicherungsbeiträge an.

Hinweis: Die Sachbezugsfreigrenze von 44 EUR im Monat ist ausschließlich auf solche Sachbezüge anwendbar, die nach § 8 Abs. 2 Satz 1 EStG zu bewerten sind (sog. 96-%-Regelung). Nicht unter die 44-EUR-Sachbezugsfreigrenze fallen geldwerte Vorteile, die sich aus der privaten Nutzung eines Dienstwagens ergeben und Sachbezüge die nach der Sozialversicherungsentgeltverordnung (SvEV) mit amtlichen Sachbezugswerten anzusetzen sind (z. B. Verpflegung und Unterkunft) oder als sog. Belegschaftsrabatte unter den Rabattfreibetrag fallen.

40.3 Freie Kost und Unterkunft

Sachverhalt: Einer Arbeitnehmerin wird eine einfache Unterkunft zur Verfügung gestellt. Sie bewohnt ein möbliertes und beheiztes Zimmer. Darüber hinaus erhält sie vom Arbeitgeber den ganzen Monat volle und kostenlose Verpflegung. Für das Zimmer zahlt sie 150 EUR pro Monat. Dieser Betrag wird ihr vom Nettogehalt abgezogen.

Wie ist der Vorteil abzurechnen?

Lösung

Ermittlung des geldwerten Vorteils anhand der Sozialversicherungsentgeltverordnung (SvEV)

Sachbezugswert Unterkunft 2020 (monatlich)	235 EUR
Abzgl. Zuzahlung der Arbeitnehmerin	- 150 EUR
Geldwerter Vorteil Unterkunft	85 EUR
Zzgl. Sachbezugswert Verpflegung 2020 (Frühstück 54 EUR, Mittag und Abendessen je 102 EUR)	+ 258 EUR
Steuer- und sozialversicherungspflichtiger geldwerter Vorteil gesamt	343 EUR

Hinweis: Die Sozialversicherungsentgeltverordnung (SvEV) bestimmt bei Überlassung von Unterkunft und Verpflegung die Höhe der bei den Arbeitnehmern als Sachbezüge anzusetzenden Beträge. Die amtlichen Sachbezugswerte gelten für alle Sparten der Sozialversicherung und sind darüber hinaus auch für das Steuerrecht verbindlich. Während für die unentgeltliche oder verbilligte Überlassung einer Unterkunft der amtliche Sachbezugswert anzusetzen ist, gelten für die Überlassung einer (vollständigen) Wohnung andere Regeln.

40.4 Essenmarke

Sachverhalt: Die Mitarbeiter eines Unternehmens erhalten pro Arbeitstag eine Essenmarke im Wert von 5,90 EUR, die in einer externen Kantine eingelöst werden können. Die Arbeitnehmer zahlen pro Essenmarke jeweils den amtlichen Sachbezugswert 2020 von 3,40 EUR hinzu.

Wie hoch ist der geldwerte Vorteil für die Arbeitnehmer?

Lösung: Bei der gewählten Variante entsteht kein steuerpflichtiger geldwerter Vorteil, da der Arbeitnehmer genau den Sachbezugswert für die Essenmarke bezahlt.

Wert der Essenmarke	5,90 EUR
Abzgl. Zuzahlung des Arbeitnehmers	3,40 EUR
Anzusetzen ist höchstens der Sachbezugswert für die Mahlzeit	3,40 EUR
Geldwerter Vorteil	0,00 EUR

Durch die Zuzahlung der Arbeitnehmer in Höhe des amtlichen Sachbezugswerts für Verpflegung ergibt sich kein steuerpflichtiger geldwerter Vorteil. Im Kalenderjahr 2020 muss die Zuzahlung also mindestens 3,40 EUR für eine Essenmarke betragen.

41 Sonn- und Feiertagsarbeit

41.1 Sonntagszuschlag (100 %)

Sachverhalt: Ein Abteilungsleiter erhält ein monatliches Gehalt von 7.274 EUR, was einem Stundenlohn von 42 EUR entspricht. Er muss wegen eines Messeauftritts an 2 Sonntagen im Monat arbeiten. Die Arbeitszeit beträgt an den beiden Sonntagen jeweils 10 Stunden. Laut Arbeitsvertrag hat er Anspruch auf Sonntagszuschläge i. H. v. 100 % des Grundlohns.

In welcher Höhe unterliegen die Zuschläge der Lohnsteuer bzw. der Sozialversicherung?

Lösung: Vom arbeitsrechtlich vereinbarten Sonntagszuschlag i. H. v. 100 % können lohnsteuerrechtlich nur 50 % des Zuschlags steuerfrei gewährt werden. Während das Lohnsteuerrecht die Lohnsteuerfreiheit auf einen Stundenlohn von höchstens 50 EUR je Stunde begrenzt, kann der Zuschlag zur Berechnung der Sozialversicherung nur aus einem Grundlohn von max. 25 EUR je Stunde sozialversicherungsfrei bleiben.

Die Abrechnung der Zuschläge gestaltet sich folgendermaßen:

Lohnsteuer

Gezahlter Zuschlag für Sonntagsarbeit (20 Std. x 42 EUR)	840 EUR
Davon lohnsteuerfrei (20 Std. x 42 EUR x 50 %)	420 EUR
Lohnsteuerpflichtig	420 EUR

Die Zuschläge unterliegen i. H. v. 420 EUR dem individuellen Lohnsteuerabzug.

Sozialversicherung

Gezahlter Zuschlag für Sonntagsarbeit (20 Std. x 42 EUR)	840 EUR
Davon sozialversicherungsfrei (20 Std. x 25 EUR x 50 %)	250 EUR
Sozialversicherungspflichtig	590 EUR

Vom Grundlohn i. H. v. 42 EUR sind lediglich 50 % (= 21 EUR) lohnsteuerfrei. In der Sozialversicherung sind dagegen nur 50 % v. 25 EUR (= 12,50 EUR) beitragsfrei. Das Sozialversicherungsrecht übernimmt die prozentualen Anteile aus dem Steuerrecht und wendet diese auf den begrenzten Stundenlohn von 25 EUR an.

Bei einem Bruttoverdienst von 7.274 EUR im Monat (87.288 EUR jährlich) sind die Beitragsbemessungsgrenzen in allen Zweigen der Sozialversicherung bereits überschritten. Für die gezahlten Sonntagszuschläge fallen keine Sozialversicherungsbeiträge an.

41.2 Sonntagszuschlag (50 %)

Sachverhalt: Ein Mitarbeiter erhält ein monatliches Gehalt von 9.600 EUR. Dies entspricht einem Stundenlohn von 60 EUR. Für zusätzliche Arbeit an Sonntagen erhält er einen Zuschlag von 50 % auf den Grundlohn. In einem Monat fallen 30 Stunden Sonntagsarbeit an.

In welcher Höhe unterliegen die Zuschläge der Lohnsteuer bzw. der Sozialversicherung?

Lösung: Der lohnsteuerfreie Zuschlag für Sonntagsarbeit beträgt 50 %. Während aus steuerlicher Sicht der Zuschlag aus einem Grundlohn von maximal 50 EUR pro Stunde lohnsteuerfrei bleibt, kann der Zuschlag für den Bereich der Sozialversicherung lediglich aus einem Grundlohn von 25 EUR je Stunde berechnet werden.

Die Abrechnung der Zuschläge erfolgt folgendermaßen:

Lohnsteuer	
Gezahlter Zuschlag für Sonntagsarbeit (30 Std. x 60 EUR x 50 %)	900 EUR
Davon lohnsteuerfrei (30 Std. x 50 EUR x 50 %)	750 EUR
Lohnsteuerpflichtig	150 EUR

Die Sonntagszuschläge unterliegen i. H. v. 150 EUR dem Lohnsteuerabzug.

Sozialversicherung	
Gezahlter Zuschlag für Sonntagsarbeit (30 Std. x 60 EUR x 50 %)	900 EUR
Davon sozialversicherungsfrei (30 Std. x 25 EUR x 50 %)	375 EUR
Sozialversicherungspflichtig	525 EUR

Die Beitragsbemessungsgrenzen sind in allen Zweigen der Sozialversicherung überschritten. Für die gezahlten Zuschläge sind keine Sozialversicherungsbeiträge abzuführen.

41.3 Nachtzuschlag

Sachverhalt: Eine Kellnerin arbeitet mehrmals wöchentlich von 18 Uhr bis 22 Uhr. Sie erhält einen Stundenlohn von 12 EUR. Laut Arbeitsvertrag erhält sie ab 20 Uhr einen Nachtarbeitszuschlag von 50 % auf den Grundlohn. Am Sonntag arbeitet sie regelmäßig von 14 bis 20 Uhr, wofür ihr ein arbeitsvertraglicher Sonntagszuschlag von 100 % des Grundlohns zusteht. In diesem Monat arbeitet sie an 4 Sonntagen sowie an 12 Wochentagen.

In welcher Höhe unterliegen die Zuschläge der Lohnsteuer bzw. der Sozialversicherung?

Lösung: Der maßgebliche Grundlohn je Stunde beträgt 12 EUR. Die für das Steuer- und Sozialversicherungsrecht zu beachtenden unterschiedlich hohen maximalen Stundenlohnsätze (50 EUR bzw. 25 EUR) werden jeweils nicht erreicht.

Die Zuschläge sind in folgender Höhe steuer- und sozialversicherungsfrei:
- Nachtarbeit (Arbeit von 20 Uhr bis 6 Uhr): 25 % des Grundlohns
- Sonntagsarbeit: 50 % des Grundlohns

Die Abrechnung der Zuschläge gestaltet sich folgendermaßen:

Lohnsteuer und Sozialversicherung		
Gezahlter Zuschlag für Nachtarbeit ab 20 Uhr (12 Tage × 2 Std. x 12 EUR x 50 %)	144 EUR	
Davon lohnsteuer- und sozialversicherungsfrei (12 Tage × 2 Std. x 12 EUR x 25 %)	- 72 EUR	
Lohnsteuer- und sozialversicherungspflichtig	72 EUR	72 EUR
Gezahlter Zuschlag für Sonntagsarbeit (4 Tage x 6 Std. x 12 EUR x 100 %)	288 EUR	
Davon lohnsteuer- und sozialversicherungsfrei (4 Tage × 6 Std. x 12 EUR x 50 %)	- 144 EUR	
Lohnsteuer- und sozialversicherungspflichtig	144 EUR	+ 144 EUR
Lohnsteuer- und sozialversicherungspflichtige Zuschläge gesamt		216 EUR

Die gezahlten Zuschläge für Sonntags- und Nachtarbeit unterliegen i. H. v. 216 EUR dem Lohnsteuerabzug und der Sozialversicherungspflicht.

41.4 Sonntagszuschlag

Sachverhalt: In einem Unternehmen wird üblicherweise an Sonn- und Feiertagen gearbeitet. Ein Arbeitnehmer mit einem Stundenlohn von 15 EUR ist in der Spätschicht an 2 Sonntagen im Monat eingesetzt. Die Schicht beginnt jeweils um 12 Uhr und endet um 20 Uhr.

Wie hoch ist der steuer- und sozialversicherungsfreie Sonntagszuschlag im Monat?

Lösung: Dem Arbeitnehmer können folgende Zuschläge für geleistete Sonntagsarbeit lohnsteuer- und sozialversicherungsfrei gewährt werden, soweit diese auch tatsächlich gezahlt werden:

Höchstmöglicher Sonntagszuschlag für diesen Arbeitnehmer pro Stunde (15 EUR x 50 %)	7,50 EUR
Höchstmöglicher Sonntagszuschlag für diesen Arbeitnehmer in diesem Monat insgesamt (7,50 EUR x 8 Std. x 2 Tage)	120,00 EUR

Ob Zuschläge gezahlt werden müssen, richtet sich nach den Regelungen des Tarifvertrags, der Betriebsvereinbarung oder des Arbeitsvertrags. Eine gesetzliche Verpflichtung gibt es nicht. Wenn im Unternehmen die Verpflichtung zur Zahlung besteht oder der Arbeitgeber diese Zuschläge auf freiwilliger Basis zahlt, bleiben diese ausschließlich im Rahmen des § 3b EStG steuerfrei. Die Lohnsteuerfreiheit der Zuschläge ist im Wesentlichen von folgenden Voraussetzungen abhängig:

- Der Arbeitnehmer muss während der begünstigten Zeit tatsächlich arbeiten.
- Die tatsächlich geleistete Sonn-, Feiertags- oder Nachtarbeit ist anhand von Einzelaufstellungen nachzuweisen. Schichtpläne, Stempelkarten bzw. Stundenzettel oder vergleichbare Aufzeichnungen als Nachweis für Prüfungszwecke sind aufzubewahren.
- Wurden die Zuschläge eindeutig als Zahlung neben dem Grundlohn vereinbart, muss dies durch Vorlage der Arbeitsverträge oder Vereinbarungen nachgewiesen werden können (wenn nicht ohnehin im Tarifvertrag geregelt).
- Die in § 3b Abs. 1 und 3 EStG genannten lohnsteuerfreien Zuschlagssätze dürfen nicht überschritten werden. Der maximale Zuschlagssatz beträgt 50 % vom Grundlohn für die Sonntagsarbeit von 0 Uhr bis 24 Uhr.

Hinweis: Die Lohnsteuerfreiheit von Sonn-, Feiertags- und Nachtzuschlägen ist auf einen Grundlohn von 50 EUR pro Stunde beschränkt, für die Sozialversicherungsfreiheit beträgt der maximale Grundlohn 25 EUR pro Stunde. Der übersteigende Betrag unterliegt dem Lohnsteuerabzug und der Sozialversicherungspflicht. Wird an Sonn- und Feiertagen auch Nachtarbeit geleistet, können die Zuschläge addiert werden, soweit die Voraussetzungen hierfür vorliegen. Ist dagegen ein Sonntag zugleich auch Feiertag, kann ein Zuschlag nur bis zur Höhe des Feiertagzuschlags steuerfrei gezahlt werden.

41.5 Sonntags- und Nachtzuschlag

Sachverhalt: In einem Unternehmen wird üblicherweise an Sonn- und Feiertagen gearbeitet. Ein Arbeitnehmer mit einem Stundenlohn von 17 EUR ist in der Spätschicht an 2 Sonntagen eingesetzt. Die Schicht beginnt jeweils um 16 Uhr und endete um 24 Uhr.

Müssen Zuschläge gezahlt werden und wenn ja, in welcher Höhe? Unter welchen Bedingungen sind diese steuerfrei?

Lösung: Ob Zuschläge gezahlt werden müssen, richtet sich nach den Regelungen des Tarifvertrags, der Betriebsvereinbarung oder des Arbeitsvertrags. Eine gesetzliche Verpflichtung besteht nicht.

Lediglich die Höhe der steuerfreien Zuschlagssätze ist gesetzlich geregelt. Folgende Zuschlagssätze sind zu beachten:

- Der Zuschlag für Sonntagsarbeit beträgt 50 % vom Grundlohn für die Zeit von 0 Uhr bis 24 Uhr.
- Zusätzlich darf für die Nachtarbeit von 20 Uhr bis 6 Uhr des Folgetages ein Zuschlag i. H. v. 25 % steuer- und sozialversicherungsfrei zusätzlich bezahlt werden. Wird die Arbeit vor 0 Uhr aufgenommen, kann für die Zeit von 0 Uhr bis 4 Uhr ein erhöhter Zuschlag von 40 % steuer- und sozialversicherungsfrei ausbezahlt werden.

Der Arbeitnehmer erhält für diesen Monat

Höchstmöglicher Sonntagszuschlag pro Stunde (17 EUR x 50 %)	8,50 EUR	
Sonntagszuschläge für den laufenden Monat (8,50 EUR x 8 Std. x 2 Tage)		136 EUR
Höchstmöglicher Nachtzuschlag pro Stunde (17 EUR × 25 %)	4,25 EUR	
Nachtzuschläge für den laufenden Monat (4,25 EUR x 4 Std. x 2 Tage)		+ 34 EUR
Zuschläge gesamt lohnsteuer- und sozialversicherungsfrei		170 EUR

Es können Zuschläge i. H. v. 170 EUR steuer- und sozialversicherungsfrei gezahlt werden. Die für das Lohnsteuer- und Sozialversicherungsrecht zu beachtenden unterschiedlichen maximalen Stundenlohnsätze werden jeweils nicht erreicht.

Hinweis: Die Lohnsteuerfreiheit der Sonntags-, Feiertags- und Nachtzuschläge ist auf einen Grundlohn 50 EUR pro Stunde beschränkt, für die Sozialversicherungsfreiheit beträgt dieser 25 EUR pro Stunde. Der übersteigende Betrag unterliegt dann dem Lohnsteuerabzug und der Sozialversicherungspflicht.

Wird an Sonntagen und Feiertagen Nachtarbeit geleistet, so können die Zuschläge addiert werden, soweit die Voraussetzungen vorliegen.

41.6 Zulage für Samstagsarbeit

Sachverhalt: Ein Mitarbeiter erhält für seine Tätigkeit ein monatliches Grundgehalt von 2.500 EUR. Für Sondereinsätze an 2 Samstagen in einem Monat werden ihm jeweils 150 EUR zusätzlich zum Grundgehalt gezahlt. Steuerfreie Bestandteile fallen keine an.

Ist der zusätzliche Betrag für die Sondereinsätze steuer- und beitragspflichtig?

Lösung: Zum steuerpflichtigen Bruttolohn des Arbeitnehmers zählen grundsätzlich auch Zulagen und Zuschläge, die zusätzlich zum vereinbarten Entgelt aufgrund tarifvertraglicher Regelung oder aufgrund einzelvertraglicher Abreden gezahlt werden. Eine Ausnahme besteht lediglich für steuerfreie Zuschläge für Sonntags-, Feiertags- oder Nachtarbeit.

Bei den Sonderzahlungen für die Mehrarbeit an Samstagen handelt es sich aber nicht um Zuschläge zum Grundlohn, sondern um pauschale Zahlungen. Zudem sind Zuschläge für die Arbeit an einem Samstag nicht steuerbegünstigt. Die Sonderzahlungen unterliegen in voller Höhe dem Lohnsteuerabzug und der Sozialversicherungspflicht.

Die Berechnung des Bruttoentgelts gestaltet sich folgendermaßen:

Grundgehalt	2.500 EUR
2 Samstagseinsätze (2 x 150 EUR)	300 EUR
Bruttolohn	2.800 EUR

Die Lohnsteuer und die Sozialversicherungsbeiträge werden von einem Bruttoarbeitslohn von 2.800 EUR berechnet.

Hinweis: Ebenfalls zum steuerpflichtigen Bruttoarbeitslohn zählen Zulagen (Erschwerniszulagen, z. B. Gefahren-, Schmutz- und Hitzezulagen, sowie Funktionszulagen und besondere Leistungszulagen). Unbeachtlich ist, ob die Lohnzuschläge aufgrund eines gesetzlichen Anspruchs, eines Tarifvertrags, einer betrieblichen Vereinbarung, einer einzelvertraglichen Regelung oder vom Arbeitgeber freiwillig gezahlt werden.

41.7 Gesetzlicher Feiertag

Sachverhalt: In einem Unternehmen wird üblicherweise an Sonn- und Feiertagen nicht gearbeitet. Ausnahmsweise wird in diesem Jahr am 3. Oktober (Tag der Deutschen Einheit) gearbeitet.

Ein Arbeitnehmer mit einem Stundenlohn von 13,95 EUR hat in der Arbeitswoche vor und nach dem Feiertag durchgängig in der Frühschicht von 6 Uhr bis 14 Uhr (8 Stunden) gearbeitet.

In welcher Höhe können dem Arbeitnehmer steuerfreie Zuschläge gezahlt werden?

Lösung: Der Zuschlag für Arbeit an einem gesetzlichen Feiertag von 0 Uhr bis 24 Uhr beträgt 125 % vom Grundlohn.

Für die Schicht von 6 Uhr bis 14 Uhr darf unter Beachtung der steuerlichen Voraussetzungen (z. B. Aufzeichnungs- und Nachweispflicht) neben dem Grundlohn von 13,95 EUR ein steuer- und sozialversicherungsfreier Zuschlag von 125 % = 17,44 EUR pro Stunde gewährt werden.

Für die geleisteten Frühschichten an Wochentagen dürfen keine Zuschläge gezahlt werden, da Nachtarbeit die Arbeit in der Zeit von 20 Uhr bis 6 Uhr ist.
Der Arbeitnehmer erhält für die Feiertagsarbeit am 3. Oktober einen lohnsteuer- und sozialversicherungsfreien Feiertagszuschlag von:
8 Stunden x 17,44 EUR = 139,52 EUR

Hinweis: Die Lohnsteuerfreiheit der Sonntags-, Feiertags- und Nachtzuschläge ist auf einen Grundlohn 50 EUR pro Stunde beschränkt, für die Sozialversicherungsfreiheit beträgt dieser 25 EUR pro Stunde. Der übersteigende Betrag unterliegt dann dem Lohnsteuerabzug und der Sozialversicherungspflicht.

41.8 Besonderer Feiertag

Sachverhalt: In einem Unternehmen wird üblicherweise an Sonn- und Feiertagen nicht gearbeitet. Es wird jedoch aufgrund eines kurzfristigen Auftrags eine Sonderschicht über Weihnachten eingelegt.

Ein Arbeitnehmer mit einem Stundenlohn von 15 EUR arbeitet am 25.12. und 26.12. jeweils in der Frühschicht von 6 Uhr bis 14 Uhr.

In welcher Höhe können dem Arbeitnehmer lohnsteuerfreie Feiertagszuschläge gezahlt werden?

Lösung: Die Höhe der lohnsteuerfreien (allgemeinen) Feiertagszuschläge ergibt sich grundsätzlich aus § 3b Abs. 1 Nr. 3 EStG. Darüber hinaus sind im Gesetz auch Sonderfälle der Feiertagsarbeit geregelt, z. B. besondere Zuschlagssätze für die Arbeit an Heiligabend, den Weihnachtsfeiertagen, Silvester und am 1. Mai.

Der Zuschlag an den besonderen Feiertagen beträgt 150 % vom Grundlohn. Da der Mitarbeiter an den beiden Weihnachtsfeiertagen arbeitet, darf für diese beiden Tage neben dem Grundlohn von 15 EUR ein steuer- und sozialversicherungsfreier Zuschlag i. H. v. 150 % = 22,50 EUR je Stunde gewährt werden.

Der Arbeitnehmer erhält für diese beiden Tage lohnsteuer- und sozialversicherungsfreie Feiertagszuschläge i. H. v. 16 Stunden x 22,50 EUR = 360 EUR.

Hinweis: Wenn ein Sonntag zugleich Feiertag ist, kann der steuerfreie Zuschlag nicht mehrfach gewährt werden. Der Zuschlag richtet sich in diesem Fall nach dem Feiertagszuschlag.

Die Steuerfreiheit der Sonntags-, Feiertags- und Nachtzuschläge ist auf einen Grundlohn von 50 EUR pro Stunde beschränkt, für die Sozialversicherungsfreiheit beträgt dieser 25 EUR pro Stunde. Der übersteigende Betrag unterliegt dann jeweils dem Lohnsteuerabzug und der Sozialversicherungspflicht.

41.9 Kein bundeseinheitlicher Feiertag

Sachverhalt: Ein Arbeitgeber in Dresden (Sachsen) bittet seinen Arbeitnehmer am Buß- und Bettag von 8 Uhr bis 16 Uhr zu arbeiten, um einen Eilauftrag zu erledigen. Hierfür sagt der Arbeitgeber neben dem Stundenlohn von 15 EUR einen Zuschlag von 30 EUR je Arbeitsstunde zu. Für diesen Arbeitseinsatz erhält der Arbeitnehmer insgesamt 360 EUR.

Kann der Arbeitgeber den Zuschlag steuerfrei zahlen oder unterliegt er dem Lohnsteuerabzug und damit der Sozialversicherungspflicht?

Lösung: Ob ein Tag ein gesetzlicher Feiertag ist, bestimmt sich nach dem Feiertagsgesetz für den Ort der Arbeitsstätte. Im Bundesland Sachsen ist der Buß- und Bettag ein gesetzlicher Feiertag.

Der Arbeitgeber kann dem Arbeitnehmer für diesen Tag bei einem Arbeitseinsatz einen steuerfreien Zuschlag von 125 % zum Grundlohn zahlen. Bezogen auf den Grundlohn von 15 EUR beträgt der steuerfreie Zuschlag 18,75 EUR.

Der Arbeitgeber kann den Arbeitslohn für diesen Arbeitseinsatz wie folgt abrechnen:

Lohnsteuer und Sozialversicherung

Gezahlter Stundenlohn (8 Std. x 15 EUR)		120 EUR
Zusätzlicher Arbeitgeberzuschuss (8 Std. x 30 EUR)		+ 240 EUR
Davon lohnsteuer- und sozialversicherungsfrei (8 Std. x 18,75 EUR)	150 EUR	
Davon lohnsteuer- und sozialversicherungspflichtig	90 EUR	
Insgesamt gezahlter Lohn		360 EUR
Davon insgesamt lohnsteuer- und sozialversicherungsfrei		- 150 EUR
Davon insgesamt lohnsteuer- und sozialversicherungspflichtig		210 EUR

Von dem gezahlten Zuschlag unterliegen 210 EUR dem Lohnsteuerabzug und der Sozialversicherungspflicht.

Hinweis: Wenn ein Sonntag zugleich Feiertag ist, kann der steuerfreie Zuschlag nicht mehrfach gewährt werden. Der Zuschlag richtet sich in diesem Fall nach dem Feiertagszuschlag.

41.10 Kein bundeseinheitlicher Feiertag mit Auswärtstätigkeit

Sachverhalt: Ein Arbeitgeber in Erfurt (Thüringen) entsendet einen Arbeitnehmer am Reformationstag nach Wiesbaden (Hessen), um einen Kundendienstauftrag zu erledigen. Der Reformationstag ist in Thüringen ein gesetzlicher Feiertag, in Hessen jedoch nicht. Die Tätigkeit beginnt um 8 Uhr und endet um 18 Uhr.

Reisespesen werden vom Arbeitgeber in der maximalen steuerlich zulässigen Höhe gezahlt.

Kann der Arbeitgeber einen steuer- und sozialversicherungsfreien Zuschlag für Feiertagsarbeit zahlen?

Lösung: Ausschlaggebend für den Zuschlag ist das Feiertagsgesetz für den Ort der Arbeitsstätte. Der Arbeitnehmer hat seine Tätigkeitsstätte in Thüringen. Damit kann der Arbeitgeber für diesen Tag einen steuer- und sozialversicherungsfreien Zuschlag von 125 % des Grundstundenlohns zahlen, obwohl der Arbeitnehmer die Tätigkeit in einem Bundesland ausübt, in dem kein Feiertag ist.

Hinweis: Diese Regelung gilt entsprechend für Arbeitnehmer im Homeoffice. Fällt der Homeoffice-Tag auf einen uneinheitlichen Feiertag, gilt das Feiertagsgesetz für den Ort der Arbeitsstätte. Weitere nicht bundeseinheitliche Feiertage sind z. B. Heilige Drei Könige (6.1.), Mariä Himmelfahrt (15.8.) und Allerheiligen (1.11.).

41.11 Bemessungsgrundlage für steuerfreie Zuschläge

Sachverhalt: In einem Unternehmen wird üblicherweise auch an Sonn- und Feiertagen im Mehrschichtsystem gearbeitet.

Ein Arbeitnehmer mit einer 40-Stunden-Woche hat einen Stundenlohn von 12,50 EUR. Er erhält eine Schichtzulage von 0,50 EUR pro Stunde und in dem entsprechenden Abrechnungszeitraum eine Erschwerniszulage von 0,60 EUR pro Stunde für 90 Arbeitsstunden.

Zudem leistet der Arbeitgeber einen monatlichen Zuschuss zu den vermögenswirksamen Leistungen von 13 EUR.

Wie wird die Bemessungsgrundlage für die lohnsteuerfreien Zuschläge berechnet?

Lösung: Zum maßgeblichen Grundlohn des Arbeitnehmers zählen neben dem laufenden Arbeitslohn die vermögenswirksamen Leistungen (VL) sowie laufende Zuschläge und Zulagen, die wegen der Besonderheit der Arbeit während der regelmäßigen Arbeitszeit gezahlt werden, z. B. Erschwernis- und Schichtzuschläge.

Zunächst wird der Basisgrundlohn ermittelt und anschließend die Grundlohnzusätze. Der Basisgrundlohn ist der für den jeweiligen Entgeltzahlungszeitraum vereinbarte Grundlohn. Die Grundlohnzusätze sind die Teile des Grundlohns, die nicht im Voraus bestimmbar sind. Sie sind mit den Beträgen in den Grundlohn einzubeziehen, die für den jeweiligen Entgeltzahlungszeitraum tatsächlich zustehen.

Der Monatswert (Basisgrundlohn + Grundlohnzusätze) ist auf einen Stundenlohn umzurechnen. Dabei ist im Falle eines monatlichen Lohnzahlungszeitraums die regelmäßige wöchentliche Arbeitszeit mit dem 4,35-fachen anzusetzen.

Grundlohn (12,50 EUR × 40 Stunden × 4,35)	2.175,00 EUR
Zzgl. Schichtzulage (0,50 EUR × 40 Stunden × 4,35)	+ 87,00 EUR
Zzgl. VL-Zuschuss	+ 13,00 EUR
Basisgrundlohn gesamt	2.275,00 EUR
Zzgl. Grundlohnzusätze (Erschwerniszulage 0,60 EUR × 90 Stunden)	+ 54,00 EUR
Gesamtsumme	2.329,00 EUR

Höchstmögliche Bemessungsgrundlage

2.329 EUR / (40 Stunden × 4,35) = 13,39 EUR.

Die Bemessungsgrundlage für die Berechnung der lohnsteuerfreien Zuschläge beträgt 13,39 EUR pro Stunde.

Diese Berechnung ist monatlich neu durchzuführen, wenn der Wert der Grundlohnzusätze von Monat zu Monat schwankt.

Praxis-Tipp:

Wenn die o. g. Berechnung zu »mühsam« erscheint und keine tarifliche Regelung dem entgegensteht, können die Sonntags-, Feiertags- und Nachtzuschläge auch auf der Basis Stundenlohn (12,50 EUR) plus Schichtzulage (0,50 EUR) ermittelt werden. Mit 13 EUR wird dann allerdings nicht die höchstmögliche Bemessungsgrundlage für die Steuer- und Sozialversicherungsfreiheit herangezogen.

Hinweis: Die Höchstgrenze für die Lohnsteuerfreiheit der Sonn-, Feiertags- und Nachtzuschläge beträgt 50 EUR pro Stunde, die Höchstgrenze für die Sozialversicherungsfreiheit der Feiertagszuschläge beträgt 25 EUR pro Stunde. Wird an Sonntagen und Feiertagen Nachtarbeit geleistet, so können die Zuschläge addiert werden, soweit die Voraussetzungen vorliegen.

Die Steuerfreiheit von Zuschlägen für Sonntags-, Feiertags- oder Nachtarbeit ist ausgeschlossen, wenn monatlich ein Pauschalbetrag gezahlt wird. Pauschale Zuschläge, die der Arbeitgeber ohne Rücksicht auf die Höhe der tatsächlich erbrachten Sonntags-, Feiertags- oder Nachtarbeit an den Arbeitnehmer leistet, sind nur dann begünstigt, wenn sie nach dem übereinstimmenden Willen von Arbeitgeber und Arbeitnehmer als Abschlagszahlungen oder Vorschüsse auf eine spätere Einzelabrechnung geleistet werden. Mit dem jährlichen Abschluss des Lohnkontos muss auch eine Einzelabrechnung der Zuschläge für Sonntags-, Feiertags- oder Nachtarbeit erfolgen. Diese Einzelabrechnung ist grundsätzlich unverzichtbar.

Eine Ausnahme besteht nur, wenn die Arbeitsleistungen fast ausschließlich zur Nachtzeit erbracht werden und die pauschal geleisteten Zuschläge so bemessen sind, dass sie auch unter Einbeziehung von Urlaub und sonstigen Fehlzeiten – auf das Jahr bezogen – die Voraussetzungen der Steuerfreiheit erfüllen.

Die Zuschläge für Sonntags-, Feiertags- oder Nachtarbeit müssen durch Einzelabrechnungen nachgewiesen werden. Die tatsächlich geleistete Sonn-, Feiertags- oder Nachtarbeit ist anhand von Schichtplänen, Stempelkarten bzw. Stundenzetteln oder vergleichbaren Aufzeichnungen nachzuweisen. Die Nachweise sind für Prüfungszwecke der Steuerverwaltung und der Sozialversicherung aufzubewahren.

42 Sonstige Bezüge

42.1 Urlaubsgeld

Sachverhalt: Ein Arbeitgeber bezahlt seinen Mitarbeitern im Juni 2020 auf freiwilliger Basis ein Urlaubsgeld in Höhe eines halben Monatsgehalts. Er möchte sich die Möglichkeit offen halten, über die Zahlung in jedem Jahr neu entscheiden zu können.

Ein Mitarbeiter verdient monatlich 3.900 EUR. In seinen ELStAM ist die Steuerklasse I, 0,5 Kinderfreibetrag, ev., gespeichert. Der KV-Zusatzbeitrag beträgt 0,9 %.

Wie errechnet sich die Lohnsteuer auf den sonstigen Bezug und bis zu welchem Betrag ist die Einmalzahlung sozialversicherungspflichtig?

Lösung: Urlaubsgeld gehört sozialversicherungsrechtlich zu den Einmalzahlungen bzw. lohnsteuerrechtlich zu den sonstigen Bezügen. Für diese gelten besondere arbeits-, lohnsteuer- und sozialversicherungsrechtliche Regelungen.

Sonstige Bezüge müssen nach der Jahreslohnsteuertabelle versteuert werden.

Lohnsteuer

Voraussichtlicher Jahresarbeitslohn ohne sonstigen Bezug (3.900 EUR × 12 Monate)	46.800,00 EUR	
Lohnsteuer darauf		7.793,00 EUR
Voraussichtlicher Jahresarbeitslohn mit sonstigem Bezug (46.800 EUR + 1.950 EUR)	48.750,00 EUR	
Lohnsteuer darauf		8.352,00 EUR
Lohnsteuer auf den sonstigen Bezug (8.352 EUR – 7.793 EUR)	559,00 EUR	
Solidaritätszuschlag darauf (559 EUR x 5,5 %)	30,74 EUR	
Kirchensteuer darauf (559 EUR x 9 %)	50,31 EUR	

Sozialversicherungsrechtlich ist die anteilige Beitragsbemessungsgrenze für den entsprechenden Zeitraum zu ermitteln:

Kranken- und Pflegeversicherung

Anteilige Jahresbeitragsbemessungsgrenze Januar bis Juni 2020 (4.687,50 EUR × 6 Monate)	28.125 EUR
Beitragspflichtiges Entgelt (3.900 EUR × 6 Monate + 1.950 EUR)	- 25.350 EUR
Spielraum bis zur Beitragsbemessungsgrenze	2.775 EUR

Das gesamte Urlaubsgeld ist sozialversicherungspflichtig. Da die Beitragsbemessungsgrenze in der Renten- und Arbeitslosenversicherung in jedem Falle höher liegt, erübrigt sich im vorliegenden Fall die Prüfung.

Hinweis: Einmalzahlungen bleiben bei der Ermittlung der Umlage 1 (für Krankheitsaufwendungen) und der Umlage 2 (für Mutterschaftsaufwendungen) gemäß Aufwendungsausgleichsgesetz außer Ansatz.

Achtung: Sofern Urlaubsgeld ohne Vorbehalt 3-mal hintereinander gezahlt wird, entsteht eine betriebliche Übung. Die Arbeitnehmer können hieraus einen Rechtsanspruch ableiten. Dies kann verhindert werden, indem die Zahlung jeweils unter Vorbehalt gestellt wird bzw. dieser Vorbehalt bereits im Arbeitsvertrag ausdrücklich formuliert ist.

42.2 Jahresbonus

Sachverhalt: Ein Handelsunternehmen aus Rostock zahlt im Januar einen Umsatzbonus für das vergangene Jahr. Eine Mitarbeiterin mit einem Gehalt von 3.900 EUR erhält 2020 einen Umsatzbonus von 6.000 EUR. Ihr Jahresbruttoentgelt in 2019 betrug 49.500 EUR.

Wie wird der Umsatzbonus lohnsteuer- und sozialversicherungsrechtlich behandelt?

Lösung: Der Umsatzbonus ist im Januar 2020 als sonstiger Bezug nach der Jahreslohnsteuertabelle zu versteuern. Im Steuerrecht gilt das Zuflussprinzip: Die Lohnsteuer fällt in dem Jahr an, in dem die Zahlung erfolgt.

In der Sozialversicherung ist die Anwendung der Märzklausel zu prüfen: Dazu ist die anteilige Jahresbeitragsbemessungsgrenze per 31.1.2020 bei krankenversicherungspflichtigen Arbeitnehmern in der Kranken- und Pflegeversicherung und bei krankenversicherungsfreien Arbeitnehmern in der Renten- und Arbeitslosenversicherung dem beitragsrechtlichen Entgelt per 31.1.2020 gegenüber zu stellen:

Kranken- und Pflegeversicherung

Anteilige Jahresbeitragsbemessungsgrenze bis 31.1.2020 (4.687,50 EUR × 1 Monat)	4.687,50 EUR
Beitragspflichtiges Entgelt per 31.1.2020 (3.900 EUR x 1 Monat + 6.000 EUR)	9.900 EUR

Die Differenz von 5.212,50 EUR wäre im Januar 2020 kranken- und pflegeversicherungsfrei.

Als Folge wird die gesamte Einmalzahlung dem Vorjahr (= Anwendung der Märzklausel) zugeordnet.

Kranken- und Pflegeversicherung

Jahresbeitragsbemessungsgrenze 2019	54.450 EUR
Beitragspflichtiges Jahresarbeitsentgelt 2019	- 49.500 EUR
Noch nicht verbeitragt	4.950 EUR

Von der Einmalzahlung von 6.000 EUR im Januar 2020 sind 4.950 EUR kranken- und pflegeversicherungspflichtig.

Die restlichen 1.050 EUR (6.000 EUR – 4.950 EUR) aus der Einmalzahlung bleiben kranken- und pflegeversicherungsfrei.

Renten- und Arbeitslosenversicherung

Jahresbeitragsbemessungsgrenze 2019	73.800 EUR
Beitragspflichtiges Jahresarbeitsentgelt 2019	- 49.500 EUR
Noch nicht verbeitragt	24.300 EUR

Die gesamte Einmalzahlung von 6.000 EUR ist renten- und arbeitslosenversicherungspflichtig.

Hinweis: Bei krankenversicherungspflichtigen Arbeitnehmern ist in jedem Fall auf die Beitragsbemessungsgrenze in der Krankenversicherung abzustellen. Bei krankenversicherungsfreien (freiwillig oder privat versicherten) Arbeitnehmern ist nur die Beitragsbemessungsgrenze in der Rentenversicherung anzuwenden.

Tipp: Wird der Jahresbonus im Entgeltabrechnungsprogramm als Einmalzahlung gekennzeichnet, führt das Entgeltabrechnungsprogramm die Prüfung der Märzklausel automatisch durch. Nur bei Wechsel des Entgeltabrechnungsprogramms müssen die Vorjahreswerte manuell vortragen werden, damit das Programm die Märzklausel anwenden kann.

43 Studentenjobs

Kurzbeschreibung: Die Rechtsauslegung der Spitzenorganisationen der Sozialversicherung zu Studentenjobs hat sich ab 2017 für Sachverhalte geändert, bei denen mehrere befristete Beschäftigungen im Laufe eines Jahres ausgeübt werden (Anwendung der 26-Wochen-Regelung). In diesen Praxis-Beispielen werden die verschiedenen Konstellationen und deren versicherungsrechtliche Bewertung dargestellt.

43.1 Minijob

Sachverhalt: Ein eingeschriebener Student übt seit dem 1.2. eine unbefristete Beschäftigung aus. Die wöchentliche Arbeitszeit beträgt 10 Stunden. Als monatliches Arbeitsentgelt sind gleichbleibend 450 EUR vereinbart. Ein Anspruch auf Sonderzahlungen besteht nicht.

Wie ist die Beschäftigung sozialversicherungsrechtlich zu beurteilen?

Lösung: Es handelt sich um eine geringfügig entlohnte Beschäftigung (Minijob), da das monatliche Arbeitsentgelt 450 EUR nicht überschreitet. Der Student ist in der Beschäftigung versicherungsfrei in der Kranken-, Pflege- und Arbeitslosenversicherung. In der Rentenversicherung besteht Versicherungspflicht. Allerdings kann der Student auf Antrag gegenüber dem Arbeitgeber von der Rentenversicherungspflicht befreit werden.

Es sind Pauschalbeiträge durch den Arbeitgeber in Höhe von 13 % des Arbeitsentgelts zur Krankenversicherung zu entrichten, wenn der Student gesetzlich krankenversichert ist. Weitere 15 % vom Arbeitsentgelt sind als Rentenversicherungsbeiträge vom Arbeitgeber zu entrichten. Bei verbleibender Rentenversicherungspflicht trägt der Student derzeit zusätzlich 3,6 % des Arbeitsentgelts als seinen Anteil am Rentenversicherungsbeitrag.

Personengruppe: 109

Mögliche Beitragsgruppenschlüssel:

6100 – bei gesetzlicher Krankenversicherung und Rentenversicherungspflicht
6500 – bei gesetzlicher Krankenversicherung und Befreiung von der Rentenversicherungspflicht
0100 – bei privater Krankenversicherung und Rentenversicherungspflicht
0500 – bei privater Krankenversicherung und Befreiung von der Rentenversicherungspflicht

Zuständige Einzugsstelle: Minijob-Zentrale.

Tipp: Die Versteuerung des Arbeitsentgelts kann über die einheitliche Pauschsteuer von 2% erfolgen. Bei Studenten ist im Regelfall eine individuelle Besteuerung nach ELStAM sinnvoll, da meist keine weitere Beschäftigung ausgeübt wird und damit bei unverheirateten Studenten die Steuerklasse I maßgebend ist. Bei dem geringfügigen Arbeitsentgelt fällt bei Lohnsteuerklasse I noch keine Lohnsteuer an und der Student bekommt das Arbeitsentgelt ohne Steuerabzug ausbezahlt.

43.2 Kurzfristige Beschäftigung

Sachverhalt: Ein eingeschriebener Student übt eine vom 1.2. bis zum 31.3. (= 2 Monate) befristete Beschäftigung aus. Die wöchentliche Arbeitszeit beträgt 40 Stunden (montags – freitags). Als monatliches Arbeitsentgelt sind 2.200 EUR vereinbart. Zuvor hat der Student noch keine Beschäftigung während des Studiums ausgeübt.

Wie ist die Beschäftigung sozialversicherungsrechtlich zu beurteilen?

Lösung: Es handelt sich um eine kurzfristige Beschäftigung, da das Beschäftigungsverhältnis auf nicht mehr als 3 Monate befristet ist. Die Höhe des Arbeitsentgelts ist unbedeutend. Der Student ist in der Beschäftigung versicherungsfrei in der Kranken-, Pflege-, Renten- und Arbeitslosenversicherung. Die Versicherungsfreiheit im Rahmen einer kurzfristigen Beschäftigung ist immer **vor** der Versicherungsfreiheit im Rahmen des Werkstudentenprivilegs zu prüfen.

Beiträge sind nicht zu entrichten, aber Umlagen (U1, U2 und Insolvenzgeld).

Personengruppenschlüssel:	110
Beitragsgruppenschlüssel:	0000
Zuständige Einzugsstelle:	Minijob-Zentrale

43.3 Beschäftigung mit wöchentlicher Arbeitszeit von nicht mehr als 20 Stunden

Sachverhalt: Ein eingeschriebener Student übt vom 1.3. an eine unbefristete Beschäftigung gegen ein monatliches Arbeitsentgelt von 900 EUR aus. Die wöchentliche Arbeitszeit beträgt 17 Stunden.

Wie ist die Beschäftigung sozialversicherungsrechtlich zu beurteilen?

Lösung: Da die wöchentliche Arbeitszeit 20 Stunden nicht überschreitet, besteht in der Beschäftigung im Rahmen des Werkstudentenprivilegs Versicherungsfreiheit in der Kranken-, Pflege- und Arbeitslosenversicherung. Zur Rentenversicherung besteht jedoch Versicherungspflicht.

Es sind individuelle Beiträge zur Rentenversicherung zu zahlen. Pauschale Beiträge zur Krankenversicherung sind nicht zu zahlen, da die Merkmale einer geringfügig entlohnten Beschäftigung nicht vorliegen.

Personengruppenschlüssel:	106
Beitragsgruppenschlüssel:	0100
Zuständige Einzugsstelle:	zuständige Krankenkasse

Tipp: Bei der Beschäftigung von Studenten ist es aus Sicht des Arbeitgebers finanziell sinnvoller, die Grenzen der geringfügigen Beschäftigung zu überschreiten. Die Pauschalbeiträge zur Kranken- und Rentenversicherung bei der geringfügigen Beschäftigung betragen 28 % (15 % Rentenversicherung, 13 % Krankenversicherung). Studenten, deren regelmäßiges Arbeitsentgelt über 450 EUR liegt, deren wöchentliche Arbeitszeit aber 20 Stunden nicht überschreitet, sind nur rentenversicherungspflichtig. Daraus ergeben sich derzeit lediglich 9,3 % zusätzliche Aufwendungen für den Arbeitgeber für den Rentenversicherungsbeitrag.

Für die Beiträge zur Rentenversicherung werden dabei bis zu einem regelmäßigen monatlichen Arbeitsentgelt in Höhe von 1.300 EUR die Regelungen des Übergangsbereichs angewendet. Dadurch ist der Beitrag des Studenten niedriger als 9,3 % seines tatsächlichen Arbeitsentgelts.

Ist der Student im Rahmen der für ihn kostenlosen Familienversicherung krankenversichert, darf sein monatliches Gesamteinkommen 1/7 der monatlichen Bezugsgröße (2020 = 455 EUR) nicht überschreiten. Da allerdings bei der Ermittlung des Gesamteinkommens die Werbungskosten bzw. die entsprechenden Pauschbeträge (derzeit 1.000 EUR/jährlich bzw. 83,33 EUR/monatlich) abzuziehen sind, wirkt sich eine solche Beschäftigung bis zu einem monatlichen Arbeitsentgelt in Höhe von 538,33 EUR nicht auf die Familienversicherung aus. Dabei dürfen allerdings keine weiteren anrechenbaren Einkünfte vorhanden sein.

43.4 Überschreitung der 20-Wochenstunden-Grenze/Arbeit in den Abend- und Nachtstunden und am Wochenende/ befristete Beschäftigung

Sachverhalt: Ein eingeschriebener Student übt ab 1.2. eine bis zum 30.6. (= 5 Monate) befristete Beschäftigung an 24 Stunden wöchentlich aus. Davon arbeitet er von montags bis donnerstags jeweils am Vormittag 4 Stunden. Die verbleibenden 8 Stunden arbeitet er am Wochenende. Das monatliche Arbeitsentgelt beträgt 1.500 EUR. Der Student übt erstmalig einen Studentenjob aus.

Wie ist die Beschäftigung sozialversicherungsrechtlich zu beurteilen?

Lösung: Die Überschreitung der 20-Wochenstunden-Grenze ist nur auf die Beschäftigungszeiten am Wochenende zurückzuführen. Bei Beschäftigungen am Wochenende sowie in den Abend- und Nachtstunden kann Versicherungsfreiheit aufgrund des Werkstudentenprivilegs auch bei einer Wochenarbeitszeit von mehr als 20 Stunden in Betracht kommen. Voraussetzung dafür ist, dass Zeit und Arbeitskraft des Studenten überwiegend durch das Studium in Anspruch genommen werden. Vom Erscheinungsbild eines Studenten ist jedoch nicht mehr auszugehen, wenn

- eine derartige Beschäftigung mit einer Wochenarbeitszeit von mehr als 20 Stunden ohne zeitliche Befristung ausgeübt wird oder
- auf einen Zeitraum von mehr als 26 Wochen befristet ist.

In der vorliegenden Beschäftigung besteht im Rahmen des Werkstudentenprivilegs Versicherungsfreiheit in der Kranken-, Pflege- und Arbeitslosenversicherung, da

- die wöchentliche Arbeitszeit während der Vorlesungszeit die 20-Wochenstunden-Grenze nicht überschreitet,
- die Überschreitung der 20-Wochenstunden-Grenze nur auf die Arbeit am Wochenende zurückzuführen ist und
- der Befristungszeitraum 26 Wochen nicht überschreitet und
- keine Vorbeschäftigungszeiten vorliegen.

Zur Rentenversicherung besteht jedoch Versicherungspflicht.

Personengruppenschlüssel:	106
Beitragsgruppenschlüssel:	0100
Zuständige Einzugsstelle:	zuständige Krankenkasse

43.5 Überschreitung der 20-Wochenstunden-Grenze/Arbeit in den Abend- und Nachtstunden und am Wochenende/unbefristete Beschäftigung

Sachverhalt: Ein eingeschriebener Student übt ab 1.4. eine unbefristete Beschäftigung an 24 Stunden wöchentlich aus. Davon arbeitet er von montags bis donnerstags jeweils am Vormittag 4 Stunden. Die verbleibenden 8 Stunden arbeitet er am Wochenende. Das monatliche Arbeitsentgelt beträgt 1.600 EUR.

Wie ist die Beschäftigung sozialversicherungsrechtlich zu beurteilen?

Lösung: Die Überschreitung der 20-Wochenstunden-Grenze ist zwar auf die Beschäftigungszeiten am Wochenende zurückzuführen. Da die Beschäftigung aber unbefristet ausgeübt wird, besteht ab 1.4. Versicherungspflicht in der Kranken-, Pflege-, Renten- und Arbeitslosenversicherung.

Personengruppenschlüssel:	101
Beitragsgruppenschlüssel:	1111
Zuständige Einzugsstelle:	zuständige Krankenkasse

43.6 Befristete Überschreitung der 20-Wochenstunden-Grenze/Arbeit in den Abend- und Nachtstunden

Sachverhalt: Ein Student übt seit 1.4. eine unbefristete Beschäftigung an 20 Stunden wöchentlich aus. Er arbeitet von Montag bis Freitag tagsüber jeweils 4 Stunden täglich. Im Rahmen des Werkstudentenprivilegs besteht Versicherungsfreiheit in der Kranken-, Pflege- und Arbeitslosenversicherung. Er vereinbart mit seinem Arbeitgeber, vom 10.6. bis voraussichtlich 31.7. desselben Jahres an den Wochenenden jeweils zusätzlich 10 Stunden zu arbeiten. Vorher war der Student noch nie mehr als 20 Stunden in der Woche beschäftigt gewesen.

Wie ist die Beschäftigung ab 10.6. sozialversicherungsrechtlich zu beurteilen?

Lösung: Die Überschreitung der 20-Stunden-Grenze ist auf im Voraus zeitlich befristete Beschäftigungen an den Wochenenden zurückzuführen. Die Beschäftigungszeiten mit über 20 Wochenstunden während der maßgebenden Jahresfrist vom 31.7. des laufenden Jahres bis 1.8. des Vorjahres betragen insgesamt 52 Kalendertage (10.6. bis 31.7.) und damit nicht mehr als 26 Wochen bzw. 182 Kalendertage. Die Beschäftigung ist folglich im Rahmen des Werkstudentenprivilegs über den 10.6. hinaus weiterhin versicherungsfrei in der Kranken-, Pflege- und Arbeitslosenversicherung. Zur Rentenversicherung besteht Versicherungspflicht.

Personengruppenschlüssel:	106
Beitragsgruppenschlüssel:	0100
Zuständige Einzugsstelle:	zuständige Krankenkasse

43.7 Überschreitung der 20-Wochenstunden-Grenze in den Semesterferien

Sachverhalt: Ein eingeschriebener Student übt vom 1.1. an eine unbefristete Beschäftigung gegen ein monatliches Arbeitsentgelt in Höhe von 1.400 EUR aus. Die wöchentliche Arbeitszeit beträgt 20 Stunden. Während der Semesterferien beträgt die wöchentliche Arbeitszeit 40 Stunden, das Arbeitsentgelt 2.000 EUR. Semesterferien sind in der Zeit vom 11.2. bis 17.4. und vom 29.7. bis 8.10.

Wie ist die Beschäftigung sozialversicherungsrechtlich zu beurteilen?

Lösung: Wird eine Beschäftigung mit einer wöchentlichen Arbeitszeit von nicht mehr als 20 Stunden lediglich in der vorlesungsfreien Zeit (Semesterferien) auf mehr als 20 Stunden ausgeweitet, so bleibt auch für diese Zeit das studentische Erscheinungsbild erhalten. Es ist grundsätzlich Versicherungsfreiheit aufgrund des Werkstudentenprivilegs anzunehmen. Allerdings dürfen derartige Beschäftigungen mit mehr als 20 Wochenstunden im Laufe eines Jahres insgesamt nicht mehr als 26 Wochen ausmachen. Es besteht Versicherungsfreiheit in der Kranken-, Pflege- und Arbeitslosenversicherung. Zur Rentenversicherung besteht Versicherungspflicht.

Personengruppenschlüssel:	101
Beitragsgruppenschlüssel:	0100
Zuständige Einzugsstelle:	zuständige Krankenkasse

43.8 Befristete Beschäftigungen ausschließlich in den Semesterferien

Sachverhalt: Ein eingeschriebener Student übt während der Semesterferien vom 13.2. bis 13.4. und vom 5.8. bis 8.10. jeweils eine im Voraus auf diese Zeiträume befristete Beschäftigung gegen ein monatliches Arbeitsentgelt in Höhe von 2.000 EUR aus. Die wöchentliche Arbeitszeit beträgt 40 Stunden (montags – freitags jeweils 8 Stunden).

Wie ist die Beschäftigung sozialversicherungsrechtlich zu beurteilen?

Lösung

Beschäftigung vom 13.2. bis 13.4. Es handelt sich um eine kurzfristige Beschäftigung, da die Beschäftigung auf nicht mehr als 3 Monate befristet ist. Die Höhe des Arbeitsentgelts ist unbedeutend. Der Student ist in der Beschäftigung versicherungsfrei in der Kranken-, Pflege-, Renten- und Arbeitslosenversicherung. Beiträge sind nicht zu entrichten, aber Umlagen (U1, U2 und Insolvenzgeld).

Personengruppenschlüssel:	110
Beitragsgruppenschlüssel:	0000
Zuständige Einzugsstelle:	Minijob-Zentrale

Beschäftigung vom 5.8. bis 8.10. Die Beschäftigung ist auf nicht mehr als 3 Monate befristet. Für die Prüfung, ob es sich um eine kurzfristige Beschäftigung handelt, sind

Vorbeschäftigungen innerhalb des Kalenderjahres anzurechnen (voller Monat ist mit 30 Tagen anzusetzen):

Zusammenrechnung der Beschäftigungen vom 1.1. bis 31.12.:

13.2. bis 13.4. (kein Schaltjahr)	=	59 Kalendertage
5.8. bis 8.10.	=	65 Kalendertage
Insgesamt	=	124 Kalendertage

Da die Grenze von 90 Kalendertagen überschritten wird, handelt es sich nicht um eine kurzfristige Beschäftigung.

Bei Beschäftigungen, die ausschließlich während der vorlesungsfreien Zeit (Semesterferien) ausgeübt werden, ist davon auszugehen, dass Zeit und Arbeitskraft in der Gesamtbetrachtung überwiegend durch das Studium in Anspruch genommen werden. Unabhängig von der wöchentlichen Arbeitszeit und der Höhe des Arbeitsentgelts besteht unter der Voraussetzung, dass die Beschäftigung ausschließlich auf die vorlesungsfreie Zeit (Semesterferien) begrenzt ist, daher Versicherungsfreiheit aufgrund des Werkstudentenprivilegs.

Grundsätzlich ist – auch bei Studentenjobs in den Semesterferien – zu prüfen, ob die Beschäftigungszeiten mit einer wöchentlichen Arbeitszeit über 20 Stunden innerhalb eines Jahres (ausgehend vom Ende der zu beurteilenden Beschäftigung) die Grenze von 26 Wochen (182 Kalendertage) überschreiten. Da die vorlesungsfreien Zeiten aufgrund ihrer Dauer aber insgesamt diese Grenze – auch unter Berücksichtigung der Studentenjobs in anderen Semesterferien – nie überschreiten, ist diese zusätzliche Prüfung bei Beschäftigungen ausschließlich in den Semesterferien entbehrlich.

In der Beschäftigung besteht daher Versicherungsfreiheit in der Kranken-, Pflege- und Arbeitslosenversicherung. Zur Rentenversicherung besteht Versicherungspflicht, da das Werkstudentenprivileg hier nicht angewendet wird.

Personengruppenschlüssel:	106
Beitragsgruppenschlüssel:	0100
Zuständige Einzugsstelle:	zuständige Krankenkasse

43.9 Befristete Beschäftigung mit Werkstudentenprivileg und Vorbeschäftigungen

Sachverhalt: Ein eingeschriebener Student übt folgende jeweils im Voraus befristete Beschäftigungen aus:

Zeitraum	*Wöchentliche Arbeitszeit*	*Anmerkungen*
13.2. bis 13.4.	40 Stunden (montags – freitags je 8 Stunden)	Semesterferien
8.5. bis 16.7.	25 Stunden (mittwochs – sonntags je 5 Stunden	Vorlesungszeit
5.8. bis 8.10.	40 Stunden (montags – freitags je 8 Stunden)	Semesterferien

In allen Beschäftigungen beträgt das monatliche Arbeitsentgelt mehr als 450 EUR.

Wie sind die Beschäftigungen sozialversicherungsrechtlich zu beurteilen?

Lösung

Beschäftigung vom 13.2. bis 13.4.: Es handelt sich um eine kurzfristige Beschäftigung, da die Beschäftigung auf nicht mehr als 3 Monate befristet ist. Die Höhe des Arbeitsentgelts ist unbedeutend. Der Student ist in der Beschäftigung versicherungsfrei in der Kranken-, Pflege-, Renten- und Arbeitslosenversicherung.

Beiträge sind nicht zu entrichten, aber Umlagen (U1, U2 und Insolvenzgeld).

Personengruppenschlüssel:	110
Beitragsgruppenschlüssel:	0000
Zuständige Einzugsstelle:	Minijob-Zentrale

Beschäftigung vom 8.5. bis 16.7.: Die Beschäftigung ist auf nicht mehr als 3 Monate befristet. Für die Prüfung, ob es sich um eine kurzfristige Beschäftigung handelt, sind Vorbeschäftigungen innerhalb des Kalenderjahres anzurechnen (voller Monat ist mit 30 Tagen anzusetzen):

Zusammenrechnung der Beschäftigungen vom 1.1. bis 31.12.:

13.2. bis 13.4. (kein Schaltjahr)	=	59 Kalendertage
8.5. bis 16.7.	=	70 Kalendertage
Insgesamt	=	129 Kalendertage

Da die Grenze von 90 Kalendertagen überschritten wird, handelt es sich nicht um eine kurzfristige Beschäftigung.

Bei Beschäftigungen, in denen die 20-Wochenstunden-Grenze nur durch die Beschäftigungszeit am Wochenende überschritten wird, ist vom Werkstudentenprivileg auszugehen. Etwas anderes gilt, wenn sich derartige Beschäftigungen mit mehr als

20 Wochenstunden im Laufe eines Zeitjahres (ausgehend vom Ende der zu beurteilenden Beschäftigung) wiederholen und insgesamt mehr als 26 Wochen ausmachen. Die dafür maßgebende Jahresfrist verläuft hier vom 17.7. des Vorjahres bis 16.7. des laufenden Jahres. Die Beschäftigungszeiten über 20 Wochenstunden überschreiten die Grenze von 182 Kalendertagen nicht. Daher besteht Versicherungsfreiheit in der Kranken-, Pflege- und Arbeitslosenversicherung aufgrund des Werkstudentenprivilegs. In der Rentenversicherung kann dies nicht angewendet werden. Deshalb besteht hier Versicherungspflicht.

Personengruppenschlüssel:	106
Beitragsgruppenschlüssel:	0100
Zuständige Einzugsstelle:	zuständige Krankenkasse

Beschäftigung vom 5.8. bis 8.10.: Die Beschäftigung ist zwar auf nicht mehr als 3 Monate befristet, aufgrund der anrechenbaren Vorbeschäftigungen wird jedoch die Grenze für die Versicherungsfreiheit im Rahmen einer kurzfristigen Beschäftigung von 90 Kalendertagen innerhalb des Kalenderjahres überschritten.

Bei Beschäftigungen, die ausschließlich während der vorlesungsfreien Zeit (Semesterferien) ausgeübt werden, ist davon auszugehen, dass Zeit und Arbeitskraft in der Gesamtbetrachtung überwiegend durch das Studium in Anspruch genommen werden. Etwas anderes gilt allerdings auch bei Beschäftigungen in den Semesterferien, wenn innerhalb eines Jahres (ausgehend vom Ende der zu beurteilenden Beschäftigung) die Beschäftigungszeiten über 20 Wochenstunden die Grenze von 182 Kalendertagen überschreiten.

Zusammenrechnung der Beschäftigungen vom 9.10. des Vorjahres bis 8.10.des laufenden Jahres:

13.2. bis 13.4. (Schaltjahr)	=	60 Kalendertage
8.5. bis 16.7.	=	70 Kalendertage
5.8. bis 8.10.	=	65 Kalendertage
Insgesamt	=	195 Kalendertage

Da die Grenze von 182 Kalendertagen überschritten wird, wird das Werkstudentenprivileg bei dieser Beschäftigung nicht angewendet. Vom Beginn der Beschäftigung besteht Versicherungspflicht in der Kranken-, Pflege-, Renten- und Arbeitslosenversicherung.

Personengruppenschlüssel:	101
Beitragsgruppenschlüssel:	1111
Zuständige Einzugsstelle:	zuständige Krankenkasse

43.10 Befristete Beschäftigungen ohne Werkstudentenprivileg mit Vorbeschäftigung

Sachverhalt: Ein eingeschriebener Student übt folgende jeweils im Voraus befristete Beschäftigungen aus:

Zeitraum	Wöchentliche Arbeitszeit	Anmerkungen
13.2. bis 13.4.	40 Stunden (montags – freitags je 8 Stunden)	Semesterferien
8.5. bis 30.6.	40 Stunden (montags – freitags je 8 Stunden)	Vorlesungszeit
5.8. bis 8.10.	40 Stunden (montags – freitags je 8 Stunden)	Semesterferien

In allen Beschäftigungen beträgt das monatliche Arbeitsentgelt mehr als 450 EUR.

Wie sind die Beschäftigungen sozialversicherungsrechtlich zu beurteilen?

Lösung

Beschäftigung vom 13.2. bis 13.4.: Es handelt sich um eine kurzfristige Beschäftigung, da die Beschäftigung auf nicht mehr als 3 Monate befristet ist. Die Höhe des Arbeitsentgelts ist unbedeutend. Der Student ist in der Beschäftigung versicherungsfrei in der Kranken-, Pflege-, Renten- und Arbeitslosenversicherung.

Beiträge sind nicht zu entrichten, aber Umlagen (U1, U2 und Insolvenzgeld).

Personengruppenschlüssel:	110
Beitragsgruppenschlüssel:	0000
Zuständige Einzugsstelle:	Minijob-Zentrale

Beschäftigung vom 8.5. bis 30.6.: Die Beschäftigung ist auf nicht mehr als 3 Monate befristet. Für die Prüfung, ob es sich um eine kurzfristige Beschäftigung handelt, sind Vorbeschäftigungen innerhalb des Kalenderjahres anzurechnen (voller Monat ist mit 30 Tagen anzusetzen):

Zusammenrechnung der Beschäftigungen vom 1.1. bis 31.12.:

13.2. bis 13.4. (kein Schaltjahr)	=	59 Kalendertage
8.5. bis 30.6.	=	54 Kalendertage
Insgesamt	=	113 Kalendertage

Da die Grenze von 90 Kalendertagen überschritten wird, handelt es sich nicht um eine kurzfristige Beschäftigung.

Bei der Prüfung der Versicherungsfreiheit auf der Grundlage des Werkstudentenprivilegs muss bei Beschäftigungen, in denen die 20-Wochenstunden-Grenze überschritten wird, zunächst eine der beiden folgenden Grundvoraussetzungen für die Anwendung des Werkstudentenprivilegs erfüllt sein:

- Die Beschäftigung ist ausschließlich auf die vorlesungsfreie Zeit (Semesterferien) begrenzt.
- Die 20-Wochenstunden-Grenze der befristeten Beschäftigung wird nur durch Beschäftigungszeiten am Wochenende oder in den Abend- und Nachtstunden überschritten.

Da die Beschäftigung vom 8.5. bis 30.6. keine dieser Voraussetzungen erfüllt, besteht Versicherungspflicht in der Kranken-, Pflege-, Renten- und Arbeitslosenversicherung.

Wichtig: Hier ist es unerheblich, dass die Beschäftigungsdauer aller Beschäftigungen die Grenze von 26 Wochen innerhalb eines Jahres nicht überschreitet.

Personengruppenschlüssel:	101
Beitragsgruppenschlüssel:	1111
Zuständige Einzugsstelle:	zuständige Krankenkasse

Beschäftigung vom 5.8. bis 8.10.: Die Beschäftigung ist zwar auf nicht mehr als 3 Monate befristet. Aufgrund der anrechenbaren Vorbeschäftigungen wird jedoch die Grenze für die Versicherungsfreiheit im Rahmen einer kurzfristigen Beschäftigung von 90 Kalendertagen innerhalb des Kalenderjahres überschritten.

Bei Beschäftigungen, die ausschließlich während der vorlesungsfreien Zeit (Semesterferien) ausgeübt werden, ist davon auszugehen, dass Zeit und Arbeitskraft in der Gesamtbetrachtung überwiegend durch das Studium in Anspruch genommen werden. Etwas anderes gilt dann, wenn innerhalb eines Zeitjahres (ausgehend vom Ende der zu beurteilenden Beschäftigung) die Beschäftigungszeiten über 20 Wochenstunden die Grenze von 182 Kalendertagen überschreiten.

Zusammenrechnung der Beschäftigungen vom 9.10. des Vorjahres bis 8.10. des laufenden Jahres (anders als bei der Prüfung der Kurzfristigkeit werden hier auch volle Monate mit den tatsächlichen Tagen gezählt):

13.2. bis 13.4. lfd. Jahr (kein Schaltjahr)	=	60 Kalendertage
8.5. bis 30.6. lfd. Jahr	=	54 Kalendertage
5.8. bis 8.10. lfd. Jahr	=	65 Kalendertage
Insgesamt	=	179 Kalendertage

Da die Grenze von 182 Kalendertagen nicht überschritten wird, besteht Versicherungsfreiheit in der Kranken-, Pflege- und Arbeitslosenversicherung. In der Rentenversicherung besteht Versicherungspflicht.

Personengruppenschlüssel:	106
Beitragsgruppenschlüssel:	0100
Zuständige Einzugsstelle:	zuständige Krankenkasse

44 Teilzeitbeschäftigung

44.1 Übergangsbereich

Sachverhalt: Eine Mitarbeiterin arbeitet 2020 an 15 Stunden in der Woche und erhält dafür 1.000 EUR brutto pro Monat. Sie hat Steuerklasse V, keine Kinderfreibeträge, keine Kirchensteuer und ist in einer gesetzlichen Krankenkasse (individueller Zusatzbeitrag 0,9 %) versichert. Ein weiteres sozialversicherungspflichtiges Beschäftigungsverhältnis liegt nicht vor.

Wie werden für Arbeitgeber und Arbeitnehmer die Beiträge zur Sozialversicherung ermittelt?

Lösung: Das Arbeitsentgelt wird sozialversicherungsrechtlich nach den Regeln des Übergangsbereichs behandelt. Dabei wird für die Berechnung des Arbeitnehmeranteils zur Sozialversicherung ein ermäßigtes Arbeitsentgelt zugrunde gelegt. Der Arbeitgeberanteil wird auf das normale Entgelt ermittelt. Steuerrechtlich ergeben sich keine Besonderheiten.

Der Faktor für den Übergangsbereich für 2020 lautet: 0,7547.

Die Gleitzonenformel für Bruttoentgelte zwischen 450,01 und 1.300 EUR lautet:

F x 450 + [{1.300/(1.300-450)} – {450/(1.300-450)} x F] x (Arbeitsentgelt – 450).

0,7547 x 450 + [1,5294 – 0,5294 x 0,7547] x (1.000 – 450) = 339,615 + 1,12986182 x 550 = 961,04 EUR

Beiträge zur Sozialversicherung

	Gesamtbeitrag	*Arbeitgeberanteil*	*Arbeitnehmeranteil*
Krankenversicherung	148,96 EUR (961,04 EUR x 7,75 % = 74,48 EUR; 74,48 EUR x 2)	77,50 EUR (1.000 EUR x 7,75 %)	71,46 EUR (148,96 EUR – 77,50 EUR)
Rentenversicherung	178,76 EUR (961,04 EUR x 9,3 % = 89,38 EUR; 89,38 EUR x 2)	93,00 EUR (1.000 EUR x 9,3 %)	85,76 EUR (178,76 EUR – 93,00 EUR)

Arbeitslosen-versicherung	23,06 EUR (961,04 EUR x 1,2 % = 11,53 EUR; 11,53 EUR x 2)	12,50 EUR (1.000 EUR x 1,2 %)	11,06 EUR (23,06 EUR – 12,00 EUR)
Pflegeversi-cherung (inkl. Zuschlag für Kinderlose)	31,72 EUR (961,04 EUR x 1,525 % = 14,66 EUR; 14,66 EUR x 2 + 961,04 EUR x 0,25 %)	15,25 EUR (1.000 EUR x 1,525 %)	16,47 EUR (31,72 EUR – 15,25 EUR)

Abrechnung

Bruttolohn		1.000,00 EUR
Lohnsteuer (Stkl. V)	100,66 EUR	
Solidaritätszuschlag	3,93 EUR	
Kirchensteuer	0,00 EUR	- 104,59 EUR
Krankenversicherung	71,46 EUR	
Rentenversicherung	85,76 EUR	
Arbeitslosenversicherung	11,06 EUR	
Pflegeversicherung	16,47 EUR	- 184,75 EUR
Nettolohn		710,66 EUR

Die Arbeitnehmerin ist bei einem Verdienst von über 450 EUR monatlich versicherungspflichtig in allen Zweigen der Sozialversicherung. Der Beitragsgruppenschlüssel lautet 1 1 1 1 (wie bei anderen versicherungspflichtigen Arbeitnehmern). In der Meldung zur Sozialversicherung wird das volle Bruttoentgelt in Höhe von 1.000 EUR gemeldet und nicht das ermäßigte Entgelt.

Tipp: In der Pflegeversicherung ist ein Zuschlag von 0,25 % für die kinderlose Arbeitnehmerin anzusetzen. In Steuerklasse V werden keine Kinderfreibeträge ausgewiesen: Falls die Arbeitnehmerin mindestens ein Kind hat, muss sich der Arbeitgeber ein geeignetes Dokument (Geburtsurkunde) vorlegen lassen, das die Elterneigenschaft der Arbeitnehmerin nachweist, und im Lohnkonto als Kopie aufbewahren.

44.2 Urlaubs- und Gehaltsanspruch

Sachverhalt: In einem Unternehmen ist als regelmäßige Arbeitszeit die 39-Stunden-Woche festgelegt. Ein neuer Mitarbeiter soll als Teilzeitkraft eingestellt werden. Er soll 21 Stunden wöchentlich arbeiten: montags, mittwochs und freitags jeweils 7 Stunden. Das Gehalt für eine Vollzeitstelle beträgt monatlich 1.950 EUR, der jährliche Urlaub 24 Arbeitstage, im Juni werden 50 % Urlaubsgeld gezahlt.

Wie hoch ist das Gehalt des Teilzeitmitarbeiters und wie viele Urlaubstage stehen ihm zu?

Lösung

Berechnung Gehalt: Das Gehalt wird anteilig entsprechend der im Arbeitsvertrag vereinbarten Stunden berechnet: 1.950 EUR / 39 Stunden x 21 Stunden = 1.050 EUR. Das Gehalt des Mitarbeiters beträgt bei einer wöchentlichen Arbeitszeit von 21 Stunden 1.050 EUR pro Monat.

Berechnung Urlaubstage: Der Urlaubsanspruch wird entsprechend der vereinbarten Arbeitszeit ermittelt: 24 Arbeitstage / 5 Tage x 3 Tage = 14,4 Tage; hier dürfen Sie auf 14 Tage abrunden. Der Mitarbeiter hat Anspruch auf 14 Tage Urlaub.

Hinweis: Sind die 21 Stunden Arbeitszeit auf die ganze Woche (5 Arbeitstage pro Woche) verteilt, stehen dem Arbeitnehmer auch volle 24 Tage Urlaub zu.

44.3 Überstunden

Sachverhalt: In einem Unternehmen ist als regelmäßige Arbeitszeit die 39-Stunden-Woche festgelegt. Ein neuer Mitarbeiter soll als Teilzeitkraft eingestellt werden. Er soll 21 Stunden wöchentlich arbeiten: montags, mittwochs und freitags jeweils 7 Stunden. Das Gehalt für eine Vollzeitstelle beträgt monatlich 1.950 EUR, der Urlaub 24 Arbeitstage jährlich, im Juni werden 50 % Urlaubsgeld gezahlt.

Nach einiger Zeit stellt sich heraus, dass der Arbeitnehmer gelegentlich mehr als 21 Wochenstunden arbeiten muss. Der Arbeitnehmer ist nach gemeinsamer Absprache bereit, entsprechend mehr zu arbeiten.

Wie müssen die Überstunden bezahlt werden, müssen ihm dafür Überstundenzuschläge gezahlt werden und wie wirkt sich das auf seinen Urlaub aus?

Lösung: Das Gehalt wird anteilig entsprechend der im Arbeitsvertrag vereinbarten Stunden berechnet:

1.950 EUR : 39 Stunden = 50 EUR × 21 Stunden = 1.050 EUR.

Überstunden sind regelmäßig vergütungspflichtig, sofern sie angeordnet wurden. Sie entstehen erst, wenn über die regelmäßige betriebliche Arbeitszeit hinaus gearbeitet wird. In diesem Unternehmen ist also erst die 40. Wochenstunde als Überstunde zu betrachten. Der Arbeitnehmer überschreitet zwar seine individuelle Arbeitszeit, leistet aber noch keine Überstunden. Demzufolge hat er auch keinen Anspruch auf Bezahlung von Überstundenzuschlägen, auch wenn deren Zahlung im Betrieb üblich ist. Der Arbeitnehmer hat allerdings Anspruch auf Bezahlung der über die individuelle Arbeitszeit hinausgehenden Stunden. Der Stundensatz wird wie folgt berechnet:

1.950 EUR /(39 × 4,35) = 11,49 EUR

Bzw. 1.050 EUR / (21 × 4,35) = 11,49 EUR.[40]

Hat der Arbeitnehmer im Juni 5 Überstunden geleistet, berechnet sich sein Bruttogehalt wie folgt:

Gehalt	1.050,00 EUR
Zzgl. 5 Überstunden (5 × 11,49 EUR)	+ 57,45 EUR
Zzgl. Urlaubsgeld (50 % v. 1.050 EUR)	+ 525,00 EUR
Gesamtbrutto (steuer- und sozialversicherungspflichtig)	1.632,45 EUR

Auf seinen Urlaubsanspruch und das Urlaubsgeld haben diese Überstunden zunächst keinen Einfluss.

Hinweis: Fallen die Überstunden mit einer gewissen Regelmäßigkeit an, kann das den Anspruch auf Urlaubsgeld erhöhen. Hierzu sind tarifliche Regelungen zu beachten.

40 Der Faktor 4,35 ist in der R 3b LStR vorgegeben, es kann allerdings auch mit dem Faktor 4,33 gerechnet werden.

45 Tod des Arbeitnehmers

45.1 Laufendes Arbeitsverhältnis

Sachverhalt: Ein Arbeitnehmer verstirbt nach einem Unfall am 15.11. Bis Oktober einschließlich ist die Vergütung bereits bezahlt. Allerdings sind noch 4 Wochen Urlaub offen. Der Arbeitgeber überlegt, ob das Arbeitsverhältnis zu Ende gegangen ist und welche Ansprüche auf die Erben übergegangen sind.

Lösung: Das Arbeitsverhältnis endet aufgrund seines höchstpersönlichen Charakters (§ 613 BGB) automatisch mit dem Tod des Arbeitnehmers. Zahlungsansprüche, die bis zu diesem Zeitpunkt entstanden sind, gehen nach § 1922 BGB auf die Erben über, auch wenn sie noch nicht zur Zahlung fällig (§ 614 BGB) sind. Das bedeutet, dass noch offene Vergütungsansprüche für die Zeit vom 1.–15.11. auf die Erben übergegangen sind.

Hat der Verstorbene *offene Urlaubsansprüche*, gingen diese schon nach früherer Rechtsprechung des Bundesarbeitsgerichts (BAG) (vgl. noch BAG, Urteil v. 20.9.2011, 9 AZR 416/10) wegen ihres höchstpersönlichen Charakters unter. Der Europäische Gerichtshof (EuGH) sah dies anders (EuGH v. 12.6.2014 (C-118/13, Bollacke) und entschied, dass Art. 7 der Richtlinie 2003/88/EG vom 4.11.2003 einzelstaatlichen Rechtsvorschriften entgegenstehe, die für den Fall des Todes des Arbeitnehmers die Abgeltung nicht genommenen Jahresurlaubs ausschließen. Nach Art 7 der Richtlinie hat jeder Arbeitnehmer Anspruch auf einen bezahlten Mindestjahresurlaub von 4 Wochen, der außer bei Beendigung des Arbeitsverhältnisses nicht durch eine finanzielle Vergütung ersetzt werden kann Jahresurlaub und Bezahlung während des Urlaubs seien 2 Aspekte eines einzigen Anspruchs, so der EuGH. Ein finanzieller Ausgleich bei Beendigung des Arbeitsverhältnisses durch Tod stelle die praktische Wirksamkeit des Urlaubsanspruchs sicher. Der unwägbare Eintritt des Todes dürfe nicht rückwirkend zum vollständigen Verlust des Anspruchs auf bezahlten Jahresurlaub führen. Es komme auch nicht darauf an, ob der Betroffene im Vorfeld einen Urlaubsantrag gestellt habe.

Das BAG hatte sich dieser Rechtsauffassung nicht angeschlossen und mit Beschluss vom 18.10.2016, 9 AZR 196/16 (A) dem Europäischen Gerichtshof (EuGH) die Frage vorgelegt, ob dieser bei seiner Auffassung bleibe, wenn das nationale Erbrecht ausschließe, dass ein Anspruch auf finanziellen Ausgleich des Urlaubs Teil der Erbmasse werde und wenn ja, dies auch gelte, wenn das Arbeitsverhältnis zwischen 2 Privatpersonen bestanden habe. .

Darauf bestätigte der EuGH seine bisherige Auffassung am 6.11.2018 (EuGH C-569/16 und C-570/16, Bauer und Wellmeroth): Der Urlaubsanspruch eines Arbeitnehmers gehe nach Unionsrecht nicht mit seinem Tod unter. *Die Erben des verstorbenen Arbeitnehmers könnten eine finanzielle Vergütung für den von ihm nicht genommenen bezahlten Jahresurlaub verlangen.* Sofern das nationale Recht eine solche Möglichkeit ausschließe und sich daher als mit dem Unionsrecht unvereinbar erweise, könnten sich die Erben unmittelbar auf das Unionsrecht berufen. Dies gelte sowohl gegenüber einem öffentlichen *als auch gegenüber einem privaten Arbeitgeber.* Der EuGH begründete dies, wie schon in seiner früheren Entscheidung damit, dass die Entspannungs- und Erholungszeiten nur eine der beiden Komponenten des Rechts auf bezahlten Jahresurlaub seien und dieses einen wesentlichen Grundsatz des Sozialrechts der Union darstelle. Dieses Grundrecht (Art. 31 Abs. 2 der Grundrechtscharta der Europäischen Union) umfasse auch einen Anspruch auf Bezahlung im Urlaub und den Anspruch auf eine finanzielle Vergütung für bei Beendigung des Arbeitsverhältnisses nicht genommenen Jahresurlaub. Diese finanzielle Komponente sei rein vermögensrechtlicher Natur und daher dazu bestimmt, in das Vermögen des Arbeitnehmers überzugehen und damit im Wege der Erbfolge auch auf die Erben (siehe EuGH Pressemitteilung Nr. 164/18 v. 6.11.2018).

Dem hat sich das BAG angeschlossen (BAG, Urteil v. 22.1.2019, 9 AZR 328/16, 9 AZR 45/16). Endet das Arbeitsverhältnis durch den Tod des Arbeitnehmers, haben dessen Erben nach §§ 1922 Abs. 1 BGB i. V. m. § 7 Abs 4 BUrlG Anspruch auf Abgeltung des noch nicht genommenen Urlaubs des Erblassers. Dies gilt zumindest für den gesetzlichen Mindesturlaub von 4 Wochen (§ 3 BUrlG) und den Zusatzurlaub für Schwerbehinderte nach § 208 Abs. 1 SGB IX.

Soweit es um einen darüber hinausgehenden Urlaubsanspruch geht, kann arbeitsvertraglich etwas anderes geregelt werden, soweit ein Tarifvertrag nicht entgegensteht. Anderenfalls wird auch dieser vererbt.

Auf diese an die Erben auszuzahlende Urlaubsabgeltung fallen Sozialversicherungsbeträge an. Zudem hat der Erbe den Betrag zu versteuern.

Der Arbeitgeber sollte sich vor Auszahlung einen Erbschein vorlegen lassen.

Unter Umständen besteht aufgrund des Todes noch ein tarifvertraglich oder arbeitsvertraglich geregelter Anspruch auf Sterbegeld. Zudem könnte eine tarifvertragliche Regelung bestehen, dass die Vergütung für den Sterbemonat voll zu zahlen ist.

45.2 Altersteilzeit (Blockmodell)

Sachverhalt: Ein Arbeitnehmer befindet sich in Altersteilzeit im Blockmodell, als er verstirbt. Haben die Erben Ansprüche auf das Wertguthaben?

Lösung: Ja. Verstirbt ein Arbeitnehmer, der sich in Altersteilzeit im Blockmodell befindet, während der Arbeitsphase oder während der arbeitsfreien Phase, geht das angesparte Wertguthaben als Arbeitsentgelt (§ 23b SGB IV) auf die Erben über und ist auszubezahlen. Diese auszuzahlenden Beträge werden auch in der Hinterbliebenenrente berücksichtigt (§ 70 Abs. 3 SGB VI).

45.3 Zeitguthaben

Sachverhalt: Ein Arbeitnehmer stirbt und hat ein Zeitguthaben. Haben die Erben Ansprüche darauf?

Lösung: Ja. Stirbt ein Arbeitnehmer, hat der Erbe einen Anspruch auf Auszahlung der sich aus dem angesparten Zeitguthaben ergebenden Lohnbestandteile. Die Lohnsteuer wird nach den Besteuerungsmerkmalen des Erben berechnet.

45.4 Urlaub, offenes Urlaubsentgelt, Urlaubsgeld

Sachverhalt: Ein Arbeitnehmer stirbt und hat im letzten Monat Urlaub gehabt, aber noch kein Urlaubsentgelt und zusätzliches Urlaubsgeld dafür erhalten. Haben die Erben Ansprüche darauf?

Lösung: Der Zahlungsanspruch ist mit dem Tod auf die Erben übergegangen.

Tipp: Nachdem sich Art. 7 der Richtlinie 2003/88/EG, auf den sich der EuGH bezieht, lediglich einen Mindesturlaub von 4 Wochen einräumt, ist es möglich, tarifvertraglich oder einzelvertraglich zu regeln, dass Urlaub, der über den gesetzlichen Mindesturlaub von 4 Wochen hinausgeht, dann verfällt, wenn der Arbeitnehmer stirbt.

45.5 Innerhalb der Kündigungsfrist (Abfindungsanspruch aus Sozialplan)

Sachverhalt: In einem Unternehmen findet ein betriebsbedingter Personalabbau statt. Deshalb wird mit dem Betriebsrat ein Sozialplan vereinbart. Ein Arbeitnehmer erhält am 10.9. die ordentliche betriebsbedingte Kündigung zum 31.12. Laut Sozialplan stehen ihm 10.000 EUR Abfindung zu. Am 1.11. stirbt er.

Welche Ansprüche hat die Familie des Arbeitnehmers aus dem Arbeitsverhältnis?

Lösung: Das Arbeitsverhältnis ist am 1.11. mit dem Tod des Arbeitnehmers beendet. Damit entfallen Lohnansprüche für die Zeit vom 2.11. bis 31.12. Dagegen geht der Anspruch auf Vergütung bis einschließlich 1.11. nach § 1922 BGB auf die Erben über.

Siehe Praxisbeispiel 1: Stirbt ein Arbeitnehmer, wird, zumindest nach derzeitiger Auffassung EuGH, der bei Beendigung des Arbeitsverhältnisses entstandene Anspruch auf Urlaubsabgeltung als reiner Geldanspruch vererbt. Die Reaktion des Europäischen Gerichtshofs auf die Vorlage des BAG bleibt abzuwarten. Bis zu dessen Entscheidung kann ein Arbeitgeber einem eventuellen Erben die noch ausstehende Entscheidung des EuGH entgegenhalten.

Der Abfindungsanspruch aus dem Sozialplan ist ohne besondere Regelung im Sozialplan am 1.11. noch nicht entstanden und kann deshalb nicht vererbt werden. Folglich geht er unter.

Hinweis: Will man dieses Ergebnis verhindern, muss im Sozialplan geregelt werden, dass der Abfindungsanspruch aus dem Sozialplan entweder früher entsteht oder vererbbar ist, wenn der Arbeitnehmer in einem bestimmten Zeitraum vor Beendigung des Arbeitsverhältnisses verstirbt.

45.6 Nach Abschluss eines Aufhebungsvertrags

Sachverhalt: Ein Arbeitgeber hat mit einem Arbeitnehmer in einem Aufhebungsvertrag die Beendigung des Arbeitsverhältnisses unter Einhaltung der ordentlichen Kündigungsfrist und Zahlung einer Abfindung in Höhe von 10.000 EUR brutto, zahlbar bei Beendigung des Arbeitsverhältnisses vereinbart. Während des Laufs der Kündigungsfrist verstirbt der Arbeitnehmer.

Geht der Abfindungsanspruch auf die Erben über?

Lösung: Der Aufhebungsvertrag ist auszulegen. Es ist zu fragen, ob der Anspruch bereits vor dem Tod entstanden ist, ohne dass er fällig war. Dabei spielt es eine Rolle, ob Anhaltspunkte dafür bestehen, dass die Parteien diesen Fall mitregeln wollten oder ihn in einer bestimmten Richtung gelöst hätten, wenn ihnen die Problematik bewusst gewesen wäre. Ergeben sich keine Anhaltspunkte, wird die Abfindungssumme nicht vererbt.

Tipp: Soll bei einer Abfindungsvereinbarung im Zusammenhang mit einem Aufhebungsvertrag oder einem Sozialplan die Vererbbarkeit des Anspruchs schon bei Todeseintritt vor dem Ende des Arbeitsverhältnisses erreicht werden, kann folgender Satz aufgenommen werden: »Die Abfindung ist fällig zum Ende des Arbeitsverhältnisses, ist aber bereits jetzt schon entstanden und vererbbar.«

46 Unbezahlter Urlaub

46.1 Urlaubsanspruch während Auszeit

Sachverhalt: Ein Arbeitnehmer beantragt unbezahlten Urlaub vom 11.3.2020 bis zum 30.9.2020 um eine Weltreise zu unternehmen. Ein Tarifvertrag findet keine Anwendung. Arbeitsvertraglich ist keine Regelung hierzu vorhanden.

Muss der Arbeitgeber den unbezahlten Urlaub gewähren und erwirbt der Arbeitnehmer während der »Auszeit« einen Urlaubsanspruch?

Lösung: Der Mitarbeiter erwirbt nach dem Gesetzeswortlaut des BUrlG auch während der unbezahlten »Auszeit« Anspruch auf (bezahlten, »normalen«) Urlaub. Für die Entstehung des Urlaubsanspruchs kommt es nicht darauf an, ob der Arbeitnehmer tatsächlich gearbeitet hat. Ausreichend ist vielmehr der rechtliche Bestand des Arbeitsverhältnisses, auch wenn es ruht. Das Bundesarbeitsgericht (BAG) hat mit Urteil vom 6.5.2014[41] entschieden, dass auch für die Zeit des unbezahlten Urlaubs ein Anspruch auf gesetzlichen Erholungsurlaub entsteht.

Allerdings hat das BAG diese Entscheidung mit Urteil vom 19.3.2019[42] für die Fälle revidiert, in denen sich der Arbeitnehmer durchgehend in unbezahltem Sonderurlaub befindet. Hiernach bleiben Zeiten eines unbezahlten Sonderurlaubs bei der Berechnung des gesetzlichen Mindesturlaubs unberücksichtigt, weil in diesen Zeiten die Hauptleistungspflichten durch die Vereinbarung von Sonderurlaub vorübergehend ausgesetzt sind. Wie sich das auf Zeiten von Sonderurlaub, die sich nicht über das gesamte Jahr erstrecken, auswirken wird, bleibt abzuwarten.

Manche Tarifverträge enthalten Sonderregelungen zum unbezahlten Urlaub.

Die Vereinbarung unbezahlten Urlaubs unterliegt, sofern tarifvertraglich oder arbeitsvertraglich nichts anderes geregelt ist, der Vertragsfreiheit. Deshalb hat der Arbeitnehmer keinen entsprechenden Anspruch auf unbezahlten Urlaub gegen den Arbeitgeber, wenn keine spezielle Regelung vorliegt.

Ausnahmen können sich aus Tarifverträgen oder aus der Fürsorgepflicht des Arbeitgebers in besonderen familiären Problemsituationen ergeben.

41 BAG, Urteil v. 6.5.2014, 9 AZR 678/12.
42 BAG, Urteil v. 19.3.2019, 9 AZR 315/17.

Meldungen zur Sozialversicherung: Bei einem unbezahlten Urlaub wird sozialversicherungsrechtlich eine Beschäftigung gegen Arbeitsentgelt bis zur Dauer eines Monats angenommen. Die Monatsfrist verläuft hier vom 11.3.2020 bis 10.4.2020. Dauert der unbezahlte Urlaub länger als einen Monat, endet die Versicherungspflicht in allen Versicherungszweigen zum Ende des Monatszeitraums.

Folgende Meldungen sind vom Arbeitgeber an die Krankenkasse/Einzugsstelle zu erstatten:

- Abmeldung: 1.1.2020 bis 10.4.2020, Grund der Abgabe »34«,
- Anmeldung: 1.10.2020, Grund der Abgabe »13«.

Bei der Beitragsberechnung sind bis zum Abmeldedatum Sozialversicherungstage (SV-Tage) anzusetzen. Daher ergeben sich für März 30 SV-Tage (voller Monat) und für April 10 SV-Tage.

Unbezahlter Urlaub bis zu einem Monat: Ist der Zeitraum des unbezahlten Urlaubs nicht länger als ein Monat, ergeben sich keine Auswirkungen auf den Versicherungsschutz. Meldungen sind in diesem Zusammenhang nicht zu erstellen. Das gilt selbst dann, wenn der Zeitraum des unbezahlten Urlaubs genau einen Kalendermonat umfasst.

Beitragsrechtliche Auswirkungen: Bei einem krankenversicherungspflichtigen Mitglied werden zwar für den Zeitraum des unbezahlten Urlaubs bis zu einem Monat Sozialversicherungstage angesetzt, mangels Arbeitsentgelt sind aber keine Beiträge zu entrichten. Bei einer späteren Einmalzahlung kann die für diesen Zeitraum gebildete SV-Luft zu einer höheren Beitragspflicht der Einmalzahlung führen, als dies ohne den unbezahlten Urlaub der Fall gewesen wäre.

Mit Ablauf der Monatsfrist endet die Pflichtmitgliedschaft. Ist der Arbeitnehmer verheiratet und der Ehegatte selber Mitglied einer gesetzlichen Krankenkasse, wird regelmäßig eine Familienversicherung für die weitere Dauer des unbezahlten Urlaubs möglich sein.

Andernfalls setzt sich die bisherige Pflichtversicherung grundsätzlich als dann beitragspflichtige freiwillige Krankenversicherung fort.

Auswirkungen bei freiwillig krankenversicherten Arbeitnehmern: Bei einem krankenversicherungsfreien höherverdienenden Arbeitnehmer, für den eine freiwillige Versicherung in der gesetzlichen Krankenversicherung besteht, setzt sich die freiwillige Versicherung bei einem unbezahlten Urlaub fort. Für den ersten Zeitmonat ist weiterhin der bisherige Beitrag zu entrichten. Da der Arbeitnehmer kein Arbeitsentgelt erhält, entfällt in dieser Zeit der Anspruch auf einen Beitragszuschuss durch den Arbeitgeber.

Allerdings ist in dem Monat des Beginns der Monatsfrist der Beitragszuschuss nicht anteilig zu zahlen, sondern auf der Basis des Teilarbeitsentgelts neu zu ermitteln.

Beispiel: Beitragszuschuss für eine freiwillige Versicherung

Der Arbeitnehmer erhält ein monatliches Gehalt in Höhe von 8.000 EUR. Er ist freiwilliges Mitglied einer gesetzlichen Krankenkasse, deren Zusatzbeitrag 1,0 % beträgt. Der Arbeitnehmer hat 2 Kinder.

Sein monatlich zu entrichtender Beitrag zur Krankenversicherung beträgt auf der Basis der monatlichen Beitragsbemessungsgrenze (2020: 4.687,50 EUR) 731,26 EUR (4.687,50 x 14,6 % = 684,38 EUR + 4.687,50 EUR x 1,0 % = 46,88 EUR) und zur Pflegeversicherung (4.687,50 x 3,05 % =) 142,97 EUR, insgesamt also (731,26 EUR + 142,97 =) 874,23 EUR. Dazu gewährt der Arbeitgeber einen Beitragzuschuss zur Krankenversicherung i. H. v. (4.687,50 EUR x 7,3 % = 342,19 EUR + 4.687,50 x 0,5 % = 23,44 EUR) 365,63 EUR und zur Pflegeversicherung i. H. v. (4.687,50 EUR x 1,525 % =) 71,48 EUR. Der Zuschuss beträgt insgesamt also 437,11 EUR (365,63 EUR + 71,48 EUR).

Vom 16.6.2020 an vereinbart er mit seinem Arbeitgeber unbezahlten Urlaub bis zum 30.9.2020. Sein anteiliges Gehalt für Juni 2020 beträgt 4.000 EUR.

Die freiwillige Krankenversicherung und die daraus resultierende Pflegeversicherungspflicht bleiben durch den unbezahlten Urlaub unberührt. Bis zum 15.7.2020 hat der Arbeitnehmer weiterhin den Höchstbeitrag zu entrichten. Für Juni 2020 sind dies 874,23 EUR und für Juli 2020 anteilig 437,11 EUR. Da sein monatliches Arbeitsentgelt im Juni 2020 die Beitragsbemessungsgrenze nicht überschreitet, wird der Beitragszuschuss auf der Basis von 4.000 EUR berechnet.

Daraus resultiert ein Beitragszuschuss für Juni zur Krankenversicherung i. H. v. (4.000 EUR x 7,3 % = 292 EUR + 4.000 EUR x 0,5 % = 20 EUR) 312 EUR und zur Pflegeversicherung i. H. v. (4.000 EUR x 1,525 % =) 61 EUR. Da der Arbeitnehmer im Juli kein Arbeitsentgelt erhält, entfällt in diesem Monat der Beitragszuschuss.

Aus der Berücksichtigung der SV-Tage bis zum 15.7.2020 ergibt sich für den Beitragszuschuss eine SV-Luft in Höhe von 3.031,25 EUR (Juni [4.687,50 EUR/BBG – 4.000 EUR/Entgelt =]: 687,50 EUR + Juli: [4.687,50 EUR/BBG : 30/Tage x 15 BeschäftigungsTage =] 2.343,75 EUR).

Erhält der Arbeitnehmer von Oktober bis Dezember neben seinem monatlichen Arbeitsentgelt eine Einmalzahlung, hat der Arbeitgeber zusätzlich zum monatlichen Beitragszuschuss einen zusätzlichen Beitragszuschuss auf der Basis der Einmalzahlung, höchstens jedoch von 3.031,25 EUR zu leisten. Dies gilt gleichermaßen, wenn eine Einmalzahlung in der Zeit vom 1.1. bis zum 31.3.2021 gezahlt wird, die im Rahmen der März-Klausel dem Vorjahr zuzuordnen ist.

Der Beitrag zur freiwilligen Krankenversicherung berechnet sich ab 16.7.2020 auf der Basis der Einnahmen des Arbeitnehmers außerhalb seiner Beschäftigung, unter Berücksichtigung der Mindestbeitragsbemessungsgrundlage für freiwillige Mitglieder (2020: 1.061,67 EUR monatlich). Eventuell ist ab 16.7.2020 aber eine kostenlose Familienversicherung möglich.

Für einen privat krankenversicherten Arbeitnehmer gelten die Regelungen zum Beitragszuschuss entsprechend.

Tipp: Es ist möglich, in einer Vereinbarung über unbezahlten Urlaub die Entstehung von Urlaubsansprüchen, die über den gesetzlichen Mindesturlaubsanspruch in § 3 Abs. 1 BUrlG (24 Werktage/Jahr, entspricht 20 Arbeitstage/Jahr bei einer 5-Tage-Woche) hinausgehen, auszuschließen. Auf den gesetzlichen Mindesturlaubsanspruch kann jedoch wegen § 13 Abs. 1 BUrlG nicht verzichtet werden.

46.2 Arbeitsunfähigkeit

Sachverhalt: Einem Arbeitnehmer wurde 3 Monate unbezahlter Urlaub gewährt. Dieser erkrankt in der Zeit des unbezahlten Urlaubs.

Hat er Anspruch auf Entgeltfortzahlung im Krankheitsfall durch den Arbeitgeber?

Lösung: Nein, der Arbeitnehmer hat keinen Anspruch auf Entgeltfortzahlung im Krankheitsfall durch den Arbeitgeber, sofern kein Zusammenhang mit bezahltem Urlaub während des unbezahlten Urlaubs besteht. Es gilt das Entgeltausfallprinzip: es ist zu fragen, ob der Arbeitnehmer, wäre er nicht krank gewesen, gearbeitet und einen Anspruch auf Entgeltzahlung erworben hätte. Das kann in Zeiten unbezahlten Urlaubs nicht bejaht werden. Erkrankt der Arbeitnehmer jedoch in der Zeit des bezahlten Urlaubs, gilt die Sonderregelung des § 9 BUrlG: Die durch ärztliches Zeugnis nachgewiesenen Tage der Arbeitsunfähigkeit werden auf den Jahresurlaub nicht angerechnet.

46.3 Feiertagsvergütung

Sachverhalt: Ein Arbeitgeber gewährt seinem Mitarbeiter unbezahlten Urlaub für 6 Monate. In diese Zeit fallen mehrere Feiertage.

Erwirbt der Mitarbeiter für diese Tage Anspruch auf Zahlung von Feiertagsvergütung?

Lösung: Es besteht kein Anspruch auf Feiertagsvergütung. Nach § 2 Abs. 1 EFZG entsteht nur dann ein Anspruch auf Entgeltfortzahlung für Arbeitszeit, die (nur) infolge eines gesetzlichen Feiertags ausfällt. Hier fällt die Arbeitszeit aber bereits wegen der unbezahlten Freistellungsvereinbarung aus.

46.4 Ausschluss von Doppelansprüchen

Sachverhalt: Ein Arbeitnehmer wird am 1.9. eingestellt. Er hatte in diesem Kalenderjahr beim vorherigen Arbeitgeber anteilig Urlaub für die Zeit vom 1.1. bis einschließlich 31.8. erhalten. Außerdem hatte er 4 Monate unbezahlten Urlaub.

Kann dem Mitarbeiter unter Berufung auf § 6 Abs. 1 BUrlG der anteilige Urlaub für die Zeit vom 1.9. bis 31.12. verweigert werden?

Lösung: Der Arbeitnehmer hat Anspruch auf den anteiligen Urlaub für die Zeit vom 1.9. bis 31.12. Im früheren Arbeitsverhältnis hat er nur anteiligen Urlaub erhalten.

Nach § 6 Abs. 1 BUrlG besteht ein Anspruch auf Urlaub nicht, soweit dem Arbeitnehmer für das laufende Kalenderjahr bereits von einem früheren Arbeitgeber Urlaub gewährt worden ist. Dabei meint das Gesetz jedoch nur den bezahlten und nicht den unbezahlten Urlaub. Damit greift vorliegend die Vorschrift nicht. Im früheren Arbeitsverhältnis hatte der Mitarbeiter nur anteiligen Urlaub erhalten.

46.5 Anschluss an Elternzeit

Sachverhalt: Eine Arbeitnehmerin ist seit Jahren versicherungspflichtig beschäftigt. Die Elternzeit endet am 15.7.2020. Im direkten Anschluss an die Elternzeit nimmt sie bis zum 30.9.2020 unbezahlten Urlaub. Die versicherungspflichtige Tätigkeit wird am 1.10.2020 wieder aufgenommen.

Der Arbeitgeber hatte zuletzt im Jahr 2017 eine Unterbrechungsmeldung erstellt.

Lösung: Im Anschluss an die Elternzeit bleibt die versicherungspflichtige Beschäftigung für einen Monat bis zum 15.8.2020 erhalten.

Folgende Meldungen sind vom Arbeitgeber an die Krankenkasse/Einzugsstelle zu erstatten:

- Abmeldung: 16.7.2020 bis 15.8.2020, Grund der Abgabe »34«,
- Anmeldung: 1.10.2020, Grund der Abgabe »13«.

Für den Zeitraum des unbezahlten Urlaubs bis zum Ende der Monatsfrist sind SV-Tage anzusetzen. Für Juli sind daher 16 SV-Tage (16.7. bis 31.7.2020) und für August 15 SV-Tage (1.8. bis 15.8.2020) zu berücksichtigen. Dadurch können sich Auswirkungen auf den beitragspflichtigen Anteil einer späteren Einmalzahlung im Jahr 2020 ergeben.

In den Fällen, in denen mehrere Unterbrechungstatbestände unterschiedlicher Art im zeitlichen Ablauf aufeinanderfolgen, sind die Zeiten der einzelnen Arbeitsunterbrechungen in Bezug auf das Überschreiten des Monatszeitraums nicht zusammenzurechnen. Beispielhaft trifft dies in Fällen des unbezahlten Urlaubs im Anschluss an die Elternzeit oder an den Bezug von Krankengeld zu.

46.6 Anschluss an Krankengeld

Sachverhalt: Eine Arbeitnehmerin erhält von ihrem Arbeitgeber Entgeltfortzahlung bis zum 11.4.2020. Krankengeld bezieht sie in der Zeit vom 12.4.2020 bis zum 9.5.2020. Ab dem 10.5.2020 bis zum 17.6.2020 nimmt sie unbezahlten Urlaub in Anspruch. Am 18.6.2020 nimmt sie die Arbeit wieder auf.

Lösung: Im Anschluss an den Bezug von Krankengeld bleibt die versicherungspflichtige Beschäftigung bis zum 9.6.2020 erhalten.

Folgende Meldungen sind vom Arbeitgeber an die Krankenkasse/Einzugsstelle zu erstatten:

- Abmeldung: 1.1.2020 bis 9.6.2020, Grund der Abgabe »34«,
- Anmeldung: 18.6.2020, Grund der Abgabe »13«.

Für den Zeitraum des unbezahlten Urlaubs sind bis zum Abmeldezeitraum SV-Tage anzusetzen. Für Mai sind daher 22 SV-Tage (10.5. bis 31.5.2020) zu berücksichtigen.

Im Juni sind vom 1.6. bis 9.6.2020 (9 SV-Tage) und vom 18.6. bis 30.6.2020 (13 SV-Tage) insgesamt 22 SV-Tage anzusetzen.

Da die versicherungspflichtige Beschäftigung aufgrund des unbezahlten Urlaubs endet und im selben Monat wieder beginnt, ist folgende Besonderheit bei der Beitragsberechnung für Juni 2020 zu beachten: Für die Berechnung der Beitragsbemessungsgrenze des laufenden Arbeitsentgelts werden lediglich 13 SV-Tage (= Zeitraum der Entgeltzahlung) angesetzt. Bei einer späteren Einmalzahlung im Jahr 2020 werden für Juni hingegen 22 Tage berücksichtigt.

Bei einem unbezahlten Urlaub bis zum 9.6.2020 wäre keine Meldung aus Anlass des unbezahlten Urlaubs zu erstatten. Bei Fortdauer der Beschäftigung beschränkt sich die Meldeverpflichtung dann auf die Jahresmeldung vom 1.1. bis 31.12.2020. Für Juni wären dann 30 SV-Tage anzusetzen und die zuvor beschriebene Besonderheit hinsichtlich der Beitragsberechnung für das laufende Arbeitsentgelt im Juni würde nicht angewendet werden.

47 Urlaub

47.1 Urlaubsanspruch (gesetzlicher Mindesturlaub)

Sachverhalt: Ein Arbeitgeber hat mit seinen Mitarbeitern vereinbart, dass diese den »gesetzlichen Urlaubsanspruch« haben. Ein Tarifvertrag gilt für sie nicht.

Wie hoch ist der gesetzliche Urlaubsanspruch bei Vollzeitbeschäftigten, die 5 Tage in der Woche arbeiten?

Lösung: Die Höhe des gesetzlichen Mindesturlaubsanspruchs beträgt 24 Werktage (§ 3 Abs. 1 BUrlG). Dabei geht das Gesetz von einer 6-Tage-Woche aus (§ 3 Abs. 2 BUrlG).

Mitarbeiter, die an 5 Tagen in der Woche arbeiten, haben folgenden gesetzlichen Mindesturlaubsanspruch:

24 Urlaubstage : 6 Werktage x 5 Tage = 20 Urlaubstage.

47.2 Vorgriff auf entstehende Urlaubsansprüche

Sachverhalt: Ein Arbeitnehmer hat bereits seinen vollen Jahresurlaub genommen. Dennoch möchte er in diesem Jahr noch eine Woche Urlaub haben und teilt mit, er nehme diese Woche im Vorgriff auf den Urlaub im nächsten Jahr. Ist das rechtlich möglich?

Lösung: Urlaubsjahr ist das Kalenderjahr (§ 7 Abs. 3 Satz 1 BUrlG). Urlaub im Vorgriff auf die im nächsten Jahr entstehenden Urlaubsansprüche ist nicht möglich. Damit würden trotz Gewährung von einer weiteren Woche bezahlten Urlaubs im nächsten Jahr die vollen Urlaubsansprüche entstehen. Hierauf kann der Arbeitnehmer auch nicht wirksam verzichten, weil die Ansprüche unabdingbar sind (§ 13 Abs. 1 Satz 1 BUrlG). Hat der Arbeitgeber dennoch den Urlaub gewährt, kann er nicht gegen den für das nächste Kalenderjahr zu gewährenden Urlaubsanspruch mit Rückforderungsansprüchen aus ungerechtfertigter Bereicherung (§ 812 BGB) wegen zu viel gewährten Urlaubs aufrechnen (§ 814 BGB).

Tipp: Der Arbeitgeber hat hier die Möglichkeit, dem Arbeitnehmer eine Woche unbezahlten Urlaub anzubieten.

47.3 Freistellung bei Beendigung des Arbeitsverhältnisses unter Fortzahlung der Vergütung und Anrechnung auf Urlaubsansprüche

Sachverhalt: Ein Arbeitgeber kündigt im Herbst eines Jahres unter Einhaltung der ordentlichen Kündigungsfrist dem Arbeitnehmer zum Ablauf des 31.3. des Folgejahres. Er stellt den Arbeitnehmer bis zum Ablauf der Kündigungsfrist unter Fortzahlung der Vergütung und unter Anrechnung auf die Urlaubsansprüche von der Arbeitsleistung frei.

Sind auf diese Freistellung auch die im Folgejahr anteilig entstehenden Urlaubsansprüche zu verrechnen?

Lösung: Erfolgt eine unwiderrufliche Freistellung über das Jahresende, kann diese unter Anrechnung der aktuellen Urlaubsansprüche, aber auch der erst für das nächste Urlaubsjahr entstehenden anteiligen Urlaubsansprüche erfolgen. Allerdings muss die Erklärung des Arbeitgebers so deutlich sein, dass dies der Arbeitnehmer auch erkennen kann, sonst erlöschen die im nächsten Jahr anteilig entstehenden Urlaubsansprüche nicht.

Tipp: Die Freistellungserklärung des Arbeitgebers sollte wie folgt lauten: »Hiermit stellen wir Sie bis zum Ablauf der Kündigungsfrist (31.3.) unter Fortzahlung Ihrer Vergütung unwiderruflich unter Verrechnung Ihrer aktuellen und anteilig für das Folgejahr noch entstehenden Urlaubsansprüche von der Arbeitsleistung frei.«

47.4 Urlaubsanspruch bei Beendigung des Arbeitsverhältnisses

Sachverhalt: Ein Arbeitgeber hat am 7.1. einen Arbeitnehmer eingestellt und ihm im gleichen Jahr gekündigt. Ein Tarifvertrag gilt nicht. Der Arbeitgeber gewährt seinen Mitarbeitern 30 Urlaubstage im Kalenderjahr. Der gekündigte Mitarbeiter hat noch keinen Urlaub genommen.

Wie viele Urlaubstage stehen dem Mitarbeiter zu bei Beendigung des Arbeitsverhältnisses zum

- 15.6. oder
- zum 31.7.?

Lösung: Da hier nicht ersichtlich ist, dass der über den gesetzlichen Mindesturlaub von 4 Wochen hinausgehende Urlaubsanspruch gesonderten Vorschriften unterliegt (d. h. vom Mindesturlaub abgekoppelt ist), ist auf den gesamten Urlaubsanspruch das

BUrlG anzuwenden. Nach § 5 Abs. 1a BUrlG entsteht der Urlaubsanspruch für jeden vollen Monat des Bestehens des Arbeitsverhältnisses anteilig. Da das Gesetz lediglich von »Monaten« und nicht von »Kalendermonaten« spricht, geht es um volle Beschäftigungsmonate. Hier wurde das Arbeitsverhältnis am 7.1. begründet, weshalb am 6.6. um 24:00 Uhr 5 Beschäftigungsmonate voll sind. Die 6-monatige Wartezeit des § 4 BUrlG ist nicht erfüllt. Damit ist zu zwölfteln:

30 Urlaubstage : 12 Monate × 5 Beschäftigungsmonate = 12,5 Urlaubstage (§ 5 Abs. 1a BUrlG). Dieser Anspruch ist auf 13 Urlaubstage aufzurunden (§ 5 Abs. 2 BUrlG).

Die Wartezeit des § 4 BUrlG ist erfüllt. Da das Arbeitsverhältnis aber nicht in der ersten Kalenderjahreshälfte, sondern in der zweiten zu Ende geht, wird nicht nach § 5 Abs. 1c BUrlG gezwölftelt. Der Arbeitnehmer hat folglich einen Anspruch auf 30 Urlaubstage.

Hinweis: Der Arbeitnehmer kann sich im Fall b) den Urlaub auch nur anteilig gewähren lassen. Das ist seine Entscheidung. Nimmt er den vollen Urlaub im alten Arbeitsverhältnis bzw. lässt er sich den nicht genommenen vollen Urlaub gem. § 7 Abs. 4 BUrlG abgelten, erwirbt er allerdings in einem neuen Arbeitsverhältnis, das er im gleichen Kalenderjahr begründet, entsprechend für die überproportional gewährten Urlaubstage keine Urlaubsansprüche gegen seinen neuen Arbeitgeber (§ 6 Abs. 1 BUrlG). Auf diese Rechtsfolge kann der alte Arbeitgeber auch hinweisen

§ 6 Abs. 1 BUrlG ist eine sogenannte »negative Anspruchsvoraussetzung«. Der Arbeitnehmer muss gegenüber dem neuen Arbeitgeber darlegen und beweisen, dass ihm Urlaub vom alten Arbeitgeber nicht bereits für das volle Kalenderjahr erteilt oder abgegolten wurde.[43]

Der alte Arbeitgeber ist bei Beendigung des Arbeitsverhältnisses verpflichtet, dem Arbeitnehmer eine Bescheinigung über den im laufenden Kalenderjahr gewährten oder abgegoltenen Urlaub zu erteilen (§ 6 Abs. 2 BUrlG).

Tipp: Bei Begründung eines Arbeitsverhältnisses im laufenden Kalenderjahr sollte der neue Arbeitgeber vom neu eingestellten Arbeitnehmer eine Bescheinigung des früheren Arbeitgebers nach § 6 Abs. 2 BUrlG über den genommenen oder abgegoltenen Urlaub verlangen.

43 BAG, Urteil v. 16.12.2014, 9 AZR 295/13.

47.5 Urlaubsanspruch bei Beendigung des Arbeitsverhältnisses – Anspruch auf Vollurlaub

Sachverhalt: Ein Arbeitsverhältnis begann am 1.7. und endete zum Ablauf des 2.1. des Folgejahres. Der Arbeitnehmer hatte keinen Urlaub. Sein Arbeitgeber zahlte Urlaubsabgeltung für die Hälfte der jährlichen Urlaubstage (6/12), der Arbeitnehmer meint jedoch, weil er die Wartezeit des § 4 BUrlG erfüllt habe, stehe ihm der komplette Jahresurlaub zu.

Steht dem Arbeitnehmer Urlaubsabgeltung für 6/12 oder 12/12 Urlaubstage zu?

Lösung: Dem Arbeitnehmer steht nur Urlaubsabgeltung für 6/12 Urlaubstage zu. Nach § 4 BUrlG wird der volle Urlaubsanspruch erstmalig nach 6-monatigem Bestehen des Arbeitsverhältnisses erworben (Wartezeit). Nach dem BAG[44] zeigt die Formulierung »nach 6-monatigem Bestehen«, dass der volle Urlaubsanspruch nicht bereits »mit dem 6-monatigen Bestehen« erworben wird und der Ablauf der Wartezeit und das Entstehen des Vollurlaubsanspruchs damit nicht zusammenfallen. § 5 Abs. 1a BUrlG nimmt auf die Wartezeit des § 4 BUrlG Bezug und regelt, dass ein Teilurlaubsanspruch dann entsteht, wenn wegen der Nichterfüllung kein Vollurlaubsanspruch erworben wird. Da Urlaubsjahr jeweils das Kalenderjahr ist, können die 2 Tage Fortbestand des Arbeitsverhältnisses im Folgejahr keine Rolle spielen. Hinsichtlich des Urlaubsanspruchs im Folgejahr hat der Arbeitnehmer zwar die Wartezeit erfüllt. Nach § 5 Abs. 1c BUrlG schied er jedoch nach erfüllter Wartezeit in der ersten Hälfte dieses Kalenderjahres aus, weshalb ihm nur ein Anspruch auf 1/12 des Jahresurlaubs für jeden vollen Monat des Bestehens des Arbeitsverhältnisses in diesem Jahr zusteht. Da das Arbeitsverhältnis jedoch im Folgejahr keinen Monat bestand, erwarb der Arbeitnehmer hierfür nur 0/12, mithin keinen Urlaubsanspruch.

Hinweis: Wird ein Arbeitsverhältnis mit Wirkung zum 1.7. eines Jahres begründet, kann der Arbeitnehmer in diesem Jahr nach § 4 BUrlG keinen Vollurlaubsanspruch erwerben.

47.6 Urlaubsanspruch bei Arbeitsunfähigkeit

Sachverhalt: Ein Arbeitnehmer war vom 1.1. eines Jahres bis zum 20.3. des Folgejahres arbeitsunfähig erkrankt. Am 21.3. des Folgejahres fordert er den Jahresurlaub aus dem vergangenen Jahr. Ein Tarifvertrag gilt nicht.

Hat der Mitarbeiter Anspruch darauf?

44 BAG, Urteil v. 17.11.2015, 9 AZR 179/15.

Lösung: Der Arbeitnehmer hat im Vorjahr den vollen Jahresurlaubsanspruch erworben, obwohl er an keinem einzigen Tag gearbeitet hat. Denn für den Erwerb des Urlaubsanspruchs kommt es nicht auf die geleistete Arbeit, sondern lediglich auf den rechtlichen Bestand des Arbeitsverhältnisses an (§§ 1, 4 BUrlG). Urlaubsjahr ist das Kalenderjahr. Weil sich aber Krankheit und Urlaub ausschließen, konnte der Urlaub im Urlaubsjahr nicht genommen werden. Deshalb ist der Anspruch auf das neue Kalenderjahr vollständig übergegangen (§ 7 Abs. 3 Satz 2 BUrlG). Er muss jedoch in den ersten 3 Monaten des neuen Kalenderjahres genommen (nicht nur angetreten) werden, § 7 Abs. 3 Satz 3 BUrlG.

Da der Mitarbeiter seinen Urlaub wegen seiner Krankheit nicht nehmen konnte, verfällt der Urlaub, der bis 31.3. nicht genommen werden kann, jedoch nach der Rechtsprechung des EuGH und ihm folgend des BAG nicht und kann auch noch nach dem Ende des Übertragungszeitraums in diesem Kalenderjahr genommen werden.

Tipp: Endet ein Arbeitsverhältnis und ist der Arbeitnehmer zu diesem Zeitpunkt arbeitsunfähig erkrankt, ist der Arbeitgeber verpflichtet, noch offene Urlaubsansprüche abzugelten. Es spielt dabei keine Rolle, ob der Arbeitnehmer noch arbeitsunfähig ist oder nicht, denn die Surrogatstheorie des Bundesarbeitsgerichts, die früher zu einem anderen Ergebnis führte, ist mittlerweile aufgegeben worden. Damit ist ein Abgeltungsanspruch ein reiner Zahlungsanspruch.

47.7 Übertragung des Anspruchs auf das Folgejahr nach Langzeiterkrankung

Sachverhalt: Ein Arbeitnehmer war am Stück 1 ½ Jahre arbeitsunfähig erkrankt und ist ab Juli wieder gesund. Aus dem Vorjahr hat er noch 30 Urlaubstage offen, aus dem aktuellen Jahr ebenfalls 30 Urlaubstage.

Muss er diese 60 Urlaubstage im aktuellen Jahr nehmen oder kann er auch Urlaubsansprüche ins nächste Jahr mitnehmen?

Lösung: Urlaubsjahr ist das Kalenderjahr (§ 1 BUrlG). Deshalb muss der Urlaub, auch wenn er aus Zeiten einer Langzeiterkrankung resultiert, im laufenden Kalenderjahr genommen werden, wenn er in diesem genommen werden kann (§ 7 Abs. 3 Satz 1 BUrlG). Dies ist dem Arbeitnehmer hier möglich, weil er rechtzeitig gesund geworden ist. Er muss seinen kompletten offenen Urlaub (60 Urlaubstage) also im aktuellen Jahr nehmen. Geschieht dies nicht, verfällt mit Ablauf des Urlaubsjahres der noch offene Resturlaub.

Tipp: Nur wenn ein Übertragungstatbestand nach § 7 Abs. 3 Satz 2 BUrlG vorliegt, wird ein Urlaubsanspruch nach dem BUrlG auf das folgende Kalenderjahr übertragen. Hiervon abweichende Sonderregelungen durch Tarifvertrag oder Arbeitsvertrag sind möglich.

47.8 Langzeiterkrankung, Verfall

Sachverhalt: Eine Arbeitnehmerin hat früher 5 Tage in der Woche gearbeitet und ist seit 1.1.2015 ununterbrochen arbeitsunfähig erkrankt.

Wie viele Urlaubstage kann sie nach dem BUrlG beanspruchen, wenn sie Anfang Januar 2019 wieder gesund wird?

Lösung: Nach dem Urteil des EuGH vom 22.11.2011[45] wird der Erholungszweck des Urlaubs durch eine Vervielfältigung des Urlaubsanspruchs nicht erhöht. Zudem besteht bei einer unbegrenzten Anhäufung von Urlaubsansprüchen und der Pflicht zu entsprechenden Rückstellungen in den Bilanzen die Gefahr eines Kündigungsanreizes für den Arbeitgeber. Deshalb sind nach der obigen Entscheidung Regelungen möglich, Urlaub, der wegen Krankheit nicht genommen werden kann, auf 15 Monate nach Ablauf des Urlaubsjahres, für den der Urlaubsanspruch entstanden ist, zu begrenzen.

Nach dem Urteil des BAG vom 7.8.2012[46] ist § 7 Abs. 3 Satz 3 BUrlG europarechtskonform auszulegen mit dem Ergebnis, dass Urlaubsansprüche bei durchgehender Arbeitsunfähigkeit spätestens 15 Monate nach Ende des Urlaubsjahres untergehen.

Das bedeutet vorliegend: Die Arbeitnehmerin hat für das Kalenderjahr 2016 nach dem BUrlG folgenden Urlaub erworben: 24 Werktage: 6 Werktage/Woche x 5 Arbeitstage/ Woche = 20 Urlaubstage. Dieser Anspruch konnte wegen der Erkrankung nicht verwirklicht werden und ging nach der neuen Rechtsprechung mit Ablauf des 31.3.2018 unter (15 Monate nach Ablauf des Urlaubsjahres 2016).

Für das Kalenderjahr 2017 hat die Arbeitnehmerin ebenfalls 20 Urlaubstage erworben. Dieser Anspruch ging mit Ablauf des 31.3.2019 unter.

Der Anspruch auf 20 Urlaubstage für das Kalenderjahr 2018 ist bei Genesung der Arbeitnehmerin im Januar 2019 noch nicht verfallen, muss aber bis spätestens 31.3.2019 vollständig genommen sein, sonst geht der nicht genommene Teil unter.

45 EuGH, Urteil v. 22.11.2011, C 214/10, Schulte.
46 BAG, Urteil v. 7.8.2012, 9 AZR 353/10.

Den Urlaub für das Kalenderjahr 2019 kann die Arbeitnehmerin bis 31.3.2020 nehmen, den Urlaub für das Jahr 2020 das ganze Jahr 2020.

47.9 Urlaubsanspruch bei doppelter Elternzeit

Sachverhalt: Eine Arbeitnehmerin hat bei Beginn ihrer Elternzeit noch 10 Urlaubstage offen. Während ihrer Elternzeit bekommt sie ein zweites Kind und schließt mit einer zweiten Elternzeit direkt an die erste an.

Was geschieht mit ihrem bei Beginn der ersten Elternzeit noch offenen Urlaubsanspruch?

Lösung: Nach der früheren Rechtsprechung war in diesem Fall der Urlaubsanspruch verfallen. Denn § 17 Abs. 2 BEEG kann ein wegen Elternzeit nicht genommener Urlaub nur im laufenden Jahr nach der Elternzeit oder im nächsten Urlaubsjahr gewährt werden, was vorliegend wegen der zweiten Elternzeit nicht möglich ist.

Mit Urteil vom 20.5.2008[47] hat das BAG dies geändert: Der vor Beginn der ersten Elternzeit noch offene Urlaub kann im vorliegenden Fall auch noch nach der zweiten Elternzeit dann im laufenden Jahr oder im nächsten Urlaubsjahr genommen werden.

47.10 Urlaubsanspruch bei vorzeitiger Beendigung der Elternzeit zur Inanspruchnahme der Schutzfristen und anschließender erneuter Elternzeit wegen eines weiteren Kindes

Sachverhalt: Eine Arbeitnehmerin befindet sich in Elternzeit. Sie teilt ihrem Arbeitgeber mit, sie beende diese Elternzeit vorzeitig mit Ablauf des 24.6., um ab 25.6. Schutzfristen wegen der Geburt eines weiteren Kindes nach § 3 MuSchG in Anspruch zu nehmen. Sie entbindet am 6.8. Die Schutzfrist nach § 3 Abs. 2 MuSchG endet am 2.10. Ab 3.10. nimmt sie erneut Elternzeit wegen des weiteren Kindes. Wie wirkt sich das auf ihren Urlaubsanspruch aus?

Lösung: Nach § 16 Abs. 3 Satz 3 BEEG kann die Elternzeit wegen der Inanspruchnahme der Schutzfristen vorzeitig beendet werden. Das hat Einfluss auf den Urlaubsanspruch der Arbeitnehmerin. Denn dieser entsteht nach Ablauf der Wartezeit des § 4 BUrlG bereits zu Beginn eines Jahres voll, kann aber nach § 17 Abs. 1 BEEG vom Arbeitgeber

47 BAG, Urteil v. 20.5.2008 9 AZR 219/07.

für jeden vollen Kalendermonat der Elternzeit um ein Zwölftel gekürzt werden. Durch die vorzeitige Beendigung der Elternzeit mit Ablauf des 24.6. kann der Urlaubsanspruch für dieses Jahr wegen der alten Elternzeit lediglich um 5/12 (Januar bis einschließlich Mai) und wegen der neuen Elternzeit nur um 2/12 (November und Dezember) gekürzt werden, was dazu führt, dass die Arbeitnehmerin 5/12 des Jahresurlaubs allein wegen der vorzeitigen Beendigung der Elternzeit behält. Diesen Urlaub kann sie dann, wie oben dargestellt, nach der weiteren Elternzeit in diesem oder im darauffolgenden Jahr nehmen.

47.11 Urlaubsanspruch, erweiterter Zeitraum nach dem Mutterschutzgesetz, nachfolgende Elternzeit mit anschließender Arbeitsunfähigkeit

Sachverhalt: Eine Arbeitnehmerin war im Frühjahr 2015 arbeitsunfähig krank. Im Anschluss war sie schwanger. Es folgten Beschäftigungsverbote nach dem MuSchG. Nahtlos an die Schutzfrist nach der Geburt ihres Kindes hatte sie bis zum 10.12.2016 Elternzeit. Danach war sie bis 31.12.2017 arbeitsunfähig krank. Das Arbeitsverhältnis endete mit Ablauf des 8.1.2018. Anschließend stritten sich die Parteien um die Frage, ob der Klägerin für 2015 Urlaubsabgeltung zu leisten hat oder dieser Anspruch verfallen sei.

Lösung: Nach § 24 Satz 2 MuSchG, § 17 Abs. 2 BEEG kann nicht genommener Urlaub nach Ablauf des Beschäftigungsverbots während der Schwangerschaft bzw. der Elternzeit im laufenden oder im Folgejahr genommen werden, hier also bis Ende 2017. Da die Arbeitnehmerin aber zu diesem Zeitpunkt arbeitsunfähig krank war, wurde der Urlaub aus 2015 gemäß § 7 Abs. 3 Satz 2 BUrlG zumindest bis zum 31.3.2018 übertragen. Da das Arbeitsverhältnis aber bereits mit Ablauf des 8.1.2018 endete, war der zu diesem Zeitpunkt noch bestehende Urlaub nach § 7 Abs. 4 BUrlG abzugelten.[48]

47.12 Urlaubsanspruch Teilzeitbeschäftigte

Sachverhalt: Ein Arbeitgeber gewährt seinen Mitarbeitern, die 5 Tage in der Woche beschäftigt sind, 30 Arbeitstage Urlaub im Kalenderjahr. Eine teilzeitbeschäftigte Mitarbeiterin arbeitet 2 Tage in der Woche.

Wie hoch ist der Urlaubsanspruch, den die Mitarbeiterin jährlich erwirbt?

48 BAG, Urteil v. 15.12.2015, 9 AZR 52/15.

Lösung: Wenn Mitarbeiter, die 5 Tage in der Woche beschäftigt sind, 30 Urlaubstage im Kalenderjahr erwerben, lautet die Formel:

30 Urlaubstage: 5 Tage x 2 Arbeitstage = 12 Urlaubstage

47.13 Urlaubsanspruch bei Wechsel von Vollzeit in Teilzeit während des Urlaubsjahrs (vor dem Wechsel wurde noch kein Urlaub genommen)

Sachverhalt: Ein Arbeitgeber gewährt seinen vollzeitbeschäftigten Arbeitnehmern, die 5 Tage in der Woche beschäftigt sind, 30 Arbeitstage Urlaub im Kalenderjahr. Eine vollzeitbeschäftigte Arbeitnehmerin wechselt zum 1.7. in eine Teilzeitbeschäftigung und

1. arbeitet weiter an 5 Tagen in der Woche, allerdings täglich nur noch 4 Stunden;
2. arbeitet 2 Tage in der Woche.

In beiden Fällen hat sie noch keinen Urlaub genommen. Im Herbst will sie Urlaub nehmen.

Auf wie viele Urlaubstage hat die Arbeitnehmerin dann Anspruch?

Lösung: Dieser Fall ist hinsichtlich der Urlaubsdauer unproblematisch (zum Urlaubsentgelt siehe unten). Die Arbeitnehmerin arbeitet nach wie vor mit einer 5-Tage-Woche und hat deshalb Anspruch auf 30 Arbeitstage Urlaub.

Für die Berechnung der Urlaubsdauer ist die Zeit entscheidend, in der der Arbeitnehmer Urlaub nehmen will. Das ist der Herbst, in dem die Mitarbeiterin 2 Tage die Woche arbeitet. Wichtig ist zudem zu wissen, dass das Bundesurlaubsgesetz den Urlaub nicht nach Stunden berechnet, sondern nach Tagen, die aber im Verhältnis zur Woche gesetzt werden (§ 3 Abs. 1 und 2 BUrlG). Da die Mitarbeiterin zuvor noch keinen Urlaub genommen hat und Mitarbeiter, die 5 Tage in der Woche beschäftigt sind, 30 Urlaubstage im Kalenderjahr – und damit 6 Wochen Urlaub – erwerben, würde die Formel lauten:

30 Urlaubstage : 5 Tage x 2 Arbeitstage = 12 Arbeitstage Urlaub, was genau 6 Wochen Urlaub entspricht.

Allerdings hat der Europäische Gerichtshof in 2 Entscheidungen, die in der Fachliteratur Tirol I und Tirol II genannt werden[49] entschieden, eine solche Umrechnung (Quotierung pro-rata-temporis) des noch nicht genommenen Urlaubsanspruchs aus der Vollzeittätigkeit sei mit dem Unionsrecht nicht vereinbar. Der Pro-rata-temporis-Grundsatz dürfe

49 EuGH, Urteil v. 22.4.2010, C-486/08, Tirol und EuGH, Urteil v. 13.6.2013, C 415/12, Brandes.

zwar grundsätzlich bei Teilzeitbeschäftigten angewendet werden, aber nicht nachträglich auf einen Anspruch, der in der Zeit der Vollzeitbeschäftigung erworben worden sei. Dies gelte aber nur, wenn der Arbeitnehmer tatsächlich nicht die Möglichkeit gehabt habe, den Urlaub vor dem Wechsel zu nehmen. Dem ist das BAG gefolgt.[50]

Hinweis: Wie das BAG mit dieser Rechtsprechung insgesamt umgehen wird, ist fraglich. Das BUrlG stammt aus dem Jahr 1963 und ist nicht mehr zeitgemäß. Für die heutigen Probleme bei Teilzeitbeschäftigungen bietet es keine sachgerechten Lösungen. Im Endeffekt geht es hier darum, den Arbeitnehmer nicht aufgrund des Wechsels zu benachteiligen. Könnte hier die Arbeitnehmerin den in der Vollzeit erworbenen Urlaub so behalten (wegen § 4 BUrlG hat sie immerhin bereits in der Zeit der Vollzeit ihren vollen Jahresurlaub von 30 Arbeitstagen Urlaub erworben), könnte sie nun in der Teilzeit plötzlich statt 6 Wochen (30 : 5-Tage-Woche) 15 Wochen (30 : 2-Tage-Woche) nehmen. Das hat der EuGH aber nicht gesagt. Damit ist das Augenmerk darauf zu legen, dass es dem EuGH entscheidend darum geht, einen finanziellen Nachteil aufgrund des Wechsels zu verhindern, wobei er sich nicht mit den Besonderheiten des deutschen Urlaubsrechts auseinandersetzt.

Tipp: Als Lösung bietet sich an, dem Arbeitnehmer, der von Vollzeit in Teilzeit unter dem Kalenderjahr wechseln will, den (hypothetisch) anteilig errechneten Teil-Urlaub aus der Zeit der Vollzeit schon vor dem Wechsel in die Teilzeit zu gewähren. Bietet dies der Arbeitgeber dem Arbeitnehmer an, hätte dieser grundsätzlich auch die Möglichkeit, den angebotenen Urlaub zu nehmen. Der Rest könnte dann wie oben umgerechnet werden. Kann der Arbeitnehmer den kompletten Urlaub aber erst in der Teilzeit nehmen, kann man, ebenso wie oben, den (hypothetisch) anteilig errechneten Urlaub so gewähren, als befände er sich in Vollzeit – also mit 5-Tage-Woche und den Rest wie oben dargestellt anteilig auf die 2-Tage-Woche umrechnen. Dies bedeutet hier:

Bei 30 Arbeitstagen Urlaub und einem Wechsel von Vollzeit mit einer 5-Tage-Woche in Teilzeit mit einer 2-Tage-Woche zum 1.7. sind dem Arbeitnehmer bei Urlaubsantritt im Herbst 30 : 2 = 15 Arbeitstage Urlaub so zu gewähren und zu bezahlen, als befände er sich in Vollzeit (also 3 Wochen) und die restlichen 15 Tage wie folgt umzurechnen: 15 : 5-Tage-Woche x 2 Tage-Woche = 6 Arbeitstage Urlaub.

Das BAG hat in seinem oben zitierten Urteil vom 10.2.2015 entschieden, dass, wenn ein vollzeitbeschäftigter Arbeitnehmer vor seinem Wechsel in die Teilzeit mit weniger Wochenarbeitstagen Urlaub nicht nehmen kann, die Zahl der Tage des bezahlten Jahresurlaubs wegen des Übergangs in die Teilzeitbeschäftigung nicht verhältnismäßig

50 BAG, Urteil v. 10.2.2015, 9 AZR 53/14 (F).

gekürzt werden kann, weshalb der anders lautende § 26 Abs. 1 TVöD unwirksam sei. Das spricht für den dargestellten Weg.

47.14 Urlaubsanspruch bei Wechsel von Vollzeit in Teilzeit während des Urlaubsjahres mit weniger Arbeitstagen als zuvor (vor dem Wechsel wurde teilweise Urlaub genommen)

Sachverhalt: Ein Arbeitgeber gewährt seinen vollzeitbeschäftigten Arbeitnehmern, die 5 Tage in der Woche beschäftigt sind, 30 Arbeitstage Urlaub im Kalenderjahr.

Eine vollzeitbeschäftigte Mitarbeiterin wechselt zum 1.7. in eine Teilzeitbeschäftigung und arbeitet 2 Tage in der Woche, ohne dass es auf die Stundenzahl ankommt. Sie hat zu diesem Zeitpunkt bereits 10 Arbeitstage Urlaub genommen. Im Herbst will sie Urlaub nehmen.

Auf wie viele Urlaubstage hat die Arbeitnehmerin Anspruch?

Bisherige Lösung: Für die Berechnung der Urlaubsdauer ist die Zeit entscheidend, in der die Arbeitnehmerin Urlaub nehmen will. Das ist der Herbst, in dem sie 2 Tage die Woche arbeitet.

Das Bundesurlaubsgesetz setzt die Urlaubstage ins Verhältnis zur Woche. Die vollzeitbeschäftigte Mitarbeiterin erhält 30 Arbeitstage = 6 Wochen Urlaub im Jahr.

- 30 Urlaubstage (Arbeitstage) abzüglich genommene 10 Urlaubstage (Arbeitstage) ergibt 20 Urlaubstage (Arbeitstage). Die Mitarbeiterin hat 20 Urlaubstage (4 Wochen) aus der Vollzeit in die Teilzeit mitgenommen.
- 4 Wochen Urlaub (= Arbeitstage) bei einer 2-Tage-Woche ergibt: 4 x 2 = 8 Arbeitstage Urlaub.

Damit stehen der Arbeitnehmerin 8 Arbeitstage Urlaub, also bei einer 2-Tage-Woche 4 Wochen Urlaub zu.

Lösungsvorschlag unter Berücksichtigung der EuGH-Entscheidungen (Tirol I + II)
Die Mitarbeiterin hatte in Vollzeit anteilig 30 : 2 = 15 Arbeitstage Urlaub erworben, wovon 10 Tage genommen sind. Damit hat sie aus der Vollzeit nur noch 5 Arbeitstage Urlaub in die Teilzeit mitgenommen. Diese Zeit sollte ihr so gewährt werden, wie wenn sie noch Vollzeit arbeiten würde. Die restliche Zeit kann wie oben anteilig umgerechnet werden, was bei einer 2-Tage-Woche 6 Arbeitstage Urlaub ergibt.

47.15 Urlaubsanspruch im umgekehrten Fall Greenfield: Wechsel von Teilzeit in Vollzeit während des Urlaubsjahres mit mehr Arbeitstagen als zuvor (vor dem Wechsel wurde teilweise Urlaub genommen)

Sachverhalt: Ein Arbeitgeber gewährt seinen vollzeitbeschäftigten Arbeitnehmern, die 5 Tage in der Woche beschäftigt sind, 30 Arbeitstage Urlaub im Kalenderjahr.

Eine mit einem Arbeitstag in der Woche teilzeitbeschäftigte Arbeitnehmerin wechselt zum 1.7. in eine Vollzeitbeschäftigung und arbeitet 5 Tage in der Woche, ohne dass es auf die Stundenzahl ankommt. Sie hat zu diesem Zeitpunkt bereits 6 Arbeitstage Urlaub genommen.

Im Herbst will sie Urlaub nehmen. Auf wie viele Urlaubstage hat sie Anspruch?

Bisherige Lösung: Für die Berechnung der Urlaubsdauer ist die Zeit entscheidend, in der die Arbeitnehmerin Urlaub nehmen will. Das ist der Herbst, in dem sie 5 Tage die Woche arbeitet. Allerdings hatte sie bereits vor dem Wechsel ihren 6-wöchigen Jahresurlaub. Nach dem BUrlG stünde ihr damit kein Urlaubsanspruch mehr zu.

Lösung nach der EuGH-Entscheidung »Greenfield«[51]
Die Arbeitnehmerin hat in Teilzeit für ein halbes Jahr anteilig 6 Wochen x 1 Tag : 2 = 3 Arbeitstage Urlaub erworben. In der zweiten Kalenderjahreshälfte hat sie 30 Arbeitstage bei einer 5-Tage-Woche : 2 = 15 Arbeitstage Urlaub erworben. Addiert ergeben sich somit für das Kalenderjahr 18 Urlaubstage. Hiervon hat die Arbeitnehmerin 6 Tage im Frühjahr genommen, weshalb ihr im Herbst noch 12 Urlaubstage übrig bleiben.

Hinweis: Man darf gespannt sein, ob das BAG diese Rechtsprechung übernimmt. Sie ist allerdings »gerecht«, wenn man berücksichtigt, dass Urlaub nicht nur Freizeit, sondern auch die dafür gezahlte Vergütung ist. Andererseits akzeptiert der EuGH für die Arbeitnehmer positivere Regelungen der Nationalstaaten.

47.16 Urlaubsentgelt bei Wechsel von Vollzeit in Teilzeit mit gleich vielen Arbeitstagen wie zuvor, aber reduzierter Stundenzeit (während des Urlaubsjahres)

Sachverhalt: Ein Arbeitgeber gewährt seinen vollzeitbeschäftigten Arbeitnehmern, die 5 Tage in der Woche beschäftigt sind, 30 Arbeitstage Urlaub im Kalenderjahr. Eine

51 EuGH, Urteil v. 11.11.2015, C 219/14.

vollzeitbeschäftigte Arbeitnehmerin wechselt zum 1.7. in eine Teilzeitbeschäftigung und arbeitet an 5 Tagen in der Woche jeweils nur halbtags. Im Herbst will sie Urlaub nehmen. Wie hoch ist das Urlaubsentgelt der Arbeitnehmerin?

Bisherige **Lösung:** Da die Mitarbeiterin im Herbst immer noch, wie früher, 5 Tage in der Woche arbeitet, hat sie 30 Arbeitstage Urlaub. Für die Berechnung des Urlaubsentgelts gilt § 11 BurlG, wenn keine tarifvertragliche Sondervorschrift besteht. Danach bemisst sich das Urlaubsentgelt nach dem durchschnittlichen Arbeitsverdienst der letzten 13 Wochen vor Beginn des Urlaubs mit Ausnahme des zusätzlich für Überstunden gezahlten Arbeitsverdienstes. In dieser Zeit hat die Arbeitnehmerin aber nur halbtags gearbeitet.

Deshalb die konsequente Lösung des BAG[52]:
Das Urlaubsentgelt eines Arbeitnehmers, der nach der Verringerung seiner wöchentlichen Regelarbeitszeit seinen Urlaub antritt, ist auch in den Fällen nach dem Entgeltausfallprinzip zu bemessen, in denen der Urlaub aus der Zeit vor der Arbeitszeitreduzierung stammt.

Das bedeutet für den vorliegenden Fall: Das Urlaubsentgelt für den Urlaub aus der Vollzeit darf nicht auf Basis der reduzierten Teilzeitvergütung berechnet werden, sondern der Arbeitgeber muss für die Hälfte des Urlaubs (15 Arbeitstage) Vollzeitvergütung zahlen. Die diesem Ergebnis entgegenstehende tarifvertragliche Regelung (§ 26 Abs. 1 Satz 1 und § 21 Satz 1 TV-L) erklärte das BAG in der zitierten Entscheidung wegen mittelbarer Benachteiligung von Teilzeitkräften für nichtig.

47.17 Anspruch auf bezahlten Urlaub für die Zeit unbezahlten Sonderurlaubs (Sabbatical)?

Sachverhalt: Ein Arbeitnehmer erhält auf seinen Wunsch ein Jahr unbezahlten Sonderurlaub für eine Weltreise. Erwirbt er in diesem Jahr einen bezahlten Jahresurlaubsanspruch?

Lösung: § 1 BUrlG gewährt jedem Arbeitnehmer in jedem Kalenderjahr Anspruch auf bezahlten Erholungsurlaub. Die Vorschrift ist unabdingbar (§ 13 Abs. 1 Sätze 1 und 3 BUrlG). Der Anspruch entsteht unabhängig von einer Arbeitsleistung allein nur bei rechtlichem Bestand des Arbeitsverhältnisses und Erfüllung einer einmaligen 6-monatigen Wartezeit (§ 4 BUrlG). Zwar gibt es spezielle Regeln, die den Arbeitgeber in Son-

52 BAG, Urteil v. 20.3.2018, 9 AZR 486/17.

derfällen zur Kürzung des Urlaubs berechtigen, wie z. B. bei Elternzeit (§ 17 Abs. 1 Satz 1 BEEG), Pflegezeit (§ 4 Abs. 4 PflegeZG) und Wehrdienst (§ 4 Abs. 1 Satz 1 ArbPlSchG).

Im Hinblick auf unbezahlten Urlaub hatte das BAG aber eine andere Entscheidung gefällt: Weil es keine Kürzungsregelung bei unbezahltem Sonderurlaub gibt, das Arbeitsverhältnis in dieser Zeit aber rechtlich besteht, hatte es mit Urteil vom 6.5.2014 (9 AZR 678/12) entschieden, dass das vereinbarte Ruhen eines Arbeitsverhältnisses nicht das Entstehen des gesetzlichen Urlaubsanspruchs hindert. Zudem sei der Arbeitgeber nicht zur Kürzung des gesetzlichen Urlaubs berechtigt.

Dieses Urteil hat das BAG jedoch mit Urteil vom 19.3.2019[53] teilweise wieder revidiert. Es hat entschieden, dass für die Berechnung des gesetzlichen Mindesturlaubs Zeiten eines unbezahlten Sonderurlaubs unberücksichtigt bleiben. Befinde sich ein Arbeitnehmer im Urlaubsjahr ganz oder teilweise im unbezahlten Sonderurlaub, sei bei der Berechnung der Urlaubsdauer zu berücksichtigen, dass die Arbeitsvertragsparteien ihre Hauptleistungspflichten durch die Vereinbarung von Sonderurlaub vorübergehend ausgesetzt hätten. Dies führe dazu, dass einem Arbeitnehmer für ein Kalenderjahr, in dem er sich »durchgehend in unbezahltem Sonderurlaub befinde«, mangels einer Arbeitspflicht kein Anspruch auf Erholungsurlaub zustehe.

Tipp: Die Entscheidung des BAG gilt nur für ganzjährigen Sonderurlaub. In anderen Fällen besteht die Möglichkeit, bei der Gewährung von unbezahltem Sonderurlaub – wenn keine geltende tarifvertragliche Regelung entgegensteht – zu vereinbaren, dass für die Zeit des unbezahlten Urlaubs kein über den gesetzlichen Mindesturlaub hinausgehender Urlaubsanspruch entsteht. Eine solche Vereinbarung verstößt nicht nach § 13 Abs. 1 Sätze 1 und 3 BUrlG.

Zudem ist auch denkbar, zu vereinbaren, dass der Arbeitnehmer erst nach dem 31.3. des Folgejahres aus dem Sonderurlaub zurückkommt, was zum Verfall der Vorjahresurlaubsansprüche nach § 7 Abs. 3 Satz 3 BUrlG führt.

47.18 Fälligkeit des Urlaubsanspruchs

Sachverhalt: Ein seit 3 Monaten beschäftigter Arbeitnehmer beantragt Urlaub noch in diesem Kalendermonat. Muss der Urlaub gewährt werden?

Lösung: Der volle Urlaubsanspruch wird erstmalig nach 6-monatigem Bestehen des Arbeitsverhältnisses erworben (Wartezeit, § 4 BUrlG). Solange diese Wartezeit nicht

53 BAG, Urteil v. 19.3.2019, 9 AZR 315/17.

abgelaufen ist, ist der Urlaubsanspruch noch nicht fällig. Damit muss der Arbeitgeber den beantragten Urlaub nicht gewähren.

Tipp: Wenn der Arbeitgeber Urlaub dennoch gewähren will, sollte er darauf achten, lediglich den bereits erwachsenen Teilurlaub für die 3 Monate des Arbeitsverhältnisses zu gewähren (3/12 des Jahresurlaubs).

47.19 Fälligkeit des Urlaubsanspruchs bei Kündigung in der Wartezeit

Sachverhalt: Ein seit 3 Monaten beschäftigter Arbeitnehmer, dem der Arbeitgeber zum Ablauf des nächsten Monats gekündigt hat, beantragt Urlaub noch in diesem Kalendermonat.

Muss der Urlaub gewährt werden?

Lösung: Der volle Urlaubsanspruch wird erstmalig nach 6-monatigem Bestehen des Arbeitsverhältnisses erworben (§ 4 BUrlG). Es entsteht ein Teilurlaubsanspruch in Höhe von 1/12 des Jahresurlaubs für jeden vollen Monat des Bestehens des Arbeitsverhältnisses, für Zeiten eines Kalenderjahres, für die der Arbeitnehmer wegen Nichterfüllung der Wartezeit keinen vollen Urlaubsanspruch erwirbt (§ 5 Abs. 1a BUrlG).

Hier ist ersichtlich, dass das Arbeitsverhältnis bereits vor Ablauf der 6-monatigen Frist enden wird und deshalb ein Vollurlaub nicht entstehen kann. Deshalb ist der Anspruch auf Teilurlaub bereits entstanden und grundsätzlich zu gewähren.

47.20 Rückforderung durch Arbeitgeber (bei zu viel gewährtem Urlaub)

Sachverhalt: Ein Arbeitnehmer, der einige Jahre beschäftigt ist, hat seinen vollen Jahresurlaub im Januar genommen und kündigt dann das Arbeitsverhältnis zum 31.3. des gleichen Jahres.

Kann der Arbeitgeber den zu viel gewährten Urlaub zurückfordern?

Lösung: Eine Rückforderung zu viel gewährten Urlaubs ist ausgeschlossen (§ 5 Abs. 3 BUrlG). Dies gilt selbst dann, wenn der Arbeitnehmer seinen Jahresurlaub im Januar im Hinblick auf sein Ausscheiden zum 31.3. genommen hat, ohne den Arbeitgeber davon in Kenntnis zu setzen.

Hinweis: Der Arbeitnehmer erwirbt in einem neuen Arbeitsverhältnis, das er im gleichen Kalenderjahr begründet, entsprechend für die zu viel gewährten Urlaubstage keine Urlaubsansprüche gegen seinen neuen Arbeitgeber (§ 6 Abs. 1 BUrlG). Der alte Arbeitgeber ist bei Beendigung des Arbeitsverhältnisses verpflichtet, dem Arbeitnehmer eine Bescheinigung über den im laufenden Kalenderjahr gewährten oder abgegoltenen Urlaub zu erteilen (§ 6 Abs. 2 BUrlG).

Tipp: Ein Arbeitgeber sollte sich bei Begründung eines Arbeitsverhältnisses im laufenden Kalenderjahr vom Stellenbewerber eine Bescheinigung dessen früheren Arbeitgebers nach § 6 Abs. 2 BUrlG über den genommenen oder abgegoltenen Urlaub vorlegen lassen.

47.21 Urlaubsentgelt (Berücksichtigung von Überstunden)

Sachverhalt: Ein Mitarbeiter mit einer 5-Tage-Woche, erhält im Januar 2.000 EUR, im Februar ebenfalls 2.000 EUR und ab März wegen einer Lohnerhöhung 2.100 EUR brutto Grundvergütung. Zudem erhält er eine Schmutzzulage von 50 EUR. An Überstundenvergütung wurde im März 200 EUR brutto gezahlt. Er tritt nun 15 Tage Urlaub an. Ein Tarifvertrag gilt nicht.

Wie viel Urlaubsentgelt steht im zu?

Lösung: Wenn keine tarifvertragliche Regelung besteht, ist zur Berechnung des Urlaubsentgelts bei einer 5-Tage-Woche vom durchschnittlichen Arbeitsverdienst der letzten 13 Wochen (13 x 5 = 65 Arbeitstage) vor Antritt des Urlaubs auszugehen (§ 11 BUrlG).

Da der Mitarbeiter im März eine Lohnerhöhung bekommt, muss vom erhöhten Betrag ausgegangen werden (§ 13 Abs. 1 Satz 2 BUrlG). Das Brutto-Urlaubsentgelt berechnet sich wie folgt:

- 2.100 EUR x 3 Monate : 65 Arbeitstage x 15 Urlaubstage = 1.453,85 EUR.

Die Überstundenvergütung ist nicht zu berücksichtigen (§ 13 Abs. 1 Satz 1 BUrlG). Gleiches gilt für die Schmutzzulage, weil sie kein Sachbezug ist.

47.22 Mitbestimmungsrechte des Betriebsrats

Sachverhalt: Eine Arbeitnehmerin hat bei ihrem Arbeitgeber Urlaub beantragt. Der Arbeitgeber lehnt diesen jedoch im vom Arbeitnehmer gewünschten Zeitraum ab. Im Betrieb gibt es einen Betriebsrat.

Hat der Betriebsrat in diesem Konflikt mitzubestimmen?

Lösung: Der Betriebsrat hat ein Mitbestimmungsrecht über die Aufstellung allgemeiner Urlaubsgrundsätze und des Urlaubsplans sowie die Festsetzung der zeitlichen Lage des Urlaubs für einzelne Arbeitnehmer, wenn zwischen dem Arbeitgeber und den beteiligten Arbeitnehmern kein Einverständnis erzielt wird (§ 87 Abs. 1 Nr. 5 BetrVG). Damit hat in diesem Fall der Betriebsrat mitzubestimmen. Kommt eine Einigung zwischen dem Arbeitgeber und dem Betriebsrat nicht zustande, kann sogar Arbeitgeber oder Betriebsrat eine Einigungsstelle (§§ 87 Abs. 2, 76 BetrVG) angerufen werden, die dann verbindlich entscheidet.

47.23 Kein automatischer Verfall von Urlaubsansprüchen bei einem nicht gestellten Urlaubsantrag

Sachverhalt: Ein Wissenschaftler mit befristetem Arbeitsvertrag hatte bei Beendigung seines Arbeitsverhältnisses am 31.12. über 50 Urlaubstage nicht genommen.

Lösung: Das BAG legte diesen Fall dem EuGH vor und führte aus, nach deutschem Urlaubsrecht sei der Anspruch verfallen, weil der Arbeitnehmer nicht gehindert gewesen sei, den Urlaub im Urlaubsjahr zu beantragen und zu nehmen.

Der EuGH entschied am 6.11.2018[54], der Arbeitnehmer dürfe seinen Urlaubsanspruch nicht automatisch verlieren, weil er seinen Urlaub nicht beantragt habe. Die Urlaubsansprüche verfielen nur dann, wenn der Arbeitgeber beweise, dass der Arbeitnehmer freiwillig auf seinen Urlaub verzichtet habe, nachdem der Arbeitgeber ihn tatsächlich in die Lage versetzt habe, rechtzeitig Urlaub zu nehmen.

Das hat das BAG in seinem Urteil vom 19.2.2019[55] akzeptiert. Es hat sogar weiter ausgeführt, dass der Anspruch auf bezahlten Jahresurlaub nur dann erlösche, wenn der Arbeitgeber den Arbeitnehmer zuvor

- über seinen konkreten Urlaubsanspruch und
- die Verfallsfristen belehrt und
- der Arbeitnehmer den Urlaub dennoch
- aus freien Stücken nicht genommen habe.

Tipp: Der Arbeitgeber sollte alle Arbeitnehmer spätestens in der Mitte des Kalenderjahres ausdrücklich und nachweisbar auf ihre konkreten aktuellen Urlaubsansprüche hinweisen und darauf, dass sie ihren Jahresurlaub noch innerhalb des Kalenderjahres

54 EuGH, Urteile v. 6.11.2018 C-619/16; C-684/16.
55 BAG, Urteil v. 19.2.2019, 9 AZR 541/15.

geltend machen müssen, weil er sonst verfällt. Arbeitgeber müssen auch klar machen, dass der Urlaub innerhalb des Kalenderjahres gewährt werden wird.

Unterbleibt der Hinweis, verfällt der Urlaub mit Ablauf des Kalenderjahres nach § 7 Abs. 3 BUrlG nicht, sondern wird zum neuen Urlaub hinzuaddiert, der am 1. Januar des Folgejahres entsteht. Informiert der Arbeitgeber auch im neuen Jahr die Arbeitnehmer nicht, erfolgt eine erneute Addierung. Das kann zu ganz beträchtlichen Problemen führen, insbesondere wenn der Arbeitgeber der falschen Auffassung ist, dass geringfügig Beschäftigte keinen Urlaubsanspruch haben oder wenn er fälschlicherweise der Auffassung ist, er beschäftige einen freien Mitarbeiter.

Lehnt der Arbeitgeber nach entsprechendem Hinweis einen Urlaubsantrag ohne Ablehnungsgrund i. S. v. § 7 Abs. 1 Satz 1 BUrlG ab, setzt er sich in Widerspruch zu seiner Erklärung, weshalb nach Auffassung des BAG die mit der Erklärung begonnene Befristung des Urlaubsanspruchs nach § 7 Abs. 3 BUrlG wieder entfällt. Dann muss der Arbeitgeber erneut belehren, um eine Befristung des Urlaubsanspruchs nach § 7 Abs. 3 BUrlG zur erreichen.

47.24 Urlaubsabgeltung, Verzicht

Sachverhalt: Im Rahmen eines Kündigungsschutzprozesses wird am 30.9. in einem Vergleich vereinbart, dass das Arbeitsverhältnis zum Ablauf des 30.6. endete. Der Arbeitnehmer hat zu diesem Zeitpunkt noch 10 Urlaubstage offen. Hierzu enthält der Vergleich lediglich die Formulierung: »Mit Erfüllung dieses Vergleichs sind zwischen den Parteien alle gegenseitigen Ansprüche aus dem Arbeitsverhältnis, gleich aus welchem Rechtsgrund erledigt.«

Hat der Arbeitnehmer noch Anspruch auf Urlaubsabgeltung?

Lösung: Urlaubsansprüche sind nach § 13 Abs. 1 BUrlG unverzichtbar. Dies galt bisher auch für Urlaubsabgeltungsansprüche bei beendetem Arbeitsverhältnis. Deshalb wurde bei Beendigungsvergleichen meist ein sog. »Tatsachenvergleich« geschlossen, in dem vereinbart wurde, dass der zustehende Urlaub bereits genommen sei. Das Bundesarbeitsgericht (BAG, Urteil v. 14.5.2013, 9 AZR 844/11) hat nun entschieden, dass der Arbeitnehmer bei beendetem Arbeitsverhältnis auch durch eine Abgeltungsklausel auf den Abgeltungsanspruch verzichten könne. Damit bedarf es des »Tatsachenvergleichs« nicht mehr.

Tipp: Der Verzicht auf Urlaubsabgeltungsansprüche im Aufhebungsvertrag ist zwischen den Parteien zwar jetzt möglich, aber nicht ohne Weiteres zu empfehlen:

Es können Probleme entstehen, wenn der Arbeitnehmer arbeitslos wird. Denn nach § 157 Abs. 2 Satz 1 SGB III ruht der Anspruch auf Arbeitslosengeld »für die Zeit des abgegoltenen Urlaubs«, wenn der Arbeitnehmer »wegen Beendigung des Arbeitsverhältnisses eine Urlaubsabgeltung ... zu beanspruchen hat«. Nach § 157 Abs. 3 SGB III wird zwar auch Arbeitslosengeld bezahlt, wenn der Arbeitslose die Leistung »tatsächlich nicht erhält«. Allerdings geht nach § 115 SGB X der Anspruch dann auf die Arbeitsagentur über, die sich den Verzicht nicht entgegenhalten muss und deshalb den Arbeitgeber in Anspruch nehmen kann.

47.25 Urlaubsabgeltung nach Tod

Sachverhalt: Ein Arbeitnehmer, der noch Urlaubsansprüche hat, stirbt. Haben die Erben gegen den Arbeitgeber Anspruch auf Urlaubsabgeltung?

Lösung: Das Arbeitsverhältnis endet aufgrund seines höchstpersönlichen Charakters (§ 613 BGB) automatisch mit dem Tod des Arbeitnehmers. Zahlungsansprüche, die bis zu diesem Zeitpunkt entstanden sind, gehen nach § 1922 BGB auf die Erben über, auch wenn sie noch nicht zur Zahlung fällig (§ 614 BGB) sind. Das bedeutet, dass noch offene Vergütungsansprüche für die Zeit vom 1.–15.11. auf die Erben übergegangen sind.

Hatte der Verstorbene Urlaubsansprüche, gingen diese bisher nach der Rechtsprechung des BAG[56] wegen ihres höchstpersönlichen Charakters unter. Der EuGH sah dies jedoch anders[57] und entschied, dass nach Art. 7 der Richtlinie 2003/88/EG vom 4.11.2003 – wonach jeder Arbeitnehmer Anspruch auf einen bezahlten Mindestjahresurlaub von 4 Wochen hat, der außer bei Beendigung des Arbeitsverhältnisses nicht durch eine finanzielle Vergütung ersetzt werden kann – einzelstaatlichen Rechtsvorschriften entgegenstehe, die für den Fall des Todes des Arbeitnehmers die Abgeltung nicht genommenen Jahresurlaubs ausschlössen. Der Anspruch auf bezahlten Jahresurlaub sei ein besonders bedeutsamer Grundsatz des Sozialrechts. Jahresurlaub und Bezahlung während des Urlaubs seien 2 Aspekte eines einzigen Anspruchs. Bezahlter Jahresurlaub bedeute, dass für dessen Dauer das Entgelt fortzuzahlen sei. Ein finanzieller Ausgleich bei Beendigung des Arbeitsverhältnisses durch Tod stelle die praktische Wirksamkeit des Urlaubsanspruchs sicher. Der unwägbare Eintritt des Todes dürfe nicht rückwirkend zum vollständigen Verlust des Anspruchs auf bezahlten Jahresurlaub führen. Es komme auch nicht darauf an, ob der Betroffene im Vorfeld einen Urlaubsantrag gestellt habe.

56 Vgl. noch BAG, Urteil v. 20.9.2011, 9 AZR 416/10.

57 EuGH, Urteil v. 12.6.2014, C-118/13, Bollacke; LAG Hamm, Vorlagebeschluss v. 14.3.2014.

Das BAG war jedoch nicht bereit, diese Auffassung zu übernehmen. Es legte mit Beschluss vom 18.10.2016[58] dem Europäischen Gerichtshof die Frage vor, ob Art. 7 der Richtlinie 2003/88/EG oder Art. 31 Abs. 2 der Charta der Grundrechte der Europäischen Union (GRC) dem Erben eines während des Arbeitsverhältnisses verstorbenen Arbeitnehmers einen Anspruch auf finanziellen Ausgleich für den dem Arbeitnehmer vor seinem Tod zustehenden Mindestjahresurlaub einräume und verwies darauf, dass dies in Deutschland nach § 7 Abs. 4 BUrlG i. V. m. § 1922 Abs. 1 BGB ausgeschlossen sei. Es argumentierte, dass mit dem Tod des Arbeitnehmers *der Erholungszweck des Urlaubs nicht mehr verwirklicht werden* könne.

Das interessierte jedoch den Europäischen Gerichtshof wenig. Mit Entscheidungen vom 6.11.2018[59] stellte er fest, dass die Erben eines verstorbenen Arbeitnehmers von dessen ehemaligem Arbeitgeber eine finanzielle Vergütung für den nicht genommenen bezahlten Jahresurlaub verlangen könnten. Soweit das deutsche Erbrecht dem entgegenstehe, müsse es unangewendet bleiben. Die Erben könnten sich unmittelbar auf Unionsrecht berufen, dies gelte sowohl für öffentliche als auch für private Arbeitgeber. Das BAG hat dies nun mit Urteil vom 22.1.2019[60] akzeptiert.

Tipp: Der Arbeitgeber sollte sich in einem solchen Fall einen Erbschein vorlegen lassen. Für die Steuer sind die Einkommensverhältnisse des Erben maßgebend. Die Sozialversicherung muss abgeführt werden.

58 BAG, Beschluss v. 18.10.2016, 9 AZR 196/16 (A).
59 EuGH, Urteile v. 6.11.2018 C-569/16; C-570/16.
60 BAG, Urteil v. 22.1.2019, 9 AZR 45/16.

48 Vermögenswirksame Leistungen

48.1 Förderarten/Anlageformen

Sachverhalt: Als Arbeitgeber möchten Sie wissen, wie vermögenswirksame Leistungen gezahlt werden und was Sie damit zu tun haben.

Lösung: Bei vermögenswirksamen Leistungen (VWL) handelt es sich um Geldleistungen, die der Arbeitgeber für den Arbeitnehmer in einer bestimmten Form nach dem 5. Vermögensbildungsgesetz anlegt. Zu einem Zuschuss ist der Arbeitgeber nur verpflichtet, wenn der für ihn gültige Tarifvertrag das vorsieht. Ansonsten ist der Zuschuss eine freiwillige Leistung des Arbeitgebers.

Es gibt 2 verschiedene Förderarten, die beide auch nebeneinander in Anspruch genommen werden können:

1. Anlage zum Wohnungsbau: Bausparkassenbeiträge oder Entschuldung von Wohnungseigentum.
   Die Sparzulage vom Staat bei dieser Förderart beträgt jährlich maximal 9 % von 470 EUR. Anspruch auf Sparzulage besteht, wenn das zu versteuernde Einkommen bei Ledigen 17.900 EUR und bei Verheirateten 35.800 EUR nicht übersteigt.
2. Anlage in betriebliche oder außerbetriebliche Beteiligungen: Erwerb von Aktien, Anteilen an Aktienfonds, Beteiligung an Unternehmungen des Arbeitgebers durch stille Beteiligung oder Darlehen.
   Bei dieser Förderart werden jährlich maximal 20 % von 400 EUR vom Staat gefördert. Die Einkommensgrenze beträgt für Ledige 20.000 EUR und für Verheiratete 40.000 EUR.

Bei Arbeitnehmern mit Kindern erhöhen sich diese Einkommensgrenzen um die Kinderfreibeträge.

Um die staatliche Förderung zu erhalten, muss der Arbeitnehmer dem Arbeitgeber einen Antrag auf Überweisung der vermögenswirksamen Leistungen von seinem Anlageinstitut mit folgenden Angaben vorlegen:

- Höhe des Betrags, der angelegt werden soll,
- Zeitpunkt, ab dem die Anlage erfolgen soll,
- Art der Anlage, Anlageinstitut, Kontonummer, Vertragsnummer.

Der Arbeitgeber ist verpflichtet, die Überweisung aus dem Nettolohn des Arbeitnehmers vorzunehmen.

Mit der Förderung selbst hat der Arbeitgeber nichts zu tun. Die Sparzulage wird dem Arbeitnehmer auf Antrag vom Finanzamt gewährt. Diese muss der Arbeitnehmer bei dem für ihn zuständigen Wohnsitzfinanzamt mit der »Anlage VL« jährlich selbst beantragen.

48.2 Zuschuss des Arbeitgebers

Sachverhalt: Eine Arbeitnehmerin (Steuerklasse IV, keine Kinder, 9 % Kirchensteuer, 1,0 % KV-Zusatzbeitrag) hat 2020 ein monatliches Gehalt von 2.050 EUR zzgl. 27 EUR Zuschuss zu den vermögenswirksamen Leistungen. Die Arbeitnehmerin lässt monatlich 40 EUR an eine Bausparkasse überweisen, um die volle staatliche Förderung für einen Bausparvertrag von 9 % aus höchstens 470 EUR zu erhalten.

Wie werden die vermögenswirksame Leistung und der Zuschuss des Arbeitgebers abgerechnet?

Lösung: Der Zuschuss zu vermögenswirksamen Leistungen ist steuer- und beitragspflichtig.

Bruttogehalt		2.050,00 EUR
Vermögenswirksame Leistungen (Zuschuss)		27,00 EUR
Brutto gesamt		2.077,00 EUR
Lohnsteuer	189,41 EUR	
Solidaritätszuschlag	10,41 EUR	
Kirchensteuer	17,04 EUR	- 216,86 EUR
Krankenversicherung (7,3 % + 0,5 %)	162,01 EUR	
Pflegeversicherung (1,775 %)	36,86 EUR	
Rentenversicherung (9,3 %)	193,16 EUR	
Arbeitslosenversicherung (1,2 %)	24,92 EUR	- 416,95 EUR
Nettoverdienst		1.443,19 EUR
Abzgl. vermögenswirksame Leistungen		- 40,00 EUR
Auszahlungsbetrag		1.403,19 EUR

Der Arbeitgeber muss die 40 EUR einbehalten und direkt an die Bausparkasse überweisen.

Hinweis: Der Arbeitgeber ist zu einem Zuschuss zu den vermögenswirksamen Leistungen verpflichtet, wenn der Tarifvertrag dies vorsieht. Ansonsten geschieht die Zahlung auf freiwilliger Basis.

48.3 Überweisung durch Arbeitgeber ohne Zuschuss

Sachverhalt: Eine Arbeitnehmerin hat 2020 ein monatliches Gehalt von 1.800 EUR (Steuerklasse IV, 2,0 Kinderfreibeträge, 9 % Kirchensteuer, 1,0 % KV-Zusatzbeitrag). Sie legt dem Arbeitgeber einen Antrag auf Überweisung von vermögenswirksamen Leistungen ihrer Bausparkasse vor. Sie möchte monatlich 40 EUR sparen. Der Arbeitgeber ist laut Tarifvertrag nicht zu einem Zuschuss zu VWL verpflichtet.

Auch wenn der Arbeitgeber keinen Zuschuss zu den vermögenswirksamen Leistungen zahlt, ist er verpflichtet, die Überweisung für die Arbeitnehmerin vorzunehmen. Er zieht den Sparbetrag vom Nettoverdienst ab und überweist ihn direkt an die Bausparkasse.

Wie wird die vermögenswirksame Leistung abgerechnet?

Lösung

Bruttogehalt		1.800,00 EUR
Vermögenswirksame Leistungen (Zuschuss)		0,00 EUR
Brutto gesamt		1.800,00 EUR
Lohnsteuer	131,58 EUR	
Solidaritätszuschlag	0,00 EUR	
Kirchensteuer	0,00 EUR	- 131,58 EUR
Krankenversicherung (7,3 % + 0,5 %)	140,40 EUR	
Pflegeversicherung (1,525 %)	27,45 EUR	
Rentenversicherung (9,3 %)	167,40 EUR	
Arbeitslosenversicherung (1,2 %)	21,60 EUR	- 356,85 EUR
Nettoverdienst		1.311,57 EUR
Abzgl. vermögenswirksame Leistungen (Nettoabzug)		- 40,00 EUR
Auszahlungsbetrag		1.271,57 EUR

Der Arbeitgeber muss die 40 EUR einbehalten und direkt an die Bausparkasse überweisen.

48.4 Zuschuss bei mehreren Verträgen

Sachverhalt: Eine Arbeitnehmerin hat 2020 ein monatliches Gehalt von 1.800 EUR (Steuerklasse IV, 2,0 Kinderfreibeträge, 9 % Kirchensteuer, 1,0 % KV-Zusatzbeitrag). Sie legt dem Arbeitgeber im Januar einen Antrag auf Überweisung vermögenswirksamer Leistungen ihrer Bausparkasse vor. Sie möchte ab Januar monatlich 39,17 EUR sparen.

Am 1.4. schließt sie einen weiteren förderfähigen Sparvertrag über ihre Hausbank ab, in den sie monatlich 33,33 EUR einbezahlt. Der Tarifvertrag verpflichtet den Arbeitgeber zu einem Zuschuss von 6,65 EUR.

Muss für beide Verträge ein Zuschuss gezahlt werden und wie müssen beide Überweisungen vorgenommen werden?

Lösung: Der Zuschuss von 6,65 EUR muss nur einmal gezahlt werden. Welcher Betrag auf welche Anlageform überwiesen wird, entscheidet die Arbeitnehmerin. Sie muss dem Arbeitgeber die entsprechenden Anträge der Anlageinstitute mit den gewünschten Überweisungsbeträgen vorlegen.

Bruttogehalt		1.800,00 EUR
Vermögenswirksame Leistungen		6,65 EUR
Brutto gesamt		1.806,65 EUR
Lohnsteuer	132,91 EUR	
Solidaritätszuschlag	0,00 EUR	
Kirchensteuer	0,00 EUR	- 132,91 EUR
Krankenversicherung (7,3 % + 0,5 %)	140,92 EUR	
Pflegeversicherung (1,525 %)	27,55 EUR	
Rentenversicherung (9,3 %)	168,02 EUR	
Arbeitslosenversicherung (1,2 %)	21,68 EUR	- 358,17 EUR
Nettoverdienst		1.315,57 EUR
Vermögenswirksame Leistungen (Vertrag 1)		- 39,17 EUR
Vermögenswirksame Leistungen (Vertrag 2)		- 33,33 EUR
Auszahlungsbetrag		1.243,07 EUR

Der Arbeitgeber muss die Beträge einbehalten und direkt an die Anlageinstitute überweisen.

48.5 Arbeitgeberwechsel

Sachverhalt: Ein neu eingestellter Arbeitnehmer legt bei seiner Einstellung im Januar einen Antrag auf Überweisung von vermögenswirksamen Leistungen seiner Bausparkasse vor. Bisher hat er von seinem alten Arbeitgeber einen Zuschuss zu VWL von 40 EUR monatlich erhalten. Diese 40 EUR hat er auch monatlich an die Bausparkasse überweisen lassen.

Ist der neue Arbeitgeber verpflichtet, den Zuschuss weiterhin zu zahlen und die Überweisung vorzunehmen?

Lösung: Zur Zahlung eines Zuschusses ist der Arbeitgeber nur in der Höhe verpflichtet, in welcher der Tarifvertrag dies vorsieht. Ist der Arbeitgeber nicht tarifgebunden, ist seine Zahlung freiwillig. Es bestehen folgende Möglichkeiten:

- Der Arbeitgeber zahlt einen Zuschuss von 40 EUR: Es ändert sich nichts gegenüber dem vorigen Arbeitgeber.
- Der Arbeitgeber zahlt einen Zuschuss von weniger als 40 EUR: Der Arbeitnehmer kann entscheiden, ob er nur den vom Arbeitgeber gezahlten Zuschuss oder einen höheren Betrag an das Anlageinstitut überweisen lassen möchte.
- Der Arbeitgeber zahlt keinen Zuschuss: Auch hier kann der Arbeitnehmer verlangen, dass ein bestimmter Betrag – entweder weiterhin 40 EUR oder auch ein niedrigerer Betrag – an das Anlageinstitut überwiesen wird.

Der Arbeitgeber sollte bereits im Einstellungsgespräch mit dem Arbeitnehmer klären, ob er einen Zuschuss zahlen wird.

Teil 2:
Entgelt-ABC

1 A – Abfindung bis Autowerbung

1.1 Abfindung als Ausgleichszahlung

Erläuterung: Abfindung zum Ausgleich der Verringerung der Arbeitszeit oder Umsetzung auf einen anderen Arbeitsplatz.

Lohnsteuerpflicht	Ja	§ 24 Abs. 1 Bst. a EStG
Beitragspflicht KV PV RV ALV	Ja	§ 14 Abs. 1 Satz 1 SGB IV, § 23a SGB IV
Beitragspflicht UV	Ja	§ 14 Abs. 1 Satz 1 SGB IV, § 23a SGB IV

Mindestlohnrelevanz: Nein
Entgeltart: Einmalzahlung
Entgeltzuordnung in der Sozialversicherung: Entgeltabrechnungsmonat, in dem die Abfindung ausgezahlt wird. Ausgleichzahlungen, die in den Monaten Januar bis März eines Jahres ausgezahlt werden, sind dem letzten Entgeltabrechnungsmonat des vergangenen Jahres (Vorjahres) zuzuordnen, wenn in dem vergangenen Jahr bei demselben Arbeitgeber ein versicherungspflichtiges Beschäftigungsverhältnis bestanden hat und die Abfindung zusammen mit den sonstigen für das laufende Kalenderjahr festgestellten beitragspflichtigen Einnahmen die anteilige Beitragsbemessungsgrenze des laufenden Kalenderjahres übersteigt (März-Klausel).

1.2 Abfindung in allen anderen Fällen

Erläuterung: Abfindungen sind generell steuerpflichtig. SV: S. Abfindung wegen Verlust des Arbeitsplatzes.

Lohnsteuerpflicht	Ja	§ 24 Abs. 1 Bst. a EStG
Beitragspflicht KV PV RV ALV	Nein	§ 14 Abs. 1 Satz 1 SGB IV
Beitragspflicht UV	Nein	§ 14 Abs. 1 Satz 1 SGB IV

Mindestlohnrelevanz: Nein
Entgeltzuordnung in der Sozialversicherung: Kein Arbeitsentgelt, da Zahlung als Entschädigung für Verlust des Arbeitsplatzes für Zeiten nach Ende des Beschäftigungsverhältnisses erfolgt. BSG, Urteil v. 21.02.1990, 12 RK 20/88

1.3 Abfindung wegen Verlust des Arbeitsplatzes

Erläuterung: Abfindung wegen einer vom Arbeitgeber veranlassten oder gerichtlich ausgesprochenen Auflösung des Arbeitsverhältnisses, die den Wegfall zukünftiger Verdienstmöglichkeiten wegen Verlusts des Arbeitsplatzes ausgleichen sollen.

Lohnsteuerpflicht	Ja	§ 24 Abs. 1 Bst. a EStG
Beitragspflicht KV PV RV ALV	Nein	§ 14 Abs. 1 Satz 1 SGB IV
Beitragspflicht UV	Nein	§ 14 Abs. 1 Satz 1 SGB IV

Mindestlohnrelevanz: Nein
Entgeltzuordnung in der Sozialversicherung: Kein Arbeitsentgelt, da Zahlung als Entschädigung für Verlust des Arbeitsplatzes für Zeiten nach Ende des Beschäftigungsverhältnisses erfolgt. BSG, Urteil v. 21.02.1990, 12 RK 20/88

1.4 Abfindung wegen vorzeitiger Räumung einer Werks- oder Dienstwohnung

Erläuterung: Ausgenommen von der Steuer- und Beitragspflicht sind der Arbeitgeberersatz für Einbauten und Instandsetzungen.

Lohnsteuerpflicht	Ja	BFH, Urteil v. 16.12.1966, VI R 61/66, BStBl 1967 III S. 251
Beitragspflicht KV PV RV ALV	Ja	§ 14 Abs. 1 Satz 1 SGB IV, § 23a SGB IV
Beitragspflicht UV	Ja	§ 14 Abs. 1 Satz 1 SGB IV, § 23a SGB IV

Mindestlohnrelevanz: Nein
Entgeltart: Einmalzahlung
Entgeltzuordnung in der Sozialversicherung: Entgeltabrechnungsmonat, in dem die Abfindung ausgezahlt wird. Abfindungen wegen vorzeitiger Räumung einer Werks- oder Dienstwohnung, die in den Monaten Januar bis März eines Jahres ausgezahlt werden, sind dem letzten Entgeltabrechnungsmonat des vergangenen Jahres (Vorjahres) zuzuordnen, wenn in dem vergangenen Jahr bei demselben Arbeitgeber ein versicherungspflichtiges Beschäftigungsverhältnis bestanden hat und die Abfindung zusammen mit den sonstigen für das laufende Kalenderjahr festgestellten beitragspflichtigen Einnahmen die anteilige Beitragsbemessungsgrenze des laufenden Kalenderjahres übersteigt (März-Klausel).

1.5 Abgeltung von Urlaubsansprüchen

Erläuterung: Kann der Urlaub wegen Beendigung des Arbeitsverhältnisses ganz oder teilweise nicht mehr gewährt werden, so ist er abzugelten. § 7 Abs. 4 Bundesurlaubsgesetz.

Lohnsteuerpflicht	Ja	R 19.3 Abs. 1 Nr. 2 LStR
Beitragspflicht KV PV RV ALV	Ja	§ 14 Abs. 1 Satz 1 SGB IV, § 23a SGB IV
Beitragspflicht UV	Ja	§ 14 Abs. 1 Satz 1 SGB IV, § 23a SGB IV

Mindestlohnrelevanz: Nein
Entgeltart: Einmalzahlung
Entgeltzuordnung in der Sozialversicherung: Lohnsteuerabzug analog der Regelung bei Einmalzahlungen; SV-Pflicht besteht (Ausnahme: Zahlung an Hinterbliebene). Entgeltabrechnungsmonat, in dem die Abgeltung ausgezahlt wird bzw. Zuordnung zum letzten Entgeltabrechnungsmonat des Beschäftigungsverhältnisses.

1.6 Abgeltung witterungsbedingter Lohnausfall (Baugewerbe)

Erläuterung: Pauschale Abgeltung, im Baugewerbe (§ 4 Punkt 6. BRTV Bau – Arbeitsausfall aus Witterungs- oder wirtschaftlichen Gründen). S. Wintergeld.

Lohnsteuerpflicht	Ja	§ 19 Abs. 1 EStG
Beitragspflicht KV PV RV ALV	Ja	§ 14 Abs. 1 Satz 1 SGB IV
Beitragspflicht UV	Ja	§ 14 Abs. 1 Satz 1 SGB IV

Mindestlohnrelevanz: Ja
Entgeltart: Laufendes Arbeitsentgelt
Entgeltzuordnung in der Sozialversicherung: Entgeltabrechnungsmonat, für den der Anspruch auf die Abgeltung besteht.

1.7 Abnutzungsentschädigung

Erläuterung: Abnutzungsentschädigung für das Tragen von Zivilkleidung oder entsprechende Einkleidungsbeihilfe.

Lohnsteuerpflicht	Ja	R 3.31 LStR
Beitragspflicht KV PV RV ALV	Ja	§ 14 Abs. 1 Satz 1 SGB IV
Beitragspflicht UV	Ja	§ 14 Abs. 1 Satz 1 SGB IV

Mindestlohnrelevanz: Nein
Entgeltart: Laufendes Arbeitsentgelt
Entgeltzuordnung in der Sozialversicherung: Entgeltabrechnungsmonat, für den der Anspruch auf die Entschädigung besteht.

1.8 Abschiedsgeschenk als Geldleistung

Erläuterung: Bei Austritt langjähriger Mitarbeiter aufgrund einer Betriebsvereinbarung gezahlte Sonderzahlung.

Lohnsteuerpflicht	Ja	§ 19 Abs. 1 EStG; § 2 Abs. 1 LStDV
Beitragspflicht KV PV RV ALV	Ja	§ 14 Abs. 1 Satz 1 SGB IV, 23a SGB IV
Beitragspflicht UV	Ja	§ 14 Abs. 1 Satz 1 SGB IV, § 23a SGB IV

Mindestlohnrelevanz: Nein
Entgeltart: Einmalzahlung
Entgeltzuordnung in der Sozialversicherung: Entgeltabrechnungsmonat, in dem die Abgeltung ausgezahlt wird bzw. Zuordnung zum letzten Entgeltabrechnungsmonat des Beschäftigungsverhältnisses.

1.9 Abschiedsgeschenk als Sachleistung

Erläuterung: Sachzuwendung bis zu einem Wert von 60 EUR brutto.

Lohnsteuerpflicht	Nein	R 19.6 Abs. 1 LStR
Beitragspflicht KV PV RV ALV	Nein	§ 14 Abs. 1 SGB IV, § 1 SvEV
Beitragspflicht UV	Nein	§ 14 Abs. 1 SGB IV, § 1 SvEV

Mindestlohnrelevanz: Nein
Entgeltzuordnung in der Sozialversicherung: Kein Arbeitsentgelt im Sinne der Sozialversicherung.

1.10 Abschlagszahlung

Erläuterung: Abschlagszahlung auf den Arbeitslohn. Es ist jedoch zulässig, Lohnsteuer für Abschlagszahlungen erst bei der Lohnabrechnung einzubehalten, wenn der Abrechnungszeitraum 5 Wochen nicht übersteigt und die Abrechnung innerhalb von 3 Wochen nach diesem Ablauf erfolgt.

Lohnsteuerpflicht	Ja	§ 39b Abs. 5 EStG
Beitragspflicht KV PV RV ALV	Ja	§ 14 Abs. 1 Satz 1 SGB IV
Beitragspflicht UV	Ja	§ 14 Abs. 1 Satz 1 SGB IV

Mindestlohnrelevanz: Ja
Entgeltart: Laufendes Arbeitsentgelt
Entgeltzuordnung in der Sozialversicherung: Entgeltabrechnungsmonat, für den der Anspruch auf die Abschlagszahlung besteht. Sofern variable Arbeitsentgeltbestandteile zeitversetzt gezahlt werden, können diese zur Beitragsberechnung unter bestimmten Voraussetzungen dem nächsten oder übernächsten Entgeltabrechnungszeitraum zugeordnet werden.

1.11 Abschlussprämie

Erläuterung: S. Einmalzahlung / Einmalige Bezüge. S. Gratifikationen und Tantiemen.

1.12 Abschussgeld

Erläuterung: Abschussgeld (Patronengeld, Schussgeld) an Privatforstbedienstete.

Lohnsteuerpflicht	Ja	R 19.3 Abs. 1 LStR
Beitragspflicht KV PV RV ALV	Ja	§ 14 Abs. 1 Satz 1 SGB IV, jedoch beitragsfrei, soweit sie nur den tatsächlichen Aufwand decken
Beitragspflicht UV	Ja	§ 14 Abs. 1 Satz 1 SGB IV, jedoch beitragsfrei, soweit sie nur den tatsächlichen Aufwand decken

Mindestlohnrelevanz: Nein
Entgeltart: Laufendes Arbeitsentgelt
Entgeltzuordnung in der Sozialversicherung: Entgeltabrechnungsmonat, für den der Anspruch auf die Abschussgelder besteht.

1.13 Abstandsgeld

Erläuterung: S. Abfindung. S. Wohnungsbeschaffungszuschuss.

1.14 Abtretung

Erläuterung: Der Arbeitnehmer tritt sein Arbeitsentgelt (teilweise) an einen Dritten ab.

Lohnsteuerpflicht	Ja	§ 19 Abs. 1 EStG
Beitragspflicht KV PV RV ALV	Ja	§ 14 Abs. 1 Satz 1 SGB IV
Beitragspflicht UV	Ja	§ 14 Abs. 1 Satz 1 SGB IV

Mindestlohnrelevanz: Keine Aussage möglich.
Entgeltart: Laufendes Arbeitsentgelt
Entgeltzuordnung in der Sozialversicherung: Entgeltabrechnungsmonat, für den das laufende Arbeitsentgelt gezahlt werden muss.

1.15 Aktienüberlassung

Erläuterung: S. Optionsrecht und Vermögensbeteiligung.

1.16 Altersentlastungsbetrag

Erläuterung: Steuer: Steuerliche Entlastung älterer Arbeitnehmer gemäß gesetzlicher Regelung. Sozialversicherung: Ohne jegliche Auswirkungen, Beitragsberechnung in üblicher Weise.

Lohnsteuerpflicht	Nein	§ 24a EStG
Beitragspflicht KV PV RV ALV	Ja	§ 14 Abs. 1 Satz 1 SGB IV
Beitragspflicht UV	Ja	§ 14 Abs. 1 Satz 1 SGB IV

Mindestlohnrelevanz: Nein
Entgeltart: Laufendes Arbeitsentgelt
Entgeltzuordnung in der Sozialversicherung: Entgeltabrechnungsmonat, für den das Entgelt zu zahlen ist.

1.17 Altersrente

Erläuterung: Altersrente, die vom früheren Arbeitgeber oder aus einer betrieblichen Unterstützungskasse bezahlt wird. Bei Altersrente, wenn der Arbeitnehmer das 63. Lebensjahr oder das 60. Lebensjahr (Schwerbehinderter) vollendet hat, Abzug des Versorgungsfreibetrags und der Zuschlag zum Versorgungsfreibetrag. SV: Beitragspflicht zur KV und PV, nicht zur RV und ArblV.

Lohnsteuerpflicht	Ja	§ 19 Abs. 1 Nr. 2 und Abs. 2 EStG; R 19.8 LStR
Beitragspflicht KV PV RV ALV	Ja (KV, PV)	§ 226 Abs. 1 Nr. 3 SGB V: Beitragspflichtig in voller Höhe zusammen mit der Rente der gesetzlichen RV bis zur Beitragsbemessungsgrenze der Kranken- und Pflegeversicherung.
Beitragspflicht UV	Nein	Kein Arbeitsentgelt im Sinne von § 14 Abs. 1 Satz 1 SGB IV

Mindestlohnrelevanz: Nein
Entgeltart: Laufendes Arbeitsentgelt
Entgeltzuordnung in der Sozialversicherung: Beitragspflichtig nur in der Kranken- und Pflegeversicherung. Entgeltabrechnungsmonat, für den die betriebliche Rente ausgezahlt wird.

1.18 Altersteilzeit, Arbeitgeberbeitrag zur Höherversicherung

Erläuterung: Arbeitgeberbeitrag zur Höherversicherung älterer Arbeitnehmer in der gesetzlichen Rentenversicherung im Rahmen des AltTZG, auch soweit sie über den im AltTZG vorgesehenen Mindestbeitrag hinaus gehen.

Lohnsteuerpflicht	Nein	§ 3 Nr. 28 EStG; R 3.28 Abs. 3 LStR
Beitragspflicht KV PV RV ALV	Nein	§ 1 Abs. 1 SvEV
Beitragspflicht UV	Nein	§ 1 Abs. 1 SvEV

Mindestlohnrelevanz: Nein
Entgeltzuordnung in der Sozialversicherung: Kein Arbeitsentgelt im Sinne der Sozialversicherung.

1.19 Altersteilzeit, Aufstockungsbeträge

Erläuterung: Aufstockungsbeträge von mindestens 20 % des Regelarbeitsentgelts, auch wenn sie über den im § 3 AltTZG genannten Mindestbetrag (20 %) hinaus gehen; auch dann, wenn der frei werdende Arbeitsplatz nicht wieder besetzt wird. Steuerrecht: Steuerfreie Aufstockungsbeträge unterliegen dem Progressionsvorbehalt!

Lohnsteuerpflicht	Nein	§ 3 Nr. 28 EStG; R 3.28 Abs. 3 LStR
Beitragspflicht KV PV RV ALV	Nein	§ 14 Abs. 1 SGB IV, § 1 SvEV
Beitragspflicht UV	Nein	§ 14 Abs. 1 SGB IV, § 1 SvEV

Mindestlohnrelevanz: Nein
Entgeltzuordnung in der Sozialversicherung: Kein Arbeitsentgelt im Sinne der Sozialversicherung.

1.20 Altersteilzeit, zusätzliche beitragspflichtige Einnahme in der Rentenversicherung

Erläuterung: Als zusätzliche beitragspflichtige Einnahme in der Rentenversicherung gilt ein Betrag in Höhe von 80 % des Regelarbeitsentgelts, ggf. begrenzt auf die Differenz zwischen 90 % der monatlichen Beitragsbemessungsgrenze der Rentenversicherung und dem Regelarbeitsentgelt; Achtung: Kein Lohn bzw. Gehalt i. S. des Steuerrechts! SV-Beitragspflicht ausschließlich zur Rentenversicherung.

Lohnsteuerpflicht	Nein	§ 3 Nr. 28 EStG; R 3.28 Abs. 3 LStR
Beitragspflicht KV PV RV ALV	Ja (RV)	§ 163 Abs. 5 SGB VI
Beitragspflicht UV	Nein	§ 14 Abs. 1 SGB IV, § 1 SvEV

Mindestlohnrelevanz: Nein
Entgeltart: Laufendes Arbeitsentgelt
Entgeltzuordnung in der Sozialversicherung: Beitragspflicht besteht nur in der Rentenversicherung. Entgeltabrechnungsmonat, für den der Anspruch besteht.

1.21 Annehmlichkeit

Erläuterung: S. Aufmerksamkeit.

1.22 Antrittsgebühr

Erläuterung: Antrittsgebühr im grafischen Gewerbe, wenn sie auf einer tariflichen Regelung beruhen, bis zur Höhe der Sonn- und Feiertagszuschläge.

Lohnsteuerpflicht	Nein	§ 3b EStG
Beitragspflicht KV PV RV ALV	Nein	§ 14 Abs. 1 SGB IV, § 1 Abs. 1 SvEV
Beitragspflicht UV	Ja	§ 1 Abs. 2 SvEV

Mindestlohnrelevanz: Nein
Entgeltart: Laufendes Arbeitsentgelt
Entgeltzuordnung in der Sozialversicherung: Kein Arbeitsentgelt in der Kranken-, Pflege-, Renten- und Arbeitslosenversicherung. Diese Zuschläge sind in der Unfallversicherung jedoch beitragspflichtig.

1.23 Anwesenheitsprämie

Erläuterung: Zuwendung des Arbeitgebers zum Zweck, der Motivation des Arbeitnehmers, die Zahl der Fehltage möglichst gering zu halten

Lohnsteuerpflicht	Ja	§ 19 Abs. 1 EStG; § 2 Abs. 1 LStDV
Beitragspflicht KV PV RV ALV	Ja	§ 14 Abs. 1 Satz 1 SGB IV
Beitragspflicht UV	Ja	§ 14 Abs. 1 Satz 1 SGB IV

Mindestlohnrelevanz: Ja
Entgeltart: Laufendes Arbeitsentgelt
Entgeltzuordnung in der Sozialversicherung: Entgeltabrechnungsmonat, für den der Anspruch auf die Anwesenheitsprämie besteht.

1.24 Arbeitgeberbeitrag zu sonstigen Direktversicherungen

Erläuterung: Arbeitgeberbeitrag zur Direktversicherung, den der Arbeitgeber zusätzlich leistet oder der aus Einmalzahlung aufgebracht und pauschal versteuert wird. SV: beitragspflichtig, wenn Entgeltumwandlung – auch aus Einmalzahlungen.

Lohnsteuerpflicht	Ja	§ 40b Abs. 1 EStG
Beitragspflicht KV PV RV ALV	Nein	§ 1 Abs. 1 Satz 1 Nr. 4 SvEV
Beitragspflicht UV	Nein	§ 1 Abs. 1 Satz 1 Nr. 4 SvEV

Mindestlohnrelevanz: Nein
Entgeltzuordnung in der Sozialversicherung: Kein Arbeitsentgelt im Sinne der Sozialversicherung.

1.25 Arbeitgeberbeitrag zur Direktversicherung (lebenslange Rentenzahlung ab 60. Lebensjahr bzw. ab 62. Lebensjahr für Versorgungszusagen ab 2012)

Erläuterung: Arbeitgeberbeiträge zur Direktversicherung bis 4 % der jährlichen BBG RV/West (2020: 3.312 EUR) sind steuer- und beitragsfrei. Weitere 4 % der jährlichen BBG RV/West sind steuerfrei, aber beitragspflichtig. Damit sind insgesamt 8 % der jährlichen BBG RV/West (2020: 6.624 EUR) steuerfrei.

Lohnsteuerpflicht	Nein	§ 3 Nr. 63 EStG
Beitragspflicht KV PV RV ALV	Nein	§ 1 Abs. 1 Satz 1 Nr. 9 SvEV
Beitragspflicht UV	Nein	§ 1 Abs. 1 Satz 1 Nr. 9 SvEV

Mindestlohnrelevanz: Nein
Entgeltzuordnung in der Sozialversicherung: Kein Arbeitsentgelt im Sinne der Sozialversicherung bis zum Betrag von 3.216 EUR (2020 West) pro Jahr.

1.26 Arbeitgeberbeitrag zur gesetzlichen Sozialversicherung

Erläuterung: Arbeitgeberanteil am Gesamtsozialversicherungsbeitrag.

Lohnsteuerpflicht	Nein	§ 3 Nr. 62 EStG
Beitragspflicht KV PV RV ALV	Nein	§ 14 Abs. 1 Satz 1 SGB IV
Beitragspflicht UV	Nein	§ 14 Abs. 1 Satz 1 SGB IV

Mindestlohnrelevanz: Nein
Entgeltzuordnung in der Sozialversicherung: Kein Arbeitsentgelt im Sinne der Sozialversicherung.

1.27 Arbeitgeberbeitrag zur Insolvenzsicherung

Erläuterung: Arbeitgeberbeitrag zur Insolvenzsicherung, soweit gesetzlich vorgeschrieben.

Lohnsteuerpflicht	Nein	§ 3 Nr. 62 EStG
Beitragspflicht KV PV RV ALV	Nein	§ 359 Abs. 1 SGB III
Beitragspflicht UV	Nein	§ 14 Abs. 1 Satz 1 SGB IV

Mindestlohnrelevanz: Nein
Entgeltzuordnung in der Sozialversicherung: Kein Arbeitsentgelt im Sinne der Sozialversicherung.

1.28 Arbeitgeberdarlehen

Erläuterung: S. Darlehen.

1.29 Arbeitgeberzuschuss (pauschal versteuerte Fahrtkosten zwischen Wohnung und erster Tätigkeitsstätte)

Erläuterung: S. Fahrtkostenersatz (pauschal versteuert).

1.30 Arbeitgeberzuschuss nach § 257 SGB V bzw. § 61 SGB XI

Erläuterung: Beitragszuschuss zur Kranken- und Pflegeversicherung, max. in Höhe der Hälfte des hierfür tatsächlich zu bezahlenden Beitrags.

Lohnsteuerpflicht	Nein	§ 3 Nr. 62 Satz 1 EStG
Beitragspflicht KV PV RV ALV	Nein	§ 14 Abs. 1 SGB IV, § 1 Abs. 1 SvEV
Beitragspflicht UV	Nein	§ 14 Abs. 1 SGB IV, § 1 Abs. 1 SvEV

Mindestlohnrelevanz: Nein
Entgeltzuordnung in der Sozialversicherung: Kein Arbeitsentgelt im Sinne der Sozialversicherung.

1.31 Arbeitgeberzuschuss zu einer Betriebskrankenkasse

Erläuterung: Arbeitgeberzuschuss zu den Verwaltungskosten der Betriebskrankenkasse (§ 147 Abs. 2 SGB V).

Lohnsteuerpflicht	Nein	§ 3 Nr. 62 Satz 1 EStG
Beitragspflicht KV PV RV ALV	Nein	Kein Arbeitsentgelt im Sinne von § 14 Abs. 1 Satz 1 SGB IV
Beitragspflicht UV	Nein	Kein Arbeitsentgelt im Sinne von § 14 Abs. 1 Satz 1 SGB IV

Mindestlohnrelevanz: Nein
Entgeltzuordnung in der Sozialversicherung: Kein Arbeitsentgelt im Sinne der Sozialversicherung.

1.32 Arbeitgeberzuschuss zu einer Lebensversicherung

Erläuterung: Von der Rentenversicherungspflicht auf eigenen Antrag befreite Arbeitnehmer, die eine Lebensversicherung abgeschlossen haben. Ebenso kann dies auch eine freiwillige Versicherung in der gesetzlichen Rentenversicherung sein oder eine Versicherung bei einer öffentlich-rechtlichen Versicherungs- oder Versorgungseinrichtung für eine bestimmte Berufsgruppe. Der Arbeitgeberzuschuss darf jedoch nicht höher sein als der Arbeitgeberanteil bei Versicherungspflicht in der Rentenversicherung, außerdem darf der Zuschuss höchstens die Hälfte des Gesamtaufwands betragen.

Lohnsteuerpflicht	Nein	§ 3 Nr. 62 Satz 2 EStG
Beitragspflicht KV PV RV ALV	Nein	§ 14 Abs. 1 SGB IV, § 1 Abs. 1 SvEV
Beitragspflicht UV	Nein	§ 14 Abs. 1 SGB IV, § 1 Abs. 1 SvEV

Mindestlohnrelevanz: Nein
Entgeltzuordnung in der Sozialversicherung: Kein Arbeitsentgelt im Sinne der Sozialversicherung.

1.33 Arbeitgeberzuschuss zum Elterngeld, Nettodifferenz mehr als 50 EUR überschritten

Erläuterung: SV: Beitragspflicht des AG-Zuschusses, wenn das Elterngeld zusammen mit dem Arbeitgeberzuschuss das normale Nettoarbeitsentgelt um mehr als 50 EUR pro Monat übersteigt. Beitragspflichtig ist der AG-Zuschuss, soweit er die Nettodifferenz überschreitet, dann in voller Höhe.

Lohnsteuerpflicht	Ja	§ 2 Abs. 2 Nr. 3 LStDV
Beitragspflicht KV PV RV ALV	Ja	§ 14 Abs. 1 Satz 1 SGB IV; § 23c Abs. 1 SGB IV
Beitragspflicht UV	Ja	§ 14 Abs. 1 Satz 1 SGB IV; § 23c Abs. 1 SGB IV

Mindestlohnrelevanz: Nein
Entgeltart: Laufendes Arbeitsentgelt
Entgeltzuordnung in der Sozialversicherung: Entgeltabrechnungszeitraum, in dem die Zuschüsse ausgezahlt werden.

1.34 Arbeitgeberzuschuss zum Elterngeld, Nettodifferenz nicht mehr als 50 EUR überschritten

Erläuterung: SV: Beitragsfreiheit des AG-Zuschusses in voller Höhe, falls dieser nicht mehr als 50 EUR pro Monat (= maßgebliche Freigrenze) die Differenz zwischen früherem Nettoarbeitsentgelt und dem Elterngeld überschreitet.

Lohnsteuerpflicht	Ja	§ 2 Abs. 2 Nr. 3 LStDV
Beitragspflicht KV PV RV ALV	Nein	§ 23c Abs. 1 SGB IV
Beitragspflicht UV	Nein	§ 23c Abs. 1 SGB IV

Mindestlohnrelevanz: Nein
Entgeltart: Laufendes Arbeitsentgelt
Entgeltzuordnung in der Sozialversicherung: Kein Arbeitsentgelt im Sinn der Sozialversicherung.

1.35 Arbeitgeberzuschuss zum Krankengeld

Erläuterung: S. Krankengeldzuschuss.

1.36 Arbeitgeberzuschuss zum Krankentagegeld

Erläuterung: S. Krankentagegeldzuschuss.

1.37 Arbeitgeberzuschuss zum Übergangsgeld (Nettoarbeitsentgelt mehr als 50 EUR überschritten)

Erläuterung: Der Arbeitgeberzuschuss übersteigt zusammen mit dem vom gesetzlichen RV-Träger gezahlten Übergangsgeld das normale Nettoarbeitsentgelt des Arbeitnehmers um mehr als 50 EUR pro Monat.

Lohnsteuerpflicht	Ja	§ 2 Abs. 2 LStDV
Beitragspflicht KV PV RV ALV	Ja	§ 14 Abs. 1 S. 1 SGB IV, § 23c Abs. 1 SGB IV
Beitragspflicht UV	Ja	§ 14 Abs. 1 Satz 1 SGB IV; § 23c Abs. 1 SGB IV

Mindestlohnrelevanz: Nein
Entgeltart: Laufendes Arbeitsentgelt
Entgeltzuordnung in der Sozialversicherung: Entgeltabrechnungsmonat, für den der Arbeitgeberzuschuss gezahlt wird.

1.38 Arbeitgeberzuschuss zum Übergangsgeld (Nettoarbeitsentgelt nicht mehr als 50 EUR überschritten)

Erläuterung: Der Arbeitgeberzuschuss übersteigt zusammen mit dem vom gesetzlichen RV-Träger gezahlten Übergangsgeld das normale Nettoarbeitsentgelt des Arbeitnehmers nicht um mehr als 50 EUR pro Monat.

Lohnsteuerpflicht	Ja	§ 2 Abs. 2 LStDV
Beitragspflicht KV PV RV ALV	Nein	§ 23c Abs. 1 SGB IV
Beitragspflicht UV	Nein	§ 23c Abs. 1 SGB IV

Mindestlohnrelevanz: Nein
Entgeltart: Laufendes Arbeitsentgelt
Entgeltzuordnung in der Sozialversicherung: Kein Arbeitsentgelt im Sinn der Sozialversicherung.

1.39 Arbeitgeberzuschuss zur Betreuung nicht schulpflichtiger Kinder

Erläuterung: S. Kindergartenplatz.

1.40 Arbeitgeberzuschuss zur Förderung eines Studiums

Erläuterung: Arbeitgeberförderung eines Studiums (FH, Hochschule, Universität): Grundsätzlich steuer- und sv-pflichtig! Achtung: Wenn Studium aber im ganz überwiegenden betrieblichen Interesse liegt, besteht Steuerfreiheit und SV-Freiheit! S. Studiengebühr.

Lohnsteuerpflicht	Ja	§ 19 Abs. 1 EStG
Beitragspflicht KV PV RV ALV	Ja	§ 14 Abs. 1 Satz 1 SGB IV, BE vom 7./8.5.2008 (TOP 4), BE vom 30./31.3.2009 (TOP 6)
Beitragspflicht UV	Ja	§ 14 Abs. 1 Satz 1 SGB IV

Mindestlohnrelevanz: Nein
Entgeltart: Laufendes Arbeitsentgelt
Entgeltzuordnung in der Sozialversicherung: Entgeltabrechnungsmonat, für den der Anspruch auf die Arbeitgeberzuschüsse besteht.

1.41 Arbeitnehmeranteil

Erläuterung: Arbeitnehmeranteil zur gesetzlichen Sozialversicherung, der vom Arbeitgeber freiwillig übernommen wird (z. B. PV-Zuschlag oder individueller Zusatzbeitrag der Kasse nach § 242 SGB V).

Lohnsteuerpflicht	Ja	§ 2 Abs. 2 Nr. 3 LStDV
Beitragspflicht KV PV RV ALV	Ja	§ 14 Abs. 1 Satz 1 SGB IV
Beitragspflicht UV	Ja	§ 14 Abs. 1 Satz 1 SGB IV

Mindestlohnrelevanz: Keine Aussage möglich.
Entgeltart: Laufendes Arbeitsentgelt
Entgeltzuordnung in der Sozialversicherung: Entgeltabrechnungsmonat, für den der Anspruch auf die Übernahme der Arbeitnehmeranteile besteht.

1.42 Arbeitnehmer-Sparzulage

Erläuterung: Anspruch des Arbeitnehmers auf Arbeitnehmer-Sparzulage nach dem Fünften Vermögensbildungsgesetz.

Lohnsteuerpflicht	Nein	§ 13 Abs. 3 VermBG
Beitragspflicht KV PV RV ALV	Nein	§ 14 Abs. 1 SGB IV, § 1 Abs. 1 SvEV
Beitragspflicht UV	Nein	§ 14 Abs. 1 SGB IV, § 1 Abs. 1 SvEV

Mindestlohnrelevanz: Nein
Entgeltzuordnung in der Sozialversicherung: Kein Arbeitsentgelt im Sinne der Sozialversicherung.

1.43 Arbeitsessen

Erläuterung: Abgabe von unentgeltlichen oder verbilligten Speisen bis zu einem Wert von 60 EUR brutto, sofern diese anlässlich oder während eines außergewöhnlichen Arbeitseinsatzes gewährt werden.

Lohnsteuerpflicht	Nein	R 19.6 Abs. 2 LStR
Beitragspflicht KV PV RV ALV	Nein	§ 1 Abs. 1 Satz 1 Nr. 1 SvEV
Beitragspflicht UV	Nein	§ 1 Abs. 1 Satz 1 Nr. 1 SvEV

Mindestlohnrelevanz: Nein
Entgeltzuordnung in der Sozialversicherung: Kein Arbeitsentgelt im Sinne der Sozialversicherung.

1.44 Arbeitskleidung

Erläuterung: Arbeitskleidung, wenn es sich um typische Berufskleidung handelt, die dem Arbeitnehmer unentgeltlich oder verbilligt überlassen wird (Uniform für Kraftfahrer, Fahrstuhlführer, Pförtner, Arbeitsschutzkleidung).

Lohnsteuerpflicht	Nein	§ 3 Nr. 31 EStG
Beitragspflicht KV PV RV ALV	Nein	§ 14 Abs. 1 SGB IV, § 1 Abs. 1 SvEV
Beitragspflicht UV	Nein	§ 14 Abs. 1 SGB IV, § 1 Abs. 1 SvEV

Mindestlohnrelevanz: Nein
Entgeltzuordnung in der Sozialversicherung: Kein Arbeitsentgelt im Sinne der Sozialversicherung.

1.45 Arbeitslosengeld

Erläuterung: Geldleistung der Bundesagentur für Arbeit

Lohnsteuerpflicht	Nein	§ 3 Nr. 2 EStG; R 4 Abs. 1 LStR
Beitragspflicht KV PV RV ALV	Nein	Kein Arbeitsentgelt i. S. des § 14 Abs. 1 Satz 1 SGB IV
Beitragspflicht UV	Nein	Kein Arbeitsentgelt i. S. des § 14 Abs. 1 Satz 1 SGB IV

Mindestlohnrelevanz: Nein
Entgeltzuordnung in der Sozialversicherung: Kein Arbeitsentgelt im Sinne der Sozialversicherung.

1.46 Arbeitslosengeld II (Arbeitslosenhilfe)

Erläuterung: Geldleistung der Bundesagentur für Arbeit

Lohnsteuerpflicht	Nein	§ 3 Nr. 2 EStG; R 3.2 Abs. 1 LStR
Beitragspflicht KV PV RV ALV	Nein	Kein Arbeitsentgelt i. S. des § 14 Abs. 1 Satz 1 SGB IV
Beitragspflicht UV	Nein	Kein Arbeitsentgelt i. S. des § 14 Abs. 1 Satz 1 SGB IV

Mindestlohnrelevanz: Nein
Entgeltzuordnung in der Sozialversicherung: Kein Arbeitsentgelt im Sinne der Sozialversicherung.

1.47 Arbeitszeitkonto (Übertragung Wertguthaben)

Erläuterung: S. Übertragung eines Wertguthabens.

1.48 Arbeitszimmer – Einrichtung und Ausstattung

Erläuterung: teilweise Überlassung der Einrichtungs- und Ausstattungsgegenstände, wenn nicht lediglich unentgeltlich zur beruflichen Nutzung überlassen.

Lohnsteuerpflicht	Ja	§ 19 Abs. 1 Nr. 1 EStG
Beitragspflicht KV PV RV ALV	Ja	§ 14 Abs. 1 SGB IV, § 1 Abs. 1 SvEV
Beitragspflicht UV	Ja	§ 14 Abs. 1 SGB IV, § 1 Abs. 1 SvEV

Mindestlohnrelevanz: Nein
Entgeltart: Laufendes Arbeitsentgelt
Entgeltzuordnung in der Sozialversicherung: Entgeltabrechnungsmonat, in dem die Abgeltung ausgezahlt wird bzw. Zuordnung

1.49 Arbeitszimmer – Zuschuss des Arbeitgebers

Erläuterung: Erstattungsaufwendungen des Arbeitgebers, z.B. für Heizung und Beleuchtung soweit der Raum nicht vom Arbeitgeber angemietet wird und der Mietvertrag einem Drittvergleich standhält.

Lohnsteuerpflicht	Ja	§ 19 Abs. 1 Nr. 1 EStG
Beitragspflicht KV PV RV ALV	Ja	§ 14 Abs. 1 SGB IV, § 1 Abs. 1 SvEV
Beitragspflicht UV	Ja	§ 14 Abs. 1 SGB IV, § 1 Abs. 1 SvEV

Mindestlohnrelevanz: Ja
Entgeltart: Laufendes Arbeitsentgelt
Entgeltzuordnung in der Sozialversicherung: Entgeltabrechnungsmonat, in dem die Abgeltung ausgezahlt wird bzw. Zuordnung

1.50 Auflassungsgebühr

Erläuterung: Wird bei der Abwicklung von Grundstücksgeschäften an auflassungsbevollmächtigte Notariatsangestellte gezahlt.

Lohnsteuerpflicht	Ja	§ 19 Abs. 1 EStG; § 2 Abs. 1 LStDV
Beitragspflicht KV PV RV ALV	Ja	§ 14 Abs. 1 Satz 1 SGB IV, BSG, Urteil vom 3.2.1994 12 RK 18/93
Beitragspflicht UV	Ja	§ 14 Abs. 1 Satz 1 SGB IV

Mindestlohnrelevanz: Keine Aussage möglich.
Entgeltart: Laufendes Arbeitsentgelt
Entgeltzuordnung in der Sozialversicherung: Entgeltabrechnungsmonat, für den der Anspruch auf die Auflassungsgebühren besteht.

1.51 Aufmerksamkeiten

Erläuterung: Aufmerksamkeiten des Arbeitgebers (z. B. Blumen, Genussmittel oder Buch aus persönlichem Anlass des Arbeitnehmers), wenn deren Wert 60 EUR brutto nicht übersteigt.

Lohnsteuerpflicht	Nein	R 19.6 Abs. 1 LStR
Beitragspflicht KV PV RV ALV	Nein	§ 1 Abs. 1 Nr. 1 SvEV
Beitragspflicht UV	Nein	§ 1 Abs. 1 Nr. 1 SvEV

Mindestlohnrelevanz: Nein
Entgeltzuordnung in der Sozialversicherung: Kein Arbeitsentgelt im Sinne der Sozialversicherung.

1.52 Aufsichtsratsvergütung

Erläuterung: Aufsichtsratsvergütung an Arbeitnehmervertreter ist kein Entgelt, sondern zählt zu den selbstständigen Einkünften.

Lohnsteuerpflicht	Nein	§ 18 Abs. 1 Nr. 3 EStG
Beitragspflicht KV PV RV ALV	Nein	§ 15 Abs. 1 Satz 1 SGB IV
Beitragspflicht UV	Nein	§ 15 Abs. 1 Satz 1 SGB IV

Mindestlohnrelevanz: Nein
Entgeltzuordnung in der Sozialversicherung: Kein Arbeitsentgelt im Sinne der Sozialversicherung, sondern Einkünfte aus selbständiger Arbeit.

1.53 Aufstockungsbeträge

Erläuterung: S. Altersteilzeit: Aufstockungsbeträge.

1.54 Aufwandsentschädigung (aus öffentlichen Kassen)

Erläuterung: Aufwandsentschädigung des Bundes, eines Landes, einer Kommune oder einer Körperschaft des öffentlichen Rechts.

Lohnsteuerpflicht	Nein	§ 3 Nr. 12 EStG
Beitragspflicht KV PV RV ALV	Nein	§ 14 Abs. 1 SGB IV, § 1 Abs. 1 SvEV
Beitragspflicht UV	Nein	§ 14 Abs. 1 SGB IV, § 1 Abs. 1 SvEV

Mindestlohnrelevanz: Nein
Entgeltzuordnung in der Sozialversicherung: Kein Arbeitsentgelt im Sinne der Sozialversicherung.

1.55 Aufwandsentschädigung an ehrenamtlich Tätige (Ehrenamtsfreibetrag)

Erläuterung: Aufwandsentschädigung bis zu 720 EUR jährlich, für gemeinnützige, mildtätige oder kirchliche Nebentätigkeit im Ehrenamt bei einer juristischen Person des öffentlichen Rechts oder einer Körperschaft i. S. des § 5 Abs. 1 Nr. 9 KStG. S. auch Aufwandsentschädigung für Übungsleiter (Übungsleiterfreibetrag).

Lohnsteuerpflicht	Nein	§ 3 Nr. 26a EStG
Beitragspflicht KV PV RV ALV	Nein	§ 14 Abs. 1 SGB IV, § 1 Abs. 1 Nr. 16 SvEV
Beitragspflicht UV	Nein	§ 14 Abs. 1 SGB IV, § 1 Abs. 1 Nr. 16 SvEV

Mindestlohnrelevanz: Nein
Entgeltzuordnung in der Sozialversicherung: Kein Arbeitsentgelt im Sinne der Sozialversicherung.

1.56 Aufwandsentschädigung aus nichtöffentlichen Kassen

Erläuterung: Aufwandsentschädigung außerhalb des öffentlichen Dienstes (Ausnahmen: Auslagenersatz, durchlaufende Gelder, Auslösung, Fehlgeldentschädigung, Reisekostenvergütung, usw.).

Lohnsteuerpflicht	Ja	§ 19 Abs. 1 EStG; § 2 Abs. 1 LStDV
Beitragspflicht KV PV RV ALV	Ja	§ 14 Abs. 1 Satz 1 SGB IV
Beitragspflicht UV	Ja	§ 14 Abs. 1 Satz 1 SGB IV

Mindestlohnrelevanz: Nein
Entgeltart: Laufendes Arbeitsentgelt
Entgeltzuordnung in der Sozialversicherung: Entgeltabrechnungsmonat, für den der Anspruch auf die Aufwandsentschädigung besteht.

1.57 Aufwandsentschädigung für ehrenamtliche rechtliche Betreuer, Vormünder und Pflegschaften

Erläuterung: Aufwandsentschädigung nach § 1835a BGB für ehrenamtliche Vormünder, Betreuer oder Pfleger bis zu 2.400 EUR jährlich

Lohnsteuerpflicht	Nein	§ 3 Nr. 26b EStG
Beitragspflicht KV PV RV ALV	Nein	§ 14 Abs. 1 SGB IV, § 1 Abs. 1 Nr. 16 SvEV
Beitragspflicht UV	Nein	§ 14 Abs. 1 SGB IV, § 1 Abs. 1 Nr. 16 SvEV

Mindestlohnrelevanz: Nein
Entgeltzuordnung in der Sozialversicherung: Kein Arbeitsentgelt im Sinne der Sozialversicherung.

1.58 Aufwandsentschädigung für Übungsleiter (Übungsleiterfreibetrag)

Erläuterung: Aufwandsentschädigung, die für nebenberufliche Tätigkeit als Übungsleiter in Sportvereinen, Ausbilder, Erzieher, Betreuer oder vergleichbare Tätigkeiten gezahlt werden, bis zu 2.400 EUR jährlich. S. Aufwandsentschädigung für ehrenamtlich Tätige (Ehrenamtsfreibetrag).

Lohnsteuerpflicht	Nein	§ 3 Nr. 26 EStG
Beitragspflicht KV PV RV ALV	Nein	§ 1 Abs. 1 SvEV
Beitragspflicht UV	Nein	§ 14 Abs. 1 SGB IV, § 1 Abs. 1 Nr. 16 SvEV

Mindestlohnrelevanz: Nein
Entgeltzuordnung in der Sozialversicherung: Kein Arbeitsentgelt im Sinne der Sozialversicherung.

1.59 Ausbildungsbeihilfe

Erläuterung: S. Berufsausbildungsbeihilfe, Studiengebühr, Studienbeihilfe und Unterhaltbeitrag.

1.60 Ausbildungsvergütung

Erläuterung: Ausbildungsvergütung an Auszubildende in einem Ausbildungsverhältnis

Lohnsteuerpflicht	Ja	§ 19 Abs. 1 EStG
Beitragspflicht KV PV RV ALV	Ja	§ 14 Abs. 1 Satz 1 SGB IV
Beitragspflicht UV	Ja	§ 14 Abs. 1 Satz 1 SGB IV

Mindestlohnrelevanz: Nein
Entgeltart: Laufendes Arbeitsentgelt
Entgeltzuordnung in der Sozialversicherung: Entgeltabrechnungsmonat, für den der Anspruch auf die Ausbildungsvergütung besteht.

1.61 Ausgleichszahlung an ehrenamtliche Bürgermeister

Erläuterung: Ausgleich an ehrenamtliche Bürgermeister in den neuen Bundesländern, die früher hauptamtliche Bürgermeister waren. Hiermit soll die Differenz zwischen dem bisherigen und dem neuen Einkommen ausgeglichen werden.

Lohnsteuerpflicht	Ja	§ 19 Abs. 1 EStG
Beitragspflicht KV PV RV ALV	Ja	BSG, Urteil vom 20.1.2000, B 7 AL 2/99 R
Beitragspflicht UV	Ja	§ 14 Abs. 1 Satz 1 SGB IV

Mindestlohnrelevanz: Ja
Entgeltart: Laufendes Arbeitsentgelt
Entgeltzuordnung in der Sozialversicherung: Entgeltabrechnungsmonat, für den der Anspruch auf die Ausgleichszahlung besteht.

1.62 Ausgleichszahlung bei Einsatz im Beitrittsgebiet

Erläuterung: Ausgleichszahlung für Beschäftigte aus den alten Bundesländern, die im Beitrittsgebiet eine niedriger bezahlte Beschäftigung ausüben. Ob die Zahlung vom Arbeitgeber oder von einem Dritten (z. B. Arbeitgeberverband) geleistet wird ist unerheblich.

Lohnsteuerpflicht	Ja	§ 19 Abs. 1 EStG
Beitragspflicht KV PV RV ALV	Ja	§ 14 Abs. 1 Satz 1 SGB IV
Beitragspflicht UV	Ja	§ 14 Abs. 1 Satz 1 SGB IV

Mindestlohnrelevanz: Ja
Entgeltart: Laufendes Arbeitsentgelt
Entgeltzuordnung in der Sozialversicherung: Entgeltabrechnungsmonat, für den der Anspruch auf die Ausgleichszahlung besteht.

1.63 Ausgleichszahlung (freiwillige Rentenversicherungsbeiträge) des Arbeitgebers nach § 187a SGB VI

Erläuterung: Vom Arbeitgeber freiwillig übernommene Beiträge, durch welche Rentenminderungen bei vorzeitiger Inanspruchnahme einer Altersrente gemindert bzw. vermieden werden können. Diese Beiträge bleiben beitragsfrei. Sie bleiben auch steuerfrei, soweit die Übernahme des Arbeitgebers 50 % der Beiträge nicht übersteigen.

Lohnsteuerpflicht	Nein	§ 3 Nr. 28 EStG
Beitragspflicht KV PV RV ALV	Nein	§ 187a SGB VI
Beitragspflicht UV	Nein	§ 14 Abs. 1 Satz 1 SGB IV

Mindestlohnrelevanz: Nein
Entgeltzuordnung in der Sozialversicherung: 50 % dieser Beiträge bleiben steuerfrei. In der Sozialversicherung ist die vom Arbeitgeber übernommene Ausgleichszahlung nicht zum Arbeitsentgelt zu zählen, da diese den Entschädigungen für den Wegfall

künftiger Verdienstmöglichkeiten aufgrund des Verlustes des Arbeitsplatzes gleichzusetzen sind.

1.64 Ausgleichszahlung an Beamte

Erläuterung: Zahlung nach § 48 Abs. 1 BeamtVG und § 38 Abs. 1 SVG.

Lohnsteuerpflicht	Nein	§ 3 Nr. 3 EStG
Beitragspflicht KV PV RV ALV	Nein	§ 14 Abs. 1 SGB IV, § 1 Abs. 1 SvEV
Beitragspflicht UV	Nein	§ 14 Abs. 1 SGB IV, § 1 Abs. 1 SvEV

Mindestlohnrelevanz: Nein
Entgeltzuordnung in der Sozialversicherung: Kein Arbeitsentgelt im Sinne der Sozialversicherung.

1.65 Ausgleichszahlung bei Altersteilzeitarbeit

Erläuterung: S. Altersteilzeit: Aufstockungsbeträge.

1.66 Auslagenersatz

Erläuterung: Vom Arbeitnehmer verauslagtes Geld anlässlich einer Besorgung für den Arbeitgeber (i. S. der § 667 BGB, § 669 BGB, § 670 BGB, § 675 BGB). Der Arbeitnehmer handelt quasi als Bote oder Vertreter des Arbeitgebers. S. auch Durchlaufende Gelder.

Lohnsteuerpflicht	Nein	§ 3 Nr. 50 EStG
Beitragspflicht KV PV RV ALV	Nein	§ 14 Abs. 1 SGB IV, § 1 Abs. 1 SvEV
Beitragspflicht UV	Nein	§ 14 Abs. 1 SGB IV, § 1 Abs. 1 SvEV

Mindestlohnrelevanz: Nein
Entgeltzuordnung in der Sozialversicherung: Kein Arbeitsentgelt im Sinne der Sozialversicherung, sofern kein eigenes Interesse des Beschäftigten an den Aufwendungen besteht.

1.67 Ausländisches Entgelt

Erläuterung: In ausländischer Währung gezahltes Entgelt, das der Steuer- bzw. Beitragspflicht nach deutschem Recht unterliegt.

Lohnsteuerpflicht	Ja	§ 19 Abs. 1 EStG
Beitragspflicht KV PV RV ALV	Ja	§ 14 Abs. 1 Satz 1 SGB IV, § 17a SGB IV
Beitragspflicht UV	Ja	§ 14 Abs. 1 Satz 1 SGB IV, § 17a SGB IV

Mindestlohnrelevanz: Ja
Entgeltart: Laufendes Arbeitsentgelt
Entgeltzuordnung in der Sozialversicherung: Entgeltabrechnungsmonat, für den der Anspruch auf das Arbeitsentgelt besteht.

1.68 Auslandsverwendungszuschlag

Erläuterung: Auslandsverwendungszuschlag für Beamte, Richter oder Soldaten gemäß § 53 BBesG.

Lohnsteuerpflicht	Nein	§ 3 Nr. 64 EStG
Beitragspflicht KV PV RV ALV	Nein	§ 14 Abs. 1 SGB IV, § 1 Abs. 1 SvEV
Beitragspflicht UV	Nein	§ 14 Abs. 1 SGB IV, § 1 Abs. 1 SvEV

Mindestlohnrelevanz: Nein
Entgeltzuordnung in der Sozialversicherung: Kein Arbeitsentgelt im Sinne der Sozialversicherung.

1.69 Auslandszulage

Erläuterung: S. Kaufkraftausgleich.

1.70 Auslösungen

Erläuterung: Auslösungen, soweit es sich um Reisekostenvergütung oder um Mehraufwendungen anlässlich einer doppelten Haushaltsführung handelt und der Arbeitgeber keine höheren Beträge ersetzt, als der Arbeitnehmer als Werbungskosten abziehen könnte.

Lohnsteuerpflicht	Nein	§ 3 Nr. 13, § 3 Nr. 16 EStG
Beitragspflicht KV PV RV ALV	Nein	§ 14 Abs. 1 SGB IV, § 1 Abs. 1 SvEV
Beitragspflicht UV	Nein	§ 14 Abs. 1 SGB IV, § 1 Abs. 1 SvEV

Mindestlohnrelevanz: Nein
Entgeltzuordnung in der Sozialversicherung: Kein Arbeitsentgelt im Sinne der Sozialversicherung.

1.71 Außendienstentschädigung

Erläuterung: Zusätzliche Zahlung für Außendiensttätigkeit, soweit es sich um Reisekostenentschädigung handelt.

Lohnsteuerpflicht	Nein	§ 3 Nr. 16 EStG
Beitragspflicht KV PV RV ALV	Nein	§ 14 Abs. 1 SGB IV, § 1 Abs. 1 SvEV
Beitragspflicht UV	Nein	§ 14 Abs. 1 SGB IV, § 1 Abs. 1 SvEV

Mindestlohnrelevanz: Nein
Entgeltzuordnung in der Sozialversicherung: Kein Arbeitsentgelt im Sinne der Sozialversicherung.

1.72 Aussperrungsunterstützung

Erläuterung: S. Streikunterstützung.

1.73 Autowerbung

Erläuterung: Der Arbeitgeber zahlt einem Arbeitnehmer eine Vergütung (bis zu 255 EUR/jährlich) für Werbung auf dessen Privatfahrzeug, vergleichbare Verträge werden auch mit Nichtbeschäftigten geschlossen.

Lohnsteuerpflicht	Nein	§ 22 Nr. 3 EStG
Beitragspflicht KV PV RV ALV	Nein	§ 14 Abs. 1 SGB IV, § 1 Abs. 1 Nr. 9 SvEV
Beitragspflicht UV	Nein	§ 14 Abs. 1 SGB IV, § 1 Abs. 1 Nr. 9 SvEV

Mindestlohnrelevanz: Nein
Entgeltart: § 14 Abs. 1 SGB IV, § 1 Abs. 1 Nr. 9 SvEV
Entgeltzuordnung in der Sozialversicherung: Kein Arbeitsentgelt

1.74 Autowerbung (nur Arbeitnehmer)

Erläuterung: Der Arbeitgeber zahlt einem Arbeitnehmer Vergütung für Werbung auf dessen Privatfahrzeug, ohne dass die Möglichkeit der Werbefahrten auch Firmenfremden angeboten wird.

Lohnsteuerpflicht	Ja	§ 2 Abs. 1 LStDV
Beitragspflicht KV PV RV ALV	Ja	§ 14 Abs. 1 Satz 1 SGB IV
Beitragspflicht UV	Ja	§ 14 Abs. 1 Satz 1 SGB IV

Mindestlohnrelevanz: Nein
Entgeltart: Laufendes Arbeitsentgelt
Entgeltzuordnung in der Sozialversicherung: Entgeltabrechnungsmonat, für den der Anspruch auf die Mietkostenzuschüsse besteht.

2 B – Backwaren unbelegt bis Bußgeld

2.1 Backwaren unbelegt

Erläuterung: Unbelegte Backwaren wie Brötchen oder Rosinenbrot mit Heißgetränken, die der Arbeitgeber den Arbeitnehmern bei Meetings u.ä. kostenlos zum sofortigen Verzehr zur Verfügung stellt.

Lohnsteuerpflicht	Nein	BFH, Urteil v. 3.7.2019
Beitragspflicht KV PV RV ALV	Nein	§ 14 Abs. 1 SGB IV, § 2 Abs. 1 Satz 2 Nr. 1 SvEV
Beitragspflicht UV	Nein	§ 14 Abs. 1 SGB IV, § 2 Abs. 1 Satz 2 Nr. 1 SvEV

Mindestlohnrelevanz: Nein
Entgeltzuordnung in der Sozialversicherung: Kein Arbeitsentgelt

2.2 BahnCard (Fahrten Wohnung – erste Tätigkeitsstätte) ab 1.1.2019

Erläuterung: Vom Arbeitgeber ab dem 1.1.2019 ersetzte Kosten einer BahnCard für Fahrten zwischen Wohnung und erster Tätigkeitsstätte.

Lohnsteuerpflicht	Nein	§ 3 Nr. 15 EStG
Beitragspflicht KV PV RV ALV	Nein	§ 1 Abs. 1 Satz 1 Nr. 1 SvEV
Beitragspflicht UV	Nein	§ 1 Abs. 1 Satz 1 Nr. 1 SvEV

Mindestlohnrelevanz: Nein
Entgeltzuordnung in der Sozialversicherung: Kein Arbeitsentgelt im Sinne der Sozialversicherung.

2.3 BahnCard (Fahrten Wohnung – erste Tätigkeitsstätte) bis 31.12.2018

Erläuterung: Vom Arbeitgeber bis zum 31.12.2018 ersetzte Kosten einer Bahncard für Fahrten zwischen Wohnung und Arbeitsstätte sind steuerpflichtig. Achtung: S. Einmalzahlung.

Lohnsteuerpflicht	Ja	§ 19 Abs. 1 Nr. 2 i. V. m. § 8 Abs. 1 EStG; H 8.1 (1-4) LStH
Beitragspflicht KV PV RV ALV	Ja	§ 14 Abs. 1 Satz 1 SGB IV, § 23a SGB IV
Beitragspflicht UV	Ja	§ 14 Abs. 1 Satz 1 SGB IV, § 23a SGB IV

Mindestlohnrelevanz: Nein
Entgeltart: Einmalzahlung
Entgeltzuordnung in der Sozialversicherung: Entgeltabrechnungsmonat, in dem der Arbeitgeber die Kosten an den Arbeitnehmer erstattet.

2.4 BahnCard (Fahrten Wohnung – erste Tätigkeitsstätte), pauschal versteuert bis 31.12.2018

Erläuterung: Vom Arbeitgeber pauschal versteuerte (15 %) Aufwendungen für eine BahnCard für Fahrten zwischen Wohnung und erster Tätigkeitsstätte.

Lohnsteuerpflicht	Ja	§ 40 Abs. 2 Satz 2 EStG
Beitragspflicht KV PV RV ALV	Nein	§ 1 Abs. 1 Satz 1 Nr. 3 SvEV
Beitragspflicht UV	Nein	§ 1 Abs. 1 Satz 1 Nr. 3 SvEV

Mindestlohnrelevanz: Nein
Entgeltart: Laufendes Arbeitsentgelt
Entgeltzuordnung in der Sozialversicherung: Kein Arbeitsentgelt im Sinne der Sozialversicherung.

2.5 Bahncard (für berufliche Auswärtstätigkeiten)

Erläuterung: Trägt der Arbeitgeber die BahnCard für Auswärtstätigkeiten seines Arbeitnehmers, kann dieser sie auch privat zum ermäßigten Tarif nutzen. Bei einer sog. Vollamortisation (= Arbeitgeber-Ersparnis infolge der Tarifermäßigung ist höher als Kosten der BahnCard) besteht aufgrund des eigenbetrieblichen Interesses des Arbeitgebers keine Lohnsteuer- und Beitragspflicht. Ansonsten ist eine Aufteilung in einen steuer-/beitragsfreien Anteil vorzunehmen.

Lohnsteuerpflicht	Nein	§ 3 Nr. 15 EStG
Beitragspflicht KV PV RV ALV	Nein	§ 14 Abs. 1 SGB IV, § 1 Abs. 1 SvEV
Beitragspflicht UV	Nein	§ 14 Abs. 1 SGB IV, § 1 Abs. 1 SvEV

Mindestlohnrelevanz: Nein
Entgeltzuordnung in der Sozialversicherung: Kein Arbeitsentgelt im Sinne der Sozialversicherung.

2.6 Ballungsraumzulage

Erläuterung: Sie wird teilweise vom Arbeitgeber z. B. in Ballungsräumen wie München oder Berlin gezahlt, um trotz der hohen Lebenshaltungskosten besser Personal aus günstigeren Regionen anwerben zu können.

Lohnsteuerpflicht	Ja	§ 19 Abs. 1 EStG
Beitragspflicht KV PV RV ALV	Ja	§ 14 Abs. 1 Satz 1 SGB IV
Beitragspflicht UV	Ja	§ 14 Abs. 1 Satz 1 SGB IV

Mindestlohnrelevanz: Nein
Entgeltart: Laufendes Arbeitsentgelt
Entgeltzuordnung in der Sozialversicherung: Entgeltabrechnungsmonat, für den der Anspruch auf die Zulage besteht.

2.7 Baustellenzulage

Erläuterung: S. Erschwerniszuschlag.

2.8 Bedienungszuschlag

Erläuterung: S. Trinkgeld.

2.9 Beförderung

Erläuterung: Beförderung der Arbeitnehmer vom Wohnort zum Arbeitsplatz. S. Sammelbeförderung.

Lohnsteuerpflicht	Nein	§ 3 Nr. 32 EStG; R 3.32 LStR
Beitragspflicht KV PV RV ALV	Nein	§ 14 Abs. 1 SGB IV, § 1 Abs. 1 SvEV
Beitragspflicht UV	Nein	§ 14 Abs. 1 SGB IV, § 1 Abs. 1 SvEV

Mindestlohnrelevanz: Nein
Entgeltzuordnung in der Sozialversicherung: Kein Arbeitsentgelt im Sinne der Sozialversicherung.

2.10 Beförderung (pauschal versteuerter Zuschuss, Fahrten zwischen Wohnung und erster Tätigkeitsstätte)

Erläuterung: S. Fahrtkostenersatz (pauschal versteuert).

2.11 Beihilfen öffentlicher Kassen

Erläuterung: Beihilfen öffentlicher Kassen in besonderen Notlagen.

Lohnsteuerpflicht	Nein	§ 3 Nr. 11 EStG; R 3.11 Abs. 1 LStR
Beitragspflicht KV PV RV ALV	Nein	§ 14 Abs. 1 SGB IV, § 1 Abs. 1 SvEV
Beitragspflicht UV	Nein	§ 14 Abs. 1 SGB IV, § 1 Abs. 1 SvEV

Mindestlohnrelevanz: Nein
Entgeltzuordnung in der Sozialversicherung: Kein Arbeitsentgelt im Sinne der Sozialversicherung.

2.12 Beihilfen privater Arbeitgeber

Erläuterung: Beihilfen privater Arbeitgeber bei Krankheits- oder Unglücksfällen, bei Vorliegen des Eintritts entsprechend festgelegter Umstände bis 600 EUR.

Lohnsteuerpflicht	Nein	§ 3 Nr. 11 EStG; R 3.11 Abs. 2 LStR
Beitragspflicht KV PV RV ALV	Nein	§ 14 Abs. 1 SGB IV, § 1 Abs. 1 SvEV
Beitragspflicht UV	Nein	§ 14 Abs. 1 SGB IV, § 1 Abs. 1 SvEV

Mindestlohnrelevanz: Nein
Entgeltzuordnung in der Sozialversicherung: Kein Arbeitsentgelt im Sinne der Sozialversicherung.

2.13 Beiträge des Arbeitgebers (Sozialversicherungsbeiträge)

Erläuterung: S. Arbeitgeberbeitrag zur gesetzlichen Sozialversicherung.

2.14 Beiträge des Arbeitgebers zur ZVK Bau

Erläuterung: Beitrag des Arbeitgebers zur Zusatzversorgungskasse im Baugewerbe und Dachdeckerhandwerk bis 3.312 EUR (2020). Der Steuerfreibetrag beträgt 6.624 EUR im Jahr 2020.

Lohnsteuerpflicht	Nein	§ 3 Nr. 63 EStG
Beitragspflicht KV PV RV ALV	Nein	§ 14 Abs. 1 SGB IV, § 1 Abs. 1 Nr. 9 SvEV
Beitragspflicht UV	Nein	§ 14 Abs. 1 SGB IV, § 1 Abs. 1 Nr. 9 SvEV

Mindestlohnrelevanz: Nein
Entgeltart: Laufendes Arbeitsentgelt
Entgeltzuordnung in der Sozialversicherung: Kein Arbeitsentgelt im Sinne der Sozialversicherung.

2.15 Beiträge des Arbeitgebers zur ZVK Bau (pauschal versteuert)

Erläuterung: Auf den steuerfreien Höchstbetrag (2020: 3.312 EUR) sind Beiträge zur betrieblichen Altersversorgung anzurechnen, die nach § 40b EStG a. F. (Altzusagen vor 2005) pauschal besteuert werden.

Lohnsteuerpflicht	Ja	§ 40b Abs. 1 EStG
Beitragspflicht KV PV RV ALV	Nein	§ 1 Abs. 1 Satz 1 Nr. 4 SvEV
Beitragspflicht UV	Nein	§ 1 Abs. 1 Satz 1 Nr. 4 SvEV

Mindestlohnrelevanz: Nein
Entgeltart: Laufendes Arbeitsentgelt
Entgeltzuordnung in der Sozialversicherung: Kein Arbeitsentgelt im Sinne der Sozialversicherung.

2.16 Beiträge zu einem Berufsverband (getragen vom Arbeitgeber)

Erläuterung: Ist der Arbeitnehmer Mitglied des Verbands (nicht der Arbeitgeber), so gehören Erstattungen der Verbandsbeiträge zum steuerpflichtigen Werbungskostenersatz.

Lohnsteuerpflicht	Ja	§ 8 Abs. 2 EStG bzw. § 19 Abs. 1 EStG
Beitragspflicht KV PV RV ALV	Ja	§ 14 Abs. 1 Satz 1 SGB IV
Beitragspflicht UV	Ja	§ 14 Abs. 1 Satz 1 SGB IV

Mindestlohnrelevanz: Nein
Entgeltart: Laufendes Arbeitsentgelt
Entgeltzuordnung in der Sozialversicherung: Entgeltabrechnungsmonat, für den der Anspruch auf die Beitragszahlung des Arbeitgebers besteht.

2.17 Beitragsanteil des Arbeitgebers (Sozialversicherung)

Erläuterung: S. Arbeitgeberbeitrag zur gesetzlichen Sozialversicherung.

2.18 Beitragsnachentrichtung

Erläuterung: Als Folge fehlerhafter Abführung der Sozialversicherungsbeiträge nicht rechtzeitig einbehaltene Arbeitnehmeranteile, deren Einbehalt aufgrund § 28 g SGB IV nicht mehr nachgeholt werden kann. Sie sind nun vom Arbeitgeber allein zu tragen.

Lohnsteuerpflicht	Nein	BFH, Urteil v. 20.9.1996, VI R 57/95
Beitragspflicht KV PV RV ALV	Nein	BSG, Urteil vom 22.9.1988 12 RK 36/86
Beitragspflicht UV	Nein	BSG, Urteil vom 22.9.1988 12 RK 36/86

Mindestlohnrelevanz: Nein
Entgeltzuordnung in der Sozialversicherung: Entgeltabrechnungsmonat, für den der Anspruch des Arbeitnehmers auf das Arbeitsentgelt entstanden ist, für das der Beitragseinbehalt unterblieben ist.

2.19 Beitragszuschuss

Erläuterung: S. Arbeitgeberzuschuss nach § 257 SGB V bzw. § 61 SGB XI.

2.20 Bekleidungszuschuss

Erläuterung: S. Arbeitskleidung.

2.21 Belegschaftsaktien

Erläuterung: S. Vermögensbeteiligung.

2.22 Belegschaftsrabatte

Erläuterung: S. Preisnachlass. Belegschaftsrabatt, der steuerfrei ist bzw. unter den Rabattfreibetrag in Höhe von 1.080 EUR jährlich oder die monatliche 44-EUR-Freigrenze fällt.

2.23 Belohnung

Erläuterung: Belohnung vom Arbeitgeber für persönlichen Einsatz oder besonders umsichtiges Verhalten des Arbeitnehmers.

Lohnsteuerpflicht	Ja	§ 2 Abs. 1 LStDV
Beitragspflicht KV PV RV ALV	Ja	§ 14 Abs. 1 Satz 1 SGB IV, § 23a SGB IV
Beitragspflicht UV	Ja	§ 14 Abs. 1 Satz 1 SGB IV, § 23a SGB IV

Mindestlohnrelevanz: Nein
Entgeltart: Einmalzahlung
Entgeltzuordnung in der Sozialversicherung: Entgeltabrechnungsmonat, in dem die Belohnung ausgezahlt wird. Belohnungen, die in den Monaten Januar bis März eines Jahres ausgezahlt werden, sind dem letzten Entgeltabrechnungsmonat des vergangenen Jahres (Vorjahres) zuzuordnen, wenn in dem vergangenen Jahr bei demselben Arbeitgeber ein versicherungspflichtiges Beschäftigungsverhältnis bestanden hat und die Belohnungen zusammen mit den sonstigen für das laufende Kalenderjahr festgestellten beitragspflichtigen Einnahmen die anteilige Beitragsbemessungsgrenze des laufenden Kalenderjahres übersteigen (März-Klausel).

2.24 Belohnung für Unfallverhütung (BG)

Erläuterung: Belohnung zur Verhütung von Unfällen von den Berufsgenossenschaften.

Lohnsteuerpflicht	Nein	BFH, Urteil v. 22.3.1963, BStBl III S. 306
Beitragspflicht KV PV RV ALV	Nein	§ 14 Abs. 1 SGB IV, § 1 Abs. 1 SvEV
Beitragspflicht UV	Nein	§ 14 Abs. 1 SGB IV, § 1 Abs. 1 SvEV

Mindestlohnrelevanz: Nein
Entgeltzuordnung in der Sozialversicherung: Kein Arbeitsentgelt im Sinne der Sozialversicherung.

2.25 Bereitschaftsdienstvergütung

Erläuterung: Vom Arbeitgeber gezahlte Vergütung für Bereitschaftsdienste des Arbeitnehmers.

Lohnsteuerpflicht	Ja	§ 19 Abs. 1 EStG
Beitragspflicht KV PV RV ALV	Ja	§ 14 Abs. 1 Satz 1 SGB IV
Beitragspflicht UV	Ja	§ 14 Abs. 1 Satz 1 SGB IV

Mindestlohnrelevanz: Ja
Entgeltart: Laufendes Arbeitsentgelt
Entgeltzuordnung in der Sozialversicherung: Entgeltabrechnungsmonat, für den das Entgelt zu zahlen ist.

2.26 Berufsausbildungsbeihilfen nach § 56 SGB III

Erläuterung: Beihilfe an Auszubildende im Rahmen einer Berufsausbildung als Arbeitsförderungsmaßnahme der Bundesagentur für Arbeit.

Lohnsteuerpflicht	Nein	§ 3 Nr. 2 EStG
Beitragspflicht KV PV RV ALV	Nein	§ 14 Abs. 1 SGB IV, § 1 Abs. 1 SvEV
Beitragspflicht UV	Nein	§ 14 Abs. 1 SGB IV, § 1 Abs. 1 SvEV

Mindestlohnrelevanz: Nein
Entgeltzuordnung in der Sozialversicherung: Kein Arbeitsentgelt.

2.27 Berufshaftpflichtversicherung

Erläuterung: Angestellte Rechtsanwälte, bei denen die Kosten der vorgeschriebenen Berufshaftpflichtversicherung (§ 51 BRAO) vom Arbeitgeber getragen werden. Steuer: Die Beiträge wurden von der Finanzgerichtsbarkeit zum unbegrenzten Werbungskostenabzug zugelassen, u. U. wird jedoch der Werbungskostenpauschbetrag gestrichen.

Lohnsteuerpflicht	Ja	BFH, Urteil v. 26.7.2007, VI R 64/06
Beitragspflicht KV PV RV ALV	Ja	§ 14 Abs. 1 Satz 1 SGB IV
Beitragspflicht UV	Ja	§ 14 Abs. 1 Satz 1 SGB IV

Mindestlohnrelevanz: Nein
Entgeltart: Einmalzahlung
Entgeltzuordnung in der Sozialversicherung: Entgeltabrechnungszeitraum, in dem der Arbeitgeber die Beitragszahlung vornimmt.

2.28 Berufskleidung (Überlassung durch den Arbeitgeber)

Erläuterung: S. Arbeitskleidung.

2.29 Berufsverband (Arbeitgeber erstattet Arbeitnehmer Beiträge)

Erläuterung: S. Beiträge zu einem Berufsverband (getragen vom Arbeitgeber).

2.30 Bestattungsgeld

Erläuterung: Bestattungsgeld, vom Arbeitgeber für einen verstorbenen Arbeitnehmer gewährt.

Lohnsteuerpflicht	Ja	§ 19 Abs. 1 EStG
Beitragspflicht KV PV RV ALV	Nein	§ 14 Abs. 1 Satz 1 SGB IV
Beitragspflicht UV	Nein	§ 14 Abs. 1 Satz 1 SGB IV

Mindestlohnrelevanz: Nein
Entgeltart: Einmalzahlung
Entgeltzuordnung in der Sozialversicherung: Kein Arbeitsentgelt im Sinn der Sozialversicherung, da sie nach Beendigung des Beschäftigungsverhältnisses gezahlt werden und nicht aus diesem resultieren.

2.31 Betriebliche Gesundheitsförderung

Erläuterung: S. Gesundheitsförderung, betriebliche.

2.32 Betriebliche Sachleistungen

Erläuterung: Der Arbeitgeber erbringt diese Sachleistungen aus überwiegend betrieblichem Interesse und stellt sie nicht als Ertrag der nichtselbstständigen Arbeit des Arbeitnehmers dar, z. B. Aufmerksamkeiten, Bewirtung bei Betriebsveranstaltungen, Fortbildungsleistungen.

Lohnsteuerpflicht	Nein	R 19.3, R 19.6 und R 19.7 LStR
Beitragspflicht KV PV RV ALV	Nein	§ 14 Abs. 1 SGB IV, § 1 Abs. 1 SvEV
Beitragspflicht UV	Nein	§ 14 Abs. 1 SGB IV, § 1 Abs. 1 SvEV

Mindestlohnrelevanz: Nein
Entgeltzuordnung in der Sozialversicherung: Kein Arbeitsentgelt im Sinne der Sozialversicherung.

2.33 Betriebskindergarten

Erläuterung: Plätze im Betriebskindergarten. S. Kindergartenplatz.

Lohnsteuerpflicht	Nein	§ 3 Nr. 33 EStG; R 3.33 LStR
Beitragspflicht KV PV RV ALV	Nein	§ 14 Abs. 1 SGB IV, § 1 Abs. 1 SvEV
Beitragspflicht UV	Nein	§ 14 Abs. 1 SGB IV, § 1 Abs. 1 SvEV

Mindestlohnrelevanz: Nein
Entgeltzuordnung in der Sozialversicherung: Kein Arbeitsentgelt im Sinne der Sozialversicherung.

2.34 Betriebsrente

Erläuterung: S. Altersrente.

2.35 Betriebsveranstaltung

Erläuterung: Übliche Zuwendungen bei herkömmlichen Veranstaltungen in Form von Speisen, Getränken, Fahrtkosten usw., wenn die Zuwendung pro Arbeitnehmer 110 EUR nicht übersteigt (Freibetrag).

Lohnsteuerpflicht	Nein	§ 19 Abs. 1 Nr. 1a EStG
Beitragspflicht KV PV RV ALV	Nein	§ 14 Abs. 1 SGB IV, § 1 Abs. 1 SvEV
Beitragspflicht UV	Nein	§ 14 Abs. 1 SGB IV, § 1 Abs. 1 SvEV

Mindestlohnrelevanz: Nein
Entgeltzuordnung in der Sozialversicherung: Kein Arbeitsentgelt im Sinne der Sozialversicherung.

2.36 Betriebsveranstaltung (pauschal versteuerte Zuwendungen)

Erläuterung: Mit 25 % pauschal versteuerte Zuwendungen bei Betriebsveranstaltungen.

Lohnsteuerpflicht	Ja	§ 40 Abs. 2 Nr. 2 EStG
Beitragspflicht KV PV RV ALV	Nein	§ 1 Abs. 1 Satz 1 Nr. 3 SvEV
Beitragspflicht UV	Nein	§ 1 Abs. 1 Satz 1 Nr. 3 SvEV

Mindestlohnrelevanz: Nein
Entgeltzuordnung in der Sozialversicherung: Kein Arbeitsentgelt im Sinne der Sozialversicherung.

2.37 Betriebsversammlung

Erläuterung: Vergütung für die Teilnahme an Betriebsversammlungen.

Lohnsteuerpflicht	Ja	§ 2 Abs. 2 Nr. 6 LStDV
Beitragspflicht KV PV RV ALV	Ja	§ 14 Abs. 1 Satz 1 SGB IV, § 23a SGB IV; LSG Saarland, Urteil v. 12.6.1990 – L 2 U 43/87
Beitragspflicht UV	Ja	§ 14 Abs. 1 Satz 1 SGB IV, § 23a SGB IV; LSG Saarland, Urteil v. 12.6.1990 – L 2 U 43/87

Mindestlohnrelevanz: Nein
Entgeltart: Einmalzahlung
Entgeltzuordnung in der Sozialversicherung: Entgeltabrechnungsmonat, in dem die Vergütung ausgezahlt wird. Vergütungen für die Teilnahme an Betriebsveranstaltungen, die in den Monaten Januar bis März eines Jahres ausgezahlt werden, sind dem letzten Entgeltabrechnungsmonat des vergangenen Jahres (Vorjahres) zuzuordnen, wenn in dem vergangenen Jahr bei demselben Arbeitgeber ein versicherungspflichtiges Beschäftigungsverhältnis bestanden hat und die Vergütung zusammen mit den sonstigen für das laufende Kalenderjahr festgestellten beitragspflichtigen Einnahmen die anteilige Beitragsbemessungsgrenze des laufenden Kalenderjahres übersteigen (März-Klausel).

2.38 Bewerberpauschale

Erläuterung: Sie wird einem aus dem Beschäftigungsverhältnis ausscheidenden Arbeitnehmer gezahlt.

Lohnsteuerpflicht	Ja	§ 19 Abs. 1 EStG
Beitragspflicht KV PV RV ALV	Ja	§ 14 Abs. 1 Satz 1 SGB IV, § 23a SGB IV
Beitragspflicht UV	Ja	§ 14 Abs. 1 Satz 1 SGB IV, § 23a SGB IV

Mindestlohnrelevanz: Nein
Entgeltart: Einmalzahlung
Entgeltzuordnung in der Sozialversicherung: Entgeltabrechnungsmonat, in dem die Bewerberpauschale ausgezahlt wird. Wird die Bewerberpauschale nach dem Ende des Beschäftigungsverhältnisses gezahlt, erfolgt die Zuordnung zum letzten Entgeltabrechnungsmonat des Beschäftigungsverhältnisses.

2.39 Bewerbungskosten

Erläuterung: Erstattung der persönlichen Vorstellungskosten an Stellenbewerber.

Lohnsteuerpflicht	Nein	R 9.4 Satz 2 LStR
Beitragspflicht KV PV RV ALV	Nein	§ 14 Abs. 1 SGB IV, § 1 Abs. 1 SvEV
Beitragspflicht UV	Nein	§ 14 Abs. 1 SGB IV, § 1 Abs. 1 SvEV

Mindestlohnrelevanz: Nein
Entgeltzuordnung in der Sozialversicherung: Kein Arbeitsentgelt im Sinne der Sozialversicherung.

2.40 Bewirtungskosten bei Bewirtung von Geschäftsfreunden

Erläuterung: Arbeitnehmer, die an der Bewirtung von Geschäftsfreunden durch den Arbeitgeber mit teilhaben dürfen.

Lohnsteuerpflicht	Nein	R 8.1 Abs. 8 Nr. 1 LStR
Beitragspflicht KV PV RV ALV	Nein	§ 14 Abs. 1 SGB IV, § 1 Abs. 1 Nr. 1 SvEV
Beitragspflicht UV	Nein	§ 14 Abs. 1 SGB IV, § 1 Abs. 1 Nr. 1 SvEV

Mindestlohnrelevanz: Nein
Entgeltzuordnung in der Sozialversicherung: Kein Arbeitsentgelt im Sinne der Sozialversicherung.

2.41 Bewirtungskosten bei Geburtstagen von Arbeitnehmern

Erläuterung: Ehrung eines Angestellten anlässlich seines runden Geburtstags. S. Mahlzeiten und Aufmerksamkeiten.

Lohnsteuerpflicht	Nein	R 19.3 Abs. 2 Nr. 4 LStR
Beitragspflicht KV PV RV ALV	Ja	§ 14 Abs. 1 Satz 1 SGB IV, § 23a SGB IV
Beitragspflicht UV	Ja	§ 14 Abs. 1 Satz 1 SGB IV, § 23a SGB IV

Mindestlohnrelevanz: Nein
Entgeltzuordnung in der Sozialversicherung: Entgeltabrechnungsmonat, in dem die Veranstaltung durchgeführt wird bzw. die Kosten an den Arbeitnehmer erstattet werden.

2.42 Bewirtungskosten bei speziellen Anlässen

Erläuterung: Der Arbeitgeber übernimmt anlässlich eines runden Jubiläums (10, 20, 25, 30, ... Jahre im Betrieb) einzelner Arbeitnehmer, der Verabschiedung oder des Amts- bzw. Funktionswechsels Aufwendungen von nicht mehr als 110 EUR (Freigrenze) pro teilnehmender Person.

Lohnsteuerpflicht	Nein	R 19.3 Abs. 2 Nr. 3 LStR
Beitragspflicht KV PV RV ALV	Nein	§ 14 Abs. 1 SGB IV, § 1 Abs. 1 SvEV
Beitragspflicht UV	Nein	§ 14 Abs. 1 SGB IV, § 1 Abs. 1 SvEV

Mindestlohnrelevanz: Nein
Entgeltzuordnung in der Sozialversicherung: Kein Arbeitsentgelt im Sinne der Sozialversicherung.

2.43 Bewirtungskosten des Arbeitnehmers (Auslagenersatz)

Erläuterung: Der Arbeitnehmer bewirtet Geschäftspartner auf eigene Kosten (Nachweis einer geschäftlichen Bewirtung), bekommt Auslagen vom Arbeitgeber ersetzt. S. Auslagenersatz.

Lohnsteuerpflicht	Nein	R 8.1 Abs. 8 Nr. 1 LStR
Beitragspflicht KV PV RV ALV	Nein	§ 14 Abs. 1 SGB IV, § 1 Abs. 1 Nr. 1 SvEV
Beitragspflicht UV	Nein	§ 14 Abs. 1 SGB IV, § 1 Abs. 1 Nr. 1 SvEV

Mindestlohnrelevanz: Nein
Entgeltzuordnung in der Sozialversicherung: Kein Arbeitsentgelt im Sinne der Sozialversicherung.

2.44 Bildschirmbrille

Erläuterung: Kostenübernahme durch den Arbeitgeber aufgrund gesetzlicher Verpflichtung, die Notwendigkeit wurde fachgerecht festgestellt.

Lohnsteuerpflicht	Nein	R 19.3 Abs. 2 Nr. 2 LStR
Beitragspflicht KV PV RV ALV	Nein	§ 14 Abs. 1 SGB IV, § 1 Abs. 1 SvEV
Beitragspflicht UV	Nein	§ 14 Abs. 1 SGB IV, § 1 Abs. 1 SvEV

Mindestlohnrelevanz: Nein
Entgeltzuordnung in der Sozialversicherung: Kein Arbeitsentgelt im Sinne der Sozialversicherung.

2.45 Bußgeld (Geldbuße und Geldstrafe)

Erläuterung: Geldbuße und Geldstrafe, die der Arbeitgeber für den Arbeitnehmer übernimmt.

Lohnsteuerpflicht	Ja	§ 2 Abs. 1 LStDV; BFH, Urteil v. 14.11.2013 – VI R 36/12
Beitragspflicht KV PV RV ALV	Ja	§ 14 Abs. 1 Satz 1 SGB IV, § 23a SGB IV
Beitragspflicht UV	Ja	§ 14 Abs. 1 Satz 1 SGB IV, § 23a SGB IV

Mindestlohnrelevanz: Nein
Entgeltart: Einmalzahlung
Entgeltzuordnung in der Sozialversicherung: Entgeltabrechnungsmonat, in dem der Arbeitgeber die Geldbußen oder Geldstrafen übernimmt.

2.46 Bußgeld (Verwarnungsgeld bei Verkehrsverstoß)

Erläuterung: Die Übernahme einer Geldbuße wegen Verkehrsverstoß durch den Arbeitgeber ist generell steuerpflichtig und beitragspflichtig zur Sozialversicherung. Ausschließlich bei Parkverstoß mit Firmenfahrzeug existierte bis zum 30.4.2014 für die Paket- und Lieferdienstbranche eine Sonderregelung. Aktuell ist dazu ein Revisionsverfahren beim Bundesfinanzhof anhängig (VI-R-1/17).

Lohnsteuerpflicht	Ja	§ 19 Abs. 1 Nr. 1 EStG; BFH, Urteil v. 14.11.2013 – VI R 36/12; FG Düsseldorf, Urteil v. 4.11.2016, 1 K 2470/14 L, Rev. beim BFH unter VI R 1/17
Beitragspflicht KV PV RV ALV	Ja	§ 14 Abs. 1 Satz 1 SGB IV, § 23a SGB IV; BE v. 09.04.2014, TOP 4
Beitragspflicht UV	Ja	§ 14 Abs. 1 Satz 1 SGB IV, § 23a SGB IV

Mindestlohnrelevanz: Nein
Entgeltart: Einmalzahlung
Entgeltzuordnung in der Sozialversicherung: Kein Arbeitsentgelt im Sinne der Sozialversicherung.

2.47 Bußgeld (Verwarnungsgeld wegen Lenk- und Ruhezeitverstoß)

Erläuterung: Die Übernahme von Verwarnungsgeld wegen Verletzung der Lenk- und Ruhezeiten von Kraftfahrern ist generell steuerpflichtig und beitragspflichtig zur Sozialversicherung.

Lohnsteuerpflicht	Ja	§ 19 Abs. 1 Nr. 1 EStG
Beitragspflicht KV PV RV ALV	Ja	§ 14 Abs. 1 Satz 1 SGB IV, § 23a SGB IV, BE v. 09.04.2014, TOP 4
Beitragspflicht UV	Ja	§ 14 Abs. 1 Satz 1 SGB IV, § 23a SGB IV

Mindestlohnrelevanz: Nein
Entgeltart: Einmalzahlung
Entgeltzuordnung in der Sozialversicherung: Entgeltabrechnungsmonat, in dem der Arbeitgeber das Verwarnungsgeld überweist.

3 D – Darlehen bis Durchlaufende Gelder

3.1 Darlehen

Erläuterung: Darlehen, die vom Arbeitgeber nicht als Vergütung für geleistete Arbeit gewährt werden. S. aber Zinsersparnis.

Lohnsteuerpflicht	Nein	R 8.1 Abs. 11 LStR
Beitragspflicht KV PV RV ALV	Nein	§ 14 Abs. 1 SGB IV, § 1 Abs. 1 SvEV
Beitragspflicht UV	Nein	§ 14 Abs. 1 SGB IV, § 1 Abs. 1 SvEV

Mindestlohnrelevanz: Nein
Entgeltzuordnung in der Sozialversicherung: Kein Arbeitsentgelt im Sinne der Sozialversicherung.

3.2 Dauer(eintritts)karte

Erläuterung: Dauer(eintritts)karte zu Ausstellungen oder Veranstaltungsreihen, außerhalb von Betriebsveranstaltungen die Arbeitnehmern vom Arbeitgeber kostenfrei überlassen werden, ohne dass dafür ein besonderer persönlicher oder familiärer Grund in der Person des Arbeitnehmers gegeben wäre.

Lohnsteuerpflicht	Ja	R 19.5 Abs. 4 Nr. 3 LStR
Beitragspflicht KV PV RV ALV	Ja	§ 14 Abs. 1 Satz 1 SGB IV, § 23a SGB IV
Beitragspflicht UV	Ja	§ 14 Abs. 1 Satz 1 SGB IV, § 23a SGB IV

Mindestlohnrelevanz: Nein
Entgeltart: Einmalzahlung
Entgeltzuordnung in der Sozialversicherung: Entgeltabrechnungsmonat, in dem der Arbeitgeber dem Arbeitnehmer die Dauer(eintritts)karten aushändigt. Der Geldwert der Dauer(eintritts)karten, die in den Monaten Januar bis März eines Jahres an den Arbeitnehmer ausgehändigt werden, ist dem letzten Entgeltabrechnungsmonat des vergangenen Jahres (Vorjahres) zuzuordnen, wenn in dem vergangenen Jahr bei demselben Arbeitgeber ein versicherungspflichtiges Beschäftigungsverhältnis bestanden hat und der Geldwert zusammen mit den sonstigen für das laufende Kalenderjahr festgestellten beitragspflichtigen Einnahmen die anteilige Beitragsbemessungsgrenze des laufenden Kalenderjahres übersteigt (März-Klausel).

3.3 Deputate in der Land- und Forstwirtschaft

Erläuterung: Deputate in der Land- und Forstwirtschaft, soweit der Rabattfreibetrag von 1.080 EUR jährlich nicht überschritten wird.

Lohnsteuerpflicht	Nein	§ 8 Abs. 3 EStG; R 8.2 LStR
Beitragspflicht KV PV RV ALV	Nein	§ 14 Abs. 1 SGB IV, § 1 Abs. 1 Nr. 1 SvEV
Beitragspflicht UV	Nein	§ 14 Abs. 1 SGB IV, § 1 Abs. 1 Nr. 1 SvEV

Mindestlohnrelevanz: Nein
Entgeltzuordnung in der Sozialversicherung: Kein Arbeitsentgelt im Sinne der Sozialversicherung, soweit nicht als Sachbezüge *Lohnsteuerpflicht*ig.

3.4 Deutschkurs

Erläuterung: Für Arbeitnehmer, deren Muttersprache nicht Deutsch ist, führt die Bildungsmaßnahme zum Erwerb/Verbesserung der deutschen Sprache nicht zu Arbeitslohn, wenn der Sprachkurs im eigenbetrieblichen Interesse des Arbeitgebers durchgeführt wird oder der allgemeinen Verbesserung der Beschäftigungsfähigkeit des Arbeitnehmers dient.

Lohnsteuerpflicht	Nein	§ 3 Nr. 19 EStG; R 19.7 LStR; BMF, Schreiben v. 4.7.2017, IV C 5 – S 2332/09/10005, BStBl 2017 I S. 882
Beitragspflicht KV PV RV ALV	Nein	§ 14 Abs. 1 SGB IV, § 1 Abs.1 SvEV
Beitragspflicht UV	Nein	

Mindestlohnrelevanz: Nein

3.5 Diäten

Erläuterung: Abgeordnetenbezüge der Bundestags- und Landtagsabgeordneten auf der Grundlage des Abgeordnetengesetzes sind sonstige Einkünfte. Andere Bezüge oder Gehälter, z. B. für Fraktionstätigkeiten, hingegen gelten als Einkünfte aus nichtselbständiger Arbeit. Steuerfrei sind regelmäßig nur die gewährten Aufwandsentschädigungen oder Tagungs- und Sitzungsgelder, welche die anfallenden Mandatskosten decken.

Lohnsteuerpflicht	Ja	§ 22 Nr. 4, § 19 Abs. 1, § 3 Nr. 12 EStG
Beitragspflicht KV PV RV ALV	Nein	Bescheid des BMA vom 1.2.1952 Iva 1007/52
Beitragspflicht UV	Nein	§ 14 Abs. 1 SGB IV, § 1 Abs. 1 SvEV

Mindestlohnrelevanz: Nein
Entgeltart: Laufendes Arbeitsentgelt
Entgeltzuordnung in der Sozialversicherung: Entgeltabrechnung im laufenden Monat

3.6 Dienstfahrrad

Erläuterung: S. Dienstrad

3.7 Dienstkleidung

Erläuterung: S. Arbeitskleidung.

3.8 Dienstrad (Gehaltumwandlung)

Erläuterung: Der für die Überlassung eines Dienstrads i. R. d. Gehaltsumwandlung sich ergebende geldwerter Vorteil ist steuer- und sv-pflichtig.

Lohnsteuerpflicht	Ja	§ 6 Abs. 1 Nr. 4 Satz 1 EStG; Gleichlautende Erlasse v. 13.3.2019, S 2334, BStBl I 2019 S. 216
Beitragspflicht KV PV RV ALV	Ja	§ 14 Abs. 1 SGB IV, § 1 Abs. 1 Nr. 3 SvEV
Beitragspflicht UV	Ja	§ 14 Abs. 1 SGB IV, § 1 Abs. 1 Nr. 3 SvEV

Mindestlohnrelevanz: Nein
Entgeltart: Laufendes Arbeitsentgelt
Entgeltzuordnung in der Sozialversicherung: Entgeltabrechungsmonat, für den der Anspruch auf den Zuschuss des Arbeitgebers besteht

3.9 Dienstrad (zusätzlich gewährt)

Erläuterung: Unentgeltlich oder verbilligt zur privaten Nutzung überlassenes betriebliches Fahrrad, wenn die Überlassung zusätzlich zum ohnehin geschuldeten Arbeitslohn erfolgt.

Lohnsteuerpflicht	Nein	§ 3 Nr. 37 EStG
Beitragspflicht KV PV RV ALV	Nein	§ 14 Abs. 1 SGB IV, § 1 Abs. 1 Nr. 1 SvEV
Beitragspflicht UV	Nein	§ 14 Abs. 1 SGB IV, § 1 Abs. 1 Nr. 1 SvEV

Mindestlohnrelevanz: Nein
Entgeltzuordnung in der Sozialversicherung: Kein Arbeitsentgelt im Sinne der Sozialversicherung.

3.10 Dienstwagen

Erläuterung: S. Kraftfahrzeugüberlassung.

3.11 Dienstwohnung

Erläuterung: Grundsätzlich besteht Steuerpflicht. Es liegt jedoch Steuerfreiheit vor, wenn der Arbeitnehmer min. 2/3 der ortsüblichen Miete entrichtet oder wenn die Verbilligung gegenüber dem ortsüblichen Mietpreis bei Luxuswohnungen 44 EUR monatlich nicht übersteigt. Beitragspflicht SV besteht unabhängig von der Höhe der Vergünstigung.

Lohnsteuerpflicht	Ja	§ 8 Abs. 2 Satz 9 und 12 EStG; R 8.1 Abs. 3 LStR
Beitragspflicht KV PV RV ALV	Ja	§ 14 Abs. 1 Satz 1 SGB IV und § 2 Abs. 5 SvEV
Beitragspflicht UV	Ja	§ 14 Abs. 1 Satz 1 SGB IV und § 2 Abs. 5 SvEV

Mindestlohnrelevanz: Nein
Entgeltart: Laufendes Arbeitsentgelt
Entgeltzuordnung in der Sozialversicherung: Entgeltabrechnungsmonat, für den der Anspruch auf die Wohnungsgewährung besteht.

3.12 Differenzbetrag

Erläuterung: Die Differenz zwischen dem bisherigen Verdienst und einem neuen, niedrigeren Verdienst bei einem anderen Arbeitgeber, wenn der ursprüngliche Arbeitgeber in Insolvenz ging.

Lohnsteuerpflicht	Ja	R 3.2 LStR
Beitragspflicht KV PV RV ALV	Nein	BE vom 5./6.11.1996 (TOP 4)
Beitragspflicht UV	Nein	BE vom 5./6.11.1996 (TOP 4)

Mindestlohnrelevanz: Nein
Entgeltart: Laufendes Arbeitsentgelt
Entgeltzuordnung in der Sozialversicherung: Kein Arbeitsentgelt im Sinne der Sozialversicherung.

3.13 Direktversicherung oder Pensionskasse (pauschal versteuerte Entgeltumwandlung Altzusagen bis 2004 bis zu 1.752 EUR pro Jahr)

Erläuterung: bei Altzusagen bis 2004: Arbeitnehmer trägt die Beiträge durch Entgeltumwandlung aus laufendem Arbeitsentgelt oder durch Gehaltsverzicht und hat ggfs. auf die Steuerbefreiung verzichtet.

Lohnsteuerpflicht	Ja	§ 40 Abs. 1 und 2 EStG
Beitragspflicht KV PV RV ALV	Ja	§ 14 Abs. 1 Satz 1 SGB IV
Beitragspflicht UV	Ja	§ 14 Abs. 1 Satz 1 SGB IV

Mindestlohnrelevanz: Nein
Entgeltart: Laufendes Arbeitsentgelt
Entgeltzuordnung in der Sozialversicherung: Entgeltabrechnungsmonat, in dem die Entgeltumwandlung bzw. der Gehaltsverzicht durchgeführt wird

3.14 Direktversicherungsbeiträge

Erläuterung: S. Arbeitgeberbeitrag zur Direktversicherung (lebenslange Rentenzahlung ab 60. bzw. 62. Lebensjahr) und Arbeitgeberbeitrag zu sonstigen Direktversicherungen.

3.15 Dreizehntes Monatsgehalt

Erläuterung: Zählt nur bei Rechtsanspruch (vertraglich oder durch betriebliche Übung) zum regelmäßigen Arbeitsentgelt. S. Einmalzahlung, Weihnachtszuwendung.

Lohnsteuerpflicht	Ja	R 115 Abs. 2 Nr. 7 LStR
Beitragspflicht KV PV RV ALV	Ja	§ 14 Abs. 1 Satz 1 SGB IV, § 23a SGB IV
Beitragspflicht UV	Ja	§ 14 Abs. 1 Satz 1 SGB IV, § 23a SGB IV

Mindestlohnrelevanz: Ja
Entgeltart: Einmalzahlung
Entgeltzuordnung in der Sozialversicherung: Entgeltabrechnungsmonat, in dem das dreizehnte Monatsgehalt ausgezahlt wird. Ein dreizehntes Monatsgehalt, das in den Monaten Januar bis März eines Jahres ausgezahlt wird, ist dem letzten Entgeltabrechnungsmonat des vergangenen Jahres (Vorjahres) zuzuordnen, wenn in dem vergangenen Jahr bei demselben Arbeitgeber ein versicherungspflichtiges Beschäftigungsverhältnis bestanden hat und das dreizehnte Monatsgehalt zusammen mit den sonstigen für das laufende Kalenderjahr festgestellten beitragspflichtigen Einnahmen die anteilige Beitragsbemessungsgrenze des laufenden Kalenderjahres übersteigt (März-Klausel).

3.16 Durchlaufende Gelder

Erläuterung: Der Arbeitnehmer erhält verauslagte Kosten vom Arbeitgeber erstattet. Dies erfolgt anlässlich von Besorgungen, die der Arbeitnehmer im ganz überwiegendem Interesse des Arbeitgebers erledigte, d. h. eine Dienstleistung gegenüber dem Arbeitgeber wurde erbracht. S. auch Auslagenersatz.

Lohnsteuerpflicht	Nein	§ 3 Nr. 50 EStG; R 3.50 LStR
Beitragspflicht KV PV RV ALV	Nein	§ 14 Abs. 1 SGB IV, § 1 Abs. 1 SvEV
Beitragspflicht UV	Nein	§ 14 Abs. 1 SGB IV, § 1 Abs. 1 SvEV

Mindestlohnrelevanz: Nein
Entgeltzuordnung in der Sozialversicherung: Kein Arbeitsentgelt im Sinne der Sozialversicherung.

4 E – E-Bike bis Essenszuschuss

4.1 E-Bike

Erläuterung: Abhängigkeit von der Geschwindigkeit. S. Elektrofahrrad (über/unter 25 km/h)

4.2 Ehrenamtsfreibetrag

Erläuterung: S. Aufwandsentschädigung an ehrenamtlich Tätige.

4.3 Ein-Euro-Job (Aufwandsentschädigung für Ein-Euro-Jobber)

Erläuterung: Diese geringe Aufwandsentschädigung (i. d. R. 1 bis 2 EUR pro Std.) für gemeinnützige Arbeiten durch ALG-II-Bezieher ist steuer- und sozialversicherungsfrei. Sie unterliegt steuerlich auch nicht dem Progressionsvorbehalt, da sie nicht in der abschließenden Aufzählung des § 32b EStG enthalten ist. Es liegt kein Beschäftigungsverhältnis im sozialversicherungspflichtigen Sinn vor, weil es hier vordergründig am Austausch von Arbeit und Entgelt mangelt.

Lohnsteuerpflicht	Nein	§ 3 Nr. 2d EStG; OFD Koblenz, Verfügung v. 29.11.2004, S 2342 A – St 3 – 072/04
Beitragspflicht KV PV RV ALV	Nein	§ 14 Abs. 1 SGB IV, § 1 Abs. 1 SvEV
Beitragspflicht UV	Nein	§ 14 Abs. 1 SGB IV, § 1 Abs. 1 SvEV

Mindestlohnrelevanz: Nein
Entgeltzuordnung in der Sozialversicherung: Kein Arbeitsentgelt.

4.4 Einkauf für den Arbeitgeber (Bareinkauf)

Erläuterung: Z. B. Kauf von Getränken, Kaffee oder Büromaterial durch den Arbeitnehmer. S. Auslagenersatz.

Lohnsteuerpflicht	Nein	§ 3 Nr. 50 EStG
Beitragspflicht KV PV RV ALV	Nein	§ 14 Abs. 1 SGB IV, § 1 Abs. 1 SvEV
Beitragspflicht UV	Nein	§ 14 Abs. 1 SGB IV, § 1 Abs. 1 SvEV

Mindestlohnrelevanz: Nein
Entgeltzuordnung in der Sozialversicherung: Kein Arbeitsentgelt im Sinne der Sozialversicherung.

4.5 Einkleidungsbeihilfe

Erläuterung: S. Abnutzungsentschädigung.

4.6 Einmalzahlung / Einmalige Bezüge

Erläuterung: Z. B. 13. Monatsgehalt, Weihnachtszuwendung, Urlaubsgeld, Urlaubsabgeltung, Gratifikationen und Tantiemen. SV: Regelm. Arbeitsentgelt nur bei Rechtsanspruch (vertraglich oder betriebliche Übung)

Lohnsteuerpflicht	Ja	§ 19 Abs. 1 Nr. 1 EStG; § 2 Abs. 1 LStDV; R 39b.2 Abs. 2 LStR
Beitragspflicht KV PV RV ALV	Ja	§ 14 Abs. 1 Satz 1 SGB IV, § 23a SGB IV
Beitragspflicht UV	Ja	§§ 14 Abs. 1 Satz 1 SGB IV, § 23a SGB IV

Mindestlohnrelevanz: Ja
Entgeltart: Einmalzahlung
Entgeltzuordnung in der Sozialversicherung: Entgeltabrechnungsmonat, in dem die Einmalzahlung ausgezahlt wird. Einmalzahlungen, die in den Monaten Januar bis März eines Jahres ausgezahlt werden, sind dem letzten Entgeltabrechnungsmonat des vergangenen Jahres (Vorjahres) zuzuordnen, wenn in dem vergangenen Jahr bei demselben Arbeitgeber ein versicherungspflichtiges Beschäftigungsverhältnis bestanden hat und die Einmalzahlung zusammen mit den sonstigen für das laufende Kalenderjahr festgestellten beitragspflichtigen Einnahmen die anteilige Beitragsbemessungsgrenze des laufenden Kalenderjahres übersteigen (März-Klausel).

4.7 Eintrittskarte

Erläuterung: S. Theaterkarte.

4.8 Elektrofahrrad (Aufladen)

Erläuterung: Aufladen von Elektrofahrrädern an der betrieblichen oder konzerneigenen Ladestation.

Lohnsteuerpflicht	Nein	§ 3 Nr. 46, § 52 Abs. 4 Satz 14, § 37c EStG
Beitragspflicht KV PV RV ALV	Nein	
Beitragspflicht UV	Nein	

Mindestlohnrelevanz: Nein
Entgeltzuordnung in der Sozialversicherung: Kein Arbeitsentgelt im Sinne der Sozialversicherung.

4.9 Elektrofahrrad (bis 25 km/h, Gehaltsumwandlung)

Erläuterung: Der für die Überlassung eines Dienstrads i. R. d. Gehaltsumwandlung sich ergebende geldwerter Vorteil ist steuer- und sv-pflichtig.

Lohnsteuerpflicht	Ja	§ 6 Abs. 1 Nr. 4 Satz 1 EStG; Gleichlautende Erlasse v. 13.3.2019, S 2334, BStBl I 2019 S. 216
Beitragspflicht KV PV RV ALV	Ja	§ 14 Abs. 1 SGB IV, § 1 Abs. 1 Nr. 3 SvEV
Beitragspflicht UV	Ja	§ 14 Abs. 1 SGB IV, § 1 Abs. 1 Nr. 3 SvEV

Mindestlohnrelevanz: Ja
Entgeltart: Laufendes Arbeitsentgelt
Entgeltzuordnung in der Sozialversicherung: Entgeltabrechnung im laufenden Monat

4.10 Elektrofahrrad (bis 25 km/h, zusätzlich gewährt)

Erläuterung: Zur privaten Nutzung überlassene betriebliche Elektrofahrräder, die verkehrsrechtlich als Fahrrad einzustufen sind (sog. Pedelecs), d. h. Geschwindigkeiten bis 25 km/h, keine Kennzeichen- und Versicherungspflicht. Steuer- und SV-Freiheit wurde bis zum Ablauf des Jahres 2030 verlängert.

Lohnsteuerpflicht	Nein	§ 8 Abs. 2 Satz 10, § 3 Nr. 37 EStG
Beitragspflicht KV PV RV ALV	Nein	§ 14 Abs. 1 SGB IV, § 1 Abs. 1 Nr. 1 SvEV
Beitragspflicht UV	Nein	§ 14 Abs. 1 SGB IV, § 1 Abs. 1 Nr. 1 SvEV

Mindestlohnrelevanz: Nein
Entgeltzuordnung in der Sozialversicherung: Kein Arbeitsentgelt im Sinne der Sozialversicherung.

4.11 Elektrofahrrad (über 25 km/h)

Erläuterung: soweit verkehrsrechtlich als Kraftfahrzeug einzuordnen (sog. S-Pedelecs), d. h. Geschwindigkeit über 25 km/h, Kennzeichen- und Versicherungspflicht, s. Elektrofahrzeug (Überlassung). Für Anschaffungen von solchen Fahrzeugen nach dem 31.12.2018 und vor dem 01.01.2031 gilt, dass nur noch ein Viertel des Listenpreises (der Bemessungsgrundlage) anzusetzen ist.

Lohnsteuerpflicht	ja	§ 6 Abs. 1 Nr. 4 i. V. m. § 8 Abs. 2 Satz 2-5 EStG

Entgeltart: Laufendes Arbeitsentgelt
Entgeltzuordnung in der Sozialversicherung: Entgeltabrechnung im laufenden Monat

4.12 Elektrofahrzeug (Aufladen)

Erläuterung: Aufladen von Dienstfahrzeugen und privaten (Hybrid-) Elektrofahrzeugen des Arbeitnehmers an jeder ortsfesten betrieblichen Einrichtung des Arbeitgebers oder eines verbundenen Unternehmens, außerdem im Betrieb des Entleihers bei Leiharbeitnehmern. Voraussetzung ist, dass der geldwerte Vorteil zusätzlich zum ohnehin geschuldeten Arbeitslohn erbracht wird. Die Regelung gilt befristet für den Zeitraum vom 1.1.2017 bis 31.12.2020 (§ 52 Abs. 4, 37c EStG).

Lohnsteuerpflicht	Nein	§ 3 Nr. 46, § 52 Abs. 4 Satz 14, § 37c EStG
Beitragspflicht KV PV RV ALV	Nein	§ 1 Abs. 1 Nr. 1 SvEV
Beitragspflicht UV	Nein	§ 1 Abs. 1 Nr. 1 SvEV

Mindestlohnrelevanz: Nein
Entgeltzuordnung in der Sozialversicherung: Kein Arbeitsentgelt im Sinne der Sozialversicherung.

4.13 Elektrofahrzeug (Erstattung der Stromkosten, Dienstwagen)

Erläuterung: Erstattung der vom Arbeitnehmer selbst getragenen Stromkosten eines Dienstwagens als pauschaler steuerfreier Auslagenersatz bis 20 EUR mtl., ohne Ladestation beim Arbeitgeber bis 50 EUR mtl. Anstelle des steuerfreien Arbeitgeberersatz Anrechnung auf geldwerten Vorteil. Voraussetzung ist, dass die Leistung zusätzlich zum ohnehin geschuldeten Arbeitslohn erbracht wird. Die Regelung gilt befristet für den Zeitraum vom 1.1.2017 bis 31.12.2020 (§ 52 Abs. 4, 37c EStG).

Lohnsteuerpflicht	Nein	§ 3 Nr. 50, § 52 Abs. 4, 37c EStG; BMF, Schreiben v. 26.10.2017, IV C S 2334/14/10002-06; BFH, Urteil v. 30.11.2016, VI R 2/15
Beitragspflicht KV PV RV ALV	Nein	§ 1 Abs. 1 Nr. 1 SvEV
Beitragspflicht UV	Nein	§ 1 Abs. 1 Nr. 1 SvEV

Mindestlohnrelevanz: Nein
Entgeltzuordnung in der Sozialversicherung: Kein Arbeitsentgelt im Sinne der Sozialversicherung.

4.14 Elektrofahrzeug (Erstattung der Stromkosten, Privatfahrzeug)

Erläuterung: Erstattung der vom Arbeitnehmer selbst getragenen Stromkosten bei privaten (Hybrid-) Elektrofahrzeugen des Arbeitnehmers.

Lohnsteuerpflicht	Ja	BMF, Schreiben v. 14.16.2016, IV C 5 – S 2334/14/10002-03; § 52 Abs. 4, § 37c EStG
Beitragspflicht KV PV RV ALV	Ja	§ 14 Abs. 1 SGB IV
Beitragspflicht UV	Ja	§ 14 Abs. 1 SGB IV

Mindestlohnrelevanz: Nein
Entgeltart: Laufendes Arbeitsentgelt
Entgeltzuordnung in der Sozialversicherung: Entgeltabrechnung im laufenden Monat

4.15 Elektrofahrzeug (Übereignung der Ladestation, pauschal versteuert)

Erläuterung: Vom Arbeitgeber pauschal versteuerte Vorteile für die Übereignung einer Ladevorrichtung für (Hybrid-) Elektrofahrzeuge mit 25%. Dazu gehört die gesamte Ladeinfrastruktur einschließlich Zubehör und in diesem Zusammenhang erbrachte Dienstleistungen, z. B. Aufbau, Installation, Inbetriebnahme, Wartung und Betrieb sowie notwendige Vorarbeiten, etwa das Verlegen eines Starkstromkabels. Voraussetzung ist, dass die Leistung zusätzlich zum ohnehin geschuldeten Arbeitslohn erbracht wird. Die Regelung gilt befristet für den Zeitraum vom 1.1.2017 bis 31.12.2030 (§ 52 Abs. 4, 37c EStG).

Lohnsteuerpflicht	Nein	§ 40 Abs. 2 Satz 1 Nr. 6, § 52 Abs. 4, § 37c EStG
Beitragspflicht KV PV RV ALV	Nein	§ 1 Abs. 1 Nr. 3 SvEV
Beitragspflicht UV	Nein	§ 1 Abs. 1 Nr. 3 SvEV

Mindestlohnrelevanz: Nein
Entgeltzuordnung in der Sozialversicherung: Kein Arbeitsentgelt im Sinne der Sozialversicherung.

4.16 Elektrofahrzeug (Überlassung)

Erläuterung: Für Elektrofahrzeuge gibt es besondere Fördermöglichkeiten abhängig vom Jahr der Anschaffung. Für Fahrzeuge, die nach dem 31.12.2018 und vor dem 01.01.2031 angeschafft oder geleast werden, ist nur noch ein Viertel des Listenpreises (der Bemessungsgrundlage) anzusetzen, soweit das Fahrzeug nicht mehr als 40.000 EUR kostet. Bei Anschaffung vor 2019 wird der Listenpreis abhängig von der Batteriekapazität gekürzt.

Lohnsteuerpflicht	Ja	§ 6 Abs. 1 Nr. 4 Satz 1 EStG
Beitragspflicht KV PV RV ALV	Ja	§ 14 Abs. 1 SGB IV, § 1 Abs. 1 Nr. 3 SvEV
Beitragspflicht UV	Ja	§ 14 Abs. 1 SGB IV, § 1 Abs. 1 Nr. 3 SvEV

Mindestlohnrelevanz: Nein
Entgeltart: Laufendes Arbeitsentgelt
Entgeltzuordnung in der Sozialversicherung: Entgeltabrechungsmonat, für den der Anspruch auf den Zuschuss des Arbeitgebers besteht

4.17 Elektrofahrzeug (zeitweise Überlassung der Ladestation)

Erläuterung: Vom Arbeitgeber gewährte Vorteile für die zur privaten Nutzung einer zeitweise überlassenen betrieblichen Ladevorrichtung für (Hybrid-) Elektrofahrzeuge. Dazu gehört die gesamte Ladeinfrastruktur einschließlich Zubehör und in diesem Zusammenhang erbrachte Dienstleistungen, z. B. Aufbau, Installation, Inbetriebnahme, Wartung und Betrieb sowie notwendige Vorarbeiten, etwa das Verlegen eines Starkstromkabels. Voraussetzung ist, dass die Leistung zusätzlich zum ohnehin geschuldeten Arbeitslohn erbracht wird. Die Regelung gilt befristet für den Zeitraum vom 1.1.2017 bis 31.12.2020 (§ 52 Abs. 4, 37c EStG).

Lohnsteuerpflicht	Nein	§ 3 Nr. 46, § 52 Abs. 4 Satz 14, § 37c EStG
Beitragspflicht KV PV RV ALV	Nein	§ 1 Abs. 1 Nr. 1 SvEV
Beitragspflicht UV	Nein	§ 1 Abs. 1 Nr. 1 SvEV

Mindestlohnrelevanz: Nein
Entgeltzuordnung in der Sozialversicherung: Kein Arbeitsentgelt im Sinne der Sozialversicherung.

4.18 Elektrofahrzeug (Zuschuss zur Ladestation, pauschal versteuert)

Erläuterung: Vom Arbeitgeber pauschal versteuerte Zuschüsse zu einer Ladevorrichtung des Arbeitnehmers für (Hybrid-) Elektrofahrzeuge mit 25 %. Voraussetzung ist, dass der Zuschuss zusätzlich zum ohnehin geschuldeten Arbeitslohn erbracht wird. Die Regelung gilt befristet für den Zeitraum vom 1.1.2017 bis 31.12.2030 (§ 52 Abs. 4, 37c EStG).

Lohnsteuerpflicht	Nein	§ 40 Abs. 2 Satz 1 Nr. 6, § 52 Abs. 4, § 37c EStG
Beitragspflicht KV PV RV ALV	Nein	§ 1 Abs. 1 Nr. 3 SvEV
Beitragspflicht UV	Nein	§ 1 Abs. 1 Nr. 3 SvEV

Mindestlohnrelevanz: Nein
Entgeltzuordnung in der Sozialversicherung: Kein Arbeitsentgelt im Sinne der Sozialversicherung.

4.19 Elterngeldzuschuss

Erläuterung: S. Arbeitergeberzuschuss zum Elterngeld.

4.20 Entgeltfortzahlung

Erläuterung: Fortzahlung des Entgelts an Feiertagen, Urlaubstagen, sowie im Krankheitsfall. S. Krankengeldzuschuss, Mutterschaftsgeldzuschuss.

Lohnsteuerpflicht	Ja	§ 19 Abs. 1 EStG
Beitragspflicht KV PV RV ALV	Ja	§ 14 Abs. 1 Satz 1 SGB IV
Beitragspflicht UV	Ja	§ 14 Abs. 1 Satz 1 SGB IV

Mindestlohnrelevanz: Ja
Entgeltart: Laufendes Arbeitsentgelt
Entgeltzuordnung in der Sozialversicherung: Entgeltabrechnungsmonat, für den der Anspruch auf die Entgeltfortzahlung besteht.

4.21 Entlassungsentschädigung

Erläuterung: S. Abfindung wegen des Verlustes des Arbeitsplatzes.

4.22 Entschädigung für Privatforstbedienstete

Erläuterung: Erstattungen für Jagdaufwand oder Schussgeld sind steuerpflichtiger Werbungskostenersatz, der auch beitragspflichtig zur SV ist. Wegen Dienstkleidungszuschüssen s. Arbeitskleidung.

Lohnsteuerpflicht	Ja	§ 2 Abs. 1 LStDV
Beitragspflicht KV PV RV ALV	Ja	§ 14 Abs. 1 Satz 1 SGB IV
Beitragspflicht UV	Ja	§ 14 Abs. 1 Satz 1 SGB IV

Mindestlohnrelevanz: Nein
Entgeltart: Laufendes Arbeitsentgelt
Entgeltzuordnung in der Sozialversicherung: Entgeltabrechnungsmonat, für den der Anspruch des Privatforstbediensteten auf die Entschädigung besteht.

4.23 Erbe

Erläuterung: S. Vermächtnisse.

4.24 Erfindervergütung

Erläuterung: Erfindervergütung für Diensterfindungen. Sofern sie für mehrere Jahre gezahlt wird, findet die ermäßigte Besteuerung nach der Fünftelregelung Anwendung.

Lohnsteuerpflicht	Ja	§ 2 Abs. 1 LStDV; § 34 Abs. 2 Nr. 4 EStG; § 39b Abs. 3 Satz 9 EStG
Beitragspflicht KV PV RV ALV	Ja	§ 14 Abs. 1 Satz 1 SGB IV, § 23a SGB IV
Beitragspflicht UV	Ja	§ 14 Abs. 1 Satz 1 SGB IV, § 23a SGB IV

Mindestlohnrelevanz: Nein
Entgeltart: Einmalzahlung
Entgeltzuordnung in der Sozialversicherung: Entgeltabrechnungsmonat, in dem die Erfindervergütung ausgezahlt wird. Erfindervergütungen, die in den Monaten Januar bis März eines Jahres ausgezahlt werden, sind dem letzten Entgeltabrechnungsmonat des vergangenen Jahres (Vorjahres) zuzuordnen, wenn in dem vergangenen Jahr bei demselben Arbeitgeber ein versicherungspflichtiges Beschäftigungsverhältnis bestanden hat und die Erfindervergütung zusammen mit den sonstigen für das laufende Kalenderjahr festgestellten beitragspflichtigen Einnahmen die anteilige Beitragsbemessungsgrenze des laufenden Kalenderjahres übersteigen (März-Klausel).

4.25 Erfolgs- und Treueprämie

Erläuterung: S. Prämie und Treueprämie.

4.26 Erfrischungen

Erläuterung: S. Getränke.

4.27 Ergebnisbeteiligung

Erläuterung: Ergebnisbeteiligung (vereinbarte Beteiligung der Arbeitnehmer an dem durch ihre Mitarbeit erzielten Leistungserfolg).

Lohnsteuerpflicht	Ja	§ 19 Abs. 1 Nr. 1 EStG
Beitragspflicht KV PV RV ALV	Ja	§ 14 Abs. 1 Satz 1 SGB IV, § 23a SGB IV
Beitragspflicht UV	Ja	§ 14 Abs. 1 Satz 1 SGB IV, § 23a SGB IV

Mindestlohnrelevanz: Ja, wenn vorbehaltlos und unwiderruflich gewährt.
Entgeltart: Einmalzahlung
Entgeltzuordnung in der Sozialversicherung: Entgeltabrechnungsmonat, in dem die Ergebnisbeteiligung ausgezahlt wird. Ergebnisbeteiligungen, die in den Monaten Januar bis März eines Jahres ausgezahlt werden, sind dem letzten Entgeltabrechnungsmonat des vergangenen Jahres (Vorjahres) zuzuordnen, wenn in dem vergangenen Jahr bei demselben Arbeitgeber ein versicherungspflichtiges Beschäftigungsverhältnis bestanden hat und die Ergebnisbeteiligungen zusammen mit den sonstigen für das laufende Kalenderjahr festgestellten beitragspflichtigen Einnahmen die anteilige Beitragsbemessungsgrenze des laufenden Kalenderjahres übersteigen (März-Klausel).

4.28 Erholungsbeihilfe

Erläuterung: Erholungsbeihilfe, wenn die Erholung zur Abwehr drohender oder zur Beseitigung bereits entstandener Schäden durch eine typische Berufskrankheit erforderlich ist.

Lohnsteuerpflicht	Nein	R 3.11 LStR
Beitragspflicht KV PV RV ALV	Nein	§ 14 Abs. 1 SGB IV, § 1 Abs. 1 SvEV
Beitragspflicht UV	Nein	§ 14 Abs. 1 SGB IV, § 1 Abs. 1 SvEV

Mindestlohnrelevanz: Nein
Entgeltzuordnung in der Sozialversicherung: Kein Arbeitsentgelt im Sinne der Sozialversicherung.

4.29 Erholungsbeihilfe (pauschal versteuert)

Erläuterung: S. Ferienbeihilfe (pauschal versteuert).

4.30 Erholungsheime

Erläuterung: S. Erholungsbeihilfe und Ferienbeihilfe.

4.31 Erschwerniszuschlag

Erläuterung: Z. B. Gefahrenzuschlag, Hitzezuschlag, Schmutzzulage, Wasserzuschlag, usw.

Lohnsteuerpflicht	Ja	R 19.3 Abs. 1 Nr. 1 LStR
Beitragspflicht KV PV RV ALV	Ja	§ 14 Abs. 1 Satz 1 SGB IV
Beitragspflicht UV	Ja	§ 14 Abs. 1 Satz 1 SGB IV

Mindestlohnrelevanz: Nein
Entgeltart: Laufendes Arbeitsentgelt
Entgeltzuordnung in der Sozialversicherung: Entgeltabrechnungsmonat, für den der Anspruch auf die Erschwerniszuschläge besteht.

4.32 Erwerbsunfähigkeitsrente

Erläuterung: Erwerbsunfähigkeitsrente, die vom früheren Arbeitgeber oder aus einer betrieblichen Unterstützungskasse bezahlt wird. SV: Beitragspflicht zur KV und PV, nicht zur RV und ArbIV.

Lohnsteuerpflicht	Ja	§ 19 Abs. 1 Nr. 2 und Abs. 2 EStG; R 19.8 LStR

Entgeltart: Laufendes Arbeitsentgelt
Entgeltzuordnung in der Sozialversicherung: Beitragspflichtig nur in der Kranken- und Pflegeversicherung. Entgeltabrechnungsmonat, für den die betriebliche Rente ausgezahlt wird.

4.33 Erziehungsbeihilfe

Erläuterung: Erziehungsbeihilfe für Auszubildende.

Lohnsteuerpflicht	Ja	§ 2 Abs. 1 LStDV
Beitragspflicht KV PV RV ALV	Ja	§ 14 Abs. 1 Satz 1 SGB IV
Beitragspflicht UV	Ja	§ 14 Abs. 1 Satz 1 SGB IV

Mindestlohnrelevanz: Nein
Entgeltart: Laufendes Arbeitsentgelt
Entgeltzuordnung in der Sozialversicherung: Entgeltabrechnungsmonat, für den der Anspruch auf die Erziehungsbeihilfe besteht.

4.34 Essen (pauschal versteuert)

Erläuterung: S. Mahlzeiten (Pauschalversteuerung durch den Arbeitgeber).

4.35 Essenszuschuss

Erläuterung: Essenszuschuss, der zur Verbilligung von Mahlzeiten für die Arbeitnehmer unmittelbar an eine Kantine, Gaststätte, usw. gezahlt wird, wenn der Kostenanteil des Arbeitnehmers mindestens so hoch ist wie der amtliche Sachbezugswert. Ist er geringer, ist der übersteigende Betrag steuerpflichtig und beitragspflichtig. Es besteht die Möglichkeit der Pauschalversteuerung, dann besteht Sozialversicherungsfreiheit.

Lohnsteuerpflicht	Nein	§ 8 Abs. 2 EStG; R 8.1Abs. 7 LStR
Beitragspflicht KV PV RV ALV	Nein	§ 14 Abs. 1 SGB IV, § 1 Abs. 1 SvEV
Beitragspflicht UV	Nein	§ 14 Abs. 1 SGB IV, § 1 Abs. 1 SvEV

Mindestlohnrelevanz: Nein
Entgeltzuordnung in der Sozialversicherung: Kein Arbeitsentgelt im Sinne der Sozialversicherung.

4.36 Essenszuschuss (pauschal versteuert)

Erläuterung: Gewährt der Arbeitgeber Essenszuschüsse zur Einnahme von arbeitstäglichen Mahlzeiten im Betrieb oder betriebsfremden Einrichtungen, entsteht ein steuer- und sv-pflichtiger Sachbezug, wenn der Arbeitnehmer für seine Mahlzeit weniger als den amtlichen Sachbezugswert bezahlt. Alternativ kann der geldwerte Vorteil aus Essenszuschüssen mit 25 % pauschal lohnversteuert werden.

Lohnsteuerpflicht	Ja	§ 40 Abs. 2 Nr. 1 EStG
Beitragspflicht KV PV RV ALV	Nein	§ 1 Abs. 1 Satz 1 Nr. 3 SvEV
Beitragspflicht UV	Nein	§ 1 Abs. 1 Nr. 3 SvEV

Mindestlohnrelevanz: Nein
Entgeltzuordnung in der Sozialversicherung: Kein Arbeitsentgelt im Sinne der Sozialversicherung.

5 F – Fahrrad bis Futtergeld

5.1 Fahrrad

Erläuterung: S. Dienstrad.

5.2 Fahrtkostenersatz (eigener PKW – pauschal versteuert)

Erläuterung: Pauschal versteuerter Fahrtkostenersatz für Fahrten zwischen Wohnung und erster Tätigkeitsstätte.

Lohnsteuerpflicht	Ja	§ 40 Abs. 2 Satz 2 EStG
Beitragspflicht KV PV RV ALV	Nein	§ 1 Abs. 1 Nr. 3 SvEV
Beitragspflicht UV	Nein	§ 1 Abs. 1 Nr. 3 SvEV

Mindestlohnrelevanz: Nein
Entgeltzuordnung in der Sozialversicherung: Kein Arbeitsentgelt im Sinne der Sozialversicherung.

5.3 Fahrtkostenersatz (eigener PKW)

Erläuterung: Für Fahrten zwischen Wohnung und erster Tätigkeitsstätte bei Benutzung des eigenen Pkw.

Lohnsteuerpflicht	Ja	R 19.3 Abs. 3 Nr. 2 LStR
Beitragspflicht KV PV RV ALV	Ja	§ 14 Abs. 1 Satz 1 SGB IV
Beitragspflicht UV	Ja	§ 14 Abs. 1 Satz 1 SGB IV

Mindestlohnrelevanz: Nein
Entgeltart: Laufendes Arbeitsentgelt
Entgeltzuordnung in der Sozialversicherung: Entgeltabrechnungsmonat, für den der Anspruch auf die Fahrkostenzuschüsse besteht.

5.4 Fahrtkostenzuschuss (öffentl. Verkehrsmittel)

Erläuterung: Fahrkostenersatz bei Benutzung öffentlicher Verkehrsmittel für die Fahrten des Arbeitnehmers zwischen Wohnung und erster Tätigkeitsstätte ist steuerfrei. Bei Benutzung anderer Verkehrsmittel kann die Pauschalbesteuerung gewählt werden (15 %).

Lohnsteuerpflicht	nein	§ 3 Nr. 15, § 40 Abs. 2 Satz 2 EStG

Entgeltart: Laufendes Arbeitsentgelt
Entgeltzuordnung in der Sozialversicherung: kein Arbeitsentgelt im Sinne der Sozialversicherung.

5.5 Familienpflegezeit

Erläuterung: Aufstockungsbetrag während der Familienpflegezeit.

Lohnsteuerpflicht	Ja	§ 19 Abs. 1 Nr. 1 EStG; BMF, Schreiben v. 23.5.2012, IV C 5 – S 1901/11/10005
Beitragspflicht KV PV RV ALV	Ja	§ 14 Abs. 1 Satz 1 SGB IV
Beitragspflicht UV	Ja	§ 14 Abs. 1 Satz 1 SGB IV

Mindestlohnrelevanz: Nein
Entgeltart: Laufendes Arbeitsentgelt
Entgeltzuordnung in der Sozialversicherung: Entgeltabrechnungsmonat, für den der Aufstockungsbetrag gezahlt wird.

5.6 Familienzuschlag

Erläuterung: Familienzuschlag, Ortszuschlag, Kinderzuschlag und andere Sozialzuschläge für Arbeitnehmer im öffentlichen Dienst o. aufgrund von Tarifverträgen. Zuschüsse die mit Rücksicht auf den Familienstand gezahlt werden, bleiben bei der Feststellung der Krankenversicherungspflicht unberücksichtigt (§ 6 Abs. 1 Nr. 1 SGB V).

Lohnsteuerpflicht	Ja	§ 2 Abs. 1 LStDV
Beitragspflicht KV PV RV ALV	Ja	§ 14 Abs. 1 Satz 1 SGB IV, § 6 Abs. 1 Satz 1 Nr. SGB V
Beitragspflicht UV	Ja	§ 14 Abs. 1 Satz 1 SGB IV

Mindestlohnrelevanz: Ja
Entgeltart: Laufendes Arbeitsentgelt
Entgeltzuordnung in der Sozialversicherung: Entgeltabrechnungsmonat, für den der Anspruch auf die Zuschläge besteht.

5.7 Fehlgeldentschädigung

Erläuterung: Soweit die pauschale Entschädigung für jeden Monat 16 EUR nicht übersteigt.

Lohnsteuerpflicht	Nein	R 19.3 Abs. 1 Nr. 4 LStR
Beitragspflicht KV PV RV ALV	Nein	§ 14 Abs. 1 SGB IV, § 1 Abs. 1 Nr. 1 SvEV
Beitragspflicht UV	Nein	§ 1 Abs. 1 Satz 1 Nr. 1 SvEV

Mindestlohnrelevanz: Nein
Entgeltzuordnung in der Sozialversicherung: Kein Arbeitsentgelt im Sinne der Sozialversicherung.

5.8 Feiertagsarbeitszuschlag, Grundlohn liegt zwischen 25 EUR und 50 EUR pro Stunde

Erläuterung: Feiertagsarbeitszuschlag für tatsächlich geleistete Feiertagsarbeit, soweit sie für Arbeiten am 31.12. ab 14.00 Uhr sowie an gesetzlichen Feiertagen mit Ausnahme der Weihnachtsfeiertage und des 1.5. 125 % und für Arbeiten am 24.12. ab 14 Uhr sowie an den Weihnachtsfeiertagen und am 1.5. 150 % des Grundlohns nicht übersteigen.

Lohnsteuerpflicht	Nein	§ 3b EStG
Beitragspflicht KV PV RV ALV	Ja	§ 14 Abs. 1 Satz 1 SGB IV, § 1 Abs. 1 Nr. 1 SvEV
Beitragspflicht UV	Ja	§ 1 Abs. 2 SvEV

Mindestlohnrelevanz: Nein
Entgeltart: Laufendes Arbeitsentgelt
Entgeltzuordnung in der Sozialversicherung: Entgeltabrechnungszeitraum, in dem die Zuschläge gezahlt werden.

5.9 Feiertagsarbeitszuschlag, Grundlohn übersteigt nicht 25 EUR pro Stunde

Erläuterung: Feiertagsarbeitszuschlag für tatsächlich geleistete Feiertagsarbeit, soweit sie für Arbeiten am 31.12. ab 14.00 Uhr sowie an gesetzlichen Feiertagen mit Ausnahme der Weihnachtsfeiertage und des 1.5. 125 % und für Arbeiten am 24.12. ab 14.00 Uhr sowie an den Weihnachtsfeiertagen und am 1.5. 150 % des Grundlohns nicht übersteigen.

Lohnsteuerpflicht	Nein	§ 3b EStG
Beitragspflicht KV PV RV ALV	Nein	§ 14 Abs. 1 SGB IV, § 1 Abs. 1 Nr. 1 SvEV
Beitragspflicht UV	Ja	§ 1 Abs. 2 SvEV

Mindestlohnrelevanz: Nein
Entgeltzuordnung in der Sozialversicherung: Kein Arbeitsentgelt im Sinne der Sozialversicherung. In der Unfallversicherung sind steuerpflichtige und auch steuerfreie Zuschläge für Sonntags-, Feiertags- und Nachtarbeit beitragspflichtig.

5.10 Feiertagszuschlag

Erläuterung: S. Feiertagsarbeitszuschlag.

5.11 Ferienbeihilfe (kostenlose Unterbringung / Barzuschüsse)

Erläuterung: Kostenlose oder verbilligte Unterbringung in Erholungsheimen, Gewährung von Barzuschuss zu Ferien- oder Erholungsaufenthalt.

Lohnsteuerpflicht	Ja	§ 2 Abs. 1 LStDV
Beitragspflicht KV PV RV ALV	Ja	§ 14 Abs. 1 Satz 1 SGB IV, § 23a SGB IV
Beitragspflicht UV	Ja	§ 14 Abs. 1 Satz 1 SGB IV, § 23a SGB IV

Mindestlohnrelevanz: Nein
Entgeltart: Einmalzahlung
Entgeltzuordnung in der Sozialversicherung: Entgeltabrechnungsmonat, in dem die Unterbringung durchgeführt wird bzw. die Barzuschüsse ausgezahlt werden. Ferienbeihilfen, die in den Monaten Januar bis März eines Jahres ausgezahlt werden, sind dem letzten Entgeltabrechnungsmonat des vergangenen Jahres (Vorjahres)

zuzuordnen, wenn in dem vergangenen Jahr bei demselben Arbeitgeber ein versicherungspflichtiges Beschäftigungsverhältnis bestanden hat und die Ferienbeihilfen zusammen mit den sonstigen für das laufende Kalenderjahr festgestellten beitragspflichtigen Einnahmen die anteilige Beitragsbemessungsgrenze des laufenden Kalenderjahres übersteigen (März-Klausel).

5.12 Ferienbeihilfe (pauschal versteuert)

Erläuterung: Wenn die Beihilfe pauschal versteuert, und bis zu 156 EUR pro Arbeitnehmer, 104 EUR für den Ehegatten und 52 EUR für jedes Kind gezahlt werden.

Lohnsteuerpflicht	Ja	§ 40 Abs. 2 Nr. 3 EStG
Beitragspflicht KV PV RV ALV	Nein	§ 1 Abs. 1 Nr. 3 SvEV
Beitragspflicht UV	Nein	§ 1 Abs. 1 Satz 1 Nr. 3 SvEV

Mindestlohnrelevanz: Nein
Entgeltzuordnung in der Sozialversicherung: Kein Arbeitsentgelt im Sinne der Sozialversicherung.

5.13 Fernsprechanschluss (Gesprächsgebührenübernahme durch Arbeitgeber)

Erläuterung: Übernahme der Gesprächsgebühr durch den Arbeitgeber, soweit kein Auslagenersatz (R 3.50 Abs. 2 LStR) oder Reisekostenersatz vorliegt. S. Telefonbenutzung.

Lohnsteuerpflicht	Ja	§ 2 Abs. 1 LStDV
Beitragspflicht KV PV RV ALV	Ja	§ 14 Abs. 1 Satz 1 SGB IV
Beitragspflicht UV	Ja	§ 14 Abs. 1 Satz 1 SGB IV

Mindestlohnrelevanz: Nein
Entgeltart: Laufendes Arbeitsentgelt
Entgeltzuordnung in der Sozialversicherung: Entgeltabrechnungsmonat, für den die Übernahme der Gesprächsgebühren erfolgt.

5.14 Fernsprechanschluss (Wohnung des Arbeitnehmers)

Erläuterung: Fernsprechanschluss in den Räumen des Arbeitnehmers, ebenso Grundgebühr, sofern es sich nicht um Auslagenersatz handelt (R 3.50 Abs. 2 LStR). S. Telefonbenutzung.

Lohnsteuerpflicht	Ja	§ 2 Abs. 1 LStDV
Beitragspflicht KV PV RV ALV	Ja	§ 14 Abs. 1 Satz 1 SGB IV
Beitragspflicht UV	Ja	§ 14 Abs. 1 Satz 1 SGB IV

Mindestlohnrelevanz: Nein
Entgeltart: Laufendes Arbeitsentgelt
Entgeltzuordnung in der Sozialversicherung: Entgeltabrechnungsmonat, für den die Übernahme der Kosten des Fernsprechanschlusses bzw. der Grundgebühr erfolgt.

5.15 Festtagsgeschenk

Erläuterung: S. Aufmerksamkeiten, Jubiläumszuwendung, Weihnachtszuwendung.

5.16 Firmenwagen

Erläuterung: S. Kraftfahrzeugüberlassung. Es gibt hier zahlreiche unterschiedliche Gestaltungsformen.

5.17 Flexible Arbeitszeit (Übertragung Wertguthaben)

Erläuterung: S. Übertragung eines Wertguthabens.

5.18 Fortbildungskosten (durch Arbeitgeber gebucht)

Erläuterung: Kein steuerpflichtiger Werbungskostenersatz, da der Arbeitgeber das Seminar gebucht hat. Achtung: Es liegt jedoch steuer- und beitragspflichtiges Entgelt (geldwerter Vorteil des Arbeitnehmers) vor, falls es sich um eine Veranstaltung mit Belohnungscharakter handelt, d. h. das überwiegend eigenbetriebliche Interesse oder die Verbesserung der Beschäftigungsfähigkeit des Arbeitnehmers (z. B. Sprach- oder Computerkurse, auch wenn diese nicht arbeitsplatzbezogen sind) fehlt.

Lohnsteuerpflicht	Nein	§ 3 Nr. 19 EStG, R 19.7 Abs. 1 S. 3 LStR
Beitragspflicht KV PV RV ALV	Nein	§ 14 Abs. 1 SGB IV, § 1 Abs. 1 SvEV
Beitragspflicht UV	Nein	§ 14 Abs. 1 SGB IV, § 1 Abs. 1 SvEV

Mindestlohnrelevanz: Nein
Entgeltzuordnung in der Sozialversicherung: Kein Arbeitsentgelt im Sinne der Sozialversicherung.

5.19 Fortbildungskosten (durch Arbeitnehmer gebucht)

Erläuterung: Ersetzt der Arbeitgeber dem Arbeitnehmer die Fortbildungskosten, welche dieser als Werbungskosten absetzen kann, so liegt steuer- und beitragspflichtiges Arbeitsentgelt vor (steuerpflichtiger Werbungskostenersatz). Achtung: Wird dem Arbeitnehmer vertraglich im Vorfeld schriftlich die Kostenerstattung zugesagt, kann eine steuerfreie Fortbildungsleistung im eigenbetrieblichen Sinne oder zur Verbesserung der Beschäftigungsfähigkeit des Arbeitnehmers vorliegen (dann steuerfrei und folglich sv-frei).

Lohnsteuerpflicht	Ja	§ 3 Nr. 19 EStG, § 2 Abs. 1 LStDV; R 19.7 LStR
Beitragspflicht KV PV RV ALV	Ja	§ 14 Abs. 1 Satz 1 SGB IV, § 23a SGB IV
Beitragspflicht UV	Ja	§ 14 Abs. 1 Satz 1 SGB IV, § 23a SGB IV

Mindestlohnrelevanz: Nein
Entgeltart: Einmalzahlung
Entgeltzuordnung in der Sozialversicherung: Entgeltabrechnungsmonat, in dem der Arbeitgeber dem Arbeitnehmer die Fortbildungskosten erstattet.

5.20 Fortbildungsveranstaltung (auf Kosten des Betriebs)

Erläuterung: S. Betriebliche Sachleistungen.

5.21 Freianzeige

Erläuterung: Freianzeige für Mitarbeiter von Zeitungsverlagen, soweit der Rabattfreibetrag von 1.080 EUR jährlich nicht überschritten wird.

Lohnsteuerpflicht	Nein	§ 8 Abs. 3 EStG; R 8.2 LStR
Beitragspflicht KV PV RV ALV	Nein	§ 14 Abs. 1 SGB IV, § 1 Abs. 1 SvEV
Beitragspflicht UV	Nein	§ 14 Abs. 1 SGB IV, § 1 Abs. 1 SvEV

Mindestlohnrelevanz: Nein
Entgeltzuordnung in der Sozialversicherung: Kein Arbeitsentgelt im Sinne der Sozialversicherung.

5.22 Freibrot

Erläuterung: Freibrot an Arbeitnehmer in der Brotindustrie, soweit der Rabattfreibetrag von 1.080 EUR jährlich nicht überschritten wird.

Lohnsteuerpflicht	Nein	§ 8 Abs. 3 EStG; R 8.2 LStR
Beitragspflicht KV PV RV ALV	Nein	§ 14 Abs. 1 SGB IV, § 1 Abs. 1 SvEV
Beitragspflicht UV	Nein	§ 14 Abs. 1 SGB IV, § 1 Abs. 1 SvEV

Mindestlohnrelevanz: Nein
Entgeltzuordnung in der Sozialversicherung: Kein Arbeitsentgelt im Sinne der Sozialversicherung.

5.23 Freie Station

Erläuterung: Freie Station (freie Unterkunft und Verpflegung), die der Arbeitgeber dem Arbeitnehmer gewährt; sie ist mit dem amtlichen Sachbezugswert zu erfassen.

Lohnsteuerpflicht	Ja	§ 8 Abs. 2 EStG; R 8.1 Abs. 5 LStR
Beitragspflicht KV PV RV ALV	Ja	§ 14 Abs. 1 Satz 1 SGB IV, § 2 SvEV
Beitragspflicht UV	Ja	§ 14 Abs. 1 Satz 1 SGB IV, § 2 SvEV

Mindestlohnrelevanz: Nein
Entgeltart: Laufendes Arbeitsentgelt
Entgeltzuordnung in der Sozialversicherung: Entgeltabrechnungsmonat, für den der Anspruch auf freie Unterkunft und Verpflegung besteht.

5.24 Freifahrt

Erläuterung: Freifahrt mit einem Werksbus zwischen Wohnort und Arbeitsort. Dies gilt auch bei Gestellung eines Kraftfahrzeugs für mehrere Arbeitnehmer zu betriebsnotwendigen Sammelfahrten.

Lohnsteuerpflicht	Nein	§ 3 Nr. 32 EStG; R 3.32 LStR
Beitragspflicht KV PV RV ALV	Nein	§ 14 Abs. 1 SGB IV, § 1 Abs. 1 SvEV
Beitragspflicht UV	Nein	§ 14 Abs. 1 SGB IV, § 1 Abs. 1 SvEV

Mindestlohnrelevanz: Nein
Entgeltzuordnung in der Sozialversicherung: Kein Arbeitsentgelt im Sinne der Sozialversicherung.

5.25 Freifahrtberechtigung

Erläuterung: Arbeitnehmer von Verkehrsbetrieben, für Fahrten zum Arbeitsplatz und zur Wohnung, aber auch zu allen anderen Zielen. Der Rabattfreibetrag von 1.080 EUR pro Jahr wird nicht überschritten.

Lohnsteuerpflicht	Nein	§ 8 Abs. 3 Satz 2 EStG
Beitragspflicht KV PV RV ALV	Nein	§ 14 Abs. 1 SGB IV, § 1 Abs. 1 SvEV
Beitragspflicht UV	Nein	§ 14 Abs. 1 SGB IV, § 1 Abs. 1 SvEV

Mindestlohnrelevanz: Nein
Entgeltzuordnung in der Sozialversicherung: Kein Arbeitsentgelt im Sinne der Sozialversicherung.

5.26 Freiflug

Erläuterung: Freiflug oder verbilligte Flugreise für Angestellte der Luftverkehrsgesellschaften, soweit der Rabattfreibetrag von 1.080 EUR jährlich nicht überschritten wird.

Lohnsteuerpflicht	Nein	§ 8 Abs. 3 EStG; R 8.2 LStR
Beitragspflicht KV PV RV ALV	Nein	§ 14 Abs. 1 SGB IV, § 1 Abs. 1 SvEV
Beitragspflicht UV	Nein	§ 14 Abs. 1 SGB IV, § 1 Abs. 1 SvEV

Mindestlohnrelevanz: Nein
Entgeltzuordnung in der Sozialversicherung: Kein Arbeitsentgelt im Sinne der Sozialversicherung.

5.27 Freikarte

Erläuterung: S. Theaterkarte.

5.28 Freitabak

Erläuterung: Freitabak bzw. Freizigaretten in der Tabakindustrie, soweit der Rabattfreibetrag von 1.080 EUR nicht überschritten wird.

Lohnsteuerpflicht	Nein	§ 8 Abs. 3 EStG; R 8.2 LStR
Beitragspflicht KV PV RV ALV	Nein	§ 14 Abs. 1 SGB IV, § 1 Abs. 1 Nr. 1SvEV
Beitragspflicht UV	Nein	§ 14 Abs. 1 SGB IV, § 1 Abs. 1 Nr. 1 SvEV

Mindestlohnrelevanz: Nein
Entgeltzuordnung in der Sozialversicherung: Kein Arbeitsentgelt im Sinne der Sozialversicherung.

5.29 Freitrunk

Erläuterung: Freitrunk und Haustrunk im Brauereigewerbe soweit der Rabattfreibetrag von 1.080 EUR nicht überschritten wird.

Lohnsteuerpflicht	Nein	§ 8 Abs. 3 EStG; R 8.2 LStR
Beitragspflicht KV PV RV ALV	Nein	§ 14 Abs. 1 SGB IV, § 1 Abs. 1 Nr. 1 SvEV
Beitragspflicht UV	Nein	§ 14 Abs. 1 SGB IV, § 1 Abs. 1 Nr. 1 SvEV

Mindestlohnrelevanz: Nein
Entgeltzuordnung in der Sozialversicherung: Kein Arbeitsentgelt im Sinne der Sozialversicherung.

5.30 Führerschein Klasse C1, C und Klasse E

Erläuterung: Vom Arbeitgeber übernommene Kosten des Führerscheins Klasse C1 (LKW bis 7,5 t), C (alle LKWs) und Klasse E (Anhänger). Entscheidende Kriterien: Führerscheinerwerb liegt im ganz überwiegend eigenbetrieblichen Interesse des Arbeitgebers.

Lohnsteuerpflicht	Nein	§ 19 Abs. 1 Satz 1 EStG; § 2 LStDV; BFH, Urteil v. 26.6.2003, VI R 112/98
Beitragspflicht KV PV RV ALV	Nein	BSG, Urteile vom 26.5.2004 – B 12 KR 5/04 R und B 12 KR 2/04 R
Beitragspflicht UV	Nein	BSG, Urteile vom 26.5.2004 – B 12 KR 5/04 R und B 12 KR 2/04 R

Mindestlohnrelevanz: Nein
Entgeltzuordnung in der Sozialversicherung: Kein Arbeitsentgelt im Sinne der Sozialversicherung.

5.31 Futter- und Pflegegeld

Erläuterung: Futter- und Pflegegeld für Wachhunde im Bewachungsgewerbe, soweit kein Auslagenersatz vorliegt.

Lohnsteuerpflicht	Ja	R 3.50 LStR
Beitragspflicht KV PV RV ALV	Ja	§ 14 Abs. 1 Satz 1 SGB IV
Beitragspflicht UV	Ja	§ 14 Abs. 1 Satz 1 SGB IV

Mindestlohnrelevanz: Nein
Entgeltart: Laufendes Arbeitsentgelt
Entgeltzuordnung in der Sozialversicherung: Entgeltabrechnungsmonat, für den der Anspruch auf das Futter- und Pflegegeld besteht.

6 G – Garagenmiete bis Gutschein

6.1 Garagenmiete für den Dienstwagen (Ersatz durch Arbeitgeber)

Erläuterung: Vom Arbeitgeber ersetzte Garagenmiete ist Auslagenersatz, auch wenn der Arbeitnehmer Eigentümer der Garage ist. (Steuerlicher Hinweis: In letzterem Fall entstehen dem Arbeitnehmer jedoch Einkünfte aus Vermietung und Verpachtung.)

Lohnsteuerpflicht	Nein	BFH, Urteil v. 7.6.2002, VI R 53/01
Beitragspflicht KV PV RV ALV	Nein	§ 14 Abs. 1 SGB IV, § 1 Abs. 1 SvEV
Beitragspflicht UV	Nein	§ 14 Abs. 1 SGB IV, § 1 Abs. 1 SvEV

Mindestlohnrelevanz: Nein
Entgeltzuordnung in der Sozialversicherung: Kein Arbeitsentgelt im Sinne der Sozialversicherung.

6.2 Gebühren (Auslagenersatz an Arbeitnehmer)

Erläuterung: Der Arbeitnehmer zahlt Gebühren, für welche der Arbeitgeber gebührenpflichtig ist und bekommt die Auslagen vom Arbeitgeber ersetzt. S. Auslagenersatz.

Lohnsteuerpflicht	Nein	§ 3 Nr. 50 EStG
Beitragspflicht KV PV RV ALV	Nein	§ 14 Abs. 1 SGB IV, § 1 Abs. 1 SvEV
Beitragspflicht UV	Nein	§ 14 Abs. 1 SGB IV, § 1 Abs. 1 SvEV

Mindestlohnrelevanz: Nein
Entgeltzuordnung in der Sozialversicherung: Kein Arbeitsentgelt im Sinne der Sozialversicherung.

6.3 Gebührenanteil

Erläuterung: Gebührenanteil, Provision, Sonderzulage und Vergütung für Nebentätigkeit.

Lohnsteuerpflicht	Ja	R 70 § 2 Abs. 2 Nr. 8 LStDV
Beitragspflicht KV PV RV ALV	Ja	§ 14 Abs. 1 Satz 1 SGB IV
Beitragspflicht UV	Ja	§ 14 Abs. 1 Satz 1 SGB IV

Mindestlohnrelevanz: Nein
Entgeltart: Laufendes Arbeitsentgelt
Entgeltzuordnung in der Sozialversicherung: Entgeltabrechnungsmonat, für den der Anspruch auf die Gebührenanteile etc. besteht.

6.4 Geburtsbeihilfe

Erläuterung: Unabhängig von der Höhe ist eine Geburtsbeihilfe des Arbeitgebers steuer- und sozialversicherungspflichtig.

Lohnsteuerpflicht	Ja	§ 19 Abs. 1 EStG
Beitragspflicht KV PV RV ALV	Ja	§ 14 Abs. 1 Satz 1 SGB IV
Beitragspflicht UV	Ja	§ 14 Abs. 1 Satz 1 SGB IV

Mindestlohnrelevanz: Nein
Entgeltart: Einmalzahlung
Entgeltzuordnung in der Sozialversicherung: Entgeltabrechnungsmonat, in dem die Geburtsbeihilfe ausgezahlt wird. Geburtsbeihilfen, die in den Monaten Januar bis März eines Jahres ausgezahlt werden, sind dem letzten Entgeltabrechnungsmonat des vergangenen Jahres (Vorjahres) zuzuordnen, wenn in dem vergangenen Jahr bei demselben Arbeitgeber ein versicherungspflichtiges Beschäftigungsverhältnis bestanden hat und die Geburtsbeihilfen zusammen mit den sonstigen für das laufende Kalenderjahr festgestellten beitragspflichtigen Einnahmen die anteilige Beitragsbemessungsgrenze des laufenden Kalenderjahres übersteigen (März-Klausel).

6.5 Geburtstagsgeschenk

Erläuterung: S. Aufmerksamkeiten.

6.6 Gefahrenzulage

Erläuterung: S. Erschwerniszuschlag.

6.7 Gehalt

Lohnsteuerpflicht	Ja	§ 19 Abs. 1 EStG
Beitragspflicht KV PV RV ALV	Ja	§ 14 Abs. 1 Satz 1 SGB IV
Beitragspflicht UV	Ja	§ 14 Abs. 1 Satz 1 SGB IV

Mindestlohnrelevanz: Ja
Entgeltart: Laufendes Arbeitsentgelt
Entgeltzuordnung in der Sozialversicherung: Entgeltabrechnungsmonat, für den der Anspruch auf das Gehalt besteht.

6.8 Gehaltsfortzahlung

Erläuterung: S. Entgeltfortzahlung.

6.9 Geldbuße

Erläuterung: S. Bußgeld.

6.10 Geldzuwendung

Erläuterung: S. Vermächtnisse.

6.11 Gelegenheitsgeschenk

Erläuterung: S. Aufmerksamkeiten.

6.12 Gemeinschaftsverpflegung

Erläuterung: S. Mahlzeiten.

6.13 Geringfügige Beschäftigung

Erläuterung: S. Teilzeitbeschäftigung, geringfügige Beschäftigung.

6.14 Geschenke (Auslagenersatz an Arbeitnehmer)

Erläuterung: Der Arbeitnehmer kauft Geschenke für Geschäftspartner (Nachweis), der Arbeitgeber ersetzt die entstandenen Auslagen. S. Auslagenersatz.

Lohnsteuerpflicht	Nein	§ 3 Nr. 50 EStG
Beitragspflicht KV PV RV ALV	Nein	§ 14 Abs. 1 SGB IV, § 1 Abs. 1 SvEV
Beitragspflicht UV	Nein	§ 14 Abs. 1 SGB IV, § 1 Abs. 1 SvEV

Mindestlohnrelevanz: Nein
Entgeltzuordnung in der Sozialversicherung: Kein Arbeitsentgelt im Sinne der Sozialversicherung.

6.15 Gesundheitsförderung, betriebliche

Erläuterung: Barzuschuss und Sachleistungen bis zu 600 EUR/Jahr, die der Arbeitgeber zusätzlich zur Gesundheitsvorsorge erbringt, z. B. Kurse zur Stressbewältigung am Arbeitsplatz oder Seminare über Suchtmittelmissbrauch. Für die Förderfähigkeit müssen die Kurse hinsichtlich ihrer Qualität, Zweckbindung, Zielgerichtetheit und Zertifizierung die Anforderungen der §§ 20, 20b SGB V erfüllen.

Lohnsteuerpflicht	Nein	§ 3 Nr. 34 EStG
Beitragspflicht KV PV RV ALV	Nein	§ 14 Abs. 1 SGB IV, § 1 Abs. 1 SvEV
Beitragspflicht UV	Nein	§ 14 Abs. 1 SGB IV, § 1 Abs. 1 SvEV

Mindestlohnrelevanz: Nein
Entgeltzuordnung in der Sozialversicherung: Kein Arbeitsentgelt im Sinn der Sozialversicherung.

6.16 Getränke bzw. Genussmittel

Erläuterung: Getränke und Genussmittel, die dem Arbeitnehmer zum eigenen Verbrauch im Betrieb durch den Arbeitgeber vergünstigt oder gar kostenfrei zur Verfügung gestellt werden. S. Aufmerksamkeiten, Freitrunk, Mahlzeiten.

Lohnsteuerpflicht	Nein	R 19.6 Abs. 2 LStR
Beitragspflicht KV PV RV ALV	Nein	§ 14 Abs. 1 SGB IV, § 1 Abs. 1 SvEV
Beitragspflicht UV	Nein	§ 14 Abs. 1 SGB IV, § 1 Abs. 1 SvEV

Mindestlohnrelevanz: Nein
Entgeltzuordnung in der Sozialversicherung: Kein Arbeitsentgelt im Sinne der Sozialversicherung.

6.17 Gewinnanteil

Erläuterung: Gewinnanteil eines Arbeitnehmers.

Lohnsteuerpflicht	Ja	§ 19 Abs. 1 Nr. 1 EStG
Beitragspflicht KV PV RV ALV	Ja	§ 14 Abs. 1 Satz 1 SGB IV, § 23a SGB IV
Beitragspflicht UV	Ja	§ 14 Abs. 1 Satz 1 SGB IV, § 23a SGB IV

Mindestlohnrelevanz: Nein
Entgeltart: Einmalzahlung
Entgeltzuordnung in der Sozialversicherung: Entgeltabrechnungsmonat, in dem die Gewinnanteile ausgezahlt werden. Gewinnanteile, die in den Monaten Januar bis März eines Jahres ausgezahlt werden, sind dem letzten Entgeltabrechnungsmonat des vergangenen Jahres (Vorjahres) zuzuordnen, wenn in dem vergangenen Jahr bei demselben Arbeitgeber ein versicherungspflichtiges Beschäftigungsverhältnis bestanden hat und die Gewinnanteile zusammen mit den sonstigen für das laufende Kalenderjahr festgestellten beitragspflichtigen Einnahmen die anteilige Beitragsbemessungsgrenze des laufenden Kalenderjahres übersteigen (März-Klausel).

6.18 Gewinnchance

Erläuterung: Gewinnchance aus einer unentgeltlichen Verlosung von Sachpreisen durch den Arbeitgeber.

Lohnsteuerpflicht	Nein	BFH, Urteil v. 25.11.1993, BStBl 1994 II S. 254
Beitragspflicht KV PV RV ALV	Nein	§ 14 Abs. 1 SGB IV, § 1 Abs. 1 SvEV
Beitragspflicht UV	Nein	§ 14 Abs. 1 SGB IV, § 1 Abs. 1 SvEV

Mindestlohnrelevanz: Nein
Entgeltzuordnung in der Sozialversicherung: Kein Arbeitsentgelt im Sinne der Sozialversicherung.

6.19 Goldplakette

Erläuterung: Goldplakette oder Goldmedaille, die der Arbeitgeber einem Arbeitnehmer aus Anlass dessen Dienstjubiläums zuwendet. S. Jubiläumszuwendung.

Lohnsteuerpflicht	Ja	§ 19 Abs. 1 Nr. 1 EStG
Beitragspflicht KV PV RV ALV	Ja	§ 14 Abs. 1 Satz 1 SGB IV, § 23a SGB IV
Beitragspflicht UV	Ja	§ 14 Abs. 1 Satz 1 SGB IV, § 23a SGB IV

Mindestlohnrelevanz: Nein
Entgeltart: Einmalzahlung
Entgeltzuordnung in der Sozialversicherung: Entgeltabrechnungsmonat, in dem die Zuwendung an den Arbeitnehmer erfolgt.

6.20 Gratifikation

Erläuterung: Z. B. Weihnachtsgeld

Lohnsteuerpflicht	Ja	§ 19 Abs. 1 Nr. 1 EStG
Beitragspflicht KV PV RV ALV	Ja	§ 14 Abs. 1 Satz 1 SGB IV, § 23a SGB IV
Beitragspflicht UV	Ja	§ 14 Abs. 1 Satz 1 SGB IV, § 23a SGB IV

Mindestlohnrelevanz: Ja
Entgeltart: Einmalzahlung

Entgeltzuordnung in der Sozialversicherung: Entgeltabrechnungsmonat, in dem die Gratifikationen ausgezahlt werden. Gratifikationen, die in den Monaten Januar bis März eines Jahres ausgezahlt werden, sind dem letzten Entgeltabrechnungsmonat des vergangenen Jahres (Vorjahres) zuzuordnen, wenn in dem vergangenen Jahr bei demselben Arbeitgeber ein versicherungspflichtiges Beschäftigungsverhältnis bestanden hat und die Gratifikationen zusammen mit den sonstigen für das laufende Kalenderjahr festgestellten beitragspflichtigen Einnahmen die anteilige Beitragsbemessungsgrenze des laufenden Kalenderjahres übersteigen (März-Klausel).

6.21 Gruppen-Unfallversicherung

Erläuterung: Versicherungsbeiträge des Arbeitgebers zu einer freiwilligen Gurppen-Unfallversicherung, können durch den Arbeitgeber pauschal besteuert werden. Soweit ein Anteil auf die Absicherung des Unfallrisikos bei Auswärtstätigkeiten entfällt, kann dieser Anteil als Reisenebenkosten steuerfrei belassen werden.

Lohnsteuerpflicht	Ja	§ 40b Abs. 3 EStG, § 3 Nr. 13 EStG

Entgeltart: Laufendes Arbeitsentgelt
Entgeltzuordnung in der Sozialversicherung: Entgeltabrechnung im laufenden Monat

6.22 Gutschein

Erläuterung: Gutschein zum Bezug von Waren oder Dienstleistungen bis 44 EUR pro Monat, wenn zusätzlich zum ohnehin geschuldeten Arbeislohn gewährt.

Lohnsteuerpflicht	Nein	§ 8 Abs. 2 Satz 11 EStG
Beitragspflicht KV PV RV ALV	Nein	§ 14 Abs. 1 SGB IV, § 1 Abs. 1 Nr. 1 SvEV
Beitragspflicht UV	Nein	§ 14 Abs. 1 SGB IV, § 1 Abs. 1 Nr. 1 SvEV

Mindestlohnrelevanz: Nein
Entgeltart: Laufendes Arbeitsentgelt
Entgeltzuordnung in der Sozialversicherung: Kein Arbeitsentgelt im Sinne der Sozialversicherung.

7 H – Haftpflichtversicherung bis Hybrid-Dienstwagen

7.1 Haftpflichtversicherung

Erläuterung: S. Berufshaftpflichtversicherung.

7.2 Handy

Erläuterung: Nutzung eines betrieblichen Handys für private Zwecke, das im Eigentum des Arbeitgebers steht.

Lohnsteuerpflicht	Nein	§ 3 Nr. 45 EStG; R 3.45 LStR
Beitragspflicht KV PV RV ALV	Nein	§ 14 Abs. 1 SGB IV, § 1 Abs. 1 SvEV
Beitragspflicht UV	Nein	§ 14 Abs. 1 SGB IV, § 1 Abs. 1 SvEV

Mindestlohnrelevanz: Nein
Entgeltzuordnung in der Sozialversicherung: Kein Arbeitsentgelt im Sinne der Sozialversicherung.

7.3 Haustrunk

Erläuterung: Im Brauereigewerbe. S. Freitrunk und Preisnachlass.

Lohnsteuerpflicht	Nein	§ 8 Abs. 3 EStG; R 32 LStR
Beitragspflicht KV PV RV ALV	Nein	§ 14 Abs. 1 SGB IV, § 1 Abs. 1 SvEV
Beitragspflicht UV	Nein	§ 14 Abs. 1 SGB IV, § 1 Abs. 1 SvEV

Mindestlohnrelevanz: Nein
Entgeltzuordnung in der Sozialversicherung: Kein Arbeitsentgelt im Sinne der Sozialversicherung.

7.4 Heimarbeiterzuschlag (Arbeitsunfähigkeit)

Erläuterung: Heimarbeiterzuschlag zur Abgeltung der bei Arbeitsunfähigkeit nicht gewährten Lohnfortzahlung.

Lohnsteuerpflicht	Ja	§ 19 Abs. 1 EStG
Beitragspflicht KV PV RV ALV	Nein	§ 1 Abs. 1 Satz 1 Nr. 5 SvEV
Beitragspflicht UV	Nein	§ 1 Abs. 1 Satz 1 Nr. 5 SvEV

Mindestlohnrelevanz: Nein
Entgeltart: Laufendes Arbeitsentgelt
Entgeltzuordnung in der Sozialversicherung: Kein Arbeitsentgelt im Sinne der Sozialversicherung.

7.5 Heimarbeiterzuschlag (Mehraufwendungen)

Erläuterung: Heimarbeiterzuschlag zur Abgeltung der entstehenden Mehraufwendungen (z. B. Heizung und Beleuchtung), soweit sie 10 % des Grundlohns nicht übersteigen.

Lohnsteuerpflicht	Nein	R 9.13 Abs. 2 LStR
Beitragspflicht KV PV RV ALV	Nein	§ 14 Abs. 1 SGB IV, § 1 SvEV
Beitragspflicht UV	Nein	§ 14 Abs. 1 SGB IV, § 1 SvEV

Mindestlohnrelevanz: Nein
Entgeltzuordnung in der Sozialversicherung: Kein Arbeitsentgelt im Sinne der Sozialversicherung.

7.6 Heiratsbeihilfe

Erläuterung: Unabhängig von der Höhe ist eine Heiratsbeihilfe des Arbeitgebers steuer- und sozialversicherungspflichtig.

Lohnsteuerpflicht	Ja	§ 19 Abs. 1 EStG
Beitragspflicht KV PV RV ALV	Ja	§ 14 Abs. 1 Satz 1 SGB IV, § 23a SGB IV
Beitragspflicht UV	Ja	§ 14 Abs. 1 Satz 1 SGB IV, § 23a SGB IV

Mindestlohnrelevanz: Nein
Entgeltart: Einmalzahlung
Entgeltzuordnung in der Sozialversicherung: Entgeltabrechnungsmonat, in dem die Heiratsbeihilfe ausgezahlt wird. Heiratsbeihilfen, die in den Monaten Januar bis März eines Jahres ausgezahlt werden, sind dem letzten Entgeltabrechnungsmonat des vergangenen Jahres (Vorjahres) zuzuordnen, wenn in dem vergangenen Jahr bei demselben Arbeitgeber ein versicherungspflichtiges Beschäftigungsverhältnis bestanden hat und die Heiratsbeihilfen zusammen mit den sonstigen für das laufende Kalenderjahr festgestellten beitragspflichtigen Einnahmen die anteilige Beitragsbemessungsgrenze des laufenden Kalenderjahres übersteigen (März-Klausel).

7.7 Heizmaterial

Erläuterung: S. Sachbezüge.

7.8 Hitzezuschlag

Erläuterung: S. Erschwerniszuschlag.

7.9 Homeoffice (Zahlungen des Arbeitgebers)

Erläuterung: S. Arbeitszimmer.

7.10 Hundegeld

Erläuterung: S. Futter- und Pflegegeld.

7.11 Hybrid-Dienstwagen

Erläuterung: S. Elektrofahrzeug (Überlassung).

8 I – Incentivereise bis Instrumentenversicherung

8.1 Incentivereise

Erläuterung: Incentivereise, die vom Arbeitgeber im Rahmen des Dienstverhältnisses an Arbeitnehmer oder Dritten gewährt wird.

Lohnsteuerpflicht	Ja	§ 8 Abs. 2 EStG
Beitragspflicht KV PV RV ALV	Ja	§ 14 Abs. 1 Satz 1 SGB IV, § 23a SGB IV
Beitragspflicht UV	Ja	§ 14 Abs. 1 Satz 1 SGB IV, § 23a SGB IV

Mindestlohnrelevanz: Nein
Entgeltart: Einmalzahlung
Entgeltzuordnung in der Sozialversicherung: Entgeltabrechnungsmonat, in dem die Prämien in Anspruch genommen werden.

8.2 Incentive-Reise (pauschal versteuert nach § 37b EStG)

Erläuterung: Incentive-Reise, die vom Arbeitgeber im Rahmen des Dienstverhältnisses an Arbeitnehmer oder Dritten gewährt und pauschal mit 30 % versteuert wird. Achtung: Keine Beitragspflicht bei Zuwendung an Dritten, sofern keine Konzernmitarbeiter.

Lohnsteuerpflicht	Ja	§ 37b Abs. 1 u. 2 EStG
Beitragspflicht KV PV RV ALV	Nein	§ 1 Abs. 1 Nr. 14 SvEV
Beitragspflicht UV	Nein	

Mindestlohnrelevanz: Nein
Entgeltart: Einmalzahlung
Entgeltzuordnung in der Sozialversicherung: Entgeltabrechnungsmonat, in dem der Arbeitgeber die Prämie gewährt.

8.3 Inkassogebühren

Erläuterung: nebenberufliche Inkassoagenten werden nicht als Arbeitnehmer angesehen, so dass die Inkassogebühren hier steuerfrei gestellt sind gem. BFH.

Lohnsteuerpflicht	nein	BFH, BStBl 1962 III S. 125
Beitragspflicht KV PV RV ALV		§ 14 Abs. 1 Satz 1 SGB IV
Beitragspflicht UV	Nein	§ 14 Abs. 1 Satz 1 SGB IV

Mindestlohnrelevanz: Nein
Entgeltzuordnung in der Sozialversicherung: Kein Arbeitsentgelt

8.4 Inkassogebühren – Auslieferungsfahrer

Erläuterung: Inkassogebühren der als Arbeitnehmer tätigen Auslieferungsfahrer

Lohnsteuerpflicht	ja	§ 19 Abs. 1 EStG
Beitragspflicht KV PV RV ALV	Ja	§ 14 Abs. 1 Satz 1 SGB IV
Beitragspflicht UV	Ja	§ 14 Abs. 1 Satz 1 SGB IV

Mindestlohnrelevanz: Ja
Entgeltart: Laufendes Arbeitsentgelt
Entgeltzuordnung in der Sozialversicherung: Entgeltabrechnungsmonat, in dem die Prämien in Anspruch genommen werden.

8.5 Insolvenzgeld

Erläuterung: Leistung der Agentur für Arbeit auf Antrag an den Arbeitnehmer bei Insolvenz des Arbeitgebers.

Lohnsteuerpflicht	Nein	§ 3 Nr. 2 EStG; R 3.2 LStR
Beitragspflicht KV PV RV ALV	Nein	§ 14 Abs. 1 SGB IV, § 1 Abs. 1 SvEV
Beitragspflicht UV	Nein	§ 14 Abs. 1 SGB IV, § 1 Abs. 1 SvEV

Mindestlohnrelevanz: Nein, da von Bundesagentur für Arbeit gezahlt.
Entgeltzuordnung in der Sozialversicherung: Kein Arbeitsentgelt im Sinne der Sozialversicherung.

8.6 Instrumentengeld

Erläuterung: Vom Arbeitgeber an den Arbeitnehmer gezahltes Instrumentengeld bei Musikern. Es handelt sich um steuerpflichtigen Werbungskostenersatz. S. Pauschales Rohr-, Saiten- oder Blattgeld (Berufsmusiker).

Lohnsteuerpflicht	Ja	R 3.30 LStR; BFH, Urteil v. 21.8.1995, VI R 30/95
Beitragspflicht KV PV RV ALV	Ja	§ 14 Abs. 1 Satz 1 SGB IV und BSG, Urteil vom 26.5.2004 – B 12 KR 2/03
Beitragspflicht UV	Ja	§ 14 Abs. 1 Satz 1 SGB IV und BSG, Urteil vom 26.5.2004 – B 12 KR 2/03

Mindestlohnrelevanz: Nein
Entgeltart: Laufendes Arbeitsentgelt
Entgeltzuordnung in der Sozialversicherung: Entgeltabrechnungsmonat, für den der Anspruch auf das Instrumentengeld entsteht.

8.7 Instrumentenversicherung

Erläuterung: Ersetzt der Arbeitgeber dem Arbeitnehmer (Musiker) Kosten der Instrumentenversicherung, so liegt im Allgemeinen ein steuer- und damit auch beitragspflichtiger Werbungskostenersatz vor. S. aber Reparaturgeld.

Lohnsteuerpflicht	Ja	§ 2 Abs. 1 LStDV
Beitragspflicht KV PV RV ALV	Ja	§ 14 Abs. 1 Satz 1 SGB IV
Beitragspflicht UV	Ja	§ 14 Abs. 1 Satz 1 SGB IV

Mindestlohnrelevanz: Nein
Entgeltart: Laufendes Arbeitsentgelt
Entgeltzuordnung in der Sozialversicherung: Entgeltabrechnungsmonat, für den der Anspruch auf den Zuschuss des Arbeitgebers besteht.

9 J – Jahresabschlussprämie bis Jubiläumszuwendung

9.1 Jahresabschlussprämie

Erläuterung: S. Gewinnanteile.

9.2 Jahreswagenrabatt

Erläuterung: Preisnachlass an Mitarbeiter in der Automobilindustrie bzw. der Kfz-Branche, sofern der Rabattfreibetrag von 1.080 EUR nicht überschritten wird.

Lohnsteuerpflicht	Nein	§ 8 Abs. 3 EStG; R 8.2 LStR
Beitragspflicht KV PV RV ALV	Nein	§ 14 Abs. 1 SGB IV, § 1 Abs. 1 SvEV
Beitragspflicht UV	Nein	§ 14 Abs. 1 SGB IV, § 1 Abs. 1 SvEV

Mindestlohnrelevanz: Nein
Entgeltzuordnung in der Sozialversicherung: Kein Arbeitsentgelt im Sinne der Sozialversicherung.

9.3 Jobrad

Erläuterung: S. Dienstrad.

9.4 Jobticket (Gehaltsumwandlung)

Erläuterung: Geldwerter Vorteil und somit *Lohnsteuerpflicht*iger Arbeitslohn bei Überlassung eines Jobtickets im Rahmen der Gehaltsumwandlung.

Lohnsteuerpflicht	Ja	§ 19 Abs. 1 EStG
Beitragspflicht KV PV RV ALV	Ja	§ 14 Abs. 1 Satz 1 SGB IV
Beitragspflicht UV	Ja	§ 14 Abs. 1 Satz 1 SGB IV

Mindestlohnrelevanz: Ja
Entgeltart: Laufendes Arbeitsentgelt
Entgeltzuordnung in der Sozialversicherung: Entgeltabrechnung im laufenden Monat

9.5 Jobticket (zusätzlich gewährt)

Erläuterung: ab 1.1.2019 steuer- und damit auch sozialversicherungsfrei: Begünstigt sind die vom Arbeitgeber gewährten Sachbezüge in Form der unentgeltlichen oder verbilligten Zurverfügungstellung von Fahrausweisen, aber auch Zuschüsse des Arbeitgebers zum Erwerb von Fahrausweisen – zusätzlich zum ohnehin geschuldeten Arbeitslohn (nicht im Wege einer Gehaltsumwandlung). Die Steuerbefreiung muss jedoch auf die Entfernungspauschale angerechnet werden.

Lohnsteuerpflicht	Nein	§ 3 Nr. 15 EStG
Beitragspflicht KV PV RV ALV	Nein	§ 14 Abs. 1 SGB IV, § 1 SvEV
Beitragspflicht UV	Nein	§ 14 Abs. 1 SGB IV, § 1 SvEV

Mindestlohnrelevanz: Nein
Entgeltart: Laufendes Arbeitsentgelt
Entgeltzuordnung in der Sozialversicherung: Kein Arbeitsentgelt im Sinne der Sozialversicherung, Wahlrecht für den Arbeitgeber zur Pauschalversteuerung mit 25 %.

9.6 Jubiläumszuwendung

Erläuterung: Eine Jubiläumszuwendung erhält der Arbeitnehmer aus Anlass eines eigenen oder eines Geschäftsjubiläums. S. Betriebsveranstaltung und Bewirtungskosten.

Lohnsteuerpflicht	Ja	§ 19 Abs. 1 EStG
Beitragspflicht KV PV RV ALV	Ja	§ 14 Abs. 1 Satz 1 SGB IV, § 23a SGB IV
Beitragspflicht UV	Ja	§ 14 Abs. 1 Satz 1 SGB IV, § 23a SGB IV

Mindestlohnrelevanz: Nein
Entgeltart: Einmalzahlung
Entgeltzuordnung in der Sozialversicherung: Entgeltabrechnungsmonat, in dem die Jubiläumszuwendung ausgezahlt wird. Jubiläumszuwendung, die in den Monaten

Januar bis März eines Jahres ausgezahlt wird, ist dem letzten Entgeltabrechnungsmonat des vergangenen Jahres (Vorjahres) zuzuordnen, wenn in dem vergangenen Jahr bei demselben Arbeitgeber ein versicherungspflichtiges Beschäftigungsverhältnis bestanden hat und die Heiratsbeihilfen zusammen mit den sonstigen für das laufende Kalenderjahr festgestellten beitragspflichtigen Einnahmen die anteilige Beitragsbemessungsgrenze des laufenden Kalenderjahres übersteigen (März-Klausel).

10 K – Kapitalabfindung bis Kurzarbeitergeldzuschuss

10.1 Kapitalabfindung

Erläuterung: Aufgrund der Beamten-(Pensions-)Gesetze gezahlte Kapitalabfindung.

Lohnsteuerpflicht	Nein	§ 3 Nr. 3 EStG
Beitragspflicht KV PV RV ALV	Nein	§ 14 Abs. 1 SGB IV, § 1 Abs. 1 SvEV
Beitragspflicht UV	Nein	§ 14 Abs. 1 SGB IV, § 1 Abs. 1 SvEV

Mindestlohnrelevanz: Nein
Entgeltzuordnung in der Sozialversicherung: Kein Arbeitsentgelt im Sinne der Sozialversicherung.

10.2 Kapitalbeteiligung

Erläuterung: S. Vermögensbeteiligung.

10.3 Karenzentschädigung

Erläuterung: Karenzentschädigung wegen eines Wettbewerbsverbots für die Zeit nach Beendigung des Dienstverhältnisses.

Lohnsteuerpflicht	Ja	§ 2 Abs. 2 Nr. 4 LStDV; BFH, Urteil v. 13.2.1987, VI R 230/83
Beitragspflicht KV PV RV ALV	Nein	LSG-Urteil Berlin vom 27. 7. 1983 L 9 Kr 45/78
Beitragspflicht UV	Nein	LSG-Urteil Berlin vom 27. 7. 1983 L 9 Kr 45/78

Mindestlohnrelevanz: Nein
Entgeltart: Einmalzahlung
Entgeltzuordnung in der Sozialversicherung: Kein Arbeitsentgelt im Sinne der Sozialversicherung.

10.4 Kassenverlustentschädigung

Erläuterung: S. Fehlgeldentschädigung.

10.5 Kaufkraftausgleich

Erläuterung: Ausgleich, den ein deutscher Unternehmer seinen für eine begrenzte Zeit ins Ausland entsandten Arbeitnehmern zahlt, um die höheren Lebenshaltungskosten am Einsatzort auszugleichen. Der Arbeitnehmer muss im Zuge dessen seinen Wohnsitz oder seinen gewöhnlichen Aufenthalt im Ausland haben. Außerdem darf der für vergleichbare Auslandsbezüge zulässige Betrag gemäß § 55 BBesG nicht überschritten werden.

Lohnsteuerpflicht	Nein	§ 3 Nr. 64 EStG
Beitragspflicht KV PV RV ALV	Nein	§ 14 Abs. 1 SGB IV, § 1 Abs. 1 SvEV
Beitragspflicht UV	Nein	§ 14 Abs. 1 SGB IV, § 1 Abs. 1 SvEV

Mindestlohnrelevanz: Nein
Entgeltzuordnung in der Sozialversicherung: Kein Arbeitsentgelt im Sinne der Sozialversicherung.

10.6 Kilometergeld

Erläuterung: S. Auslösungen und Fahrtkostenersatz.

10.7 Kindergartenplatz

Erläuterung: Übernahme der Kosten für einen Kindergartenplatz (nicht schulpflichtiger Kinder) oder Stellung eines Platzes in einem betrieblichen Kindergarten – zusätzlich zum ohnehin geschuldeten Arbeitsentgelt.

Lohnsteuerpflicht	Nein	§ 3 Nr. 33 EStG; R 3.33 LStR
Beitragspflicht KV PV RV ALV	Nein	§ 14 Abs. 1 SGB IV, § 1 Abs. 1 SvEV
Beitragspflicht UV	Nein	§ 14 Abs. 1 SGB IV, § 1 Abs. 1 SvEV

Mindestlohnrelevanz: Nein
Entgeltzuordnung in der Sozialversicherung: Kein Arbeitsentgelt im Sinne der Sozialversicherung.

10.8 Kindergartenzuschuss

Erläuterung: Kindergartenzuschuss des Arbeitgebers zur Unterbringung und Betreuung von nicht schulpflichtigen Kindern in einem betriebseigenen oder auch betriebsfremden Kindergarten. Originalrechnung als Beleg erforderlich.

Lohnsteuerpflicht	Nein	§ 3 Nr. 33 EStG; R 3.33 LStR
Beitragspflicht KV PV RV ALV	Nein	§ 14 Abs. 1 SGB IV, § 1 Abs. 1 Nr. 1 SvEV
Beitragspflicht UV	Nein	§ 14 Abs. 1 SGB IV, § 1 Abs. 1 Nr. 1 SvEV

Mindestlohnrelevanz: Nein
Entgeltzuordnung in der Sozialversicherung: Kein Arbeitsentgelt im Sinne der Sozialversicherung.

10.9 Kindergeld

Erläuterung: Kindergeld nach dem Bundeskindergeldgesetz.

Lohnsteuerpflicht	Nein	§ 3 Nr. 24 EStG
Beitragspflicht KV PV RV ALV	Nein	Kein Arbeitsentgelt i. S. des § 14 Abs. 1 Satz 1 SGB IV
Beitragspflicht UV	Nein	Kein Arbeitsentgelt i. S. des § 14 Abs. 1 Satz 1 SGB IV

Mindestlohnrelevanz: Nein
Entgeltzuordnung in der Sozialversicherung: Kein Arbeitsentgelt im Sinne der Sozialversicherung.

10.10 Kinderverschickung

Erläuterung: Kinderverschickung wegen eines schlechten Gesundheitszustands des Kindes und wenn der Arbeitnehmer zur Übernahme der Kosten wirtschaftlich nicht in der Lage ist.

Lohnsteuerpflicht	Nein	R 3.11 Abs. 2 LStR
Beitragspflicht KV PV RV ALV	Nein	Kein Arbeitsentgelt i. S. des § 14 Abs. 1 Satz 1 SGB IV
Beitragspflicht UV	Nein	Kein Arbeitsentgelt i. S. des § 14 Abs. 1 Satz 1 SGB IV

Mindestlohnrelevanz: Nein
Entgeltzuordnung in der Sozialversicherung: Kein Arbeitsentgelt im Sinne der Sozialversicherung.

10.11 Kinderzuschlag

Erläuterung: Alle mit Rücksicht auf den Familienstand gewährten Zuschläge nach den Vorschriften geltender Besoldungsgesetze, Tarifverträge oder Einzelarbeitsverträge. (Diese Zuschläge bleiben bei der Ermittlung des Arbeitsentgelts im Zuge der Prüfung auf Krankenversicherungspflicht gemäß § 6 Abs. 1 Satz 1 Nr. 1 SGB V unberücksichtigt.)

Lohnsteuerpflicht	Ja	§ 3 Nr. 11 Satz 2 EStG
Beitragspflicht KV PV RV ALV	Ja	§ 14 Abs. 1 Satz 1 SGB IV
Beitragspflicht UV	Ja	§ 14 Abs. 1 Satz 1 SGB IV

Mindestlohnrelevanz: Ja
Entgeltart: Laufendes Arbeitsentgelt
Entgeltzuordnung in der Sozialversicherung: Entgeltabrechnungsmonat, für den die Kinderzuschläge gezahlt werden.

10.12 Kinderzuschuss

Erläuterung: Kinderzuschuss aus der gesetzlichen Rentenversicherung.

Lohnsteuerpflicht	Nein	§ 3 Nr. 1 Bst. b EStG
Beitragspflicht KV PV RV ALV	Nein	Kein Arbeitsentgelt i. S. des § 14 Abs. 1 Satz 1 SGB IV
Beitragspflicht UV	Nein	Kein Arbeitsentgelt i. S. des § 14 Abs. 1 Satz 1 SGB IV

Mindestlohnrelevanz: Nein
Entgeltzuordnung in der Sozialversicherung: Kein Arbeitsentgelt im Sinne der Sozialversicherung.

10.13 Kirchensteuer

Erläuterung: S. Lohnsteuer und Kirchensteuer.

10.14 Kleidergeld

Erläuterung: S. Arbeitskleidung.

10.15 Kontoeröffnungsgebühr

Erläuterung: Vom Arbeitgeber ersetzte Kontoeröffnungsgebühr.

Lohnsteuerpflicht	Ja	R 19.3 Abs. 3 Nr. 1 LStR
Beitragspflicht KV PV RV ALV	Ja	§ 14 Abs. 1 Satz 1 SGB IV, § 23a SGB IV
Beitragspflicht UV	Ja	§ 14 Abs. 1 Satz 1 SGB IV, § 23a SGB IV

Mindestlohnrelevanz: Nein
Entgeltart: Einmalzahlung
Entgeltzuordnung in der Sozialversicherung: Entgeltabrechnungsmonat, in dem die Kontoeröffnungsgebühren an den Arbeitnehmer ersetzt werden.

10.16 Kontoführungsgebühr

Erläuterung: Kontoführungsgebühr, die der Arbeitgeber bei einem Lohn- oder Gehaltskonto ersetzt, ist steuerpflichtiger Werbungskostenersatz.

Lohnsteuerpflicht	Ja	R 19.3 Abs. 3 Nr. 1 LStR
Beitragspflicht KV PV RV ALV	Ja	§ 14 Abs. 1 Satz 1 SGB IV
Beitragspflicht UV	Ja	§ 14 Abs. 1 Satz 1 SGB IV

Mindestlohnrelevanz: Nein
Entgeltart: Laufendes Arbeitsentgelt
Entgeltzuordnung in der Sozialversicherung: Entgeltabrechnungsmonat, für den die Kontoführungsgebühren gezahlt werden.

10.17 Kraftfahrzeugüberlassung (Fahrten Wohnung – erste Tätigkeitsstätte, 0,03 % bzw. 0,002 %-Regelung)

Erläuterung: Steht der PKW dem Arbeitnehmer für arbeitstägliche Fahrten zum Betrieb zur Verfügung, kann der Vorteil insoweit mit monatlich 0,03 % bzw. täglich mit 0,002 %

des auf volle 100 EUR abgerundeten Bruttolistenpreises im Zeitpunkt der Erstzulassung des Fahrzeugs pro Entfernungskilometer angesetzt werden.

Lohnsteuerpflicht	Ja	§ 8 Abs. 2 EStG
Beitragspflicht KV PV RV ALV	Ja	§ 14 Abs. 1 Satz 1 SGB IV
Beitragspflicht UV	Ja	§ 14 Abs. 1 Satz 1 SGB IV

Mindestlohnrelevanz: Nein
Entgeltart: Laufendes Arbeitsentgelt
Entgeltzuordnung in der Sozialversicherung: Entgeltabrechnungsmonat, für den der geldwerte Vorteil gewährt wird.

10.18 Kraftfahrzeugüberlassung (Fahrten Wohnung – erste Tätigkeitsstätte, pauschal versteuert)

Erläuterung: Pauschale Versteuerung, für Fahrten zwischen Wohnung und erster Tätigkeitsstätte.

Lohnsteuerpflicht	Ja	§ 40 Abs. 2 Satz 2 EStG
Beitragspflicht KV PV RV ALV	Nein	§ 1 Abs. 1 Satz 1 Nr. 3 SvEV
Beitragspflicht UV	Nein	§ 1 Abs. 1 Satz 1 Nr. 3 SvEV

Mindestlohnrelevanz: Nein
Entgeltzuordnung in der Sozialversicherung: Kein Arbeitsentgelt im Sinn der Sozialversicherung.

10.19 Kraftfahrzeugüberlassung (Familienheimfahrten bei doppelter Haushaltsführung)

Erläuterung: Für Familienheimfahrten bei doppelter Haushaltsführung ist nur für die 2. und jede weitere Heimfahrt pro Woche jeweils für jeden Kilometer der Entfernung 0,002 % des inländischen Bruttolistenpreises als geldwerter Vorteil anzusetzen. Zahlt der Arbeitnehmer eine Nutzungsentschädigung, mindert diese den ermittelten Vorteil.

Lohnsteuerpflicht	Ja	§ 8 Abs. 2 Satz 5 EStG
Beitragspflicht KV PV RV ALV	Ja	§ 14 Abs. 1 Satz 1 SGB IV
Beitragspflicht UV	Ja	§ 14 Abs. 1 Satz 1 SGB IV

Mindestlohnrelevanz: Nein
Entgeltart: Laufendes Arbeitsentgelt
Entgeltzuordnung in der Sozialversicherung: Entgeltabrechnungsmonat, für den der geldwerte Vorteil abgerechnet wird.

10.20 Kraftfahrzeugüberlassung (Familienheimfahrten)

Erläuterung: Aufwendungen für die Wege vom Ort der ersten Tätigkeitsstätte zum Ort des eigenen Hausstandes und zurück (Familienheimfahrt) können jeweils nur für eine Familienheimfahrt wöchentlich steuer- und sv-frei belassen werden.

Lohnsteuerpflicht	Nein	§ 8 Abs. 2 Satz 5 EStG
Beitragspflicht KV PV RV ALV	Nein	§ 14 Abs. 1 SGB IV, § 1 Abs. 1 SvEVs
Beitragspflicht UV	Nein	§ 14 Abs. 1 SGB IV, § 1 Abs. 1 SvEV

Mindestlohnrelevanz: Nein
Entgeltzuordnung in der Sozialversicherung: Kein Arbeitsentgelt im Sinne der Sozialversicherung.

10.21 Kraftfahrzeugüberlassung (Grundsatz)

Erläuterung: Kraftfahrzeugüberlassung ist bei unentgeltlicher Überlassung durch den Arbeitgeber für Fahrten zwischen Wohnung und erster Tätigkeitsstätte und für private Nutzung ein geldwerter Vorteil.

Lohnsteuerpflicht	Ja	§ 8 Abs. 2 EStG; R 8.1 Abs. 9 LStR
Beitragspflicht KV PV RV ALV	Ja	§ 14 Abs. 1 Satz 1 SGB IV
Beitragspflicht UV	Ja	§ 14 Abs. 1 Satz 1 SGB IV

Mindestlohnrelevanz: Nein
Entgeltart: Laufendes Arbeitsentgelt
Entgeltzuordnung in der Sozialversicherung: Entgeltabrechnungsmonat, für den der geldwerte Vorteil abgerechnet wird.

10.22 Krankenbezüge (nach TVöD)

Erläuterung: Gehaltsfortzahlung bei Arbeitsunfähigkeit gemäß dem TVöD.

Lohnsteuerpflicht	Ja	§ 19 Abs. 1 EStG
Beitragspflicht KV PV RV ALV	Ja	§ 14 Abs. 1 Satz 1 SGB IV
Beitragspflicht UV	Ja	§ 14 Abs. 1 Satz 1 SGB IV

Mindestlohnrelevanz: Nein
Entgeltart: Laufendes Arbeitsentgelt
Entgeltzuordnung in der Sozialversicherung: Entgeltabrechnungsmonat, für den der Anspruch auf die Gehaltsfortzahlung besteht.

10.23 Krankenbezüge (Übergang nach § 115 SGB X)

Erläuterung: Verweigert der Arbeitgeber die Entgeltfortzahlung, geht die Zahlungsverpflichtung und der Ersatzanspruch auf den Leistungsträger über (§ 115 SGB X).

Lohnsteuerpflicht	Ja	§ 19 Abs. 1 EStG; § 2 Abs. 2 Nr. 5 LStDV
Beitragspflicht KV PV RV ALV	Ja	SG München, Urteil vom 20.2.1973 S 22/Kr 57/72
Beitragspflicht UV	Ja	SG München, Urteil vom 20.2.1973 S 22/Kr 57/72

Mindestlohnrelevanz: Nein
Entgeltart: Laufendes Arbeitsentgelt
Entgeltzuordnung in der Sozialversicherung: Entgeltabrechnungsmonat, für den der Anspruch auf die Krankenbezüge besteht.

10.24 Krankengeldzuschuss (GKV), Nettodifferenz mehr als 50 EUR überschritten

Erläuterung: SV: Beitragspflicht des AG-Zuschusses, falls dieser um mehr als 50 EUR pro Monat (= maßgebliche Freigrenze) die Differenz zwischen früherem Nettoarbeitsentgelt und dem Nettokrankengeld überschreitet. Beitragspflichtig ist der AG-Zuschuss, soweit er die Nettodifferenz überschreitet, dann in voller Höhe.

Lohnsteuerpflicht	Ja	§ 2 Abs. 2 Nr. 3 LStDV
Beitragspflicht KV PV RV ALV	Ja	§ 14 Abs. 1 Satz 1 SGB IV; § 23c SGB IV
Beitragspflicht UV	Ja	§ 14 Abs. 1 Satz 1 SGB IV; § 23c SGB IV

Mindestlohnrelevanz: Nein
Entgeltart: Laufendes Arbeitsentgelt
Entgeltzuordnung in der Sozialversicherung: Entgeltabrechnungszeitraum, in dem die Zuschüsse ausgezahlt werden.

10.25 Krankengeldzuschuss (GKV), Nettodifferenz nicht mehr als 50 EUR überschritten

Erläuterung: SV: Beitragsfreiheit des AG-Zuschusses in voller Höhe, falls dieser nicht mehr als 50 EUR pro Monat (= maßgebliche Freigrenze) die Differenz zwischen früherem Nettoarbeitsentgelt und dem Nettokrankengeld überschreitet.

Lohnsteuerpflicht	Ja	§ 2 Abs. 2 Nr. 3 LStDV
Beitragspflicht KV PV RV ALV	Nein	§ 23c Abs. 1 SGB IV
Beitragspflicht UV	Nein	§ 23c Abs. 1 SGB IV

Mindestlohnrelevanz: Nein
Entgeltart: Laufendes Arbeitsentgelt
Entgeltzuordnung in der Sozialversicherung: Kein Arbeitsentgelt im Sinn der Sozialversicherung.

10.26 Krankentagegeldzuschuss (PKV), Nettodifferenz mehr als 50 EUR überschritten

Erläuterung: SV: Beitragspflicht des AG-Zuschusses, falls dieser um mehr als 50 EUR pro Monat (= maßgebliche Freigrenze) die Differenz zwischen früherem Nettoarbeitsentgelt und dem Nettokrankentagegeld überschreitet. Beitragspflichtig ist der AG-Zuschuss, soweit er die Nettodifferenz überschreitet, dann in voller Höhe.

Lohnsteuerpflicht	Ja	§ 2 Abs. 2 Nr. 3 LStDV
Beitragspflicht KV PV RV ALV	Ja	§ 14 Abs. 1 Satz 1 SGB IV; § 23c Abs. 1 SGB IV
Beitragspflicht UV	Ja	§ 14 Abs. 1 Satz 1 SGB IV; § 23c Abs. 1 SGB IV

Mindestlohnrelevanz: Nein
Entgeltart: Laufendes Arbeitsentgelt
Entgeltzuordnung in der Sozialversicherung: Entgeltabrechnungszeitraum, in dem die Zuschüsse ausgezahlt werden.

10.27 Krankentagegeldzuschuss (PKV), Nettodifferenz nicht mehr als 50 EUR überschritten

Erläuterung: SV: Beitragsfreiheit des AG-Zuschusses in voller Höhe, falls dieser nicht mehr als 50 EUR pro Monat (= maßgebliche Freigrenze) die Differenz zwischen früherem Nettoarbeitsentgelt und dem Nettokrankentagegeld) überschreitet.

Lohnsteuerpflicht	Ja	§ 2 Abs. 2 Nr. 3 LStDV
Beitragspflicht KV PV RV ALV	Nein	§ 23c Abs. 1 SGB IV
Beitragspflicht UV	Nein	§ 23c Abs. 1 SGB IV

Mindestlohnrelevanz: Nein
Entgeltart: Laufendes Arbeitsentgelt
Entgeltzuordnung in der Sozialversicherung: Kein Arbeitsentgelt im Sinn der Sozialversicherung.

10.28 Kreditkarte (Firmenkreditkarte mit Privatnutzung)

Erläuterung: Entgegen der Firmenkreditkarte ohne Privatnutzung wird hier die Kreditkarte in erheblichem Umfang privat genutzt. Dasselbe Resultat ergibt sich, wenn der Arbeitgeber die Gebühr einer privaten Kreditkarte an einen Arbeitnehmer erstattet, und Letzterer die Karte in erheblichem Umfang privat nutzt.

Lohnsteuerpflicht	Ja	§ 19 Abs. 1 EStG; § 8 Abs. 2 EStG
Beitragspflicht KV PV RV ALV	Ja	§ 14 Abs. 1 Satz 1 SGB IV
Beitragspflicht UV	Ja	§ 14 Abs. 1 Satz 1 SGB IV

Mindestlohnrelevanz: Nein
Entgeltart: Laufendes Arbeitsentgelt
Entgeltzuordnung in der Sozialversicherung: Entgeltabrechnungsmonat, für den die Firmenkreditkarte überlassen wird bzw. der Arbeitgeber dem Arbeitnehmer die Gebühren erstattet.

10.29 Kreditkarte (Firmenkreditkarte ohne Privatnutzung)

Erläuterung: Bei Arbeitnehmern mit umfangreicher Reisetätigkeit auf den Namen und für Rechnung des Arbeitgebers ausgegebene Kreditkarten. Hier muss die private Nutzung der Karte gegenüber der dienstlichen Nutzung jedoch von untergeordneter Bedeutung sein.

Lohnsteuerpflicht	Nein	BMF-Schreiben v. 29.9.1998, IV C 5 – S 2334 – 1/98
Beitragspflicht KV PV RV ALV	Nein	§ 14 Abs. 1 SGB IV, § 1 Abs. 1 SvEV
Beitragspflicht UV	Nein	§ 14 Abs. 1 SGB IV, § 1 Abs. 1 SvEV

Mindestlohnrelevanz: Nein
Entgeltzuordnung in der Sozialversicherung: Kein Arbeitsentgelt im Sinne der Sozialversicherung.

10.30 Kundenbindungsprogramm

Erläuterung: S. Sachprämie und Vielfliegerprämie.

10.31 Kurkosten

Erläuterung: Übernahme der Kurkosten bei älteren Arbeitnehmern. S. Beihilfen, Erholungsbeihilfe, pauschabesteuerte Bezüge und Vorsorgeuntersuchung.

Lohnsteuerpflicht	Ja	BFH, Urteil v. 31.10.1986, VI R 73/83
Beitragspflicht KV PV RV ALV	Ja	§ 14 Abs. 1 Satz 1 SGB IV
Beitragspflicht UV	Ja	§ 14 Abs. 1 Satz 1 SGB IV

Mindestlohnrelevanz: Nein
Entgeltart: Laufendes Arbeitsentgelt
Entgeltzuordnung in der Sozialversicherung: Entgeltabrechnungsmonat, für den die Kurkosten übernommen werden.

10.32 Kurzarbeit (Ist-Entgelt für tatsächliche Arbeitsleistung)

Erläuterung: Das Entgelt für tatsächlich vom Arbeitnehmer erbrachte Arbeitsleistung innerhalb von Kurzarbeitsphasen ist in allen SV-Zweigen incl. der UV normal beitragspflichtig.

Lohnsteuerpflicht	Ja	§ 19 Abs. 1 EStG
Beitragspflicht KV PV RV ALV	Ja	§ 14 Abs. 1 Satz 1 SGB IV
Beitragspflicht UV	Ja	§ 14 Abs. 1 Satz 1 SGB IV

Mindestlohnrelevanz: Ja
Entgeltart: Laufendes Arbeitsentgelt
Entgeltzuordnung in der Sozialversicherung: Entgeltabrechnungsmonat, für den der Kurzlohn zu zahlen ist.

10.33 Kurzarbeitergeld

Erläuterung: Nach dem SGB III gezahltes Kurzarbeitergeld. Der Arbeitgeber zahlt es im Auftrag und auf Rechnung der Bundesagentur für Arbeit (Arbeitsagentur) aus. Da es sich um eine Sozialleistung handelt, bleibt es beitragsfrei. Achtung: Siehe auch unter »Kurzarbeitergeldzuschüsse«!

Lohnsteuerpflicht	Nein	§ 3 Nr. 2 EStG
Beitragspflicht KV PV RV ALV	Nein	Kein Arbeitsentgelt i. S. des § 14 Abs. 1 Satz 1 SGB IV
Beitragspflicht UV	Nein	Kein Arbeitsentgelt i. S. des § 14 Abs. 1 Satz 1 SGB IV

Mindestlohnrelevanz: Nein
Entgeltzuordnung in der Sozialversicherung: Kein Arbeitsentgelt im Sinne der Sozialversicherung.

10.34 Kurzarbeitergeldzuschuss

Erläuterung: Beitragsfrei (auch zur UV), soweit der Zuschuss zusammen mit dem Kurzarbeitergeld das fiktive Arbeitsentgelt i. S. des § 232a Abs. 2 SGB V bzw. § 163 Abs. 6 SGB VI (80 % des Unterschiedsbetrags zwischen dem Sollentgelt und dem Istentgelt nach § 179 SGB III) nicht übersteigt, § 1 Abs. 1 S. 1 Nr. 8 SvEV. *Lohnsteuerpflicht* besteht unabhängig davon immer.

Lohnsteuerpflicht	Ja	§ 2 Abs. 1 LStDV
Beitragspflicht KV PV RV ALV	Nein	§ 1 Abs. 1 Satz 1 Nr. 8 SvEV
Beitragspflicht UV	Nein	§ 1 Abs. 1 Satz 1 Nr. 8 SvEV

Mindestlohnrelevanz: Nein
Entgeltart: Laufendes Arbeitsentgelt
Entgeltzuordnung in der Sozialversicherung: Kein Arbeitsentgelt im Sinne der Sozialversicherung.

11 L – Laptop bis Losgewinn

11.1 Laptop

Erläuterung: Nutzung eines betrieblichen Laptops (inkl. Zubehör) für private Zwecke, der im Eigentum des Arbeitgebers steht.

Lohnsteuerpflicht	Nein	§ 3 Nr. 45 EStG; R 3.45 LStR
Beitragspflicht KV PV RV ALV	Nein	§ 14 Abs. 1 SGB IV, § 1 Abs. 1 SvEV
Beitragspflicht UV	Nein	§ 14 Abs. 1 SGB IV, § 1 Abs. 1 SvEV

Mindestlohnrelevanz: Nein
Entgeltzuordnung in der Sozialversicherung: Kein Arbeitsentgelt im Sinne der Sozialversicherung.

11.2 Lebensarbeitszeitkonto (Übertragung Wertguthaben)

Erläuterung: S. Übertragung eines Wertguthabens.

11.3 Lebensversicherungsprämie

Erläuterung: Zuschuss des Arbeitgebers für Arbeitnehmer, die von der Versicherungspflicht in der gesetzlichen Rentenversicherung befreit sind, bis zur Höhe des Arbeitgeberanteils bei Versicherungspflicht, höchstens die Hälfte des Gesamtaufwands.

Lohnsteuerpflicht	Nein	§ 3 Nr. 62 Sätze 2 u. 3 EStG
Beitragspflicht KV PV RV ALV	Nein	§ 14 Abs. 1 SGB IV, § 1 Abs. 1 SvEV
Beitragspflicht UV	Nein	§ 14 Abs. 1 SGB IV, § 1 Abs. 1 SvEV

Mindestlohnrelevanz: Nein
Entgeltzuordnung in der Sozialversicherung: Kein Arbeitsentgelt im Sinne der Sozialversicherung.

11.4 Lebensversicherungsprämie (neben bestehender gesetzlicher Rentenversicherung)

Erläuterung: Zuschuss des Arbeitgebers zu einer zusätzlich zur gesetzlichen Rentenversicherung abgeschlossenen Lebensversicherung.

Lohnsteuerpflicht	Ja	§ 2 Abs. 2 Nr. 3 LStDV
Beitragspflicht KV PV RV ALV	Ja	§ 14 Abs. 1 Satz 1 SGB IV
Beitragspflicht UV	Ja	§ 14 Abs. 1 Satz 1 SGB IV

Mindestlohnrelevanz: Nein
Entgeltart: Laufendes Arbeitsentgelt
Entgeltzuordnung in der Sozialversicherung: Entgeltabrechnungsmonat, für den die Lebensversicherungsprämien gezahlt werden.

11.5 Lehrabschlussprämie

Erläuterung: Prämie als Vergütung an Auszubildende

Lohnsteuerpflicht	Ja	§ 2 Abs. 1 LStDV
Beitragspflicht KV PV RV ALV	Ja	§ 14 Abs. 1 Satz 1 SGB IV, § 23a SGB IV
Beitragspflicht UV	Ja	§ 14 Abs. 1 Satz 1 SGB IV, § 23a SGB IV

Mindestlohnrelevanz: Nein
Entgeltart: Einmalzahlung
Entgeltzuordnung in der Sozialversicherung: Entgeltabrechnungsmonat, in dem die Lehrabschlussprämien ausgezahlt werden. Lehrabschlussprämien, die in den Monaten Januar bis März eines Jahres ausgezahlt werden, sind dem letzten Entgeltabrechnungsmonat des vergangenen Jahres (Vorjahres) zuzuordnen, wenn in dem vergangenen Jahr bei demselben Arbeitgeber ein versicherungspflichtiges Beschäftigungsverhältnis bestanden hat und die Prämien zusammen mit den sonstigen für das laufende Kalenderjahr festgestellten beitragspflichtigen Einnahmen die anteilige Beitragsbemessungsgrenze des laufenden Kalenderjahres übersteigen (März-Klausel).

11.6 Lehrentschädigung

Erläuterung: Aufwandsentschädigung für hauptamtlich lehrende Bundesbeamte.

Lohnsteuerpflicht	Nein	§ 3 Nr. 12 EStG; R 3.12 LStR
Beitragspflicht KV PV RV ALV	Nein	§ 14 Abs. 1 SGB IV, § 1 Abs. 1 SvEV
Beitragspflicht UV	Nein	§ 14 Abs. 1 SGB IV, § 1 Abs. 1 SvEV

Mindestlohnrelevanz: Keine Aussage möglich.
Entgeltzuordnung in der Sozialversicherung: Kein Arbeitsentgelt im Sinne der Sozialversicherung.

11.7 Lehrgangskosten (durch Arbeitnehmer gebucht)

Erläuterung: S. Fortbildungskosten (Seminar durch Arbeitnehmer gebucht).

11.8 Leistungsprämie

Erläuterung: Prämie für schwierige Arbeiten bzw. als Anerkennung besonderer Leistungen

Lohnsteuerpflicht	Ja	§ 2 Abs. 1 LStDV
Beitragspflicht KV PV RV ALV	Ja	§ 14 Abs. 1 Satz 1 SGB IV, § 23a SGB IV
Beitragspflicht UV	Ja	§ 14 Abs. 1 Satz 1 SGB IV, § 23a SGB IV

Mindestlohnrelevanz: Nein
Entgeltart: Einmalzahlung
Entgeltzuordnung in der Sozialversicherung: Entgeltabrechnungsmonat, in dem die Leistungsprämien ausgezahlt werden. Leistungsprämien, die in den Monaten Januar bis März eines Jahres ausgezahlt werden, sind dem letzten Entgeltabrechnungsmonat des vergangenen Jahres (Vorjahres) zuzuordnen, wenn in dem vergangenen Jahr bei demselben Arbeitgeber ein versicherungspflichtiges Beschäftigungsverhältnis bestanden hat und die Prämien zusammen mit den sonstigen für das laufende Kalenderjahr festgestellten beitragspflichtigen Einnahmen die anteilige Beitragsbemessungsgrenze des laufenden Kalenderjahres übersteigen (März-Klausel).

11.9 Liquidationseinnahmen

Erläuterung: S. Mitarbeiterbeteiligung. SV: Sie gelten nur dann als regelmäßiges Arbeitsentgelt, wenn ein Rechtsanspruch darauf besteht oder die Zahlung aufgrund betrieblicher Übung erwartet werden kann, insbesondere bei pauschaler monatlicher Zahlung.

11.10 Lohn

Erläuterung:

Lohnsteuerpflicht	Ja	§ 19 Abs. 1 EStG
Beitragspflicht KV PV RV ALV	Ja	§ 14 Abs. 1 Satz 1 SGB IV
Beitragspflicht UV	Ja	§ 14 Abs. 1 Satz 1 SGB IV

Mindestlohnrelevanz: Ja
Entgeltart: Laufendes Arbeitsentgelt
Entgeltzuordnung in der Sozialversicherung: Entgeltabrechnungsmonat, für den der Anspruch auf den Lohn besteht.

11.11 Lohnausfallvergütung

Erläuterung: Dem Arbeitgeber obliegt eine Zahlungsverpflichtung gegenüber dem Arbeitnehmer, ohne dass dieser Arbeitsleistung erbringt.

Lohnsteuerpflicht	Ja	§ 2 Abs. 1 LStDV
Beitragspflicht KV PV RV ALV	Ja	§ 14 Abs. 1 Satz 1 SGB IV
Beitragspflicht UV	Ja	§ 14 Abs. 1 Satz 1 SGB IV

Mindestlohnrelevanz: Ja
Entgeltart: Laufendes Arbeitsentgelt
Entgeltzuordnung in der Sozialversicherung: Entgeltabrechnungsmonat, für den der Anspruch auf die Lohnausfallvergütungen besteht.

11.12 Lohnausgleich

Erläuterung: Lohnausgleich bei Arbeitsausfall im Baugewerbe und im Dachdeckerhandwerk.

Lohnsteuerpflicht	Ja	§ 2 Abs. 1 LStDV
Beitragspflicht KV PV RV ALV	Ja	§ 14 Abs. 1 Satz 1 SGB IV
Beitragspflicht UV	Ja	§ 14 Abs. 1 Satz 1 SGB IV

Mindestlohnrelevanz: Ja
Entgeltart: Laufendes Arbeitsentgelt
Entgeltzuordnung in der Sozialversicherung: Entgeltabrechnungsmonat, für den der Anspruch auf den Lohnausgleich besteht.

11.13 Lohnfortzahlung

Erläuterung: S. Entgeltfortzahlung.

11.14 Lohnsteuer (Nacherhebung in größerer Zahl von Fällen)

Erläuterung: Auf Antrag des Arbeitgebers wird der Durchschnitts-Nettosteuersatz zur Steuerberechnung herangezogen.

Lohnsteuerpflicht	Ja	§ 40 Abs. 1 Nr. 2 EStG
Beitragspflicht KV PV RV ALV	Ja	§ 14 Abs. 1 Satz 1 SGB IV
Beitragspflicht UV	Ja	§ 14 Abs. 1 Satz 1 SGB IV

Mindestlohnrelevanz: Nein
Entgeltart: Laufendes Arbeitsentgelt
Entgeltzuordnung in der Sozialversicherung: Entgeltabrechnungsmonat, in dem die Nacherhebung durchgeführt wird.

11.15 Lohnsteuer und Kirchensteuer (pauschal vom Arbeitgeber getragen)

Erläuterung: Lohnsteuer und Kirchensteuer, soweit vom Arbeitgeber getragen und pauschal bemessen.

Lohnsteuerpflicht	Nein	§ 40 Abs. 3 EStG
Beitragspflicht KV PV RV ALV	Nein	§ 14 Abs. 1 SGB IV, § 1 Abs. 1 SvEV
Beitragspflicht UV	Nein	§ 14 Abs. 1 SGB IV, § 1 Abs. 1 SvEV

Mindestlohnrelevanz: Ja
Entgeltzuordnung in der Sozialversicherung: Kein Arbeitsentgelt im Sinne der Sozialversicherung.

11.16 Lohnsteuer und Kirchensteuer (Übernahme bei Nettolohnvereinbarung)

Erläuterung: Lohnsteuer und Kirchensteuer, vom Arbeitgeber z. B. aufgrund einer Nettolohn-Vereinbarung übernommen.

Lohnsteuerpflicht	Ja	§ 8 Abs. 2 EStG; H 19.3 LStH
Beitragspflicht KV PV RV ALV	Ja	§ 14 Abs. 2 SGB IV
Beitragspflicht UV	Ja	§ 14 Abs. 1 Satz 1 SGB IV

Mindestlohnrelevanz: Ja
Entgeltart: Laufendes Arbeitsentgelt
Entgeltzuordnung in der Sozialversicherung: Entgeltabrechnungsmonat, für den der Anspruch auf Übernahme der Lohn- und Kirchensteuer besteht.

11.17 Losgewinn (Incentive)

Erläuterung: Teilnahmeberechtigung an einer speziellen Verlosung, z. B. nur für Mitarbeiter, welche überdurchschnittliche Ergebnisse erzielt oder die meisten bzw. die besten Verbesserungsvorschläge eingebracht haben. Auch wenn die Verlosung wesentlich von dem Ziel bestimmt ist, den Arbeitnehmern eine zusätzliche Vergütung für die geleistete Arbeit zukommen zu lassen und zugleich den Anreiz für weitere erfolgreiche Arbeit zu erzielen.

Lohnsteuerpflicht	Ja	BFH, Urteil v. 15.12.1977, VI R 150/75; BFH, Urteil v. 25.11.1993 VI R 45/93
Beitragspflicht KV PV RV ALV	Ja	§ 14 Abs. 1 Satz 1 SGB IV, § 23a SGB IV; BSG, Urteil vom 26.10.1988 12 RK 18/87
Beitragspflicht UV	Ja	§ 14 Abs. 1 Satz 1 SGB IV, § 23a SGB IV; BSG, Urteil vom 26.10.1988 12 RK 18/87

Mindestlohnrelevanz: Nein
Entgeltart: Einmalzahlung
Entgeltzuordnung in der Sozialversicherung: Entgeltabrechnungsmonat, in dem die Losgewinne bzw. zusätzliche Vergütung ausgezahlt werden. Losgewinne, die in den Monaten Januar bis März eines Jahres ausgezahlt werden, sind dem letzten Entgeltabrechnungsmonat des vergangenen Jahres (Vorjahres) zuzuordnen, wenn in dem vergangenen Jahr bei demselben Arbeitgeber ein Versicherungspflichtiges Beschäftigungsverhältnis bestanden hat und die Losgewinne bzw. zusätzliche Vergütungen zusammen mit den sonstigen für das laufende Kalenderjahr festgestellten beitragspflichtigen Einnahmen die anteilige Beitragsbemessungsgrenze des laufenden Kalenderjahres übersteigen (März-Klausel).

11.18 Losgewinn (Losverkauf)

Erläuterung: Verlosung im Rahmen einer Betriebsveranstaltung, wenn die Arbeitnehmer Lose erwerben können und wenn die Gewinne pro Arbeitnehmer den Wert von 60 EUR brutto nicht überschreiten.

Lohnsteuerpflicht	Nein	R 19.5 Abs. 6 LStR
Beitragspflicht KV PV RV ALV	Nein	§ 14 Abs. 1 SGB IV, § 1 Abs. 1 Nr. 1 SvEV
Beitragspflicht UV	Nein	§ 14 Abs. 1 SGB IV, § 1 Abs. 1 Nr. 1 SvEV

Mindestlohnrelevanz: Nein
Entgeltzuordnung in der Sozialversicherung: Kein Arbeitsentgelt im Sinne der Sozialversicherung.

12 M – Mahlzeiten bis Mutterschaftsgeldzuschuss

12.1 Mahlzeiten

Erläuterung: Mahlzeiten, die unentgeltlich oder verbilligt zusätzlich zum vereinbarten Arbeitsentgelt gewährt werden, soweit der vom Arbeitnehmer gezahlte Essenspreis den entsprechenden Anteil am amtlichen Sachbezugswert nicht erreicht. Der anteilige Sachbezugswert ist der aktuellen Sachbezugsverordnung für das jeweilige Kalenderjahr zu entnehmen.

Lohnsteuerpflicht	Ja	§ 8 Abs. 2 EStG; R 8.1 Abs. 7 LStR
Beitragspflicht KV PV RV ALV	Ja	§ 14 Abs. 1 Satz 1 SGB IV
Beitragspflicht UV	Ja	§ 14 Abs. 1 Satz 1 SGB IV

Mindestlohnrelevanz: Nein
Entgeltart: Laufendes Arbeitsentgelt
Entgeltzuordnung in der Sozialversicherung: Entgeltabrechnungsmonat, für den die Mahlzeiten verbilligt oder unentgeltlich gewährt werden.

12.2 Mahlzeiten (Pauschalversteuerung durch den Arbeitgeber)

Erläuterung: Mahlzeiten, wenn der Arbeitgeber die Lohnsteuer pauschal erhebt.

Lohnsteuerpflicht	Ja	§ 40 Abs. 2 Nr. 1 EStG
Beitragspflicht KV PV RV ALV	Nein	§ 1 Abs. 1 Satz 1 Nr. 3 SvEV
Beitragspflicht UV	Nein	§ 1 Abs. 1 Satz 1 Nr. 3 SvEV

Mindestlohnrelevanz: Nein
Entgeltzuordnung in der Sozialversicherung: Kein Arbeitsentgelt im Sinne der Sozialversicherung.

12.3 Maigeld

Erläuterung: Maigeld wird am 1. Mai gewährt.

Lohnsteuerpflicht	Ja	§ 2 Abs. 1 LStDV
Beitragspflicht KV PV RV ALV	Ja	§ 14 Abs. 1 Satz 1 SGB IV, § 23a SGB IV
Beitragspflicht UV	Ja	§ 14 Abs. 1 Satz 1 SGB IV, § 23a SGB IV

Mindestlohnrelevanz: Ja
Entgeltart: Einmalzahlung
Entgeltzuordnung in der Sozialversicherung: Entgeltabrechnungsmonat, in dem die Maigelder ausgezahlt werden.

12.4 Mankogeld

Erläuterung: S. Fehlgeldentschädigung.

12.5 Massagen

Erläuterung: Wenn Massagen besonders dafür geeignet sind, spezifisch berufsbedingten Beeinträchtigungen der Gesundheit des Arbeitnehmers vorzubeugen bzw. ihnen entgegen zu wirken und die Kosten vom Arbeitgeber übernommen werden.

Lohnsteuerpflicht	Nein	BFH, Urteil v. 30.5.2001, VI R 177/99
Beitragspflicht KV PV RV ALV	Nein	§ 14 Abs. 1 SGB IV, § 1 Abs. 1 SvEV
Beitragspflicht UV	Nein	§ 14 Abs. 1 SGB IV, § 1 Abs. 1 SvEV

Mindestlohnrelevanz: Nein
Entgeltzuordnung in der Sozialversicherung: Kein Arbeitsentgelt im Sinne der Sozialversicherung.

12.6 Medikamente

Erläuterung: Medikamente, die vom Arbeitgeber im Betrieb an die Arbeitnehmer verabreicht werden.

Lohnsteuerpflicht	Nein	R 19.6 EStR
Beitragspflicht KV PV RV ALV	Nein	§ 14 Abs. 1 SGB IV, § 1 Abs. 1 SvEV
Beitragspflicht UV	Nein	§ 14 Abs. 1 SGB IV, § 1 Abs. 1 SvEV

Mindestlohnrelevanz: Nein
Entgeltzuordnung in der Sozialversicherung: Kein Arbeitsentgelt im Sinne der Sozialversicherung.

12.7 Mehrarbeitsvergütung (entsprechend tatsächlicher Mehrarbeit)

Erläuterung: Mehrarbeitsvergütung für tatsächlich geleistete Mehrarbeit. Beim Ausgleich über mehrere Monate angesammelter Überstunden handelt es sich jeoch um einen Einmalbezug im aktuellen Abrechnungsmonat.

Lohnsteuerpflicht	Ja	§ 2 Abs. 2 Nr. 6 LStDV; R 19.3 Abs. 1 Nr. 1 LStR
Beitragspflicht KV PV RV ALV	Ja	§ 14 Abs. 1 Satz 1 SGB IV
Beitragspflicht UV	Ja	§ 14 Abs. 1 Satz 1 SGB IV

Mindestlohnrelevanz: Nein
Entgeltart: Laufendes Arbeitsentgelt
Entgeltzuordnung in der Sozialversicherung: Entgeltabrechnungsmonat, in dem die vergütete Mehrarbeit tatsächlich geleistet wurde.

12.8 Mehrarbeitsvergütung (pauschal)

Erläuterung: Pauschale Mehrarbeitsvergütung, die unabhängig von der geleisteten Mehrarbeit in monatlich gleicher Höhe gezahlt wird, d. h. sogar dann, wenn gar keine Mehrarbeit geleistet wurde.

Lohnsteuerpflicht	Ja	§ 2 Abs. 2 Nr. 6 LStDV; R 19.3 Abs. 1 Nr. 1 LStR
Beitragspflicht KV PV RV ALV	Ja	§ 14 Abs. 1 Satz 1 SGB IV
Beitragspflicht UV	Ja	§ 14 Abs. 1 Satz 1 SGB IV

Mindestlohnrelevanz: Nein
Entgeltart: Laufendes Arbeitsentgelt
Entgeltzuordnung in der Sozialversicherung: Entgeltabrechnungsmonat, für den der Anspruch auf die pauschalen Mehrarbeitsvergütungen besteht.

12.9 Metergeld

Erläuterung: Metergeld im Möbeltransportgewerbe.

Lohnsteuerpflicht	Ja	§ 2 Abs. 1 LStDV
Beitragspflicht KV PV RV ALV	Ja	§ 14 Abs. 1 Satz 1 SGB IV
Beitragspflicht UV	Ja	§ 14 Abs. 1 Satz 1 SGB IV

Mindestlohnrelevanz: Ja, sofern ein Rechtsanspruch darauf besteht.
Entgeltart: Laufendes Arbeitsentgelt
Entgeltzuordnung in der Sozialversicherung: Entgeltabrechnungsmonat, für den das Metergeld gezahlt wird.

12.10 Miete

Erläuterung: Mietzahlung des Arbeitgebers für die Anmietung eines häuslichen Arbeitszimmers. Achtung: kein Arbeitslohn, aber Einnahmen aus Vermietung und Verpachtung.

Lohnsteuerpflicht	Nein	BFH, Urteil v 19.10.2001, IV R 131/00
Beitragspflicht KV PV RV ALV	Nein	§ 14 Abs. 1 SGB IV, § 1 Abs. 1 SvEV
Beitragspflicht UV	Nein	§ 14 Abs. 1 SGB IV, § 1 Abs. 1 SvEV

Mindestlohnrelevanz: Nein
Entgeltzuordnung in der Sozialversicherung: Kein Arbeitsentgelt im Sinne der Sozialversicherung.

12.11 Mietkostenzuschuss

Erläuterung: Zuschuss des Arbeitgebers an den Arbeitnehmer zu dessen Mietkosten.

Lohnsteuerpflicht	Ja	§ 2 Abs. 1 LStDV
Beitragspflicht KV PV RV ALV	Ja	§ 14 Abs. 1 Satz 1 SGB IV
Beitragspflicht UV	Ja	§ 14 Abs. 1 Satz 1 SGB IV

Mindestlohnrelevanz: Nein
Entgeltart: Laufendes Arbeitsentgelt
Entgeltzuordnung in der Sozialversicherung: Entgeltabrechnungsmonat, für den der Anspruch auf die Mietkostenzuschüsse besteht.

12.12 Mitarbeiterbeteiligung

Erläuterung: Beteiligung des Krankenhauspersonals an den Liquidationseinnahmen der im Hause tätigen Chefärzte. Sie gelten nur dann als regelmäßiges Arbeitsentgelt, wenn ein Rechtsanspruch darauf besteht oder die Zahlung aufgrund betrieblicher Übung erwartet werden kann, insbesondere dann, wenn sie monatlich pauschal gezahlt werden.

Lohnsteuerpflicht	Ja	Erlass des BMF v. 27.4.1982, IV B6-S 2332-16/82
Beitragspflicht KV PV RV ALV	Ja	§ 14 Abs. 1 Satz 1 SGB IV
Beitragspflicht UV	Ja	§ 14 Abs. 1 Satz 1 SGB IV

Mindestlohnrelevanz: Ja
Entgeltart: Laufendes Arbeitsentgelt
Entgeltzuordnung in der Sozialversicherung: Entgeltabrechnungsmonat, für den der Anspruch auf die Mitarbeiterbeteiligung besteht.

12.13 Mitarbeiter-Kapitalbeteiligung

Erläuterung: Kostenlose oder verbilligte Überlassung von Aktien, Mitarbeiterbeteilungsfonds u. a. Beteiligungen an eigenem Unternehmen bis zu 360 EUR. S. Vermögensbeteiligung. Bei den Vermögensbeteiligungen muss es sich um freiwillige

Leistungen des Arbeitgebers handeln, auch im Wege einer Entgeltumwandlung. Achtung: Beitragsfreiheit nur, falls die Leistung zusätzlich zum Arbeitslohn gezahlt wird. Ansonsten (z. B. bei Entgeltumwandlung) besteht Beitragspflicht zur SV!

Lohnsteuerpflicht	Nein	§ 3 Nr. 39 EStG
Beitragspflicht KV PV RV ALV	Ja	§ 14 Abs. 1 Satz 1 SGB IV; § 1 Abs. 1 Satz 1 Nr. 1 SvEV
Beitragspflicht UV	Ja	§ 14 Abs. 1 Satz 1 SGB IV

Mindestlohnrelevanz: Nein
Entgeltzuordnung in der Sozialversicherung: Falls Leistung nicht zusätzlich zu Lohn/Gehalt gewährt (Beitragsfreiheit): Entgeltabrechnungszeitraum, für den die Leistung gezahlt wird.

12.14 Mitgliedsbeitrag

Erläuterung: Mitgliedsbeitrag zu Berufsverbänden und Vereinen, die der Arbeitgeber für den Arbeitnehmer übernimmt.

Lohnsteuerpflicht	Ja	R 19.3 Abs. 1 LStR
Beitragspflicht KV PV RV ALV	Ja	§ 14 Abs. 1 Satz 1 SGB IV
Beitragspflicht UV	Ja	§ 14 Abs. 1 Satz 1 SGB IV

Mindestlohnrelevanz: Nein
Entgeltart: Laufendes Arbeitsentgelt
Entgeltzuordnung in der Sozialversicherung: Entgeltabrechnungsmonat, für den die Mitgliedsbeiträge vom Arbeitgeber übernommen werden.

12.15 Montagebeteiligung

Erläuterung: Laufend oder erst nachträglich ausgezahlte Beträge.

Lohnsteuerpflicht	Ja	§ 19 Abs. 1 EStG
Beitragspflicht KV PV RV ALV	Ja	§ 14 Abs. 1 Satz 1 SGB IV, BSG, Urteil vom 27.10.1989 12 RK 9/88
Beitragspflicht UV	Ja	§ 14 Abs. 1 Satz 1 SGB IV

Mindestlohnrelevanz: Keine Aussage möglich.
Entgeltart: Laufendes Arbeitsentgelt
Entgeltzuordnung in der Sozialversicherung: Entgeltabrechnungsmonat, für den der Anspruch auf die Montagebeteiligung besteht.

12.16 Montagezulage

Erläuterung: S. Auslösungen.

12.17 Mutterschaftsgeldzuschuss

Erläuterung: Nach § 19 des Mutterschutzgesetzes für die Dauer der Schutzfristen gezahlter Arbeitgeberzuschuss.

Lohnsteuerpflicht	Nein	§ 3 Nr. 1d EStG
Beitragspflicht KV PV RV ALV	Nein	§ 1 Abs. 1 Satz 1 Nr. 6 SvEV
Beitragspflicht UV	Nein	§ 1 Abs. 1 Satz 1 Nr. 6 SvEV

Mindestlohnrelevanz: Nein
Entgeltzuordnung in der Sozialversicherung: Kein Arbeitsentgelt im Sinne der Sozialversicherung.

13 N – Nachtarbeitszuschlag bis Nutzungsentschädigung

13.1 Nachtarbeitszuschlag, Grundlohn übersteigt nicht 25 EUR pro Stunde

Erläuterung: Nachtarbeitszuschlag für tatsächlich geleistete Nachtarbeit neben dem Grundlohn gezahlt, soweit 25 % des Grundlohns nicht übersteigend.

Lohnsteuerpflicht	Nein	§ 3b EStG
Beitragspflicht KV PV RV ALV	Nein	§ 1 Abs. 1 Satz 1 Nr. 1 SvEV
Beitragspflicht UV	Ja	§ 1 Abs. 2 SvEV

Mindestlohnrelevanz: Nein
Entgeltzuordnung in der Sozialversicherung: Kein Arbeitsentgelt im Sinne der Sozialversicherung. In der Unfallversicherung sind steuerpflichtige und auch steuerfreie Zuschläge für Sonntags-, Feiertags- und Nachtarbeit beitragspflichtig.

13.2 Nachtarbeitszuschläge, Grundlohn liegt zwischen 25 EUR und 50 EUR pro Stunde

Erläuterung: Nachtarbeitszuschlag für tatsächlich geleistete Nachtarbeit neben dem Grundlohn gezahlt, soweit 25 % des Grundlohns nicht übersteigend. Steuer: Steuerfrei, soweit Grundlohn 50 EUR nicht übersteigt. SV: Regelmäßiges Entgelt bei regelmäßiger Nachtarbeit.

Lohnsteuerpflicht	Nein	§ 3b EStG
Beitragspflicht KV PV RV ALV	Ja	§ 14 Abs. 1 Satz 1 SGB IV, § 1 Abs. 1 Nr. 1 Satz 2 SvEV
Beitragspflicht UV	Ja	§ 1 Abs. 2 SvEV

Mindestlohnrelevanz: Nein
Entgeltart: Laufendes Arbeitsentgelt
Entgeltzuordnung in der Sozialversicherung: Entgeltabrechnungszeitraum, in dem die Zuschläge gezahlt werden.

13.3 Nachtdienstzulage

Erläuterung: Als Aufwandsentschädigung an Arbeiter, Angestellte und Beamte des Bundes gezahlt.

Lohnsteuerpflicht	Nein	§ 3 Nr. 12 EStG; R 3.12 LStR
Beitragspflicht KV PV RV ALV	Nein	§ 14 Abs. 1 SGB IV, § 1 Abs. 1 SvEV
Beitragspflicht UV	Nein	§ 14 Abs. 1 SGB IV, § 1 Abs. 1 SvEV

Mindestlohnrelevanz: Nein
Entgeltzuordnung in der Sozialversicherung: Kein Arbeitsentgelt im Sinne der Sozialversicherung.

13.4 Nachzahlung von Entgelt

Erläuterung: Nachträglich an den Arbeitnehmer gezahltes Entgelt auf das der Arbeitnehmer bereits einen Anspruch erlangt hat oder aufgrund von rückwirkenden Lohn- und Gehaltserhöhungen gehört regelmäßig zum laufenden Entgelt, soweit sich die Nachzahlung auf das laufende Abrechnungsjahr bezieht.

Lohnsteuerpflicht	Ja	§ 19 Abs. 1 EStG; § 2 Abs. 1 LStDV
Beitragspflicht KV PV RV ALV	Ja	§ 14 Abs. 1 Satz 1 SGB IV, BSG, Urteil vom 26.10.1982 12 RK 8/81
Beitragspflicht UV	Ja	§ 14 Abs. 1 Satz 1 SGB IV,

Mindestlohnrelevanz: Ja
Entgeltart: Laufendes Arbeitsentgelt
Entgeltzuordnung in der Sozialversicherung: Entgeltabrechnungsmonat, in dem der Anspruch auf das nahgezahlte Gehalt/den nachgezahlten Lohn entstanden ist.

13.5 Nebenberufliche Tätigkeit

Erläuterung: Nebenberufliche Tätigkeit, Einnahmen hieraus als Übungsleiter, Ausbilder, Erzieher oder für die nebenberufliche Pflege alter, kranker oder behinderter Menschen in einer nach dem Körperschaftsteuergesetz steuerbefreiten Einrichtung bis zur Höhe von insgesamt 2.400 EUR pro Jahr.

Lohnsteuerpflicht	Nein	§ 3 Nr. 26 EStG; R 3.26 LStR
Beitragspflicht KV PV RV ALV	Nein	§ 14 Abs. 1 SGB IV, § 1 Abs. 1 Nr. 16 SvEV
Beitragspflicht UV	Nein	§ 14 Abs. 1 SGB IV, § 1 Abs. 1 Nr. 16 SvEV

Mindestlohnrelevanz: Nein
Entgeltzuordnung in der Sozialversicherung: Kein Arbeitsentgelt im Sinne der Sozialversicherung.

13.6 Nebenberufliche Tätigkeit (Ehrenamt)

Erläuterung: Nebenberufliche Tätigkeit, Einnahmen aus ehrenamtlicher Tätigkeit in gemeinnützigen, mildtätigen oder kirchlichen Bereichen bis zur Höhe von insgesamt 720 EUR im Jahr.

Lohnsteuerpflicht	Nein	§ 3 Nr. 26a EStG
Beitragspflicht KV PV RV ALV	Nein	§ 14 Abs. 1 SGB IV, § 1 Abs. 1 Nr. 16 SvEV
Beitragspflicht UV	Nein	§ 14 Abs. 1 SGB IV, § 1 Abs. 1 Nr. 16 SvEV

Mindestlohnrelevanz: Nein
Entgeltzuordnung in der Sozialversicherung: Kein Arbeitsentgelt im Sinn der Sozialversicherung.

13.7 Nebenjob / Nebenbeschäftigung (pauschal versteuert)

Erläuterung: S. Teilzeitbeschäftigung, nicht geringfügig entlohnt (pauschal versteuert).

13.8 Neujahrszuwendung

Erläuterung: Sonstiger Bezug in Form einer Einmalzahlung zum Jahreswechsel

Lohnsteuerpflicht	Ja	§ 19 Abs. 1 EStG
Beitragspflicht KV PV RV ALV	Ja	§ 14 Abs. 1 Satz 1 SGB IV, § 23a SGB IV
Beitragspflicht UV	Ja	§ 14 Abs. 1 Satz 1 SGB IV, § 23a SGB IV

Mindestlohnrelevanz: Ja
Entgeltart: Einmalzahlung
Entgeltzuordnung in der Sozialversicherung: Entgeltabrechnungsmonat, in dem die Neujahrszuwendungen ausgezahlt werden.

13.9 Nichtraucherprämie

Erläuterung: Form der persönlichen Zulage an den Arbeitnehmer

Lohnsteuerpflicht	Ja	§ 19 Abs. 1 EStG
Beitragspflicht KV PV RV ALV	Ja	§ 14 Abs. 1 Satz 1 SGB IV
Beitragspflicht UV	Ja	§ 14 Abs. 1 Satz 1 SGB IV

Mindestlohnrelevanz: Nein
Entgeltart: Laufendes Arbeitsentgelt
Entgeltzuordnung in der Sozialversicherung: Entgeltabrechnungsmonat, für den der Anspruch auf die Nichtraucherprämien besteht.

13.10 Notarzt im Rettungsdienst

Erläuterung: Einnahmen aus Tätigkeit als Notarzt im Rettungsdienst, wenn diese Tätigkeit neben einer Beschäftigung mit einem Umfang von mindestens 15 Stunden pro Woche außerhalb des Rettungsdienstes oder im Rahmen einer Tätigkeit als zugelassener Vertragsarzt oder als Arzt in privater Niederlassung ausgeübt wird, sind steuerpflichtig, aber sv-frei.

Lohnsteuerpflicht	ja	§ 23c Abs. 2 SGB IV
Beitragspflicht KV PV RV ALV	Nein	§ 23c Abs. 2 SGB IV
Beitragspflicht UV	Nein	§ 23c Abs. 1 SGB IV

Mindestlohnrelevanz: Nein
Entgeltart: Laufendes Arbeitsentgelt
Entgeltzuordnung in der Sozialversicherung: Kein Arbeitsentgelt im Sinne der Sozialversicherung.

13.11 Notebook

Erläuterung: S. Personalcomputer.

13.12 Notstandsbeihilfe

Erläuterung: S. Beihilfen.

13.13 Nutzungsentschädigung

Erläuterung: S. Werkzeuggeld.

14 O – Optionsrecht bis Ortszuschlag

14.1 Optionsrecht (Ausübung des Optionsrechts)

Erläuterung: Wird das Optionsrecht tatsächlich ausgeübt, entsteht dem Arbeitnehmer ein geldwerter Vorteil. Dabei ist es unerheblich, ob der Gewinn ausgezahlt oder wieder in Aktien angelegt wird. Es gilt das Zuflussprinzip, d. h. das Entgelt ist im Monat der Auszahlung bzw. der Aktienübernahme zu berücksichtigen. Dieser Grundsatz besteht selbst über das Ausscheiden aus dem Beschäftigungsverhältnis hinaus.

Lohnsteuerpflicht	Ja	BFH, Urteil v. 23.7.1999, IV B 6 S 2332 29/98; BMF, Schreiben v. 28.8.1998, IV B 6 – S 2332 – 29/98
Beitragspflicht KV PV RV ALV	Ja	§ 14 Abs. 1 Satz 1 SGB IV, § 23a SGB IV, BE vom 26./27.5.1999
Beitragspflicht UV	Ja	§ 14 Abs. 1 Satz 1 SGB IV, § 23a SGB IV

Mindestlohnrelevanz: Nein
Entgeltart: Einmalzahlung
Entgeltzuordnung in der Sozialversicherung: Entgeltabrechnungsmonat, in dem der Gewinn ausgezahlt wird bzw. die Aktienübernahme erfolgt. Geldwerte Vorteile von Optionsrechten, die in den Monaten Januar bis März eines Jahres ausgezahlt werden, sind dem letzten Entgeltabrechnungsmonat des vergangenen Jahres (Vorjahres) zuzuordnen, wenn in dem vergangenen Jahr bei demselben Arbeitgeber ein versicherungspflichtiges Beschäftigungsverhältnis bestanden hat und die geldwerten Vorteile zusammen mit den sonstigen für das laufende Kalenderjahr festgestellten beitragspflichtigen Einnahmen die anteilige Beitragsbemessungsgrenze des laufenden Kalenderjahres übersteigen (März-Klausel).

14.2 Optionsrecht (Bezugsrecht)

Erläuterung: Recht auf den Bezug von Aktien zum Vorzugspreis. Der Anspruch besteht nur für den Arbeitnehmer, ist also weder übertragbar noch marktgängig. Es spielt keine Rolle, ob der Arbeitgeber als Stillhalter die Option selbst einräumt oder ob die Option von einem Dritten erworben wird und dem Arbeitnehmer übertragen wird. S. auch Vermögensbeteiligungen.

Lohnsteuerpflicht	Nein	BFH, Urteil v. 23.7.1999, IV B 6 S 2332 29/98; BMF, Schreiben v. 28.8.1998, IV B 6 – S 2332 – 29/98
Beitragspflicht KV PV RV ALV	Nein	§ 14 Abs. 1 SGB IV, § 1 Abs. 1 SvEV
Beitragspflicht UV	Nein	§ 14 Abs. 1 SGB IV, § 1 Abs. 1 SvEV

Mindestlohnrelevanz: Nein
Entgeltzuordnung in der Sozialversicherung: Kein Arbeitsentgelt im Sinne der Sozialversicherung.

14.3 Ortszuschlag

Erläuterung: S. Ballungsraumzulage, Familienzuschlag und Wohnungszulage.

15 P – Parkgebühr bis Prozesskosten

15.1 Parkgebühr (Dienst- oder Betriebsfahrzeug bei Auswärtstätigkeit)

Erläuterung: Der Arbeitnehmer legt anlässlich von Auswärtstätigkeiten Parkgebühr aus, der Arbeitgeber erstattet gegen entsprechenden Beleg diese Auslagen. S. Auslagenersatz.

Lohnsteuerpflicht	Nein	§ 3 Nr. 16 EStG
Beitragspflicht KV PV RV ALV	Nein	§ 14 Abs. 1 SGB IV, § 1 Abs. 1 SvEV
Beitragspflicht UV	Nein	§ 14 Abs. 1 SGB IV, § 1 Abs. 1 SvEV

Mindestlohnrelevanz: Nein
Entgeltzuordnung in der Sozialversicherung: Kein Arbeitsentgelt im Sinne der Sozialversicherung.

15.2 Parkgebühr für Arbeitnehmerparkplatz

Erläuterung: Erstattung der Parkplatzkosten durch den Arbeitgeber für einen vom Arbeitnehmer angemieteten Parkplatz. S. Parkgebühr (Dienst- oder Betriebsfahrzeug bei Auswärtstätigkeit) und Parkplatz.

Lohnsteuerpflicht	Ja	§ 19 Abs. 1 EStG
Beitragspflicht KV PV RV ALV	Ja	§ 14 Abs. 1 Satz 1SGB IV
Beitragspflicht UV	Ja	§ 14 Abs. 1 Satz 1 SGB IV

Mindestlohnrelevanz: Nein
Entgeltart: Laufendes Arbeitsentgelt
Entgeltzuordnung in der Sozialversicherung: Monat, in dem die Parkgebühr erstattet wird.

15.3 Parkplatz

Erläuterung: Parkplatzgestellung auf Kosten des Arbeitgebers (z. B. für den Arbeitnehmer kostenfreier Stellplatz im Parkhaus).

Lohnsteuerpflicht	Nein	H 19.3 LStH
Beitragspflicht KV PV RV ALV	Nein	§ 14 Abs. 1 SGB IV, § 1 Abs. 1 SvEV
Beitragspflicht UV	Nein	§ 14 Abs. 1 SGB IV, § 1 Abs. 1 SvEV

Mindestlohnrelevanz: Nein
Entgeltzuordnung in der Sozialversicherung: Kein Arbeitsentgelt im Sinne der Sozialversicherung.

15.4 Partnerschaftsvergütung

Erläuterung: Anteil am Geschäftserfolg. Berücksichtigung zum Zeitpunkt der Auszahlung. S. Ergebnisbeteiligung und Gewinnanteil.

Lohnsteuerpflicht	Ja	§ 19 Abs. 1 Nr. 1 EStG
Beitragspflicht KV PV RV ALV	Ja	§ 14 Abs. 1 Satz 1 SGB IV, BSG, Urteil vom 1.12.1977 12 RK 11/76
Beitragspflicht UV	Ja	§ 14 Abs. 1 Satz 1 SGB IV

Mindestlohnrelevanz: Nein
Entgeltart: Einmalzahlung
Entgeltzuordnung in der Sozialversicherung: Entgeltabrechnungsmonat, in dem die Partnerschaftsvergütung ausgezahlt wird. Partnerschaftsvergütungen, die in den Monaten Januar bis März eines Jahres ausgezahlt werden, sind dem letzten Entgeltabrechnungsmonat des vergangenen Jahres (Vorjahres) zuzuordnen, wenn in dem vergangenen Jahr bei demselben Arbeitgeber ein versicherungspflichtiges Beschäftigungsverhältnis bestanden hat und die Partnerschaftsvergütungen zusammen mit den sonstigen für das laufende Kalenderjahr festgestellten beitragspflichtigen Einnahmen die anteilige Beitragsbemessungsgrenze des laufenden Kalenderjahres übersteigen (März-Klausel).

15.5 Pauschalbesteuerte Bezüge

Erläuterung: S. auch Ferienbeihilfe (pauschal besteuert), Fahrtkostenersatz (eigener PKW – pauschal versteuert), Mahlzeiten (Pauschalversteuerung durch den Arbeitgeber), Betriebsveranstaltung (pauschal versteuerte Zuwendungen und Personalcomputerübereignung (pauschal versteuert).

15.6 Pauschale Abgeltung im Baugewerbe

Erläuterung: Witterungsbedingter Lohnausfall im Baugewerbe wird pauschal abgegolten. S. Abgeltung witterungsbedingter Lohnausfall.

Lohnsteuerpflicht	Ja	§ 19 Abs. 1 EStG
Beitragspflicht KV PV RV ALV	Ja	§ 14 Abs. 1 Satz 1 SGB IV
Beitragspflicht UV	Ja	§ 14 Abs. 1 Satz 1 SGB IV

Mindestlohnrelevanz: Nein
Entgeltart: Laufendes Arbeitsentgelt
Entgeltzuordnung in der Sozialversicherung: Entgeltabrechnungsmonat, für den der Anspruch auf die Abgeltung besteht.

15.7 Pauschale Lohn- und Kirchensteuer

Erläuterung: Der Arbeitgeber trägt die pauschale Lohn- und Kirchensteuer.

Lohnsteuerpflicht	Nein	§ 40 Abs. 3 EStG
Beitragspflicht KV PV RV ALV	Nein	§ 14 Abs. 1 SGB IV, § 1 SvEV, BSG, Urteil v. 12.11.1975, 3/12 RK 8/74; BSG, Urteil v. 13.10.1993, 2 RU 41/92
Beitragspflicht UV	Nein	§ 14 Abs. 1 SGB IV, § 1 Abs. 1 SvEV

Mindestlohnrelevanz: Nein
Entgeltzuordnung in der Sozialversicherung: Kein Arbeitsentgelt im Sinne der Sozialversicherung.

15.8 Pauschales Rohr-, Saiten- oder Blattgeld (Berufsmusiker)

Erläuterung: Durch die Zahlung des Arbeitgebers wird (maximal) der tatsächliche Aufwand abgegolten, ein Nachweis hierüber über 3 Monate muss vorliegen. Dieser Aufwandsersatz muss tarifvertraglich festgelegt sein. Unter diesen Umständen kann steuerfreier Auslagenersatz vorliegen.

Lohnsteuerpflicht	Nein	BFH, Urteil v. 21.8.1995, VI R 30/95, BStBl 1995 II S. 906
Beitragspflicht KV PV RV ALV	Nein	§ 14 Abs. 1 SGB IV, § 1 Abs. 1 Nr. 1 SvEV
Beitragspflicht UV	Nein	§ 14 Abs. 1 SGB IV, § 1 Abs. 1 Nr. 1 SvEV

Mindestlohnrelevanz: Nein
Entgeltzuordnung in der Sozialversicherung: Kein Arbeitsentgelt im Sinne der Sozialversicherung.

15.9 Pedelec

Erläuterung: Pedelecs sind verkehrsrechtlich Fahrräder. s. Elektrofahrrad (bis 25 km/h)

15.10 Pensionsfonds und Pensionskasse (Beiträge)

Erläuterung: S. Zuschuss des Arbeitgebers zu Pensionsfonds und Pensionskasse.

15.11 Personalcomputer (PC)

Erläuterung: Nutzung eines betrieblichen PC für private Zwecke inkl. privater Internetnutzung, Zubehör und der Software, die im Eigentum des Arbeitgebers stehen.

Lohnsteuerpflicht	Nein	§ 3 Nr. 45 EStG; R 3.45 LStR
Beitragspflicht KV PV RV ALV	Nein	§ 14 Abs. 1 SGB IV, § 1 Abs. 1 SvEV
Beitragspflicht UV	Nein	§ 14 Abs. 1 SGB IV, § 1 Abs. 1 SvEV

Mindestlohnrelevanz: Nein
Entgeltzuordnung in der Sozialversicherung: Kein Arbeitsentgelt im Sinne der Sozialversicherung.

15.12 Personalcomputerübereignung (pauschal versteuert)

Erläuterung: Unentgeltliche oder verbilligte Übereignung von PC, Zubehör, Internetzugang und entsprechende Zuschüsse.

Lohnsteuerpflicht	Ja	§ 40 Abs. 2 Satz 1 Nr. 5 EStG
Beitragspflicht KV PV RV ALV	Nein	§ 1 Abs. 1 Satz 1 Nr. 3 SvEV
Beitragspflicht UV	Nein	§ 1 Abs. 1 Satz 1 Nr. 3 SvEV

Mindestlohnrelevanz: Nein
Entgeltart: Einmalzahlung
Entgeltzuordnung in der Sozialversicherung: Kein Arbeitsentgelt im Sinne der Sozialversicherung.

15.13 Personalrabatt

Erläuterung: S. Preisnachlass.

15.14 Pflegeversicherung

Erläuterung: Leistungen aus einer Pflegeversicherung.

Lohnsteuerpflicht	Nein	§ 3 Nr. 1a EStG
Beitragspflicht KV PV RV ALV	Nein	Kein Arbeitsentgelt i. S. des § 14 Abs. 1 Satz 1 SGB IV
Beitragspflicht UV	Nein	Kein Arbeitsentgelt i. S. des § 14 Abs. 1 Satz 1 SGB IV

Mindestlohnrelevanz: Nein
Entgeltzuordnung in der Sozialversicherung: Kein Arbeitsentgelt im Sinne der Sozialversicherung.

15.15 Portokosten (Auslagenersatz an Arbeitnehmer)

Erläuterung: Der Arbeitnehmer legt Portokosten für betriebliche Postsendungen aus, der Arbeitgeber erstattet diese gegen Beleg. S. Auslagenersatz.

Lohnsteuerpflicht	Nein	§ 3 Nr. 50 EStG
Beitragspflicht KV PV RV ALV	Nein	§ 14 Abs. 1 SGB IV, § 1 Abs. 1 SvEV
Beitragspflicht UV	Nein	§ 14 Abs. 1 SGB IV, § 1 Abs. 1 SvEV

Mindestlohnrelevanz: Nein
Entgeltzuordnung in der Sozialversicherung: Kein Arbeitsentgelt im Sinne der Sozialversicherung.

15.16 Praktikant (Entgelt bei freiwilligem Praktikum)

Erläuterung: Vor- und Nachpraktikum hinsichtlich SV: Versicherungs- und Beitragspflicht (auch zur Unfallversicherung)! Geringfügige Beschäftigung und Übergangsbereich prüfen und ggf. beachten (dennoch volle UV-Beitragspflicht)! Zwischenpraktikum hinsichtlich SV: Vorgehensweise wie bei »Werkstudenten« geschildert (20-Stunden-Regelung etc., ggf. Minijob-Regelung anwenden)!

Lohnsteuerpflicht	Ja	§ 19 Abs. 1 EStG
Beitragspflicht KV PV RV ALV	Ja	§ 14 Abs. 1 Satz 1 SGB IV
Beitragspflicht UV	Ja	§ 14 Abs. 1 Satz 1 SGB IV

Mindestlohnrelevanz: Ja, aber die ersten 3 Monate sind mindestlohnfrei.
Entgeltart: Laufendes Arbeitsentgelt
Entgeltzuordnung in der Sozialversicherung: Entgeltabrechnungsmonat, für den dem Praktikanten das Entgelt zu zahlen ist.

15.17 Praktikant (Entgelt bei vorgeschriebenem Vorpraktikum / Nachpraktikum)

Erläuterung: SV: Komplett beitragspflichtig (auch Unfallversicherung). Geringfügige Beschäftigung sowie Übergangsbereich nicht anwendbar. Geringverdienergrenze ggf. zu beachten! Besonderheit: Ohne eine Entgeltzahlung grds. gleiches Ergebnis, jedoch Beitragsfreiheit in KV / PV, falls Familienversicherung besteht!

Lohnsteuerpflicht	Ja	§ 19 Abs. 1 EStG
Beitragspflicht KV PV RV ALV	Ja	§ 14 Abs. 1 Satz 1 SGB IV
Beitragspflicht UV	Ja	§ 14 Abs. 1 Satz 1 SGB IV

Mindestlohnrelevanz: Nein
Entgeltart: Laufendes Arbeitsentgelt
Entgeltzuordnung in der Sozialversicherung: Entgeltabrechnungsmonat, für den dem Praktikanten das Entgelt zu zahlen ist.

15.18 Praktikant, vorgeschriebenes Zwischenpraktikum

Erläuterung: Beitragspflicht zur Unfallversicherung. Ansonsten beitragsfrei in allen übrigen Zweigen der SV (da nicht die Arbeitnehmereigenschaft im Vordergrund steht, sondern das Studium)!

Lohnsteuerpflicht	Ja	§ 19 Abs. 1 EStG
Beitragspflicht KV PV RV ALV	Nein	§ 6 Abs. 1 Nummer 3 SGB V, § 20 Abs. 1 Satz 1 SGB XI, § 5 Abs. 3 SGB VI, § 27 Abs. 4 Nummer 2 SGB III
Beitragspflicht UV	Ja	§ 14 Abs. 1 Satz 1 SGB IV

Mindestlohnrelevanz: Nein
Entgeltart: Laufendes Arbeitsentgelt
Entgeltzuordnung in der Sozialversicherung: Versicherungsfreiheit und Beitragsfreiheit zur SV! Ausnahme: Unfallversicherung (Beitragspflicht)!

15.19 Prämie für Verbesserungsvorschlag

Erläuterung: Vergütung für betrieblichen Verbesserungsvorschlag (auch wenn nicht vom Arbeitgeber direkt, sondern von Dritten gezahlt).

Lohnsteuerpflicht	Ja	§ 19 Abs. 1 EStG
Beitragspflicht KV PV RV ALV	Ja	§ 14 Abs. 1 Satz 1 SGB IV,§ 23a SGB IV, BSG, Urteil vom 26.3.1998 B 12 KR 17/97 R
Beitragspflicht UV	Ja	§ 14 Abs. 1 Satz 1 SGB IV, § 23a SGB IV

Mindestlohnrelevanz: Nein
Entgeltart: Einmalzahlung
Entgeltzuordnung in der Sozialversicherung: Entgeltabrechnungsmonat, in dem die Prämie ausgezahlt wird. Prämien für Verbesserungsvorschläge, die in den Monaten Januar bis März eines Jahres ausgezahlt werden, sind dem letzten Entgeltabrechnungsmonat des vergangenen Jahres (Vorjahres) zuzuordnen, wenn in dem vergangenen Jahr bei demselben Arbeitgeber ein versicherungspflichtiges Beschäftigungsverhältnis

bestanden hat und die Prämien zusammen mit den sonstigen für das laufende Kalenderjahr festgestellten beitragspflichtigen Einnahmen die anteilige Beitragsbemessungsgrenze des laufenden Kalenderjahres übersteigen (März-Klausel).

15.20 Prämien

Erläuterung: S. Anwesenheitsprämie, Belohnung, Incentive-Reise, Lebensversicherungsprämie, Sachprämie, Unfallverhütungsprämie und Werbeprämie.

15.21 Preisnachlass

Erläuterung: Preisnachlass beim Bezug von Waren oder Dienstleistungen, die vom Arbeitgeber nicht überwiegend für den Bedarf seiner Arbeitnehmer hergestellt, vertrieben oder erbracht werden, soweit der Nachlass insgesamt 1.080 EUR im Kalenderjahr (Rabattfreibetrag) nicht übersteigt.

Lohnsteuerpflicht	Nein	§ 8 Abs. 3 EStG; R 8.2 LStR
Beitragspflicht KV PV RV ALV	Nein	§ 14 Abs. 1 SGB IV, § 1 Abs. 1 SvEV
Beitragspflicht UV	Nein	§ 14 Abs. 1 SGB IV, § 1 Abs. 1 SvEV

Mindestlohnrelevanz: Nein
Entgeltzuordnung in der Sozialversicherung: Kein Arbeitsentgelt im Sinne der Sozialversicherung.

15.22 Privatforstbedienstete (Entschädigung)

Erläuterung: S. Entschädigung für Privatforstbedienstete.

15.23 Privatgespräche

Erläuterung: S. Telefonbenutzung.

15.24 Provisionen

Erläuterung: Provisionen, Gebührenanteile, Sonderzulagen und Vergütungen für nichtselbstständige Nebentätigkeiten.

Lohnsteuerpflicht	Ja	R 19.4 LStR
Beitragspflicht KV PV RV ALV	Ja	§ 14 Abs. 1 Satz 1 SGB IV
Beitragspflicht UV	Ja	§ 14 Abs. 1 Satz 1 SGB IV

Mindestlohnrelevanz: Ja, aber nur wenn unwiderruflich; Stichwort Garantieprovision.
Entgeltart: Laufendes Arbeitsentgelt
Entgeltzuordnung in der Sozialversicherung: Entgeltabrechnungsmonat, für den der Anspruch auf die Provision etc. entstanden ist

15.25 Provisionsfreie Abwicklung von Wertpapiergeschäften

Erläuterung: Bei Arbeitnehmern von Banken und Sparkassen. S. auch Preisnachlass.

Lohnsteuerpflicht	Nein	§ 8 Abs. 3 EStG; R 8.2 LStR
Beitragspflicht KV PV RV ALV	Nein	§ 14 Abs. 1 SGB IV, § 1 Abs. 1 SvEV
Beitragspflicht UV	Nein	§ 14 Abs. 1 SGB IV, § 1 Abs. 1 SvEV

Mindestlohnrelevanz: Nein
Entgeltzuordnung in der Sozialversicherung: Kein Arbeitsentgelt im Sinne der Sozialversicherung.

15.26 Prozesskosten

Erläuterung: Prozesskosten für ein Strafverfahren, die der Arbeitgeber dem Arbeitnehmer ersetzt.

Lohnsteuerpflicht	Ja	§ 2 Abs. 1 LStDV
Beitragspflicht KV PV RV ALV	Ja	§ 14 Abs. 1 Satz 1 SGB IV, § 23a SGB IV
Beitragspflicht UV	Ja	§ 14 Abs. 1 Satz 1 SGB IV, § 23a SGB IV

Mindestlohnrelevanz: Nein
Entgeltart: Einmalzahlung
Entgeltzuordnung in der Sozialversicherung: Entgeltabrechnungsmonat, in dem die Prozesskosten vom Arbeitgeber an den Arbeitnehmer erstattet werden.

16 R – Rabatt bis Restaurantscheck

16.1 Rabatt

Erläuterung: S. Preisnachlass.

16.2 Reisegepäckversicherung, dienstlich

Erläuterung: Erstattung des Arbeitgebers der Kosten einer Reisegepäckversicherung anlässlich einer Dienstreise

Lohnsteuerpflicht	Nein	BMF, Schreiben v 9.9.2015, IV C 5 – S 2352 – 11/10003
Beitragspflicht KV PV RV ALV	Nein	§ 14 Abs. 1 SGB IV, § 1 Abs. 1 SvEV
Beitragspflicht UV	Nein	§ 14 Abs. 1 SGB IV, § 1 Abs. 1 SvEV

Mindestlohnrelevanz: Nein

16.3 Reisegepäckversicherung, privat

Erläuterung: Erstattung des Arbeitgebers der Kosten einer Reisegepäckversicherung für eine Privatreise oder eine gemischt veranlasste Reise; z. B. nicht bezahlte Familienheimfahrt während Auswärtstätigkeit. Eine Aufteilung der Kosten in einen beruflichen und einen privaten Teil ist nur möglich, soweit von der Versicherungsgesellschaft eine Bescheinigung zur Verteilung des kalkulierten Risikos vorliegt.

Lohnsteuerpflicht	Ja	§ 19 Abs. 1 Nr. 1 EStG
Beitragspflicht KV PV RV ALV	Ja	§ 14 Abs. 1 SGB IV
Beitragspflicht UV	Ja	§ 14 Abs. 1 SGB IV

Mindestlohnrelevanz: Nein
Entgeltart: Einmalzahlung
Entgeltzuordnung in der Sozialversicherung: Entgeltabrechnung

16.4 Reisekostenersatz der privaten Wirtschaft

Erläuterung: Soweit die beruflich veranlassten Mehraufwendungen bzw. pauschalen Abgeltungen die Beträge, welche ansonsten nach § 9 EStG absetzbar gewesen wären, nicht übersteigen.

Lohnsteuerpflicht	Nein	§ 3 Nr. 16 EStG; R 9.4 bis R 9.8 LStR
Beitragspflicht KV PV RV ALV	Nein	§ 14 Abs. 1 SGB IV, § 1 Abs. 1 Nr. 3 SvEV
Beitragspflicht UV	Nein	§ 14 Abs. 1 SGB IV, § 1 Abs. 1 Nr. 3 SvEV

Mindestlohnrelevanz: Nein
Entgeltzuordnung in der Sozialversicherung: Kein Arbeitsentgelt im Sinne der Sozialversicherung.

16.5 Reisekostenersatz im öffentlichen Dienst

Erläuterung: Gemäß Bundesreisekostengesetz.

Lohnsteuerpflicht	Nein	§ 3 Nr. 13 EStG; R 3.13 LStR
Beitragspflicht KV PV RV ALV	Nein	§ 1 SvEV
Beitragspflicht UV	Nein	§ 1 SvEV

Mindestlohnrelevanz: Nein
Entgeltzuordnung in der Sozialversicherung: Kein Arbeitsentgelt im Sinne der Sozialversicherung.

16.6 Reisekostenvergütung (pauschal versteuerter Verpflegungsmehraufwand)

Erläuterung: Mit 25 % pauschal versteuerte Zahlung des Arbeitgebers.

Lohnsteuerpflicht	Ja	§ 40 Abs. 2 Nr. 4 EStG
Beitragspflicht KV PV RV ALV	Nein	§ 14 Abs. 1 SGB IV, § 1 Abs. 1 Nr. 3 SvEV
Beitragspflicht UV	Nein	§ 14 Abs. 1 SGB IV, § 1 Abs. 1 Nr. 3 SvEV

Mindestlohnrelevanz: Nein
Entgeltzuordnung in der Sozialversicherung: Kein Arbeitsentgelt im Sinne der Sozialversicherung.

16.7 Reisevergünstigung

Erläuterung: S. Freiflug und Incentive-Reise.

16.8 Reparaturgeld für Musikinstrumente (nicht tarifvertraglich vorgeschrieben)

Erläuterung: Ohne tarifvertragliche Regelung, ebenso bei pauschaler Zahlung des Reparaturgeldes (ohne konkreten Anlass), besteht Steuer- und Beitragspflicht.

Lohnsteuerpflicht	Ja	§ 2 Abs. 1 LStDV
Beitragspflicht KV PV RV ALV	Ja	§ 14 Abs. 1 Satz 1 SGB IV
Beitragspflicht UV	Ja	§ 14 Abs. 1 Satz 1 SGB IV

Mindestlohnrelevanz: Nein
Entgeltart: Laufendes Arbeitsentgelt
Entgeltzuordnung in der Sozialversicherung: Entgeltabrechnungsmonat, für den der Anspruch auf das Reparaturgeld ausgezahlt wird.

16.9 Reparaturgeld für Musikinstrumente (tarifvertraglich vorgeschrieben)

Erläuterung: Tarifvertraglich festgelegter Kostenersatz für konkret notwendig gewordene Reparaturen (Nachweis liegt vor) an Musikinstrumenten von Orchestermusikern durch den Arbeitgeber (S. Auslagenersatz). Aber: Ohne tarifvertragliche Regelung oder bei pauschaler Zahlung des Reparaturgeldes (ohne konkreten Anlass) besteht Steuer- und Beitragspflicht.

Lohnsteuerpflicht	Nein	BFH, Urteil v. 28.3.2006, VI R 24/03
Beitragspflicht KV PV RV ALV	Nein	§ 14 Abs. 1 SGB IV, § 1 Abs. 1 Nr. 1 SvEV
Beitragspflicht UV	Nein	§ 14 Abs. 1 SGB IV, § 1 Abs. 1 Nr. 1 SvEV

Mindestlohnrelevanz: Nein
Entgeltzuordnung in der Sozialversicherung: Kein Arbeitsentgelt im Sinne der Sozialversicherung.

16.10 Restaurantscheck (wenn monatlich gewährt)

Erläuterung: Ein Restaurantscheck führt zu keiner Änderung des steuer- bzw. sozialversicherungspflichtigen Entgelts, wenn dem Arbeitnehmer unter Anrechnung auf den geschuldeten Barlohn zugewendet.

Lohnsteuerpflicht	Ja	Verfügung der OFD Hannover vom 14.7.1994
Beitragspflicht KV PV RV ALV	Ja	§ 14 Abs. 1 SGB IV, § 2 SvEV
Beitragspflicht UV	Ja	§ 14 Abs. 1 SGB IV, § 2 SvEV

Mindestlohnrelevanz: Nein
Entgeltart: Laufendes Arbeitsentgelt
Entgeltzuordnung in der Sozialversicherung: Entgeltabrechnungsmonat, für den der Anspruch auf die Restaurantschecks besteht.

16.11 Rundfunkhonorar

Erläuterung: Hauptamtlich bei Rundfunkanstalten Beschäftigte erhalten für Nebenarbeiten oft zusätzliches Honorar (z. B. Ausarbeitung von Texten, Kommentaren, Manuskripten).

Lohnsteuerpflicht	Ja	§ 18 Abs. 1 Nr. 1 EStG
Beitragspflicht KV PV RV ALV	Ja	§ 14 Abs. 1 Satz 1 SGB IV, BSG, Urteil vom 22.6.1972 12/3 RK 82/68
Beitragspflicht UV	Ja	§ 14 Abs. 1 Satz 1 SGB IV

Mindestlohnrelevanz: Nein
Entgeltart: Laufendes Arbeitsentgelt
Entgeltzuordnung in der Sozialversicherung: Entgeltabrechnungsmonat, für den der Anspruch auf die Sachbezüge besteht

17 S – Sachbezüge bis Studiengebühr

17.1 Sachbezüge

Erläuterung: Z. B. freie Verpflegung, mietfreie Wohnung, unentgeltlich abgegebene Waren, zur Privatnutzung überlassenes Kraftfahrzeug, zinslose Arbeitgeberdarlehen.

Lohnsteuerpflicht	Ja	§ 8 Abs. 2 EStG
Beitragspflicht KV PV RV ALV	Ja	§ 14 Abs. 1 Satz 1 SGB IV
Beitragspflicht UV	Ja	§ 14 Abs. 1 Satz 1 SGB IV

Mindestlohnrelevanz: Nein (Ausnahme: Kost und Logis bei Saisonarbeitern)
Entgeltart: Laufendes Arbeitsentgelt
Entgeltzuordnung in der Sozialversicherung: Entgeltabrechnungsmonat, für den der Anspruch auf die Rundfunkhonorare besteht.

17.2 Sachbezüge (bis 44 EUR pro Monat)

Erläuterung: Sachbezüge, die nach Anrechnung etwaiger vom Arbeitnehmer gezahlter Entgelte insgesamt nicht mehr als 44 EUR im Monat betragen.

Lohnsteuerpflicht	Nein	§ 8 Abs. 2 Satz 9 EStG; R 8.1 Abs. 3 LStR
Beitragspflicht KV PV RV ALV	Nein	§ 14 Abs. 1 SGB IV, § 1 Abs. 1 Nr. 1 SvEV
Beitragspflicht UV	Nein	§ 14 Abs. 1 SGB IV, § 1 Abs. 1 Nr. 1 SvEV

Mindestlohnrelevanz: Nein
Entgeltzuordnung in der Sozialversicherung: Kein Arbeitsentgelt im Sinne der Sozialversicherung.

17.3 Sachgeschenk (an Betriebsfremde)

Erläuterung: Betriebliche Sachgeschenke an betriebsfremde Arbeitnehmer, die mit 30 % pauschal besteuert werden.

Lohnsteuerpflicht	Ja	§ 37b Abs. 1 EStG
Beitragspflicht KV PV RV ALV	Nein	§ 14 Abs. 1 SGB IV, § 1 Abs. 1 Nr. 14 SvEV
Beitragspflicht UV	Nein	§ 14 Abs. 1 SGB IV, § 1 Abs. 1 Nr. 14 SvEV

Mindestlohnrelevanz: Nein
Entgeltzuordnung in der Sozialversicherung: Kein Arbeitsentgelt im Sinn der Sozialversicherung.

17.4 Sachgeschenk (betriebseigene Arbeitnehmer)

Erläuterung: Betriebliches Sachgeschenk an betriebseigenen Arbeitnehmer, mit 30 % pauschal besteuert.

Lohnsteuerpflicht	Ja	§ 37b EStG
Beitragspflicht KV PV RV ALV	Ja	§ 14 Abs. 1 SGB IV, § 23a SGB IV
Beitragspflicht UV	Ja	§ 14 Abs. 1 SGB IV, § 23a SGB IV

Mindestlohnrelevanz: Nein
Entgeltart: Einmalzahlung
Entgeltzuordnung in der Sozialversicherung: Abrechnungsmonat, in dem das Sachgeschenk ausgegeben wird. Die hierdurch entstandenen geldwerten Vorteil, die in den Monaten Januar bis März eines Jahres anfallen, sind dem letzten Entgeltabrechnungsmonat des vergangenen Jahres (Vorjahres) zuzuordnen, wenn in dem vergangenen Jahr bei demselben Arbeitgeber ein versicherungspflichtiges Beschäftigungsverhältnis bestanden hat und der geldwerte Vorteil zusammen mit den sonstigen für das laufende Kalenderjahr festgestellten beitragspflichtigen Einnahmen die anteilige Beitragsbemessungsgrenze des laufenden Kalenderjahres übersteigen (März-Klausel).

17.5 Sachprämie (bis 1.080 EUR pro Jahr)

Erläuterung: Prämie, z. B. aus Kundenbindungsprogramm (Miles and more, Payback), soweit der Wert der Prämie den Freibetrag von 1.080 EUR jährlich nicht übersteigt.

Lohnsteuerpflicht	Nein	§ 3 Nr. 38 EStG
Beitragspflicht KV PV RV ALV	Nein	§ 14 Abs. 1 SGB IV, § 1 Abs. 1 SvEV
Beitragspflicht UV	Nein	§ 14 Abs. 1 SGB IV, § 1 Abs. 1 SvEV

Mindestlohnrelevanz: Nein
Entgeltzuordnung in der Sozialversicherung: Kein Arbeitsentgelt im Sinne der Sozialversicherung.

17.6 Sachprämie (Unfallfreiheit)

Erläuterung: Sachprämie für unfallfreie Arbeit.

Lohnsteuerpflicht	Ja	§ 2 Abs. 1 LStDV
Beitragspflicht KV PV RV ALV	Ja	§ 14 Abs. 1 Satz 1 SGB IV, § 23a SGB IV, BE 1./2.2.1984
Beitragspflicht UV	Ja	§ 14 Abs. 1 Satz 1 SGB IV, § 23a SGB IV

Mindestlohnrelevanz: Nein
Entgeltart: Einmalzahlung
Entgeltzuordnung in der Sozialversicherung: Entgeltabrechnungsmonat, in dem die Prämien ausgezahlt werden. Sachprämien, die in den Monaten Januar bis März eines Jahres ausgezahlt werden, sind dem letzten Entgeltabrechnungsmonat des vergangenen Jahres (Vorjahres) zuzuordnen, wenn in dem vergangenen Jahr bei demselben Arbeitgeber ein versicherungspflichtiges Beschäftigungsverhältnis bestanden hat und die Prämien zusammen mit den sonstigen für das laufende Kalenderjahr festgestellten beitragspflichtigen Einnahmen die anteilige Beitragsbemessungsgrenze des laufenden Kalenderjahres übersteigen (März-Klausel).

17.7 Sachprämie über 1.080 EUR pro Jahr (pauschal versteuert)

Erläuterung: Prämien aus Kundenbindungsprogrammen (z. B. »miles and more« etc.), soweit der Wert der Prämien den Freibetrag von 1.080 EUR jährlich überschreitet und der überschreitende Betrag vom Zuwendenden pauschal versteuert wird.

Lohnsteuerpflicht	Ja	§ 37a EStG
Beitragspflicht KV PV RV ALV	Nein	§ 14 Abs. 1 SGB IV, § 1 Abs. 1 Nr. 13 SvEV
Beitragspflicht UV	Nein	§ 14 Abs. 1 SGB IV, § 1 Abs. 1 Nr. 13 SvEV

Mindestlohnrelevanz: Nein
Entgeltzuordnung in der Sozialversicherung: Kein Arbeitsentgelt im Sinn der Sozialversicherung.

17.8 Saison-Kurzarbeitergeld für Schlechtwetterzeit

Erläuterung: Saison-Kurzarbeitergeld nach § 101 SGB III im Baugewerbe bzw. in Wirtschaftszweigen, die saisonbedingt von Arbeitsausfällen betroffen sind. Beitragspflicht zur SV besteht nur in der Kranken-, Pflege- und Rentenversicherung, nicht aber in der Arbeitslosenversicherung. Beitragstragung in voller Höhe durch den Arbeitgeber.

Lohnsteuerpflicht	Nein	§ 3 Nr. 2 EStG
Beitragspflicht KV PV RV ALV	Ja	§ 14 Abs. 1 Satz 1 SGB IV
Beitragspflicht UV	Nein	§ 14 Abs. 1 SGB IV, § 1 SvEV

Mindestlohnrelevanz: Nein
Entgeltzuordnung in der Sozialversicherung: Entgeltabrechnungszeitraum, in dem das Saison-Kurzarbeitergeld abgerechnet wird.

17.9 Sammelbeförderung

Erläuterung: Sammelbeförderung der Arbeitnehmer zwischen Wohnung und erster Tätigkeitsstätte mit einem vom Arbeitgeber eingesetzten Omnibus, Kleinbus oder für mehrere Arbeitnehmer zur Verfügung gestellten Pkw, wenn dies betrieblich notwendig ist.

Lohnsteuerpflicht	Nein	§ 3 Nr. 32 EStG; R 3.32 LStR
Beitragspflicht KV PV RV ALV	Nein	§ 14 Abs. 1 SGB IV, § 1 Abs. 1 SvEV
Beitragspflicht UV	Nein	§ 14 Abs. 1 SGB IV, § 1 Abs. 1 SvEV

Mindestlohnrelevanz: Nein
Entgeltzuordnung in der Sozialversicherung: Kein Arbeitsentgelt im Sinne der Sozialversicherung.

17.10 Schadensersatz (Schaden im Privatvermögen)

Erläuterung: Ausgleich eines Schadens im Privatvermögen des Arbeitnehmers, ohne Entlohnungscharakter, soweit der zivilrechtliche Ersatzanspruch nicht überstiegen wird.

Lohnsteuerpflicht	Nein	BFH, Urteil v. 28.2.1975, VI R 29/72
Beitragspflicht KV PV RV ALV	Nein	§ 14 Abs. 1 SGB IV, § 1 Abs. 1 SvEV
Beitragspflicht UV	Nein	§ 14 Abs. 1 SGB IV, § 1 Abs. 1 SvEV

Mindestlohnrelevanz: Nein
Entgeltzuordnung in der Sozialversicherung: Kein Arbeitsentgelt im Sinne der Sozialversicherung.

17.11 Schadensersatz (Verzicht des Arbeitgebers auf Anspruch)

Erläuterung: Ein Verzicht des Arbeitgebers auf ihm gegenüber dem Arbeitnehmer zustehende Schadensersatzforderung ist ein geldwerter Vorteil für den Arbeitnehmer.

Lohnsteuerpflicht	Ja	BFH, Urteil v. 27.3.1992, VI R 145/89
Beitragspflicht KV PV RV ALV	Ja	§ 14 Abs. 1 SGB IV, BSG, Urteil vom 21.5.1996 – 12 RK 64/94
Beitragspflicht UV	Ja	§ 14 Abs. 1 Satz 1 SGB IV

Mindestlohnrelevanz: Nein
Entgeltart: Einmalzahlung
Entgeltzuordnung in der Sozialversicherung: Entgeltabrechnungsmonat, für den der Anspruch auf den geldwerten Vorteil besteht.

17.12 Schadensersatzleistung (gesetzliche Verpflichtung)

Erläuterung: Echte Schadensersatzleistung aufgrund unmittelbarer gesetzlicher Verpflichtung (gesetzliche Haftpflicht oder aus unerlaubter Handlung) oder bei Anspruch auf Auslagenersatz.

Lohnsteuerpflicht	Nein	BFH, Urteil v. 30.11.1993, VI ZR 21/92
Beitragspflicht KV PV RV ALV	Nein	§ 14 Abs. 1 SGB IV, § 1 Abs. 1 SvEV
Beitragspflicht UV	Nein	§ 14 Abs. 1 SGB IV, § 1 Abs. 1 SvEV

Mindestlohnrelevanz: Nein
Entgeltzuordnung in der Sozialversicherung: Kein Arbeitsentgelt im Sinne der Sozialversicherung.

17.13 Schadensersatzleistung (mit Entlohnungscharakter)

Erläuterung: Schadensersatz, der seine Grundlage im Dienstverhältnis eines Arbeitnehmers hat (z. B. Verletzung arbeitsvertraglicher Pflichten).

Lohnsteuerpflicht	Ja	BFH, Urteil v. 28.2.1975, VI R 29/72
Beitragspflicht KV PV RV ALV	Ja	§ 14 Abs. 1 Satz 1 SGB IV
Beitragspflicht UV	Ja	§ 14 Abs. 1 Satz 1 SGB IV

Mindestlohnrelevanz: Nein
Entgeltart: Einmalzahlung
Entgeltzuordnung in der Sozialversicherung: Entgeltabrechnungsmonat, für den der Anspruch auf den Schadenersatz besteht

17.14 Schadensersatzleistung (Reiseschaden)

Erläuterung: In Zusammenhang mit Reisekostenvergütung, wenn sich der Schaden als Konkretisierung einer reisespezifischen Gefährdung (z. B. Diebstahls-, Transport- oder Unfallschaden) erweist und nicht nur gelegentlich bei der Reise eingetreten ist.

Lohnsteuerpflicht	Nein	BFH, Urteil v. 30.11.1993, VI ZR 21/92; BFH, Urteil v. 30.6.1995
Beitragspflicht KV PV RV ALV	Nein	§ 14 Abs. 1 SGB IV, § 1 Abs. 1 SvEV
Beitragspflicht UV	Nein	§ 14 Abs. 1 SGB IV, § 1 Abs. 1 SvEV

Mindestlohnrelevanz: Nein
Entgeltzuordnung in der Sozialversicherung: Kein Arbeitsentgelt im Sinne der Sozialversicherung.

17.15 Schenkung

Erläuterung: S. Aufmerksamkeit und Jubiläumszuwendung.

17.16 Schmerzensgeld

Erläuterung: S. Schadensersatzleistung und Versicherungsleistungen.

17.17 Schmutzzulage

Erläuterung: S. Erschwerniszuschlag.

17.18 Schutzkleidung

Erläuterung: S. Arbeitskleidung.

17.19 Sehhilfe

Erläuterung: S. Bildschirmbrille

17.20 Seminarkosten (Auslagenersatz an Arbeitnehmer)

Erläuterung: Der Arbeitnehmer zahlt diese Kosten, bekommt sie vom Arbeitgeber erstattet. Das Seminar dient nachweisbar dem ganz überwiegenden betrieblichen Interesse oder der Verbesserung der Beschäftigungsfähigkeit des Arbeitnehmers und die Kostenübernahme bzw. der Ersatz der Aufwendungen allgemein o. für die besondere Bildungsmaßnahme durch den Arbeitgeber wurde vor Vertragsabschluss schriftlich zugesagt.

Lohnsteuerpflicht	Nein	§ 3 Nr. 19 EStG; R 19.7 Abs. 1 Satz 4 LStR
Beitragspflicht KV PV RV ALV	Nein	§ 14 Abs. 1 SGB IV, § 1 Abs. 1 SvEV
Beitragspflicht UV	Nein	§ 14 Abs. 1 SGB IV, § 1 Abs. 1 SvEV

Mindestlohnrelevanz: Nein
Entgeltzuordnung in der Sozialversicherung: Kein Arbeitsentgelt im Sinne der Sozialversicherung.

17.21 Seminarkosten (durch Arbeitnehmer gebucht)

Erläuterung: S. Fortbildungskosten (Seminar durch Arbeitnehmer gebucht).

17.22 Seuchenentschädigung nach § 56 IfSG

Erläuterung: S. Verdienstausfall (Entschädigung gemäß IfSG).

17.23 Sicherheitswettbewerb

Erläuterung: S. Unfallverhütungsprämien.

17.24 Sicherungseinrichtung

Erläuterung: Vom Arbeitgeber in die Wohnung des Arbeitnehmers eingebaute Sicherungseinrichtung. Bei konkreter Gefährdung des Arbeitnehmers in den Stufen 1 und 2 in unbegrenzter Höhe, in Stufe 3 bis zu 15.338 EUR und bei nur abstrakter Gefährdung bis zu 7.669 EUR.

Lohnsteuerpflicht	Nein	§ 8 Abs. 2 EStG; BMF, Schreiben v. 30.6.1997, IV B 6 S2334 148/97, BStBl I S. 696
Beitragspflicht KV PV RV ALV	Nein	§ 14 Abs. 1 SGB IV, § 1 Abs. 1 SvEV
Beitragspflicht UV	Nein	§ 14 Abs. 1 SGB IV, § 1 Abs. 1 SvEV

Mindestlohnrelevanz: Nein
Entgeltzuordnung in der Sozialversicherung: Kein Arbeitsentgelt im Sinne der Sozialversicherung.

17.25 Smartphone

Erläuterung: Nutzung eines betrieblichen Smartphones für private Zwecke, das im Eigentum des Arbeitgebers steht.

Lohnsteuerpflicht	Nein	§ 3 Nr. 45 EStG; R 3.45 LStR
Beitragspflicht KV PV RV ALV	Nein	§ 14 Abs. 1 SGB IV, § 1 Abs. 1 SvEV
Beitragspflicht UV	Nein	§ 14 Abs. 1 SGB IV, § 1 Abs. 1 SvEV

Mindestlohnrelevanz: Nein
Entgeltzuordnung in der Sozialversicherung: Kein Arbeitsentgelt im Sinne der Sozialversicherung.

17.26 Smartphoneübereignung (pauschal versteuert)

Erläuterung: Unentgeltliche oder verbilligte Übereignung eines Smartphones

Lohnsteuerpflicht	Ja	§ 40 Abs. 2 Satz 1 Nr. 5 EStG
Beitragspflicht KV PV RV ALV	Nein	§ 1 Abs. 1 Satz 1 Nr. 3 SvEV
Beitragspflicht UV	Nein	§ 1 Abs. 1 Satz 1 Nr. 3 SvEV

Mindestlohnrelevanz: Nein
Entgeltart: Einmalzahlung
Entgeltzuordnung in der Sozialversicherung: Kein Arbeitsentgelt im Sinne der Sozialversicherung.

17.27 Sonderzulagen

Erläuterung: S. Provision.

17.28 Sonntagsarbeitszuschlag, Grundlohn liegt zwischen 25 EUR und 50 EUR pro Stunde

Erläuterung: Sonntagsarbeitszuschlag, die für tatsächlich geleistete Sonntagsarbeit neben dem Grundlohn gezahlt werden, soweit 50 % des Grundlohns nicht übersteigend. SV: Regelmäßiges Entgelt bei regelmäßiger Sonntagsarbeit.

Lohnsteuerpflicht	Nein	§ 3b EStG
Beitragspflicht KV PV RV ALV	Ja	§ 14 Abs. 1 Satz 1 SGB IV; § 1 Abs. 1 Nr. 1 SvEV
Beitragspflicht UV	Ja	§ 1 Abs. 2 SvEV

Mindestlohnrelevanz: Nein
Entgeltart: Laufendes Arbeitsentgelt
Entgeltzuordnung in der Sozialversicherung: Entgeltabrechnungszeitraum, in dem die Zuschläge gezahlt werden.

17.29 Sonntagsarbeitszuschlag, Grundlohn übersteigt nicht 25 EUR pro Stunde

Erläuterung: Sonntagsarbeitszuschlag, die für tatsächlich geleistete Sonntagsarbeit neben dem Grundlohn gezahlt werden, soweit 50 % des Grundlohns nicht übersteigend. Steuer: Steuerfrei soweit Grundlohn 50 EUR pro Stunde nicht übersteigt.

Lohnsteuerpflicht	Nein	§ 3b EStG
Beitragspflicht KV PV RV ALV	Nein	§ 14 Abs. 1 SGB IV, § 1 Abs. 1 Nr. 1 SvEV
Beitragspflicht UV	Ja	§ 14 Abs. 1 SGB IV, § 1 Abs. 1 Nr. 1 SvEV

Mindestlohnrelevanz: Nein
Entgeltzuordnung in der Sozialversicherung: Kein Arbeitsentgelt im Sinne der Sozialversicherung. In der Unfallversicherung sind steuerpflichtige und auch steuerfreie Zuschläge für Sonntags-, Feiertags- und Nachtarbeit beitragspflichtig.

17.30 Sonstige Bezüge (größere Zahl von Fällen – Einmalzahlung)

Erläuterung: Auf Antrag des Arbeitgebers wird der Durchschnitts-Nettosteuersatz zur Steuerberechnung herangezogen. Der sonstige Bezug ist als einmaliger Bezug einzustufen. Es liegt ein Sachverhalt gemäß § 6 Abs. 3 SachBezV vor.

Lohnsteuerpflicht	Ja	§ 40 Abs. 1 Nr. 1 EStG
Beitragspflicht KV PV RV ALV	Ja	§ 1 Abs. 1 Nr. 3 SvEV, § 6 Abs. 3 SachBezV
Beitragspflicht UV	Ja	§ 1 Abs. 1 Nr. 3 SvEV

Mindestlohnrelevanz: Nein
Entgeltart: Einmalzahlung
Entgeltzuordnung in der Sozialversicherung: Entgeltabrechnungsmonat, in dem die sonstigen Bezüge ausgezahlt werden. Sonstige Bezüge als Einmalzahlungen, die in den Monaten Januar bis März eines Jahres ausgezahlt werden, sind dem letzten Entgeltabrechnungsmonat des vergangenen Jahres (Vorjahres) zuzuordnen, wenn in dem vergangenen Jahr bei demselben Arbeitgeber ein versicherungspflichtiges Beschäftigungsverhältnis bestanden hat und die sonstigen Bezüge zusammen mit den sonstigen für das laufende Kalenderjahr festgestellten beitragspflichtigen Einnahmen die anteilige Beitragsbemessungsgrenze des laufenden Kalenderjahres übersteigen (März-Klausel).

17.31 Sonstige Bezüge (größere Zahl von Fällen – laufendes Entgelt)

Erläuterung: Auf Antrag des Arbeitgebers wird der Durchschnitts-Nettosteuersatz zur Steuerberechnung herangezogen. Der sonstige Bezug ist als laufendes Entgelt einzustufen, es liegt kein Fall gemäß § 6 Abs. 3 SachBezV vor.

Lohnsteuerpflicht	Ja	§ 40 Abs. 1 Nr. 1 EStG
Beitragspflicht KV PV RV ALV	Nein	§ 14 Abs. 1 SGB IV, § 1 Abs. 1 Nr. 3 SvEV
Beitragspflicht UV	Nein	§ 14 Abs. 1 SGB IV, § 1 Abs. 1 Nr. 3 SvEV

Mindestlohnrelevanz: Nein
Entgeltzuordnung in der Sozialversicherung: Entgeltabrechnungsmonat, für den der Anspruch auf die sonstigen Bezüge besteht.

17.32 Sozialzulage

Erläuterung: S. Familienzuschlag. Zuschläge, die mit Rücksicht auf den Familienstand gezahlt werden, bleiben bei der Prüfung der Krankenversicherungsfreiheit gemäß § 6 Abs. 1 Satz 1 Nr. 1 SGB V unberücksichtigt.

17.33 Sparzulage

Erläuterung: Gemäß Fünftem Vermögensbildungsgesetz. S. Arbeitnehmer-Sparzulage und Vermögenswirksame Leistung.

Lohnsteuerpflicht	Nein	§ 13 Abs. 3 VermBG
Beitragspflicht KV PV RV ALV	Nein	§ 14 Abs. 1 SGB IV, § 1 Abs.1 SvEV
Beitragspflicht UV	Nein	§ 14 Abs. 1 SGB IV, § 1 Abs.1 SvEV

Mindestlohnrelevanz: Nein
Entgeltzuordnung in der Sozialversicherung: Kein Arbeitsentgelt im Sinne der Sozialversicherung.

17.34 S-Pedelec

Erläuterung: S-Pedelecs sind verkehrsrechtlich Kraftfahrzeuge. s. Elektrofahrrad (über 25 km/h)

17.35 Sportanlagen

Erläuterung: Wenn für die Benutzung von Sportanlagen (z. B. Tennis-, Squashplätze) üblicherweise ein Entgelt zu entrichten ist, und der Arbeitgeber dem Arbeitnehmer die kostenlose Nutzung der Anlage ermöglicht.

Lohnsteuerpflicht	Ja	BFH, Urteil v. 27.9.1996, VI R 44/96
Beitragspflicht KV PV RV ALV	Ja	§ 14 Abs. 1 Satz 1 SGB IV
Beitragspflicht UV	Ja	§ 14 Abs. 1 Satz 1 SGB IV

Mindestlohnrelevanz: Nein
Entgeltart: Laufendes Arbeitsentgelt
Entgeltzuordnung in der Sozialversicherung: Entgeltabrechnungsmonat, für den der Anspruch auf den geldwerten Vorteil besteht.

17.36 Sprachkurs (durch Arbeitgeber gebucht)

Erläuterung: S. Werbungskostenersatz.

17.37 Sprachkurs (durch Arbeitnehmer gebucht)

Lohnsteuerpflicht	Ja	R 19.7 Abs. 1 LStR
Beitragspflicht KV PV RV ALV	Ja	§ 14 Abs. 1 Satz 1 SGB IV, § 23a SGB IV
Beitragspflicht UV	Ja	§ 14 Abs. 1 Satz 1 SGB IV, § 23a SGB IV

Mindestlohnrelevanz: Nein
Entgeltart: Einmalzahlung
Entgeltzuordnung in der Sozialversicherung: Entgeltabrechnungsmonat, in dem der Arbeitgeber dem Arbeitnehmer die Kosten für den Sprachkurs erstattet.

17.38 Sprachkurs (für ausländische Arbeitnehmer)

Erläuterung: S. Deutschkurs

17.39 Stellenzulage

Erläuterung: Diese Zulage erhalten Beschäftigte im öffentlichen Dienst, so lange sie mit der Wahrnehmung einer herausgehobenen Funktion betraut sind. Siehe auch »Familienzuschlag«

Lohnsteuerpflicht	Ja	§ 2 Abs. 1 LStDV
Beitragspflicht KV PV RV ALV	Ja	§ 14 Abs. 1 Satz 1 SGB IV
Beitragspflicht UV	Ja	§ 14 Abs. 1 Satz 1 SGB IV

Mindestlohnrelevanz: Nein
Entgeltart: Laufendes Arbeitsentgelt
Entgeltzuordnung in der Sozialversicherung: Entgeltabrechnungsmonat, für den der Anspruch auf die Stellenzulage besteht.

17.40 Sterbegeld

Erläuterung: Zahlung des restlichen Gehalts für den Sterbemonat u. ggf. noch 2-3 Folgemonate durch den Arbeitgeber als Versorgungsbezug (es bleibt ein nach einem Prozentsatz ermittelter, auf einen Höchstbetrag begrenzter Betrag (Versorgungsfreibetrag) und ein Zuschlag zum Versorgungsfreibetrag steuerfrei. S. auch Altersrente).

Lohnsteuerpflicht	Nein	§ 19 Abs. 2 EStG; R 19.8 LStR
Beitragspflicht KV PV RV ALV	Nein	Kein Arbeitsentgelt i. S. des § 14 Abs. 1 Satz 1 SGB IV
Beitragspflicht UV	Nein	Kein Arbeitsentgelt i. S. des § 14 Abs. 1 Satz 1 SGB IV

Mindestlohnrelevanz: Nein
Entgeltart: Laufendes Arbeitsentgelt
Entgeltzuordnung in der Sozialversicherung: Kein Arbeitsentgelt im Sinne der Sozialversicherung.

17.41 Steuerfreibeträge

Erläuterung: Erhöhte Werbungskosten, Sonderausgaben oder außergewöhnliche Belastungen können ab 600 EUR als individueller Freibetrag in die ELStAM des Arbeitnehmers eingetragen werden. Sie führen nicht zur Minderung des in der Sozialversicherung beitragspflichtigen Arbeitsentgelts.

Lohnsteuerpflicht	Nein	§ 39a, § 39b Abs. 2 und 3 EStG
Beitragspflicht KV PV RV ALV	Ja	§ 14 Abs. 1 Satz 1 SGB IV
Beitragspflicht UV	Ja	§ 14 Abs. 1 Satz 1 SGB IV

Mindestlohnrelevanz: Nein
Entgeltart: Laufendes Arbeitsentgelt
Entgeltzuordnung in der Sozialversicherung: Entgeltabrechnungsmonat, für den der Anspruch auf das beitragspflichtige Arbeitsentgelt besteht.

17.42 Stipendium

Erläuterung: Stipendien, die unmittelbar aus öffentlichen Mitteln oder aus zwischenstaatlichen oder überstaatlichen Einrichtungen, denen die Bundesrepublik Deutschland als Mitglied angehört, zur Förderung der Forschung oder zur Förderung der wissenschaftlichen oder künstlerischen Ausbildung oder Fortbildung gewährt werden.

Lohnsteuerpflicht	Nein	§ 3 Nr. 44 EStG
Beitragspflicht KV PV RV ALV	Nein	§ 14 Abs. 1 SGB IV, § 1 Abs.1 SvEV
Beitragspflicht UV	Nein	§ 14 Abs. 1 SGB IV, § 1 Abs.1 SvEV

Mindestlohnrelevanz: Nein
Entgeltzuordnung in der Sozialversicherung: Kein Arbeitsentgelt im Sinne der Sozialversicherung.

17.43 Streikunterstützung

Erläuterung: Streikgeld bzw. Aussperrungsunterstützung der Gewerkschaften.

Lohnsteuerpflicht	Nein	BFH, Urteil v. 24.10.1990, X R 161/88
Beitragspflicht KV PV RV ALV	Nein	§ 14 Abs. 1 SGB IV, § 1 Abs.1 SvEV
Beitragspflicht UV	Nein	§ 14 Abs. 1 SGB IV, § 1 Abs.1 SvEV

Mindestlohnrelevanz: Nein
Entgeltzuordnung in der Sozialversicherung: Kein Arbeitsentgelt im Sinne der Sozialversicherung.

17.44 Student (Entgelt des Werkstudenten)

Erläuterung: S. ggf. Praktikant. SV: Außer zur Unfallversicherung und Rentenversicherung grds. versicherungsfrei und beitragsfrei. Falls Beschäftigung berufsmäßig (20-Wochenstunden-Regelung etc. prüfen) und zudem mehr als geringfügig (entlohnt bzw. kurzfristig) ausgeübt, volle Versicherungspflicht zur SV!

17.45 Studienbeihilfe

Erläuterung: Studienbeihilfe, im Hinblick auf ein künftiges Dienstverhältnis gewährt.

Lohnsteuerpflicht	Ja	§ 2 Abs. 2 Nr. 1 LStDV
Beitragspflicht KV PV RV ALV	Ja	§ 14 Abs. 1 Satz 1 SGB IV
Beitragspflicht UV	Ja	§ 14 Abs. 1 Satz 1 SGB IV

Mindestlohnrelevanz: Nein
Entgeltart: Laufendes Arbeitsentgelt
Entgeltzuordnung in der Sozialversicherung: Entgeltabrechnung

17.46 Studiengebühr (Ausbildungsdienstverhältnis)

Erläuterung: Übernahme der Studiengebühr durch den Arbeitgeber bei Vorliegen eines Ausbildungsdienstverhältnisses (z. B. Arbeitnehmer besucht duale Hochschule), wenn er Schuldner der Studiengebühr ist. Ist der Arbeitnehmer Schuldner der Studiengebühr, wenn die Kostenübernahme vom Arbeitgeber vorab schriftlich zugesagt und eine Rückzahlungsklausel vereinbart wird.

Lohnsteuerpflicht	Nein	BMF-Schreiben v. 13.04.2012, IV C 5 S 2332/07/0001
Beitragspflicht KV PV RV ALV	Nein	§ 1 Abs. 1 Satz 1 Nr. 15 SvEV
Beitragspflicht UV	Nein	§ 1 Abs. 1 Satz 1 Nr. 15 SvEV

Mindestlohnrelevanz: Nein
Entgeltzuordnung in der Sozialversicherung: Kein Arbeitsentgelt im Sinn der Sozialversicherung.

17.47 Studiengebühr (ohne Ausbildungsverhältnis, aber berufsbegleitend)

Erläuterung: Übernahme der Studiengebühr durch den Arbeitgeber ohne bestehendes Ausbildungsverhältnis (z. B. Studium an FH, Hochschule, Universität): grundsätzlich steuer- und sv-pflichtig. Aber wenn das Studium im ganz überwiegenden betrieblichen Interesse liegt (R 19.7 Abs. 1, 2 LStR) und die Kostenübernahme vom Arbeitgeber vorab schriftlich zugesagt wird, herrscht Steuer- und SV-Freiheit.

Lohnsteuerpflicht	Ja	§ 19 Abs. 1 EStG; § 1 Abs. 1 Nr. 15 SvEV
Beitragspflicht KV PV RV ALV	Ja	§ 14 Abs. 1 SGB IV, § 23a SGB IV, BE v. 7./8.5.2008 (TOP 4), BE v. 30./31.3.2009 (TOP 5)
Beitragspflicht UV	Ja	§ 14 Abs. 1 SGB IV, § 23a SGB IV

Mindestlohnrelevanz: Nein
Entgeltart: Einmalzahlung
Entgeltzuordnung in der Sozialversicherung: Entgeltabrechnungsmonat, in dem der Arbeitgeber dem Arbeitnehmer die Kosten erstattet bzw. in dem er die Kosten bezahlt.

18 T – Tablet bis Trinkgeld

18.1 Tablet

Erläuterung: Nutzung eines betrieblichen Tablets für private Zwecke, das im Eigentum des Arbeitgebers steht.

Lohnsteuerpflicht	Nein	§ 3 Nr. 45 EStG; R 3.45 LStR
Beitragspflicht KV PV RV ALV	Nein	§ 14 Abs. 1 SGB IV, § 1 Abs. 1 SvEV
Beitragspflicht UV	Nein	§ 14 Abs. 1 SGB IV, § 1 Abs. 1 SvEV

Mindestlohnrelevanz: Nein
Entgeltzuordnung in der Sozialversicherung: Kein Arbeitsentgelt im Sinne der Sozialversicherung.

18.2 Tabletübereignung (pauschal versteuert)

Erläuterung: Unentgeltliche oder verbilligte Übereignung eines Tablets

Lohnsteuerpflicht	Ja	§ 40 Abs. 2 Satz 1 Nr. 5 EStG
Beitragspflicht KV PV RV ALV	Nein	§ 1 Abs. 1 Satz 1 Nr. 3 SvEV
Beitragspflicht UV	Nein	§ 1 Abs. 1 Satz 1 Nr. 3 SvEV

Mindestlohnrelevanz: Nein
Entgeltart: Einmalzahlung
Entgeltzuordnung in der Sozialversicherung: Kein Arbeitsentgelt im Sinne der Sozialversicherung.

18.3 Tageszeitung

Erläuterung: S. Zeitung.

18.4 Tanken (Dienst- oder Betriebsfahrzeug)

Erläuterung: Der Arbeitnehmer tankt auf eigene Kosten, bekommt Auslagen vom Arbeitgeber ersetzt. S. Auslagenersatz. Unberührt bleiben die steuerlichen Regelungen bei teilweiser Privatnutzung des Fahrzeugs. S. aber Gutschein.

Lohnsteuerpflicht	Nein	§ 8 Abs. 2 Sätze 2 bis 5 EStG
Beitragspflicht KV PV RV ALV	Nein	§ 14 Abs. 1 SGB IV, § 1 Abs.1 SvEV
Beitragspflicht UV	Nein	§ 14 Abs. 1 SGB IV, § 1 Abs.1 SvEV

Mindestlohnrelevanz: Nein
Entgeltzuordnung in der Sozialversicherung: Kein Arbeitsentgelt im Sinne der Sozialversicherung.

18.5 Tantiemen

Erläuterung: Gezahlt an Beschäftigte, z. B. nach der Höhe des Umsatzes oder des Gewinnes eines Unternehmens.

Lohnsteuerpflicht	Ja	§ 19 Abs. 1 Nr. 1 EStG
Beitragspflicht KV PV RV ALV	Ja	§ 14 Abs. 1 Satz 1 SGB IV, § 23a SGB IV
Beitragspflicht UV	Ja	§ 14 Abs. 1 Satz 1 SGB IV, § 23a SGB IV

Mindestlohnrelevanz: Nein
Entgeltart: Einmalzahlung
Entgeltzuordnung in der Sozialversicherung: Entgeltabrechnungsmonat, in dem die Tantiemen ausgezahlt werden. Tantiemen, die in den Monaten Januar bis März eines Jahres ausgezahlt werden, sind dem letzten Entgeltabrechnungsmonat des vergangenen Jahres (Vorjahres) zuzuordnen, wenn in dem vergangenen Jahr bei demselben Arbeitgeber ein versicherungspflichtiges Beschäftigungsverhältnis bestanden hat und die Tantiemen zusammen mit den sonstigen für das laufende Kalenderjahr festgestellten beitragspflichtigen Einnahmen die anteilige Beitragsbemessungsgrenze des laufenden Kalenderjahres übersteigen (März-Klausel).

18.6 Taschengeld aus zivilem Jugendfreiwilligendienst

Erläuterung: Taschengeld, das bei Ableistung eines Jugendfreiwilligendienstes, z. B. Bundesfreiwilligendienst, Freiwilliges soziales oder ökologisches Jahr gezahlt wird. S. Wehrsold.

Lohnsteuerpflicht	Nein	§ 3 Nr. 5 EStG
Beitragspflicht KV PV RV ALV	Ja	
Beitragspflicht UV	Ja	

Mindestlohnrelevanz: Nein
Entgeltzuordnung in der Sozialversicherung: Kein Arbeitsentgelt im Sinne der Sozialversicherung.

18.7 Teilzeitbeschäftigung, geringfügige Beschäftigung (pauschal versteuert)

Erläuterung: Beitragspflicht des Arbeitgebers zur UV, sowie Pauschalbeiträge des Arbeitgebers zur KV und RV! Eine Teilzeitbeschäftigung (Nebenbeschäftigung) kann mit 2 % bzw. 20 % (bzw. im Bereich Land- / Forstwirtschaft 5 %) pauschal versteuert werden. Es liegen zudem die Voraussetzungen des § 8 SGB IV (geringfügige Beschäftigung) in der Sozialversicherung vor.

Lohnsteuerpflicht	Ja	§ 40a Abs. 2, 3 EStG
Beitragspflicht KV PV RV ALV	Nein	§ 8 SGB IV
Beitragspflicht UV	Ja	§ 14 Abs. 1 Satz 1 SGB IV

Mindestlohnrelevanz: Ja
Entgeltart: Laufendes Arbeitsentgelt
Entgeltzuordnung in der Sozialversicherung: Entgeltabrechnungsmonat, für den der Anspruch auf das Teilzeitarbeitsentgelt für die geringfügige Beschäftigung besteht. Der Arbeitgeber hat nur Pauschalbeiträge zur Kranken- und Rentenversicherung zu zahlen.

18.8 Teilzeitbeschäftigung, nicht geringfügig entlohnt (pauschal versteuert)

Erläuterung: Eine Teilzeitbeschäftigung (Nebenbeschäftigung) kann mit 25 % (bzw. im Bereich Land- / Forstwirtschaft 5 %) pauschal versteuert werden. Es liegt keine geringfügige Beschäftigung i. S. § 8 SGB IV in der Sozialversicherung vor.

Lohnsteuerpflicht	Ja	§ 40a Abs. 1 EStG
Beitragspflicht KV PV RV ALV	Ja	§ 14 Abs. 1 Satz 1 SGB IV
Beitragspflicht UV	Ja	§ 14 Abs. 1 Satz 1 SGB IV

Mindestlohnrelevanz: Ja
Entgeltart: Laufendes Arbeitsentgelt
Entgeltzuordnung in der Sozialversicherung: Entgeltabrechnungsmonat, für den der Anspruch auf das Teilzeitarbeitsentgelt für die geringfügige Beschäftigung besteht.

18.9 Telefonanschluss

Erläuterung: S. Fernsprechanschluss.

18.10 Telefonbenutzung (privater Anschluss mit Nachweisführung)

Erläuterung: Berufliche Gespräche von privaten Telefonen, wenn der Arbeitnehmer Aufzeichnungen führt, zumindest für 3 Monate.

Lohnsteuerpflicht	Nein	§ 3 Nr. 50 EStG; R 3.50 Abs. 2 LStR
Beitragspflicht KV PV RV ALV	Nein	§ 14 Abs. 1 SGB IV, § 1 Abs.1 SvEV
Beitragspflicht UV	Nein	§ 14 Abs. 1 SGB IV, § 1 Abs.1 SvEV

Mindestlohnrelevanz: Nein
Entgeltzuordnung in der Sozialversicherung: Kein Arbeitsentgelt im Sinne der Sozialversicherung.

18.11 Telefonbenutzung (privater Anschluss ohne Nachweisführung)

Erläuterung: Beruflich bedingte Telefonbenutzung ohne Führung eines Nachweises bis zu 20 % der Kosten des Rechnungsbetrags, max. 20 EUR pro Monat.

Lohnsteuerpflicht	Nein	§ 3 Nr. 50 EStG; R 3.50 Abs. 2 LStR
Beitragspflicht KV PV RV ALV	Nein	§ 14 Abs. 1 SGB IV, § 1 Abs.1 SvEV
Beitragspflicht UV	Nein	§ 14 Abs. 1 SGB IV, § 1 Abs.1 SvEV

Mindestlohnrelevanz: Nein
Entgeltzuordnung in der Sozialversicherung: Kein Arbeitsentgelt im Sinne der Sozialversicherung.

18.12 Telefonbenutzung (Privatgespräche am Arbeitsplatz)

Erläuterung: Vorteile des Arbeitnehmers aus der privaten Nutzung von betrieblichen Telekommunikationsgeräten

Lohnsteuerpflicht	Nein	§ 3 Nr. 45 EStG; R 3.45 LStR
Beitragspflicht KV PV RV ALV	Nein	§ 14 Abs. 1 SGB IV, § 1 Abs.1 SvEV
Beitragspflicht UV	Nein	§ 14 Abs. 1 SGB IV, § 1 Abs.1 SvEV

Mindestlohnrelevanz: Nein
Entgeltzuordnung in der Sozialversicherung: Kein Arbeitsentgelt im Sinne der Sozialversicherung.

18.13 Telekommunikationsleistungen

Erläuterung: Private Nutzung betrieblicher Datenverarbeitungs- und Telekommunikationsgeräte einschließlich Zubehör.

Lohnsteuerpflicht	Nein	§ 3 Nr. 45 EStG
Beitragspflicht KV PV RV ALV	Nein	§ 14 Abs. 1 SGB IV, § 1 Abs.1 SvEV
Beitragspflicht UV	Nein	§ 14 Abs. 1 SGB IV, § 1 Abs.1 SvEV

Mindestlohnrelevanz: Nein
Entgeltzuordnung in der Sozialversicherung: Kein Arbeitsentgelt im Sinne der Sozialversicherung.

18.14 Teuerungszulage

Erläuterung: Wegen des Anstiegs der Lebenshaltungskosten gezahlte Zulage zum Lohn oder Gehalt (auch Inflationsausgleich genannt).

Lohnsteuerpflicht	Ja	§ 19 Abs. 1 EStG
Beitragspflicht KV PV RV ALV	Ja	§ 14 Abs. 1 Satz 1 SGB IV
Beitragspflicht UV	Ja	§ 14 Abs. 1 Satz 1 SGB IV

Mindestlohnrelevanz: Nein
Entgeltart: Laufendes Arbeitsentgelt
Entgeltzuordnung in der Sozialversicherung: Entgeltabrechnungsmonat, in dem die Teuerungszulagen ausgezahlt werden.

18.15 Theaterbetriebszuschlag

Erläuterung: Theaterbetriebszuschlag und Theaterbetriebszulage an Beschäftigte von Theatern und Bühnen.

Lohnsteuerpflicht	Ja	§ 2 Abs. 2 Nr. 7 LStDV
Beitragspflicht KV PV RV ALV	Ja	§ 14 Abs. 1 Satz 1 SGB IV
Beitragspflicht UV	Ja	§ 14 Abs. 1 Satz 1 SGB IV

Mindestlohnrelevanz: Ja
Entgeltart: Laufendes Arbeitsentgelt
Entgeltzuordnung in der Sozialversicherung: Entgeltabrechnungsmonat, für den der Anspruch auf Theaterbetriebszuschläge bzw. Theaterbetriebszulagen besteht.

18.16 Theaterkarte

Erläuterung: Eintrittskarte zu kultureller oder sportlicher Veranstaltung, die der Arbeitgeber unentgeltlich oder verbilligt überlässt, wenn es sich um eine Zuwendung im Rahmen einer steuerfreien Betriebsveranstaltung handelt. S. Betriebsveranstaltung

Lohnsteuerpflicht	Nein	R 19.5 Abs. 4 Nr. 3 LStR
Beitragspflicht KV PV RV ALV	Nein	§ 14 Abs. 1 SGB IV, § 1 Abs. 1 Nr. 1 SvEV
Beitragspflicht UV	Nein	§ 14 Abs. 1 SGB IV, § 1 Abs. 1 Nr. 1 SvEV

Mindestlohnrelevanz: Nein
Entgeltzuordnung in der Sozialversicherung: Kein Arbeitsentgelt im Sinne der Sozialversicherung.

18.17 Tombolagewinn

Erläuterung: Gewinne einer Tombola. S. Losgewinn (Losverkauf).

Lohnsteuerpflicht	Nein	R 19.5 Abs. 6 LStR
Beitragspflicht KV PV RV ALV	Nein	§ 14 Abs. 1 SGB IV, § 1 Abs. 1 SvEV
Beitragspflicht UV	Nein	§ 14 Abs. 1 SGB IV, § 1 Abs.1 SvEV

Mindestlohnrelevanz: Nein
Entgeltzuordnung in der Sozialversicherung: Kein Arbeitsentgelt im Sinne der Sozialversicherung.

18.18 Trennungsentschädigung

Erläuterung: Trennungsentschädigung in der Privatwirtschaft, die bei Abordnung zu auswärtigen Dienstleistungen oder bei Versetzung bis zum Umzug gezahlt wird, soweit die beruflich veranlassten Mehraufwendungen bzw. pauschalen Abgeltungsbeträge die ansonsten nach § 9 EStG absetzbaren Werbungskosten nicht übersteigen.

Lohnsteuerpflicht	Nein	§ 3 Nr. 16 EStG; R 3.16, R 9.9 und R 9.11 LStR
Beitragspflicht KV PV RV ALV	Nein	§ 14 Abs. 1 SGB IV, § 1 Abs. 1 SvEV
Beitragspflicht UV	Nein	§ 14 Abs. 1 SGB IV, § 1 Abs.1 SvEV

Mindestlohnrelevanz: Nein
Entgeltzuordnung in der Sozialversicherung: Kein Arbeitsentgelt im Sinne der Sozialversicherung.

18.19 Trennungsentschädigung (öffentlicher Dienst)

Erläuterung: Trennungsentschädigung nach dem Reisekostenrecht des öffentlichen Dienstes bei Abordnung zu auswärtigen Dienstleistungen oder bei Versetzung bis zum Umzug.

Lohnsteuerpflicht	Nein	§ 3 Nr. 13 EStG; R 3.13 LStR
Beitragspflicht KV PV RV ALV	Nein	§ 14 Abs. 1 SGB IV, § 1 Abs. 1 SvEV
Beitragspflicht UV	Nein	§ 14 Abs. 1 SGB IV, § 1 Abs.1 SvEV

Mindestlohnrelevanz: Nein
Entgeltzuordnung in der Sozialversicherung: Kein Arbeitsentgelt im Sinne der Sozialversicherung.

18.20 Treppengeld

Erläuterung: Treppengeld im Kohlenhandel.

Lohnsteuerpflicht	Ja	R 19.3 Abs. 1 S. 1 Nr. 5 LStR
Beitragspflicht KV PV RV ALV	Ja	§ 14 Abs. 1 Satz 1 SGB IV
Beitragspflicht UV	Ja	§ 14 Abs. 1 Satz 1 SGB IV

Mindestlohnrelevanz: Nein
Entgeltart: Laufendes Arbeitsentgelt
Entgeltzuordnung in der Sozialversicherung: Entgeltabrechnungsmonat, für den der Anspruch auf das Treppengeld besteht

18.21 Treueprämie

Erläuterung: Treueprämie, die nicht als Jubiläumsgeschenk steuer- und beitragsfrei bleiben kann.

Lohnsteuerpflicht	Ja	§ 19 Abs. 1 EStG; R 19.3 LStR
Beitragspflicht KV PV RV ALV	Ja	§ 14 Abs. 1 Satz 1 SGB IV, § 23a SGB IV
Beitragspflicht UV	Ja	§ 14 Abs. 1 Satz 1 SGB IV, § 23a SGB IV

Mindestlohnrelevanz: Nein
Entgeltart: Einmalzahlung
Entgeltzuordnung in der Sozialversicherung: Entgeltabrechnungsmonat, in dem die Treueprämien ausgezahlt werden. Treueprämien, die in den Monaten Januar bis März eines Jahres ausgezahlt werden, sind dem letzten Entgeltabrechnungsmonat des vergangenen Jahres (Vorjahres) zuzuordnen, wenn in dem vergangenen Jahr bei demselben Arbeitgeber ein versicherungspflichtiges Beschäftigungsverhältnis bestanden hat und die Prämien zusammen mit den sonstigen für das laufende Kalenderjahr festgestellten beitragspflichtigen Einnahmen die anteilige Beitragsbemessungsgrenze des laufenden Kalenderjahres übersteigen (März-Klausel).

18.22 Trinkgeld (freiwillige Trinkgelder)

Erläuterung: Freiwillige Trinkgelder, die ohne Rechtsanspruch gewährt werden.

Lohnsteuerpflicht	Nein	§ 3 Nr. 51 EStG
Beitragspflicht KV PV RV ALV	Nein	§ 14 Abs. 1 SGB IV, § 1 Abs. 1 SvEV
Beitragspflicht UV	Nein	§ 14 Abs. 1 SGB IV, § 1 Abs.1 SvEV

Mindestlohnrelevanz: Nein
Entgeltzuordnung in der Sozialversicherung: Kein Arbeitsentgelt im Sinne der Sozialversicherung.

18.23 Trinkgeld (Rechtsanspruch)

Erläuterung: Trinkgeld, auf das ein Rechtsanspruch besteht.

Lohnsteuerpflicht	Ja	R 19.3 Abs. 1 Nr. 5
Beitragspflicht KV PV RV ALV	Ja	§ 14 Abs. 1 Satz 1 SGB IV
Beitragspflicht UV	Ja	§ 14 Abs. 1 Satz 1 SGB IV

Mindestlohnrelevanz: Ja
Entgeltart: Laufendes Arbeitsentgelt
Entgeltzuordnung in der Sozialversicherung: Entgeltabrechnungsmonat, für den der Anspruch auf die Trinkgelder besteht.

19 U – Überbrückungsbeihilfe bis Urlaubszuschuss

19.1 Überbrückungsbeihilfe

Erläuterung: Überbrückungsbeihilfe, die nach einer Entlassung aus militärischen Gründen an ehemalige Arbeitnehmer der Stationierungsstreitkräfte gezahlt werden. S. Abfindung.

Lohnsteuerpflicht	Ja	§ 19 Abs. 1 EStG; R 19.3 LStR

Entgeltart: Laufendes Arbeitsentgelt
Entgeltzuordnung in der Sozialversicherung: Kein Arbeitsentgelt im Sinne der Sozialversicherung.

19.2 Übergangsbeihilfe in allen anderen Fällen

Erläuterung: Bei Zeitsoldaten mit Dienstverhältnisbeginn seit 1.1.2006 muss eine Übergangsbeihilfe versteuert werden.

Lohnsteuerpflicht	Ja	§ 19 Abs. 1 EStG; R 19.3 LStR
Beitragspflicht KV PV RV ALV	Nein	§ 14 Abs. 1 Satz 1 SGB IV
Beitragspflicht UV	Nein	§ 14 Abs. 1 Satz 1 SGB IV

Mindestlohnrelevanz: Nein
Entgeltart: Laufendes Arbeitsentgelt
Entgeltzuordnung in der Sozialversicherung: Kein Arbeitsentgelt im Sinne der Sozialversicherung.

19.3 Übergangsgebührnisse

Erläuterung: Übergangsgebührnisse gemäß § 11 SVG, Übergangsgelder an ehemalige Minister und Wahlbeamte auf Zeit.

Lohnsteuerpflicht	Ja	R 3.10 Abs. 2 LStR
Beitragspflicht KV PV RV ALV	Nein	§ 14 Abs. 1 Satz 1 SGB IV, BSG, Urteil vom 8.11.1989 1 RA 21/88
Beitragspflicht UV	Nein	§ 14 Abs. 1 Satz 1 SGB IV

Mindestlohnrelevanz: Nein
Entgeltart: Laufendes Arbeitsentgelt
Entgeltzuordnung in der Sozialversicherung: Kein Arbeitsentgelt im Sinne der Sozialversicherung.

19.4 Übergangsgeld / Übergangsbeihilfe

Erläuterung: Aufgrund gesetzlicher Vorschriften wegen Entlassung aus einem Dienstverhältnis gezahltes Übergangsgeld oder gesetzliche Übergangsbeihilfen. SV: Beschäftigungsverhältnis besteht nicht mehr, daher kein Arbeitsentgelt.

Lohnsteuerpflicht	Ja	§ 8 Abs. 1 EStG
Beitragspflicht KV PV RV ALV	Nein	kein Arbeitsentgelt i. S. des § 14 Abs. 1 Satz 1 SGB IV
Beitragspflicht UV	Nein	kein Arbeitsentgelt i. S. des § 14 Abs. 1 Satz 1 SGB IV

Mindestlohnrelevanz: Nein
Entgeltart: Laufendes Arbeitsentgelt
Entgeltzuordnung in der Sozialversicherung: Kein Arbeitsentgelt im Sinne der Sozialversicherung, da kein Beschäftigungsverhältnis mehr besteht.

19.5 Übergangsgeld in allen anderen Fällen

Erläuterung: Alle seit 1.1.2006 vereinbarten Übergangsgelder sind generell steuer- und sozialversicherungspflichtig.

Lohnsteuerpflicht	Ja	§ 19 Abs. 1 EStG; R 19.3 LStR
Beitragspflicht KV PV RV ALV	Ja	§ 14 Abs. 1 Satz 1 SGB IV
Beitragspflicht UV	Ja	§ 14 Abs. 1 Satz 1 SGB IV

Mindestlohnrelevanz: Nein
Entgeltart: Laufendes Arbeitsentgelt
Entgeltzuordnung in der Sozialversicherung: Entgeltabrechnungsmonat, für den der Anspruch auf die Übergangsgelder besteht.

19.6 Übernachtungskosten bei Auswärtstätigkeit (Auslagenersatz an Arbeitnehmer)

Erläuterung: Der Arbeitnehmer legt die Kosten aus, der Arbeitgeber erstattet gegen Beleg die Kosten. S. Auslagenersatz.

Lohnsteuerpflicht	Nein	§ 3 Nr. 16 EStG
Beitragspflicht KV PV RV ALV	Nein	§ 14 Abs. 1 SGB IV, § 1 Abs. 1 Nr. 1 SvEV
Beitragspflicht UV	Nein	§ 14 Abs. 1 SGB IV, § 1 Abs. 1 Nr. 1 SvEV

Mindestlohnrelevanz: Nein
Entgeltzuordnung in der Sozialversicherung: Kein Arbeitsentgelt im Sinne der Sozialversicherung.

19.7 Überstundenvergütung

Erläuterung: S. Mehrarbeitsvergütung (entsprechend tatsächlicher Mehrarbeit) und Mehrarbeit (pauschal).

19.8 Übertragung eines Wertguthabens an Arbeitgeber

Erläuterung: Übertragung des Wertguthabens eines Arbeitnehmers (i. S. des »Flexi-II-Gesetzes«) an den neuen Arbeitgeber.

Lohnsteuerpflicht	Nein	H 38 LStH
Beitragspflicht KV PV RV ALV	Nein	§ 7f Abs. 1 SGB IV
Beitragspflicht UV	Nein	§ 7f Abs. 1 SGB IV

Mindestlohnrelevanz: Nein
Entgeltzuordnung in der Sozialversicherung: Kein Arbeitsentgelt im Sinn der Sozialversicherung.

19.9 Übertragung eines Wertguthabens an DRV

Erläuterung: Übertragung des Wertguthabens eines Arbeitnehmers (i. S. des »Flexi-II-Gesetzes«) an die Deutsche Rentenversicherung Bund (z. B. bei Arbeitslosigkeit).

Lohnsteuerpflicht	Nein	§ 3 Nr. 53 EStG
Beitragspflicht KV PV RV ALV	Nein	§ 14 Abs. 1 SGB IV, § 1 Abs. 1 SvEV
Beitragspflicht UV	Nein	§ 14 Abs. 1 SGB IV, § 1 Abs. 1 SvEV

Mindestlohnrelevanz: Nein
Entgeltzuordnung in der Sozialversicherung: Kein Arbeitsentgelt im Sinn der Sozialversicherung.

19.10 Übungsleiterfreibetrag

Erläuterung: S. Aufwandsentschädigung für Übungsleiter.

19.11 Umsatzbeteiligung

Erläuterung: Umsatzbeteiligung aufgrund eines Arbeitsverhältnisses

Lohnsteuerpflicht	Ja	§ 19 Abs. 1 EStG
Beitragspflicht KV PV RV ALV	Ja	§ 14 Abs. 1 Satz 1 SGB IV
Beitragspflicht UV	Ja	

Mindestlohnrelevanz: Ja
Entgeltart: Laufendes Arbeitsentgelt
Entgeltzuordnung in der Sozialversicherung: Entgeltabrechnungsmonat, für den der Anspruch auf die Umsatzbeteiligung besteht

19.12 Umzugskostenvergütung

Erläuterung: Umzugskostenvergütung im privaten Dienst bei dienstlich veranlasstem Umzug bis zur Höhe der Beträge, die nach dem Bundesumzugsrecht als höchstmögliche Umzugsvergütung gezahlt werden können.

Lohnsteuerpflicht	Nein	§ 3 Nr. 16 EStG
Beitragspflicht KV PV RV ALV	Nein	§ 14 Abs. 1 SGB IV, § 1 Abs. 1 SvEV
Beitragspflicht UV	Nein	§ 14 Abs. 1 SGB IV, § 1 Abs. 1 SvEV

Mindestlohnrelevanz: Nein
Entgeltzuordnung in der Sozialversicherung: Kein Arbeitsentgelt im Sinne der Sozialversicherung.

19.13 Umzugskostenvergütung (aus öffentlichen Kassen)

Erläuterung: Umzugskostenvergütung im öffentlichen Dienst nach BUKG.

Lohnsteuerpflicht	Nein	§ 3 Nr. 13 EStG
Beitragspflicht KV PV RV ALV	Nein	§ 14 Abs. 1 SGB IV, § 1 Abs. 1 SvEV
Beitragspflicht UV	Nein	§ 14 Abs. 1 SGB IV, § 1 Abs. 1 SvEV

Mindestlohnrelevanz: Nein
Entgeltzuordnung in der Sozialversicherung: Kein Arbeitsentgelt im Sinne der Sozialversicherung.

19.14 Unfallentschädigung

Erläuterung: Unfallentschädigung gemäß § 43 BeamtVG.

Lohnsteuerpflicht	Nein	§ 3 Nr. 3 EStG
Beitragspflicht KV PV RV ALV	Nein	§ 14 Abs. 1 SGB IV, § 1 Abs. 1 SvEV
Beitragspflicht UV	Nein	§ 14 Abs. 1 SGB IV, § 1 Abs. 1 SvEV

Mindestlohnrelevanz: Nein
Entgeltzuordnung in der Sozialversicherung: Kein Arbeitsentgelt im Sinne der Sozialversicherung.

19.15 Unfallverhütungsprämie

Erläuterung: Unfallverhütungsprämie (Bar- oder Sachzuwendung des Arbeitgebers für sorgfältige Beachtung der Unfallverhütungsvorschriften und unfallfreies Arbeiten).

Lohnsteuerpflicht	Ja	§ 2 Abs. 1 LStDV
Beitragspflicht KV PV RV ALV	Ja	§ 14 Abs. 1 Satz 1 SGB IV, § 23a SGB IV, BE vom 1./2.2.1984
Beitragspflicht UV	Ja	§ 14 Abs. 1 Satz 1 SGB IV, § 23a SGB IV

Mindestlohnrelevanz: Nein
Entgeltart: Einmalzahlung
Entgeltzuordnung in der Sozialversicherung: Entgeltabrechnungsmonat, in dem die Unfallverhütungsprämien ausgezahlt werden. Unfallverhütungsprämien, die in den Monaten Januar bis März eines Jahres ausgezahlt werden, sind dem letzten Entgeltabrechnungsmonat des vergangenen Jahres (Vorjahres) zuzuordnen, wenn in dem vergangenen Jahr bei demselben Arbeitgeber ein versicherungspflichtiges Beschäftigungsverhältnis bestanden hat und die Prämien zusammen mit den sonstigen für das laufende Kalenderjahr festgestellten beitragspflichtigen Einnahmen die anteilige Beitragsbemessungsgrenze des laufenden Kalenderjahres übersteigen (März-Klausel).

19.16 Unfallversicherung für den Arbeitnehmer (pauschal versteuerte Arbeitgeberzahlung, keine Zusatzleistung)

Erläuterung: Der Arbeitgeber versteuert die anteiligen Beiträge für eine Gruppenunfallversicherung (nicht Berufsgenossenschaft) des Arbeitnehmers pauschal mit 20 %. Es handelt sich hierbei nicht um eine Zusatzleistung des Arbeitgebers.

Lohnsteuerpflicht	Ja	§ 40b Abs. 3 EStG
Beitragspflicht KV PV RV ALV	Ja	§ 14 Abs. 1 Satz 1 SGB IV
Beitragspflicht UV	Ja	§ 14 Abs. 1 Satz 1 SGB IV

Mindestlohnrelevanz: Nein
Entgeltart: Einmalzahlung
Entgeltzuordnung in der Sozialversicherung: Entgeltabrechnungsmonat, in dem die Beiträge zur Unfallversicherung gezahlt werden.

19.17 Unfallversicherung für den Arbeitnehmer (pauschal versteuerte Zusatzleistung)

Erläuterung: Der Arbeitgeber versteuert die anteiligen Beiträge für eine Gruppenunfallversicherung (nicht Berufsgenossenschaft) des Arbeitnehmers pauschal mit 20 %. Es handelt sich hierbei um eine Zusatzleistung des Arbeitgebers.

Lohnsteuerpflicht	Ja	§ 40b Abs. 3 EStG
Beitragspflicht KV PV RV ALV	Nein	§ 14 Abs. 1 SGB IV, § 1 Abs. 1 Nr. 3 SvEV
Beitragspflicht UV	Nein	§ 14 Abs. 1 SGB IV, § 1 Abs. 1 Nr. 3 SvEV

Mindestlohnrelevanz: Nein
Entgeltzuordnung in der Sozialversicherung: Kein Arbeitsentgelt im Sinne der Sozialversicherung.

19.18 Unfallversicherungsbeitrag

Erläuterung: Unfallversicherungsbeitrag für Reiseunfallversicherung, wenn sich der Versicherungsschutz ausschließlich auf Unfälle bei beruflich veranlassten Auswärtstätigkeiten erstreckt.

Lohnsteuerpflicht	Nein	H 9.8 LStH
Beitragspflicht KV PV RV ALV	Nein	§ 14 Abs. 1 SGB IV, § 1 Abs. 1 SvEV
Beitragspflicht UV	Nein	§ 14 Abs. 1 SGB IV, § 1 Abs. 1 SvEV

Mindestlohnrelevanz: Nein
Entgeltzuordnung in der Sozialversicherung: Kein Arbeitsentgelt im Sinne der Sozialversicherung.

19.19 Unterhaltsbeitrag

Erläuterung: Der Unterhaltsbeitrag und der Maßnahmenbeitrag nach dem Aufstiegsfortbildungsförderungsgesetz, soweit sie als Zuschuss geleistet werden.

Lohnsteuerpflicht	Nein	§ 3 Nr. 2 EStG
Beitragspflicht KV PV RV ALV	Nein	§ 14 Abs. 1 SGB IV, § 1 Abs. 1 SvEV
Beitragspflicht UV	Nein	§ 14 Abs. 1 SGB IV, § 1 Abs. 1 SvEV

Mindestlohnrelevanz: Nein
Entgeltzuordnung in der Sozialversicherung: Kein Arbeitsentgelt im Sinne der Sozialversicherung.

19.20 Unterstützungen

Erläuterung: S. Beihilfen.

19.21 Unterstützungskassenleistung

Erläuterung: Unterstützungskassenleistung, soweit nicht als Unterstützung in besonderen Notfällen (S. Beihilfen) oder als steuerfreie Erholungs-, Geburts- oder Heiratsbeihilfe anerkannt.

Lohnsteuerpflicht	Ja	H 19.3 LStR
Beitragspflicht KV PV RV ALV	Ja	§ 14 Abs. 1 Satz 1 SGB IV
Beitragspflicht UV	Ja	§ 14 Abs. 1 Satz 1 SGB IV

Mindestlohnrelevanz: Nein
Entgeltart: Laufendes Arbeitsentgelt
Entgeltzuordnung in der Sozialversicherung: Entgeltabrechnungsmonat, für den der Anspruch auf die Unterstützungskassenleistungen besteht.

19.22 Urlaubsabgeltung

Erläuterung: S. auch Zinsen aus Urlaubsabgeltung.

19.23 Urlaubsabgeltung (Tod des Berechtigten)

Erläuterung: Abgeltung von Urlaubsansprüchen beim Tod des Berechtigten.

Lohnsteuerpflicht	Ja	R 19.3 Abs. 1 Nr. 2 LStR
Beitragspflicht KV PV RV ALV	Ja	§ 14 Abs. 1 Satz 1 SGB IV, § 23a SGB IV
Beitragspflicht UV	Ja	§ 14 Abs. 1 Satz 1 SGB IV, § 23a SGB IV

Mindestlohnrelevanz: Nein
Entgeltart: Einmalzahlung
Entgeltzuordnung in der Sozialversicherung: Entgeltabrechnung

19.24 Urlaubsbeihilfe (pauschal versteuert)

Erläuterung: S. Ferienbeihilfe (pauschal versteuert).

19.25 Urlaubsbezug

Erläuterung: Auch Urlaubsbezüge, die während des Anspruchs auf Krankengeld gezahlt werden.

Lohnsteuerpflicht	Ja	§ 19 Abs. 1 EStG; R 19.3 Abs. 1 Nr. 2 LStR
Beitragspflicht KV PV RV ALV	Ja	§ 14 Abs. 1 Satz 1 SGB IV
Beitragspflicht UV	Ja	§ 14 Abs. 1 Satz 1 SGB IV, § 23a SGB IV

Mindestlohnrelevanz: Keine Aussage möglich.
Entgeltart: Laufendes Arbeitsentgelt
Entgeltzuordnung in der Sozialversicherung: Entgeltabrechnungsmonat, für den der Anspruch auf die Urlaubsbezüge besteht.

19.26 Urlaubsgeld

Erläuterung: Nur bei Rechtsanspruch (Vertrag oder betriebliche Übung) regelmäßiges Arbeitsentgelt.

Lohnsteuerpflicht	Ja	§ 19 Abs. 1 EStG
Beitragspflicht KV PV RV ALV	Ja	§ 14 Abs. 1 Satz 1 SGB IV, § 23a SGB IV
Beitragspflicht UV	Ja	§ 14 Abs. 1 Satz 1 SGB IV, § 23a SGB IV

Mindestlohnrelevanz: Ja
Entgeltart: Einmalzahlung
Entgeltzuordnung in der Sozialversicherung: Entgeltabrechnungsmonat, in dem das Urlaubsgeld ausgezahlt wird. Urlaubsgeld, das in den Monaten Januar bis März eines Jahres ausgezahlt wird, ist dem letzten Entgeltabrechnungsmonat des vergangenen

Jahres (Vorjahres) zuzuordnen, wenn in dem vergangenen Jahr bei demselben Arbeitgeber ein versicherungspflichtiges Beschäftigungsverhältnis bestanden hat und das Urlaubsgeld zusammen mit den sonstigen für das laufende Kalenderjahr festgestellten beitragspflichtigen Einnahmen die anteilige Beitragsbemessungsgrenze des laufenden Kalenderjahres übersteigt (März-Klausel).

19.27 Urlaubsvergütung im Baugewerbe

Erläuterung: Einschließlich zusätzliches Urlaubsgeld als einmalig gezahltes Arbeitsentgelt.

Lohnsteuerpflicht	Ja	§ 19 Abs. 1 EStG
Beitragspflicht KV PV RV ALV	Ja	§ 14 Abs. 1 Satz 1 SGB IV, § 23a SGB IV
Beitragspflicht UV	Ja	§ 14 Abs. 1 Satz 1 SGB IV, § 23a SGB IV

Mindestlohnrelevanz: Ja
Entgeltart: Einmalzahlung
Entgeltzuordnung in der Sozialversicherung: Entgeltabrechnungsmonat, in dem die Urlaubsvergütung ausgezahlt wird. Urlaubsvergütungen im Baugewerbe, die in den Monaten Januar bis März eines Jahres ausgezahlt werden, sind dem letzten Entgeltabrechnungsmonat des vergangenen Jahres (Vorjahres) zuzuordnen, wenn in dem vergangenen Jahr bei demselben Arbeitgeber ein versicherungspflichtiges Beschäftigungsverhältnis bestanden hat und die Urlausbvergütungen zusammen mit den sonstigen für das laufende Kalenderjahr festgestellten beitragspflichtigen Einnahmen die anteilige Beitragsbemessungsgrenze des laufenden Kalenderjahres übersteigen (März-Klausel).

19.28 Urlaubszuschuss

Erläuterung: S. Erholungsbeihilfe, Ferienbeihilfe und Freiflug.

20 V – Verbesserungsvorschlag bis Vorsorgeuntersuchung

20.1 Verbesserungsvorschlag

Erläuterung: S. Prämie für Verbesserungsvorschlag.

20.2 Verdienstausfall (Entschädigung gemäß IfSG)

Erläuterung: Nach den Bestimmungen des Infektionsschutzgesetzes gezahlte Entschädigung (§ 56 IfSG).

Lohnsteuerpflicht	Nein	§ 3 Nr. 25 EStG
Beitragspflicht KV PV RV ALV	Ja	§ 14 Abs. 1 Satz 1 SGB IV, § 57 IfSG, BE v. 13./14.10.2009 (TOP 7)
Beitragspflicht UV	Nein	§ 14 Abs. 1 SGB IV, § 1 SvEV

Mindestlohnrelevanz: Nein
Entgeltart: Laufendes Arbeitsentgelt
Entgeltzuordnung in der Sozialversicherung: Entgeltabrechnungsmonat, für den die Entschädigung gezahlt wird.

20.3 Verdienstausfall (Teilnahme an Gewerkschaftskursen)

Erläuterung: Verdienstausfallvergütung, welche wegen der Teilnahme an Kursen des Deutschen Gewerkschaftsbundes gezahlt wird.

Lohnsteuerpflicht	Nein	BFH, Urteil v. 6.5.1954, IV 168/53
Beitragspflicht KV PV RV ALV	Nein	§ 14 Abs. 1 SGB IV, § 1 Abs. 1 SvEV
Beitragspflicht UV	Nein	§ 14 Abs. 1 SGB IV, § 1 Abs. 1 SvEV

Mindestlohnrelevanz: Nein
Entgeltzuordnung in der Sozialversicherung: Kein Arbeitsentgelt im Sinne der Sozialversicherung.

20.4 Vereinsbeitrag

Erläuterung: S. Mitgliedsbeitrag.

20.5 Verfallenes Entgelt

Erläuterung: Verfallenes Entgelt kann aufgrund einer Ausschlussklausel rückwirkend nicht mehr geltend gemacht werden, zählt jedoch als verdientes Entgelt. S. Verwirkte Lohnteile.

Lohnsteuerpflicht	Nein	BFH, Urteil v. 25.4.1968, VI R 2/66, BStBl 1968 II S. 545
Beitragspflicht KV PV RV ALV	Ja	§ 14 Abs. 1 Satz 1 SGB IV, BSG, Urteil vom 30.8.1994 12 RK 59/92
Beitragspflicht UV	Ja	§ 14 Abs. 1 Satz 1 SGB IV

Mindestlohnrelevanz: Nein
Entgeltart: Laufendes Arbeitsentgelt
Entgeltzuordnung in der Sozialversicherung: Entgeltabrechnungsmonat, für den der Anspruch auf das verfallene Arbeitsentgelt bestanden hat

20.6 Vergütung aus Mitarbeiterfonds

Erläuterung: Vergütung aus dem Mitarbeiterfonds eines Krankenhauses.

Lohnsteuerpflicht	Ja	§ 19 Abs. 1 EStG
Beitragspflicht KV PV RV ALV	Ja	§ 14 Abs. 1 Satz 1 SGB IV, BE vom 6./7.12.1977
Beitragspflicht UV	Ja	§ 14 Abs. 1 Satz 1 SGB IV

Mindestlohnrelevanz: Nein
Entgeltart: Laufendes Arbeitsentgelt
Entgeltzuordnung in der Sozialversicherung: Entgeltabrechnungsmonat, für den der Anspruch auf die Vergütung besteht

20.7 Vergütung für Verpflegungsmehraufwand

Erläuterung: S. Reisekostenvergütung.

20.8 Verlosungsgewinn

Erläuterung: Wegen der besonderen Bedingungen, wenn an der Verlosung alle an der Betriebsveranstaltung teilnehmenden Arbeitnehmer beteiligt werden. S. Losgewinn (Losverkauf).

Lohnsteuerpflicht	Nein	H 19.5 LStH
Beitragspflicht KV PV RV ALV	R 19.5 Abs. 6 LStR	§ 14 Abs. 1 SGB IV, § 1 Abs. 1 Nr. 1 SvEV
Beitragspflicht UV	Nein	§ 14 Abs. 1 SGB IV, § 1 Abs. 1 Nr. 1 SvEV

Mindestlohnrelevanz: Nein
Entgeltzuordnung in der Sozialversicherung: Kein Arbeitsentgelt im Sinne der Sozialversicherung.

20.9 Vermächtnisse

Erläuterung: Vermächtnisse des Arbeitgebers zugunsten seiner Arbeitnehmer.

Lohnsteuerpflicht	Nein	BFH, Urteil v. 15.5.1986, IV R 119/84
Beitragspflicht KV PV RV ALV	Nein	§ 14 Abs. 1 SGB IV, § 1 Abs. 1 SvEV
Beitragspflicht UV	Nein	§ 14 Abs. 1 SGB IV, § 1 Abs. 1 SvEV

Mindestlohnrelevanz: Nein
Entgeltzuordnung in der Sozialversicherung: Kein Arbeitsentgelt im Sinne der Sozialversicherung.

20.10 Vermittlungsprovision

Erläuterung: Provision an Mitarbeiter im Bank- und Versicherungsgewerbe oder Reisebüro, wenn die vermittelnde Tätigkeit im Rahmen der Beschäftigung ausgeübt wird.

Lohnsteuerpflicht	Ja	R 19.4 LStR
Beitragspflicht KV PV RV ALV	Ja	§ 14 Abs. 1 Satz 1 SGB IV
Beitragspflicht UV	Ja	§ 14 Abs. 1 Satz 1 SGB IV

Mindestlohnrelevanz: Ja, wenn vorbehaltlos und unwiderruflich gewährt.
Entgeltart: Laufendes Arbeitsentgelt
Entgeltzuordnung in der Sozialversicherung: Entgeltabrechnungsmonat, für den der Anspruch auf die Vermittlungsprovisionen besteht

20.11 Vermögensbeteiligung

Erläuterung: Kostenlose oder verbilligte Überlassung an Arbeitnehmer soweit der Vorteil insgesamt 360 EUR im Kalenderjahr nicht übersteigt. Achtung SV: Nur beitragsfrei, wenn zusätzlich zum Arbeitsentgelt gezahlt. S. Mitarbeiter-Kapitalbeteiligung.

Lohnsteuerpflicht	Nein	§ 3 Nr. 39 EStG
Beitragspflicht KV PV RV ALV	Ja	§ 14 Abs. 1 Satz 1 SGB IV
Beitragspflicht UV	Ja	§ 14 Abs. 1 Satz 1 SGB IV

Mindestlohnrelevanz: Nein
Entgeltart: Laufendes Arbeitsentgelt
Entgeltzuordnung in der Sozialversicherung: Wenn nicht zusätzlich zu Lohn/Gehalt gezahlt: Entgeltabrechnungsmonat, für den die Leistung gezahlt wird

20.12 Vermögenswirksame Leistung

Erläuterung: Wenn das zu versteuernde Einkommen im Kalenderjahr 17.900 EUR oder bei Zusammenveranlagung von Ehegatten 35.800 EUR nicht übersteigt, wird eine Sparzulage gewährt (siehe »Arbeitnehmer-Sparzulage«). Für die vermögenswirksame Anlage in Vermögensbeteiligungen erhöhen sich die Einkommensgrenzen auf 20.000 / 40.000 EUR.

Lohnsteuerpflicht	Ja	§ 2 Abs. 6 VermBG
Beitragspflicht KV PV RV ALV	Ja	§ 14 Abs. 1 Satz 1 SGB IV
Beitragspflicht UV	Ja	§ 14 Abs. 1 Satz 1 SGB IV

Mindestlohnrelevanz: Nein
Entgeltart: Laufendes Arbeitsentgelt
Entgeltzuordnung in der Sozialversicherung: Entgeltabrechnungsmonat, für den der Anspruch auf die vermögenswirksame Leistung besteht.

20.13 Verpflegung bei Auswärtstätigkeit (Auslage durch Arbeitnehmer, Sachbezugswerte)

Erläuterung: Die Erstattung der Kosten durch den Arbeitgeber, wenn hierfür eine dienst- oder dienstrechtliche Grundlage besteht, und die amtlichen Sachbezugswerte in Ansatz gebracht werden.

Lohnsteuerpflicht	Ja	R 8.1 Abs. 8 Nr. 2 LStR
Beitragspflicht KV PV RV ALV	Ja	§ 14 Abs. 1 Satz 1 SGB IV, § 23a SGB IV
Beitragspflicht UV	Ja	§ 14 Abs. 1 Satz 1 SGB IV, § 23a SGB IV

Mindestlohnrelevanz: Nein
Entgeltart: Laufendes Arbeitsentgelt
Entgeltzuordnung in der Sozialversicherung: Entgeltabrechnungsmonat, in dem der Arbeitgeber dem Arbeitnehmer die Verpflegungskosten erstattet.

20.14 Verpflegung bei Auswärtstätigkeit (Auslagenersatz der tatsächlichen Kosten)

Erläuterung: Die Erstattung der Kosten durch den Arbeitgeber, wenn eine dienst- oder arbeitsrechtliche Grundlage besteht und der Rechnungsadressat der Arbeitgeber ist, ist steuer- und sv-frei, wenn hierbei die tatsächlichen Kosten (bis zu den Verpflegungspauschbeträgen) angesetzt werden.

Lohnsteuerpflicht	Nein	§ 3 Nr. 16 EStG
Beitragspflicht KV PV RV ALV	Nein	§ 14 Abs. 1 SGB IV, § 1 Abs. 1 SvEV
Beitragspflicht UV	Nein	§ 14 Abs. 1 SGB IV, § 1 Abs. 1 SvEV

Mindestlohnrelevanz: Nein
Entgeltzuordnung in der Sozialversicherung: Kein Arbeitsentgelt im Sinne der Sozialversicherung.

20.15 Verpflegungskostenzuschuss (14 EUR)

Erläuterung: Für beruflich veranlasste Auswärtstätigkeit bei einer Abwesenheit von weniger als 24 Stunden, aber mind. 8 Stunden. Bei mehrtätigen Reisen können unabhängig von der Abwesenheitszeit jew. 14 EUR am An- und Abreisetag steuerfrei erstattet werden.

Lohnsteuerpflicht	Nein	§ 3 Nrn. 13 und 16 EStG i. V. m. § 9 Abs. 4a EStG
Beitragspflicht KV PV RV ALV	Nein	§ 14 Abs. 1 SGB IV, § 1 Abs. 1 SvEV
Beitragspflicht UV	Nein	§ 14 Abs. 1 SGB IV, § 1 Abs. 1 SvEV

Mindestlohnrelevanz: Nein
Entgeltzuordnung in der Sozialversicherung: Kein Arbeitsentgelt im Sinne der Sozialversicherung.

20.16 Verpflegungskostenzuschuss (28 EUR)

Erläuterung: Für beruflich bedingte Auswärtstätigkeit bei einer mehr als 24-stündigen Abwesenheit.

Lohnsteuerpflicht	Nein	§ 3 Nrn. 13 und 16 EStG i. V. m. § 9 Abs. 4a EStG
Beitragspflicht KV PV RV ALV	Nein	§ 14 Abs. 1 SGB IV, § 1 Abs. 1 SvEV
Beitragspflicht UV	Nein	§ 14 Abs. 1 SGB IV, § 1 Abs. 1 SvEV

Mindestlohnrelevanz: Nein
Entgeltzuordnung in der Sozialversicherung: Kein Arbeitsentgelt im Sinne der Sozialversicherung.

20.17 Verpflegungsmehraufwand (pauschal versteuert)

Erläuterung: Mit 25 % pauschal versteuerte Zahlung des Arbeitgebers.

Lohnsteuerpflicht	Ja	§ 40 Abs. 2 Nr. 4 EStG
Beitragspflicht KV PV RV ALV	Nein	§ 14 Abs. 1 SGB IV, § 1 Abs. 1 Nr. 3 SvEV
Beitragspflicht UV	Nein	§ 14 Abs. 1 SGB IV, § 1 Abs. 1 Nr. 3 SvEV

Mindestlohnrelevanz: Nein
Entgeltzuordnung in der Sozialversicherung: Kein Arbeitsentgelt im Sinne der Sozialversicherung.

20.18 Versicherungsleistung (Ersatz von Einnahmeausfall)

Erläuterung: Wenn der Arbeitnehmer unmittelbar vom Versicherungsunternehmen Versicherungsleistungen erhält, um dadurch einen eingetretenen Einnahmeausfall auszugleichen.

Lohnsteuerpflicht	Ja	BFH, Urteil v. 13.4.1976, VI R 216/72
Beitragspflicht KV PV RV ALV	Ja	§ 14 Abs. 1 Satz 1 SGB IV
Beitragspflicht UV	Ja	§ 14 Abs. 1 Satz 1 SGB IV

Mindestlohnrelevanz: Nein
Entgeltart: Laufendes Arbeitsentgelt
Entgeltzuordnung in der Sozialversicherung: Entgeltabrechnungsmonat, für den der Anspruch auf die Versicherungsleistungen besteht.

20.19 Versicherungsleistungen

Erläuterung: Z. B. Todesfall-Versicherungssumme, Krankheitskostenersatz oder Schmerzensgeld.

Lohnsteuerpflicht	Nein	BFH, Urteil v. 22.4.1982, III R 135/79
Beitragspflicht KV PV RV ALV	Nein	§ 14 Abs. 1 SGB IV, § 1 Abs. 1 SvEV
Beitragspflicht UV	Nein	§ 14 Abs. 1 SGB IV, § 1 Abs. 1 SvEV

Mindestlohnrelevanz: Nein
Entgeltzuordnung in der Sozialversicherung: Kein Arbeitsentgelt im Sinne der Sozialversicherung.

20.20 Versicherungsprämie

Erläuterung: S. Lebensversicherungsprämie und Unfallversicherungsbeitrag.

20.21 Versorgungsausgleich bei Ehescheidung (externer Ausgleich)

Erläuterung: Übertragung von Ansprüchen in der betrieblichen Altersversorgung auf einen anderen Versorgungsträger.

Lohnsteuerpflicht	Nein	§ 3 Nr. 55b EStG
Beitragspflicht KV PV RV ALV	Nein	§ 14 Abs. 1 SGB IV, § 1 Abs. 1 SvEV
Beitragspflicht UV	Nein	§ 14 Abs. 1 SGB IV, § 1 Abs. 1 SvEV

Mindestlohnrelevanz: Nein
Entgeltzuordnung in der Sozialversicherung: Kein Arbeitsentgelt im Sinn der Sozialversicherung.

20.22 Versorgungsausgleich bei Ehescheidung (interner Ausgleich)

Erläuterung: Aufteilung von Anrechten in der betrieblichen Altersversorgung auf den ausgleichberechtigen Ehegatten.

Lohnsteuerpflicht	Nein	§ 3 Nr. 55a EStG
Beitragspflicht KV PV RV ALV	Nein	§ 14 Abs. 1 SGB IV, § 1 Abs. 1 SvEV
Beitragspflicht UV	Nein	§ 14 Abs. 1 SGB IV, § 1 Abs. 1 SvEV

Mindestlohnrelevanz: Nein
Entgeltzuordnung in der Sozialversicherung: Kein Arbeitsentgelt im Sinn der Sozialversicherung.

20.23 Verwarnungsgeld

Erläuterung: S. Bußgeld.

20.24 Verwirkte Lohnteile

Erläuterung: Verwirkte Lohnteile, die dem Arbeitnehmer nicht zugeflossen sind.

Lohnsteuerpflicht	Nein	BFH, Urteil v. 30.7.1993, BStBl 1993 II S. 884
Beitragspflicht KV PV RV ALV	Nein	Kein Arbeitsentgelt i. S. des § 14 Abs. 1 Satz 1 SGB IV
Beitragspflicht UV	Nein	Kein Arbeitsentgelt i. S. des § 14 Abs. 1 Satz 1 SGB IV

Mindestlohnrelevanz: Nein
Entgeltzuordnung in der Sozialversicherung: Kein Arbeitsentgelt im Sinne der Sozialversicherung.

20.25 Vielfliegerprämie

Erläuterung: S. Sachprämie.

20.26 VIP-Loge (für eigenen Arbeitnehmer)

Erläuterung: Vom Arbeitgeber angemietete VIP-Loge, welche er seinem Arbeitnehmer für dessen privaten Gebrauch überlässt (geldwerter Vorteil)

Lohnsteuerpflicht	Ja	§ 8 Abs. 2 EStG
Beitragspflicht KV PV RV ALV	Ja	§ 14 Abs. 1 Satz 1 SGB IV, § 23a SGB IV
Beitragspflicht UV	Ja	§ 14 Abs. 1 Satz 1 SGB IV, § 23a SGB IV

Mindestlohnrelevanz: Nein
Entgeltart: Einmalzahlung
Entgeltzuordnung in der Sozialversicherung: Entgeltabrechnungsmonat, in welchem der Arbeitnehmer die Loge überlassen bekommt.

20.27 VIP-Loge (pauschal versteuert nach § 37b EStG)

Erläuterung: Übernahme der Steuer mit 30 % für den geldwerten Vorteil aus der angemieteten VIP-Loge, unabhängig ob Überlassung an Arbeitnehmer oder Arbeitgeber.

Lohnsteuerpflicht	Ja	§ 37b EStG
Beitragspflicht KV PV RV ALV	Nein	
Beitragspflicht UV	Nein	

Mindestlohnrelevanz: Nein

20.28 VIP-Loge (zu Gunsten Dritter)

Erläuterung: Ein Betrieb überlässt die von ihm angemietete VIP-Loge einem Dritten (z. B. Arbeitnehmer eines Geschäftspartners) für dessen privaten Gebrauch (geldwerter Vorteil bzgl. Eintritt). Aufteilung bei Gesamtaufwand (Werbung, Bewirtung, Eintritt).

Lohnsteuerpflicht	Ja	BMF, Schreiben v. 19.5.2015, IV C 6 – S 2297 – b/14/10001 (BStBl 2015 I S. 468)
Beitragspflicht KV PV RV ALV	Nein	§ 1 Abs. 1 Satz 1 Nr. 14 SvEV
Beitragspflicht UV	Nein	§ 1 Abs. 1 Satz 1 Nr. 14 SvEV

Mindestlohnrelevanz: Nein
Entgeltzuordnung in der Sozialversicherung: Kein Arbeitsentgelt im Sinn der Sozialversicherung, sofern diese pauschal versteuert wurden.

20.29 Vollziehungsgebühr

Erläuterung: An Vollziehungsbeamte im öffentlichen Dienst gezahlte Gebühr soweit kein Auslagenersatz.

Lohnsteuerpflicht	Ja	§ 19 Abs. 1 EStG
Beitragspflicht KV PV RV ALV	Ja	§ 14 Abs. 1 Satz 1 SGB IV
Beitragspflicht UV	Ja	§ 14 Abs. 1 Satz 1 SGB IV

Mindestlohnrelevanz: Nein
Entgeltart: Laufendes Arbeitsentgelt
Entgeltzuordnung in der Sozialversicherung: Entgeltabrechnungsmonat, für den der Anspruch auf die Vollziehungsgebühren besteht.

20.30 Vorruhestandsleistung

Erläuterung: Unter Beachtung der Freibeträge. S. auch Abfindung wegen Verlust des Arbeitsplatzes.

Lohnsteuerpflicht	Ja	§§ 38 ff, 19 Abs. 2 EStG
Beitragspflicht KV PV RV ALV	Ja	§ 14 Abs. 1 Satz 1 SGB IV
Beitragspflicht UV	Ja	§ 14 Abs. 1 Satz 1 SGB IV

Mindestlohnrelevanz: Nein
Entgeltart: Laufendes Arbeitsentgelt
Entgeltzuordnung in der Sozialversicherung: Entgeltabrechnungsmonat, für den die Zahlung der Leistung erfolgt.

20.31 Vorschuss

Erläuterung: S. Abschlagszahlung.

20.32 Vorsorgekur

Erläuterung: S. Kurkosten.

20.33 Vorsorgeuntersuchung

Erläuterung: Vorsorgeuntersuchung auf Veranlassung des Arbeitgebers aus betrieblichen Gründen unentgeltlich durchgeführt.

Lohnsteuerpflicht	Nein	BFH, Urteil v. 17.9.1982, BStBl 1983 II S. 39
Beitragspflicht KV PV RV ALV	Nein	§ 14 Abs. 1 SGB IV, § 1 Abs. 1 SvEV
Beitragspflicht UV	Nein	§ 14 Abs. 1 SGB IV, § 1 Abs. 1 SvEV

Mindestlohnrelevanz: Nein
Entgeltzuordnung in der Sozialversicherung: Kein Arbeitsentgelt im Sinne der Sozialversicherung.

21 W – Warengutschein bis Wohnungszulage

21.1 Warengutschein (bis 1.080 EUR jährlich)

Erläuterung: Wenn Warengutscheine aus dem Warensortiment der eigenen Firma bis zu 1.080 EUR jährlich an den Arbeitnehmer ausgegeben werden und die Gutscheine nicht anstelle sonst bestehender Entgeltansprüche gewährt werden.

Lohnsteuerpflicht	Nein	§ 8 Abs. 3 EStG
Beitragspflicht KV PV RV ALV	Nein	§ 14 Abs. 1 SGB IV, § 1 Abs. 1 SvEV
Beitragspflicht UV	Nein	§ 14 Abs. 1 SGB IV, § 1 Abs. 1 SvEV

Mindestlohnrelevanz: Nein
Entgeltzuordnung in der Sozialversicherung: Kein Arbeitsentgelt im Sinne der Sozialversicherung.

21.2 Warengutschein (über 1.080 EUR jährlich)

Erläuterung: Über den Steuerfreibetrag hinaus gewährte oder anstelle ansonsten bestehender Entgeltansprüche ausgegebene Warengutscheine. SV: Bei Übergabe von Warengutscheinen von Januar bis März ggf. die Märzklausel relevant.

Lohnsteuerpflicht	Ja	§ 8 Abs. 2 EStG; § 19 Abs. 1 EStG
Beitragspflicht KV PV RV ALV	Ja	§ 14 Abs. 1 Satz 1 SGB IV, § 23a SGB IV
Beitragspflicht UV	Ja	§ 14 Abs. 1 Satz 1 SGB IV, § 23a SGB IV

Mindestlohnrelevanz: Nein
Entgeltart: Einmalzahlung
Entgeltzuordnung in der Sozialversicherung: Entgeltabrechnungsmonat, in dem der Arbeitnehmer den Warengutschein erhält. (Ggf. Märzklausel beachten!)

21.3 Wäschegeld (als Abgeltung)

Erläuterung: Wenn der Arbeitgeber eine Abgeltung für die Reinigung der Berufskleidung an den Arbeitnehmer zahlt und der Arbeitnehmer die Berufskleidung selbst angeschafft hat.

Lohnsteuerpflicht	Ja	R 19.3 Abs. 1 LStR
Beitragspflicht KV PV RV ALV	Ja	§ 14 Abs. 1 Satz 1 SGB IV
Beitragspflicht UV	Ja	§ 14 Abs. 1 Satz 1 SGB IV

Mindestlohnrelevanz: Nein
Entgeltart: Laufendes Arbeitsentgelt
Entgeltzuordnung in der Sozialversicherung: Entgeltabrechnungsmonat, für den der Anspruch auf das Wäschegeld besteht.

21.4 Wäschegeld (Auslagenersatz für gestellte Berufskleidung)

Erläuterung: Auslagenersatz des Arbeitgebers für Reinigung der zur Verfügung gestellten Arbeitskleidung. Ansonsten steuer- bzw. beitragspflichtiges Entgelt (S. Werbungskostenersatz).

Lohnsteuerpflicht	Nein	§ 3 Nr. 50 EStG; R 3.50 LStR
Beitragspflicht KV PV RV ALV	Nein	§ 14 Abs. 1 SGB IV, § 1 Abs. 1 SvEV
Beitragspflicht UV	Nein	§ 14 Abs. 1 SGB IV, § 1 Abs. 1 SvEV

Mindestlohnrelevanz: Nein
Entgeltzuordnung in der Sozialversicherung: Kein Arbeitsentgelt im Sinne der Sozialversicherung.

21.5 Wäschegeld (Auslagenersatz, nicht für gestellte Berufskleidung)

Erläuterung: Vom Arbeitgeber dem Arbeitnehmer ersetzte Kosten zur Reinigung von Kleidung (nicht vom Arbeitgeber zur Verfügung gestellte Berufskleidung) ist steuerpflichtiger Werbungskostenersatz. Es besteht daher auch Beitragspflicht zur SV.

Lohnsteuerpflicht	Ja	§ 2 Abs. 1 LStDV
Beitragspflicht KV PV RV ALV	Ja	§ 14 Abs. 1 Satz 1 SGB IV
Beitragspflicht UV	Ja	§ 14 Abs. 1 Satz 1 SGB IV

Mindestlohnrelevanz: Nein
Entgeltart: Laufendes Arbeitsentgelt
Entgeltzuordnung in der Sozialversicherung: Entgeltabrechnungsmonat, in dem der Arbeitgeber dem Arbeitnehmer die Kosten erstattet.

21.6 Waschgeld

Erläuterung: Waschgeld für Kaminkehrer.

Lohnsteuerpflicht	Ja	R 19.3 Abs. 1 LStR
Beitragspflicht KV PV RV ALV	Ja	§ 14 Abs. 1 Satz 1 SGB IV
Beitragspflicht UV	Ja	§ 14 Abs. 1 Satz 1 SGB IV

Mindestlohnrelevanz: Ja
Entgeltart: Laufendes Arbeitsentgelt
Entgeltzuordnung in der Sozialversicherung: Entgeltabrechnungsmonat, für den der Anspruch auf das Waschgeld besteht.

21.7 Wasserzuschlag

Erläuterung: S. Erschwerniszuschlag.

21.8 Wegegeld

Erläuterung: Wegegeld für Straßenbau-, Wald- und Wasserbauarbeiter, soweit keine Reisekosten.

Lohnsteuerpflicht	Ja	R 19 Abs. 3 LStR
Beitragspflicht KV PV RV ALV	Ja	§ 14 Abs. 1 Satz 1 SGB IV
Beitragspflicht UV	Ja	§ 14 Abs. 1 Satz 1 SGB IV

Mindestlohnrelevanz: Ja, wenn zur Bezahlung für die zur Zurücklegung des Weges erforderliche Zeit gezahlt.
Entgeltart: Laufendes Arbeitsentgelt
Entgeltzuordnung in der Sozialversicherung: Entgeltabrechnungsmonat, für den der Anspruch auf das Wegegeld besteht

21.9 Wegezeitvergütung (mehr als 8 Stunden)

Erläuterung: Wegezeitvergütung bei mehr als 8 Stunden Abwesenheit.

Lohnsteuerpflicht	Nein	§ 3 Nr. 16 EStG; R 9.6 LStR
Beitragspflicht KV PV RV ALV	Nein	§ 14 Abs. 1 SGB IV, § 1 Abs. 1 SvEV
Beitragspflicht UV	Nein	§ 14 Abs. 1 SGB IV, § 1 Abs. 1 SvEV

Mindestlohnrelevanz: Nein
Entgeltzuordnung in der Sozialversicherung: Kein Arbeitsentgelt im Sinne der Sozialversicherung.

21.10 Wegezeitvergütung (weniger als 8 Stunden)

Erläuterung: Wegezeitvergütung bei weniger als 8 Stunden Abwesenheit.

Lohnsteuerpflicht	Ja	R 9.6 LStR
Beitragspflicht KV PV RV ALV	Ja	§ 14 Abs. 1 Satz 1 SGB IV
Beitragspflicht UV	Ja	§ 14 Abs. 1 Satz 1 SGB IV

Mindestlohnrelevanz: Nein
Entgeltart: Laufendes Arbeitsentgelt
Entgeltzuordnung in der Sozialversicherung: Entgeltabrechnungsmonat, für den der Anspruch auf die Wegezeitvergütung besteht.

21.11 Wehrsold

Erläuterung: Wehrsold bei freiwilligem Wehr- und Zivildienst; keine Steuerfreiheit für Unterkunft und Verpflegung.

Lohnsteuerpflicht	Nein	§ 3 Nr. 5 EStG
Beitragspflicht KV PV RV ALV	Ja	
Beitragspflicht UV	Ja	

Mindestlohnrelevanz: Nein
Entgeltzuordnung in der Sozialversicherung: Kein Arbeitsentgelt im Sinne der Sozialversicherung.

21.12 Weihnachtsgeld / Weihnachtszuwendung

Erläuterung: S. Einmalzahlung. Achtung: Regelmäßiges Arbeitsentgelt nur bei Rechtsanspruch (Vertrag oder betriebliche Übung).

21.13 Weiterbildungsleistungen

Erläuterung: s. Fortbildungskosten

21.14 Werbeeinnahmen

Erläuterung: Bei Mannschaftssportlern.

Lohnsteuerpflicht	Ja	BMF, Schreiben v. 25.8.1995 (StEd S. 629)
Beitragspflicht KV PV RV ALV	Ja	§ 14 Abs. 1 Satz 1 SGB IV
Beitragspflicht UV	Ja	§ 14 Abs. 1 Satz 1 SGB IV

Mindestlohnrelevanz: Nein
Entgeltart: Laufendes Arbeitsentgelt
Entgeltzuordnung in der Sozialversicherung: Entgeltabrechnungsmonat, für den der Anspruch auf die Werbeprämie besteht.

21.15 Werbeprämie

Erläuterung: Werbeprämie für Zeitungsausträger bei Werbung neuer Bezieher.

Lohnsteuerpflicht	Ja	§ 2 Abs. 1 LStDV
Beitragspflicht KV PV RV ALV	Ja	§ 14 Abs. 1 Satz 1 SGB IV
Beitragspflicht UV	Ja	§ 14 Abs. 1 Satz 1 SGB IV

Mindestlohnrelevanz: Nein
Entgeltart: Laufendes Arbeitsentgelt
Entgeltzuordnung in der Sozialversicherung: Entgeltabrechnungsmonat, für den der Anspruch auf die Werbeeinnahmen besteht.

21.16 Werbungskosten

Erläuterung: Wenn in den elektronischen Lohnsteuerabzugsmerkmalen hinterlegt, ist ein Abzug der Werbungskosten vom Arbeitsentgelt möglich. Werbungskosten können jedoch nicht vom Arbeitsentgelt in der Sozialversicherung abgesetzt werden. Daher haben Werbungskosten auf die Beitragspflicht keine Auswirkung.

Lohnsteuerpflicht	Nein	§ 39a, § 39b EStG
Beitragspflicht KV PV RV ALV	Ja	§ 14 Abs. 1 Satz 1 SGB IV, LSG Nds, Urteil vom 18.12.1985 L 4 Kr 51/84; LSG NRW, Urteil vom 22.10.1996 L 16 (1) Kr 21/59
Beitragspflicht UV	Ja	§ 14 Abs. 1 Satz 1 SGB IV

Mindestlohnrelevanz: Nein
Entgeltart: Laufendes Arbeitsentgelt
Entgeltzuordnung in der Sozialversicherung: Entgeltabrechnungsmonat, für den der Anspruch auf das beitragspflichtige Arbeitsentgelt besteht.

21.17 Werbungskostenersatz durch den Arbeitgeber

Erläuterung: Eigene Aufwendungen des Arbeitnehmers, die beruflichen Zwecken dienen bzw. die in seinem Eigentum stehen bzw. von denen er einen eigenen Vorteil hat. Er kann diese Arten von Aufwendungen in seiner persönlichen Steuererklärung als Werbungskosten absetzen.

Lohnsteuerpflicht	Ja	§ 2 Abs. 1 LStDV
Beitragspflicht KV PV RV ALV	Ja	§ 14 Abs. 1 Satz 1 SGB IV
Beitragspflicht UV	Ja	§ 14 Abs. 1 Satz 1 SGB IV

Mindestlohnrelevanz: Nein
Entgeltart: Laufendes Arbeitsentgelt
Entgeltzuordnung in der Sozialversicherung: Entgeltabrechnungsmonat, für den der Anspruch des Arbeitnehmers auf den Werbungskostenersatz besteht.

21.18 Werkswohnung, Mietpreisnachlass

Erläuterung: S. Dienstwohnung.

21.19 Werkzeuggeld

Erläuterung: Werkzeuggeld, soweit es die Aufwendungen des Arbeitnehmers für die betriebliche Nutzung nicht übersteigt. Bei Musikern s. Instrumentengeld.

Lohnsteuerpflicht	Nein	§ 3 Nr. 30 EStG; R 3.30 LStR
Beitragspflicht KV PV RV ALV	Nein	§ 14 Abs. 1 SGB IV, § 1 Abs. 1 Nr. 1 SvEV
Beitragspflicht UV	Nein	§ 14 Abs. 1 SGB IV, § 1 Abs. 1 Nr. 1 SvEV

Mindestlohnrelevanz: Nein
Entgeltzuordnung in der Sozialversicherung: Kein Arbeitsentgelt im Sinne der Sozialversicherung.

21.20 Wertguthaben eines Arbeitnehmers, Übertragung

Erläuterung: S. Übertragung eines Wertguthabens.

21.21 Wertguthaben nach Wertguthabenvereinbarung (Ansparphase)

Erläuterung: Wertguthaben nach Vereinbarung § 7b SGB IV. Achtung: S. Wertguthaben nach Wertguthabenvereinbarung (Freistellungsphase).

Lohnsteuerpflicht	Nein	H 38 LStH
Beitragspflicht KV PV RV ALV	Nein	§ 23b Abs. 1 SGB IV
Beitragspflicht UV	Ja	§ 14 Abs. 1 SGB IV, § 1 Abs.1 SvEV

Mindestlohnrelevanz: Nein
Entgeltzuordnung in der Sozialversicherung: Kein Arbeitsentgelt im Sinn der Sozialversicherung.

21.22 Wertguthaben nach Wertguthabenvereinbarung (Freistellungsphase)

Erläuterung: Wertguthaben nach Vereinbarung § 7b SGB IV. Achtung: S. Wertguthaben nach Wertguthabenvereinbarung (Ansparphase).

Lohnsteuerpflicht	Ja	H 38 LStH
Beitragspflicht KV PV RV ALV	Ja	§ 23b Abs. 1 SGB IV
Beitragspflicht UV	Ja	§ 14 Abs. 1 Satz 1 SGB IV

Mindestlohnrelevanz: Nein
Entgeltart: Laufendes Arbeitsentgelt
Entgeltzuordnung in der Sozialversicherung: Arbeitsentgelt im Sinn der Sozialversicherung.

21.23 Wertpapiergeschäft (Provision)

Erläuterung: Provisionszahlungen für den Abschluss von Wertpapiergeschäften

Lohnsteuerpflicht	Ja	§ 19 Abs. 1 EStG; § 8 Abs. 1 EStG
Beitragspflicht KV PV RV ALV		§ 14 Abs. 1 SGB IV, § 1 Abs.1 SvEV
Beitragspflicht UV		§ 14 Abs. 1 SGB IV, § 1 Abs.1 SvEV

Entgeltart: Laufendes Arbeitsentgelt
Entgeltzuordnung in der Sozialversicherung: Kein Arbeitsentgelt im Sinne der Sozialversicherung.

21.24 Wettbewerbsentschädigung

Erläuterung: S. Karenzentschädigung.

21.25 Winterausfallgeld als Vorausleistung

Erläuterung: Zahlung von Winterausfallgeld als Vorausleistung (Überbrückungsgeld) der Arbeitgeber im Baugewerbe.

Lohnsteuerpflicht	Ja	§ 19 Abs. 1 EStG
Beitragspflicht KV PV RV ALV	Ja	§ 14 Abs. 1 SGB IV
Beitragspflicht UV	Ja	§ 14 Abs. 1 Satz 1 SGB IV

Mindestlohnrelevanz: Nein
Entgeltart: Laufendes Arbeitsentgelt
Entgeltzuordnung in der Sozialversicherung: Entgeltabrechnungsmonat, für den der Anspruch auf die Wintergeld-Vorausleistung besteht.

21.26 Wintergeld

Erläuterung: Wintergeld wird nach § 102 SGB III als Mehraufwands-Wintergeld für witterungsbedingte Mehraufwendungen oder als Zuschuss-Wintergeld bei der Nutzung von Arbeitszeitguthaben zur Überbrückung von Arbeitsausfallstunden gezahlt. SV: Kein Arbeitsentgelt i. S. der Sozialversicherung.

Lohnsteuerpflicht	Nein	§ 3 Nr. 2 EStG; R 3.2 Abs. 3 LStR
Beitragspflicht KV PV RV ALV	Nein	§ 14 Abs. 1 SGB IV, § 1 Abs. 1 SvEV
Beitragspflicht UV	Nein	§ 14 Abs. 1 SGB IV, § 1 Abs. 1 SvEV

Mindestlohnrelevanz: Nein
Entgeltzuordnung in der Sozialversicherung: Kein Arbeitsentgelt im Sinne der Sozialversicherung.

21.27 Winterreifen

Erläuterung: Winterreifen einschließlich Felgen (ein Satz) für Dienstwagen, der auch privat genutzt wird

Lohnsteuerpflicht	Nein	§ 8 Abs. 2 EStG
Beitragspflicht KV PV RV ALV	Nein	§ 14 Abs. 1 SGB IV, § 1 Abs. 1 SvEV
Beitragspflicht UV	Nein	

Mindestlohnrelevanz: Nein

21.28 Wirtschaftsbeihilfe

Erläuterung: laufende Unterstützung des Arbeitgebers an den Arbeitnehmer, die keine Unterstützung in besonderen Notfällen ist, s. auch Beihilfen

Lohnsteuerpflicht	Ja	H 3.11 LStH
Beitragspflicht KV PV RV ALV	Ja	§ 14 Abs. 1 Satz 1 SGB IV
Beitragspflicht UV	Ja	§ 14 Abs. 1 Satz 1 SGB IV

Mindestlohnrelevanz: Nein
Entgeltart: Laufendes Arbeitsentgelt
Entgeltzuordnung in der Sozialversicherung: Entgeltabrechnungsmonat, in dem die Beihilfen ausgezahlt werden.

21.29 Wohnungsbeschaffungszuschuss

Erläuterung: Zuschuss des Arbeitgebers zum Erwerb eines Grundstücks, Eigenheims oder einer Eigentumswohnung.

Lohnsteuerpflicht	Ja	§ 2 Abs. 1 LStDV
Beitragspflicht KV PV RV ALV	Ja	§ 14 Abs. 1 Satz 1 SGB IV, § 23a SGB IV
Beitragspflicht UV	Ja	§ 14 Abs. 1 Satz 1 SGB IV, § 23a SGB IV

Mindestlohnrelevanz: Nein
Entgeltart: Einmalzahlung
Entgeltzuordnung in der Sozialversicherung: Entgeltabrechnungsmonat, in dem die Wohnungsbeschaffungszuschüsse ausgezahlt werden. Wohnungsbeschaffungsprämien, die in den Monaten Januar bis März eines Jahres ausgezahlt werden, sind dem letzten Entgeltabrechnungsmonat des vergangenen Jahres (Vorjahres) zuzuordnen, wenn in dem vergangenen Jahr bei demselben Arbeitgeber ein versicherungspflichtiges Beschäftigungsverhältnis bestanden hat und die Prämien zusammen mit den sonstigen für das laufende Kalenderjahr festgestellten beitragspflichtigen Einnahmen die anteilige Beitragsbemessungsgrenze des laufenden Kalenderjahres übersteigen (März-Klausel).

21.30 Wohnungsgeldzuschuss

Erläuterung: Vom Arbeitgeber an den Arbeitnehmer gezahlter Zuschuss.

Lohnsteuerpflicht	Ja	§ 19 Abs. 1 EStG
Beitragspflicht KV PV RV ALV	Ja	§ 14 Abs. 1 Satz 1 SGB IV
Beitragspflicht UV	Ja	§ 14 Abs. 1 Satz 1 SGB IV

Mindestlohnrelevanz: Nein
Entgeltart: Laufendes Arbeitsentgelt
Entgeltzuordnung in der Sozialversicherung: Entgeltabrechnungsmonat, für den der Anspruch auf die Wohnungsgeldzuschüsse besteht.

21.31 Wohnungsüberlassung

Erläuterung: S. Dienstwohnung und Sachbezüge.

21.32 Wohnungszulage

Erläuterung: Hierzu zählt der Ortszuschlag, auch das erhöhte, mit Rücksicht auf den Familienstand gezahlte Wohnungsgeld. S. auch Ballungsraumzulage.

Lohnsteuerpflicht	Ja	§ 19 Abs. 1 EStG
Beitragspflicht KV PV RV ALV	Ja	§ 14 Abs. 1 Satz 1 SGB IV
Beitragspflicht UV	Ja	§ 14 Abs. 1 Satz 1 SGB IV

Mindestlohnrelevanz: Nein
Entgeltart: Laufendes Arbeitsentgelt
Entgeltzuordnung in der Sozialversicherung: Entgeltabrechnungsmonat, für den der Anspruch auf die Wohnungszulage besteht.

22 Z – Zählgeld bis Zuwendung zur betrieblichen Krankenversicherung

22.1 Zählgeld

Erläuterung: S. Fehlgeldentschädigung.

22.2 Zehrgeld

Erläuterung: Zehrgeld im Brauereigewerbe, im Biergroßhandel, in der Mineralwasserindustrie usw.

Lohnsteuerpflicht	Ja	§ 2 Abs. 1 LStDV
Beitragspflicht KV PV RV ALV	Ja	§ 14 Abs. 1 Satz 1 SGB IV
Beitragspflicht UV	Ja	§ 14 Abs. 1 Satz 1 SGB IV

Mindestlohnrelevanz: Nein
Entgeltart: Laufendes Arbeitsentgelt
Entgeltzuordnung in der Sozialversicherung: Entgeltabrechnungsmonat, für den der Anspruch auf das Zehrgeld besteht.

22.3 Zeitung

Erläuterung: Zeitungen, die an Arbeitnehmer von Zeitungsverlagen kostenlos überlassen werden, soweit der Rabattfreibetrag von 1.080 EUR jährlich nicht überschritten wird.

Lohnsteuerpflicht	Nein	§ 8 Abs. 3 EStG; R 8.2 LStR
Beitragspflicht KV PV RV ALV	Nein	§ 14 Abs. 1 SGB IV, § 1 Abs. 1 SvEV
Beitragspflicht UV	Nein	§ 14 Abs. 1 SGB IV, § 1 Abs. 1 SvEV

Mindestlohnrelevanz: Nein
Entgeltzuordnung in der Sozialversicherung: Kein Arbeitsentgelt im Sinne der Sozialversicherung.

22.4 Zeitung (Kostenersatz durch Arbeitgeber)

Erläuterung: Vom Arbeitnehmer beschaffte Fachzeitschriften, deren Kosten der Arbeitgeber ersetzt, sind steuerpflichtiger Werbungskostenersatz, der auch beitragspflichtig zur SV ist.

Lohnsteuerpflicht	Ja	§ 2 Abs. 1 LStDV
Beitragspflicht KV PV RV ALV	Ja	§ 14 Abs. 1 Satz 1 SGB IV, § 23a SGB IV
Beitragspflicht UV	Ja	§ 14 Abs. 1 Satz 1 SGB IV, § 23a SGB IV

Mindestlohnrelevanz: Nein
Entgeltart: Einmalzahlung
Entgeltzuordnung in der Sozialversicherung: Entgeltabrechnungsmonat, in dem der Arbeitgeber dem Arbeitnehmer die Kosten erstattet.

22.5 Zins aus Urlaubsabgeltung

Erläuterung: Zinsen auf eine nachträglich ausgezahlte Urlaubsabgeltung, die der Arbeitgeber aufgrund eines abgeschlossenen Rechtsstreits an den Arbeitnehmer auszahlen muss, sind kein lohnsteuerrechtlicher Arbeitslohn.

Lohnsteuerpflicht	Nein	§ 19 Abs. 1 EStG
Beitragspflicht KV PV RV ALV	Nein	
Beitragspflicht UV	Nein	

Mindestlohnrelevanz: Nein
Entgeltzuordnung in der Sozialversicherung: Kein Arbeitsentgelt im Sinn der Sozialversicherung.

22.6 Zinsersparnis (Restdarlehen bis 2.600 EUR)

Erläuterung: Zinsersparnis bei Arbeitgeberdarlehen, soweit der vereinbarte Zinssatz den von der Deutschen Bundesbank zum Zeitpunkt des Vertragsabschlusses zuletzt veröffentlichten Effektivzinssatz nicht übersteigt und die Darlehenssumme (Restdarlehen) am Ende des jeweiligen Lohnzahlungszeitraums 2.600 EUR nicht überschreitet.

Lohnsteuerpflicht	Nein	§ 8 Abs. 2 EStG; BMF, Schreiben v. 1.10.2008, IV C5-S 2334/07/0009
Beitragspflicht KV PV RV ALV	Nein	§ 14 Abs. 1 SGB IV, § 1 Abs. 1 SvEV
Beitragspflicht UV	Nein	§ 14 Abs. 1 SGB IV, § 1 Abs. 1 SvEV

Mindestlohnrelevanz: Nein
Entgeltzuordnung in der Sozialversicherung: Kein Arbeitsentgelt im Sinne der Sozialversicherung.

22.7 Zinsersparnis (Zinssatz unter Marktzins)

Erläuterung: Zinsersparnis bei Arbeitgeberdarlehen, soweit der vereinbarte Zinssatz den von der Deutschen Bundesbank zum Zeitpunkt des Vertragsabschlusses zuletzt veröffentlichten Effektivzinssatz nicht übersteigt.

Lohnsteuerpflicht	Ja	§ 8 Abs. 3 EStG; H 8.2 LStR; BMF, Schreiben v. 19.5.2015, BStBl 2015 I S. 484
Beitragspflicht KV PV RV ALV	Ja	§ 14 Abs. 1 Satz 1 SGB IV
Beitragspflicht UV	Ja	§ 14 Abs. 1 Satz 1 SGB IV

Mindestlohnrelevanz: Nein
Entgeltart: Laufendes Arbeitsentgelt
Entgeltzuordnung in der Sozialversicherung: Entgeltabrechnungsmonat, in dem die Zinsersparnis als geldwerter Vorteil eingetreten ist.

22.8 Zinszuschuss

Erläuterung: S. Zinsersparnis.

22.9 Zukunftssicherung

Erläuterung: Zukunftssicherung, die der Arbeitgeber ohne gesetzliche Verpflichtung erbringt.

Lohnsteuerpflicht	Ja	§ 2 Abs. 2 Nr. 3 LStDV
Beitragspflicht KV PV RV ALV	Ja	§ 14 Abs. 1 Satz 1 SGB IV
Beitragspflicht UV	Ja	§ 14 Abs. 1 Satz 1 SGB IV

Mindestlohnrelevanz: Nein
Entgeltart: Laufendes Arbeitsentgelt
Entgeltzuordnung in der Sozialversicherung: Entgeltabrechnungsmonat, für den der Arbeitgeber die Zukunftssicherungsleistungen erbringt.

22.10 Zukunftssicherung (pauschal versteuerte Aufwendungen)

Erläuterung: Nur Altzusagen vor dem 1.1.2005. Die Aufwendungen für die Zukunftssicherung werden pauschal versteuert bis max. 1.752 EUR.

Lohnsteuerpflicht	Ja	§ 40b EStG
Beitragspflicht KV PV RV ALV	Nein	§ 14 Abs. 1 SGB IV, § 1 Abs. 1 Nr. 4 SvEV
Beitragspflicht UV	Nein	§ 14 Abs. 1 SGB IV, § 1 Abs. 1 Nr. 4 SvEV

Mindestlohnrelevanz: Nein
Entgeltzuordnung in der Sozialversicherung: Kein Arbeitsentgelt im Sinne der Sozialversicherung.

22.11 Zusätzliche beitragspflichtige Einnahme in der Rentenversicherung bei Altersteilzeit

Erläuterung: S. Altersteilzeit, zusätzliche beitragspflichtige Einnahme in der Rentenversicherung (Beginn Altersteilzeit seit 1.7.2004).

22.12 Zuschuss des Arbeitgebers

Erläuterung: Zuschuss des Arbeitgebers an krankenversicherungsfreie Arbeitnehmer zu ihrem Krankenversicherungsbeitrag sowie an von der Rentenversicherungspflicht befreite Arbeitnehmer zu einer anderen entsprechenden Versicherung bis zur Höhe des gesetzlichen Arbeitgeberanteils bei Versicherungspflicht, höchstens aber bis zur Hälfte der Arbeitnehmeraufwendungen.

Lohnsteuerpflicht	Nein	§ 3 Nr. 62 Sätze 2 u. 3 EStG
Beitragspflicht KV PV RV ALV	Nein	§ 14 Abs. 1 SGB IV, § 1 SvEV i. V. m. § 257 Abs. 2 und 2a SGB V
Beitragspflicht UV	Nein	§ 14 Abs. 1 SGB IV, § 1 Abs. 1 SvEV

Mindestlohnrelevanz: Nein
Entgeltzuordnung in der Sozialversicherung: Kein Arbeitsentgelt im Sinne der Sozialversicherung.

22.13 Zuschuss des Arbeitgebers zu Pensionsfonds, Pensionskasse und zur Direktversicherung

Erläuterung: Beitrag des Arbeitgebers zur kapitalgedeckten Altersvorsorge bis zu 4% der jährlichen BBG RV/West (2020: 3.312 EUR) sind steuer- und beitragsfrei. Weitere 4% der jährlichen BBG RV/West sind steuerfrei, aber beitragspflichtig. 2020 sind also insgesamt 6.624 EUR steuerfrei.

Lohnsteuerpflicht	Nein	§ 3 Nr. 63 EStG
Beitragspflicht KV PV RV ALV	Nein	§ 14 Abs. 1 SGB IV, § 1 Abs. 1 Nr. 9 SvEV
Beitragspflicht UV	Nein	§ 14 Abs. 1 SGB IV, § 1 Abs. 1 Nr. 9 SvEV

Mindestlohnrelevanz: Nein
Entgeltzuordnung in der Sozialversicherung: Kein Arbeitsentgelt im Sinne der Sozialversicherung.

22.14 Zuschuss des Arbeitgebers zum Elterngeld

Erläuterung: S. Arbeitgeberzuschuss zum Elterngeld.

22.15 Zuschuss des Arbeitgebers zur Internetnutzung

Erläuterung: Nicht pauschal versteuerter Arbeitgeberzuschuss zur privaten Internetnutzung

Lohnsteuerpflicht	Ja	§ 2 Abs. 1 LStDV
Beitragspflicht KV PV RV ALV	Ja	§ 14 Abs. 1 Satz 1 SGB IV
Beitragspflicht UV	Ja	§ 14 Abs. 1 Satz 1 SGB IV

Mindestlohnrelevanz: Nein
Entgeltart: Laufendes Arbeitsentgelt
Entgeltzuordnung in der Sozialversicherung: Entgeltabrechungsmonat, für den der Anspruch auf den Zuschuss des Arbeitgebers besteht

22.16 Zuschuss des Arbeitgebers zur Internetnutzung (pauschal versteuert)

Erläuterung: Arbeitgeberzuschuss zur privaten Internetnutzung mit 25 % pauschal versteuert, höchstens 50 EUR.

Lohnsteuerpflicht	Ja	§ 40 Abs. 2 Satz 1 Nr. 5 EStG; R 40.2 Abs. 5 Satz 7 LStR
Beitragspflicht KV PV RV ALV	Nein	§ 14 Abs. 1 SGB IV, § 1 Abs. 1 Nr. 3 SvEV
Beitragspflicht UV	Nein	§ 14 Abs. 1 SGB IV, § 1 Abs. 1 Nr. 3 SvEV

Mindestlohnrelevanz: Nein
Entgeltzuordnung in der Sozialversicherung: Kein Arbeitsentgelt im Sinne der Sozialversicherung.

22.17 Zuschuss des Arbeitgebers zur SV-Ersparnis bei BAV-Entgeltumwandlungen

Erläuterung: Bei neuen Entgeltumwandlungsvereinbarungen ab 1.1.2019 für Direktversicherungen, Pensionskassen und Pensionsfonds, in Höhe von 15 % bzw. in Höhe der SV-Ersparnis des Arbeitgebers (»Spitzabrechnung«)

Lohnsteuerpflicht	Nein	§ 3 Nr. 63 EStG
Beitragspflicht KV PV RV ALV	Nein	§ 14 Abs. 1 SGB IV, § 1 Abs. 1 Nr. 9 SvEV
Beitragspflicht UV	Nein	§ 14 Abs. 1 SGB IV, § 1 Abs. 1 Nr. 9 SvEV

Mindestlohnrelevanz: Nein
Entgeltzuordnung in der Sozialversicherung: Kein Arbeitsentgelt

22.18 Zuwendung zur betrieblichen Krankenversicherung bis 44 EUR

Erläuterung: Zuwendung des Arbeitgebers als Sachlohn, wenn damit ein auf den Krankenversicherungsschutz gerichtetes arbeitsvertragliches Versprechen erfüllt wird.

Lohnsteuerpflicht	Nein	§ 8 Abs. 2 S. 11 EStG
Beitragspflicht KV PV RV ALV	Nein	§ 14 Abs. 1, § 3 Abs. 1 Satz 4 SvEV
Beitragspflicht UV	Nein	§ 14 Abs. 1, § 3 Abs. 1 Satz 4 SvEV

Mindestlohnrelevanz: Nein
Entgeltart: Laufendes Arbeitsentgelt
Entgeltzuordnung in der Sozialversicherung: Kein Arbeitsentgelt

22.19 Zuwendung zur betrieblichen Krankenversicherung pauschalbesteuert

Erläuterung: Zuwendungen des Arbeitgebers als Sachlohn gehören zu den nicht als einmalig gezahltes Arbeitsentgelt geltenden sonstigen Sachbezügen

Lohnsteuerpflicht	Nein	§ 40 Abs. 1 S. 1 Nr. 1 EStG
Beitragspflicht KV PV RV ALV	Nein	§ 14 Abs. 1 SGB IV, § 1 Abs. 1 Nr. 2 SvEV
Beitragspflicht UV	Nein	§ 14 Abs. 1 SGB IV, § 1 Abs. 1 Nr. 2 SvEV

Mindestlohnrelevanz: Nein
Entgeltart: Laufendes Arbeitsentgelt
Entgeltzuordnung in der Sozialversicherung: Kein Arbeitsentgelt

22.20 Zuwendung zur betrieblichen Krankenversicherung steuerpflichtig

Erläuterung: Zuwendung des Arbeitgebers als Barlohn

Lohnsteuerpflicht	Ja	§ 14 Abs. 1 Satz 1 SGB IV
Beitragspflicht KV PV RV ALV	Ja	§ 14 Abs. 1 Satz 1 SGB IV
Beitragspflicht UV	Ja	§ 14 Abs. 1 Satz 1 SGB IV

Mindestlohnrelevanz: Ja
Entgeltart: Laufendes Arbeitsentgelt
Entgeltzuordnung in der Sozialversicherung: Entgeltabrechungsmonat, für den der Anspruch auf die Zuwendung besteht

Feedback